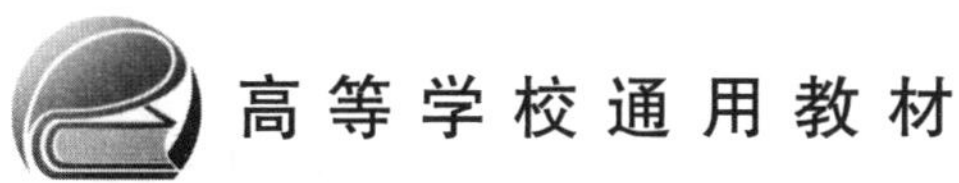

高等学校通用教材

理科数学分析（下册）

高宗升　贺慧霞　冯 伟　文 晓　编著

北京航空航天大学出版社

内容简介

本书是为了适应北京航空航天大学2017年开始实行的大类招生和培养,为理科实验班编写的教材。

本书内容包括数项级数,函数项级数,多元函数的极限与连续,多元函数微分学,重积分,曲线积分、曲面积分与场论,含参变量的积分,Fourier级数,共8章。

本书既可以作为大学理科各专业的数学分析教材,也可以作为对微积分要求较高的工科各专业的教材。

图书在版编目(CIP)数据

理科数学分析. 下册 / 高宗升等编著. -- 北京 :
北京航空航天大学出版社, 2021.3
ISBN 978-7-5124-3483-7

Ⅰ. ①理… Ⅱ. ①高… Ⅲ. ①数学分析—高等学校—教材 Ⅳ. ①O17

中国版本图书馆CIP数据核字(2021)第051996号

理科数学分析
(下册)
高宗升 贺慧霞 冯 伟 文 晓 编著
策划编辑 蔡 喆 责任编辑 刘晓明
*
北京航空航天大学出版社出版发行
北京市海淀区学院路37号(邮编100191) http://www.buaapress.com.cn
发行部电话:(010)82317024 传真:(010)82328026
读者信箱:goodtextbook@126.com 邮购电话:(010)82316936
涿州市新华印刷有限公司印装 各地书店经销
*
开本:787×1 092 1/16 印张:20.25 字数:531千字
2021年3月第1版 2021年3月第1次印刷 印数:3 000册
ISBN 978-7-5124-3483-7 定价:59.00元

前　　言

微积分是大学数学教育最重要的基础课,也是自然科学和工程技术领域中广泛应用的数学工具。随着现代科学技术的飞速发展,微积分在基础性以及应用上的重要性更加凸显,同时也对其教学内容提出了更高的要求。

为了实现建设世界一流大学的宏伟目标,培养宽口径、强基础的高水平人才,北京航空航天大学2017年开始进行招生改革,全校分为理科、信息、航空航天、文科等大类,实行大类招生、大类培养。其中理科实验班包括数学、物理、化学、经管、空间、环境等专业的本科生。为了适应各相关专业人才培养对微积分的学习要求,北京航空航天大学数学分析大类课程组组长王进良教授组织编写了《理科数学分析》。

《理科数学分析》分为上、下两册。上册内容包括集合与映射、数列的极限、函数的极限与连续、微分、微分中值定理及其应用、不定积分、定积分、反常积分,共8章;下册内容包括数项级数,函数项级数,多元函数的极限与连续,多元函数微分学,重积分,曲线积分、曲面积分与场论,含参变量的积分,Fourier级数,共8章。在教学内容的取舍上,既要保证理科大类各专业对数学分析内容的基本要求,又不能削弱数学、物理等专业对数学分析的实际需要,特别是对于数学专业,在理论水平上不能降低。因此,本书的编写克服了不少的困难。

在本书的编写中,吸取了国内外多种数学分析教材的优点。在试用中,广泛征求了师生的意见。本书在编写中努力做到重点突出,难易适度,使各章内容不仅便于教师讲解,而且易于学生接受。同时考虑到数学专业以及现代科学技术对分析内容的需要,增加了向量值函数、微分形式等内容。本书具有如下特点。

1. 重视基础

本书特别注重分析理论的严谨性和系统性,把学生对基础理论的掌握、分析方法的学习,以及他们的抽象思维能力、逻辑推理能力、空间想象能力和自学能力的培养放在首位。本书所涉及的主要定理不仅都给出了严格的证明,而且对定理的成立背景和使用方法也做了介绍和说明。

2. 条理清楚

在本书的编写上,十分重视内容的科学性、系统性和完整性,尽量做到由浅入深,由近及远,条理清楚,通俗易懂。概念的引入清楚、自然、准确;定理的证明尽量清晰、简洁。例如在数项级数这一章,依次介绍级数的收敛概念、正项级数的收敛判别法、上下极限及其应用、任意项级数的收敛判别法,以及级数的运算性质等,步步深入,一气呵成。

3. 例题丰富

数学分析的特点是概念多、内容抽象、逻辑性强,初学者较难掌握。为了帮助学生加深对基本概念的理解和对基本理论与方法的掌握,书中配有较多的典型例题,并且每章后面都附有较多的精选习题。通过这些习题的练习,学生可以巩固和掌握所学内容,训练解题的方法和技巧,培养他们分析问题和解决问题的能力。

全书上册共分8章,讲授基本内容(不带*号部分)大约需要96个学时,讲授全部内容大约需要128个学时;下册共分8章,讲授基本内容大约需要96个学时,讲授全部内容大约需要128个学时。

本书既可以作为大学理科各专业的数学分析教材,也可以作为对微积分要求较高的工科各专业的教材使用。

本书第1~3章由王进良编写,第4~5章由魏光美编写,第6~8章由孙玉泉编写,第9~10章由高宗升编写,第11~12章由贺慧霞编写,第13~14章由冯伟编写,第15~16章由文晓编写。

本书的编写工作得到北京航空航天大学北航学院、数学学院有关领导以及同事们的关心和支持;北京航空航天大学出版社的编辑蔡喆为本书的早日出版给予了大力帮助;作者在此一并表示衷心的感谢。由于作者的水平所限,本书在编写和内容的组织上可能存在一些不足之处,敬请读者批评指正。

作 者

2021年1月于北京航空航天大学

目　　录

第 9 章　数项级数

本章及下一章介绍无穷级数。无穷级数包含数项级数和函数项级数两部分内容，它形成于 17—18 世纪，逐渐发展成为分析学的核心内容，成为许多后继数学课程的理论基础，同时也在其他自然学科和工程技术领域中有着重要的应用。

本章将讨论数项级数。

9.1　无穷级数

9.1.1　无穷级数的基本概念

我们知道，把有限个实数 $u_1,u_2,\cdots,u_n$ 加起来，其和一定存在并且是一个实数。把无穷多个实数相加，会出现什么样的结果呢？

我国古代《庄子·天下篇》一文中写道：一尺之棰，日取其半，万世不竭。照此说法，把每天截下的部分的长度依次加起来，得到下式：

$$\frac{1}{2}+\frac{1}{2^2}+\frac{1}{2^3}+\cdots+\frac{1}{2^n}+\cdots$$

这就是无限个数相加的一个例子，从直观上看，它的和是 1。

无理数$\sqrt{2}=1.414\,2\cdots$可以通过无穷多个数相加表示出来：

$$\sqrt{2}=1+\frac{4}{10}+\frac{1}{100}+\frac{4}{1\,000}+\cdots$$

我们把 $1,-1,1,\cdots,(-1)^{n-1},\cdots$ 这无穷多个数依次用加号连接起来，得到下式：

$$1+(-1)+1+(-1)+\cdots$$

如果将其写为

$$1+[(-1)+1]+[(-1)+1]+\cdots=1+0+0+0+\cdots$$

则其结果为 1；如果将其写为

$$(1-1)+(1-1)+(1-1)+\cdots=0+0+0+0+\cdots$$

则其结果为 0。这是两个完全不同的结果。

由这几个例子可以看出，无穷多个数相加，它们的“和”可能存在，也可能不存在。为了把有限个数相加的概念推广到无穷多个数相加的情形，我们引入无穷级数的概念。

设 $u_1,u_2,\cdots,u_n,\cdots$ 是一串无穷可列个实数，把它们依次相加，得如下和式：

$$u_1+u_2+\cdots+u_n+\cdots$$

称为**无穷数项级数**(简称**级数**)，记为

$$\sum_{n=1}^{\infty}u_n=u_1+u_2+\cdots+u_n+\cdots$$

式中，u_n称为级数的**通项**或**一般项**。

级数 $\sum_{n=1}^{\infty} u_n$ 的前 n 项和

$$S_n = \sum_{k=1}^{n} u_k$$

称为级数的**前 n 项部分和**,于是

$$\begin{aligned} S_1 &= u_1 \\ S_2 &= u_1 + u_2 \\ S_3 &= u_1 + u_2 + u_3 \\ &\vdots \\ S_n &= u_1 + u_2 + \cdots + u_n = \sum_{k=1}^{n} u_k \\ &\vdots \end{aligned}$$

称数列 $\{S_n\}$ 为级数 $\sum_{n=1}^{\infty} u_n$ 的**部分和数列**。

定义 9.1.1 如果级数 $\sum_{n=1}^{\infty} u_n$ 的部分和数列 $\{S_n\}$ 收敛于**有限数** S,则称无穷级数 $\sum_{n=1}^{\infty} u_n$ **收敛**,且称它的**和**为 S,记为

$$S = \sum_{n=1}^{\infty} u_n$$

如果级数 $\sum_{n=1}^{\infty} u_n$ 的部分和数列 $\{S_n\}$ 发散,则称无穷级数 $\sum_{n=1}^{\infty} u_n$ **发散**。发散的级数没有和。

若级数 $\sum_{n=1}^{\infty} u_n$ 收敛,其和为 S,则称

$$r_n = S - S_n = \sum_{k=n+1}^{\infty} u_k$$

为级数的**余和**。

显然,收敛级数的余和 $r_n \to 0 (n \to \infty)$。

由定义 9.1.1 可知,只有当无穷级数收敛时,无穷多个实数的加法才是有意义的,并且它们的和就是级数的部分和数列的极限。所以,级数的收敛与数列的收敛本质上是一回事。

下面看一些例子。

例 9.1.1 讨论**几何级数**(即**等比级数**)$\sum_{n=1}^{\infty} aq^{n-1}$ 的敛散性,其中 a 为一个非零常数,q 为公比。

解 (i)当 $|q| \neq 1$ 时,级数的部分和为

$$S_n = a + aq + aq^2 + \cdots + aq^{n-1} = a\,\frac{1-q^n}{1-q}$$

由于当 $|q| < 1$ 时,$\lim_{n\to+\infty} q^n = 0$;当 $|q| > 1$ 时,$\lim_{n\to+\infty} q^n = \infty$,所以

$$\lim_{n\to+\infty} S_n = \lim_{n\to+\infty} \frac{1-q^n}{1-q} a = \begin{cases} \dfrac{a}{1-q}, & |q| < 1 \\ \infty, & |q| > 1 \end{cases}$$

因此,当 $|q| < 1$ 时,等比级数收敛,其和为 $\frac{a}{1-q}$;当 $|q| > 1$ 时,等比级数发散。

（ⅱ）当$|q|=1$时，又分为以下两种情形。

当$q=1$时，原级数变为

$$a+a+a+\cdots+a+\cdots$$

其部分和为

$$S_n=\underbrace{a+a+a+\cdots+a}_{n\text{个}}=na$$

$\lim\limits_{n\to+\infty} S_n=\lim\limits_{n\to+\infty} na=\infty$，等比级数发散。

当$q=-1$时，原级数变为

$$a-a+a-\cdots+(-1)^{n-1}a+\cdots$$

其部分和为

$$S_n=\begin{cases}0, & n\text{ 为偶数}\\ 1, & n\text{ 为奇数}\end{cases}$$

显然，$\lim\limits_{n\to+\infty} S_n$ 不存在，所以级数发散。

例 9.1.2　讨论级数 $\sum\limits_{n=1}^{\infty}\dfrac{1}{n(n+1)}$ 的收敛性。

解　级数 $\sum\limits_{n=1}^{\infty}\dfrac{1}{n(n+1)}$ 的前 n 项部分和

$$\begin{aligned}S_n&=\sum_{k=1}^{n}\frac{1}{k(k+1)}=\frac{1}{1\cdot 2}+\frac{1}{2\cdot 3}+\frac{1}{3\cdot 4}+\cdots+\frac{1}{n\cdot(n+1)}\\&=\left(1-\frac{1}{2}\right)+\left(\frac{1}{2}-\frac{1}{3}\right)+\left(\frac{1}{3}-\frac{1}{4}\right)+\cdots+\left(\frac{1}{n}-\frac{1}{n+1}\right)=1-\frac{1}{n+1}\end{aligned}$$

因为$\lim\limits_{n\to\infty} S_n=\lim\limits_{n\to\infty}\left(1-\dfrac{1}{n+1}\right)=1$，所以级数收敛。

例 9.1.3　判断级数$\dfrac{1}{1\cdot 3}+\dfrac{1}{3\cdot 5}+\dfrac{1}{5\cdot 7}+\cdots+\dfrac{1}{(2n-1)(2n+1)}+\cdots$的收敛性。

解　因为

$$u_n=\frac{1}{(2n-1)(2n+1)}=\frac{1}{2}\left(\frac{1}{2n-1}-\frac{1}{2n+1}\right)$$

所以级数的前 n 项部分和

$$\begin{aligned}S_n&=\frac{1}{1\cdot 3}+\frac{1}{3\cdot 5}+\frac{1}{5\cdot 7}+\cdots+\frac{1}{(2n-1)(2n+1)}\\&=\frac{1}{2}\left[\left(1-\frac{1}{3}\right)+\left(\frac{1}{3}-\frac{1}{5}\right)+\left(\frac{1}{5}-\frac{1}{7}\right)+\cdots+\left(\frac{1}{2n-1}-\frac{1}{2n+1}\right)\right]\\&=\frac{1}{2}\left(1-\frac{1}{2n+1}\right)\end{aligned}$$

因为$\lim\limits_{n\to\infty} S_n=\lim\limits_{n\to\infty}\dfrac{1}{2}\left(1-\dfrac{1}{2n+1}\right)=\dfrac{1}{2}$，所以级数收敛，其和为$\dfrac{1}{2}$。

最后，谈一下级数的收敛性与数列极限的关系。由级数的收敛定义知，若级数 $\sum\limits_{n=1}^{\infty}u_n$ 是收敛的，则其部分和数列$\{S_n\}$的极限存在。这样，级数的收敛问题就转化为数列极限的存在性问题。反之，对于任意给定的数列$\{S_n\}$，我们取

$$u_1=S_1,u_2=S_2-S_1,\cdots,u_n=S_n-S_{n-1},\cdots$$

就可以作出一个相应的级数 $\sum\limits_{n=1}^{\infty}u_n$，它的部分和数列就是给定的数列$\{S_n\}$。如果级数 $\sum\limits_{n=1}^{\infty}u_n$

收敛，其和为 S,那么数列$\{S_n\}$收敛,其极限也为 S。这样,就把数列极限的存在性问题转化为级数的收敛性问题。

9.1.2 收敛级数的基本性质

由于级数的收敛问题与相应数列极限的存在问题可以互相转化,所以我们就可以应用数列极限的有关知识研究级数的收敛或发散问题。首先,我们给出一个判断级数敛散性的必要条件。

定理 9.1.1(级数收敛的必要条件) 若级数 $\sum\limits_{n=1}^{\infty}u_n$ 收敛，则

$$\lim_{n\to\infty}u_n=0$$

证 设 $\sum\limits_{n=1}^{\infty}a_n=S, S_n=\sum\limits_{k=1}^{n}a_k$，则

$$\lim_{n\to\infty}S_n=\lim_{n\to\infty}S_{n-1}=S$$

因为

$$u_n=S_n-S_{n-1}$$

所以

$$\lim_{n\to\infty}u_n=\lim_{n\to\infty}(S_n-S_{n-1})=\lim_{n\to\infty}S_n-\lim_{n\to\infty}S_{n-1}=S-S=0$$

证毕。

定理 9.1.1 常常用来判定某些级数发散。例如，当$|q|\geqslant 1$ 时$\{q^n\}$不趋于 0,因此级数 $\sum\limits_{n=1}^{\infty}q^n$ 发散。注意定理 9.1.1 只是级数收敛的**必要条件**,而非**充分条件**。换言之,即使数列$\{u_n\}$趋于 0,也不能保证级数 $\sum\limits_{n=1}^{\infty}u_n$ 是收敛的。

例 9.1.4 证明 级数 $\sum\limits_{n=1}^{\infty}\ln\left(1+\dfrac{1}{n}\right)$发散。

证 由定义

$$\begin{aligned}S_n&=\sum_{k=1}^{n}\ln\left(1+\frac{1}{k}\right)=\sum_{k=1}^{n}\ln\frac{k+1}{k}\\&=(\ln 2-\ln 1)+(\ln 3-\ln 2)+\cdots+[\ln(n+1)-\ln n]\\&=\ln(n+1)\end{aligned}$$

于是

$$\lim_{n\to+\infty}S_n=\lim_{n\to+\infty}\ln(n+1)=+\infty$$

所以级数 $\sum\limits_{n=1}^{\infty}\ln\left(1+\dfrac{1}{n}\right)$发散。

这是一个级数的一般项 $\lim\limits_{n\to+\infty}\ln\left(1+\dfrac{1}{n}\right)=0$,而级数发散的例子。

判别级数 $\sum\limits_{n=1}^{\infty}u_n$ 的敛散性，只需要看它的部分和数列$\{S_n\}$的极限是否存在。由数列极限存在的 Cauchy 收敛原理,$\lim\limits_{n\to\infty}S_n$ 存在的充分必要条件是:任意给定的 $\varepsilon>0$,存在正整数 N,只要 $m>n>N$ 时,就有

$$|S_m-S_n|<\varepsilon$$

设$\{S_n\}$是级数 $\sum\limits_{n=1}^{\infty} u_n$ 的部分和数列，从而当 $m>n>N$ 时，有

$$S_m - S_n = u_{n+1} + u_{n+2} + \cdots + u_m$$

这样，就得到了下面级数的 Cauchy 收敛原理。

定理 9.1.2(级数的 Cauchy 收敛原理)　级数 $\sum\limits_{n=1}^{\infty} u_n$ 收敛的充分必要条件是：对任意给定的 $\varepsilon>0$，存在正整数 N，当 $m>n>N$ 时，有

$$|u_{n+1} + u_{n+2} + \cdots + u_m| = \left|\sum_{k=n+1}^{m} u_k\right| < \varepsilon$$

定理的结论还可以叙述为：对任意给定的 $\varepsilon>0$，存在正整数 N，当 $n>N$ 时，对于任何自然数 p，都有

$$|u_{n+1} + u_{n+2} + \cdots + u_{n+p}| = \left|\sum_{k=n+1}^{n+p} u_k\right| < \varepsilon$$

取 $p=1$，上式即为$|u_{n+1}|<\varepsilon$，于是就得到级数收敛的必要条件$\lim\limits_{n\to\infty} u_n=0$。

由定理 9.4.2，我们立刻得到级数 $\sum\limits_{n=1}^{\infty} u_n$ 发散的充分必要条件：

存在某个 $\varepsilon_0>0$，对任何正整数 N，总存在正整数 $n_0>N$ 和 $m_0>n_0$，使

$$|u_{n_0+1} + u_{n_0+2} + \cdots + u_{m_0}| \geqslant \varepsilon_0$$

例 9.1.5　证明级数

$$\sum_{n=1}^{\infty} \frac{1}{n^2} = 1 + \frac{1}{2^2} + \frac{1}{3^2} + \cdots$$

收敛。

证　对于任何自然数 p，有

$$S_{n+p} - S_n = \frac{1}{(n+1)^2} + \frac{1}{(n+2)^2} + \cdots + \frac{1}{(n+p)^2}$$

因为$\dfrac{1}{(n+k)^2} < \dfrac{1}{(n+k-1)(n+k)}$，所以

$$\begin{aligned} 0 < S_{n+p} - S_n &< \frac{1}{n(n+1)} + \frac{1}{(n+1)(n+2)} + \cdots + \frac{1}{(n+p-1)(n+p)} \\ &= \left(\frac{1}{n} - \frac{1}{n+1}\right) + \left(\frac{1}{n+1} - \frac{1}{n+2}\right) + \cdots + \left(\frac{1}{n+p-1} - \frac{1}{n+p}\right) \\ &= \frac{1}{n} - \frac{1}{n+p} < \frac{1}{n} \end{aligned}$$

因此，对于任意给定的 $\varepsilon>0$，取正整数 $N=\left[\dfrac{1}{\varepsilon}\right]$，只要 $n>N$，对于任意自然数 p，都有

$$|S_{n+p} - S_n| < \varepsilon$$

于是级数 $\sum\limits_{n=1}^{\infty} \dfrac{1}{n^2}$ 收敛。

例 9.1.6　证明调和级数

$$\sum_{n=1}^{\infty} \frac{1}{n} = 1 + \frac{1}{2} + \frac{1}{3} + \cdots + \frac{1}{n} + \cdots$$

发散。

证 对于级数 $\sum\limits_{n=1}^{\infty}\frac{1}{n}$，取 $m=2n$，有

$$|S_m-S_n|=\left|\frac{1}{n+1}+\frac{1}{n+2}+\cdots+\frac{1}{m}\right|=\left|\frac{1}{n+1}+\frac{1}{n+2}+\cdots+\frac{1}{2n}\right|$$
$$>\underbrace{\frac{1}{2n}+\frac{1}{2n}+\cdots+\frac{1}{2n}}_{n}=\frac{n}{2n}=\frac{1}{2}$$

因此，存在 $\varepsilon_0=\frac{1}{2}$，对于任意的自然数 N，当 $n_0>N$，以及 $m_0=2n_0$ 时，

$$|S_{m_0}-S_{n_0}|=\left|\frac{1}{n_0+1}+\frac{1}{n_0+2}+\cdots+\frac{1}{m_0}\right|$$
$$>\underbrace{\frac{1}{2n_0}+\frac{1}{2n_0}+\cdots+\frac{1}{2n_0}}_{n_0}=\frac{1}{2}=\varepsilon_0$$

所以级数 $\sum\limits_{n=1}^{\infty}\frac{1}{n}$ 发散。

定理 9.1.3(线性性) 设 $\sum\limits_{n=1}^{\infty}u_n=A$，$\sum\limits_{n=1}^{\infty}v_n=B$，$\alpha$、$\beta$ 是两个常数，则

$$\sum_{n=1}^{\infty}(\alpha u_n+\beta v_n)=\alpha A+\beta B$$

分析 只要证明级数 $\sum\limits_{n=1}^{\infty}(\alpha u_n+\beta v_n)$ 的部分和数列 $\{S_n\}$ 的极限存在，且等于 $\alpha A+\beta B$ 即可。

证 设 $\sum\limits_{n=1}^{\infty}u_n$ 的部分和数列为 $\{S_n^{(1)}\}$，$\sum\limits_{n=1}^{\infty}v_n$ 的部分和数列为 $\{S_n^{(2)}\}$，则对 $\sum\limits_{n=1}^{\infty}(\alpha u_n+\beta v_n)$ 的部分和数列 $\{S_n\}$ 有

$$S_n=\alpha S_n^{(1)}+\beta S_n^{(2)}$$

于是

$$\lim_{n\to\infty}S_n=\alpha\lim_{n\to\infty}S_n^{(1)}+\beta\lim_{n\to\infty}S_n^{(2)}=\alpha A+\beta B$$

成立。证毕。

定理 9.1.3 表示收敛级数可以进行**加法和数乘运算**。

例 9.1.7 求级数 $\sum\limits_{n=1}^{\infty}\frac{4^{n+1}-3\cdot 2^n}{5^n}$ 的值。

解 因为几何级数 $\sum\limits_{n=0}^{\infty}\left(\frac{4}{5}\right)^n$ 与 $\sum\limits_{n=0}^{\infty}\left(\frac{2}{5}\right)^n$ 都收敛，所以有

$$\sum_{n=1}^{\infty}\frac{4^{n+1}-3\cdot 2^n}{5^n}=\frac{16}{5}\sum_{n=0}^{\infty}\left(\frac{4}{5}\right)^n-\frac{6}{5}\sum_{n=0}^{\infty}\left(\frac{2}{5}\right)^n$$
$$=\frac{16}{5}\cdot\frac{1}{1-\frac{4}{5}}-\frac{6}{5}\cdot\frac{1}{1-\frac{2}{5}}=14$$

级数收敛的 Cauchy 原理告诉我们，级数 $\sum\limits_{n=1}^{\infty}u_n$ 是否收敛，取决于对于任意给定的正数 ε，

是否存在充分大的正整数 N，当 $n>N$ 时，对任意自然数 p，都有 $\left|\sum_{k=n+1}^{n+p}u_k\right|<\varepsilon$。由此可知，级数是否收敛，与级数有限项的取值无关。于是，有如下结果。

定理 9.1.4　在一个级数中，任意去掉、添加或改变级数的有限项，不改变级数的敛散性。

定理 9.1.5　设级数 $\sum_{n=1}^{\infty}u_n$ 收敛，则在它的求和表达式中任意添加括号后所得的级数仍然收敛，且其和不变。

证　设 $\sum_{n=1}^{\infty}u_n$ 添加括号后表示为

$$(u_1+u_2+\cdots+u_{n_1})+(u_{n_1+1}+u_{n_1+2}+\cdots+u_{n_2})+\cdots+$$
$$(u_{n_{k-1}+1}+u_{n_{k-1}+2}+\cdots+u_{n_k})+\cdots$$

令

$$y_1=u_1+u_2+\cdots+u_{n_1}$$
$$y_2=u_{n_1+1}+u_{n_1+2}+\cdots+u_{n_2}$$
$$\vdots$$
$$y_k=u_{n_{k-1}+1}+u_{n_{k-1}+2}+\cdots+u_{n_k}$$
$$\vdots$$

则 $\sum_{n=1}^{\infty}u_n$ 按上面的方式添加括号后所得的级数为 $\sum_{n=1}^{\infty}y_n$。

令 $\sum_{n=1}^{\infty}u_n$ 的部分和数列为 $\{S_n\}$，$\sum_{n=1}^{\infty}y_n$ 的部分和数列为 $\{U_n\}$，则

$$U_1=S_{n_1}$$
$$U_2=S_{n_2}$$
$$\vdots$$
$$U_k=S_{n_k}$$
$$\vdots$$

显然 $\{U_n\}$ 是 $\{S_n\}$ 的一个子列。于是，由 $\{S_n\}$ 的收敛性即得 $\{U_n\}$ 的收敛性，且极限相同。证毕。

在极限论中知道，一个数列的某个子列收敛并不能保证数列本身收敛。因此，相应地，在一个级数的和式中，添加了括号后所得的级数收敛并不能保证原来的级数收敛，即上面的级数 $\sum_{n=1}^{\infty}y_n$ 收敛并不能保证级数 $\sum_{n=1}^{\infty}u_n$ 收敛。

例 9.1.8　证明级数

$$\sum_{n=1}^{\infty}(-1)^{n-1}=1-1+1-\cdots+(-1)^{n-1}+\cdots$$

发散。

证　设级数 $\sum_{n=1}^{\infty}(-1)^{n-1}$ 的部分和数列的通项为 S_n，则

$$S_n=\begin{cases}0, & n\text{ 为偶数}\\ 1, & n\text{ 为奇数}\end{cases}$$

若在 $\{S_n\}$ 中，取 $n=2k$（k 为自然数），则 $S_{2k}=0\to 0(k\to\infty)$；若取 $n=2k-1$（k 为自然数），

则 $S_{2k-1}=1\to 1(k\to\infty)$。

由于收敛数列的任何子列都是收敛的，并且它们的极限相等，因此数列$\{S_n\}$发散，从而级数 $\sum\limits_{n=1}^{\infty}(-1)^{n-1}$ 发散。

例 9.1.9 计算级数 $\sum\limits_{n=1}^{\infty}\dfrac{2n-1}{2^n}$。

解 设级数的部分和数列为$\{S_n\}$，则

$$\begin{aligned}S_n &= 2S_n - S_n = 2\sum_{k=1}^{n}\frac{2k-1}{2^k}-\sum_{k=1}^{n}\frac{2k-1}{2^k}\\ &= \sum_{k=0}^{n-1}\frac{2k+1}{2^k}-\sum_{k=1}^{n}\frac{2k-1}{2^k}\\ &= 1+\sum_{k=1}^{n-1}\frac{1}{2^{k-1}}-\frac{2n-1}{2^n}\end{aligned}$$

于是

$$\lim_{n\to\infty}S_n = 1+\sum_{k=0}^{\infty}\frac{1}{2^k}=3$$

例 9.1.10 计算级数 $\sum\limits_{n=1}^{\infty}\arctan\dfrac{1}{2n^2}$。

解 利用三角恒等式 $\arctan x-\arctan y=\arctan\dfrac{x-y}{1+xy}$，得

$$\arctan\frac{1}{2n^2}=\arctan\frac{1}{2n-1}-\arctan\frac{1}{2n+1}$$

于是级数的部分和

$$\begin{aligned}S_n &= \arctan\frac{1}{2}+\left(\arctan\frac{1}{3}-\arctan\frac{1}{5}\right)+\left(\arctan\frac{1}{5}-\arctan\frac{1}{7}\right)+\cdots+\\ &\quad\left(\arctan\frac{1}{2n-1}-\arctan\frac{1}{2n+1}\right)\\ &= \arctan\frac{1}{2}-\arctan\left(-\frac{1}{3}\right)-\arctan\frac{1}{2n+1}=\arctan 1-\arctan\frac{1}{2n+1}\end{aligned}$$

令 $n\to\infty$，即得

$$\sum_{n=1}^{\infty}\arctan\frac{1}{2n^2}=\frac{\pi}{4}$$

习题 9.1

1. 判断下列级数的敛散性：

(1) $-1+\dfrac{1}{\sqrt{2}}-\dfrac{1}{\sqrt[3]{3}}+\cdots+\dfrac{(-1)^n}{\sqrt[n]{n}}+\cdots$；

(2) $\dfrac{1}{1\cdot 4}+\dfrac{1}{4\cdot 7}+\cdots+\dfrac{1}{(3n-2)(3n+1)}+\cdots$；

(3) $\left(\dfrac{1}{2}+\dfrac{1}{3}\right)+\left(\dfrac{1}{2^2}+\dfrac{1}{3^2}\right)+\cdots+\left(\dfrac{1}{2^n}+\dfrac{1}{3^n}\right)+\cdots$；

(4) $(\sqrt{2}-\sqrt{1})+(\sqrt{3}-\sqrt{2})+\cdots+(\sqrt{n+1}-\sqrt{n})+\cdots$；

(5) $\frac{1}{2}+\frac{3}{2^2}+\frac{5}{2^3}+\cdots+\frac{2n-1}{2^n}+\cdots$；

(6) $\left(\frac{3}{5^1}+\frac{2}{1}\right)+\left(\frac{3}{5^2}+\frac{2}{2}\right)+\left(\frac{3}{5^3}+\frac{2}{3}\right)+\cdots+\left(\frac{3}{5^n}+\frac{2}{n}\right)+\cdots$。

2. 求下列级数的和：

(1) $\sum\limits_{n=2}^{\infty}\frac{1}{n^2+n-2}$；　(2) $\sum\limits_{n=1}^{\infty}\frac{1}{(3n-2)(3n+1)}$；

(3) $\sum\limits_{n=1}^{\infty}\frac{2n-1}{3^n}$。

3. 利用 Cauchy 收敛原理证明下列级数的敛散性：

(1) $\sum\limits_{n=1}^{\infty}\frac{\sin n}{2^n}$；　(2) $\sum\limits_{n=1}^{\infty}\frac{1}{\sqrt{n^2+n}}$；

(3) $\sum\limits_{n=1}^{\infty}\frac{\cos(n!)}{n(n+1)}$；　(4) $\sum\limits_{n=1}^{\infty}\frac{a\cos n+b\sin n}{n[n+\sin(n!)]}$。

4. 证明：若级数 $\sum\limits_{n=1}^{\infty}u_n$ 发散，则对任何常数 $c\neq 0$，$\sum\limits_{n=1}^{\infty}cu_n$ 也发散。

5. 设级数 $\sum\limits_{n=1}^{\infty}u_n$ 与 $\sum\limits_{n=1}^{\infty}v_n$ 均为发散级数，那么 $\sum\limits_{n=1}^{\infty}(u_n+v_n)$ 一定发散吗？若 u_n、$v_n(n=1,2,3,\cdots)$ 同号，又有什么结论呢？

6. 设级数 $\sum\limits_{n=1}^{\infty}u_n$ 满足条件：(ⅰ) $\lim\limits_{n\to+\infty}u_n=0$；(ⅱ) $\sum\limits_{k=1}^{\infty}(u_{2k-1}+u_{2k})$ 收敛，则 $\sum\limits_{n=1}^{\infty}u_n$ 收敛。

7. 设级数 $\sum\limits_{n=1}^{\infty}u_n(u_n>0,n=1,2,\cdots)$ 收敛，$\{u_n\}$ 单调减小，应用 Cauchy 收敛原理证明：$\lim\limits_{n\to\infty}nu_n=0$。

8. 若对于任意 $\varepsilon>0$ 和任意正整数 p，存在 $N(\varepsilon,p)$，使得对一切 $n>N$，有

$$\left|\sum_{k=n+1}^{n+p}u_k\right|<\varepsilon$$

那么级数 $\sum\limits_{n=1}^{\infty}u_n$ 是否收敛？

9*. 证明：若级数 $\sum\limits_{n=1}^{\infty}u_n(u_n>0)$ 发散，则 $\sum\limits_{n=1}^{\infty}\frac{u_n}{S_n}$ 也发散，这里 $S_n=\sum\limits_{k=1}^{n}u_k$。

9.2　正项级数

在数项级数中，若它各项的符号相同，则称其为**同号级数**。在同号级数中，各项由非负实数组成的级数，称为**正项级数**。如果级数的各项都是由 0 和负数组成的，级数的各项乘以 -1 后，就可以化成正项级数。因此，对于同号级数，我们只需讨论正项级数的敛散性即可。

9.2.1　正项级数的收敛原理

设 $\sum\limits_{n=1}^{\infty}u_n$ 是一个正项级数，它的部分和数列记为 $\{S_n\}$，则

$$S_n \leqslant S_n + u_{n+1} = S_{n+1}, \quad n=1,2,\cdots$$

因此,$\{S_n\}$为一单调递增数列,而单调递增数列$\{S_n\}$极限存在的充分必要条件是$\{S_n\}$有界。因此,我们得到正项级数的收敛原理如下。

定理 9.2.1 正项级数 $\sum\limits_{n=1}^{\infty} u_n$ 收敛的充分必要条件是它的部分和数列$\{S_n\}$有界。

定理 9.2.1 告诉我们,关于正项级数收敛性的判别问题,可归结为它的部分和数列的有界性问题。

例 9.2.1 讨论"p 级数" $\sum\limits_{n=1}^{\infty} \frac{1}{n^p}$ 的敛散性。

解 (i)当 $p=1$ 时,由例 9.1.6 知,级数 $\sum\limits_{n=1}^{\infty} \frac{1}{n}$ 发散。

(ii)当 $p<1$ 时,由于$\frac{1}{n^p}>\frac{1}{n}$,故有

$$S_n = 1+\frac{1}{2^p}+\frac{1}{3^p}+\cdots+\frac{1}{n^p} > 1+\frac{1}{2}+\frac{1}{3}+\cdots+\frac{1}{n} = S_n'$$

由于$\{S_n'\}$为调和级数的部分和数列,所以 $\lim\limits_{n\to+\infty} S_n' = +\infty$,因此数列$\{S_n\}$无界,故级数 $\sum\limits_{n=1}^{\infty} \frac{1}{n^p}$ 在 $p<1$ 时发散。

(iii)当 $p>1$ 时,把级数各项按下列方法加括号:

$$\begin{aligned} & 1+\frac{1}{2^p}+\frac{1}{3^p}+\cdots+\frac{1}{n^p}+\cdots \\ & =1+\left(\frac{1}{2^p}+\frac{1}{3^p}\right)+\left(\frac{1}{4^p}+\cdots+\frac{1}{7^p}\right)+\left(\frac{1}{8^p}+\cdots+\frac{1}{15^p}\right)+\cdots+ \\ & \quad \left(\frac{1}{2^{np}}+\cdots+\frac{1}{(2^{n+1}-1)^p}\right)+\cdots \end{aligned}$$

上式右端每个括号中依次包含 $2^n(n=1,2,\cdots)$项,而其中的最大者依次为$\frac{1}{2^{np}}$,于是

$$\begin{aligned} S_n &= \sum_{k=0}^{n-1} \frac{1}{k^p} = 1+\frac{1}{2^p}+\frac{1}{3^p}+\cdots+\frac{1}{(n-1)^p} \\ &\leqslant 1+\frac{1}{2^{p-1}}+\frac{1}{2^{2(p-1)}}+\frac{1}{2^{3(p-1)}}+\cdots+\frac{1}{2^{n(p-1)}} \\ &< \frac{1}{1-\frac{1}{2^{p-1}}} \end{aligned}$$

由此知,级数 $\sum\limits_{n=1}^{\infty} \frac{1}{n^p}(p>1)$ 的部分和数列$\{S_n\}$有界,由定理 9.2.1,级数 $\sum\limits_{n=1}^{\infty} \frac{1}{n^p}$ 在 $p>1$ 时收敛。

于是,级数 $\sum\limits_{n=1}^{\infty} \frac{1}{n^p}$ 当 $p>1$ 时收敛,当 $p\leqslant 1$ 时发散。

9.2.2 比较判别法

判断一个正项级数的敛散性,最常用的一个方法就是用一个已知的收敛或发散的级数与

它作比较。

定理 9.2.2(比较判别法)　设 $\sum_{n=1}^{\infty} u_n$ 与 $\sum_{n=1}^{\infty} v_n$ 是两个正项级数，则

(ⅰ) 若级数 $\sum_{n=1}^{\infty} v_n$ 收敛，并且存在常数 $c \geqslant 0$ 和自然数 N，当 $n > N$ 时，有

$$u_n \leqslant c v_n$$

那么级数 $\sum_{n=1}^{\infty} u_n$ 也收敛；

(ⅱ) 若级数 $\sum_{n=1}^{\infty} v_n$ 发散，并且存在常数 $c > 0$ 和自然数 N，当 $n > N$ 时，有

$$u_n \geqslant c v_n$$

那么级数 $\sum_{n=1}^{\infty} u_n$ 也发散。

证　(ⅰ) 由定理 9.1.4，不妨设 $u_n \leqslant c v_n (n=1,2,\cdots)$。用 $\{S_n\}$ 和 $\{T_n\}$ 分别表示级数 $\sum_{n=1}^{\infty} u_n$ 与 $\sum_{n=1}^{\infty} v_n$ 的部分和数列，则显然有

$$S_n \leqslant c T_n, \quad n=1,2,\cdots$$

若级数 $\sum_{n=1}^{\infty} v_n$ 收敛，则其部分和数列 $\{T_n\}$ 有上界，从而 $\sum_{n=1}^{\infty} u_n$ 的部分和数列 $\{S_n\}$ 也有上界，由定理 9.2.1，级数 $\sum_{n=1}^{\infty} u_n$ 收敛。

(ⅱ) 反证法。若级数 $\sum_{n=1}^{\infty} u_n$ 收敛，由(ⅰ)，级数 $\sum_{n=1}^{\infty} v_n$ 也收敛，此与条件 $\sum_{n=1}^{\infty} v_n$ 发散矛盾。证毕。

例 9.2.2　判断正项级数 $\sum_{n=1}^{\infty} \frac{1}{n^n}$ 的敛散性。

解　当 $n > 2$ 时，$\frac{1}{n^n} < \frac{1}{2^n}$，因级数 $\sum_{n=1}^{\infty} \frac{1}{2^n}$ 收敛，由比较判别法，级数 $\sum_{n=1}^{\infty} \frac{1}{n^n}$ 收敛。

例 9.2.3　判断正项级数 $\sum_{n=1}^{\infty} \sin \frac{\pi}{n}$ 的敛散性。

解　当 $x \in \left[0, \frac{\pi}{2}\right]$ 时，不等式 $\sin x \geqslant \frac{2}{\pi} x \geqslant 0$ 成立，所以当 $n \geqslant 2$ 时，级数 $\sum_{n=1}^{\infty} \sin \frac{\pi}{n}$ 的通项

$$u_n = \sin \frac{\pi}{n} \geqslant \frac{2}{\pi} \cdot \frac{\pi}{n} = \frac{2}{n}$$

由于 $\sum_{n=1}^{\infty} \frac{1}{n}$ 是发散的，由比较判别法，级数 $\sum_{n=1}^{\infty} \sin \frac{\pi}{n}$ 发散。

由上面的例子可以看出，应用比较判别法判断一个级数的敛散性，归结为去寻找一个尽可能简单且为我们所熟知的收敛或发散的级数与之比较。其方法就是通过对该级数的通项进行适当放大或缩小的技巧达到目的。下面介绍比较判别法的极限形式，使用起来更加方便。

定理 9.2.3(比较判别法的极限形式)　设 $\sum_{n=1}^{\infty} u_n$ 与 $\sum_{n=1}^{\infty} v_n$ 是两个正项级数，且

$$\lim_{n\to\infty}\frac{u_n}{v_n}=l$$

那么

（ⅰ）若 $0\leqslant l<+\infty$，则当 $\sum_{n=1}^{\infty}v_n$ 收敛时，$\sum_{n=1}^{\infty}u_n$ 也收敛；

（ⅱ）若 $0<l\leqslant+\infty$，则当 $\sum_{n=1}^{\infty}v_n$ 发散时，$\sum_{n=1}^{\infty}u_n$ 也发散。

所以当 $0<l<+\infty$ 时，$\sum_{n=1}^{\infty}u_n$ 与 $\sum_{n=1}^{\infty}v_n$ 同时收敛或同时发散。

证 （ⅰ）由于 $\lim_{n\to\infty}\frac{u_n}{v_n}=l<+\infty$，对于给定的 $\varepsilon=1$，存在正整数 N，当 $n>N$ 时，

$$\frac{u_n}{v_n}<l+1$$

因此

$$u_n<(l+1)v_n$$

于是当 $\sum_{n=1}^{\infty}v_n$ 收敛时，根据定理 9.2.2，级数 $\sum_{n=1}^{\infty}u_n$ 也收敛。

（ⅱ）当 $0<l<+\infty$ 时，由于 $\lim_{n\to\infty}\frac{u_n}{v_n}=l$，对于 $\varepsilon=\frac{l}{2}$，存在正整数 N，当 $n>N$ 时，有

$$\frac{l}{2}<\frac{u_n}{v_n},\quad 即\ \frac{l}{2}v_n<u_n$$

于是 $\sum_{n=1}^{\infty}v_n$ 发散时，根据定理 9.2.2 知，级数 $\sum_{n=1}^{\infty}u_n$ 发散。

当 $l=+\infty$ 时，由于 $\lim_{n\to\infty}\frac{u_n}{v_n}=l$，对于 $M=1$，存在正整数 N_1，当 $n>N_1$ 时，有

$$\frac{u_n}{v_n}>1,\quad 即\ v_n<u_n$$

当级数 $\sum_{n=1}^{\infty}v_n$ 发散时，根据定理 9.2.2 知，级数 $\sum_{n=1}^{\infty}u_n$ 发散。证毕。

例 9.2.4 判别正项级数 $\sum_{n=1}^{\infty}\left(e^{\frac{1}{n^2}}-\cos\frac{\pi}{n}\right)$ 的敛散性。

解 由 Taylor 公式，

$$\begin{aligned}e^{\frac{1}{n^2}}-\cos\frac{\pi}{n}&=\left[1+\frac{1}{n^2}+o\left(\frac{1}{n^2}\right)\right]-\left[1-\frac{1}{2}\left(\frac{\pi}{n}\right)^2+o\left(\frac{1}{n^2}\right)\right]\\&=\left(1+\frac{\pi^2}{2}\right)\frac{1}{n^2}+o\left(\frac{1}{n^2}\right),\quad n\to\infty\end{aligned}$$

所以

$$\lim_{n\to\infty}\frac{e^{\frac{1}{n^2}}-\cos\frac{\pi}{n}}{\frac{1}{n^2}}=1+\frac{\pi^2}{2}$$

由 $\sum_{n=1}^{\infty}\frac{1}{n^2}$ 收敛，即知 $\sum_{n=1}^{\infty}\left(e^{\frac{1}{n^2}}-\cos\frac{\pi}{n}\right)$ 收敛。

例 9.2.5　判别级数 $\sum_{n=1}^{\infty} n\left(1-\cos\frac{1}{n}\right)$ 的敛散性。

解　由 Taylor 公式，

$$\cos\frac{1}{n}=1-\frac{1}{2n^2}+o\left(\frac{1}{n^2}\right),\quad n\to\infty$$

所以

$$\lim_{n\to\infty}\frac{1-\cos\frac{1}{n}}{\frac{1}{n^2}}=\frac{1}{2}$$

即

$$\lim_{n\to\infty}\frac{n\left(1-\cos\frac{1}{n}\right)}{\frac{1}{n}}=\frac{1}{2}$$

由于级数 $\sum_{n=1}^{\infty}\frac{1}{n}$ 发散，从而可知级数 $\sum_{n=1}^{\infty} n\left(1-\cos\frac{1}{n}\right)$ 发散。

9.2.3　Cauchy 判别法和 D'Alembert 判别法

我们知道，用比较判别法判断某一级数的敛散性时，往往需要找到一个已知收敛或发散的级数与之进行比较。但是，对于大多数正项级数来说，找出和它进行比较的级数有一定的困难。下面介绍的 Cauchy 判别法和 D'Alembert 判别法，都是以等比级数作为比较尺度而建立的判别法，往往利用级数本身的特性就可以判别它的敛散性，使用起来更加方便。

定理 9.2.4(Cauchy 判别法)　设 $\sum_{n=1}^{\infty} u_n$ 为正项级数，则

(ⅰ) 若存在一个常数 $0<r<1$，以及自然数 N，当 $n>N$ 时，有

$$\sqrt[n]{u_n}\leqslant r$$

则级数 $\sum_{n=1}^{\infty} u_n$ 收敛；

(ⅱ) 如果存在自然数 N，当 $n>N$ 时，有

$$\sqrt[n]{u_n}\geqslant 1$$

则级数 $\sum_{n=1}^{\infty} u_n$ 发散。

证　(ⅰ) 由于当 $n>N$ 时，有

$$\sqrt[n]{u_n}\leqslant r<1$$

从而当 $n>N$ 时，有

$$u_n\leqslant r^n$$

由于级数 $\sum_{n=1}^{\infty} r^n$ 收敛，应用比较判别法可知级数 $\sum_{n=1}^{\infty} u_n$ 收敛。

(ⅱ) 由条件知，当 $n>N$ 时，有

$$\sqrt[n]{u_n}\geqslant 1$$

即当 $n>N$ 时，有

$$u_n \geqslant 1$$

由级数收敛的必要条件知,级数 $\sum_{n=1}^{\infty} u_n$ 发散。证毕。

定理 9.2.5(Cauchy 判别法极限形式) 设 $\sum_{n=1}^{\infty} u_n$ 为正项级数,且 $\lim_{n \to +\infty} \sqrt[n]{u_n} = r$,则

(ⅰ)当 $r<1$ 时,级数 $\sum_{n=1}^{\infty} u_n$ 收敛;

(ⅱ)当 $r>1$(含 $r=+\infty$)时,级数 $\sum_{n=1}^{\infty} u_n$ 发散。

证 (ⅰ)当 $r<1$ 时,由 $\lim_{n \to +\infty} \sqrt[n]{u_n} = r$,对于取定的 $\varepsilon \in (0, 1-r)$,存在自然数 N,当 $n>N$ 时,有

$$\sqrt[n]{u_n} < r + \varepsilon = \eta < 1$$

即

$$u_n < \eta^n$$

于是,级数 $\sum_{n=1}^{\infty} u_n$ 收敛。

(ⅱ)当 $r>1$ 时,由 $\lim_{n \to +\infty} \sqrt[n]{u_n} = r$,对于取定的 $\varepsilon \in (0, r-1)$,存在自然数 N_1,当 $n>N_1$ 时,有

$$\sqrt[n]{u_n} > r - \varepsilon = \lambda > 1$$

即

$$u_n > \lambda^n$$

于是,级数 $\sum_{n=1}^{\infty} u_n$ 发散。证毕。

例 9.2.6 判断正项级数 $\sum_{n=1}^{\infty} \frac{n}{2^n}$ 的敛散性。

解 设 $u_n = \frac{n}{2^n}$,则

$$\lim_{n \to +\infty} \sqrt[n]{u_n} = \lim_{n \to +\infty} \sqrt[n]{\frac{n}{2^n}} = \frac{1}{2} \lim_{n \to +\infty} \sqrt[n]{n} = \frac{1}{2}$$

即 $r = \frac{1}{2} < 1$,应用 Cauchy 判别法,级数 $\sum_{n=1}^{\infty} \frac{n}{2^n}$ 收敛。

定理 9.2.6(D'Alembert 判别法) 设 $\sum_{n=1}^{\infty} u_n$ 为正项级数,其中 $u_n>0$,则

(ⅰ)若存在一个常数 $0<r<1$,以及自然数 N,当 $n>N$ 时,有

$$\frac{u_{n+1}}{u_n} \leqslant r$$

则级数 $\sum_{n=1}^{\infty} u_n$ 收敛;

(ⅱ)如果存在自然数 N,当 $n>N$ 时,有

$$\frac{u_{n+1}}{u_n} \geqslant 1$$

则级数 $\sum_{n=1}^{\infty} u_n$ 发散。

证　（ⅰ）由题设条件，当 $n>N$ 时，有

$$\frac{u_n}{u_{N+1}}=\frac{u_{N+2}}{u_{N+1}}\cdot\frac{u_{N+3}}{u_{N+2}}\cdot\cdots\cdot\frac{u_n}{u_{n-1}}\leqslant\underbrace{r\cdot r\cdot\cdots\cdot r}_{n-N-1}=r^{n-N-1}$$

即当 $n>N$ 时，

$$u_n\leqslant u_{N+1}r^{n-N-1}=\frac{u_{N+1}}{r^{N+1}}r^n$$

由于 $r<1$，级数 $\sum_{n=1}^{\infty} r^n$ 收敛，从而 $\sum_{n=1}^{\infty} u_n$ 收敛。

（ⅱ）由题设条件，当 $n>N$ 时，

$$\frac{u_{n+1}}{u_n}\geqslant 1$$

则当 $n>N$ 时，

$$u_{n+1}\geqslant u_n$$

于是 $n>N$ 时，$\{u_n\}$ 为单调递增数列，所以当 n 趋于无穷大时，u_n 不可能趋于 0，由级数收敛的必要条件，级数 $\sum_{n=1}^{\infty} u_n$ 发散。证毕。

定理 9.2.7(D'Alembert 判别法的极限形式)　设 $\sum_{n=1}^{\infty} u_n$ 为正项级数，其中 $u_n>0$ 且

$$\lim_{n\to\infty}\frac{u_{n+1}}{u_n}=r$$

则

（ⅰ）当 $r<1$ 时，级数 $\sum_{n=1}^{\infty} u_n$ 收敛；

（ⅱ）当 $r>1$（含 $r=+\infty$）时，级数 $\sum_{n=1}^{\infty} u_n$ 发散。

证　（ⅰ）由于 $r<1$，可取 $q>0$，使 $r<q<1$，由 $\lim_{n\to\infty}\frac{u_{n+1}}{u_n}=r$，存在自然数 N，当 $n>N$ 时，有

$$\frac{u_{n+1}}{u_n}<q$$

由定理 9.2.6(ⅰ)可知，级数 $\sum_{n=1}^{\infty} u_n$ 收敛。

（ⅱ）当 $r>1$（含 $r=+\infty$）时，由 $\lim_{n\to\infty}\frac{u_{n+1}}{u_n}=r$，存在自然数 N，当 $n>N$ 时，有

$$\frac{u_{n+1}}{u_n}>r>1$$

这意味着当 $n>N$ 时，$\{u_n\}$ 为单调递增数列；当 n 趋于无穷大时，u_n 不可能趋于 0，由级数收敛的必要条件，级数 $\sum_{n=1}^{\infty} u_n$ 发散。证毕。

例 9.2.7　判断正项级数 $\sum_{n=1}^{\infty}\frac{n^n}{n!}a^n\ (a>0)$ 的敛散性。

解 由于

$$\lim_{n\to\infty}\frac{u_{n+1}}{u_n}=\lim_{n\to\infty}\frac{\frac{(n+1)^{n+1}}{(n+1)!}a^{n+1}}{\frac{n^n}{n!}a^n}=\lim_{n\to\infty}\left(1+\frac{1}{n}\right)^n\cdot a=\mathrm{e}a$$

应用定理 9.2.7,得

当 $\mathrm{e}a<1$,即 $a<\frac{1}{\mathrm{e}}$时,级数 $\sum_{n=1}^{\infty}\frac{n^n}{n!}a^n(a>0)$ 收敛;

当 $\mathrm{e}a>1$,即 $a>\frac{1}{\mathrm{e}}$时,级数 $\sum_{n=1}^{\infty}\frac{n^n}{n!}a^n(a>0)$ 发散;

当 $\mathrm{e}a=1$,即 $a=\frac{1}{\mathrm{e}}$时,不能确定级数 $\sum_{n=1}^{\infty}\frac{n^n}{n!}a^n(a>0)$ 的敛散性。

注 对于 Cauchy 判别法与 D'Alembert 判别法,当 $r=1$ 时,这两个判别法失效,级数可能收敛,也可能发散。例如级数 $\sum_{n=1}^{\infty}\frac{1}{n^2}$ 和级数 $\sum_{n=1}^{\infty}\frac{1}{n}$,尽管都有 $r=1$,但前一级数收敛,后一级数发散。

9.2.4 积分判别法

下面我们介绍积分判别法,它以广义积分作为比较对象来判断正项级数的敛散性。

定理 9.2.8(积分判别法) 设 $\sum_{n=1}^{\infty}u_n$ 为一正项级数,$f(x)$ 为$[1,+\infty)$上非负单调递减的连续函数,且 $f(n)=u_n$,则级数 $\sum_{n=1}^{\infty}u_n$ 收敛的充分必要条件是反常积分$\int_1^{+\infty}f(x)\mathrm{d}x$ 收敛。

证 由于 $f(x)$的递减性,当 $n\leqslant x\leqslant n+1$ 时,有

$$f(n+1)\leqslant f(x)\leqslant f(n)$$

因此

$$u_{n+1}=f(n+1)\leqslant\int_n^{n+1}f(x)\mathrm{d}x\leqslant f(n)=u_n,\quad n=1,2,\cdots$$

依次相加,得

$$S_{n+1}-u_1\leqslant\int_1^{n+1}f(x)\mathrm{d}x\leqslant S_n \tag{1}$$

式中,$S_n=\sum_{k=1}^{n}u_k$。

若 $\int_1^{+\infty}f(x)\mathrm{d}x$ 收敛,由式(1)的左端知

$$S_{n+1}\leqslant u_1+\int_1^{+\infty}f(x)\mathrm{d}x$$

由定理 9.2.1,级数 $\sum_{n=1}^{\infty}u_n$ 收敛。

反之,若级数 $\sum_{n=1}^{\infty}u_n$ 收敛,则 $\sum_{n=1}^{\infty}u_n$ 的部分和数列$\{S_n\}$的极限存在,设$\lim\limits_{n\to\infty}S_n=S$。由式(1)的右端知,对于任意自然数 n,有

$$\int_1^{n+1}f(x)\mathrm{d}x\leqslant S_{n+1}<S$$

因为 $f(x)$ 为非负递减函数，故对任意 $A>0$，存在自然数 n，使

$$0\leqslant\int_1^A f(x)\mathrm{d}x\leqslant S_{n+1}<S,\quad n\leqslant A\leqslant n+1$$

从而反常积分 $\int_1^{+\infty} f(x)\mathrm{d}x$ 收敛。证毕。

利用定理 9.2.8 很容易验证 p 级数 $\sum\limits_{n=1}^{\infty}\frac{1}{n^p}$ 的收敛性。取 $f(x)=\frac{1}{x^p}$，则 $f(x)$ 在 $[1,+\infty)$ 上单调减小，且 $\sum\limits_{n=1}^{\infty}f(n)=\sum\limits_{n=1}^{\infty}\frac{1}{n^p}$。由于反常积分 $\int_1^{+\infty}\frac{1}{x^p}\mathrm{d}x$ 在 $p>1$ 时收敛，在 $p\leqslant1$ 时发散，由此得到 $\sum\limits_{n=1}^{\infty}\frac{1}{n^p}$ 在 $p>1$ 时收敛，在 $p\leqslant1$ 时发散。

例 9.2.8　证明正项级数 $\sum\limits_{n=2}^{\infty}\frac{1}{n\ln^q n}$ 在 $q>1$ 时收敛，在 $q\leqslant1$ 时发散。

证　取 $f(x)=\frac{1}{x\ln^q x}$，则在 $[2,+\infty)$ 上，$f(x)$ 单调减小，$f(x)>0$，且 $\sum\limits_{n=2}^{\infty}f(n)=\sum\limits_{n=2}^{\infty}\frac{1}{n\ln^q n}$，由

$$\int_2^A f(x)\mathrm{d}x=\begin{cases}\frac{1}{-q+1}\ln^{-q+1}A-\frac{1}{-q+1}\ln^{-q+1}2, & q\neq1\\ \ln\ln A-\ln\ln 2, & q=1\end{cases}$$

令 $A\to+\infty$，可知积分 $\int_2^{+\infty}f(x)\mathrm{d}x$ 在 $q>1$ 时收敛，在 $q\leqslant1$ 时发散，由此得到 $\sum\limits_{n=2}^{\infty}\frac{1}{n\ln^q n}$ 在 $q>1$ 时收敛，在 $q\leqslant1$ 时发散。

9.2.5　Raabe 判别法

对某些正项级数 $\sum\limits_{n=1}^{\infty}u_n$，当 $\lim\limits_{n\to\infty}\frac{u_{n+1}}{u_n}=1$ 时，Cauchy 判别法与 D'Alembert 判别法全部失效。针对这种情况，下面我们介绍一种更加“精细”的判别法。

定理 9.2.9（Raabe 判别法）　设 $\sum\limits_{n=1}^{\infty}u_n(u_n\neq0)$ 是正项级数，$\lim\limits_{n\to\infty}n\left(\frac{u_n}{u_{n+1}}-1\right)=r$，则

（ⅰ）当 $r>1$ 时，级数 $\sum\limits_{n=1}^{\infty}u_n$ 收敛；

（ⅱ）当 $r<1$ 时，级数 $\sum\limits_{n=1}^{\infty}u_n$ 发散。

证　设 $s>t>1$，$f(x)=1+sx-(1+x)^t$，由 $f(0)=0$ 与 $f'(0)=s-t>0$，可知存在 $\delta>0$，当 $0<x<\delta$ 时，

$$1+sx>(1+x)^t \tag{2}$$

成立。

（ⅰ）当 $r>1$ 时，取 s、t 满足 $r>s>t>1$。由 $\lim\limits_{n\to\infty}n\left(\frac{u_n}{u_{n+1}}-1\right)=r>s>t$ 与不等式(2)，可知对于充分大的 n，

$$\frac{u_n}{u_{n+1}}>1+\frac{s}{n}>\left(1+\frac{1}{n}\right)^t=\frac{(n+1)^t}{n^t}$$

成立,这说明正项数列$\{n^t u_n\}$从某一项开始单调减小,因而其必有上界,设为M,即

$$n^t u_n \leqslant M$$

于是

$$u_n \leqslant \frac{M}{n^t}$$

由于$t>1$,因而$\sum_{n=1}^{\infty} \frac{1}{n^t}$收敛,根据比较判别法,即知$\sum_{n=1}^{\infty} u_n$收敛。

(ⅱ)当$r<1$时,则对于充分大的n,

$$\frac{u_n}{u_{n+1}} < 1 + \frac{1}{n} = \frac{n+1}{n}$$

成立,这说明正项数列$\{n u_n\}$从某一项开始单调增加,因而存在正整数N与实数$\alpha>0$,使得

$$n u_n > \alpha$$

对一切$n>N$成立,于是

$$u_n > \frac{\alpha}{n}$$

由于$\sum_{n=1}^{\infty} \frac{1}{n}$发散,根据比较判别法,即知$\sum_{n=1}^{\infty} u_n$发散。证毕。

例 9.2.9 判断正项级数$1 + \sum_{n=1}^{\infty} \frac{(2n-1)!!}{(2n)!!} \cdot \frac{1}{2n+1}$的敛散性。

解 设$u_n = \frac{(2n-1)!!}{(2n)!!} \cdot \frac{1}{2n+1}$,则

$$\lim_{n\to\infty} \frac{u_{n+1}}{u_n} = \lim_{n\to\infty} \frac{(2n+1)^2}{(2n+2)(2n+3)} = 1$$

此时,Cauchy 判别法与 D'Alembert 判别法失效,但应用 Raabe 判别法,可得

$$\lim_{n\to\infty} n\left(\frac{u_n}{u_{n+1}} - 1\right) = \lim_{n\to\infty} \frac{n(6n+5)}{(2n+1)^2} = \frac{3}{2} > 1$$

则级数$1 + \sum_{n=1}^{\infty} \frac{(2n-1)!!}{(2n)!!} \cdot \frac{1}{2n+1}$收敛。

习题 9.2

1. 判断下列级数的敛散性:

(1) $\sum_{n=1}^{\infty} \frac{1}{\sqrt{n^3+1}}$; (2) $\sum_{n=1}^{\infty} \frac{1}{\sqrt{2n^2+n}}$;

(3) $\sum_{n=1}^{\infty} 2^n \sin \frac{\pi}{3^n}$; (4) $\sum_{n=1}^{\infty} \left(1 - \cos \frac{1}{n}\right)$;

(5) $\sum_{n=2}^{\infty} \frac{1}{\ln^2 n}$; (6) $\sum_{n=1}^{\infty} \frac{\ln n}{n^2}$;

(7) $\sum_{n=1}^{\infty} \frac{1}{\sqrt[n]{n}}$; (8) $\sum_{n=2}^{\infty} \frac{1}{(\ln n)^n}$;

(9) $\sum_{n=1}^{\infty} (\sqrt{n^2+1} - \sqrt{n^2-1})$; (10) $\sum_{n=1}^{\infty} \frac{n^2}{2^n}$;

(11) $\sum_{n=1}^{\infty}\frac{2^n n!}{n^n}$；　(12) $\sum_{n=1}^{\infty}\frac{1}{n\sqrt[n]{n}}$；

(13) $\sum_{n=1}^{\infty}\frac{n}{(\ln n)^{\ln n}}$；　(14) $\sum_{n=1}^{\infty}\frac{1}{3^n}\left(\frac{n+1}{n}\right)^{n^2}$；

(15) $\sum_{n=1}^{\infty}(a^{\frac{1}{n}}+a^{-\frac{1}{n}}-2)$，　$a>0$。

2. 用积分判别法讨论下列级数的敛散性：

(1) $\sum_{n=3}^{\infty}\frac{1}{n\ln n\ln\ln n}$；　(2) $\sum_{n=3}^{\infty}\frac{1}{n(\ln n)^p(\ln\ln n)^q}$，　$p>0, q>0$。

3. 用 Raabe 判别法讨论下列级数的敛散性：

(1) $\sum_{n=1}^{\infty}\frac{n^n}{n!\mathrm{e}^n}$；　(2) $\sum_{n=1}^{\infty}\frac{n!}{(\alpha+1)(\alpha+2)\cdots(\alpha+n)}$，　$\alpha>0$。

4. 设 $\sum_{n=1}^{\infty}u_n$ 为正项级数，且 $\frac{u_{n+1}}{u_n}<1$，能否断定 $\sum_{n=1}^{\infty}u_n$ 收敛？

5. 设 $\sum_{n=1}^{\infty}u_n$ 和 $\sum_{n=1}^{\infty}v_n$ 为两个正项级数，且存在 N_0，对一切 $n>N_0$，有

$$\frac{u_{n+1}}{u_n}\leqslant\frac{v_{n+1}}{v_n}$$

证明：若级数 $\sum_{n=1}^{\infty}v_n$ 收敛，则级数 $\sum_{n=1}^{\infty}u_n$ 也收敛；若级数 $\sum_{n=1}^{\infty}u_n$ 发散，则级数 $\sum_{n=1}^{\infty}v_n$ 也发散。

6. 证明：若正项级数 $\sum_{n=1}^{\infty}u_n$ 收敛，则 $\sum_{n=1}^{\infty}u_n^2$ 也收敛；反之，是否成立？若不成立，举出反例。

7. 设 $\lim_{n\to\infty}nu_n=a(>0)$。证明：级数 $\sum_{n=1}^{\infty}u_n^2$ 收敛，而 $\sum_{n=1}^{\infty}u_n$ 发散。

8. 证明：若级数 $\sum_{n=1}^{\infty}u_n^2$ 与 $\sum_{n=1}^{\infty}v_n^2$ 收敛，则级数

$$\sum_{n=1}^{\infty}|u^n v_n|,\quad \sum_{n=1}^{\infty}(u_n+v_n)^2,\quad \sum_{n=1}^{\infty}\frac{|u_n|}{n}$$

都收敛。

9. 设 $u_n>0(n=1,2,\cdots)$。证明：若 $\lim_{n\to\infty}\frac{u_{n+1}}{u_n}=l$，则 $\lim_{n\to\infty}\sqrt[n]{u_n}=l$。

10. 设 $u_n>0(n=1,2,\cdots)$。证明：

(ⅰ) 若存在 $\alpha>0$，使得当 $n>N$ 时，有 $\frac{\ln\frac{1}{u_n}}{\ln n}\geqslant1+\alpha$，则 $\sum_{n=1}^{\infty}u_n$ 收敛；

(ⅱ) 若当 $n>N$ 时，有 $\frac{\ln\frac{1}{u_n}}{\ln n}\leqslant1$，则 $\sum_{n=1}^{\infty}u_n$ 发散。

11. 设 $\sum_{n=1}^{\infty}u_n$ 是收敛的正项级数，记 $R_n=\sum_{k=n+1}^{\infty}u_k$。证明：若 $\sum_{n=1}^{\infty}R_n$ 收敛，则 $\lim_{n\to\infty}nu_n=0$。

12*. 若级数 $\sum_{n=1}^{\infty}u_n(u_n>0)$ 发散，试证 $\sum_{n=1}^{\infty}\frac{u_n}{S_n^2}$ 收敛，这里 $S_n=\sum_{k=1}^{n}u_k$。

*9.3 上、下极限及其应用

本节主要介绍数列的上、下极限的概念及其运算,最后介绍上、下极限在级数收敛判别法上的应用。

9.3.1 上、下极限

定义 9.3.1 对于任意有界实数列$\{x_n\}$,若存在它的一个子列$\{x_{n_k}\}$使得

$$\lim_{k\to\infty} x_{n_k}=\xi$$

则称ξ为数列$\{x_n\}$的一个**极限点**。

“ξ是数列$\{x_n\}$的极限点”可以等价地表述为:“对于任意给定的$\varepsilon>0$,存在$\{x_n\}$中的无穷多个项属于ξ的ε邻域”。

例 9.3.1 对于数列$\{x_n\}$:$x_n=(-1)^n+\dfrac{1}{n}$,$n=1,2,\cdots$,它的项依次为

$$0,\frac{3}{2},-\frac{2}{3},\frac{5}{4},-\frac{4}{5},\frac{7}{6},-\frac{6}{7},\frac{9}{8},\cdots,(-1)^n+\frac{1}{n},\cdots$$

由于

$$\lim_{k\to\infty} x_{2k}=\lim_{k\to\infty}\left[(-1)^{2k}+\frac{1}{2k}\right]=1,\quad \lim_{k\to\infty} x_{2k-1}=\lim_{k\to\infty}\left[(-1)^{2k-1}+\frac{1}{2k-1}\right]=-1$$

所以 1 和-1都是数列$\{x_n\}=\left\{(-1)^n+\dfrac{1}{n}\right\}$的极限点。

设$\{x_n\}$为有界数列。由 Bolzano-Weierstrass 定理,它必然存在收敛子列,子列的极限一定是有界的。

记$\{x_n\}$的所有极限点的集合:

$$E=\{\xi\mid\xi\text{是}\{x_n\}\text{的极限点}\}$$

则E是非空的有界集合,因此E存在**上确界和下确界**,分别记为

$$H=\sup E,\quad h=\inf E$$

定义 9.3.2 设$\{x_n\}$为一有界实数列,称$H=\sup E$为数列$\{x_n\}$的上极限,记为

$$H=\sup E=\overline{\lim_{n\to\infty}}\, x_n$$

称$h=\inf E$为数列$\{x_n\}$的下极限,记为

$$h=\inf E=\underline{\lim_{n\to\infty}}\, x_n$$

定理 9.3.1 E的上确界H和下确界h均属于E,即

$$H=\max E,\quad h=\min E$$

证 由$H=\sup E$可知,存在$\xi_k\in E\ (k=1,2,\cdots)$,使得

$$\lim_{k\to\infty}\xi_k=H$$

取$\varepsilon_k=\dfrac{1}{k}\ (k=1,2,\cdots)$。因为$\xi_1$是$\{x_n\}$的极限点,所以在$(\xi_1-\varepsilon_1,\xi_1+\varepsilon_1)$内有$\{x_n\}$的无穷多项,取$x_{n_1}\in(\xi_1-\varepsilon_1,\xi_1+\varepsilon_1)$。

因为ξ_2是$\{x_n\}$的极限点,所以在$(\xi_2-\varepsilon_2,\xi_2+\varepsilon_2)$内有$\{x_n\}$的无穷多个项,可以取$n_2>n_1$,使得$x_{n_2}\in(\xi_2-\varepsilon_2,\xi_2+\varepsilon_2)$。

$$\vdots$$

因为 ξ_k 是$\{x_n\}$的极限点，所以在$(\xi_k-\varepsilon_k,\xi_k+\varepsilon_k)$内有$\{x_n\}$的无穷多个项，可以取$n_k>n_{k-1}$，使得 $x_{n_k}\in(\xi_k-\varepsilon_k,\xi_k+\varepsilon_k)$。

$$\vdots$$

这样一直进行下去，便得到$\{x_n\}$的子列$\{x_{n_k}\}$，满足

$$|x_{n_k}-\xi_k|<\frac{1}{k}$$

于是有

$$\lim_{k\to\infty} x_{n_k}=\lim_{k\to\infty}\xi_k=H$$

由定义 9.2.1 可知，H 是$\{x_n\}$的极限点，也就是说，$H\in E$。

同理可证 $h\in E$。

定理 9.3.1 告诉我们，数列$\{x_n\}$的上极限是$\{x_n\}$的**最大极限点**，数列$\{x_n\}$的下极限是$\{x_n\}$的**最小极限点**。

定理 9.3.2　设$\{x_n\}$是有界实数列，则$\{x_n\}$收敛的充分必要条件是

$$\overline{\lim_{n\to\infty}}\, x_n=\underline{\lim_{n\to\infty}}\, x_n$$

即

$$\lim_{n\to\infty} x_n=\overline{\lim_{n\to\infty}}\, x_n=\underline{\lim_{n\to\infty}}\, x_n$$

证　必要性。若$\{x_n\}$是收敛的，则它的任一子列收敛于同一极限，因而此时 E 中只有一个元素，于是

$$\lim_{n\to\infty} x_n=\overline{\lim_{n\to\infty}}\, x_n=\underline{\lim_{n\to\infty}}\, x_n$$

成立。

充分性。反证法。若$\{x_n\}$不收敛，则至少存在它的两个子列收敛于不同极限，因此有

$$\overline{\lim_{n\to\infty}}\, x_n>\underline{\lim_{n\to\infty}}\, x_n$$

此与条件矛盾。证毕。

上面在定义数列的上、下极限时，假定数列都是有界的。为了今后使用上的方便，我们把极限点的定义进行扩充。

设$\{x_n\}$是一个无上界(或下界)的数列，则它必有子数列$\{x_{n_k}\}$以 $\xi=+\infty$(或$-\infty$)作为极限点。我们仍把 E 定义为数列$\{x_n\}$的极限点的全体。

当 $\xi=+\infty$(或$-\infty$)为$\{x_n\}$的极限点时，定义 $\overline{\lim\limits_{n\to\infty}}\, x_n=+\infty$(或$\underline{\lim\limits_{n\to\infty}}\, x_n=-\infty$)；

当 $\xi=+\infty$(或$-\infty$)为$\{x_n\}$的唯一极限点时，定义 $\overline{\lim\limits_{n\to\infty}}\, x_n=\underline{\lim\limits_{n\to\infty}}\, x_n=+\infty$(或$\overline{\lim\limits_{n\to\infty}}\, x_n=\underline{\lim\limits_{n\to\infty}}\, x_n=-\infty$)。

这样一来，对于任何数列，都可以随意地使用记号$\overline{\lim\limits_{n\to\infty}}\, x_n$ 与$\underline{\lim\limits_{n\to\infty}}\, x_n$，并且定理 9.3.1 和定理 9.3.2 也是成立的。

例 9.3.2　求数列$\{x_n=n^{(-1)^n}\}$的上极限与下极限。

解　此数列为

$$1,\ 2,\ \frac{1}{3},\ 4,\ \frac{1}{5},\ 6,\ \frac{1}{7},\ 8,\ \cdots$$

它没有上界，因而

$$\overline{\lim_{n\to\infty}} x_n = +\infty$$

又由 $x_n>0$，且 $\{x_{2n-1}\}$ 的极限为 0，即知

$$\underline{\lim_{n\to\infty}} x_n = 0$$

定理 9.3.3 设 $\{x_n\}$ 是有界实数列，则

(1) $\overline{\lim\limits_{n\to\infty}} x_n=\xi$ 的充分必要条件是：对任意给定的 $\varepsilon>0$，

(i) 存在正整数 N，当 $n>N$ 时，有

$$x_n<\xi+\varepsilon$$

(ii) $\{x_n\}$ 中有无穷多项，满足

$$x_n>\xi-\varepsilon$$

(2) $\underline{\lim\limits_{n\to\infty}} x_n=\eta$ 的充分必要条件是：对任意给定的 $\varepsilon>0$，

(i) 存在正整数 N，当 $n>N$ 时，有

$$x_n>\eta-\varepsilon$$

(ii) $\{x_n\}$ 中有无穷多项，满足

$$x_n<\eta+\varepsilon$$

证 下面只给出(1)的证明，(2)的证明类似。

必要性。由于 ξ 是 $\{x_n\}$ 的最大极限点，因此对于任意给定的 $\varepsilon>0$，在区间 $[\xi+\varepsilon,+\infty)$ 上至多只有 $\{x_n\}$ 中的有限项。设这有限项中最大的下标为 n_0。显然，只要取 $N=n_0$，当 $n>N$ 时，必有

$$x_n<\xi+\varepsilon$$

这就证明了(i)。

由于 ξ 是 $\{x_n\}$ 的极限点，因此 $\{x_n\}$ 中有无穷多项属于 ξ 的 ε 邻域，因此这无穷多个项满足

$$x_n>\xi-\varepsilon$$

这就证明了(ii)。

充分性。由(i)，对任意给定的 $\varepsilon>0$，存在正整数 N，使得当 $n>N$ 时，$x_n<\xi+\varepsilon$ 成立，于是 $\overline{\lim\limits_{n\to\infty}} x_n\leqslant\xi+\varepsilon$。由 ε 的任意性，有

$$\overline{\lim_{n\to\infty}} x_n\leqslant\xi$$

由(ii)，$\{x_n\}$ 中有无穷多项，满足 $x_n>\xi-\varepsilon$，于是 $\overline{\lim\limits_{n\to\infty}} x_n\geqslant\xi-\varepsilon$。由 ε 的任意性又可知

$$\overline{\lim_{n\to\infty}} x_n\geqslant\xi$$

结合上述两式，就得到

$$\overline{\lim_{n\to\infty}} x_n=\xi$$

证毕。

下面给出上、下极限的一些运算性质。

定理 9.3.4 设 $\{x_n\}$，$\{y_n\}$ 是两个实数列，则

(i) $\overline{\lim\limits_{n\to\infty}}(x_n+y_n)\leqslant\overline{\lim\limits_{n\to\infty}} x_n+\overline{\lim\limits_{n\to\infty}} y_n$，$\underline{\lim\limits_{n\to\infty}}(x_n+y_n)\geqslant\underline{\lim\limits_{n\to\infty}} x_n+\underline{\lim\limits_{n\to\infty}} y_n$；

(ii) 若 $\lim\limits_{n\to\infty} x_n$ 存在，则

$$\overline{\lim_{n\to\infty}}(x_n+y_n)=\lim_{n\to\infty} x_n+\overline{\lim_{n\to\infty}} y_n,\quad \underline{\lim_{n\to\infty}}(x_n+y_n)=\lim_{n\to\infty} x_n+\underline{\lim_{n\to\infty}} y_n$$

(要求上述诸式的右端不是待定型，即不为 $(+\infty)+(-\infty)$ 等。)

证　下面只给出（ⅰ）与（ⅱ）中第一式的证明，并假定式中出现的上极限是有限数。

记$\overline{\lim\limits_{n\to\infty}} x_n = H_1$，$\overline{\lim\limits_{n\to\infty}} y_n = H_2$。

由定理 9.3.3，对任意给定的 $\varepsilon>0$，存在正整数 N，对一切 $n>N$，

$$x_n<H_1+\varepsilon,\quad y_n<H_2+\varepsilon$$

成立，即

$$x_n+y_n<H_1+H_2+2\varepsilon$$

所以

$$\overline{\lim_{n\to\infty}}(x_n+y_n)\leqslant H_1+H_2+2\varepsilon$$

由 ε 的任意性，即得到

$$\overline{\lim_{n\to\infty}}(x_n+y_n)\leqslant H_1+H_2=\overline{\lim_{n\to\infty}} x_n+\overline{\lim_{n\to\infty}} y_n$$

这就是（ⅰ）的第一式。下面证明（ⅱ）的第一式。

若$\lim\limits_{n\to\infty} x_n$ 存在，则由（ⅰ）的第一式，有

$$\overline{\lim_{n\to\infty}} y_n=\overline{\lim_{n\to\infty}}[(x_n+y_n)-x_n]\leqslant\overline{\lim_{n\to\infty}}(x_n+y_n)+\overline{\lim_{n\to\infty}}(-x_n)$$

此式即为

$$\overline{\lim_{n\to\infty}}(x_n+y_n)\geqslant\lim_{n\to\infty} x_n+\overline{\lim_{n\to\infty}} y_n$$

又

$$\overline{\lim_{n\to\infty}}(x_n+y_n)\leqslant\lim_{n\to\infty} x_n+\overline{\lim_{n\to\infty}} y_n$$

两式结合即得到（ⅱ）的第一式。证毕。

定理 9.3.5　*设$\{x_n\}$，$\{y_n\}$是两个实数列。*

（ⅰ）*若 $x_n\geqslant0$，$y_n\geqslant0$，则*

$$\overline{\lim_{n\to\infty}}(x_ny_n)\leqslant\overline{\lim_{n\to\infty}} x_n\cdot\overline{\lim_{n\to\infty}} y_n,\quad \underline{\lim_{n\to\infty}}(x_ny_n)\geqslant\underline{\lim_{n\to\infty}}x_n\cdot\underline{\lim_{n\to\infty}}y_n$$

（ⅱ）*若*$\lim\limits_{n\to\infty} x_n=x$，$0<x<+\infty$，*则*

$$\overline{\lim_{n\to\infty}}(x_ny_n)=\overline{\lim_{n\to\infty}} x_n\cdot\overline{\lim_{n\to\infty}} y_n,\quad \underline{\lim_{n\to\infty}}(x_ny_n)=\underline{\lim_{n\to\infty}}x_n\cdot\underline{\lim_{n\to\infty}}y_n$$

（*要求上述诸式的右端不是待定型，即不为* $0\cdot(+\infty)$ *等。*）

证　下面只给出（ⅱ）的第一式的证明，并假定$\overline{\lim\limits_{n\to\infty}} y_n$ 是有限数。

由$\lim\limits_{n\to\infty} x_n=x$，$0<x<+\infty$可知，对任意给定的 $\varepsilon(0<\varepsilon<x)$，存在正整数 N_1，对一切 $n>N_1$，

$$0<x-\varepsilon<x_n<x+\varepsilon$$

成立，记$\overline{\lim\limits_{n\to\infty}} y_n=H_2$；由定理 9.3.3 可知，对上述 $\varepsilon(0<\varepsilon<x)$，存在正整数 N_2，对一切 $n>N_2$，

$$y_n<H_2+\varepsilon$$

成立，取 $N=\max\{N_1,N_2\}$，则当 $n>N$ 时，

$$x_ny_n<\max\{(x-\varepsilon)(H_2+\varepsilon),\ (x+\varepsilon)(H_2+\varepsilon)\}$$

成立，于是有

$$\overline{\lim_{n\to\infty}}(x_ny_n)\leqslant\max\{(x-\varepsilon)(H_2+\varepsilon),\ (x+\varepsilon)(H_2+\varepsilon)\}$$

由 ε 的任意性，即得到

$$\overline{\lim_{n\to\infty}}(x_ny_n)\leqslant x\cdot H_2=\lim_{n\to\infty} x_n\cdot\overline{\lim_{n\to\infty}} y_n$$

由于

$$\varlimsup_{n\to\infty} y_n=\varlimsup_{n\to\infty}\left[(x_ny_n)\cdot\frac{1}{x_n}\right]\leqslant\varlimsup_{n\to\infty}(x_ny_n)\cdot\lim_{n\to\infty}\frac{1}{x_n}$$

即

$$\varlimsup_{n\to\infty}(x_ny_n)\geqslant\lim_{n\to\infty}x_n\cdot\varlimsup_{n\to\infty}y_n$$

两式结合即得到(ⅱ)的第一式。证毕。

例 9.3.3 设数列$\{x_n\}$满足如下不等式：

$$0\leqslant x_{m+n}\leqslant x_m+x_n$$

证明:数列$\left\{\frac{x_n}{n}\right\}$的极限存在。

证 对于任意固定的正整数 k,所有不小于 k 的正整数 n 都可以表示为

$$n=mk+l,\quad 0\leqslant l\leqslant k-1$$

这里 m 为正整数。

由条件 $0\leqslant x_{m+n}\leqslant x_m+x_n$ 知，$0\leqslant x_{mk}\leqslant mx_k$，$x_k\leqslant kx_1$，于是

$$\frac{x_n}{n}=\frac{x_{mk+l}}{n}\leqslant\frac{x_{mk}+x_l}{n}\leqslant\frac{mx_k+x_l}{n}=\frac{mx_k}{mk+l}+\frac{x_l}{n}$$

$$=\frac{x_k}{k+\frac{l}{m}}+\frac{x_l}{n}\leqslant\frac{x_k}{k}+\frac{x_l}{n}\leqslant\frac{x_k}{k}+\frac{l}{n}x_1$$

即

$$0\leqslant\frac{x_n}{n}\leqslant\frac{x_k}{k}+\frac{l}{n}x_1$$

则对于固定的 k，$\left\{\frac{x_n}{n}\right\}$为有界数列,令 $n\to\infty$,取上极限,得

$$\varlimsup_{n\to\infty}\frac{x_n}{n}\leqslant\frac{x_k}{k},\quad k=1,2,\cdots$$

在上式中,令 $k\to\infty$,取下极限,得

$$\varlimsup_{n\to\infty}\frac{x_n}{n}\leqslant\varliminf_{k\to\infty}\frac{x_k}{k}$$

注意到$\varliminf\limits_{n\to\infty}\frac{x_n}{n}\leqslant\varlimsup\limits_{n\to\infty}\frac{x_n}{n}$,所以

$$\varliminf_{n\to\infty}\frac{x_n}{n}=\varlimsup_{n\to\infty}\frac{x_n}{n}$$

即$\lim\limits_{n\to\infty}\frac{x_n}{n}$存在。

9.3.2 上、下极限的应用

在 9.2 节中证明了正项级数收敛的一些判别法,都有其极限形式。一般来说,极限形式比原来的形式用起来更加方便,但它的应用范围具有一定的局限性,那就要先假定极限存在。而利用上、下极限的概念,则可以拓宽各种极限形式判别法的应用范围。

定理 9.3.6(Cauchy 判别法的上极限形式) 设 $\sum\limits_{n=1}^{\infty}u_n$ 是正项级数，$r=\varlimsup\limits_{n\to\infty}\sqrt[n]{u_n}$，则

(ⅰ) 当 $r<1$ 时,级数 $\sum\limits_{n=1}^{\infty}u_n$ 收敛;

（ⅱ）当 $r>1$ 时，级数 $\sum_{n=1}^{\infty} u_n$ 发散。

证　（ⅰ）当 $r<1$ 时，取 q 满足 $r<q<1$。由定理 9.3.3 可知，存在正整数 N，使得一切 $n>N$时，有

$$\sqrt[n]{u_n}<q$$

从而

$$u_n<q^n, \quad 0<q<1$$

由比较判别法可知，级数 $\sum_{n=1}^{\infty} u_n$ 收敛。

（ⅱ）当 $r>1$ 时，取 η 满足 $1<\eta<r$。由于 r 是数列 $\{\sqrt[n]{u_n}\}$ 的上极限，根据上极限的性质，可知 $\sqrt[n]{u_n}$ 中存在无穷多个 n 满足 $\sqrt[n]{u_n}\geqslant\eta>1$，即有无穷多个 n 满足 $u_n\geqslant\eta^n>1$。这说明数列 $\{u_n\}$ 不趋于 0，从而 $\sum_{n=1}^{\infty} u_n$ 发散。证毕。

例 9.3.4　判断正项级数 $\sum_{n=1}^{\infty}\left(\frac{1+\cos n}{2+\cos n}\right)^{2n-\ln n}$ 的敛散性。

解　设 $u_n=\left(\frac{1+\cos n}{2+\cos n}\right)^{2n-\ln n}$。由于

$$\frac{1+\cos n}{2+\cos n}=1-\frac{1}{2+\cos n}\leqslant\frac{2}{3}$$

所以

$$\overline{\lim_{n\to\infty}}\sqrt[n]{u_n}\leqslant\lim_{n\to\infty}\left(\frac{2}{3}\right)^{2-\frac{\ln n}{n}}=\frac{4}{9}<1$$

由定理 9.3.6 可知，级数 $\sum_{n=1}^{\infty}\left(\frac{1+\cos n}{2+\cos n}\right)^{2n-\ln n}$ 收敛。

定理 9.3.7（D'Alembert 判别法的上、下极限形式）　设 $\sum_{n=1}^{\infty} u_n$ 是正项级数，$u_n>0$，则

（ⅰ）当 $\overline{\lim_{n\to\infty}}\frac{u_{n+1}}{u_n}<1$ 时，级数 $\sum_{n=1}^{\infty} u_n$ 收敛；

（ⅱ）当 $\underline{\lim_{n\to\infty}}\frac{u_{n+1}}{u_n}>1$ 时，级数 $\sum_{n=1}^{\infty} u_n$ 发散。

证　（ⅰ）由 $\overline{\lim_{n\to\infty}}\frac{u_{n+1}}{u_n}<1$，选取 $\rho>0$，使得

$$\overline{\lim_{n\to\infty}}\frac{u_{n+1}}{u_n}<\rho<1$$

由定理 9.3.3 可知，存在自然数 N，使得对一切 $n>N$，有

$$\frac{u_{n+1}}{u_n}<\rho<1$$

根据定理 9.2.6，级数 $\sum_{n=1}^{\infty} u_n$ 收敛。

（ⅱ）由 $\underline{\lim_{n\to\infty}}\frac{u_{n+1}}{u_n}>1$，选取 $\lambda>0$，使得

$$\underline{\lim_{n\to\infty}}\frac{u_{n+1}}{u_n}>\lambda>1$$

由定理 9.3.3 可知,存在自然数 N,使得对一切 $n>N$,有

$$\frac{u_{n+1}}{u_n}>\lambda>1$$

根据定理 9.2.6,级数 $\sum_{n=1}^{\infty}u_n$ 发散。证毕。

例 9.3.5　判断正项级数 $\sum_{n=1}^{\infty}\frac{n^n}{3^n\cdot n!}$ 的敛散性。

解　令 $u_n=\frac{n^n}{3^n\cdot n!}$,则

$$\overline{\lim_{n\to\infty}}\frac{u_{n+1}}{u_n}=\overline{\lim_{n\to\infty}}\left[\frac{(n+1)^{n+1}}{3^{n+1}\cdot(n+1)!}\cdot\frac{3^n\cdot n!}{n^n}\right]$$

$$=\lim_{n\to\infty}\frac{1}{3}\left(1+\frac{1}{n}\right)^2=\frac{\mathrm{e}}{3}<1$$

由 D'Alembert 判别法可知,级数 $\sum_{n=1}^{\infty}\frac{n^n}{3^n\cdot n!}$ 收敛。

最后,我们证明一个结论:对于正项级数,凡能用 D'Alembert 判别法判定的,则它一定也能用 Cauchy 判别法判定;但是,能用 Cauchy 判别法判定的,却不一定能用 D'Alembert 判别法判定。

命题 9.3.1　设 $\sum_{n=1}^{\infty}u_n$ 是正项级数,$u_n>0$,则

$$\underline{\lim_{n\to\infty}}\frac{u_{n+1}}{u_n}\leqslant\underline{\lim_{n\to\infty}}\sqrt[n]{u_n}\leqslant\overline{\lim_{n\to\infty}}\sqrt[n]{u_n}\leqslant\overline{\lim_{n\to\infty}}\frac{u_{n+1}}{u_n}$$

进而

若 $\overline{\lim_{n\to\infty}}\frac{u_{n+1}}{u_n}<1$,则 $\overline{\lim_{n\to\infty}}\sqrt[n]{u_n}<1$;

若 $\underline{\lim_{n\to\infty}}\frac{u_{n+1}}{u_n}>1$,则 $\underline{\lim_{n\to\infty}}\sqrt[n]{u_n}>1$。

证　只需证明 $\overline{\lim_{n\to\infty}}\sqrt[n]{u_n}\leqslant\overline{\lim_{n\to\infty}}\frac{u_{n+1}}{u_n}$ 以及 $\underline{\lim_{n\to\infty}}\frac{u_{n+1}}{u_n}\leqslant\underline{\lim_{n\to\infty}}\sqrt[n]{u_n}$ 即可。

先证 $\overline{\lim_{n\to\infty}}\sqrt[n]{u_n}\leqslant\overline{\lim_{n\to\infty}}\frac{u_{n+1}}{u_n}$。设

$$\overline{\lim_{n\to\infty}}\frac{u_{n+1}}{u_n}=\sigma$$

由定理 9.3.3 可知,对任意给定的 $\varepsilon>0$,存自然数 N,使得对一切 $n>N$,有

$$\frac{u_{n+1}}{u_n}<\sigma+\varepsilon$$

于是

$$u_n<(\sigma+\varepsilon)^{n-N-1}\cdot u_{N+1},\quad n>N+1$$

从而

$$\overline{\lim_{n\to\infty}}\sqrt[n]{u_n}\leqslant\overline{\lim_{n\to\infty}}\sqrt[n]{(\sigma+\varepsilon)^{n-N-1}\cdot u_{N+1}}=\lim_{n\to\infty}(\sigma+\varepsilon)^{\frac{n-N-1}{n}}\cdot(u_{N-1})^{\frac{1}{n}}=\sigma+\varepsilon$$

由 ε 的任意性,得

$$\overline{\lim_{n\to\infty}}\sqrt[n]{u_n}\leqslant\sigma=\overline{\lim_{n\to\infty}}\frac{u_{n+1}}{u_n}$$

同理可证

$$\varliminf_{n\to\infty}\frac{u_{n+1}}{u_n}\leqslant\varliminf_{n\to\infty}\sqrt[n]{u_n}$$

证毕。

例 9.3.6　判断级数 $\sum\limits_{n=1}^{\infty}\dfrac{2+(-1)^n}{2^n}$ 的敛散性。

解　令 $u_n=\dfrac{2+(-1)^n}{2^n}$,则

$$\varlimsup_{n\to+\infty}\sqrt[n]{u_n}=\varlimsup_{n\to+\infty}\sqrt[n]{\frac{2+(-1)^n}{2^n}}=\varlimsup_{n\to+\infty}\frac{1}{2}\sqrt[n]{2+(-1)^n}=\frac{1}{2}$$

因 $r=\dfrac{1}{2}<1$,由 Cauchy 判别法,级数 $\sum\limits_{n=1}^{\infty}\dfrac{2+(-1)^n}{2^n}$ 收敛。

然而

$$\frac{u_{2n+1}}{u_{2n}}=\frac{2-1}{2^{n+1}}\cdot\frac{2^{2n}}{2+1}=\frac{1}{6}$$

$$\frac{u_{2n}}{u_{2n-1}}=\frac{2+1}{2^n}\cdot\frac{2^{2n-1}}{2-1}=\frac{3}{2}$$

这样

$$\varlimsup_{n\to\infty}\frac{u_{n+1}}{u_n}=\frac{3}{2}$$

$$\varliminf_{n\to\infty}\frac{u_{n+1}}{u_n}=\frac{1}{6}$$

这时,D'Alembert 判别法不能判定级数 $\sum\limits_{n=1}^{\infty}\dfrac{2+(-1)^n}{2^n}$ 是否收敛。

习题 9.3

1. 求下列数列的上、下极限:

(1) $x_n=\cos\dfrac{2n\pi}{5}$;　　(2) $x_n=\dfrac{n}{3}-\left(\dfrac{n}{3}\right)$;

(3) $x_n=3\left(1-\dfrac{1}{n}\right)+2\,(-1)^n$;　　(4) $x_n=1+(-1)^n\dfrac{n}{n+1}\sin\dfrac{n\pi}{2}$;

(5) $x_n=n[(-1)^n+2]$;　　(6) $x_n=n+(-1)^n\dfrac{n^2+5}{n}$。

2. 设 $\{x_n\}$,$\{y_n\}$ 为两个实数列,则

(ⅰ) $\varliminf\limits_{n\to\infty}x_n+\varliminf\limits_{n\to\infty}y_n\leqslant\varliminf\limits_{n\to\infty}(x_n+y_n)$;

(ⅱ) 若 $\lim\limits_{n\to\infty}x_n$ 存在,则 $\varliminf\limits_{n\to\infty}(x_n+y_n)=\lim\limits_{n\to\infty}x_n+\varliminf\limits_{n\to\infty}y_n$。

3. 设 $\{x_n\}$,$\{y_n\}$ 是两个实数列。

(ⅰ) 若 $x_n\geqslant0$,$y_n\geqslant0$,则

$$\varlimsup_{n\to\infty}(x_ny_n)\leqslant\varlimsup_{n\to\infty}x_n\cdot\varlimsup_{n\to\infty}y_n,\quad \varliminf_{n\to\infty}(x_ny_n)\geqslant\varliminf_{n\to\infty}x_n\cdot\varliminf_{n\to\infty}y_n$$

(ⅱ) 若 $\lim\limits_{n\to\infty}x_n$ 存在,且为有限正数,则 $\varliminf\limits_{n\to\infty}x_ny_n=\lim\limits_{n\to\infty}x_n\cdot\varlimsup\limits_{n\to\infty}y_n$。

4. 判断下列级数的敛散性：

(1) $\frac{1}{2}+\frac{1}{3}+\frac{1}{2^2}+\frac{1}{3^2}+\frac{1}{2^3}+\frac{1}{3^2}+\cdots+\frac{1}{2^n}+\frac{1}{3^n}+\cdots$；

(2) $\sum_{n=1}^{\infty}\frac{n^3\left[\sqrt{5}+(-1)^n\right]^n}{3^n}$；　　(3) $\sum_{n=1}^{\infty}n^{-\frac{n}{3}}\sqrt[3]{n!+1}$；

(4) $\sum_{n=1}^{\infty}n^{\alpha}\beta^n\,(\beta>0)$；　　(5) $\sum_{n=1}^{\infty}n!x^n$，　$x\in(0,+\infty)$。

5*. 设数列$\{x_n\}$满足如下不等式：

$$0\leqslant x_{m+n}\leqslant x_m\cdot x_n,\quad m,n\in\mathbb{N}^+$$

则数列$\{(x_n)^{\frac{1}{n}}\}$收敛。

9.4 任意项级数

前面我们讨论了正项(或负项)级数的收敛判别法，现在讨论一般数项级数的判别法。鉴于一般数项级数的复杂性，本节仅讨论一些特殊类型的级数的数项收敛性问题。

9.4.1 交错级数

定义 9.4.1 如果级数的各项符号正、负相间，即 $\sum_{n=1}^{\infty}(-1)^{n+1}u_n=u_1-u_2+u_3-u_4+\cdots+(-1)^{n+1}u_n+\cdots$, $u_n>0$，则称该级数为**交错级数**。

定理 9.4.1(Leibniz 判别法) 设 $\sum_{n=1}^{\infty}(-1)^{n+1}u_n$ 为交错级数，且满足如下条件：

(ⅰ) $0<u_{n+1}\leqslant u_n$，　$n=1,2,\cdots$；

(ⅱ) $\lim\limits_{n\to\infty}u_n$，

则 $\sum_{n=1}^{\infty}(-1)^{n+1}u_n$ 收敛，且其余和的绝对值 $|r_n|\leqslant u_{n+1}$。

证 设 S_n 为题设交错级数的前 n 项部分和，则 S_{2m}可表示为

$$S_{2m}=(u_1-u_2)+(u_3-u_4)+\cdots+(u_{2m-1}-u_{2m})$$

由于$\{u_n\}$为单调递减非负数列，则 S_{2m}中的每一项都是非负的。因此，$\{S_{2m}\}$是非负递增数列。

另一方面，S_{2m}又可表示为

$$S_{2m}=u_1-(u_2-u_3)-(u_4-u_5)-\cdots-(u_{2m-2}-u_{2m-1})-u_{2m}$$

利用 u_n的单调递减性，有

$$0\leqslant S_{2m}\leqslant u_1$$

因此，$\{S_{2m}\}$为单调递增有界数列，从而当 $m\to\infty$时极限存在，设$\lim\limits_{m\to\infty}S_{2m}=S$。

由于$\lim\limits_{n\to\infty}u_n$，则

$$\lim_{m\to\infty}S_{2m+1}=\lim_{m\to\infty}(S_{2m}+u_{2m+1})=S$$

所以

$$\lim_{n\to\infty}S_n=S$$

我们考察级数的余和 $r_n=\sum_{k=n+1}^{\infty}(-1)^{k+1}u_k$，显然

$$|(-1)^{n+2}u_{n+1}+(-1)^{n+3}u_{n+2}+\cdots+(-1)^{n+P+1}u_n|\leqslant u_{n+1}$$

在上述不等式中，令 $p\to\infty$，即得

$$|r_n|\leqslant u_{n+1}$$

证毕。

例 9.4.1　证明级数 $\sum\limits_{n=1}^{\infty}\sin(\sqrt{n^2+1}\pi)$ 收敛。

证　由于

$$\sin(\sqrt{n^2+1}\pi)=(-1)^n\sin(\sqrt{n^2+1}-n)\pi=(-1)^n\sin\frac{\pi}{\sqrt{n^2+1}+n}$$

显然 $\sin\dfrac{\pi}{\sqrt{n^2+1}+n}$ 是单调减小数列，且

$$\lim_{n\to\infty}\sin\frac{\pi}{\sqrt{n^2+1}+n}=0$$

由定理 9.4.1 可知，$\sum\limits_{n=1}^{\infty}\sin\sqrt{n^2+1}\pi$ 收敛。

9.4.2　绝对收敛与条件收敛

细心的读者会觉察到，收敛的级数可分为两类：一类是级数的各项取绝对值后所得的级数仍收敛；另一类是级数的各项取绝对值后所得的级数发散。例如，由 Leibniz 判别法知，级数

$$\sum_{n=1}^{\infty}(-1)^{n-1}\frac{1}{2^n}=\frac{1}{2}-\frac{1}{2^2}+\frac{1}{2^3}+\cdots+(-1)^{n-1}\frac{1}{2^n}+\cdots$$

是收敛的，把它的各项取绝对值，所得级数

$$\sum_{n=1}^{\infty}\frac{1}{2^n}=\sum_{n=1}^{\infty}\left|(-1)^{n-1}\frac{1}{2^n}\right|=\frac{1}{2}+\frac{1}{2^2}+\frac{1}{2^3}+\cdots+\frac{1}{2^n}+\cdots$$

仍为收敛的；

由 Leibniz 判别法可知，级数

$$\sum_{n=1}^{\infty}(-1)^{n-1}\frac{1}{n}=1-\frac{1}{2}+\frac{1}{3}-\cdots+(-1)^{n-1}\frac{1}{n}+\cdots$$

也是收敛的，但把它的各项取绝对值就变成了发散级数（调和级数）

$$\sum_{n=1}^{\infty}\frac{1}{n}=\sum_{n=1}^{\infty}\left|(-1)^{n-1}\frac{1}{n}\right|=1+\frac{1}{2}-\frac{1}{2}+\frac{1}{3}+\cdots+\frac{1}{n}+\cdots$$

为此，我们引入以下概念。

定义 9.4.2　若级数 $\sum\limits_{n=1}^{\infty}|u_n|$ 收敛，则称级数 $\sum\limits_{n=1}^{\infty}u_n$ **绝对收敛**；若级数 $\sum\limits_{n=1}^{\infty}u_n$ 收敛，而级数 $\sum\limits_{n=1}^{\infty}|u_n|$ 发散，则称级数 $\sum\limits_{n=1}^{\infty}u_n$ **条件收敛**。

定理 9.4.2　若 $\sum\limits_{n=1}^{\infty}|u_n|$ 收敛，则级数 $\sum\limits_{n=1}^{\infty}u_n$ 一定收敛。

证　因 $\sum\limits_{n=1}^{\infty}|u_n|$ 收敛，由 Cauchy 收敛原理，$\forall\varepsilon>0$，存在正整数 N，当 $n>N$ 时，对于任

意自然数 p,都有

$$|u_{n+1}|+|u_{n+2}|+\cdots+|u_{n+p}|<\varepsilon$$

由三角不等式

$$|u_{n+1}+u_{n+2}+\cdots+u_{n+p}|\leqslant|u_{n+1}|+|u_{n+2}|+\cdots+|u_{n+p}|<\varepsilon$$

再应用 Cauchy 收敛原理可知,级数 $\sum\limits_{n=1}^{\infty}u_n$ 收敛。证毕。

定理 9.4.2 的逆命题不成立,例如级数 $\sum\limits_{n=1}^{\infty}\dfrac{(-1)^{n+1}}{n}$。

例 9.4.2 证明级数 $\sum\limits_{n=1}^{\infty}\dfrac{\sin nx}{n^2}$ 绝对收敛。

证 首先 $\dfrac{|\sin nx|}{n^2}\leqslant\dfrac{1}{n^2}$, $-\infty<x<+\infty$。

因为级数 $\sum\limits_{n=1}^{\infty}\dfrac{1}{n^2}$ 收敛,根据比较判别法, $\sum\limits_{n=1}^{\infty}\left|\dfrac{\sin nx}{n^p}\right|$ 收敛,所以级数 $\sum\limits_{n=1}^{\infty}\dfrac{\sin nx}{n^2}$ 绝对收敛。证毕。

例 9.4.3 讨论级数 $\sum\limits_{n=1}^{\infty}(-1)^{n-1}\dfrac{x^n}{n}$ 的敛散性。

解 考虑级数 $\sum\limits_{n=1}^{\infty}\left|(-1)^{n-1}\dfrac{x^n}{n}\right|=\sum\limits_{n=1}^{\infty}\dfrac{|x|^n}{n}$。应用 Cauchy 判别法,有

$$\lim_{n\to\infty}\sqrt[n]{\frac{|x|^n}{n}}=|x|$$

由此可知:

当 $|x|<1$ 时,级数 $\sum\limits_{n=1}^{\infty}\left|(-1)^{n-1}\dfrac{x^n}{n}\right|$ 收敛,由定理 9.4.2 可知,级数 $\sum\limits_{n=1}^{\infty}(-1)^{n-1}\dfrac{x^n}{n}$ 收敛且绝对收敛。

当 $|x|>1$ 时,级数 $\sum\limits_{n=1}^{\infty}\left|(-1)^{n-1}\dfrac{x^n}{n}\right|$ 发散; 由于级数的通项 $|u_n|=\left|(-1)^{n-1}\dfrac{x^n}{n}\right|\not\to 0(n\to\infty)$,从而 $u_n\not\to 0(n\to\infty)$,故级数 $\sum\limits_{n=1}^{\infty}(-1)^{n-1}\dfrac{x^n}{n}$ 发散。

当 $x=1$ 时, 原级数变为 $\sum\limits_{n=1}^{\infty}\dfrac{(-1)^{n-1}}{n}$,级数 $\sum\limits_{n=1}^{\infty}\dfrac{(-1)^{n-1}}{n}$ 条件收敛。

当 $x=-1$ 时,原级数变为 $\sum\limits_{n=1}^{\infty}\dfrac{-1}{n}$, 级数发散。

9.4.3 Abel 判别法和 Dirichlet 判别法

下面讨论 Abel 判别法和 Dirichlet 判别法,在此之前,我们需要先证明一个极其重要的引理。

引理 9.4.1(Abel 变换) 设 $\{a_n\}$, $\{b_n\}$ 是两数列, 记 $B_k=\sum\limits_{i=1}^{k}b_i(k=1,2,\cdots)$, 则

$$\sum_{k=1}^{p}a_kb_k=a_pB_p-\sum_{k=1}^{p-1}(a_{k+1}-a_k)B_k$$

证

$$\begin{aligned}\sum_{k=1}^{p}a_kb_k &= a_1B_1+\sum_{k=2}^{p}a_k(B_K-B_{k-1})\\ &= a_1B_1+\sum_{k=2}^{p}a_kB_k-\sum_{k=2}^{p}a_kB_{k-1}\\ &= \sum_{k=1}^{p-1}a_kB_k-\sum_{k=1}^{p-1}a_{k+1}B_k+a_pB_p\\ &= a_pB_p-\sum_{k=1}^{p-1}(a_{k+1}-a_k)B_k\end{aligned}$$

证毕。

上式也称为**分部求和公式**。如果将“和”看作积分、“差”看作微分，则这个求和公式很像分部积分公式。

图 9.4.1 是当 $a_n>0$，$b_n>0$，且$\{a_n\}$单调增加时，Abel 变换的一个直观的示意图。图中矩形$[0,B_5]\times[0,a_5]$被分割成 9 个小矩形，根据所标出的各小矩形的面积，即得到 $p=5$ 的 Abel 变换：

$$\sum_{k=1}^{5}a_kb_k=a_5B_5-\sum_{k=1}^{4}(a_{k+1}-a_k)B_k$$

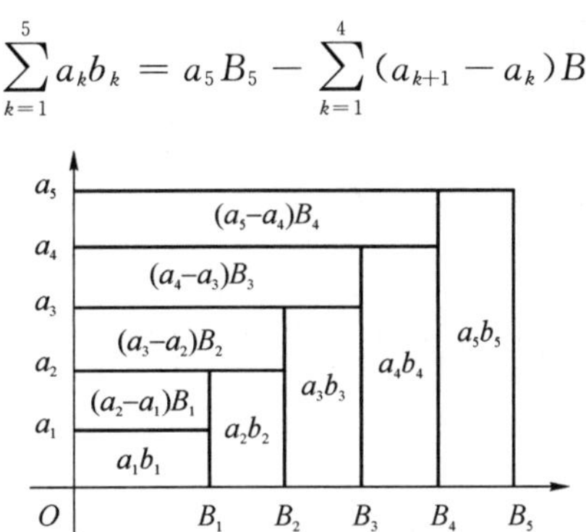

图 9.4.1

下面应用 Abel 变换证明一个重要引理。

引理 9.4.2 (Abel 引理)　设(ⅰ)$\{a_k\}$为单调数列；(ⅱ)$\{B_k\}$($B_k=\sum_{i=1}^{k}b_i$，$k=1,2,\cdots$)为有界数列，即存在 $M>0$，对一切 k，$|B_k|\leqslant M$ 成立，则

$$\left|\sum_{k=1}^{p}a_kb_k\right|\leqslant M(|a_1|+2|a_p|)$$

证　由 Abel 变换，有

$$\begin{aligned}\left|\sum_{k=1}^{p}a_kb_k\right| &\leqslant |a_pB_p|+\sum_{k=1}^{p-1}|a_{k+1}-a_k||B_k|\\ &\leqslant M\left(|a_p|+\sum_{k=1}^{p-1}|a_{k+1}-a_k|\right)\end{aligned}$$

由于$\{a_k\}$单调，所以

$$\sum_{k=1}^{p-1}|a_{k+1}-a_k|=\left|\sum_{k=1}^{p-1}(a_{k+1}-a_k)\right|=|a_p-a_1|$$

于是得到

$$\left|\sum_{k=1}^{p}a_kb_k\right|\leqslant M(|a_1|+2|a_p|)$$

证毕。

定理 9.4.3(Abel 判别法) 设级数 $\sum_{n=1}^{\infty} a_n b_n$，如果(ⅰ) $\{a_n\}$ 单调有界；(ⅱ) $\sum_{n=1}^{\infty} b_n$ 收敛，则 $\sum_{n=1}^{\infty} a_n b_n$ 收敛。

证 由于数列 $\{a_n\}$ 单调有界，设 $|a_n| \leqslant M$；又 $\sum_{n=1}^{\infty} b_n$ 收敛，由 Cauchy 收敛原理，对任意 $\varepsilon > 0$，存在正整数 N，对于一切 $n > N$ 和任意自然数 p，有 $\left|\sum_{k=n+1}^{n+p} b_k\right| < \varepsilon$。对 $\sum_{k=n+1}^{n+p} a_k b_k$ 应用 Abel 引理，则

$$\left|\sum_{k=n+1}^{n+p} a_k b_k\right| < \varepsilon(|a_{n+1}| + 2|a_{n+p}|) \leqslant 3M\varepsilon$$

根据 Cauchy 收敛原理，级数 $\sum_{n=1}^{\infty} a_n b_n$ 收敛。证毕。

由 Abel 判别法，若级数 $\sum_{n=1}^{\infty} u_n$ 收敛，则下列级数

$$\sum_{n=1}^{\infty} \frac{u_n}{\sqrt{n+2}}, \quad \sum_{n=1}^{\infty} \frac{u_n}{n^p} \quad (p > 0), \quad \sum_{n=1}^{\infty} \frac{n+1}{n+2} u_n$$

都是收敛的。

定理 9.4.4(Dirichlet 判别法) 设级数 $\sum_{n=1}^{\infty} a_n b_n$，如果(ⅰ) $\{a_n\}$ 单调趋于 0；(ⅱ) $\sum_{n=1}^{\infty} b_n$ 的部分和数列有界，则 $\sum_{n=1}^{\infty} a_n b_n$ 收敛。

证 由 $\lim\limits_{n\to\infty} a_n = 0$，对任意 $\varepsilon > 0$，存在正整数 N，当 $n > N$ 时，有

$$|a_n| < \varepsilon$$

设 $\left|\sum_{i=1}^{n} b_i\right| \leqslant M$，令 $B_k = \sum_{i=n+1}^{n+k} b_i$，$k = 1, 2, \cdots$，则

$$|B_k| = \left|\sum_{i=1}^{n+k} b_i - \sum_{i=1}^{n} b_i\right| \leqslant 2M$$

应用 Abel 引理，对一切 $n > N$ 和任意自然数 p，有

$$\left|\sum_{k=n+1}^{n+p} a_k b_k\right| \leqslant 2M(|a_{n+1}| + 2|a_{n+p}|) < 6M\varepsilon$$

根据 Cauchy 收敛原理，级数 $\sum_{n=1}^{\infty} a_n b_n$ 收敛。证毕。

注 (1) Leibniz 判别法是 Dirichlet 判别法的特例。在 Leibniz 判别法中，对于 $\sum_{n=1}^{\infty} (-1)^{n+1} u_n$，令 $a_n = u_n$，$b_n = (-1)^{n+1}$，则 $\{a_n\}$ 单调趋于 0，$\left\{\sum_{i=1}^{n} b_i\right\}$ 有界，由 Dirichlet 判别法可知，$\sum_{n=1}^{\infty} a_n b_n = \sum_{n=1}^{\infty} (-1)^{n+1} u_n$ 收敛。

(2) Abel 判别法也可以看成是 Dirichlet 判别法的特例。若 Abel 判别法条件满足，由于数列 $\{a_n\}$ 单调有界，设 $\lim\limits_{n\to\infty} a_n = a$，则数列 $\{a_n - a\}$ 单调趋于 0。又由于级数 $\sum_{n=1}^{\infty} b_n$ 收敛，则其部

分和数列$\left\{\sum_{i=1}^{n}b_i\right\}$必定有界，根据 Dirichlet 判别法，$\sum_{n=1}^{\infty}(a_n-a)b_n$ 收敛，从而即知 $\sum_{n=1}^{\infty}a_nb_n$ 收敛。

例 9.4.4　设数列$\{a_n\}$单调趋于 0，则对一切实数 x，级数 $\sum_{n=1}^{\infty}a_n\sin nx$ 收敛。

证　当 $x\neq 2k\pi$ 时，有

$$\begin{aligned}2\sin\frac{x}{2}\cdot\sum_{k=1}^{n}\sin kx &= \sum_{k=1}^{n}2\sin\frac{x}{2}\sin kx\\ &= \sum_{k=1}^{n}\left(\cos\frac{2k-1}{2}x-\cos\frac{2k+1}{2}x\right)\\ &= \cos\frac{x}{2}-\cos\frac{2n+1}{2}x\end{aligned}$$

于是对一切正整数 n，有

$$\left|\sum_{k=1}^{n}\sin kx\right|\leqslant\frac{1}{\left|\sin\frac{x}{2}\right|}$$

由 Dirichlet 判别法，可知当 $x\neq 2k\pi$ 时，$\sum_{n=1}^{\infty}a_n\sin nx$ 收敛。由于当 $x=2k\pi$ 时，$\sum_{n=1}^{\infty}a_n\sin nx=0$，于是对一切实数 x，$\sum_{n=1}^{\infty}a_n\sin nx$ 收敛。

类似地，可以证明，当$\{a_n\}$单调趋于 0，且 $x\neq 2k\pi$ 时，$\sum_{n=1}^{\infty}a_n\cos nx$ 收敛。

例 9.4.5　证明：级数 $\sum_{n=1}^{\infty}\frac{\sin nx}{n^p}$ 在 $p>1$ 时绝对收敛，在 $0<p\leqslant 1$ 时条件收敛。

证　当 $p>1$ 时，由于$\frac{|\sin nx|}{n^p}\leqslant\frac{1}{n^p}$，可知级数 $\sum_{n=1}^{\infty}\frac{\sin nx}{n^p}$ 绝对收敛。

当 $0<p\leqslant 1$ 时，由例 9.4.3 可知，级数 $\sum_{n=1}^{\infty}\frac{\sin nx}{n^p}$ 收敛。

当 $0<p\leqslant 1$，$x\neq k\pi$（k 为整数）时，由于

$$\frac{|\sin nx|}{n^p}\geqslant\frac{\sin^2 nx}{n^p}=\frac{1}{2n^p}-\frac{\cos 2nx}{2n^p}$$

级数 $\sum_{n=1}^{\infty}\frac{\cos 2nx}{2n^p}$ 的收敛性同样可由 Dirichlet 判别法得到，但由于 $\sum_{n=1}^{\infty}\frac{1}{2n^p}$ 发散，可知 $\sum_{n=1}^{\infty}\frac{|\sin nx|}{n^p}$ 发散。因此，当 $0<p\leqslant 1$ 时，级数 $\sum_{n=1}^{\infty}\frac{\sin nx}{n^p}$ 条件收敛。

习题 9.4

1. 判断下列级数是否收敛（包括条件收敛和绝对收敛）：

(1) $\sum_{n=1}^{\infty}\frac{(-1)^n\ln n}{n^p},\quad p>0$；

(2) $\sum_{n=1}^{\infty}\frac{(-1)^{n+1}}{\sqrt[n]{n}}$；

(3) $\sum_{n=1}^{\infty}(-1)^n\frac{\sin^2 n}{n}$；

(4) $\sum_{n=1}^{\infty}(-1)^{n-1}\sin\frac{x}{n},\quad x>0$；

(5) $\sum_{n=2}^{\infty}(-1)^n\frac{\ln^2 n}{n}$；　　(6) $\sum_{n=1}^{\infty}\frac{1}{\sqrt{n}}\cos\frac{n\pi}{3}$；

(7) $\sum_{n=1}^{\infty}(-1)^{n+1}\frac{4^n\sin^{2n}x}{n}$；　　(8) $\sum_{n=1}^{\infty}\frac{\sin(n+1)x\cos(n-1)x}{n^p}$；

(9) $\sum_{n=1}^{\infty}\frac{(-1)^{n+1}n^2}{2^n}x^n$；　　(10) $\sum_{n=1}^{\infty}(-1)^{n+1}\frac{\ln\left(2+\frac{1}{n}\right)}{\sqrt{(3n-2)(3n+2)}}$；

(11) $\sum_{n=2}^{\infty}\frac{(-1)^n}{n^p\ln^q n}$，　$p>0,q>0$；　　(12) $\sum_{n=1}^{\infty}\frac{(-1)^{n-1}}{n^{p+\frac{1}{n}}}$，　$p>0$。

2. 若级数$\sum_{n=1}^{\infty}u_n$与$\sum_{n=1}^{\infty}v_n$都收敛，且$u_n\leqslant z_n\leqslant v_n(n=1,2,\cdots)$，证明级数$\sum_{n=1}^{\infty}z_n$也收敛；若$\sum_{n=1}^{\infty}u_n$与$\sum_{n=1}^{\infty}v_n$都发散，$\sum_{n=1}^{\infty}z_n$一定发散吗？

3. 若$\lim\limits_{n\to\infty}\frac{u_n}{v_n}=l\neq 0$，且级数$\sum_{n=1}^{\infty}v_n$绝对收敛，则级数$\sum_{n=1}^{\infty}u_n$也绝对收敛。若上述条件改为$\sum_{n=1}^{\infty}v_n$收敛，可以推出$\sum_{n=1}^{\infty}u_n$收敛吗？

4. 设$u_n\geqslant 0$，$\lim\limits_{n\to\infty}u_n=0$，交错级数$\sum_{n=1}^{\infty}(-1)^{n+1}u_n$是否收敛？

5. 设级数$\sum_{n=1}^{\infty}\frac{u_n}{n^{\alpha_0}}$收敛，那么当$\alpha>\alpha_0$时，级数$\sum_{n=1}^{\infty}\frac{u_n}{n^{\alpha}}$也收敛吗？

6. 若$\{nu_n\}$收敛，$\sum_{n=1}^{\infty}n(u_n-u_{n-1})$也收敛，那么级数$\sum_{n=1}^{\infty}u_n$收敛吗？

7. 若任意项级数$\sum_{n=1}^{\infty}u_n$发散，那么级数$\sum_{n=1}^{\infty}\left(1+\frac{1}{n}\right)u_n$也发散吗？

8. 设$u_n>0$，$\lim\limits_{n\to\infty}n\left(\frac{u_n}{u_{n+1}}-1\right)>0$。证明：交错级数$\sum_{n=1}^{\infty}(-1)^{n+1}u_n$收敛。

9. 设$f(x)$是$(-\infty,+\infty)$内的可微函数，且满足：(ⅰ) $f(x)>0$，$\forall x\in(-\infty,+\infty)$；(ⅱ) $|f'(x)|\leqslant mf(x)$，$0<m<1$。

定义

$$u_n=\ln f(u_{n-1}),\quad n=1,2,\cdots$$

证明：级数$\sum_{n=1}^{\infty}|u_n-u_{n-1}|$收敛。

10*. 若正项级数$\sum_{n=1}^{\infty}u_n$收敛，且数列$\{u_n\}$单调。证明：级数$\sum_{n=1}^{\infty}n(u_n-u_{n+1})$收敛。

9.5　收敛级数的运算性质

在9.1.2小节中，曾给出了收敛级数的一些基本运算性质。例如，$\sum_{n=1}^{\infty}a_n$和$\sum_{n=1}^{\infty}b_n$是两个收敛级数，α、β为两个任意常数，有

$$\sum_{n=1}^{\infty}(\alpha a_n+\beta b_n)=\alpha\sum_{n=1}^{\infty}a_n+\beta\sum_{n=1}^{\infty}b_n$$

并且将收敛级数的项任意分段后得到的新级数仍然收敛,且与原级数有相同的和等。

本节我们将介绍级数的重排与级数的乘法。由于级数是无限个数相加,它毕竟与有限个数相加不一样,所以我们不能保证可以随意重排一个级数的项而不改变它的和,以及两个级数相乘能像两个有限和相乘那样满足乘法的交换律。

9.5.1 级数的重排

设 $\sum_{n=1}^{\infty}u_n$ 是一个任意数项级数,令

$$u_n^+=\frac{|u_n|+u_n}{2}=\begin{cases}u_n, & u_n>0,\\ 0, & u_n\leqslant 0,\end{cases}\quad n=1,2,\cdots$$

$$u_n^-=\frac{|u_n|-u_n}{2}=\begin{cases}-u_n, & u_n<0,\\ 0, & u_n\geqslant 0,\end{cases}\quad n=1,2,\cdots$$

则

$$u_n=u_n^+-u_n^-,\quad |u_n|=u_n^++u_n^-,\quad n=1,2,\cdots$$

$$\sum_{k=1}^{n}u_k=\sum_{k=1}^{n}u_k^+-\sum_{k=1}^{n}u_k^-,\quad \sum_{k=1}^{n}|u_k|=\sum_{k=1}^{n}u_k^++\sum_{k=1}^{n}u_k^- \tag{1}$$

$\sum_{n=1}^{\infty}u_n^+$ 是 $\sum_{n=1}^{\infty}u_n$ 的所有正项构成的级数,$\sum_{n=1}^{\infty}u_n^-$ 是 $\sum_{n=1}^{\infty}u_n$ 的所有负项变号后构成的级数,它们都是正项级数。

显然,由式(1),当 $\sum_{n=1}^{\infty}u_n^+$ 与 $\sum_{n=1}^{\infty}u_n^-$ 都收敛时,级数 $\sum_{n=1}^{\infty}|u_n|$ 收敛;注意到

$$0\leqslant u_n^+\leqslant|u_n|,\quad 0\leqslant u_n^-\leqslant|u_n|,\quad n=1,2,\cdots$$

若 $\sum_{n=1}^{\infty}|u_n|$ 收敛,则 $\sum_{n=1}^{\infty}u_n^+$ 与 $\sum_{n=1}^{\infty}u_n^-$ 都收敛。

在 $\sum_{n=1}^{\infty}u_n$ 收敛的条件下,由式(1) 可知,$\sum_{n=1}^{\infty}u_n^+$ 与 $\sum_{n=1}^{\infty}u_n^-$ 要么同时收敛,要么同时发散。

于是我们得到如下结论。

定理 9.5.1

(ⅰ) $\sum_{n=1}^{\infty}u_n$ 绝对收敛的充分必要条件是 $\sum_{n=1}^{\infty}u_n^+$ 与 $\sum_{n=1}^{\infty}u_n^-$ 都收敛;

(ⅱ) 若 $\sum_{n=1}^{\infty}u_n$ 条件收敛,

则 $\sum_{n=1}^{\infty}u_n^+$ 与 $\sum_{n=1}^{\infty}u_n^-$ 都发散到 $+\infty$。

下面研究级数的重排问题。

设 $\sum_{n=1}^{\infty}u_n$ 是一个收敛级数,对它的项作任意重排后,得到一个新的级数 $\sum_{n=1}^{\infty}u'_n$,称它为 $\sum_{n=1}^{\infty}u_n$ 的**重排级数**或**更序级数**。我们研究的问题是:一个收敛级数经过重排后是否仍收敛?如

果收敛的话,其和是否保持不变?即是否有

$$\sum_{n=1}^{\infty} u'_n = \sum_{n=1}^{\infty} u_n$$

回答是否定的。

例 9.5.1 级数

$$\sum_{n=1}^{\infty} \frac{(-1)^{n+1}}{n}$$

是一个条件收敛级数,设其和为 S。

我们顺次地在 $\sum\limits_{n=1}^{\infty} \frac{(-1)^{n+1}}{n}$ 的每一个正项后面接两个负项,构造它的重排级数:

$$\sum_{n=1}^{\infty} u'_n = 1 - \frac{1}{2} - \frac{1}{4} + \frac{1}{3} - \frac{1}{6} - \frac{1}{8} + \cdots + \frac{1}{2k-1} - \frac{1}{4k-2} - \frac{1}{4k} + \cdots$$

设 $\sum\limits_{n=1}^{\infty} \frac{(-1)^{n+1}}{n}$ 的部分和数列为 $\{S_n\}$,$\sum\limits_{n=1}^{\infty} u'_n$ 的部分和数列为 $\{S'_n\}$,则

$$\begin{aligned} S'_{3n} &= \sum_{k=1}^{n} \left(\frac{1}{2k-1} - \frac{1}{4k-2} - \frac{1}{4k} \right) \\ &= \sum_{k=1}^{n} \left(\frac{1}{4k-2} - \frac{1}{4k} \right) = \frac{1}{2} \sum_{k=1}^{n} \left(\frac{1}{2k-1} - \frac{1}{2k} \right) \\ &= \frac{1}{2} S_{2n} \end{aligned}$$

于是

$$\lim_{n\to\infty} S'_{3n} = \frac{1}{2} \lim_{n\to\infty} S_{2n} = \frac{1}{2} S$$

由于

$$S'_{3n-1} = S'_{3n} + \frac{1}{4n}, \quad S'_{3n+1} = S'_{3n} + \frac{1}{2n+1}$$

从而

$$\lim_{n\to\infty} = S'_n = \frac{1}{2} S$$

这个例子说明,一个收敛级数经过重排后可以改变它的和,即交换律不成立。那么,在什么条件下,收敛级数才能满足交换律呢?

定理 9.5.2 若级数 $\sum\limits_{n=1}^{\infty} u_n$ 绝对收敛,则它任意重排后所得级数 $\sum\limits_{n=1}^{\infty} u'_n$ 也绝对收敛,并且

$$\sum_{n=1}^{\infty} u'_n = \sum_{n=1}^{\infty} u_n$$

证 先设 $\sum\limits_{n=1}^{\infty} u_n$ 是正项级数,则对一切 $n \in \mathbf{N}^+$,$\sum\limits_{k=1}^{n} u'_k \leqslant \sum\limits_{n=1}^{\infty} u_n$,于是可知 $\sum\limits_{n=1}^{\infty} u'_n$ 收敛,且 $\sum\limits_{n=1}^{\infty} u'_n \leqslant \sum\limits_{n=1}^{\infty} u_n$;

反之,也可以将 $\sum\limits_{n=1}^{\infty} u_n$ 看成 $\sum\limits_{n=1}^{\infty} u'_n$ 的重排级数,又有 $\sum\limits_{n=1}^{\infty} u_n \leqslant \sum\limits_{n=1}^{\infty} u'_n$。结合上述两个不等式

即得

$$\sum_{n=1}^{\infty} u'_n = \sum_{n=1}^{\infty} u_n$$

现设 $\sum_{n=1}^{\infty} u_n$ 是任意一个绝对收敛的级数，则由定理 9.5.1 可知，正项级数 $\sum_{n=1}^{\infty} u_n^+$ 与 $\sum_{n=1}^{\infty} u_n^-$ 都收敛，且

$$\sum_{n=1}^{\infty} u_n = \sum_{n=1}^{\infty} u_n^+ - \sum_{n=1}^{\infty} u_n^-, \quad \sum_{n=1}^{\infty} |u_n| = \sum_{n=1}^{\infty} u_n^+ + \sum_{n=1}^{\infty} u_n^-$$

对于重排级数 $\sum_{n=1}^{\infty} u'_n$，同样有正项级数 $\sum_{n=1}^{\infty} u'^+_n$ 与 $\sum_{n=1}^{\infty} u'^-_n$，由于 $\sum_{n=1}^{\infty} u'^+_n$ 即为 $\sum_{n=1}^{\infty} u_n^+$ 的重排级数，$\sum_{n=1}^{\infty} u'^-_n$ 即为 $\sum_{n=1}^{\infty} u_n^-$ 的重排级数，根据前面的讨论，有

$$\sum_{n=1}^{\infty} u'^+_n = \sum_{n=1}^{\infty} u_n^+, \quad \sum_{n=1}^{\infty} u'^-_n = \sum_{n=1}^{\infty} u_n^-$$

则 $\sum_{n=1}^{\infty} u'_n$ 绝对收敛，且

$$\sum_{n=1}^{\infty} u'_n = \sum_{n=1}^{\infty} u'^+_n - \sum_{n=1}^{\infty} u'^-_n = \sum_{n=1}^{\infty} u_n^+ - \sum_{n=1}^{\infty} u_n^- = \sum_{n=1}^{\infty} u_n$$

证毕。

定理 9.5.2 指出，绝对收敛的级数具备可交换性。例 9.5.1 显示，条件收敛的级数不具备可交换性。Riemann 证明，对于条件收敛的级数，经过重排后可以取到任意值。

定理 9.5.3 (Riemann)　*若级数 $\sum_{n=1}^{\infty} u_n$ 条件收敛，则对任意给定的实数 a，$-\infty \leqslant a \leqslant +\infty$，都必定存在 $\sum_{n=1}^{\infty} u_n$ 的重排级数 $\sum_{n=1}^{\infty} u'_n$，满足*

$$\sum_{n=1}^{\infty} u'_n = a$$

证　只证 a 为有限数的情况，$a=+\infty$ 的情况的证明读者可参见参考文献①。

由于级数 $\sum_{n=1}^{\infty} u_n^+$ 条件收敛，仍用以前的记号 u_n^+ 与 u_n^-，则

$$\sum_{n=1}^{\infty} u_n^+ = +\infty, \quad \sum_{n=1}^{\infty} u_n^- = +\infty$$

对于给定的任意实数 a，由 $\sum_{n=1}^{\infty} u_n^+ = +\infty$，必定存在最小的正整数 n_1，满足

$$u_1^+ + u_2^+ + \cdots + u_{n_1}^+ > a$$

再由 $\sum_{n=1}^{\infty} u_n^- = +\infty$，也必定存在最小的正整数 m_1，满足

① 张筑生. 数学分析新讲：第三册. 北京：北京大学出版社，1991.

$$\sum_{k=1}^{n_1} u_k^+ - \sum_{k=1}^{m_1} u_k^- < a$$

类似地可找到最小的正整数 $n_2 > n_1, m_2 > m_1$，满足

$$a < \sum_{k=1}^{n_1} u_k^+ - \sum_{k=1}^{m_1} u_k^- + \sum_{k=n_1+1}^{n_2} u_k^+$$

和

$$\sum_{k=1}^{n_1} u_k^+ - \sum_{k=1}^{m_1} u_k^- + \sum_{k=n_1+1}^{n_2} u_k^+ - \sum_{k=m_1+1}^{m_2} u_k^- < a$$

$$\vdots$$

这样的步骤可一直继续下去，由此得到 $\sum_{n=1}^{\infty} u_n$ 的一个更序级数 $\sum_{n=1}^{\infty} u'_n$，它的部分和摆动于 $a + u_{n_k}^+$ 与 $a - u_{m_k}^-$ 之间。

由于 $\sum_{n=1}^{\infty} u_n$ 收敛，可知

$$\lim_{n\to\infty} u_n^+ = \lim_{n\to\infty} u_n^- = 0$$

于是得到

$$\sum_{n=1}^{\infty} u'_n = a$$

证毕。

*9.5.2 级数的乘法

现在，我们研究级数的乘法运算，即在什么条件下，两个级数相乘可以像两个有限和相乘一样具有分配律。

设级数 $\sum_{n=1}^{\infty} a_n$ 与 $\sum_{n=1}^{\infty} b_n$ 收敛。仿照有限和乘法规则，我们考虑两个级数的项的所有可能的乘积 $a_i b_j (i, j = 1, 2, \cdots)$，将它们排列起来为

$$\begin{matrix} a_1b_1 & a_1b_2 & a_1b_3 & a_1b_4 & \cdots \\ a_2b_1 & a_2b_2 & a_2b_3 & a_2b_4 & \cdots \\ a_3b_1 & a_3b_2 & a_3b_3 & a_3b_4 & \cdots \\ a_4b_1 & a_4b_2 & a_4b_3 & a_4b_4 & \cdots \\ \vdots & \vdots & \vdots & \vdots & \vdots \end{matrix}$$

然后，将这些项按某种方法相加起来得到的级数定义为 $\sum_{n=1}^{\infty} a_n$ 与 $\sum_{n=1}^{\infty} b_n$ 的 **乘积**。

若我们按照不同的方法相加，则可得到不同的级数，所以存在不同的乘积定义。但是，最常用的是“对角线法”排列和“正方形法”排列。

1. 对角线法排列

$$
\begin{array}{cccccccccccc}
a_1b_1 & & a_1b_2 & & a_1b_3 & & a_1b_4 & & a_1b_5 & & \cdots \\
 & \swarrow & & \swarrow & & \swarrow & & \swarrow & & & \\
a_2b_1 & & a_2b_2 & & a_2b_3 & & a_2b_4 & & \cdots & & \cdots \\
 & \swarrow & & \swarrow & & \swarrow & & & & & \\
a_3b_1 & & a_3b_2 & & a_3b_3 & & \cdots & & \cdots & & \cdots \\
 & \swarrow & & \swarrow & & & & & & & \\
a_4b_1 & & a_4b_2 & & \cdots & & \cdots & & \cdots & & \cdots \\
 & \swarrow & & & & & & & & & \\
a_5b_1 & & \cdots & & \cdots & & \cdots & & \cdots & & \cdots \\
\vdots & & \vdots & & \vdots & & \vdots & & \vdots & & \vdots
\end{array}
$$

令

$$
\begin{aligned}
c_1 &= a_1b_1 \\
c_2 &= a_1b_2 + a_2b_1 \\
&\vdots \\
c_n &= \sum_{i+j=n+1} a_ib_j = a_1b_n + a_2b_{n-1} + \cdots + a_nb_1 \\
&\vdots
\end{aligned}
$$

依次各项相加，就得到级数 $\sum_{n=1}^{\infty} a_n$ 与 $\sum_{n=1}^{\infty} b_n$ 按“对角线法”排列的乘积

$$\sum_{n=1}^{\infty} c_n = \sum_{n=1}^{\infty} (a_1b_n + a_2b_{n-1} + \cdots + a_nb_1)$$

称它为 $\sum_{n=1}^{\infty} a_n$ 与 $\sum_{n=1}^{\infty} b_n$ 的 **Cauchy 乘积**。

2. 正方形法排列

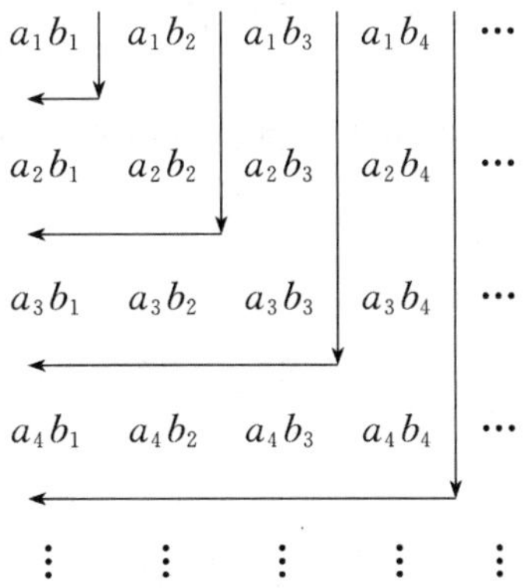

$$
\begin{array}{c|c|c|c|c}
a_1b_1 & a_1b_2 & a_1b_3 & a_1b_4 & \cdots \\
a_2b_1 & a_2b_2 & a_2b_3 & a_2b_4 & \cdots \\
a_3b_1 & a_3b_2 & a_3b_3 & a_3b_4 & \cdots \\
a_4b_1 & a_4b_2 & a_4b_3 & a_4b_4 & \cdots \\
\vdots & \vdots & \vdots & \vdots & \vdots
\end{array}
$$

令

$$
\begin{aligned}
&d_1 = a_1b_1 \\
&d_2 = a_1b_2 + a_2b_2 + a_2b_1 \\
&\quad\vdots \\
&d_n = a_1b_n + a_2b_n + \cdots + a_nb_n + a_nb_{n-1} + \cdots + a_nb_1 \\
&\quad\vdots
\end{aligned}
$$

依次各项相加,就得到级数 $\sum_{n=1}^{\infty}a_n$ 与 $\sum_{n=1}^{\infty}b_n$ 按"正方形法"排列的乘积

$$\sum_{n=1}^{\infty}d_n=\sum_{n=1}^{\infty}(a_1b_n+a_2b_n+\cdots+a_nb_n+a_nb_{n-1}+\cdots+a_nb_1)$$

我们知道,改变一个收敛级数各项的顺序,可能会影响级数的收敛性和级数的和。因此,收敛级数各项的乘积按照不同的方法进行排列求和后,有可能得到不同的结果。那么,在什么条件下,它们各项的乘积经过任意重排求和后还是收敛的,并且其和还等于这两个级数的和的乘积呢?下面的定理给出了答案。

定理 9.5.4 若级数 $\sum_{n=1}^{\infty}u_n$ 与 $\sum_{n=1}^{\infty}v_n$ 绝对收敛,其和分别为 A 和 B,则将两级数各项之积 $u_iv_j(i=1,2,\cdots;j=1,2,\cdots)$按任意方式排列求和而成的级数也绝对收敛,且其和等于 $A\cdot B$。

证 设 $\sum_{k=1}^{\infty}u_{i_k}v_{j_k}$ 是 $u_iv_j(i=1,2,\cdots;j=1,2,\cdots)$ 在任意一种排列下组成的级数。首先证明 $\sum_{k=1}^{\infty}u_{i_k}v_{j_k}$ 绝对收敛。

对任意的 n,取

$$N=\max_{1\leqslant k\leqslant n}\{i_k,j_k\}$$

则

$$\sum_{k=1}^{n}|u_{i_k}v_{j_k}|\leqslant\sum_{i=1}^{N}|u_i|\cdot\sum_{j=1}^{N}|v_j|\leqslant\sum_{n=1}^{\infty}|u_n|\cdot\sum_{n=1}^{\infty}|v_n|$$

因此 $\sum_{k=1}^{\infty}u_{i_k}v_{j_k}$ 绝对收敛。由定理 9.5.2 可知,$\sum_{k=1}^{\infty}u_{i_k}v_{j_k}$ 的任意重排级数也绝对收敛,并且其和不变。

其次证明 $\sum_{k=1}^{\infty}u_{i_k}v_{j_k}=A\cdot B$。

由于 $\sum_{k=1}^{\infty}u_{i_k}v_{j_k}$ 绝对收敛,它的项在任意重排下的和不变。

设 $\sum_{n=1}^{\infty}w_n$ 是级数 $\sum_{n=1}^{\infty}u_n$ 与 $\sum_{n=1}^{\infty}v_n$ 按正方形排列所得的乘积,则 $\sum_{n=1}^{\infty}w_n$ 是 $\sum_{k=1}^{\infty}u_{i_k}v_{j_k}$ 重排后再添加括号所成的级数。

由于

$$\sum_{k=1}^{n}w_k=\left(\sum_{k=1}^{n}u_k\right)\left(\sum_{k=1}^{n}v_k\right)$$

于是

$$\lim_{n\to\infty}\sum_{k=1}^{n}w_k=\lim_{n\to\infty}\left(\sum_{k=1}^{n}u_k\right)\cdot\lim_{n\to\infty}\left(\sum_{k=1}^{n}v_k\right)=A\cdot B$$

即

$$\sum_{k=1}^{\infty}u_{i_k}v_{j_k}=\sum_{n=1}^{\infty}w_n=\left(\sum_{n=1}^{\infty}u_n\right)\left(\sum_{n=1}^{\infty}v_n\right)$$

证毕。

由这个定理和定理 9.5.2 可以看出,绝对收敛的级数具有类似于有限和的两个性质——交换律和分配律。

在定理 9.5.4 的证明中，应用了级数乘积的正方形法排列。下面举一个应用对角线法排列的例子。

例 9.5.2　由 D'Alembert 判别法，级数

$$f(x)=\sum_{n=0}^{\infty}\frac{x^n}{n!},\quad \forall x\in\mathbb{R}$$

绝对收敛。

由定理 9.5.4，作两个绝对收敛的级数 $\sum\limits_{n=0}^{\infty}\frac{x^n}{n!}$ 与 $\sum\limits_{n=0}^{\infty}\frac{y^n}{n!}$ 的 Cauchy 乘积，有

$$\begin{aligned}\Big(\sum_{n=0}^{\infty}\frac{x^n}{n!}\Big)\Big(\sum_{n=0}^{\infty}\frac{y^n}{n!}\Big)&=\sum_{n=0}^{\infty}\Big(\sum_{k=0}^{n}\frac{x^ky^{n-k}}{k!(n-k)!}\Big)\\&=\sum_{n=0}^{\infty}\Big(\sum_{k=0}^{n}\frac{C_n^kx^ky^{n-k}}{n!}\Big)\\&=\sum_{n=0}^{\infty}\frac{1}{n!}\Big(\sum_{k=0}^{n}C_n^kx^ky^{n-k}\Big)\\&=\sum_{n=0}^{\infty}\frac{(x+y)^n}{n!}\end{aligned}$$

即

$$f(x+y)=f(x)\cdot f(y)$$

以后我们将知道，函数 $f(x)=e^x$，因而上式就是我们熟知的指数函数的加法定理：

$$e^x\cdot e^y=e^{x+y}$$

注　定理 9.5.4 告诉我们，如果级数 $\sum\limits_{n=1}^{\infty}u_n$ 与 $\sum\limits_{n=1}^{\infty}v_n$ 是绝对收敛的，它们各项的乘积任意重排求和后，得到的新级数一定绝对收敛于 $\Big(\sum\limits_{n=1}^{\infty}u_n\Big)\cdot\Big(\sum\limits_{n=1}^{\infty}v_n\Big)$；如果降低要求，即一个级数绝对收敛，一个级数条件收敛，则两级数的 Cauchy 乘积是收敛的，并且收敛到两级数和的乘积；如果两个相乘级数都是条件收敛的，则只有在它们的 Cauchy 乘积收敛的条件下，它们的 Cauchy 乘积等于两级数和的乘积。

关于后面的两个结论，限于篇幅，这里不再赘述。

习题 9.5

1. 利用

$$1+\frac{1}{2}+\frac{1}{3}+\cdots+\frac{1}{n}-\ln n\to\gamma,\quad n\to\infty$$

其中 γ 是 Euler 常数，求 $\sum\limits_{n=1}^{\infty}\frac{(-1)^n}{n}$ 的更序级数

$$1+\frac{1}{3}-\frac{1}{2}+\frac{1}{5}+\frac{1}{7}-\frac{1}{4}+\frac{1}{9}+\frac{1}{11}-\frac{1}{6}+\cdots$$

之和。

2. 写出下列级数的乘积：

(1) $\Big(\sum\limits_{n=1}^{\infty}nx^{n-1}\Big)\Big(\sum\limits_{n=1}^{\infty}(-1)^{n-1}nx^{n-1}\Big)$；　(2) $\Big(\sum\limits_{n=0}^{\infty}\frac{1}{n!}\Big)\Big(\sum\limits_{n=0}^{\infty}\frac{(-1)^n}{n!}\Big)$。

3. 如果级数$\sum_{n=1}^{\infty}u_n$条件收敛,证明:

(1) $\sum_{n=1}^{\infty}u_n^+ = \sum_{n=1}^{\infty}u_n^- = +\infty$。逆命题是否成立?

(2) 记 $S_n^+ = \sum_{k=1}^{n}u_k^+, S_n^- = \sum_{k=1}^{n}u_k^-$,证明:

$$\lim_{n\to\infty}\frac{S_n^+}{S_n^-} = 1$$

4. 证明:$\left(\sum_{n=0}^{\infty}q^n\right)\left(\sum_{n=0}^{\infty}q^n\right) = \sum_{n=0}^{\infty}(n+1)q^n = \frac{1}{(1-q)^2}(|q|<1)$。

5. 设级数$\sum_{n=0}^{\infty}u_nx^n, \sum_{n=0}^{\infty}v_nx^n$对 $x \in (-\mathbb{R}, +\mathbb{R})$ 绝对收敛,证明:

$$\left(\sum_{n=0}^{\infty}u_nx^n\right)\left(\sum_{n=0}^{\infty}v_nx^n\right) = \sum_{n=0}^{\infty}c_nx^n$$

式中,$c_n = \sum_{k=0}^{n}u_kv_{n-k}$。

6. 证明:对于所有的 $x \in (-\infty, +\infty)$,级数

$$V(x) = \sum_{n=0}^{\infty}(-1)^n\frac{x^{2n}}{(2n)!} \quad 与 \quad U(x) = \sum_{n=0}^{\infty}(-1)^n\frac{x^{2n+1}}{(2n+1)!}$$

绝对收敛,而且

$$U(2x) = 2U(x)V(x)$$

*9.6 无穷乘积

前面讨论了无穷个数的相加问题,现在研究无穷个数的相乘问题。

9.6.1 无穷乘积的定义

设 $p_1, p_2, \cdots, p_n, \cdots (p_n \neq 0)$是一个实数序列,将它们依次相乘,得到的形式积

$$p_1 \cdot p_2 \cdot \cdots \cdot p_n \cdot \cdots$$

称为**无穷乘积**,记为$\prod_{n=1}^{\infty}p_n$,其中 p_n 称为无穷乘积的**通项**或**一般项**。

令

$$\begin{aligned} P_1 &= p_1 \\ P_2 &= p_1 \cdot p_2 \\ P_3 &= p_1 \cdot p_2 \cdot p_3 \\ &\vdots \\ P_n &= p_1 \cdot p_2 \cdot \cdots \cdot p_n = \prod_{k=1}^{n}p_k \\ &\vdots \end{aligned}$$

称$\{P_n\}$为无穷乘积$\prod_{n=1}^{\infty}p_n$的**“部分乘积”数列**。

定义 9.6.1　如果部分积数列 $\{P_n\}$ 收敛于一个非零有限数 P：

$$\lim_{n\to\infty} P_n = P \neq 0$$

则称无穷乘积 $\prod\limits_{n=1}^{\infty} p_n$ **收敛**，P 称为它的**积**，记为

$$\prod_{n=1}^{\infty} p_n = P$$

如果 $\lim\limits_{n\to\infty} P_n$ 不存在，或者 $\lim\limits_{n\to\infty} P_n = 0$，则称无穷乘积 $\prod\limits_{n=1}^{\infty} p_n$ **发散**。

有时为了方便，把无穷乘积 $\prod\limits_{n=1}^{\infty} p_n$ 简记为 $\prod p_n$。

特别需要注意的是，若无穷乘积 $\prod\limits_{n=1}^{\infty} p_n$ 中有一个因子是 0，则 $\lim\limits_{n\to\infty} P_n = 0$。这时，这个无穷乘积就是发散的，我们不会得到任何有意义的结果。因此，在本节的讨论中，我们总是约定 $\prod\limits_{n=1}^{\infty} p_n$ 的所有的因子 $p_1, p_2, \cdots, p_n, \cdots$ 都不等于 0。

另外，即使 $p_1, p_2, \cdots, p_n, \cdots$ 都不等于 0，但是 $\lim\limits_{n\to\infty} P_n$ 仍然可以是 0，例如

$$p_1 = 1, p_2 = \frac{1}{2}, \cdots, p_n = \frac{1}{n}, \cdots$$

这时，我们称无穷乘积 $\prod\limits_{n=1}^{\infty} p_n$ 发散于 0，而不是收敛于 0。以后我们会明白，采取这样的约定，是为了把无穷乘积的收敛性与无穷级数的收敛性能够更好地联系起来。

下面给出无穷乘积收敛的必要条件。

定理 9.6.1　如果无穷乘积 $\prod\limits_{n=1}^{\infty} p_n$ 收敛，则

（ⅰ）$\lim\limits_{n\to\infty} p_n = 1$；

（ⅱ）$\lim\limits_{m\to\infty} \prod\limits_{n=m+1}^{\infty} p_n = 1$。

证　设 $\prod\limits_{n=1}^{\infty} p_n$ 的部分乘积数列为 $\{P_n\}$，则

$$\lim_{n\to\infty} p_n = \lim_{n\to\infty} \frac{P_n}{P_{n-1}} = 1$$

$$\lim_{m\to\infty} \prod_{n=m+1}^{\infty} p_n = \lim_{m\to\infty} \frac{\prod\limits_{n=1}^{\infty} p_n}{\prod\limits_{n=1}^{m} p_n} = 1$$

我们把 $\lim\limits_{n\to\infty} p_n = 1$ 称为 $\prod\limits_{n=1}^{\infty} p_n$ 收敛的**必要条件**。它类似于级数 $\sum\limits_{n=1}^{\infty} u_n$ 收敛的必要条件：级数的通项 u_n 当 n 趋于无穷大时趋于 0。$\prod\limits_{n=m+1}^{\infty} p_n$ 称为 $\prod\limits_{n=1}^{\infty} p_n$ 的余积，它类似于级数的余和，级数收敛，它的余和趋于 0；无穷乘积 $\prod\limits_{n=1}^{\infty} p_n$ 收敛，它的余积趋于 1。

人们常常把 $\prod_{n=1}^{\infty} p_n$ 写成这样的形式:

$$\prod_{n=1}^{\infty}(1+\alpha_n)$$

式中,$\alpha_n = p_n - 1$。这样,$\prod_{n=1}^{\infty} p_n$ 收敛的必要条件变为

$$\lim_{n\to\infty}\alpha_n = 0$$

另外,由无穷乘积 $\prod_{n=1}^{\infty} p_n$ 收敛的必要条件 $\lim_{n\to\infty} P_n = 1$ 知,必然存在正整数 N,当 $n>N$ 时,$P_n>0$。由于收敛的无穷乘积任意删去有限个因子或增加有限个非零因子,都不改变它的收敛性,因此,为了今后讨论的方便,不妨假定对所有的 n,有 $P_n>0$。

例 9.6.1 设 $p_n = 1-\dfrac{1}{n+1}(n=1,2,\cdots)$,讨论 $\prod_{n=1}^{\infty} p_n$ 的敛散性。

解 它的部分乘积为

$$P_n = \prod_{k=1}^{n}\left(1-\frac{1}{k+1}\right) = \prod_{k=1}^{n}\frac{k}{k+1} = \frac{1}{2}\cdot\frac{2}{3}\cdot\frac{3}{4}\cdot\cdots\cdot\frac{n}{n+1} = \frac{1}{n+1}$$

由于 $\lim_{n\to\infty} P_n = 0$,所以无穷乘积 $\prod_{n=1}^{\infty}\left(1-\dfrac{1}{n+1}\right)$ 发散。

例 9.6.2 证明当 $|x|<1$ 时,无穷乘积 $\prod_{n=1}^{\infty}(1+x^{2^{n-1}})$ 收敛,且其积为 $\dfrac{1}{1-x}$。

证 当 $|x|<1$ 时,用 $1-x$ 去乘以 $\prod_{n=1}^{\infty}(1+x^{2^{n-1}})$ 的部分乘积 $P_n(x) = \prod_{k=1}^{n}(1+x^{2^{k-1}})$,得

$$\begin{aligned}(1-x)P_n(x) &= (1-x)\prod_{k=1}^{n}(1+x^{2^{k-1}})\\ &= (1-x)(1+x)(1+x^2)\cdots(1+x^{2^{n-1}})\\ &= 1-x^{2n}\end{aligned}$$

于是

$$\lim_{n\to\infty} P_n(x) = \lim_{n\to\infty}\frac{1-x^{2n}}{1-x} = \frac{1}{1-x}$$

从而无穷乘积 $\prod_{n=1}^{\infty}(1+x^{2^{n-1}})$ 收敛,且

$$\prod_{n=1}^{\infty}(1+x^{2^{n-1}}) = \frac{1}{1-x},\quad |x|<1$$

例 9.6.3 证明无穷乘积 $\prod_{n=1}^{\infty}\cos\dfrac{\varphi}{2^n}(\varphi\neq 0)$ 是收敛的,且其积为 $\dfrac{\sin\varphi}{\varphi}$。

证 反复应用三角函数的倍角公式,则

$$\begin{aligned}\sin\varphi &= 2\cos\frac{\varphi}{2}\cdot\sin\frac{\varphi}{2}\\ &= 2^2\cos\frac{\varphi}{2}\cdot\cos\frac{\varphi}{2^2}\cdot\sin\frac{\varphi}{2^2}\\ &\vdots\\ &= 2^n\cos\frac{\varphi}{2}\cdot\cos\frac{\varphi}{2^2}\cdot\cdots\cdot\cos\frac{\varphi}{2^n}\cdot\sin\frac{\varphi}{2^n}\end{aligned}$$

于是，$\prod_{n=1}^{\infty}\cos\frac{\varphi}{2^n}$ 的部分乘积

$$P_n=\prod_{k=1}^{n}\cos\frac{\varphi}{2^k}=\frac{\sin\varphi}{2^n\sin\frac{\varphi}{2^n}}$$

所以

$$\lim_{n\to\infty}P_n=\lim_{n\to\infty}\frac{\sin\varphi}{2^n\sin\frac{\varphi}{2^n}}=\frac{\sin\varphi}{\varphi}$$

即

$$\prod_{n=1}^{\infty}\cos\frac{\varphi}{2^n}=\frac{\sin\varphi}{\varphi}$$

9.6.2　无穷乘积与无穷级数的收敛关系

现在利用我们熟悉的级数理论讨论无穷乘积的敛散性，下面的定理给出了它们之间的关系。

定理 9.6.2　无穷乘积 $\prod_{n=1}^{\infty}p_n$ 收敛的充分必要条件是级数 $\sum_{n=1}^{\infty}\ln p_n$ 收敛。

证　设 $\prod_{n=1}^{\infty}p_n$ 的部分积数列为 $\{P_n\}$，$\sum_{n=1}^{\infty}\ln p_n$ 的部分和数列为 $\{S_n\}$，则

$$P_n=\mathrm{e}^{S_n}$$

由此得到 $\{P_n\}$ 收敛于非零实数的充分必要条件是 $\{S_n\}$ 收敛。证毕。

特别地，$\{P_n\}$ 收敛于 0，即 $\prod_{n=1}^{\infty}p_n$ 发散于 0 的充分必要条件是 $\{S_n\}$ 发散于 $-\infty$。

例 9.6.4　讨论无穷乘积

$$\left(\frac{2}{1}\cdot\frac{2}{3}\right)\cdot\left(\frac{4}{3}\cdot\frac{4}{5}\right)\cdot\cdots\cdot\left(\frac{2n}{2n-1}\cdot\frac{2n}{2n+1}\right)\cdot\cdots \tag{1}$$

的收敛性。

解　考虑级数

$$\begin{aligned}&\ln\left(\frac{2}{1}\cdot\frac{2}{3}\right)+\ln\left(\frac{4}{3}\cdot\frac{4}{5}\right)+\cdots+\ln\left(\frac{2n}{2n-1}\cdot\frac{2n}{2n+1}\right)+\cdots\\=&\left(\ln\frac{2}{1}+\ln\frac{2}{3}\right)+\left(\ln\frac{4}{3}+\ln\frac{4}{5}\right)+\cdots+\left(\ln\frac{2n}{2n-1}+\ln\frac{2n}{2n+1}\right)+\cdots\end{aligned} \tag{2}$$

有

$$\lim_{n\to\infty}\left(\ln\frac{2n}{2n-1}+\ln\frac{2n}{2n+1}\right)=0$$

由 Lagrange 中值公式

$$\ln(x+1)-\ln x=\frac{1}{x+\theta},\quad 0<\theta<1$$

知

$$\begin{aligned}\ln\frac{2n}{2n-1}+\ln\frac{2n}{2n+1}&=\ln 4n^2-\ln(4n^2-1)\\&=\frac{1}{4n^2-1+\theta_n},\quad 0<\theta_n<1\end{aligned}$$

由于$\frac{1}{4n^2-1+\theta_n}<\frac{1}{n^2}$,且级数 $\sum_{n=1}^{\infty}\frac{1}{n^2}$ 收敛,所以级数(2) 收敛,由定理 9.6.2 可知,级数(1) 收敛。

定理 9.6.3 设 $a_n\geqslant 0(n=1,2,\cdots)$,则无穷乘积 $\prod_{n=1}^{\infty}(1+a_n)$ 收敛的充分必要条件是级数 $\sum_{n=1}^{\infty}a_n$ 收敛。

证 由定理 9.6.2 可知,$\prod_{n=1}^{\infty}(1+a_n)$ 收敛的充分必要条件是

$$\sum_{n=1}^{\infty}\ln(1+a_n)$$

收敛。由 Lagrange 中值公式,有

$$\ln(1+a_n)=\ln(1+a_n)-\ln 1=\frac{a_n}{1+\theta_n\alpha_n},\quad 0<\theta_n<1$$

注意到无论 $\sum_{n=1}^{\infty}\ln(1+a_n)$ 还是 $\sum_{n=1}^{\infty}a_n$ 收敛时,都有 $\lim_{n\to\infty}a_n=0$,因此

$$\lim_{n\to\infty}\frac{\ln(1+a_n)}{a_n}=\lim_{n\to\infty}\frac{1}{1+\theta_n a_n}=1$$

即当 $n\to\infty$ 时,$\ln(1+a_n)$ 与 a_n 是同阶无穷小量。由正项级数的比较判别法可知,级数 $\sum_{n=1}^{\infty}\ln(1+a_n)$ 收敛的充分必要条件是 $\sum_{n=1}^{\infty}a_n$ 收敛。证毕。

用同样的方法可以证明下面的结论。

定理 9.6.4 若 $0<a_n<1(n=1,2,\cdots)$,则 $\prod_{n=1}^{\infty}(1-a_n)$ 收敛的充分必要条件是级数 $\sum_{n=1}^{\infty}a_n$ 收敛。

在例 9.6.1 中,由于 $p_n=1-\frac{1}{n+1}$,而级数 $\sum_{n=1}^{\infty}\frac{1}{n+1}$ 发散,由定理 9.6.4 可知,$\prod_{n=1}^{\infty}p_n$ 发散;在例 9.6.2 中,$\prod_{n=1}^{\infty}p_n=\prod_{n=1}^{\infty}(1+x^{2^{n-1}})$,对于 $|x|<1$,级数 $\sum_{n=1}^{\infty}x^{2^{n-1}}$ 收敛,由定理 9.6.3 可知,$\prod_{n=1}^{\infty}p_n$ 收敛;在例 9.6.3 中,$p_n=\cos\frac{\varphi}{2^n}=1-\frac{1}{2!}\frac{\varphi^2}{2^{2n}}+o\left(\frac{\varphi^4}{4!2^{8n}}\right)$,级数 $\sum_{n=1}^{\infty}\frac{1}{2^{2n}}$ 收敛,由定理 9.6.4 可知,$\prod_{n=1}^{\infty}\cos\frac{\varphi}{2^n}$ 在 $\varphi\neq 0$ 时收敛。

若$\{a_n\}$不保持定号时,则 $\sum_{n=1}^{\infty}a_n$ 的收敛性不能保证无穷乘积 $\prod_{n=1}^{\infty}(1+a_n)$ 的收敛性,但我们有如下进一步的结果。

定理 9.6.5 设 $\sum_{n=1}^{\infty}a_n$ 收敛,则 $\prod_{n=1}^{\infty}(1+a_n)$ 收敛的充分必要条件是 $\sum_{n=1}^{\infty}a_n^2$ 收敛。

证 由条件可知,$\sum_{n=1}^{\infty}a_n$ 收敛,则 $\lim_{n\to\infty}a_n=0$。

若 $\prod_{n=1}^{\infty}(1+a_n)$ 收敛,则由定理 9.6.2 可知,$\sum_{n=1}^{\infty}\ln(1+a_n)$ 也收敛。

由于 $\ln(1+a_n)\leqslant a_n$，所以 $\sum_{n=1}^{\infty}[a_n-\ln(1+a_n)]$ 为正项收敛级数。由于

$$\lim_{n\to\infty}\frac{a_n-\ln(1+a_n)}{a_n^2}=\lim_{n\to\infty}\frac{\frac{1}{2}a_n^2+o(a_n^2)}{a_n^2}=\frac{1}{2} \tag{3}$$

故当 $n\to\infty$ 时，$a_n-\ln(1+a_n)$ 与 a_2^2 是等价无穷小量。

由比较判别法可知，$\sum_{n=1}^{\infty}a_n$ 收敛。

反之，当 $\sum_{n=1}^{\infty}a_n^2$ 收敛时，由于 $\sum_{n=1}^{\infty}a_n$ 的收敛性，由式(3)，可得 $\sum_{n=1}^{\infty}\ln(1+a_n)$ 收敛，故应用定理 9.6.2，$\prod_{n=1}^{\infty}(1+a_n)$ 收敛。证毕。

例 9.6.5　讨论无穷乘积 $\prod_{n=1}^{\infty}\left[1+\frac{(-1)^{n+1}}{n^x}\right]$ 的敛散性。

解　由无穷乘积收敛性的必要条件，可知当 $x\leqslant 0$ 时，$\prod_{n=1}^{\infty}\left[1+\frac{(-1)^{n+1}}{n^x}\right]$ 是发散的。

当 $x>0$ 时，$\sum_{n=1}^{\infty}a_n=\sum_{n=1}^{\infty}\frac{(-1)^{n+1}}{n^x}$ 收敛；而级数 $\sum_{n=1}^{\infty}a_n^2=\sum_{n=1}^{\infty}\frac{1}{n^{2x}}$，在 $0<x\leqslant\frac{1}{2}$ 时发散，在 $x>\frac{1}{2}$ 时收敛。

于是由定理 9.6.5 可知：

当 $x>\frac{1}{2}$ 时，$\prod_{n=1}^{\infty}\left[1+\frac{(-1)^{n+1}}{n^x}\right]$ 收敛；当 $x\leqslant\frac{1}{2}$ 时，$\prod_{n=1}^{\infty}\left[1+\frac{(-1)^{n+1}}{n^x}\right]$ 发散。

定义 9.6.2　对于任意 $p_n>0$，级数 $\sum_{n=1}^{\infty}\ln p_n$ 绝对收敛，则称**无穷乘积 $\prod_{n=1}^{\infty}p_n$ 绝对收敛。**

由于 $\sum_{n=1}^{\infty}|\ln p_n|$ 收敛，则 $\sum_{n=1}^{\infty}\ln p_n$ 收敛，由定理 9.6.2 可知，$\prod_{n=1}^{\infty}p_n$ 收敛。因此，绝对收敛的无穷乘积必定收敛。

另外，绝对收敛的无穷乘积具有可交换性，即当 $\prod_{n=1}^{\infty}p_n$ 绝对收敛时，可以任意重排它的因子而不改变它的积。事实上，由定理 9.6.2，有

$$\prod_{n=1}^{\infty}p_n=\mathrm{e}^{\sum_{n=1}^{\infty}\ln P_n} \tag{4}$$

由于 $\sum_{n=1}^{\infty}\ln p_n$ 绝对收敛，所以可以任意重排它的项而不改变它的和。于是，任意重排无穷乘积中的因子时，不会改变式(4)右端的值，自然就不会改变式(4)左端的积了。

定理 9.6.6　设 $a_n>-1, n=1,2,\cdots$，则以下三个命题等价：

(ⅰ) 无穷乘积 $\prod_{n=1}^{\infty}(1+a_n)$ 绝对收敛；

(ⅱ) 无穷乘积 $\prod_{n=1}^{\infty}(1+|a_n|)$ 收敛；

(ⅲ) 无穷级数 $\sum_{n=1}^{\infty}|a_n|$ 收敛。

证 首先命题(ⅰ)、(ⅱ)分别等价于

(ⅰ)′ $\sum_{n=1}^{\infty}|\ln(1+a_n)|$ 收敛;

(ⅱ)′ $\sum_{n=1}^{\infty}\ln(1+|a_n|)$ 收敛;

注意到(ⅰ)、(ⅱ)、(ⅲ)成立的必要条件都是$\lim_{n\to\infty}a_n=0$。由于

$$\lim_{n\to\infty}\frac{|\ln(1+a_n)|}{|a_n|}=1$$

$$\lim_{n\to\infty}\frac{\ln(1+|a_n|)}{|a_n|}=1$$

应用正项级数的比较判别法可知,$\sum_{n=1}^{\infty}|\ln(1+a_n)|$ 和 $\sum_{n=1}^{\infty}\ln(1+|a_n|)$ 都与 $\sum_{n=1}^{\infty}|a_n|$ 具有同样的敛散性。这就证明了定理。证毕。

由定理 9.6.6 可知,无穷乘积 $\prod_{n=1}^{\infty}\left[1+\frac{(-1)^{n+1}}{n^x}\right]$ 在 $x>1$ 时绝对收敛。

9.6.3 Stirling 公式及其应用

我们知道,当 n 充分大时,$n!$ 的值是不易计算的,因此有必要使用一个便于计算的表示式来估计它。我们下面要介绍的 Stirling 公式,对 $n\to\infty$ 时$\{n!\}$的增长阶进行了估计。在证明 Stirling 公式之前,我们先证明著名的 Wallice 公式。

引理 9.6.1 设 $p_n=1-\frac{1}{(2n)^2}, n=1,2,\cdots$,证明:

$$\prod_{n=1}^{\infty}\left[1-\frac{1}{(2n)^2}\right]=\frac{2}{\pi}$$

证 由定理 9.6.4 可知,$\prod_{n=1}^{\infty}\left[1-\frac{1}{(2n)^2}\right]$收敛,它的部分乘积

$$P_n=\prod_{k=1}^{n}\left[1-\frac{1}{(2k)^2}\right]=\prod_{k=1}^{n}\frac{(2k-1)(2k+1)}{2k\cdot 2k}$$
$$=\frac{1\cdot 3\cdot 3\cdot 5\cdot 5\cdot 7\cdot\cdots\cdot(2n-1)(2n+1)}{2\cdot 2\cdot 4\cdot 4\cdot 6\cdot 6\cdot\cdots\cdot(2n)(2n)}$$
$$=\frac{[(2n-1)!!]^2}{[(2n)!!]^2}\cdot(2n+1)$$

考虑积分

$$I_n=\int_0^{\frac{\pi}{2}}\sin^n x\,\mathrm{d}x$$

则

$$I_{2n}=\frac{(2n-1)!!}{(2n)!!}\cdot\frac{\pi}{2},\quad I_{2n+1}=\frac{(2n)!!}{(2n+1)!!}$$

因此

$$P_n=\frac{2}{\pi}\cdot\frac{I_{2n}}{I_{2n+1}}$$

由于 $I_{2n+1}<I_{2n}<I_{2n-1}$,则

$$1<\frac{I_{2n}}{I_{2n+1}}<\frac{I_{2n-1}}{I_{2n+1}}=\frac{2n+1}{2n}$$

因为$\lim\limits_{n\to\infty}\frac{I_{2n-1}}{I_{2n+1}}=\lim\limits_{n\to\infty}\frac{2n+1}{2n}=1$，由数列极限的夹逼性，得

$$\lim_{n\to\infty}P_n=\lim_{n\to\infty}\left(\frac{2}{\pi}\cdot\frac{I_{2n}}{I_{2n+1}}\right)=\frac{2}{\pi}$$

于是

$$\prod_{n=1}^{\infty}\left[1-\frac{1}{(2n)^2}\right]=\frac{2}{\pi}$$

证毕。

上式也可表示为

$$\frac{\pi}{2}=\frac{2}{1}\cdot\frac{2}{3}\cdot\frac{4}{3}\cdot\frac{4}{5}\cdot\frac{6}{5}\cdot\frac{6}{7}\cdot\cdots\cdot\frac{2n}{2n-1}\cdot\frac{2n}{2n+1}\cdot\cdots$$

这就是著名的 Wallice 公式。

定理 9.6.7　证明 Stirling 公式：

$$n!\sim\sqrt{2\pi}n^{n+\frac{1}{2}}\mathrm{e}^{-n},\quad n\to\infty$$

证　令

$$c_n=\frac{n!\,\mathrm{e}^n}{n^{n+\frac{1}{2}}}$$

相当于证明$\lim\limits_{n\to\infty}c_n=\sqrt{2\pi}$。

当 $n>1$ 时，得

$$\frac{c_n}{c_{n-1}}=\mathrm{e}\left(1-\frac{1}{n}\right)^{n-\frac{1}{2}}=\mathrm{e}^{1+\left(n-\frac{1}{2}\right)\ln\left(1-\frac{1}{n}\right)}$$

由 Taylor 公式，有

$$\ln\left(1-\frac{1}{n}\right)=-\frac{1}{n}-\frac{1}{2}\frac{1}{n^2}-\frac{1}{3}\frac{1}{n^3}+o\left(\frac{1}{n^3}\right),\quad n\to\infty$$

则

$$\frac{c_n}{c_{n-1}}=\mathrm{e}^{1+\left(n-\frac{1}{2}\right)\ln\left(1-\frac{1}{n}\right)}=\mathrm{e}^{-\frac{1}{12n^2}+o\left(\frac{1}{n^2}\right)}=1-\frac{1}{12n^2}+o\left(\frac{1}{n^2}\right),\quad n\to\infty$$

令

$$\alpha_n=-\frac{1}{12n^2}+o\left(\frac{1}{n^2}\right),\quad n\to\infty$$

则

$$\frac{c_n}{c_{n-1}}=1+\alpha_n$$

这时，若 n 充分大，则$\sum\limits_{n=1}^{\infty}\alpha_n$ 为一个收敛的同号级数，由定理 9.6.3 可知，无穷乘积$\prod\limits_{n=2}^{\infty}\frac{c_n}{c_{n-1}}=\prod\limits_{n=2}^{\infty}(1+\alpha_n)$ 收敛于非零实数。

设 A_n 为$\prod\limits_{n=2}^{\infty}(1+\alpha_n)$ 的部分乘积，则

$$A_n=\prod_{k=2}^{n}(1+\alpha_k)=\prod_{k=2}^{n}\frac{c_k}{c_{k-1}}=\frac{c_2}{c_1}\cdot\frac{c_3}{c_2}\cdot\frac{c_4}{c_3}\cdot\cdots\cdot\frac{c_n}{c_{n-1}}=\frac{c_n}{c_1}$$

由于 $\prod_{n=2}^{\infty}(1+\alpha_n)$ 收敛，则 $\lim_{n\to\infty}A_n$ 存在且 $\lim_{n\to\infty}A_n\neq 0$，于是

$$\lim_{n\to\infty}c_n=c_1\lim_{n\to\infty}A_n=A\neq 0$$

由于 $\{c_{2n}\}$ 为收敛数列 $\{c_n\}$ 的子列，则

$$A=\lim_{n\to\infty}c_n=\frac{\lim\limits_{n\to\infty}c_n^2}{\lim\limits_{n\to\infty}c_{2n}}=\lim_{n\to\infty}\frac{c_n^2}{c_{2n}}$$

而

$$\frac{c_n^2}{c_{2n}}=\frac{(n!)^2\cdot \mathrm{e}^{2n}}{n^{2n+1}}\cdot\frac{2^{2n+\frac{1}{2}}\cdot n^{2n+\frac{1}{2}}}{(2n)!\cdot \mathrm{e}^{2n}}$$

$$=\frac{2^{2n}\cdot n!}{(2n)(2n-1)\cdots(n+1)}\sqrt{\frac{2}{n}}=\frac{(2n)!!}{(2n-1)!!}\sqrt{\frac{2}{n}}$$

令 $P_n=\frac{[(2n-1)!!]^2}{[(2n)!!]^2}\cdot(2n+1)$，由 Wallice 公式，$\lim_{n\to\infty}P_n=\frac{2}{\pi}$，则

$$\lim_{n\to\infty}c_n==\lim_{n\to\infty}\frac{c_n^2}{c_{2n}}=\lim_{n\to\infty}\left(\frac{1}{\sqrt{P_n}}\cdot\sqrt{\frac{2}{n}}\cdot\sqrt{2n+1}\right)=2\sqrt{\frac{\pi}{2}}=\sqrt{2\pi}$$

即

$$\lim_{n\to\infty}\frac{n!\ \mathrm{e}^n}{n^{n+\frac{1}{2}}}=\sqrt{2\pi}$$

于是，我们证明了

$$n!\sim\sqrt{2\pi}n^{n+\frac{1}{2}}\mathrm{e}^{-n},\quad n\to\infty$$

证毕。

下面看一个应用 Stirling 公式求极限的例子。

例 9.6.6 求极限 $\lim_{n\to\infty}\frac{n}{\sqrt[n]{n!}}$。

解 由 Stirling 公式 $\lim_{n\to\infty}\frac{n!}{\sqrt{2\pi}n^{n+\frac{1}{2}}\mathrm{e}^{-n}}=1$，得

$$\lim_{n\to\infty}\frac{n}{\sqrt[n]{n!}}=\lim_{n\to\infty}\frac{n}{\sqrt[n]{\sqrt{2\pi}n^{n+\frac{1}{2}}\mathrm{e}^{-n}}}=\mathrm{e}$$

习题 9.6

1. 讨论下列无穷乘积的敛散性：

(1) $\prod_{n=1}^{\infty}\frac{2+n^2}{1+n^2}$；　(2) $\prod_{n=2}^{\infty}\sqrt{\frac{n+1}{n-1}}$；

(3) $\prod_{n=3}^{\infty}\cos\frac{\pi}{n}$；　(4) $\prod_{n=1}^{\infty}n\sin\frac{1}{n}$；

(5) $\prod_{n=1}^{\infty}\mathrm{e}^{\frac{1}{n^2}}$；　(6) $\prod_{n=1}^{\infty}\left(1+\frac{1}{\sqrt{n}}\right)$；

(7) $\prod_{n=1}^{\infty}\left(1-\frac{x^2}{n^2\pi^2}\right)$；　(8) $\prod_{n=1}^{\infty}\left(1+\frac{x^n}{2^n}\right)$；

(9) $\prod_{n=1}^{\infty}\left[\left(1+\frac{x}{n}\right)e^{-\frac{x}{n}}\right]$；　　(10) $\prod_{n=1}^{\infty}\left[\left(1+\frac{1}{n^p}\right)\cos\frac{\pi}{n^q}\right](p,q>0)$。

2. 计算下列无穷乘积的值：

(1) $\prod_{n=2}^{\infty}\left(1-\frac{1}{n^2}\right)$；　　(2) $\prod_{n=2}^{\infty}\left[1-\frac{2}{n(n+1)}\right]$；

(3) $\prod_{n=2}^{\infty}\frac{n^3-1}{n^3+1}$；　　(4) $\prod_{n=0}^{\infty}\left[1+\left(\frac{1}{2}\right)^{2^n}\right]$。

3. 设 $0<\alpha_n<\frac{\pi}{2}$，$\sum_{n=1}^{\infty}\alpha_n^2<+\infty$，证明：$\prod_{n=1}^{\infty}\cos\alpha_n$ 收敛。

4. 设 $0<|\alpha_n|<\frac{\pi}{4}$，$\sum_{n=1}^{\infty}|\alpha_n|<+\infty$，证明：$\prod_{n=1}^{\infty}\tan\left(\frac{\pi}{4}+\alpha_n\right)$绝对收敛。

5. 证明：任意改变绝对收敛的无穷乘积因子的次序，所得的新无穷乘积仍然绝对收敛，且其积不变。

6. 能否由 $\prod_{n=1}^{\infty}p_n$、$\prod_{n=1}^{\infty}q_n$ 的收敛性，得出下列乘积的收敛性？

$$\prod_{n=1}^{\infty}(p_n+q_n),\quad \prod_{n=1}^{\infty}p_nq_n,\quad \prod_{n=1}^{\infty}\frac{p_n}{q_n}$$

第 10 章　函数项级数

本章将讨论函数项级数与函数列的分析性质，研究由函数项级数（或函数列）所定义的和函数（或极限函数）的连续性、可微性与可积性。为此，我们将引入一个极其重要的概念，这就是函数项级数（或函数列）一致收敛的概念。

10.1　问题的提出

设 $u_n(x)(n=1,2,3,\cdots)$ 是具有公共定义域 E 的一列函数，这无穷个函数的“和”

$$u_1(x)+u_2(x)+\cdots+u_n(x)+\cdots \tag{1}$$

称为 E 上的一个**函数项级数**，记为 $\sum\limits_{n=1}^{\infty}u_n(x)$。

级数(1)的前 n 项和

$$S_n(x)=u_1(x)+u_2(x)+\cdots+u_n(x)$$

称为级数(1)的**部分和函数**。

定义 10.1.1　设 $u_n(x)$ $(n=1,2,3,\cdots)$ 在数集 E 上定义。对于任意固定的 $x_0\in E$，若数项级数 $\sum\limits_{n=1}^{\infty}u_n(x_0)$ 收敛，则称函数项级数(1)在点 x_0 收敛，或称 x_0 是级数(1)的**收敛点**。若数项级数 $\sum\limits_{n=1}^{\infty}u_n(x_0)$ 发散，则称级数(1) 在点 x_0 发散，或称 x_0 是级数(1) 的**发散点**。

级数(1)的所有收敛(发散)点组成的集合称为级数(1)的**收敛(发散)域**。

设级数(1)的收敛域为 $D\subset E$，则(1)定义了集合 D 上的一个函数，记为 $S(x)$，那么

$$S(x)=\sum_{n=1}^{\infty}u_n(x),\quad x\in D$$

是确定在数集 D 上的一个函数，称为 $\sum\limits_{n=1}^{\infty}u_n(x)$ 的 **和函数**。

设

$$f_1(x),f_2(x),\cdots,f_n(x),\cdots \tag{2}$$

是一列定义在数集 E 上的函数列，简记为 $\{f_n(x)\}$。

对于任意固定的 $x_0\in E$，若数列 $\{f_n(x_0)\}$ 收敛，则称函数列(2) 在点 x_0 **收敛**，或称 x_0 是函数列(2) 的**收敛点**。若数列 $\{f_n(x_0)\}$ 发散，则称函数列(2) 在点 x_0 发散，或称函数列(2) 在点 x_0 不收敛；函数列(2) 的所有收敛(发散)点的集合称为它的**收敛(发散)域**。

设函数列(2) 的收敛域为 $D\subset E$，那么 $\forall x\in D$，都对应一个极限值 $\lim\limits_{n\to\infty}f_n(x)$，称其为函数列(2) 的**极限函数**，记为

$$\lim_{n\to\infty}f_n(x)=f(x)$$

由于上面函数项级数或函数列的收敛是通过逐点定义的方式得到的，因此称级数

$\sum_{n=1}^{\infty} u_n(x)$ 在 D 上**逐点收敛**于 $S(x)$，或称函数列 $\{f_n(x)\}$ 在 D 上**逐点收敛**于 $f(x)$。

例 10.1.1　求函数项级数 $\sum_{n=1}^{\infty} x^n$ 的收敛域。

解　$u_n(x)=x^n(n=1,2,\cdots)$ 是定义在 $(-\infty,+\infty)$ 内的函数，$\sum_{n=1}^{\infty} x^n$ 是一个等比级数，公比为 x，当 $|x|<1$ 时，此级数收敛。所以级数的收敛域为 $(-1,1)$，其和函数为 $S(x)=\frac{x}{1-x}$；它的发散域为 $(-\infty,-1]\cup[1,+\infty)$。

下面提出我们要研究的问题。

设函数项级数(1)的收敛域为集合 D，它的部分和函数列为 $\{S_n(x)\}$，和函数为 $S(x)$。我们关心的问题是：由无穷多个函数相加而确定的和函数 $S(x)$ 是否仍然具有有限个函数和的那些性质？也就是

(1) 如果每一个 $u_n(x)$ 都在 D 上连续，它们的和函数 $S(x)$ 是否也在 D 上连续？

(2) 如果每一个 $u_n(x)$ 都在 $[a,b]$ 上 Riemann 可积，它们的和函数 $S(x)$ 是否也在 $[a,b]$ 上可积？如果 $S(x)$ 在 $[a,b]$ 上可积，等式

$$\int_a^b S(x)\mathrm{d}x = \sum_{n=1}^{\infty} \int_a^b u_n(x)\mathrm{d}x$$

是否成立？或者说，积分号和无限求和号能否交换？即级数能否逐项积分？

(3) 如果每一个 $u_n(x)$ 都在 D 上可导，它们的和函数 $S(x)$ 是否也在 D 上可导？如果 $S(x)$ 在 D 上可导，等式

$$S'(x) = \sum_{n=1}^{\infty} u'_n(x)$$

是否成立？或者说，求导号和无限求和号能否交换？即级数是否可以逐项可导？

我们知道，数项级数的收敛性问题与数列极限的存在性问题互相转化。对于函数项级数与函数列来说，也有同样的事实。

对于一个给定的函数项级数 $\sum_{n=1}^{\infty} u_n(x)$，它的收敛域是数集 D，可以相应写出它的部分和函数列

$$S_n(x) = \sum_{k=1}^{n} u_k(x),\quad x\in D,\quad n=1,2,\cdots$$

显然，在 D 上，$\sum_{n=1}^{\infty} u_n(x)$ 的和函数 $S(x)$ 就是其部分和函数列 $\{S_n(x)\}$ 的极限，即有

$$S(x) = \lim_{n\to\infty} S_n(x) = \lim_{n\to\infty}\sum_{k=1}^{n} u_k(x),\quad x\in D$$

反过来，若给定一个函数列 $\{f_n(x)\}$，它在数集 D 上收敛，只要令

$$\begin{cases} u_1(x)=f_1(x) \\ u_{n+1}(x)=f_{n+1}(x)-f_n(x),\quad n=1,2,\cdots \end{cases}$$

就可得到相应的函数项级数 $\sum_{n=1}^{\infty} u_n(x)$，它的部分和函数列就是 $\{f_n(x)\}$。

所以，研究函数项级数及其和函数问题与研究函数列及其极限函数问题在本质上完全是

一回事,我们将经常通过讨论函数列来研究函数项级数的性质。

因此,前面提出的三个问题,可以转化为下述函数列的情形来讨论:

(1)′ 如果$\{f_n(x)\}$是一列在 D 上收敛的连续函数,其极限函数 $f(x)$是否也在 D 上连续?

(2)′ 如果$\{f_n(x)\}$是一列在$[a,b]$上收敛的可积函数,其极限函数 $f(x)$是否也在$[a,b]$上可积?如果 $f(x)$在$[a,b]$上可积,等式

$$\int_a^b f(x)\mathrm{d}x = \lim_{n\to\infty}\int_a^b f_n(x)\mathrm{d}x$$

是否成立?即积分号与极限号能否交换?

(3)′ 如果$\{f_n(x)\}$是一列在 D 上收敛的可导函数,其极限函数 $f(x)$是否也在 D 上可导?如果 $f(x)$在 D 上可导,等式

$$f'(x)=\lim_{n\to\infty} f'_n(x)$$

是否成立?即极限号和求导号能否交换?

下面的三个例子表明,上面的三个问题在逐点收敛下不一定成立。

例 10.1.2 设函数列 $f_n(x)=x^n(n=1,2,\cdots)$,它的每一项都是$(-1,1]$上的连续、可导函数列,但它的极限函数

$$\begin{cases}1, & x=1\\ 0, & x\in(-1,1)\end{cases}$$

在 $x=1$ 处不连续,当然也不可导。这个例子说明,函数列的每一项都是连续可导的,但其极限函数不一定连续、可导。

例 10.1.3 在区间$[0,1]$上考虑函数列

$$f_n(x)=nx\,(1-x^2)^n,\quad n=1,2,\cdots$$

在区间$[0,1]$上,

$$f(x)=\lim_{n\to\infty} f_n(x)=0$$

显然,对任意 n,$f_n(x)$与 $f(x)$都在$[0,1]$上可积,但是

$$\begin{aligned}\int_0^1 f_n(x)\mathrm{d}x &= \int_0^1 nx\,(1-x^2)^n\mathrm{d}x = -\frac{n}{2}\int_0^1 (1-x^2)^n\mathrm{d}(1-x^2)\\ &= \frac{n}{2(n+1)} \to \frac{1}{2},\quad n\to\infty\end{aligned}$$

而 $\int_0^1 f(x)\mathrm{d}x = \int_0^1 0\mathrm{d}x = 0$。

这个例子说明,在函数列收敛、可积,它的极限函数也可积的条件下,函数列积分的极限不一定等于函数列极限的积分。

例 10.1.4 设 $f_n(x)=\dfrac{\sin nx}{\sqrt{n}}$,则函数列$\{f_n(x)\}$在$(-\infty,+\infty)$内收敛,极限函数 $f(x)=0$,从而它的导函数 $f'(x)=0$。

由于

$$f'_n(x)=\sqrt{n}\cos nx$$

因此 $f_n(x)$的导函数所构成的序列$\{f'_n(x)\}$并不收敛于 $f'(x)$(例如当 $x=0$ 时,$f'_n(0)=\sqrt{n}\to+\infty$)。

这个例子说明,在函数列收敛、可导,并且它的极限函数是可导的条件下,函数列的导数的极限函数不一定存在,更谈不上它等于极限函数的导数。

以上三个例子所涉及的问题，实际上是函数列在逐点收敛的条件下，函数极限运算次序的交换问题。显然，为了解决这类极限交换运算次序的问题，仅仅要求函数列逐点收敛是远远不够的，因此，需要引进新的、要求更强的收敛概念。

习题 10.1

1. 求出下列函数项级数的收敛域：

(1) $\sum\limits_{n=1}^{\infty}\dfrac{n}{x^n}$；　　(2) $\sum\limits_{n=1}^{\infty}\dfrac{\cos nx}{n^2}$；

(3) $\sum\limits_{n=1}^{\infty}\dfrac{n}{n+1}\left(\dfrac{x}{2x+1}\right)^n$；　　(4) $\sum\limits_{n=1}^{\infty}\dfrac{x^n}{x^{2n}+1}$；

(5) $\sum\limits_{n=1}^{\infty}ne^{-nx}$；　　(6) $\sum\limits_{n=1}^{\infty}\left[\dfrac{x(x+n)}{n}\right]^n$。

2. 求下列函数列的极限函数 $f(x)$：

(1) $f_n(x)=x(1-x)^n,\quad 0\leqslant x\leqslant 1$；

(2) $f_n(x)=\begin{cases} n^2x, & 0\leqslant x\leqslant\dfrac{1}{n} \\ \dfrac{1}{x}, & \dfrac{1}{n}<x\leqslant 1\end{cases}$；

(3) $f_n(x)=\begin{cases} -1, & x\leqslant -\dfrac{1}{n} \\ nx, & -\dfrac{1}{n}<x<\dfrac{1}{n} \\ 1, & x\geqslant\dfrac{1}{n}\end{cases}$。

3. 求下列函数项级数的和函数 $S(x)$：

(1) $\sum\limits_{n=0}^{\infty}\dfrac{x^2}{(x^2+1)^n}$；　　(2) $\sum\limits_{n=1}^{\infty}\dfrac{1}{(n+x)(n+1+x)}$。

10.2　一致收敛

函数列$\{f_n(x)\}$在集合 D 上逐点收敛于 $f(x)$，是指对于 D 中任意给定的 x_0，数列$\{f_n(x_0)\}$收敛于 $f(x_0)$。也就是，对任意给定的 $\varepsilon>0$，可以找到正整数 $N=N(x_0,\varepsilon)$，当 $n>N$ 时，

$$|f_n(x_0)-f(x_0)|<\varepsilon$$

成立。

这里的 N 应理解为 $N(x_0,\varepsilon)$，即 N 不仅与 ε 有关，而且还随着 x_0 的变化而变化。

一般来说，对不同的点 $x\in D$，函数列$\{f_n(x)\}$的收敛速度是不一样的。

例 10.2.1　考察函数列 $f_n(x)=x^n(n=1,2,\cdots)$在$(0,1)$内的收敛性。

显然，$\{x^n\}$在区间$(0,1)$内逐点收敛于函数 $f(x)=0$。

对于 $0<\varepsilon<1$，为了使

$$|f(x)-f_n(x)|=|x^n-0|=x^n<\varepsilon$$

必须且只需

$$n>N(x,\varepsilon)=\left[\frac{\ln\varepsilon}{\ln x}\right]$$

在不同的点 $x\in(0,1)$处,函数列$\{x^n\}$的收敛速度是不同的。例如,为了使

$$|f(x)-f_n(x)|<\frac{1}{10^{10}}$$

在 $x_1=\frac{1}{2}$处,至少要 $n>N_1=33$;

在 $x_2=\frac{2}{3}$处,至少要 $n>N_2=56$;

在 $x_3=\frac{3}{4}$处,至少要 $n>N_3=80$;

在 $x_4=\frac{9}{10}$处,至少要 $n>N_4=218$;

在 $x_5=\frac{99}{100}$处,至少要 $n>N_5=2\,291$;

$$\vdots$$

我们看出(见图 10.2.1),随着 x 取值越靠近 $x=1$, x^n 的收敛速度越慢,x 越靠近 0,x^n 的收敛速度越快。这种收敛速度的“不一致”性,导致不可能找到对所有 $x\in(0,1)$都适用的统一的 $N(\varepsilon)$。

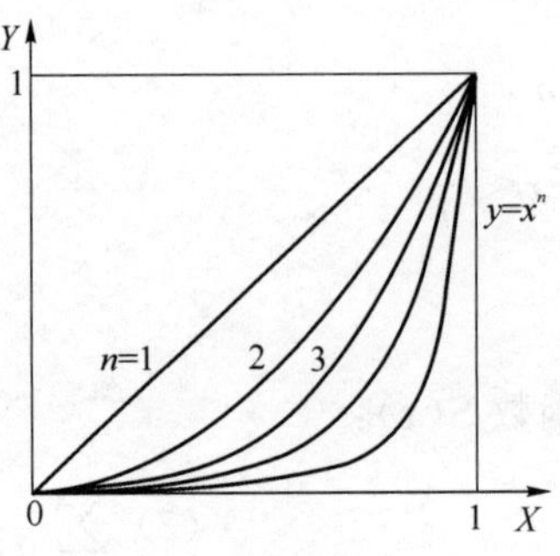

图 10.2.1

为了避免这种现象的发生,我们希望$\{f_n(x)\}$不仅在 D 上逐点收敛于 $f(x)$,而且在 D上的收敛速度具有某种整体的一致性。为此,引入下述定义。

定义 10.2.1　设$\{f_n(x)\}(x\in D)$是一函数列,$f(x)$是 D 上的一个函数。若对任意给定的 $\varepsilon>0$,存在仅与 ε 有关的正整数 $N(\varepsilon)$,当 $n>N(\varepsilon)$时,

$$|f_n(x)-f(x)|<\varepsilon$$

对一切 $x\in D$ 成立,则称$\{f_n(x)\}$在 D 上**一致收敛**于 $f(x)$,记为

$$f_n(x)\overset{D}{\Rightarrow}f(x)$$

若函数项级数$\sum\limits_{n=1}^{\infty}u_n(x)(x\in D)$ 的部分和函数列$\{S_n(x)\}$,在 D 上一致收敛于 $S(x)$,其中,$S_n(x)=\sum\limits_{k=1}^{n}u_k(x)$,$S(x)$是 D 上的一个函数,则称$\sum\limits_{n=1}^{\infty}u_n(x)$ 在 D 上**一致收敛**于 $S(x)$。

采用符号表述的话,就是

$$“f_n(x)\overset{D}{\rightrightarrows}f(x)”\Leftrightarrow\forall\varepsilon>0,\exists N,\forall n>N,\forall x\in D:$$
$$|f_n(x)-f(x)|<\varepsilon$$

和

$$“\sum_{n=1}^{\infty}u_n(x)\text{ 在 }D\text{ 上一致收敛于 }S(x)”\Leftrightarrow\forall\varepsilon>0,\exists N,\forall n>N,\forall x\in D:$$

$$\left|\sum_{k=1}^{n}u_k(x)-S(x)\right|=|S_n(x)-S(x)|<\varepsilon$$

由定义可以看到，如果函数列$\{f_n(x)\}$在 D 上一致收敛，那么，对于任意给定的正数 ε，不论 D 上哪一点 x，总存在一个公共的 $N=N(\varepsilon)$，只要 $n>N$，就有

$$|f_n(x)-f(x)|<\varepsilon$$

由此可以看出，函数列$\{f_n(x)\}$在 D 上一致收敛，必然在 D 上逐点收敛；反之，在 D 上逐点收敛的函数列$\{f_n(x)\}$，在 D 上不一定一致收敛。

对于函数项级数 $\sum\limits_{n=1}^{\infty}u_n(x)(x\in D)$，有同样的结论。

一致收敛定义的几何解释：对任意给定的 $\varepsilon>0$，存在 $N=N(\varepsilon)$，当 $n>N(\varepsilon)$时，函数 $y=f_n(x)(x\in D)$的图像完全都落在带状区域

$$\{(x,y)\mid x\in D,f(x)-\varepsilon<y<f(x)+\varepsilon\}$$

之中(见图 10.2.2)。

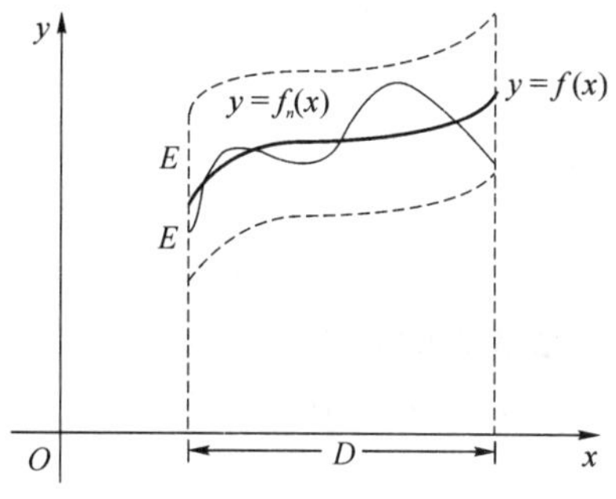

图 10.2.2

由函数项级数 $\sum\limits_{n=1}^{\infty}u_n(x)$ 在 D 上一致收敛的定义，我们立刻知道函数序列$\{u_n(x)\}$在 D 上一致收敛于 $u(x)=0$。

事实上，设函数项级数 $\sum\limits_{n=1}^{\infty}u_n(x)$ 在 D 上一致收敛，其和函数为 $S(x)$，则对任意给定的 $\varepsilon>0$，存在仅与 ε 有关的正整数 $N(\varepsilon)$，当 $n>N(\varepsilon)$时，对一切 $x\in D$，有

$$|S_n(x)-S(x)|<\frac{\varepsilon}{2}$$

于是，当 $n>N(\varepsilon)$时，对一切 $x\in D$，有

$$|u_{n+1}(x)|=|S_{n+1}(x)-S_n(x)|\leqslant|S(x)-S_{n+1}(x)|+|S(x)-S_n(x)|<\frac{\varepsilon}{2}+\frac{\varepsilon}{2}=\varepsilon$$

例 10.2.2　证明函数列 $f_n(x)=\dfrac{x}{1+n^2x^2}(n=1,2,\cdots)$在$(-\infty,+\infty)$内一致收敛。

证 显然,对于$\forall x\in(-\infty,+\infty)$,都有

$$f(x)=\lim_{n\to\infty}f_n(x)=\lim_{n\to\infty}\frac{x}{1+n^2x^2}=0$$

因此,对$(-\infty,+\infty)$内的一切x,有

$$|f_n(x)-f(x)|=\left|\frac{x}{1+n^2x^2}-0\right|=\frac{|x|}{1+n^2x^2}\leqslant\frac{1}{2n}$$

所以,$\forall\varepsilon>0$,只要取$N=\left[\frac{1}{2\varepsilon}\right]$,当$n>N$时,对一切$x\in(-\infty,+\infty)$,都有

$$|f_n(x)-f(x)|\leqslant\frac{1}{2n}<\varepsilon$$

因此,$\{f_n(x)\}$在$(-\infty,+\infty)$内一致收敛于0。

从几何图形上看(见图10.2.3),对任意给定的$\varepsilon>0$,只要取$N=\left[\frac{1}{2\varepsilon}\right]$,当$n>N$时,函数$y=f_n(x)$,$(-\infty,+\infty)$的图像全都落在带状区域$\{(x,y)\mid|y|<\varepsilon\}$中。

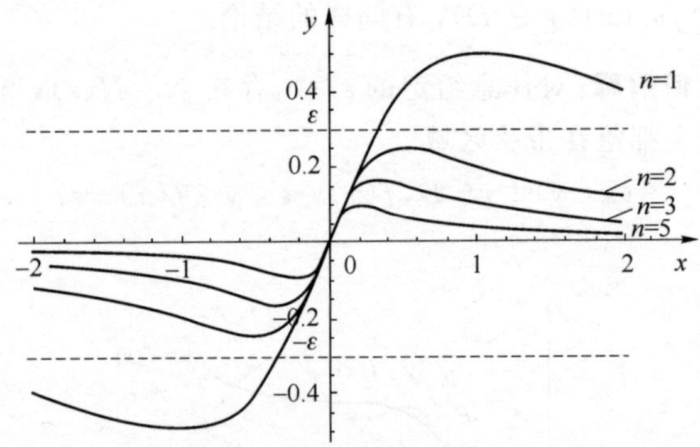

图 10.2.3

函数列$\{f_n(x)\}$在D上**不一致收敛**的叙述:

存在某个正数ε_0,对任意正整数N,总存在$n'>N$及$x'\in D$,使得

$$|f_{n'}(x')-f(x')|\geqslant\varepsilon_0$$

几何解释:存在这样一个带型区域$\{(x,y)\mid x\in D,f(x)-\varepsilon_0<y<f(x)+\varepsilon_0\}$,有无穷多条曲线$y_k=f_{n_k}(x)(k=1,2,\cdots)$,在每条曲线上至少有一部分图像位于该带形之外。

例如,函数列$x^n(n=1,2,\cdots)$,$x\in[0,1]$,$y=x^n$的取值范围是$[0,1]$。对于$\forall\varepsilon\in(0,1)$,无论$N$多大,当$n>N$时,该函数列的图像也不会落在带形域$\{(x,y)\mid x\in[0,1],-\varepsilon<y<\varepsilon\}$之中(见图10.2.4)。

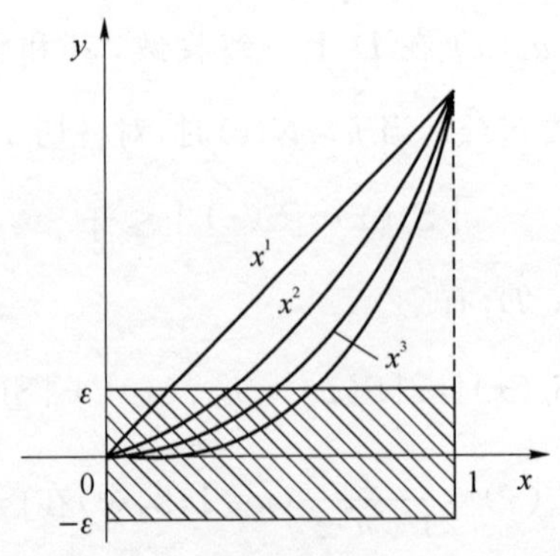

图 10.2.4

例 10.2.3　设 $f_n(x)=x^n$，证明：

(1) $\{f_n(x)\}$在区间$[0,1)$上不一致收敛；

(2) 对于任意闭区间$[a,b]\subset[0,1)$，则$\{f_n(x)\}$在区间$[a,b]$上一致收敛。

证　显然，对于$\forall x\in[0,1)$，都有

$$f(x)=\lim_{n\to\infty} f_n(x)=\lim_{n\to\infty} x^n=0$$

(1) 证法一。对于 $\varepsilon_0=\frac{1}{3}$，无论 N 多大，总存在 $n>N$，以及 $x_n=\left(\frac{1}{2}\right)^{\frac{1}{n}}\in[0,1)$，使得

$$|f_n(x_n)-0|=\left[\left(\frac{1}{2}\right)^{\frac{1}{n}}\right]^n=\frac{1}{2}>\varepsilon_0=\frac{1}{3}$$

$\{f_n(x)\}$在区间$[0,1)$上不一致收敛。

证法二。对任意给定的 $0<\varepsilon<1$，要使

$$|f_n(x)-f(x)|=x^n<\varepsilon$$

必须

$$n>\frac{\ln\varepsilon}{\ln x}$$

因此 $N=N(x,\varepsilon)$至少要取$\left[\frac{\ln\varepsilon}{\ln x}\right]$。由于当 $x\to1-$时，$\frac{\ln\varepsilon}{\ln x}\to+\infty$，因此不可能找到对一切$x\in[0,1)$都适用的 $N=N(\varepsilon)$，即$\{f_n(x)\}$在$[0,1)$上不一致收敛。

(2) 对任意给定的 $x\in[a,b]$，有

$$|f_n(x)-f(x)|=x^n\leqslant b^n$$

任给 $\varepsilon>0$，取 $N=\left[\frac{\ln\varepsilon}{\ln b}\right]$，只要 $n>N$，$\forall x\in[a,b]$，有

$$|f_n(x)-f(x)|\leqslant b^n<\varepsilon$$

即$\{f_n(x)\}$在区间$[a,b]$上一致收敛。

这是一个有趣的现象，函数列$\{f_n(x)\}$在区间$[0,1)$上不一致收敛，但在$[0,1)$的任意一个闭区间上都一致收敛。

定义 10.2.2　若对于任意给定的闭区间$[a,b]\subset D$，函数列$\{f_n(x)\}$在$[a,b]$上一致收敛于 $f(x)$，则称$\{f_n(x)\}$在 D 上**内闭一致收敛**于 $S(x)$。

显然，在 D 上一致收敛的函数列必在 D 上内闭一致收敛，但其逆命题不成立。

定理 10.2.1　设函数列$\{f_n(x)\}$在集合 D 上逐点收敛于 $f(x)$，定义 $f_n(x)$与 $f(x)$的"距离"为

$$\mathrm{d}(f_n,f)=\sup_{x\in D}|f_n(x)-f(x)|$$

则以下三个结论等价：

(1) $\{f_n(x)\}$在 D 上一致收敛于 $f(x)$；

(2) $\lim\limits_{n\to\infty}\mathrm{d}(f_n,f)=0$；

(3) 对任何数列$\{x_n\}\subset D$，都有

$$\lim_{n\to+\infty}[f_n(x_n)-f(x_n)]=0$$

证　(1)⇒(2)。若(1)成立，则对任意的 $\varepsilon>0$，存在自然数 N，只要 $n>N$，对一切 $x\in D$，都有

$$|f_n(x)-f(x)|<\frac{\varepsilon}{2}$$

由此可知,只要 $n>N$,就有

$$d(f_n,f)=\sup_{x\in D}|f_n(x)-f(x)|\leqslant\frac{\varepsilon}{2}<\varepsilon$$

即$\lim\limits_{n\to\infty} d(f_n,f)=0$。

(2)⇒(3)。对任意的$\{x_n\}\subset D$,显然有

$$|f_n(x_n)-f(x_n)|\leqslant d(f_n,f)$$

于是

$$\lim_{n\to\infty}|f_n(x_n)-f(x_n)|\leqslant\lim_{n\to\infty} d(f_n,f)=0$$

(3)⇒(1)。反证法。假定$\{f_n(x)\}$在 D 上不一致收敛于 $f(x)$,则存在某一 $\varepsilon_0>0$,$\forall N$,存在 $n>N$ 以及 $x\in D$,使得

$$|f_n(x)-f(x)|\geqslant\varepsilon_0$$

于是

取 $N_1=1$,$\exists n_1>1$,$\exists x_{n_1}\in D$:$|f_{n_1}(x_{n_1})-f(x_{n_1})|\geqslant\varepsilon_0$;

取 $N_2=n_1$,$\exists n_2>n_1$,$\exists x_{n_2}\in D$:$|f_{n_2}(x_{n_2})-f(x_{n_2})|\geqslant\varepsilon_0$;

$$\vdots$$

取 $N_k=n_{k-1}$,$\exists n_k>n_{k-1}$,$\exists x_{n_k}\in D$:$|f_{n_k}(x_{n_k})-f(x_{n_k})|\geqslant\varepsilon_0$;

$$\vdots$$

对于 $m\in\mathbb{N}^+\setminus\{n_1,n_2,\cdots,n_k,\cdots\}$,可以任取 $x_m\in D$,这样就得到数列$\{x_n\}$,$x_n\in D$,由于它的子列$\{x_{n_k}\}$使得

$$|f_{n_k}(x_{n_k})-f(x_{n_k})|\geqslant\varepsilon_0$$

显然不可能成立

$$\lim_{n\to\infty}[f_n(x_n)-f(x_n)]=0$$

证毕。

定理 10.1,1 中的(2) 常用来证明函数列的一致收敛,而(3) 则常用来判断函数列的不一致收敛。例如,例 10.2.3 中的 $f_n(x)=x^n$,$x\in[0,1)$,可以取 $x_n=1-\dfrac{1}{n}\in[0,1)$,则

$$f_n(x_n)-f(x_n)=\left(1-\frac{1}{n}\right)^n\to\frac{1}{e},\quad n\to\infty$$

这说明$\{f_n(x)\}$在$[0,1)$上不一致收敛于 $f(x)=0$。

例 10.2.4 证明函数列 $f_n(x)=\dfrac{nx}{1+n^2x^2}(n=1,2,\cdots)$在$(0,+\infty)$内收敛于 0,但不一致收敛。

证 对$\forall x\in(0,+\infty)$,都有

$$f(x)=\lim_{n\to\infty}f_n(x)=\lim_{n\to\infty}\frac{nx}{1+n^2x^2}=0$$

所以 $f_n(x)$在$(0,+\infty)$内收敛于 0。

由于

$$|f_n(x)-f(x)|=\frac{nx}{1+n^2x^2}\leqslant\frac{1}{2}$$

等号成立当且仅当 $x=\dfrac{1}{n}$,可知

$$d(f_n, f)=\frac{1}{2}\not\to 0, \quad n\to\infty$$

因此$\{f_n(x)\}$在$(0,+\infty)$内不是一致收敛的。

从几何上看(见图 10.2.5),对每个 n,函数 $y=\frac{nx}{1+n^2x^2}$在 $x=\frac{1}{n}$取到最大值$\frac{1}{2}$,因此它们的图像不可能落在带状区域$\{(x,y)\mid 0<x<+\infty, |y|<\varepsilon<1/2\}$中,并且随着 n 的增大,相应的曲线在靠近 y 轴时越来越陡,从而函数列$\{f_n(x)\}$的一致收敛性在 $x=0$ 附近遭到破坏。

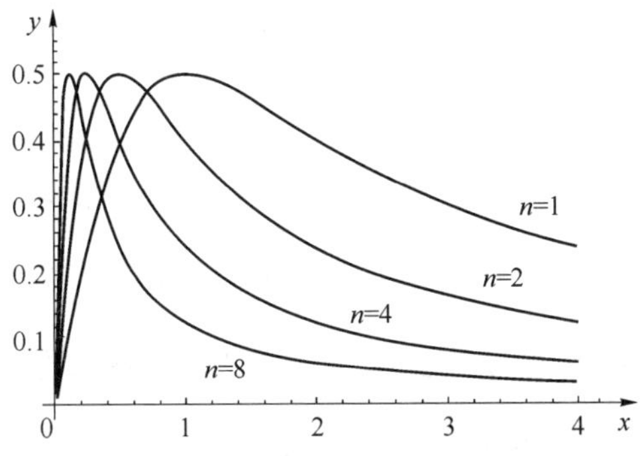

图 10.2.5

若将上例中$\{f_n(x)\}$限制在任意有限区间$[\rho,A]$$(0<\rho<A<+\infty)$上,则由

$$|f_n(x)-f(x)|=\frac{nx}{1+n^2x^2} \quad 及 \quad \left(\frac{nx}{1+n^2x^2}\right)'=\frac{n(1-n^2x^2)}{(1+n^2x^2)^2}$$

可知,当 $n>\frac{1}{\rho}$时,$|f_n(x)-f(x)|$ 在$[\rho,A]$上单调减小,从而

$$d(f_n, f)=\frac{n\rho}{1+n^2\rho^2}\to 0, \quad n\to\infty$$

这说明$\{f_n(x)\}$在$[\rho,A]$上一致收敛于 $f(x)=0$。也就是说,$\{f_n(x)\}$在$(0,+\infty)$内内闭一致收敛。

例 10.2.5　设 $f_n(x)=(1-x)x^n$,则$\{f_n(x)\}$在$[0,1]$上收敛于 $f(x)=0$。由 $|f_n(x)-f(x)|=(1-x)x^n$及

$$[(1-x)x^n]'=x^{n-1}[n-(n+1)x]$$

可知 $|f_n(x)-f(x)|$ 在 $x=\frac{n}{n+1}$取到最大值,从而

$$d(f_n, f)=\left(1-\frac{n}{n+1}\right)\left(\frac{n}{n+1}\right)^n=\left(\frac{1}{n+1}\right)\Big/\left(1+\frac{1}{n}\right)^n\to 0, \quad n\to\infty$$

这说明$\{f_n(x)\}$在$[0,1]$上一致收敛于 $f(x)=0$。

例 10.2.6　设 $f_n(x)=\left(1+\frac{x}{n}\right)^n$,则$\{f_n(x)\}$在$[0,+\infty)$上收敛于 $f(x)=e^x$。证明$\{f_n(x)\}$在$[0,+\infty)$上不一致收敛。

证　取 $x_n=n$,则

$$f_n(x_n)-f(x_n)=2^n-e^n\to-\infty, \quad n\to\infty$$

由定理 10.2.1 可知,$\{f_n(x)\}$在$[0,+\infty)$上不一致收敛于 $f(x)=e^x$。

例 10.2.7　证明函数项级数 $\sum\limits_{n=1}^{\infty}n\left(x+\frac{1}{n}\right)^n$ 在$(-1,1)$内不一致收敛(注意该函数项级

数的收敛域为(−1,1))。

证 记

$$u_n(x)=n\left(x+\frac{1}{n}\right)^n$$

则函数序列$\{u_n(x)\}$在(−1,1)内收敛于$u(x)=0$。

由级数一致收敛的定义,要证明$\sum\limits_{n=1}^{\infty}n\left(x+\frac{1}{n}\right)^n$在(−1,1)内不一致收敛,只要证明函数序列$\{u_n(x)\}$在(−1,1)内不一致收敛于$u(x)=0$即可。

取$x_n=1-\frac{1}{2n}\in(-1,1)$,则

$$u_n(x_n)-u(x_n)=n\left(1+\frac{1}{2n}\right)^n\to\infty,\quad n\to\infty$$

由定理10.2.1可知,$\{u_n(x)\}$在(−1,1)内不一致收敛于$u(x)=0$。

对于函数项级数$\sum\limits_{n=1}^{\infty}u_n(x)$,有与定理10.2.1类似的下述结论。

定理10.2.2 设函数项级数$\sum\limits_{n=1}^{\infty}u_n(x)$在集合$D$上逐点收敛于和函数$S(x)$,则以下三个结论等价:

(1) $\sum\limits_{n=1}^{\infty}u_n(x)$在$D$上一致收敛于$S(x)$;

(2) $\lim\limits_{n\to\infty}\sup\limits_{x\in D}\left\{\left|\sum\limits_{k=1}^{n}u_k(x)-S(x)\right|x\in D\right\}=0$;

(3) 对任何数列$\{x_n\}\subset D$,都有

$$\lim_{n\to+\infty}\left[\sum_{k=1}^{n}u_k(x_n)-S(x_n)\right]=0$$

该定理的证明,请读者自行完成。

习题10.2

1. 讨论下列函数列在指定区间上的一致收敛性:

(1) $f_n(x)=\frac{1}{1+nx},\quad x\in(0,1)$;

(2) $f_n(x)=x\mathrm{e}^{-nx},\quad x\in(0,+\infty)$;

(3) $f_n(x)=\sin\frac{x}{n}$,(ⅰ) $x\in(-\infty,+\infty)$,(ⅱ) $x\in[-a,a](a>0)$;

(4) $f_n(x)=\sqrt{x^2+\frac{1}{n^2}},\quad x\in(-\infty,+\infty)$;

(5) $f_n(x)=nx(1-x)^n,\quad x\in[0,1]$;

(6) $f_n(x)=\frac{x^n}{1+x^n}$,(ⅰ) $x\in(1,+\infty)$,(ⅱ) $x\in(0,1)$;

(7) $f_n(x)=\frac{x}{n}\ln\frac{x}{n}$,(ⅰ) $x\in(0,1)$,(ⅱ) $x\in(1,+\infty)$;

(8) $f_n(x)=\left(1+\frac{x}{n}\right)^n$,(ⅰ) $x\in(-\infty,+\infty)$,(ⅱ) $x\in[-a,a](a>0)$。

2. 设 $f_n(x)=\sum_{i=0}^{n-1}\frac{1}{n}f\left(x+\frac{i}{n}\right)$,其中 $f(x)$是连续函数。证明:函数序 $f_n(x)$在任何有限闭区间$[a,b]$上一致收敛。

3. 设 $f(x)$在(a,b)内有连续导函数 $f'(x)$,且 $f_n(x)=n\left[f\left(x+\frac{1}{n}\right)-f(x)\right]$。证明:$\{f_n(x)\}$在区间$(a,b)$内内闭一致收敛于 $f'(x)$。

4. 设 $f_n(x)=n(x^n-x^{2n})$,证明:函数列$\{f_n(x)\}$在$[0,1]$上收敛但不一致收敛,且极限运算与积分运算不能交换,即 $\lim\limits_{n\to\infty}\int_0^1 f_n(x)\mathrm{d}x\neq\int_0^1\lim\limits_{n\to\infty}f_n(x)\mathrm{d}x=0$。

5. 设 $f_n(x)=\frac{x}{1+n^2x^2}$,证明:

(ⅰ) 函数列$\{f_n(x)\}$在$(-\infty,+\infty)$内一致收敛;

(ⅱ) $\left\{\frac{\mathrm{d}}{\mathrm{d}x}f_n(x)\right\}$在$(-\infty,+\infty)$内不一致收敛;

(ⅲ) 极限运算与求导运算不能交换,即$\lim\limits_{n\to\infty}\frac{\mathrm{d}}{\mathrm{d}x}f_n(x)=\frac{\mathrm{d}}{\mathrm{d}x}\lim\limits_{n\to\infty}f_n(x)$对所有 $x\in(-\infty,+\infty)$不总成立。

6. 设 $f_n(x)=n^{\alpha}x\mathrm{e}^{-nx}$,其中 α 为参数。求 α 的取值范围,使得在$[0,1]$上以下结论成立:

(ⅰ) $\{f_n(x)\}$一致收敛;

(ⅱ) 极限运算与积分运算可以交换,即$\lim\limits_{n\to\infty}\int_0^1 f_n(x)\mathrm{d}x=\int_0^1\lim\limits_{n\to\infty}f_n(x)\mathrm{d}x$;

(ⅲ) 极限运算与求导运算可以交换,即对于所有 $x\in[0,1]$,有

$$\lim_{n\to\infty}\frac{\mathrm{d}}{\mathrm{d}x}f_n(x)=\frac{\mathrm{d}}{\mathrm{d}x}\lim_{n\to\infty}f_n(x)$$

7. 设 $f(x)$是$[0,1]$上的连续函数,且 $f(1)=0$。证明:函数列 $\varphi_n(x)=x^nf(x)(n=1,2,\cdots)$在$[0,1]$上一致收敛。

8. 设 $f_1(x)$在$[a,b]$上连续,定义函数列 $f_{n+1}(x)=\int_a^x f_n(t)\mathrm{d}t,n=1,2,\cdots$。证明:$\{f_n(x)\}$在$[a,b]$上一致收敛到 0。

10.3　一致收敛的判别法

用定义来判别函数项级数或函数列的一致收敛性时,常常需要求出它们的和函数或极限函数,这在许多情况下可能比较困难。因此,在不知道函数项级数的和函数或函数列的极限函数的情况下,寻求函数级数一致收敛的判定条件具有重要意义。

定理 10.3.1(Cauchy 一致收敛原理)　函数项级数 $\sum\limits_{n=1}^{\infty}u_n(x)$ 在 D 上一致收敛的充分必要条件是:对于任意给定的 $\varepsilon>0$,存在正整数 $N=N(\varepsilon)$,使得当 $m>n>N$ 时,对于一切 $x\in D$,有

$$|u_{n+1}(x)+u_{n+2}(x)+\cdots+u_m(x)|<\varepsilon$$

证 必要性。设 $\sum\limits_{n=1}^{\infty}u_n(x)$ 在 D 上一致收敛，记和函数为 $S(x)$，则对任意给定的 $\varepsilon>0$，存在正整数 $N=N(\varepsilon)$，使得对任意 $n>N$ 与一切 $x\in D$，

$$\left|\sum_{k=1}^{n}u_k(x)-S(x)\right|<\frac{\varepsilon}{2}$$

成立。于是只要 $m>n>N$ 与一切 $x\in D$，

$$|u_{n+1}(x)+u_{n+2}(x)+\cdots+u_m(x)|=\left|\sum_{k=1}^{m}u_k(x)-\sum_{k=1}^{n}u_k(x)\right|$$

$$\leqslant\left|\sum_{k=1}^{m}u_k(x)-S(x)\right|+\left|\sum_{k=1}^{n}u_k(x)-S(x)\right|<\varepsilon$$

成立。

充分性。设任意给定的 $\varepsilon>0$，存在正整数 $N=N(\varepsilon)$，使得当 $m>n>N$ 时，对一切 $x\in D$，

$$|u_{n+1}(x)+u_{n+2}(x)+\cdots+u_m(x)|=\left|\sum_{k=1}^{m}u_k(x)-\sum_{k=1}^{n}u_k(x)\right|<\frac{\varepsilon}{2}$$

成立。固定 $x\in D$，则数项级数 $\sum\limits_{n=1}^{\infty}u_n(x)$ 满足 Cauchy 收敛原理，因而收敛。设

$$S(x)=\sum_{n=1}^{\infty}u_n(x),\quad x\in D$$

在 $\left|\sum\limits_{k=1}^{m}u_k(x)-\sum\limits_{k=1}^{n}u_k(x)\right|<\frac{\varepsilon}{2}$ 中固定 n，令 $m\to\infty$，则得到

$$\left|\sum_{k=1}^{n}u_k(x)-S(x)\right|\leqslant\frac{\varepsilon}{2}<\varepsilon$$

对一切 $x\in D$ 成立，因而 $\sum\limits_{n=1}^{\infty}u_n(x)$ 在 D 上一致收敛于 $S(x)$。证毕。

定理 10.3.1 也可以叙述如下：

定理 10.3.1′ 函数项级数 $\sum\limits_{n=1}^{\infty}u_n(x)$ 在 D 上一致收敛的充分必要条件是：对于任意给定的 $\varepsilon>0$，存在正整数 $N=N(\varepsilon)$，使得当 $n>N$ 时，对于一切 $x\in D$ 和任何自然数 p，有

$$\left|\sum_{k=n+1}^{n+p}u_k(x)\right|=|u_{n+1}(x)+u_{n+2}(x)+\cdots+u_{n+p}(x)|<\varepsilon$$

例 10.3.1 证明级数 $\sum\limits_{n=0}^{\infty}\frac{x^2}{(1+x^2)^n}$ 在 $(-\infty,+\infty)$ 内不一致收敛。

证 存在 $\varepsilon_0=\frac{1}{\mathrm{e}^2}>0$，对于任意正整数 N，当 $n>N$ 时，取 $m=2n$ 及 $x_n=\frac{1}{\sqrt{n}}\in(-\infty,+\infty)$，则

$$\sum_{k=n+1}^{2n}\frac{x_n^2}{(1+x_n^2)^k}=\frac{x_n^2}{(1+x_n^2)^{n+1}}+\frac{x_n^2}{(1+x_n^2)^{n+2}}+\cdots+\frac{x_n^2}{(1+x_n^2)^{2n}}$$

$$>\frac{nx_n^2}{(1+x_n^2)^{2n}}>\frac{1}{\mathrm{e}^2}=\varepsilon_0$$

由 Cauchy 一致收敛原理，级数 $\sum\limits_{n=0}^{\infty}\frac{x^2}{(1+x^2)^n}$ 在 $(-\infty,+\infty)$ 内不一致收敛。

相应于函数项级数一致收敛的 Cauchy 原理，可以写出函数列一致收敛的 Cauchy 原理。

定理 10.3.2 函数列 $\{f_n(x)\}$ 在 D 上一致收敛的充分必要条件是：对于任意给定的 $\varepsilon>$

0，存在正整数 $N=N(\varepsilon)$，使得当 $m>n>N$ 时，对于一切 $x\in D$，有

$$|f_m(x)-f_n(x)|<\varepsilon$$

定理 10.3.2 也可以叙述如下：

定理 10.3.2′ 函数列 $\{f_n(x)\}$ 在 D 上一致收敛的充分必要条件是：对于任意给定的 $\varepsilon>0$，存在正整数 $N=N(\varepsilon)$，使得当 $n>N$ 时，对于一切 $x\in D$ 和任何自然数 p，有

$$|f_{n+p}(x)-f_n(x)|<\varepsilon$$

Cauchy 一致收敛原理在理论上非常重要，但在具体判别一个函数级数的一致收敛性时，使用起来不够方便。下面我们介绍一些更加简便适用的判别法。

定理 10.3.3（Weierstrass 判别法） 设函数项级数 $\sum\limits_{n=1}^{\infty}u_n(x)\ (x\in D)$ 的每一项 $u_n(x)$ 满足

$$|u_n(x)|\leqslant a_n,\quad x\in D$$

并且数项级数 $\sum\limits_{n=1}^{\infty}a_n$ 收敛，则 $\sum\limits_{n=1}^{\infty}u_n(x)$ 在 D 上一致收敛。

证 由于对一切 $x\in D$ 和正整数 $m>n$，有

$$\begin{aligned}&|u_{n+1}(x)+u_{n+2}(x)+\cdots+u_m(x)|\\ \leqslant&|u_{n+1}(x)|+|u_{n+2}(x)|+\cdots+|u_m(x)|\\ \leqslant&a_{n+1}+a_{n+2}+\cdots+a_m\end{aligned}$$

由定理 10.3.1 和数项级数的 Cauchy 收敛原理，即得到 $\sum\limits_{n=1}^{\infty}u_n(x)$ 在 D 上一致收敛。证毕。

注 (1) 此时不仅 $\sum\limits_{n=1}^{\infty}u_n(x)$ 在 D 上一致收敛，而且 $\sum\limits_{n=1}^{\infty}|u_n(x)|$ 也在 D 上一致收敛。

(2) 此判别法也称为 M-判别法或优级数法；$\sum\limits_{n=1}^{\infty}a_n$ 称为**优级数**。

例 10.3.2 设 $\sum\limits_{n=1}^{\infty}a_n$ 绝对收敛，则 $\sum\limits_{n=1}^{\infty}a_n\cos nx$ 与 $\sum\limits_{n=1}^{\infty}a_n\sin nx$ 在 $(-\infty,+\infty)$ 内一致收敛。

解 因为 $\forall x\in(-\infty,+\infty)$，

$$|a_n\cos nx|\leqslant|a_n|,\quad |a_n\sin nx|\leqslant|a_n|$$

所以 $\sum\limits_{n=1}^{\infty}|a_n|$ 是这两个函数项级数的优级数，由 Weierstrass 判别法，这两个级数在 $(-\infty,+\infty)$ 内都是一致收敛的。

由此可知：$\sum\limits_{n=1}^{\infty}\dfrac{\cos nx}{n^p}\ (p>1)$，$\sum\limits_{n=1}^{\infty}\dfrac{(-1)^n\sin nx}{n^2+1}$ 等函数项级数都在 $(-\infty,+\infty)$ 内一致收敛。

例 10.3.3 证明级数 $\sum\limits_{n=1}^{\infty}\dfrac{n^2x}{(1+n^2)(1+n^4x^2)\arctan(1+x)}$ 在 $(0,\infty)$ 内一致收敛。

证 由于

$$|u_n(x)|=\left|\frac{n^2x}{(1+n^2)(1+n^4x^2)\cdot\arctan(1+x)}\right|\leqslant\frac{1}{\arctan 1}\cdot 1\cdot\frac{x}{1+n^4x^2}=\frac{4}{\pi}\cdot\frac{x}{1+n^4x^2}$$

令 $\left(\dfrac{x}{1+n^4x^2}\right)'=0$，知 $x_n=\dfrac{1}{n^2}$ 是函数 $\dfrac{x}{1+n^4x^2}$ 的最大值点，且 $\left.\dfrac{x}{1+n^4x^2}\right|_{x=\frac{1}{n^2}}=\dfrac{1}{2n^2}$，从而对于任意

$x\in(0,\infty)$，$|u_n(x)|\leqslant\dfrac{2}{\pi n^2}$，$n=1,2,\cdots$。

由 Weierstrass 判别法，该级数在$(0,\infty)$内一致收敛。

如果函数项级数 $\sum\limits_{n=1}^{\infty}u_n(x)$ 用 Weierstrass 判别法是一致收敛的，那么该级数也是绝对一致收敛的。因此，凡是一致收敛而非绝对一致收敛的函数项级数，应用这个判别法就失效了。为了判别更加一般的函数项级数的一致收敛性，下面介绍 Abel 判别法和 Dirichlet 判别法。

定理 10.3.4(Abel 判别法)　设级数 $\sum\limits_{n=1}^{\infty}a_n(x)b_n(x)\,(x\in D)$ 满足如下条件：

(ⅰ) 函数列$\{a_n(x)\}$对每一固定的 $x\in D$ 关于 n 是单调的，且$\{a_n(x)\}$在 D 上一致有界，即存在正数 $M>0$，有

$$|a_n(x)|\leqslant M,\quad x\in D,\quad n\in\mathbf{N}^+$$

(ⅱ) $\sum\limits_{n=1}^{\infty}b_n(x)$ 在 D 上一致收敛，

则 $\sum\limits_{n=1}^{\infty}a_n(x)b_n(x)$ 在 D 上一致收敛。

证　由 $\sum\limits_{n=1}^{\infty}b_n(x)$ 在 D 上的一致收敛性，对任意给定的 $\varepsilon>0$，存在正整数 $N=N(\varepsilon)$，使得当 $m>n>N$ 时，对一切 $x\in D$，

$$\left|\sum_{k=n+1}^{m}b_k(x)\right|<\varepsilon$$

成立。另外，由于 $|a_n(x)|\leqslant M$，$x\in D$，$n\in\mathbb{N}^+$，应用 Abel 引理，得到

$$\left|\sum_{k=n+1}^{m}a_k(x)b_k(x)\right|\leqslant\varepsilon\left(|a_{n+1}(x)|+2|a_m(x)|\right)\leqslant 3M\varepsilon$$

对一切 $m>n>N$ 与一切 $x\in D$ 成立，根据 Cauchy 一致收敛原理，$\sum\limits_{n=1}^{\infty}a_n(x)b_n(x)$ 在 D 上一致收敛。证毕。

定理 10.3.5(Dirichlet 判别法)　设级数 $\sum\limits_{n=1}^{\infty}a_n(x)b_n(x)\,(x\in D)$ 满足如下条件：

(ⅰ) 函数列$\{a_n(x)\}$对每一固定的 $x\in D$ 关于 n 是单调的，且$\{a_n(x)\}$在 D 上一致收敛于 0；

(ⅱ) 函数项级数 $\sum\limits_{n=1}^{\infty}b_n(x)$ 的部分和序列在 D 上一致有界：

$$\left|\sum_{k=1}^{n}b_k(x)\right|\leqslant M,\quad x\in D,\quad n\in\mathbb{N}^+$$

则级数 $\sum\limits_{n=1}^{\infty}a_n(x)b_n(x)$ 在 D 上一致收敛。

证　由于$\{a_n(x)\}$在 D 上一致收敛于 0，对任意给定的 $\varepsilon>0$，存在正整数 $N=N(\varepsilon)$，当 $n>N$ 时，对一切 $x\in D$，

$$|a_n(x)|<\varepsilon$$

成立。

又 $\sum_{n=1}^{\infty} b_n(x)$ 的部分和函数列在 D 上一致有界，即对一切 $m>n>N$，有

$$\left|\sum_{k=n+1}^{m} b_k(x)\right| = \left|\sum_{k=1}^{m} b_k(x) - \sum_{k=1}^{n} b_k(x)\right| \leqslant 2M, \quad \forall x \in D$$

应用 Abel 引理，得到

$$\left|\sum_{k=n+1}^{m} a_k(x) b_k(x)\right| \leqslant 2M\left(|a_{n+1}(x)| + 2|a_m(x)|\right) < 6M\varepsilon$$

对任意给定的 $\varepsilon>0$、任意的 $m>n>N$，以及一切 $x\in D$ 成立。根据 Cauchy 一致收敛原理，$\sum_{n=1}^{\infty} a_n(x) b_n(x)$ 在 D 上一致收敛。证毕。

例 10.3.4　证明 $\sum_{n=1}^{\infty}(-1)^n \dfrac{(n+x)^n}{n^{n+1}}$ 在$[0,1]$上一致收敛。

证　令 $a_n(x)=\dfrac{(n+x)^n}{n^n}$，$b_n(x)=(-1)^n\dfrac{1}{n}$，则 $\sum_{n=1}^{\infty} b_n(x)$ 在 $[0,1]$上一致收敛；对于每个固定的 $x\in[0,1]$，$a_n(x)=\dfrac{(n+x)^n}{n^n}\leqslant\dfrac{(n+1+x)^{n+1}}{(n+1)^{n+1}}=a_{n+1}(x)$，且在$[0,1]$上

$$a_n(x)=\frac{(n+x)^n}{n^n}\leqslant\left(\frac{n+1}{n}\right)^n=\left(1+\frac{1}{n}\right)^n\leqslant 3, \quad n=1,2,\cdots$$

由 Abel 判别法，$\sum_{n=1}^{\infty}(-1)^n \dfrac{(n+x)^n}{n^{n+1}}$ 在$[0,1]$上一致收敛。

例 10.3.5　设$\{a_n\}$单调收敛于 0，则 $\sum_{n=1}^{\infty} a_n \cos nx$ 与 $\sum_{n=1}^{\infty} a_n \sin nx$ 在$(0,2\pi)$内内闭一致收敛。

证　令 $a_n(x)=a_n$，$b_n(x)=\cos nx$。数列$\{a_n\}$收敛于 0 意味着关于 x 一致收敛于 0。另外，对任意 $0<\delta<\pi$，当 $x\in[\delta,2\pi-\delta]$时，

$$\left|\sum_{k=1}^{n} b_k(x)\right| = \left|\sum_{k=1}^{n} \cos kx\right| = \frac{\left|\sin\left(n+\frac{1}{2}\right)x - \sin\frac{x}{2}\right|}{2\left|\sin\frac{x}{2}\right|} \leqslant \frac{1}{\sin\frac{\delta}{2}}$$

由 Dirichlet 判别法，级数 $\sum_{n=1}^{\infty} a_n \cos nx$ 在$[\delta,2\pi-\delta]$上一致收敛。

同理可证 $\sum_{n=1}^{\infty} a_n \sin nx$ 在$(0,2\pi)$内内闭一致收敛。

习题 10.3

1. 判别下列函数项级数在所指定的区间上的一致收敛性：

(1) $\sum_{n=1}^{\infty} \dfrac{1}{x^2+n^2}$，　$(-\infty,+\infty)$；

(2) $\sum_{n=1}^{\infty} \dfrac{nx}{1+n^5x^2}$，　$(-\infty,+\infty)$；

(3) $\sum_{n=1}^{\infty} x^2 \mathrm{e}^{-nx}$，　$(0,+\infty)$；

(4) $\sum_{n=2}^{\infty} \ln\left(1+\dfrac{x}{n\ln^2 n}\right)$，　$[0,1]$；

(5) $\sum_{n=1}^{\infty} \dfrac{\cos nx}{n^2}$，　$(-\infty,+\infty)$；

(6) $\sum_{n=1}^{\infty} \frac{\sin nx}{n}$,(ⅰ) $\alpha > 0,(\alpha,\pi]$,(ⅱ)$[\alpha,\pi]$;

(7) $\sum_{n=1}^{\infty} (-1)^n \frac{n+x^2}{n^2}$,(ⅰ) $[a,b]$,(ⅱ) $(-\infty,+\infty)$;

(8) $\sum_{n=1}^{\infty} \frac{(-1)^n}{x^2+n^2}$, $(-\infty,+\infty)$;

(9) $\sum_{n=1}^{\infty} \frac{\sin x \cdot \sin nx}{\sqrt{n+x}}$, $[0,+\infty)$。

2. 若级数 $\sum_{n=1}^{\infty} |u_n(x)|$ 在 $[a,b]$ 上一致收敛,则 $\sum_{n=1}^{\infty} u_n(x)$ 在 $[a,b]$ 上也一致收敛。

3. 设级数 $\sum_{n=1}^{\infty} v_n(x)$ 在区间 I 上一致收敛,又对任意自然数 n,$u_n(x)$ 均在 I 上有定义,且存在自然数 N 和常数 $L>0$,当 $n>N$、$x\in I$ 时,恒有 $|u_n(x)| \leqslant Lv_n(x)$,则 $\sum_{n=1}^{\infty} u_n(x)$ 在 I 上一致收敛。

4. 若级数 $\sum_{n=1}^{\infty} a_n$ 收敛,证明级数 $\sum_{n=1}^{\infty} a_n e^{-nx}$ 在 $x \geqslant 0$ 内一致收敛。

5. 设 $\varphi_n(x)(n=1,2,\cdots)$ 是 $[a,b]$ 上的单调函数,若级数 $\sum_{n=1}^{\infty} \varphi_n(x)$ 在 $[a,b]$ 的端点上绝对收敛,则 $\sum_{n=1}^{\infty} \varphi_n(x)$ 在 $[a,b]$ 上绝对并一致收敛。

6. 证明:级数 $\sum_{n=1}^{\infty} (-1)^n x^n (1-x)$ 在 $[0,1]$ 上绝对收敛并一致收敛,但由其各项绝对值组成的级数在 $[0,1]$ 上不一致收敛。

7. 设级数 $\sum_{n=1}^{\infty} a_n$ 收敛。证明:Dirichlet 级数 $\sum_{n=1}^{\infty} \frac{a_n}{n^x}$ 在 $x \geqslant 0$ 内一致收敛。

8. 设函数列 $\{f_n(x)\}$ 和 $\{g_n(x)\}$ 在区间 I 上一致收敛,如果对每个 $n=1,2,\cdots$,$f_n(x)$ 和 $g_n(x)$ 都是 I 上的有界函数,那么 $\{f_n g_n\}$ 在 I 上一致收敛。

9. 设级数 $\sum_{n=1}^{\infty} u_n(x)$ 在 $[a,b]$ 上收敛,$\{u_n(x)\}$ 在 $[a,b]$ 上可导。如果存在常数 M,使得对于任意的 $x\in[a,b]$ 及一切自然数 n,都有 $\left|\sum_{k=1}^{n} u'_k(x)\right| \leqslant M$,证明:$\sum_{n=1}^{\infty} u_n(x)$ 在 $[a,b]$ 上一致收敛。

10.4 极限函数与和函数的性质

在本节中,将讨论一致收敛的函数列的极限函数和一致收敛的函数项级数的和函数的分析性质,即它们的连续性、可微性与可积性。

定理 10.4.1 (连续性定理) 如果函数列 $\{f_n(x)\}$ 的每一项都在区间 $[a,b]$ 上连续,并且在 $[a,b]$ 上一致收敛于 $f(x)$,则 $f(x)$ 在 $[a,b]$ 上连续。

证 设 x_0 是 $[a,b]$ 中任意一点,x 是 $[a,b]$ 中 x_0 附近的一个点,则

$$|f(x)-f(x_0)| \leqslant |f(x)-f_n(x)| + |f_n(x)-f_n(x_0)| + |f_n(x_0)-f(x_0)|$$

由于$\{f_n(x)\}$在$[a,b]$上一致收敛于$f(x)$，则对任意给定的$\varepsilon>0$，存在正整数N，使得只要$n>N$，对一切$x\in[a,b]$，都有

$$|f_n(x)-f(x)|<\frac{\varepsilon}{3}$$

特别地，在x_0也有

$$|f_n(x_0)-f(x_0)|<\frac{\varepsilon}{3}$$

取定一个$n>N$，考察函数$f_n(x)$。由于它在区间$[a,b]$上连续，对于上述$\varepsilon>0$，存在$\delta>0$，只要$x\in[a,b]$，$|x-x_0|<\delta$，就有

$$|f_n(x)-f_n(x_0)|<\frac{\varepsilon}{3}$$

于是，当$x\in[a,b]$、$|x-x_0|<\delta$时，有

$$\begin{aligned}|f(x)-f(x_0)|&\leqslant|f(x)-f_n(x)|+|f_n(x)-f_n(x_0)|+|f_n(x_0)-f(x_0)|\\&<\frac{\varepsilon}{3}+\frac{\varepsilon}{3}+\frac{\varepsilon}{3}=\varepsilon\end{aligned}$$

由于x_0在$[a,b]$中的任意性，证明了$f(x)$在$[a,b]$上连续。证毕。

定理 10.4.1 告诉我们，如果连续函数列$\{f_n(x)\}$在$[a,b]$上一致收敛，则它的极限函数$f(x)$在$[a,b]$上连续，即两个极限的顺序可以交换：

$$\lim_{x\to x_0}\lim_{n\to\infty}f_n(x)=\lim_{n\to\infty}\lim_{x\to x_0}f_n(x)$$

对应到函数项级数，连续性定理可以表述如下：

定理 10.4.1′　如果函数项级数$\sum\limits_{n=1}^{\infty}u_n(x)$的每一项都在区间$[a,b]$上连续，并且在$[a,b]$上一致收敛于$S(x)$，则和函数$S(x)$在$[a,b]$上连续。这时，对任意的$x_0\in[a,b]$，

$$\lim_{x\to x_0}\sum_{n=1}^{\infty}u_n(x)=\sum_{n=1}^{\infty}\lim_{x\to x_0}u_n(x)$$

成立，即极限运算与无限求和运算可以交换次序。

注　由于连续性是函数的一种局部性质，因此，每个$f_n(x)$（或$u_n(x)$）在开区间(a,b)内连续的前提下，只要$\{f_n(x)\}$（或$\sum\limits_{n=1}^{\infty}u_n(x)$）在$(a,b)$上内闭一致收敛于$f(x)$（或$S(x)$），就足以保证$f(x)$（或$S(x)$）在$(a,b)$上连续。

例 10.4.1　证明函数级数$S(x)=\sum\limits_{n=1}^{\infty}\left(\frac{1}{n}+x\right)^n$在区间$(-1,1)$内连续。

证　对于任意点$x_0\in(-1,1)$，存在$0<r<1$，使得$x_0\in[-r,r]$，因此只需证明该级数在$[-r,r]$上一致收敛即可。因为

$$\left|\left(\frac{1}{n}+x\right)^n\right|\leqslant\left(\frac{1}{n}+|x|\right)^n\leqslant\left(\frac{1}{n}+r\right)^n,\quad x\in[-r,r]$$

于是存在N，当$n>N$时，$\left(\frac{1}{n}+r\right)^n\leqslant q^n$，$0<q<1$，由 Weierstrass 判别法，该级数在$[-r,r]$上一致收敛，所以$S(x)$在$x=x_0$连续；由于$x_0\in(-1,1)$的任意性，故$S(x)$在区间$(-1,1)$内连续。

定理 10.4.2　如果函数列$\{f_n(x)\}$的每一项都在闭区间$[a,b]$上连续，且在$[a,b]$上一致收敛于$f(x)$，则$f(x)$在$[a,b]$上可积，且

$$\int_a^b f(x)\mathrm{d}x = \lim_{n\to\infty}\int_a^b f_n(x)\mathrm{d}x$$

证 由定理 10.4.1,$f(x)$在$[a, b]$上连续,因而在$[a, b]$上可积。由于$\{f_n(x)\}$在$[a, b]$上一致收敛于 $f(x)$,所以对任意给定的 $\varepsilon>0$,存在正整数 N,当 $n>N$ 时,对一切 $x\in[a, b]$,有

$$| f_n(x)-f(x) | <\varepsilon$$

于是

$$\left|\int_a^b f_n(x)\mathrm{d}x-\int_a^b f(x)\mathrm{d}x\right|\leqslant\int_a^b | f_n(x) - f(x) | \mathrm{d}x < (b-a)\varepsilon$$

证毕。

在定理 10.4.2 的条件下,

$$\int_a^b \lim_{n\to\infty} f_n(x) \mathrm{d}x = \lim_{n\to\infty}\int_a^b f_n(x)\mathrm{d}x$$

成立,即积分运算可以和极限运算交换次序。

对应函数项级数,得到以下定理:

定理 10.4.2′(逐项积分定理) 如果函数项级数 $\sum\limits_{n=1}^{\infty}u_n(x)$ 的每一项都在闭区间$[a, b]$上连续,且在$[a, b]$上一致收敛于和函数 $S(x)$,则 $S(x)$在$[a, b]$上可积,且

$$\int_a^b S(x)\mathrm{d}x = \int_a^b \sum_{n=1}^{\infty} u_n(x)\mathrm{d}x = \sum_{n=1}^{\infty}\int_a^b u_n(x)\mathrm{d}x$$

即积分运算可以和无限求和运算交换次序。

例 10.4.2 证明:当 $x\in(-1,1)$时,有

$$\sum_{n=1}^{\infty}\frac{(-1)^{n-1}}{2n-1}x^{2n-1} = x-\frac{1}{3}x^3+\frac{1}{5}x^5-\cdots = \arctan x$$

证 对任意 $x\in(-1,1)$,可以取到 $\delta>0$,使 $x\in[-1+\delta,1-\delta]$。由于在区间$[-1+\delta,1-\delta]$上,有$|(-1)^{n-1}x^{2n-2}|\leqslant(1-\delta)^{2n-2}$,而$\sum\limits_{n=1}^{\infty}(1-\delta)^{2n-2}$收敛,由 Weierstrass 判别法,函数项级数$\sum\limits_{n=1}^{\infty}(-1)^{n-1}x^{2n-2}$ 在$[-1+\delta,1-\delta]$上一致收敛,且 $\sum\limits_{n=1}^{\infty}(-1)^{n-1}x^{2n-2}$ 在$[-1+\delta,1-\delta]$上的和函数为 $S(x) = \dfrac{1}{1+x^2}$。

应用定理 10.4.2′ 进行逐项求积分

$$\sum_{n=1}^{\infty}\int_0^x (-1)^{n-1}t^{2n-2}\mathrm{d}t = \int_0^x \frac{\mathrm{d}t}{1+t^2}$$

即得到

$$\sum_{n=1}^{\infty}\frac{(-1)^{n-1}}{2n-1}x^{2n-1} = x-\frac{1}{3}x^3+\frac{1}{5}x^5-\cdots = \arctan x$$

上式对一切 $x\in(-1,1)$成立。

逐项积分定理的优点在于,不必求出函数项级数的和函数(也许求它很困难或者它不能表示为初等函数),而算出它的积分值。下面逐项求导定理的意义也与此相同。

定理 10.4.3 如果函数列$\{f_n(x)\}$满足下述条件:

(ⅰ) $f_n(x)(1,2,\cdots)$在$[a, b]$上有连续的导函数;

（ⅱ）$\{f_n(x)\}$在$[a, b]$上逐点收敛于 $f(x)$；

（ⅲ）$\{f'_n(x)\}$在$[a, b]$上一致收敛于 $\sigma(x)$，

则 $f(x)$在$[a, b]$上可导，且

$$\frac{\mathrm{d}}{\mathrm{d}x}f(x)=\sigma(x)$$

即求导运算可以与极限运算交换次序：

$$\frac{\mathrm{d}}{\mathrm{d}x}\lim_{n\to\infty}f_n(x)=\lim_{n\to\infty}\frac{\mathrm{d}}{\mathrm{d}x}f_n(x)$$

证　由定理 10.4.1 和定理 10.4.2 可知，$\sigma(x)$在$[a,b]$上连续，且

$$\int_a^x\sigma(t)\mathrm{d}t=\lim_{n\to\infty}\int_a^x f'_n(t)\mathrm{d}t=\lim_{n\to\infty}[f_n(x)-f_n(a)]=f(x)-f(a)$$

由于上式左端可导，可知 $f(x)$也可导，且 $f'(x)=\sigma(x)$。证毕。

对应于函数项级数，有如下相应的结果：

定理 10.4.3′（逐项求导定理）　如果函数项级数 $\sum\limits_{n=1}^{\infty}u_n(x)$ 满足

（ⅰ）$u_n(x)(n=1,2,\cdots)$在$[a, b]$上有连续的导函数；

（ⅱ）$\sum\limits_{n=1}^{\infty}u_n(x)$ 在$[a, b]$上逐点收敛于 $S(x)$；

（ⅲ）$\sum\limits_{n=1}^{\infty}u'_n(x)$ 在$[a, b]$上一致收敛于 $\sigma(x)$，

则 $S(x)=\sum\limits_{n=1}^{\infty}u_n(x)$ 在$[a, b]$上可导，且

$$\frac{\mathrm{d}}{\mathrm{d}x}\sum_{n=1}^{\infty}u_n(x)=\sum_{n=1}^{\infty}\frac{\mathrm{d}}{\mathrm{d}x}u_n(x)$$

即求导运算与无限求和运算可以交换顺序。

例 10.4.3　证明级数 $\sum\limits_{n=1}^{\infty}\dfrac{(-1)^{n-1}}{n}\mathrm{e}^{-nx}(0<x<+\infty)$ 的和函数 $S(x)$在$(0,+\infty)$内有连续导数。

证　设 $u_n(x)=\dfrac{(-1)^{n-1}}{n}\mathrm{e}^{-nx}$，则 $\sum\limits_{n=1}^{\infty}u'_n(x)=\sum\limits_{n=1}^{\infty}(-1)^n\mathrm{e}^{-nx}$，由 Dirichlet 判别法，对于任意 $\delta>0$，级数 $\sum\limits_{n=1}^{\infty}u'_n(x)$ 在$[\delta,+\infty)$上一致收敛。应用逐项求导定理，有

$$S'(x)=\sum_{n=1}^{\infty}u'_n(x)=\sum_{n=1}^{\infty}(-1)^n\mathrm{e}^{-nx},\forall x\in[\delta,+\infty)$$

由于 $\sum\limits_{n=1}^{\infty}u'_n(x)$ 在$[\delta,+\infty)$上一致收敛及每一项 $u'_n(x)$的连续性，应用连续性定理可知 $S'(x)$在$[\delta,+\infty)$上连续。由 $\delta>0$ 的任意性可知，$S'(x)$在$(0,+\infty)$内连续。

习题 10.4

1. 证明：函数 $f(x)=\sum\limits_{n=0}^{\infty}\dfrac{\cos nx}{n^2+1}$ 在$(0,2\pi)$内连续，且有连续的导函数。

2. 证明:函数 $\zeta(x)=\sum_{n=1}^{\infty}\frac{1}{n^x}$ 在$(1,\infty)$内连续,但该级数在此区间内不一致收敛。

3. 若级数$\sum_{n=1}^{\infty}u_n(x)$在$[a-\delta,a+\delta](\delta>0)$上一致收敛,且$\lim_{x\to a}u_n(x)=c_n$,则$\sum_{n=1}^{\infty}c_n$收敛,且有$\lim_{x\to a}\sum_{n=1}^{\infty}u_n(x)=\sum_{n=1}^{\infty}c_n$。

4. 证明:函数 $f(x)=\sum_{n=0}^{\infty}ne^{-nx}$ 在$(0,+\infty)$内连续,且有各阶连续导数。

5. 证明:函数 $f(x)=\sum_{n=1}^{\infty}\frac{\sin(2^n x)}{n!}$ 在$(-\infty,+\infty)$内有任意阶导数,并求出$f^{(k)}(x)$的表达式。

6. 设 $f(x)=\sum_{n=1}^{\infty}\frac{\cos nx}{n\sqrt{n}},x\in(-\infty,+\infty)$。

(ⅰ) 求$\int_0^{\pi}f(x)\mathrm{d}x$;

(ⅱ) 试问,在$(0,2\pi)$内,$f(x)$是否逐项可导?若能,试求$f'(x),x\in(0,2\pi)$。

7. 设函数列$\{f_n(x)\}$中的每项$f_n(x)$都在区间I上一致连续,且$f_n(x)$在I上一致收敛于$f(x)$。证明:$f(x)$在I上一致连续。

8. 设可微函数列$\{f_n(x)\}$在$[a,b]$上收敛,$\{f'_n(x)\}$在$[a,b]$上一致有界。证明:$f_n(x)$在$[a,b]$上一致收敛。

9. 设连续函数列$\{f_n(x)\}$在$[a,b]$上一致收敛于$f(x)$,而$g(x)$在$(-\infty,+\infty)$内连续。证明:$\{g(f_n(x))\}$在$[a,b]$上一致收敛于$g(f(x))$。

10. 若函数项级数$\sum_{n=1}^{\infty}u_n(x)$在$[a,b]$上收敛于连续函数$S(x)$,且所有的$u_n(x)$都是$[a,b]$上的非负连续函数,证明$\sum_{n=1}^{\infty}u_n(x)$在$[a,b]$上必一致收敛。

10.5 幂级数

本节将研究如下一类特殊的函数项级数:

$$\sum_{n=0}^{\infty}a_n(x-x_0)^n=a_0+a_1(x-x_0)+a_2(x-x_0)^2+\cdots+a_n(x-x_0)^n+\cdots \tag{1}$$

式中,a_n、x_0为常数,这样的级数称为**幂级数**。

幂级数是最简单的函数项级数。它在形式上很简单,但在理论上和应用上都很重要,是解决一些数学问题的有力工具。

幂级数(1)可以看作是“无限次”多项式,它的前n项部分和函数$S_n(x)$是一个$n-1$次多项式。在(1)中做代换$x-x_0=t$,则得到如下形式的幂级数:

$$\sum_{n=0}^{\infty}a_nx^n=a_0+a_1x+a_2x^2+\cdots+a_nx^n+\cdots \tag{2}$$

因此,关于幂级数,只需讨论形式(2)就可以了。

10.5.1　幂级数的收敛区间

现在讨论幂级数(2) 的收敛性问题。对于任意一个幂级数(2)，在 $x=0$ 处，它总是收敛的。除去该点外，它还在哪些点收敛？我们先看几个例子。

例 10.5.1　研究幂级数 $\sum\limits_{n=1}^{\infty} n!x^n$ 的收敛性。

解　显然，级数在 $x=0$ 点收敛。在 $x\neq 0$，且当 n 充分大时，$\left|\dfrac{u_{n+1}}{u_n}\right|=(n+1)|x|>1$，由 D'Alembert 判别法，级数 $\sum\limits_{n=1}^{\infty} n!|x|^n$ 发散，由此知 $u_n=n!\ x^n \nrightarrow 0(n\to\infty)$，故原幂级数在 $x\neq 0$ 的点都发散。因此，原幂级数仅在点 $x=0$ 收敛。

例 10.5.2　研究幂级数 $\sum\limits_{n=1}^{\infty}\dfrac{x^n}{n!}$ 的收敛性。

解　对于任何 $x\neq 0$，由于 $\left|\dfrac{u_{n+1}}{u_n}\right|=\dfrac{|x|}{n+1}\to 0(n\to\infty)$，由 D'Alembert 判别法，级数 $\sum\limits_{n=1}^{\infty}\dfrac{x^n}{n!}$ 在 $(-\infty,+\infty)$ 内绝对收敛，故 $\sum\limits_{n=1}^{\infty}\dfrac{x^n}{n!}$ 在 $(-\infty,+\infty)$ 内收敛。

例 10.5.3　研究级数 $\sum\limits_{n=1}^{\infty} x^{n-1}$ 的收敛性。

解　显然该级数当 $|x|<1$ 时绝对收敛，当 $|x|\geqslant 1$ 时发散。因此，该级数的收敛域为 $(-1,1)$。

由上面的例子可以看出，这些幂级数的收敛域比较简单，就是以 0 为中心的一个对称区间(开的、闭的，或半开半闭的)。那么，任何幂级数的收敛域是否只能是上述情形之一呢？答案是肯定的。下面讨论这个问题。

定理 10.5.1 (Abel 第一定理)　(ⅰ) *若幂级数(2) 在 $x=x_0\neq 0$ 点收敛，则对满足 $|x|<|x_0|$ 的所有 x，级数(2) 收敛且绝对收敛；*

(ⅱ) *若幂级数(2) 在 $x=x_0$ 点发散，则对满足 $|x|>|x_0|$ 的所有 x，级数(2) 发散。*

证　(ⅰ) 因为级数 $\sum\limits_{n=0}^{\infty} a_n x_0^n$ 收敛，所以 $a_n x_0^n \to 0(n\to\infty)$，故存在 $M>0$，使得

$$|a_n x_0^n|\leqslant M,\quad n=0,1,2,\cdots$$

于是，当 $|x|<|x_0|$ 时，有

$$\frac{|x|}{|x_0|}=r<1$$

且

$$|a_n x^n|=|a_n x_0^n|\left|\frac{x}{x_0}\right|^n\leqslant Mr^n$$

由于级数 $\sum\limits_{n=0}^{\infty} Mr^n$ 收敛，故幂级数(2) 当 $|x|<|x_0|$ 时绝对收敛。

(ⅱ) 反证法。若有一点 x_1，满足 $|x_0|<|x_1|$，使得级数 $\sum\limits_{n=0}^{\infty} a_n x_1^n$ 收敛，则由(ⅰ) 知，级数 $\sum\limits_{n=0}^{\infty} a_n x_0^n$ 收敛，此与幂级数(2) 在 $x=x_0$ 点发散矛盾。证毕。

定理 10.5.1 告诉我们,若幂级数(2) 在点 $x_0\neq 0$ 收敛,则它在区间$(-|x_0|,|x_0|)$内绝对收敛;若它在 x_0 点发散,则它在$(-\infty,-|x_0|)\cup(|x_0|,+\infty)$内发散。因此,幂级数(2) 在以原点为中心的某个对称区间内收敛。若以 $2R$ 表示区间的长度,则称 R 为幂级数的**收敛半径**。它实际上就是使幂级数(2) 收敛的点的绝对值的上确界。因此:

当 $R=0$ 时,幂级数(2) 仅在点 $x=0$ 收敛;

当 $R=+\infty$时,幂级数(2) 在$(-\infty,+\infty)$内收敛;

当 $0<R<+\infty$时,幂级数(2) 在$(-R,+R)$内收敛;而对满足$|x|>R$ 的点,幂级数(2) 发散;至于在 $x=\pm R$ 处的情形,幂级数(2) 可能收敛,也可能发散,需要分别讨论。

定义 10.5.1 设幂级数(2) 的收敛半径为 R,把$(-R,+R)$称为它的**收敛区间**。

因此,我们知道,例 10.5.1 中的幂级数 $\sum\limits_{n=1}^{\infty}n!x^n$ 仅在 $x=0$ 收敛,它的收敛半径 $R=0$;例 10.5.2中的幂级数 $\sum\limits_{n=1}^{\infty}\dfrac{x^n}{n!}$ 的收敛半径 $R=+\infty$,它的收敛区间为$(-\infty,+\infty)$;例 10.5.3 中的幂级数 $\sum\limits_{n=1}^{\infty}x^{n-1}$ 的收敛半径 $R=1$,它的收敛区间为$(-1,1)$。

研究一个幂级数,人们最关心的就是它的收敛半径。下面介绍关于求幂级数收敛半径的 Cauchy - Hadamard 公式。

定理 10.5.2(Cauchy - Hadamard 公式) 对于幂级数(2),设

$$\rho=\overline{\lim_{n\to\infty}}\sqrt[n]{|a_n|}$$

则其收敛半径为

$$R=\begin{cases}0, & \rho=+\infty\\ +\infty, & \rho=0\\ \dfrac{1}{\rho}, & 0<\rho<+\infty\end{cases}$$

证 对于任意 x,考虑正项级数 $\sum\limits_{n=0}^{\infty}|a_n||x|^n$,应用正项级数的 Cauchy 判别法,当

$$\overline{\lim_{n\to\infty}}\sqrt[n]{|a_n||x|^n}=\overline{\lim_{n\to\infty}}|x|\sqrt[n]{|a_n|}=|x|\overline{\lim_{n\to\infty}}\sqrt[n]{|a_n|}=|x|\rho<1$$

时,幂级数(2) 绝对收敛,从而收敛。于是得到如下结论:

当 $\rho=+\infty$时,幂级数(2) 仅在点 $x=0$ 收敛,从而 $R=0$;

当 $\rho=0$ 时,幂级数(2) 处处收敛,从而 $R=+\infty$;

当 $0<\rho<+\infty$时,幂级数(2) 在$|x|<\dfrac{1}{\rho}$时收敛。

另外,若$|x|>\dfrac{1}{\rho}$,则

$$\overline{\lim_{n\to\infty}}\sqrt[n]{|a_n||x|^n}=\overline{\lim_{n\to\infty}}|x|\sqrt[n]{|a_n|}=|x|\rho>1$$

即幂级数 $\sum\limits_{n=0}^{\infty}|a_n||x|^n$ 的一般项为 $|a_n||x|^n$,从而幂级数(2) 的一般项 a_nx^n 不趋于 0,故幂级数(2) 发散。由此,幂级数(2) 的收敛半径 $R=\dfrac{1}{\rho}$。证毕。

在第 9.3 节,我们证明了如下不等式:

$$\varliminf_{n\to\infty}\left|\frac{a_{n+1}}{a_n}\right|\leqslant\varliminf_{n\to\infty}\sqrt[n]{|a_n|}\leqslant\varlimsup_{n\to\infty}\sqrt[n]{|a_n|}\leqslant\varlimsup_{n\to\infty}\left|\frac{a_{n+1}}{a_n}\right|$$

因此，当极限$\lim\limits_{n\to\infty}\left|\frac{a_{n+1}}{a_n}\right|=l$（有限）时，即知$\lim\limits_{n\to\infty}\sqrt[n]{|a_n|}$存在，并且等于 l；当$\lim\limits_{n\to\infty}\left|\frac{a_{n+1}}{a_n}\right|=+\infty$时，则又可以推出$\lim\limits_{n\to\infty}\sqrt[n]{|a_n|}=+\infty$。

由此，我们立刻得到如下幂级数(2) 的收敛半径的 D'Alembert 公式。

定理 10.5.3(D'Alembert 公式)　对于幂级数(2)，设

$$\lim_{n\to\infty}\left|\frac{a_{n+1}}{a_n}\right|=l$$

则其收敛半径为

$$R=\begin{cases}0, & l=+\infty\\ +\infty, & l=0\\ \dfrac{1}{l}, & 0<l<+\infty\end{cases}$$

例 10.5.4　幂级数$\sum\limits_{n=1}^{\infty}\frac{x^n}{n}$、$\sum\limits_{n=1}^{\infty}\frac{(x-1)^n}{n^2}$、$\sum\limits_{n=1}^{\infty}n(x+1)^n$的收敛半径都是$R=1$。故$\sum\limits_{n=1}^{\infty}\frac{x^n}{n}$的收敛域是$[-1,1)$；$\sum\limits_{n=1}^{\infty}\frac{(x-1)^n}{n^2}$的收敛域是$[0,2]$；$\sum\limits_{n=1}^{\infty}n(x+1)^n$的收敛域是$(-2,0)$。

例 10.5.5　考察幂级数$\sum\limits_{n=0}^{\infty}\frac{[2+(-1)^n]^n}{n}\left(x-\frac{1}{2}\right)^n$的收敛情况。

解　因为

$$\varlimsup_{n\to\infty}\sqrt[n]{\frac{[2+(-1)^n]^n}{n}}=3$$

所以收敛半径为$R=\frac{1}{3}$。

由于当$x=\frac{1}{2}+R=\frac{5}{6}$与$x=\frac{1}{2}-R=\frac{1}{6}$时，幂级数都是发散的。因此它的收敛域是$\left(\frac{1}{6},\frac{5}{6}\right)$。

例 10.5.6　考察幂级数$\sum\limits_{n=0}^{\infty}\frac{n^n}{n!}x^n$的收敛情况。

解　因为

$$\lim_{n\to\infty}\left|\frac{a_{n+1}}{a_n}\right|=\lim_{n\to\infty}\frac{\dfrac{(n+1)^{n+1}}{(n+1)!}}{\dfrac{n^n}{n!}}=\mathrm{e}$$

所以幂级数的收敛半径为$R=\frac{1}{\mathrm{e}}$。

当$x=\frac{1}{\mathrm{e}}$时，$\sum\limits_{n=0}^{\infty}\frac{n^n}{n!}x^n$是正项级数，由 Stirling 公式

$$n!\sim\sqrt{2\pi}n^{n+\frac{1}{2}}\mathrm{e}^{-n},\quad n\to\infty$$

于是，有

$$\frac{n^n}{n!}x^n \sim \frac{n^n}{\sqrt{2\pi}n^{n+\frac{1}{2}}\mathrm{e}^{-n}} \cdot \frac{1}{\mathrm{e}^n} = \frac{1}{\sqrt{2\pi n}}, \quad n\to\infty$$

可知 $\sum\limits_{n=0}^{\infty}\frac{n^n}{n!}x^n$ 在 $x=\frac{1}{\mathrm{e}}$ 时发散;

当 $x=-\frac{1}{\mathrm{e}}$时, $\sum\limits_{n=0}^{\infty}\frac{n^n}{n!}x^n$ 是交错级数,由于

$$\left|\frac{\frac{(n+1)^{n+1}}{(n+1)!}x^{n+1}}{\frac{n^n}{n!}x^n}\right| = \frac{1}{\mathrm{e}}\left(1+\frac{1}{n}\right)^n < 1$$

且

$$\left|\frac{n^n}{n!}x^n\right| \sim \frac{1}{\sqrt{2\pi n}} \to 0, \quad n\to\infty$$

可知 $\sum\limits_{n=0}^{\infty}\frac{n^n}{n!}x^n$ 在 $x=-\frac{1}{\mathrm{e}}$ 时是 Leibniz 级数,所以收敛。

综上所述,$\sum\limits_{n=0}^{\infty}\frac{n^n}{n!}x^n$ 的收敛域是$\left[-\frac{1}{\mathrm{e}},\frac{1}{\mathrm{e}}\right)$。

10.5.2 幂级数的性质

幂级数作为一种特殊的函数项级数,它应具有函数项级数的所有性质。又由于它本身的特殊性,使得它的和函数的分析性质更加简明。

定理 10.5.4 (Abel 第二定理) 若幂级数 $\sum\limits_{n=0}^{\infty}a_nx^n$ 的收敛半径为 R,则

(i) $\sum\limits_{n=0}^{\infty}a_nx^n$ 在$(-R,R)$内内闭一致收敛,即在任意闭区间$[a,b]\subset(-R,R)$内一致收敛;

(ii) 若 $\sum\limits_{n=0}^{\infty}a_nx^n$ 在 $x=R$ 收敛,则它在任意闭区间$[a,R]\subset(-R,R]$上一致收敛;

(iii) 若 $\sum\limits_{n=0}^{\infty}a_nx^n$ 在 $x=-R$ 收敛,则它在任意闭区间$[-R,b]\subset[-R,R)$上一致收敛。

证 (i) 记 $\xi=\max\{|a|,|b|\}$,对一切 $x\in[a,b]$,

$$|a_nx^n|\leqslant|a_n\xi^n|$$

成立。由于$|\xi|<R$,所以 $\sum\limits_{n=0}^{\infty}|a_n\xi^n|$ 收敛,由 Weierstrass 判别法可知,$\sum\limits_{n=0}^{\infty}a_nx^n$ 在$[a,b]$上一致收敛。

(ii) 先证明 $\sum\limits_{n=0}^{\infty}a_nx^n$ 在$[0,R]$上一致收敛。

当 $\sum\limits_{n=0}^{\infty}a_nR^n$ 收敛时,由于$\left(\frac{x}{R}\right)^n$ 在$[0,R]$一致有界$\left(0\leqslant\left(\frac{x}{R}\right)^n\leqslant1\right)$,且关于 n 单调,根据 Abel 判别法,有

$$\sum_{n=0}^{\infty}a_nx^n=\sum_{n=0}^{\infty}(a_nR^n)\left(\frac{x}{R}\right)^n$$

在$[0, R]$上一致收敛。

于是当$a\geqslant 0$时，$\sum\limits_{n=0}^{\infty}a_nx^n$在$[a, R]$上一致收敛；当$-R<a<0$时，由(ⅰ)，$\sum\limits_{n=0}^{\infty}a_nx^n$在$[a, 0]$上一致收敛，结合$\sum\limits_{n=0}^{\infty}a_nx^n$在$[0, R]$上的一致收敛性就得到$\sum\limits_{n=0}^{\infty}a_nx^n$在$[a, R]$上一致收敛。

(ⅲ)用类似于(ⅱ)的方法即可证明。证毕。

由定理 10.5.4 的(ⅱ)和(ⅲ)，若$\sum\limits_{n=0}^{\infty}a_nx^n$在$x=\pm R$都收敛，则它在$[-R,R]$上一致收敛。因此，幂级数在包含收敛域的任意闭区间上一致收敛。幂级数的这一性质为研究它的和函数的连续性、逐项可积性以及逐项可导性提供了理论基础。

定理 10.5.5　设幂级数$\sum\limits_{n=0}^{\infty}a_nx^n$的收敛半径为$R$，且$R>0$，则其和函数$S(x)$在$(-R,R)$内连续；若$\sum\limits_{n=0}^{\infty}a_nx^n$在$x=R$(或$x=-R$)收敛，则$S(x)$在$x=R$(或$x=-R$)左(右)连续。

证　幂级数的一般项在任意区间上是连续函数。由 Abel 第二定理，$\sum\limits_{n=0}^{\infty}a_nx^n$在其收敛域上内闭一致收敛，根据一致收敛函数项级数的和函数的连续性，$S(x)$在包含于收敛域中的任意闭区间上连续，因而在它的整个收敛域上连续。至于定理中的第二个结论，由 Abel 第二定理的(ⅱ)和(ⅲ)可以得到。证毕。

定理 10.5.6　设幂级数$\sum\limits_{n=0}^{\infty}a_nx^n$的收敛域半径为$R$，且$R>0$。对于任意闭区间$[a,b]\subset(-R,R)$，有

$$\int_a^b\sum_{n=0}^{\infty}a_nx^n\mathrm{d}x=\sum_{n=0}^{\infty}\int_a^b a_nx^n\mathrm{d}x$$

特别地，取$a=0$，$b=x$，则有

$$\int_0^x\sum_{n=0}^{\infty}a_nt^n\mathrm{d}t=\sum_{n=0}^{\infty}\frac{a_n}{n+1}x^{n+1}$$

且逐项积分后所得幂级数$\sum\limits_{n=0}^{\infty}\frac{a_n}{n+1}x^{n+1}$与原幂级数$\sum\limits_{n=0}^{\infty}a_nx^n$具有相同的收敛半径。

证　由 Abel 第二定理可知，$\sum\limits_{n=0}^{\infty}a_nx^n$在其收敛域上内闭一致收敛。应用一致收敛函数项级数的逐项积分定理，即得到幂级数的逐项可积性。

由于

$$\overline{\lim_{n\to\infty}}\sqrt[n+1]{\frac{|a_n|}{n+1}}=\overline{\lim_{n\to\infty}}\sqrt[n]{|a_n|}$$

可知$\sum\limits_{n=0}^{\infty}\frac{a_n}{n+1}x^{n+1}$与$\sum\limits_{n=0}^{\infty}a_nx^n$具有相同的收敛半径。证毕。

注　虽然逐项积分所得的幂级数$\sum\limits_{n=0}^{\infty}\frac{a_n}{n+1}x^{n+1}$与原幂级数$\sum\limits_{n=0}^{\infty}a_nx^n$的收敛半径相同，但收敛域有可能扩大。

定理 10.5.7 设幂级数 $\sum_{n=0}^{\infty} a_n x^n$ 的收敛半径为 R，且 $R>0$，则它在 $(-R,R)$ 上可以逐项求导，即

$$\frac{\mathrm{d}}{\mathrm{d}x}\sum_{n=0}^{\infty} a_n x^n = \sum_{n=0}^{\infty} \frac{\mathrm{d}}{\mathrm{d}x} a_n x^n = \sum_{n=1}^{\infty} n a_n x^{n-1}$$

且逐项求导后所得的幂级数 $\sum_{n=1}^{\infty} n a_n x^{n-1}$ 的收敛半径也是 R。

证 首先有

$$\overline{\lim_{n\to\infty}} \sqrt[n-1]{n|a_n|} = \overline{\lim_{n\to\infty}} \sqrt[n]{|a_n|}$$

即 $\sum_{n=1}^{\infty} n a_n x^{n-1}$ 的收敛半径也是 R，因此 $\sum_{n=1}^{\infty} n a_n x^{n-1}$ 在 $(-R,R)$ 内内闭一致收敛。再由于 $\sum_{n=0}^{\infty} a_n x^n$ 在 $(-R,R)$ 内收敛，应用函数项级数的逐项求导定理，即得到幂级数的逐项可导性。证毕。

推论 10.5.1 设幂级数 $\sum_{n=0}^{\infty} a_n x^n$ 的收敛半径为 R，且 $R>0$，则它在 $(-R,R)$ 内可以逐项求导任意多次，即

$$\left(\sum_{n=0}^{\infty} a_n x^n\right)^{(k)} = \sum_{n=k}^{\infty} n(n-1)\cdots(n-k+1) a_n x^{n-k}, \quad k=1,2,\cdots$$

注 虽然逐项求导所得的幂级数 $\sum_{n=1}^{\infty} n a_n x^{n-1}$ 与原幂级数 $\sum_{n=0}^{\infty} a_n x^n$ 的收敛半径相同，但收敛域有可能缩小。这只要考察级数 $\sum_{n=0}^{\infty} \frac{(-1)^{n-1}}{2n-1} x^{2n-1}$ 与级数 $\sum_{n=0}^{\infty} \frac{(-1)^{n-1}}{n} x^n$ 即可。前者的收敛域是 $[-1,1]$，后者的收敛域是 $(-1,1]$，但它们经过逐项求导后，收敛域都缩小为 $(-1,1)$。

例 10.5.7 求级数 $\sum_{n=1}^{\infty} (-1)^{n-1}\frac{1}{n} = 1-\frac{1}{2}+\frac{1}{3}-\frac{1}{4}+\cdots$ 之和。

解 考虑幂级数

$$\sum_{n=0}^{\infty} (-1)^n x^n = 1-x+x^2-x^3+\cdots$$

它的收敛区间为 $(-1,1)$，并且和函数为

$$S(x) = \frac{1}{1+x}$$

由定理 10.5.6 可知，对任意 $x\in(-1,1)$，有

$$\int_0^x S(x)\mathrm{d}x = \int_0^x \frac{\mathrm{d}x}{1+x} = \sum_{n=0}^{\infty}\int_0^x (-1)^n x^n \mathrm{d}x = \sum_{n=1}^{\infty} \frac{(-1)^{n-1}}{n} x^n$$

即

$$\ln(1+x) = \sum_{n=1}^{\infty} \frac{(-1)^{n-1}}{n} x^n, \quad x\in(-1,1)$$

由于上式右端幂级数在 $x=1$ 收敛，则它的和函数在 $x=1$ 左连续，由定理 10.5.5 得

$$\sum_{n=1}^{\infty} \frac{(-1)^{n-1}}{n} = \lim_{x\to 1-}\sum_{n=1}^{\infty} \frac{(-1)^{n-1}}{n} x^n = \lim_{x\to 1-}\ln(1+x) = \ln 2$$

例 10.5.8 (ⅰ) 求幂级数 $x-\frac{1}{3}x^3+\frac{1}{5}x^5+\cdots+\frac{(-1)^{n-1}}{2n-1}x^{2n-1}+\cdots$ 的和函数；

（ⅱ）证明$\frac{\pi}{4}=1-\frac{1}{3}+\frac{1}{5}-\cdots+\frac{(-1)^{n-1}}{2n-1}+\cdots$。

证　（ⅰ）我们知道

$$\frac{1}{1+x^2}=1-x^2+x^4-x^6+\cdots,\quad |x|<1$$

由定理 10.5.6 可知，对任意 $x\in(-1,1)$，可对上式进行逐项积分，得

$$\int_0^x \frac{1}{1+t^2}\mathrm{d}t=\sum_{n=1}^{\infty}\int_0^x(-1)^{n-1}t^{2n-2}\mathrm{d}t=x-\frac{1}{3}x^3+\frac{1}{5}x^5-\cdots$$

即

$$\arctan x=x-\frac{1}{3}x^3+\frac{1}{5}x^5-\cdots+(-1)^{n-1}\frac{x^{2n-1}}{2n-1}+\cdots,\quad |x|<1$$

因为上式右端幂级数$\sum\limits_{n=1}^{\infty}\frac{(-1)^{n-1}}{2n-1}x^{2n-1}$在 ± 1 处收敛，于是

$$\arctan x=x-\frac{1}{3}x^3+\frac{1}{5}x^5-\cdots+(-1)^{n-1}\frac{x^{2n-1}}{2n-1}+\cdots,\quad |x|\leqslant 1$$

（ⅱ）由定理 10.5.5 可知，上述幂级数的和函数在 $x=1$ 左连续，所以

$$\sum_{n=1}^{\infty}\lim_{x\to 1-}\frac{(-1)^{n-1}}{2n-1}x^{2n-1}=\sum_{n=1}^{\infty}\frac{(-1)^{n-1}}{2n-1}=\lim_{x\to 1-}\arctan x=\frac{\pi}{4}$$

即

$$\frac{\pi}{4}=1-\frac{1}{3}+\frac{1}{5}-\cdots+\frac{(-1)^{n-1}}{2n-1}+\cdots$$

例 10.5.9　求$\sum\limits_{n=0}^{\infty}\frac{x^n}{n!}$的和函数。

解　由于

$$\lim_{n\to\infty}\frac{\frac{1}{(n+1)!}}{\frac{1}{n!}}=0$$

可知$\sum\limits_{n=0}^{\infty}\frac{x^n}{n!}$的收敛半径为 $R=+\infty$，即它的收敛域为$(-\infty,+\infty)$。令

$$S(x)=\sum_{n=0}^{\infty}\frac{x^n}{n!},\quad x\in(-\infty,+\infty)$$

应用幂级数的逐项可导性，可得

$$S'(x)=\sum_{n=0}^{\infty}\left(\frac{x^n}{n!}\right)'=\sum_{n=1}^{\infty}\frac{x^{n-1}}{(n-1)!}=\sum_{n=0}^{\infty}\frac{x^n}{n!}=S(x)$$

于是有

$$[\mathrm{e}^{-x}S(x)]'=\mathrm{e}^{-x}[S'(x)-S(x)]=0,\quad x\in(-\infty,+\infty)$$

这说明 $\mathrm{e}^{-x}S(x)$是一个常数，且该常数为$(\mathrm{e}^{-x}S(x))\big|_{x=0}=1$。从而得到

$$S(x)=\sum_{n=0}^{\infty}\frac{x^n}{n!}=\mathrm{e}^x,\quad x\in(-\infty,+\infty)$$

例 10.5.10　求幂级数$\sum\limits_{n=1}^{\infty}(-1)^{n-1}\frac{(x+1)^n}{n}$的收敛域、和函数以及级数$\sum\limits_{n=1}^{\infty}\frac{1}{n2^n}$的和。

解　由于

$$\lim_{n\to\infty}\frac{|a_{n+1}|}{|a_n|}=\lim_{n\to\infty}\frac{\frac{1}{n+1}}{\frac{1}{n}}=\lim_{n\to\infty}\frac{n}{n+1}=1$$

级数的收敛半径为 1,故当$|x+1|<1$,即当$-2<x<0$ 时,级数收敛。

把收敛区间的左端点 $x=-2$ 代入级数,得$\sum\limits_{n=1}^{\infty}\left(-\frac{1}{n}\right)$,级数发散;

把收敛区间的右端点 $x=0$ 代入级数,得$\sum\limits_{n=1}^{\infty}(-1)^{n-1}\frac{1}{n}$,级数收敛。

所以级数的收敛域是$(-2,0]$。

再求级数的和函数。设

$$S(x)=\sum_{n=1}^{\infty}(-1)^{n-1}\frac{(x+1)^n}{n}$$

对上式两端逐项求导,得

$$S'(x)=\sum_{n=1}^{\infty}(-1)^{n-1}(x+1)^{n-1}=\sum_{n=1}^{\infty}[-(x+1)]^{n-1}=\frac{1}{x+2}$$

对上式两端由-1 到 x 进行积分,得

$$S(x)=S(x)-S(-1)=\int_{-1}^{x}S'(t)\,\mathrm{d}t=\int_{-1}^{x}\frac{1}{t+2}\mathrm{d}t=\ln(2+x)$$

于是级数的和函数

$$\sum_{n=1}^{\infty}(-1)^{n-1}\frac{(x+1)^n}{n}=\ln(x+2),\quad -2<x\leqslant 0$$

取 $x=-\frac{3}{2}$,得

$$\sum_{n=1}^{\infty}\frac{1}{n2^n}=\ln 2$$

习题 10.5

1. 求下列幂级数的收敛半径与收敛域:

(1) $\sum\limits_{n=1}^{\infty}nx^n$;　　(2) $\sum\limits_{n=1}^{\infty}\frac{x^n}{n(n+1)}$;

(3) $\sum\limits_{n=1}^{\infty}\frac{(-1)^n}{(2n+1)!}x^{2n+1}$;　　(4) $\sum\limits_{n=1}^{\infty}\frac{3^n+(-2)^n}{n}x^n$;

(5) $\sum\limits_{n=1}^{\infty}(3+(-1)^n)x^n$;　　(6) $\sum\limits_{n=1}^{\infty}\frac{\ln(1+n)}{1+n}x^{n+1}$;

(7) $\sum\limits_{n=1}^{\infty}\frac{x^n}{a^n+b^n}\quad(a>0,b>0)$;　　(8) $\sum\limits_{n=1}^{\infty}\frac{(-1)^n}{n\sqrt{n}}x^n$。

2. 应用逐项求导或逐项求积分的方法求下列幂级数的和函数:

(1) $\sum\limits_{n=1}^{\infty}\frac{x^n}{n}$;　　(2) $\sum\limits_{n=0}^{\infty}\frac{x^{2n}}{2n+1}$;

(3) $\sum\limits_{n=1}^{\infty}n(n+1)x^n$;　　(4) $\sum\limits_{n=1}^{\infty}\frac{1}{n(n+1)}x^n$;

(5) $\sum_{n=1}^{\infty}\frac{n+1}{n!}x^n$；　　(6) $\sum_{n=1}^{\infty}\frac{(-1)^{n-1}}{n(2n-1)}x^{2n}$。

3. 设 $f(x)=\sum_{n=0}^{\infty}a_nx^n$，则不论 $\sum_{n=0}^{\infty}a_nx^n$ 在 $x=r$ 是否收敛，只要 $\sum_{n=0}^{\infty}\frac{a_n}{n+1}x^{n+1}$ 在 $x=r$ 收敛，就有

$$\int_0^r f(x)\mathrm{d}x=\sum_{n=0}^{\infty}\frac{a_n}{n+1}r^{n+1}$$

并由此证明：

$$\int_0^1 \ln\frac{1}{1-x}\cdot\frac{\mathrm{d}x}{x}=\sum_{n=1}^{\infty}\frac{1}{n^2}$$

4. 设在 $(-r,r)$ 内，$f(x)=\sum_{n=0}^{\infty}a_nx^n$。证明：若 $f(x)$ 为偶函数，则 $a_{2n-1}=0(n=1,2,\cdots)$；若 $f(x)$ 为奇函数，则 $a_{2n}=0(n=0,1,2,\cdots)$。

5. 设正项级数 $\sum_{n=1}^{\infty}a_n$ 发散，$A_n=\sum_{k=1}^{n}a_k$，且 $\lim_{n\to\infty}\frac{a_n}{A_n}=0$。求幂级数 $\sum_{n=1}^{\infty}a_nx^n$ 的收敛半径。

6. 设 $f(x)=\sum_{n=1}^{\infty}\frac{2^n}{n^2}x^n$，证明：$f(x)$ 在 $\left[-\frac{1}{2},\frac{1}{2}\right]$ 上连续，在 $\left[-\frac{1}{2},\frac{1}{2}\right]$ 上可导。

7. 设在 $(-r,r)$ 内，$f(x)=\sum_{n=0}^{\infty}a_nx^n$。证明：若存在 $x_n\in(-r,r)$，$x_n\neq 0$，$\lim_{n\to\infty}x_n=0$，使 $f(x_n)=0$，则 $a_n=0(n=1,2,\cdots)$。

10.6　Taylor 级数

由于幂级数在它的收敛域内具有良好的性质，因此人们希望用幂级数来表达一个函数，即给定一个函数，寻找一个幂级数，使其成为该幂级数的和函数。无疑，这将对在理论上讨论函数的性质带来很大方便，同时在实际中也具有重要的应用价值。下面将讨论函数在什么条件下可以表示成幂级数，以及在这些条件满足时，给出把函数表示成幂级数的方法。

10.6.1　Taylor 级数的基本概念

我们知道，幂级数的和函数在收敛域内有任意阶导数。所以，若一个函数在某个区间内可以表示成幂级数，那么它在该区间内必须是任意阶可导的。

首先考虑的如下问题：

如果函数 $f(x)$ 在 x_0 的某邻域 (x_0-R,x_0+R) 内可以表示成幂级数

$$f(x)=\sum_{n=0}^{\infty}a_n(x-x_0)^n,\quad x\in(x_0-R,x_0+R)$$

即 $f(x)$ 为级数 $\sum_{n=0}^{\infty}a_n(x-x_0)^n$ 的和函数，那么幂级数的系数 a_n 如何确定呢？

根据幂级数的逐项可导性，$f(x)$ 在 (x_0-R,x_0+R) 内必定任意阶可导，因此对一切 $k\in\mathbf{N}^+$，有

$$f^{(k)}(x)=\sum_{n=k}^{\infty}n(n-1)\cdots(n-k+1)a_n(x-x_0)^{n-k}$$

令 $x=x_0$,得到

$$a_k=\frac{f^{(k)}(x_0)}{k!},\quad k=0,1,2,\cdots$$

也就是说,系数$\{a_n\}$完全由和函数 $f(x)$唯一确定,我们称其为 $f(x)$在 x_0 的 **Taylor 系数**。

反之,若函数 $f(x)$在 x_0 的某个邻域(x_0-R,x_0+R)内任意阶可导,则可以求出它在 x_0 的 Taylor 系数 $a_n=\frac{f^{(n)}(x_0)}{n!}(n=0,1,2,\cdots)$,并可用以下形式作出 $f(x)$的幂级数

$$\sum_{n=0}^{\infty}\frac{f^{(n)}(x_0)}{n!}(x-x_0)^n$$

它称为 $f(x)$ 在 x_0 的 Taylor 级数;当 $x_0=0$ 时,$\sum\limits_{n=0}^{\infty}\frac{f^{(n)}(0)}{n!}x^n$ 称为 $f(x)$ 的 **Machlaurin 级数**。

现在的问题是:如果 $f(x)$在(x_0-R,x_0+R)内具有任意阶导数,那么是否一定存在常数 $\rho(0<\rho\leqslant R)$,使得 $f(x)$的 Taylor 级数 $\sum\limits_{n=0}^{\infty}\frac{f^{(n)}(x_0)}{n!}(x-x_0)^n$ 在 $(x_0-\rho,x_0+\rho)$内收敛于 $f(x)$呢?下面的例子告诉我们,答案并不一定成立。

例 10.6.1 设

$$f(x)=\begin{cases}e^{-\frac{1}{x^2}}, & x\neq 0\\ 0, & x=0\end{cases}$$

当 $x\neq 0$ 时,

$$f'(x)=\frac{2}{x^3}e^{-\frac{1}{x^2}},\quad f''(x)=\left(\frac{4}{x^6}-\frac{6}{x^4}\right)e^{-\frac{1}{x^2}},\cdots$$

$$f^{(k)}(x)=P_{3k}\left(\frac{1}{x}\right)e^{-\frac{1}{x^2}},\cdots$$

式中,$P_n(u)$是关于 u 的 n 次多项式。

由此可以依次得到

$$f'(0)=\lim_{x\to 0}\frac{f(x)-f(0)}{x}=\lim_{x\to 0}\frac{1}{x}e^{-\frac{1}{x^2}}=0$$

$$f''(0)=\lim_{x\to 0}\frac{f'(x)-f'(0)}{x}=\lim_{x\to 0}\frac{2}{x^4}e^{-\frac{1}{x^2}}=0$$

$$\vdots$$

$$f^{(k)}(0)=\lim_{x\to 0}\frac{f^{(k-1)}(x)-f^{(k-1)}(0)}{x}=\lim_{x\to 0}P_{3k-2}\left(\frac{1}{x}\right)e^{-\frac{1}{x^2}}=0$$

$$\vdots$$

因此 $f(x)$在 $x=0$ 的 Taylor 级数为

$$0+0x+\frac{0}{2!}x^2+\frac{0}{3!}x^3+\cdots+\frac{0}{n!}x^n+\cdots$$

它在$(-\infty,+\infty)$内收敛于和函数 $S(x)=0$。显然,当 $x\neq 0$ 时,

$$S(x)\neq f(x)$$

这说明,一个任意阶可导的函数的 Taylor 级数不一定收敛到函数本身。那么,$f(x)$在$(x_0-\rho,x_0+\rho)$内满足什么条件时,它的 Taylor 级数 $\sum\limits_{n=0}^{\infty}\frac{f^{(n)}(x_0)}{n!}(x-x_0)^n$ 在$(x_0-\rho,x_0+\rho)$

内一定能收敛于 $f(x)$ 呢？即对 $\forall x\in(x_0-\rho,x_0+\rho)$，都有 $f(x)=\sum\limits_{n=0}^{\infty}\dfrac{f^{(n)}(x_0)}{n!}(x-x_0)^n$ 呢？

在 5.3 节中，我们知道，若函数 $f(x)$ 在 $(x_0-\rho,x_0+\rho)$ 内有 $n+1$ 阶导数，则它在 $(x_0-\rho,x_0+\rho)$ 内有 **Taylor 公式**：

$$f(x)=\sum_{k=0}^{n}\frac{f^{(k)}(x_0)}{k!}(x-x_0)^k+r_n(x)$$

式中，$r_n(x)$ 是 n 阶 Taylor 公式的余项。

因此，若函数 $f(x)$ 在 $(x_0-\rho,x_0+\rho)$ 内具有任意阶导数，则上面的 Taylor 公式对于一切正整数 n 成立。所以，只有当

$$\lim_{n\to\infty}r_n(x)=\lim_{n\to\infty}\left[f(x)-\sum_{k=0}^{n}\frac{f^{(k)}(x_0)}{n!}(x-x_0)^k\right]=0$$

时，$f(x)$ 就能收敛到它的 Taylor 级数，即

$$f(x)=\sum_{n=0}^{\infty}\frac{f^{(n)}(x_0)}{n!}(x-x_0)^n,\quad x\in(x_0-\rho,x_0+\rho)$$

于是，我们得到如下结论。

定理 10.6.1　设函数 $f(x)$ 在 $(x_0-\rho,x_0+\rho)$ 内任意阶可导，则 $f(x)$ 在 $(x_0-\rho,x_0+\rho)$ $(0<\rho\leqslant R)$ 内的 Taylor 级数收敛于 $f(x)$ 的充分必要条件是：

$$\lim_{n\to\infty}r_n(x)=0$$

对一切 $x\in(x_0-\rho,x_0+\rho)$ 成立。

这时，我们称 $f(x)$ 在 $(x_0-\rho,x_0+\rho)$ 内可以展成幂级数(或 Taylor 级数)，或者称 $\sum\limits_{n=0}^{\infty}\dfrac{f^{(n)}(x_0)}{n!}(x-x_0)^n$ 是 $f(x)$ 在 $(x_0-\rho,x_0+\rho)$ 内的**幂级数展式**(或 **Taylor 展式**)。

由于 $f(x)$ 的 Taylor 级数的系数由 $f(x)$ 完全确定，因此，若 $f(x)$ 在 $(x_0-\rho,x_0+\rho)$ 内可以展成幂级数(或 Taylor 级数)，则它的展式是唯一的。

10.6.2　Taylor 公式的余项

我们知道，若 $f(x)$ 在 $(x_0-\rho,x_0+\rho)$ 内任意阶可导，它是否展成 Taylor 级数，关键是 $f(x)$ 的 Taylor 公式余项 $r_n(x)$ 是否在 $(x_0-\rho,x_0+\rho)$ 内一致趋于零。因此，我们需要对余项 $r_n(x)$ 的表示形式进行研究。

在 5.3 节中，曾导出余项

$$r_n(x)=\frac{f^{(n+1)}[x_0+\theta(x-x_0)]}{(n+1)!}(x-x_0)^{n+1},\quad 0<\theta<1$$

$r_n(x)$ 的这一形式称为 Lagrange 余项。为了讨论各种函数的 Taylor 展开，还需要 $r_n(x)$ 的积分形式余项。

定理 10.6.2　设 $f(x)$ 在 (x_0-R,x_0+R) 内任意阶可导，则

$$f(x)=\sum_{k=0}^{n}\frac{f^{(k)}(x_0)}{k!}(x-x_0)^k+r_n(x),\quad x\in(x_0-R,x_0+R)$$

式中

$$r_n(x)=\frac{1}{n!}\int_{x_0}^{x}f^{(n+1)}(t)(x-t)^n\mathrm{d}t$$

证　由表达式 $r_n(x)=f(x)-\sum\limits_{k=0}^{n}\dfrac{f^{(k)}(x_0)}{k!}(x-x_0)^k$ 出发，逐次对等式两端做求导运算，

可依次得到

$$r'_n(x) = f'(x) - \sum_{k=1}^{n} \frac{f^{(k)}(x_0)}{(k-1)!}(x-x_0)^{k-1}$$

$$r''_n(x) = f''(x) - \sum_{k=2}^{n} \frac{f^{(k)}(x_0)}{(k-2)!}(x-x_0)^{k-2}$$

$$\vdots$$

$$r_n^{(n)}(x) = f^{(n)}(x) - f^{(n)}(x_0)$$

$$r_n^{(n+1)}(x) = f^{(n+1)}(x)$$

令 $x = x_0$,便有

$$r_n(x_0) = r'_n(x_0) = r''_n(x_0) = \cdots = r_n^{(n)}(x_0) = 0$$

逐次应用分部积分法,可得

$$\begin{aligned} r_n(x) &= r_n(x) - r_n(x_0) = \int_{x_0}^{x} r'_n(t)\mathrm{d}t \\ &= \int_{x_0}^{x} r'_n(t)\mathrm{d}(t-x) = \int_{x_0}^{x} r''_n(t)(x-t)\mathrm{d}t \\ &= -\frac{1}{2!}\int_{x_0}^{x} r''_n(t)\mathrm{d}(t-x)^2 = \frac{1}{2!}\int_{x_0}^{x} r'''_n(t)(x-t)^2\mathrm{d}t \\ &\ \ \vdots \\ &= \frac{1}{n!}\int_{x_0}^{x} r_n^{(n+1)}(t)(x-t)^n\mathrm{d}t = \frac{1}{n!}\int_{x_0}^{x} f^{(n+1)}(t)(x-t)^n\mathrm{d}t \end{aligned}$$

证毕。

对余项 $r_n(x)$ 的积分形式应用积分第一中值定理,考虑到当 $t\in[x_0,x]$(或 $[x,x_0]$)时,$(x-t)^n$ 保持定号,于是就有

$$\begin{aligned} r_n(x) &= \frac{f^{(n+1)}(\xi)}{n!}\int_{x_0}^{x}(x-t)^n\mathrm{d}t, \qquad \xi \text{ 在 } x_0 \text{ 与 } x \text{ 之间} \\ &= \frac{f^{(n+1)}[x_0+\theta(x-x_0)]}{(n+1)!}(x-x_0)^{n+1}, \qquad 0\leqslant\theta\leqslant 1 \end{aligned}$$

这就是我们熟悉的 **Lagrange 余项**。

如果将 $f^{(n+1)}(t)(x-t)^n$ 看作一个函数,应用积分第一中值定理,则有

$$\begin{aligned} r_n(x) &= \frac{f^{(n+1)}(\xi)(x-\xi)^n}{n!}\int_{x_0}^{x}\mathrm{d}t, \qquad \xi \text{ 在 } x_0 \text{ 与 } x \text{ 之间} \\ &= \frac{f^{(n+1)}[x_0+\theta(x-x_0)]}{n!}(1-\theta)^n(x-x_0)^{n+1}, \qquad 0\leqslant\theta\leqslant 1 \end{aligned}$$

$r_n(x)$ 的这一形式称为 **Cauchy 余项**。

10.6.3 初等函数的幂级数展式

例 10.6.2 $f(x) = \mathrm{e}^x = \sum_{n=0}^{\infty}\frac{x^n}{n!} = 1 + x + \frac{x^2}{2!} + \frac{x^3}{3!} + \cdots + \frac{x^n}{n!} + \cdots,\quad x\in(-\infty,+\infty)$

证 在 5.3 节我们得到 e^x 在 $x=0$ 的 Taylor 公式:

$$\mathrm{e}^x = 1 + x + \frac{x^2}{2!} + \frac{x^3}{3!} + \cdots + \frac{x^n}{n!} + r_n(x),\quad x\in(-\infty,+\infty)$$

式中，$r_n(x)$表示成 Lagrange 余项为

$$r_n(x)=\frac{f^{(n+1)}(\theta x)}{(n+1)!}x^{n+1}=\frac{e^{\theta x}}{(n+1)!}x^{n+1},\quad 0<\theta<1$$

由于

$$|r_n(x)|\leqslant\frac{e^{|x|}}{(n+1)!}|x|^{n+1}\to 0,\quad n\to\infty$$

对一切 $x\in(-\infty,+\infty)$成立，所以 e^x的 Taylor 展式成立。

例 10.6.3　$f(x)=\sin x=\sum\limits_{n=0}^{\infty}\frac{(-1)^n}{(2n+1)!}x^{2n+1}$

$$=x-\frac{x^3}{3!}+\frac{x^5}{5!}-\cdots+(-1)^n\frac{x^{2n+1}}{(2n+1)!}+\cdots,\quad x\in(-\infty,+\infty)$$

证　在 5.3 节我们得到 $\sin x$ 在 $x=0$ 的 Taylor 公式

$$\sin x=x-\frac{x^3}{3!}+\frac{x^5}{5!}-\cdots+(-1)^n\frac{x^{2n+1}}{(2n+1)!}+r_{2n+2}(x),\quad x\in(-\infty,+\infty)$$

式中，$r_{2n+2}(x)$表示成 Lagrange 余项为

$$r_{2n+2}(x)=\frac{f^{(2n+3)}(\theta x)}{(2n+3)!}x^{2n+3}=\frac{x^{2n+3}}{(2n+3)!}\sin\left(\theta x+\frac{2n+3}{2}\pi\right),\quad 0<\theta<1$$

由于

$$|r_{2n+2}(x)|\leqslant\frac{|x|^{2n+3}}{(2n+3)!}\to 0,\quad n\to\infty$$

对一切 $x\in(-\infty,+\infty)$成立，所以 $\sin x$ 的 Taylor 展式成立。同理可以得到例 10.6.4。

例 10.6.4　$f(x)=\cos x=\sum\limits_{n=0}^{\infty}\frac{(-1)^n}{(2n)!}x^{2n}$

$$=1-\frac{x^2}{2!}+\frac{x^4}{4!}-\cdots+(-1)^n\frac{x^{2n}}{(2n)!}+\cdots,\quad x\in(-\infty,+\infty)$$

根据在例 10.5.8 和例 10.5.7 中的讨论，分别有例 10.6.5 和例 10.6.6。

例 10.6.5　$f(x)=\arctan x=\sum\limits_{n=1}^{\infty}\frac{(-1)^{n-1}}{2n-1}x^{2n-1}$

$$=x-\frac{x^3}{3}+\frac{x^5}{5}-\cdots+(-1)^n\frac{x^{2n+1}}{2n+1}+\cdots,\quad x\in[-1,1]$$

例 10.6.6　$f(x)=\ln(1+x)=\sum\limits_{n=1}^{\infty}\frac{(-1)^{n+1}}{n}x^n$

$$=x-\frac{x^2}{2}+\frac{x^3}{3}-\frac{x^4}{4}+\cdots+(-1)^{n-1}\frac{x^n}{n}+\cdots,\quad x\in(-1,1]$$

例 10.6.7　$f(x)=(1+x)^\alpha$，$\alpha\neq 0$ 是任意实数。

（ⅰ）当 $\alpha=m$ 是正整数时，有

$$f(x)=(1+x)^m=1+mx+\frac{m(m-1)}{2}x^2+\cdots+mx^{m-1}+x^m$$

它的 Taylor 展开就是二项式展开，只有有限个项。

（ⅱ）当 α 不是正整数时，$f(x)=(1+x)^\alpha$ 的各阶导数为

$$f^{(k)}(x)=\alpha(\alpha-1)\cdots(\alpha-k+1)(1+x)^{\alpha-k},\quad k=1,2,\cdots$$

可知 $f(x)$在 $x=0$ 的 Taylor 级数为

$$1+\sum_{n=1}^{\infty}\frac{\alpha(\alpha-1)\cdots(\alpha-n+1)}{n!}x^n$$

记

$$\binom{\alpha}{n}=\frac{\alpha(\alpha-1)\cdots(\alpha-n+1)}{n!},\quad n=1,2,\cdots$$

及

$$\binom{\alpha}{0}=1$$

则 $f(x)=(1+x)^\alpha$ 的 Taylor 级数为

$$\sum_{n=0}^{\infty}\binom{\alpha}{n}x^n$$

应用 D'Alembert 判别法,由

$$\lim_{n\to\infty}\left|\binom{\alpha}{n+1}\Big/\binom{\alpha}{n}\right|=\lim_{n\to\infty}\left|\frac{\alpha-n}{n+1}\right|=1$$

可知 $f(x)$在 $x=0$ 的 Taylor 级数的收敛半径为 $R=1$。

现考虑 $f(x)=(1+x)^\alpha$ 在 $x=0$ 的 Taylor 公式

$$(1+x)^\alpha=\sum_{k=0}^{n}\binom{\alpha}{k}x^k+r_n(x)$$

式中,$r_n(x)$表示成 Cauchy 余项为

$$\begin{aligned}r_n(x)&=\frac{f^{(n+1)}(\theta x)}{n!}(1-\theta)^n x^{n+1}\\&=(n+1)\binom{\alpha}{n+1}x^{n+1}\left(\frac{1-\theta}{1+\theta x}\right)^n(1+\theta x)^{\alpha-1},\quad 0\leqslant\theta\leqslant 1\end{aligned}$$

由于幂级数 $\sum\limits_{n=0}^{\infty}(n+1)\binom{\alpha}{n+1}x^{n+1}$ 的收敛半径为 1,因此当 $x\in(-1,1)$时,它的一般项趋于 0,即

$$\lim_{n\to\infty}(n+1)\binom{\alpha}{n+1}x^{n+1}=0,\quad x\in(-1,1)$$

另外,因为 $0\leqslant\theta\leqslant 1$ 和$-1<x<1$,有

$$0\leqslant\left(\frac{1-\theta}{1+\theta x}\right)^n\leqslant 1$$

和

$$0<(1+\theta x)^{\alpha-1}\leqslant\max\{(1+|x|)^{\alpha-1},(1-|x|)^{\alpha-1}\}$$

由此得到当 $x\in(-1,1)$时,

$$\lim_{n\to\infty}r_n(x)=0$$

于是$(1+x)^\alpha$ 在 $x=0$ 的 Taylor 级数在$(-1,1)$收敛于$(1+x)^\alpha$,即

$$(1+x)^\alpha=\sum_{n=0}^{\infty}\binom{\alpha}{n}x^n,\quad x\in(-1,1)$$

(ⅲ) 现在讨论 $f(x)=(1+x)^\alpha$ 的 Taylor 展式在区间端点的收敛情况。将 $x=\pm 1$ 代入幂级数 $\sum\limits_{n=0}^{\infty}\binom{\alpha}{n}x^n$,并记所得到的数项级数为$\sum\limits_{n=0}^{\infty}u_n$。

① 若 $\alpha\leqslant-1$。这时级数 $\sum_{n=0}^{\infty}u_n$ 一般项的绝对值为

$$|u_n|=\left|\binom{\alpha}{n}\right|\geqslant\frac{1\cdot2\cdot\cdots\cdot n}{n!}=1$$

因而 $\sum_{n=0}^{\infty}u_n$ 发散，即幂级数的收敛范围是$(-1,1)$。

② 若$-1<\alpha<0$。

当 $x=1$ 时，级数 $\sum_{n=0}^{\infty}u_n$ 为交错级数。由 $0<\left|\frac{\alpha-n}{n+1}\right|<1$，可知

$$|u_n|=\left|\binom{\alpha}{n}\right|>\left|\binom{\alpha}{n+1}\right|=|u_{n+1}|$$

并且

$$|u_n|=\left(1-\frac{1+\alpha}{1}\right)\left(1-\frac{1+\alpha}{2}\right)\cdots\left(1-\frac{1+\alpha}{n-1}\right)\left(1-\frac{1+\alpha}{n}\right)$$
$$=\prod_{k=1}^{n}\left(1-\frac{1+\alpha}{k}\right)\to0,\quad n\to\infty$$

可知级数 $\sum_{n=0}^{\infty}u_n$ 收敛。

当 $x=-1$，级数 $\sum_{n=0}^{\infty}u_n$ 为正项级数，且

$$|u_n|=\left|\binom{\alpha}{n}\right|=|\alpha|\cdot\frac{1-\alpha}{1}\cdot\frac{2-\alpha}{2}\cdot\cdots\cdot\frac{n-1-\alpha}{n-1}\cdot\frac{1}{n}>\frac{|\alpha|}{n}$$

由于 $\sum_{n=1}^{\infty}\frac{|\alpha|}{n}$ 发散，可知级数 $\sum_{n=0}^{\infty}u_n$ 发散。因此，当 $-1<\alpha<0$ 时幂级数的收敛范围是$(-1,1]$。

③ 若 $\alpha>0$。对级数 $\sum_{n=0}^{\infty}u_n$ 的一般项取绝对值，然后应用 Raabe 判别法

$$\lim_{n\to\infty}n\left(\frac{|u_n|}{|u_{n+1}|}-1\right)=\lim_{n\to\infty}n\left(\frac{n+1}{|n-\alpha|}-1\right)=\lim_{n\to\infty}\frac{n(1+\alpha)}{n-\alpha}=1+\alpha>1$$

可知级数 $\sum_{n=0}^{\infty}u_n$ 绝对收敛，即幂级数的收敛范围是$[-1,1]$。

归纳起来，当 α 不为 0 和正整数时，

$$(1+x)^\alpha=\sum_{n=0}^{\infty}\binom{\alpha}{n}x^n,\quad\begin{cases}x\in(-1,1), & \alpha\leqslant-1\\ x\in(-1,1], & -1<\alpha<0\\ x\in[-1,1], & \alpha>0\end{cases}$$

例 10.6.8　$f(x)=\arcsin x=x+\sum_{n=1}^{\infty}\frac{(2n-1)!!}{(2n)!!}\frac{x^{2n+1}}{2n+1},\quad x\in[-1,1]$

证　由例 10.6.7 可知，当 $x\in(-1,1)$时，

$$\frac{1}{\sqrt{1-x^2}}=(1-x^2)^{-\frac{1}{2}}=\sum_{n=0}^{\infty}\binom{-\frac{1}{2}}{n}(-x^2)^n=1+\frac{1}{2}x^2+\frac{3}{8}x^4+\cdots+\frac{(2n-1)!!}{(2n)!!}x^{2n}+\cdots$$

对等式两边从 0 到 x 积分，注意幂级数的逐项可积性与

$$\int_0^x\frac{\mathrm{d}t}{\sqrt{1-t^2}}=\arcsin x$$

即得到当 $x\in(-1,1)$ 时,

$$\arcsin x = x + \sum_{n=1}^{\infty} \frac{(2n-1)!!}{(2n)!!} \frac{x^{2n+1}}{2n+1}$$

应用 Raabe 判别法可知幂级数在区间端点 $x=\pm 1$ 上收敛。

特别地,取 $x=1$,我们得到关于 π 的又一个级数表示:

$$\frac{\pi}{2} = 1 + \sum_{n=0}^{\infty} \frac{(2n-1)!!}{(2n)!!} \frac{1}{2n+1}$$

前面给出了一些基本初等函数的幂级数展式,下面介绍一些求函数幂级数展式的方法。

(1) 微分积分法

运用微分积分运算的互逆性,并根据幂级数展式的唯一性求函数的 Taylor 级数展式。

例 10.6.9 求 $f(x)=\frac{1}{x^2}$ 在 $x=1$ 的幂级数展式。

解 当 $|x-1|<1$ 时,

$$\frac{1}{x} = \frac{1}{1+(x-1)} = \sum_{n=0}^{\infty} (-1)^n (x-1)^n$$

对等式两边求导,应用幂级数的逐项可导性,得

$$-\frac{1}{x^2} = \sum_{n=1}^{\infty} (-1)^n n (x-1)^{n-1}$$

于是

$$\frac{1}{x^2} = \sum_{n=0}^{\infty} (-1)^n (n+1)(x-1)^n, \quad x \in (0,2)$$

例 10.6.10 求函数 $f(x)=\ln(x+\sqrt{x^2+1})$ 在 $x=0$ 处的幂级数展式。

解 先求其导数的展式

$$f'(x) = \frac{1}{\sqrt{1+x^2}} = 1 + \sum_{n=1}^{\infty} (-1)^n \frac{(2n-1)!!}{(2n)!!} x^{2n}$$

再通过对级数的逐项积分求出 $f(x)$,并注意到 $f(0)=0$,得到

$$f(x) = x + \sum_{n=1}^{\infty} (-1)^n \frac{(2n-1)!!}{(2n)!!} \frac{x^{2n+1}}{2n+1}$$

(2) 分解求和法

例 10.6.11 求 $f(x)=\frac{1}{3+5x-2x^2}$ 在 $x=0$ 的幂级数展式。

解

$$\begin{aligned} f(x) &= \frac{1}{3+5x-2x^2} = \frac{1}{(3-x)(1+2x)} = \frac{1}{7}\left(\frac{1}{3-x} + \frac{2}{1+2x}\right) \\ &= \frac{1}{7}\left(\frac{1}{3}\sum_{n=0}^{\infty}\left(\frac{x}{3}\right)^n + 2\sum_{n=0}^{\infty}(-2x)^n\right) = \frac{1}{7}\sum_{n=0}^{\infty}\left[\frac{1}{3^{n+1}} - (-2)^{n+1}\right]x^n \end{aligned}$$

由于 $\frac{1}{3-x}$ 的幂级数展式的收敛范围是 $(-3,3)$,$\frac{2}{1+2x}$ 的幂级数展式的收敛范围是 $\left(-\frac{1}{2},\frac{1}{2}\right)$,因此 $f(x)$ 的幂级数展式在 $\left(-\frac{1}{2},\frac{1}{2}\right)$ 成立。

（3）函数乘积的幂级数展式

对于由**函数相乘或相除**所得函数的幂级数展开，有如下的方法：

设 $f(x)$的幂级数展式为 $\sum_{n=0}^{\infty}a_nx^n$，收敛半径为 R_1，$g(x)$的幂级数展式为 $\sum_{n=0}^{\infty}b_nx^n$，收敛半径为 R_2，则 $f(x)g(x)$的幂级数展式就是它们的 Cauchy 乘积：

$$f(x)g(x)=\left(\sum_{n=0}^{\infty}a_nx^n\right)\left(\sum_{n=0}^{\infty}b_nx^n\right)=\sum_{n=0}^{\infty}c_nx^n$$

式中，$c_n=\sum_{k=0}^{n}a_kb_{n-k}$，$|x|<\min\{R_1,R_2\}$。

例 10.6.12　求 $e^x\sin x$ 在 $x=0$ 的幂级数展式(到 x^5)。

解

$$\begin{aligned}e^x\sin x&=\left(1+x+\frac{x^2}{2!}+\frac{x^3}{3!}+\frac{x^4}{4!}+\cdots\right)\left(x-\frac{x^3}{3!}+\frac{x^5}{5!}-\cdots\right)\\&=x+x^2+\frac{1}{3}x^3-\frac{1}{30}x^5+\cdots\end{aligned}$$

上述幂级数展式对一切 $x\in(-\infty,+\infty)$都成立。

当 $g(0)=b_0\neq 0$ 时，可以通过**待定系数法**求$\frac{f(x)}{g(x)}$的幂级数展式。设

$$\frac{f(x)}{g(x)}=\sum_{n=0}^{\infty}c_nx^n$$

则

$$\sum_{n=0}^{\infty}b_nx^n\sum_{n=0}^{\infty}c_nx^n=\sum_{n=0}^{\infty}a_nx^n$$

分离 x 的各次幂的系数，可依次得到

$$b_0c_0=a_0\Rightarrow c_0=\frac{a_0}{b_0}$$

$$b_0c_1+b_1c_0=a_1\Rightarrow c_1=\frac{a_1-b_1c_0}{b_0}$$

$$b_0c_2+b_1c_1+b_2c_0=a_2\Rightarrow c_2=\frac{a_2-b_1c_1-b_2c_0}{b_0}$$

$$\vdots$$

一直继续下去，可求得所有的 c_n。

例 10.6.13　求 $\tan x$ 在 $x=0$ 的幂级数展式(到 x^5)。

解　由于 $\tan x$ 是奇函数，我们可以令

$$\tan x=\frac{\sin x}{\cos x}=c_1x+c_3x^3+c_5x^5+\cdots$$

于是

$$(c_1x+c_3x^3+c_5x^5+\cdots)\left(1-\frac{x^2}{2!}+\frac{x^4}{4!}-\cdots\right)=x-\frac{x^3}{3!}+\frac{x^5}{5!}-\cdots$$

比较等式两端 x、x^3 与 x^5的系数，就可得到

$$c_1=1,\quad c_3=\frac{1}{3},\quad c_5=\frac{2}{15}$$

因此

$$\tan x=x+\frac{1}{3}x^3+\frac{2}{15}x^5+\cdots$$

(4) 代入法

在例 10.6.13 中,我们还可采用下述的"代入法"求解。在

$$\frac{1}{1-u}=\sum_{n=0}^{\infty}u^n=1+u+u^2+\cdots$$

中,以 $u=\frac{x^2}{2!}-\frac{x^4}{4!}+\cdots$代入,可得到

$$\begin{aligned}\frac{1}{\cos x}&=1+\left(\frac{x^2}{2!}-\frac{x^4}{4!}+\cdots\right)+\left(\frac{x^2}{2!}-\frac{x^4}{4!}+\cdots\right)^2+\cdots\\&=1+x^2+\frac{5}{24}x^4+\cdots\end{aligned}$$

然后求 $\sin x$ 与$\frac{1}{\cos x}$的 Cauchy 乘积,同样得到上述关于 $\tan x$ 的幂级数展式。

上面介绍的"代入法"经常用于复合函数,例如求 $e^{f(x)}$、$\ln[1+f(x)]$等函数的幂级数展开问题。

10.6.4 幂级数在近似计算中的应用

前面讨论了幂级数的性质与函数的幂级数展开问题,我们在此基础上通过例子介绍如何利用幂级数做近似计算。

例 10.6.14 计算 $I=\int_0^1 e^{-x^2}dx$,要求精确到 0.000 1。

解 由于我们无法将 e^{-x^2} 的原函数用初等函数表示出来,因而不能用 Newton-Leibniz 公式直接计算定积分 $\int_0^1 e^{-x^2}dx$ 的值,但是应用函数的幂级数展式,可以计算出它的近似值,并精确到任意事先要求的程度。

函数 e^{-x^2} 的幂级数展式为

$$e^{-x^2}=1-x^2+\frac{x^4}{2!}-\frac{x^6}{3!}+\frac{x^8}{4!}-\cdots,\quad x\in(-\infty,+\infty)$$

从 0 到 1 逐项积分,得

$$\begin{aligned}I&=\int_0^1 e^{-x^2}dx\\&=1-\frac{1}{3}+\frac{1}{10}-\frac{1}{42}+\frac{1}{216}-\frac{1}{1\,320}+\frac{1}{9\,360}-\frac{1}{75\,600}+\cdots\end{aligned}$$

这是一个收敛的交错级数,其误差不超过被舍去部分的第一项的绝对值,由于

$$\frac{1}{75\,600}<1.5\times10^{-5}$$

因此前面 7 项之和具有四位有效数字；

$$I=\int_0^1 \mathrm{e}^{-x^2}\,\mathrm{d}x\approx 0.7486$$

例 10.6.15　π 的近似计算。

在例 10.6.5 中，我们得到

$$\arctan x=x-\frac{x^3}{3}+\frac{x^5}{5}+\cdots+(-1)^{n-1}\frac{x^{2n-1}}{2n-1}+\cdots,\quad x\in[-1,1]$$

取 $x=1$，得

$$\frac{\pi}{4}=1-\frac{1}{3}+\frac{1}{5}-\frac{1}{7}+\cdots+(-1)^{n-1}\frac{1}{2n-1}+\cdots$$

理论上，上式可以用来计算 π 的近似值，但由于这个级数的收敛速度太慢，要达到一定精确度的话，计算量比较大。如果我们取 $x=1/\sqrt{3}$，则可得到

$$\frac{\pi}{6}=\frac{1}{\sqrt{3}}\left[1-\frac{1}{3\cdot 3}+\frac{1}{5\cdot 3^2}-\frac{1}{7\cdot 3^3}+\cdots+(-1)^{n-1}\frac{1}{(2n-1)\cdot 3^{n-1}}+\cdots\right]$$

或

$$\pi=2\sqrt{3}\left[1-\frac{1}{3\cdot 3}+\frac{1}{5\cdot 3^2}-\frac{1}{7\cdot 3^3}+\cdots-\frac{1}{19\cdot 3^9}+\cdots+(-1)^{n-1}\frac{1}{(2n-1)\cdot 3^{n-1}}+\cdots\right]$$

这样级数的收敛速度就快得多了。这是一个收敛的交错级数，其误差不超过被舍去部分的第一项的绝对值。由于 $\frac{2\sqrt{3}}{19\cdot 3^9}<10^{-5}$，所以前 9 项之和已经精确到小数点后第四位，即

$$\pi\approx 3.1416$$

例 10.6.16　对数的计算。我们知道

$$\ln(1+x)=x-\frac{x^2}{2}+\frac{x^3}{3}+\cdots+(-1)^{n-1}\frac{x^n}{n}+\cdots,\quad -1<x\leqslant 1$$

取 $x=1$，来计算 ln 2，这时

$$\ln 2=1-\frac{1}{2}+\frac{1}{3}+\cdots+(-1)^{n-1}\frac{1}{n}+\cdots$$

这是一个收敛的交错级数，它的收敛速度较慢。计算 ln 2 时若要精确到 10^{-5}，大约需要计算 10^5 项。我们需寻求一个计算较快的级数来计算。

在 $\ln(1+x)$ 的展开式中，用 $-x$ 代 x，得

$$\ln(1-x)=-x-\frac{x^2}{2}-\frac{x^3}{3}-\cdots-1\,\frac{x^n}{n}+\cdots,\quad -1\leqslant x<1$$

把这两个展开式相减，得

$$\ln\frac{1+x}{1-x}=2x\left(1+\frac{x^2}{3}+\frac{x^4}{5}+\cdots+\frac{x^{2n}}{2n+1}+\cdots\right),\quad -1<x<1$$

令 $\frac{1+x}{1-x}=1+\frac{1}{n}$（$n$ 为自然数），解得 $x=\frac{1}{2n+1}$，则

$$\ln(1+n)=\ln n+\frac{2}{2n+1}\left[1+\frac{1}{3\cdot(2n+1)^2}+\frac{1}{5\cdot(2n+1)^4}+\cdots+\frac{1}{(2n-1)\cdot(2n+1)^{2n-2}}+\cdots\right]$$

这是一个计算对数的递推公式。令 $n=1$,则

$$\ln 2=\frac{2}{3}\left(1+\frac{1}{3\cdot 3^2}+\frac{1}{5\cdot 3^4}+\cdots+\frac{1}{(2n-1)3^{2n-2}}+\cdots\right)$$

若要使 $\ln 2$ 的计算精确到10^{-5},考虑误差

$$\begin{aligned}r_n&=\frac{2}{3}\left[\frac{1}{(2n+1)\cdot 3^{2n}}+\frac{1}{(2n+3)\cdot 3^{2n+2}}+\cdots\right]\\&<\frac{2}{2n+2}\cdot\frac{1}{3^{2n+1}}\left(1+\frac{1}{3^2}+\frac{1}{3^4}+\cdots\right)\\&=\frac{1}{4(2n+1)}\cdot\frac{1}{3^{2n-1}}\end{aligned}$$

若使

$$r_n<\frac{1}{4(2n+1)}\cdot\frac{1}{3^{2n-1}}<\frac{1}{10^5}$$

只需取 $n=5$ 即可。于是

$$\ln 2\approx\frac{2}{3}\left(1+\frac{1}{3\cdot 3^2}+\frac{1}{5\cdot 3^4}+\frac{1}{7\cdot 3^6}+\frac{1}{9\cdot 3^8}\right)=0.693\,146$$

所以

$$\ln 2\approx 0.693\,14$$

计算出 $\ln 2$ 以后,就可以利用上面的递推公式算出任意正整数的对数,可以根据需要求出它的精度。

习题 10.6

1. 证明:若函数 $f(x)$在点 $x=0$ 有各阶导数,且存在 $M>0$,$\forall x\in(-r,r)$,有

$$|f^{(n)}(x)|\leqslant M,\quad n=1,2,\cdots$$

则 $f(x)$在点 $x=0$ 可展成 Taylor 级数。

2. 求下列函数在指定点的幂级数展开式,并确定它们的收敛范围:

(1) $\frac{1}{x^2}$, $x_0=-1$;

(2) $\frac{x}{2-x-x^2}$, $x_0=0$;

(3) $\sin x$,$x_0=\frac{\pi}{6}$;

(4) $\ln x$, $x_0=2$;

(5) e^{x^2}, $x_0=0$;

(6) $\frac{x}{\sqrt{1-2x}}$, $x_0=0$;

(7) $\frac{x-1}{x+1}$, $x_0=1$;

(8) $\ln\sqrt{\frac{1+x}{1-x}}$, $x_0=0$;

(9) $\int_0^x\frac{\sin t}{t}dt$, $x_0=0$;

(10) $\ln(x+\sqrt{1+x^2})$, $x_0=0$。

3. 试将 $f(x)=\ln x$ 按$\frac{x-1}{x+1}$的幂展开成幂级数。

4. 将$\frac{\mathrm{d}}{\mathrm{d}x}\left(\frac{\mathrm{e}^x-1}{x}\right)$展开为 x 的幂级数,并求级数 $\sum\limits_{n=1}^{\infty}\frac{n}{(n+1)!}$ 的和。

5*. 设 $f(x)$在 $x=x_0$ 附近有 $n+1$ 阶连续导数,且 $f^{(n+1)}(x)\neq 0$,其 Taylor 展开式为

$$f(x_0+h)=f(x_0)+f'(x_0)h+\cdots+\frac{f^{(n)}(x_0+\theta h)}{n!}h^n,\quad 0<\theta<1$$

证明:$\lim\limits_{h\to 0}\theta=\frac{1}{n+1}$。

6. 利用幂级数展开,计算下列积分,要求精确到 0.001。

(1) $\int_0^1\cos x^2\,\mathrm{d}x$;　　(2) $\int_2^{+\infty}\frac{\mathrm{d}x}{1+x^3}$。

第 11 章　多元函数的极限与连续

到目前为止，我们主要讨论了含有一个自变量的函数的微积分，即一元函数的微积分，但是，在科研及日常生活中，经常遇到的是一个量的变化与多个因素有关，反映到数学上，就是一个变量依赖于多个变量，这样的函数即为多元函数。因此，将一元函数的微积分学推广到多元函数的情形是非常必要的，同时也是十分自然的。本章将在一元函数微分学的基础上讨论多元函数及其极限和连续性。

多元函数的分析性质与一元函数的相应性质既有紧密联系，又存在着实质性的差别。因为从一元函数到二元函数会出现新的问题，二元函数与三元函数或三元以上的函数之间并无本质的差别，所以在本章的讨论中我们将以二元函数为主，对于二元以上的函数可以类推得出相应的结论。

11.1　向量空间

首先回顾有关向量空间的一些基本概念，我们的讨论都是在实数域$\mathbb{R}$上展开的。

定义 11.1.1　一个集合 V 称为实数域$\mathbb{R}$上的**向量空间**是指在 V 上定义了加法运算与数乘运算。它们满足以下条件：

(1) $(\lambda+\mu)x=\lambda x+\mu x$；

(2) $(\lambda\mu)x=\lambda(\mu x)$；

(3) $\lambda(x+y)=\lambda x+\lambda y$；

(4) 存在单位元 $1\in\mathbb{R}$，使得对任意 x，$1\cdot x=x$；

(5) $(x+y)+z=x+(y+z)$；

(6) $x+y=y+x$；

(7) 存在零元 $0\in V$，满足 $0+x=x$；

(8) 对任意 x，存在唯一的逆元 $-x$，使得 $x+(-x)=0$。

式中，λ、$\mu\in\mathbb{R}$，x、y、$z\in V$。

例 11.1.1　n 维数组空间

$$\mathbb{R}^n=\{\boldsymbol{x}=(x^1,x^2,\cdots,x^n)\mid x^i\in\mathbb{R},i=1,2,\cdots,n\}$$

它的加法和数乘运算分别为相应的分量运算，即 $\forall\,\boldsymbol{x},\boldsymbol{y}\in\mathbb{R}^n,\lambda\in\mathbb{R}$，$\boldsymbol{x}=(x^1,x^2,\cdots,x^n)$，$\boldsymbol{y}=(y^1,y^2,\cdots,y^n)$，

$$\boldsymbol{x}+\boldsymbol{y}=(x^1+y^1,x^2+y^2,\cdots,x^n+y^n)$$

$$\lambda\boldsymbol{x}=(\lambda x^1,\lambda x^2,\cdots,\lambda x^n)$$

因此 n 维数组空间$\mathbb{R}^n$是一个向量空间。

定义 11.1.2　如果存在一组向量 $\boldsymbol{v}_1,\cdots,\boldsymbol{v}_n\in\boldsymbol{V}$，使得 $\forall\,\boldsymbol{v}\in\boldsymbol{V}$，都存在 n 个实数 $x^1,x^2,\cdots,x^n$，使得 $\boldsymbol{v}=\sum\limits_{i=1}^{n}x^i\boldsymbol{v}_i$，且表示唯一，则称 $\{\boldsymbol{v}_i\}_{i=1}^{n}$ 为 $\boldsymbol{V}$ 的一组**基底**，n 是向量空间的**维数**。

任意一个 n 维向量空间 $\mathbf{V}$，给定一组基底 $\boldsymbol{v}_1,\boldsymbol{v}_2,\cdots,\boldsymbol{v}_n$ 后，有对应

$$\mathbf{V}\ni \boldsymbol{x}=\sum_{i=1}^{n} x^i\boldsymbol{v}_i \rightarrow (x^1,x^2,\cdots,x^n)\in\mathbb{R}^n$$

这个对应将任意 n 维向量空间与$\mathbb{R}^n$等同起来。

定义 11.1.3　向量空间 $\mathbf{V}$ 上的**内积**是一个双线性函数 $\langle,\rangle:\mathbf{V}\times\mathbf{V}\rightarrow\mathbb{R}$，满足 $\forall\,\boldsymbol{x},\boldsymbol{y},\boldsymbol{z}\in\mathbf{V}$，$\lambda,\mu\in\mathbb{R}$，有

(1)（对称性）　$\langle\boldsymbol{x},\boldsymbol{y}\rangle=\langle\boldsymbol{y},\boldsymbol{x}\rangle$；

(2)（正定性）　$\langle\boldsymbol{x},\boldsymbol{x}\rangle\geqslant 0$，而且 $\langle\boldsymbol{x},\boldsymbol{x}\rangle=0$ 当且仅当 $\boldsymbol{x}=0$；

(3)（线性性）　$\langle\lambda\boldsymbol{x}+\mu\boldsymbol{y},\boldsymbol{z}\rangle=\lambda\langle\boldsymbol{x},\boldsymbol{z}\rangle+\mu\langle\boldsymbol{y},\boldsymbol{z}\rangle$；

称 $(\mathbf{V},\langle,\rangle)$ 为 n 维 **欧氏向量空间**，称 $\langle,\rangle$ 为 **欧氏内积**，通常记为

$$\boldsymbol{x}\cdot\boldsymbol{y}=\langle\boldsymbol{x},\boldsymbol{y}\rangle$$

命题 11.1.1　内积满足 Cauchy-Schwards 不等式，即对任意的 $\boldsymbol{x},\boldsymbol{y}\in\mathbf{V}$，

$$\langle\boldsymbol{x},\boldsymbol{y}\rangle^2\leqslant\langle\boldsymbol{x},\boldsymbol{x}\rangle\langle\boldsymbol{y},\boldsymbol{y}\rangle$$

证　由内积的正定性可知，对任意的实数 λ 都有

$$\langle\lambda\boldsymbol{x}+\boldsymbol{y},\lambda\boldsymbol{x}+\boldsymbol{y}\rangle\geqslant 0$$

即

$$\lambda^2\langle\boldsymbol{x},\boldsymbol{x}\rangle+2\lambda\langle\boldsymbol{x},\boldsymbol{y}\rangle+\langle\boldsymbol{y},\boldsymbol{y}\rangle\geqslant 0$$

即一元二次方程 $\lambda^2\langle\boldsymbol{x},\boldsymbol{x}\rangle+2\lambda\langle\boldsymbol{x},\boldsymbol{y}\rangle+\langle\boldsymbol{y},\boldsymbol{y}\rangle=0$ 至多有二重根，因此判别式小于或等于零，即完成定理证明。

n 维欧氏向量空间 $\mathbf{V}$ 的任意一组基，可以经过 Schmidt 正交化，得到一组标准正交基 $\boldsymbol{e}_1$，$\boldsymbol{e}_2,\cdots,\boldsymbol{e}_n$，它满足

$$\langle\boldsymbol{e}_i,\boldsymbol{e}_j\rangle=\delta_{ij},\quad i,j=1,2,\cdots,n$$

n 维数组空间$\mathbb{R}^n$上，可以定义内积如下：对 $\boldsymbol{x}=(x^1,x^2,\cdots,x^n)$，$\boldsymbol{y}=(y^1,y^2,\cdots,y^n)\in\mathbb{R}^n$，

$$\langle\boldsymbol{x},\boldsymbol{y}\rangle=x^1y^1+x^2y^2+\cdots+x^ny^n$$

在这个内积下$\mathbb{R}^n$是 n 维内积空间，这时$\mathbb{R}^n$的一组标准正交基底为 $\{\boldsymbol{e}_i=(0,\cdots,0,1,0,\cdots,0),\ i=1,2,\cdots,n\}$，即第 i 个分量为 1，其余分量都为 0。

注记 11.1.1　n 维欧氏向量空间 $\mathbf{V}$ 与$\mathbb{R}^n$可以等同起来。

定义 11.1.4　对 n 维欧氏空间$\mathbb{R}^n$中任意向量 $\boldsymbol{x}=(x^1,x^2,\cdots,x^n)$，定义

$$\|\boldsymbol{x}\|=\sqrt{\langle\boldsymbol{x},\boldsymbol{x}\rangle}=\sqrt{\sum_{k=1}^{n}(x^k)^2}$$

为 $\boldsymbol{x}$ 的 Euclid **范数**（简称**范数**）。

命题 11.1.2　由内积的性质可知范数具有如下性质：$\forall\,\boldsymbol{x},\boldsymbol{y}\in\mathbb{R}^n$，$\lambda\in\mathbb{R}$，

(1)（数乘性）　$\|\lambda\boldsymbol{x}\|=|\lambda|\,\|\boldsymbol{x}\|$；

(2)（正定性）　$\|\boldsymbol{x}\|\geqslant 0$，而且 $\|\boldsymbol{x}\|=0$ 当且仅当 $\boldsymbol{x}=\boldsymbol{0}$；

(3)（三角不等式）　$\|\boldsymbol{x}+\boldsymbol{y}\|\leqslant\|\boldsymbol{x}\|+\|\boldsymbol{y}\|$。

证　性质(1)、(2)比较明显，我们仅证明性质(3)。由命题 11.1.1 可知，对任意向量 $\boldsymbol{x}$、$\boldsymbol{y}$，有

$$|\langle\boldsymbol{x},\boldsymbol{y}\rangle|\leqslant\|\boldsymbol{x}\|\cdot\|\boldsymbol{y}\|$$

$$\begin{aligned}\|\boldsymbol{x}+\boldsymbol{y}\|^2&\leqslant\langle\boldsymbol{x}+\boldsymbol{y},\boldsymbol{x}+\boldsymbol{y}\rangle=\langle\boldsymbol{x},\boldsymbol{x}\rangle+2\langle\boldsymbol{x},\boldsymbol{y}\rangle+\langle\boldsymbol{y},\boldsymbol{y}\rangle\\&\leqslant\|\boldsymbol{x}\|^2+2\|\boldsymbol{x}\|\cdot\|\boldsymbol{y}\|+\|\boldsymbol{y}\|^2\\&=(\|\boldsymbol{x}\|+\|\boldsymbol{y}\|)^2\end{aligned}$$

根据范数的定义,可以定义 n 维欧氏空间$\mathbb{R}^n$中任意两点 $\boldsymbol{x}=(x^1,x^2,\cdots,x^n)$,$\boldsymbol{y}=(y^1,y^2,\cdots,y^n)$之间的距离为 $\|\boldsymbol{x}-\boldsymbol{y}\|$,即

$$\|\boldsymbol{x}-\boldsymbol{y}\|=\sqrt{(x^1-y^1)^2+(x^2-y^2)^2+\cdots+(x^n-y^n)^2}$$

显然,$\boldsymbol{x}$ 的范数 $\|\boldsymbol{x}\|$ 就是 $\boldsymbol{x}$ 到原点 O 的距离。证毕。

推论 11.1.1 距离具有如下性质:

(1)(对称性) $\|\boldsymbol{x}-\boldsymbol{y}\|=\|\boldsymbol{y}-\boldsymbol{x}\|$;

(2)(正定性) $\|\boldsymbol{x}-\boldsymbol{y}\|\geqslant 0$,而且 $\|\boldsymbol{x}-\boldsymbol{y}\|=0$ 当且仅当 $\boldsymbol{x}=\boldsymbol{y}$;

(3)(三角不等式) $\|\boldsymbol{x}-\boldsymbol{z}\|\leqslant\|\boldsymbol{x}-\boldsymbol{y}\|+\|\boldsymbol{y}-\boldsymbol{z}\|$。

式中,$\boldsymbol{x},\boldsymbol{y},\boldsymbol{z}\in\mathbb{R}^n$。

在讨论一元函数的性质时,邻域和区间占有非常重要的地位。因此,为了讨论多元函数的性质,我们需要推广邻域和区间的概念。

有了距离的定义之后,就可以引入高维欧氏空间中点的邻域以及点列收敛的概念。

定义 11.1.5 设 $\boldsymbol{a}=(a_1,a_2,\cdots,a_n)\in\mathbb{R}^n$,$\delta>0$ 是一个正数,则点集

$$\begin{aligned}O(\boldsymbol{a},\delta)&=\{\boldsymbol{x}\in\mathbb{R}^n\mid\|\boldsymbol{x}-\boldsymbol{a}\|<\delta\}\\&=\{\boldsymbol{x}\in\mathbb{R}^n\mid\sqrt{(x_1-a_1)^2+(x_2-a_2)^2+\cdots+(x_n-a_n)^2}<\delta\}\end{aligned}$$

称为点 $\boldsymbol{a}$ 的 δ **邻域**,$\boldsymbol{a}$ 称为这个邻域的中心,δ 称为邻域的半径。如果不需要强调邻域半径 δ,则以 $O(\boldsymbol{a})$表示点 $\boldsymbol{a}$ 的某一个邻域。

当 $n=1$ 时,$O(\boldsymbol{a},\delta)$ 是实数轴上的一个开区间;当 $n=2$ 时,$O(\boldsymbol{a},\delta)$是 xOy 平面上一个以点 a 为圆心、以 δ 为半径的开圆盘;当 $n=3$ 时,$O(\boldsymbol{a},\delta)$是$\mathbb{R}^3$上一个以点 $\boldsymbol{a}$ 为球心、以 δ 为半径的开球。

点 $\boldsymbol{a}$ 的去心 δ 邻域记作 $\mathring{O}(\boldsymbol{a},\delta)$,即

$$\mathring{O}(\boldsymbol{a},\delta)=\{\boldsymbol{x}\in\mathbb{R}^n\mid 0<\|\boldsymbol{x}-\boldsymbol{a}\|<\delta\}$$

定义 11.1.6 设$\{\boldsymbol{x}_k\}$是$\mathbb{R}^n$上的一个点列。如果存在定点 $\boldsymbol{a}\in\mathbb{R}^n$,对于任意给定的 $\varepsilon>0$,存在正整数 K,使得当 $k>K$ 时,

$$\|\boldsymbol{x}_k-\boldsymbol{a}\|<\varepsilon$$

则称点列$\{\boldsymbol{x}_k\}$收敛于 $\boldsymbol{a}$,记作 $\lim\limits_{k\to\infty}\boldsymbol{x}_k=\boldsymbol{a}$,称 $\boldsymbol{a}$ 为点列$\{\boldsymbol{x}_k\}$的**极限**。一个点列不收敛就称其**发散**。

设 $\boldsymbol{x}_k=(x_1{}^k,x_2{}^k,\cdots,x_n{}^k)$,$\boldsymbol{a}=(a_1,a_2,\cdots,a_n)$,如果$\lim\limits_{k\to\infty}x_i{}^k=a_i(i=1,2,\cdots,n)$,则称点列$\{\boldsymbol{x}_k\}$按分量收敛到 $\boldsymbol{a}$,且有以下定理。

定理 11.1.1 $\lim\limits_{k\to\infty}\boldsymbol{x}_k=\boldsymbol{a}$ 的充分必要条件是$\lim\limits_{k\to\infty}x_i{}^k=a_i(i=1,2,\cdots,n)$。

证 利用不等式

$$|x_i{}^k-a_i|\leqslant\|\boldsymbol{x}_k-\boldsymbol{a}\|\leqslant\sum_{i=1}^n|x_i{}^k-a_i|,\quad i=1,2,\cdots$$

可知结论成立。

同样我们可以定义$\mathbb{R}^n$中的柯西(Cauchy)基本列。

定义 11.1.7 设$\{\boldsymbol{x}_k\}$是$\mathbb{R}^n$上的一个点列。如果存在定点 $\boldsymbol{a}\in\mathbb{R}^n$,对于任意给定的 $\varepsilon>0$,存在正整数 K,使得当 $k,l>K$ 时,

$$\|\boldsymbol{x}_k-\boldsymbol{x}_l\|<\varepsilon$$

则称点列$\{\boldsymbol{x}_k\}$是一个**柯西基本列**。

同样，点列$\{\boldsymbol{x}_k\}$是柯西基本列当且仅当其 n 个分量构成的 n 个实数序列$\{x_i^k\}$，$(i=1,2,\cdots,n)$都是柯西序列。在实数中柯西基本列和收敛数列是等价的，在$\mathbb{R}^n$中也有同样的结论。

定理 11.1.2　点列$\{\boldsymbol{x}_k\}$收敛的充分条件是点列$\{\boldsymbol{x}_k\}$是柯西基本列。

证　设点列$\{\boldsymbol{x}_k\}$收敛于 $\boldsymbol{a}$，则对于任意给定的 $\varepsilon>0$，存在正整数 K，使得当 $k>K$ 时，

$$\|\boldsymbol{x}_k-\boldsymbol{a}\|<\frac{\varepsilon}{2}$$

因此当 $k,l>K$ 时，由三角不等式得

$$\|\boldsymbol{x}_k-\boldsymbol{x}_l\|\leqslant\|\boldsymbol{x}_k-\boldsymbol{a}\|+\|\boldsymbol{x}_l-\boldsymbol{a}\|<\varepsilon$$

即$\{\boldsymbol{x}_k\}$是柯西基本列。

如果$\{\boldsymbol{x}_k\}$是柯西基本列，则由不等式

$$|x_i^k-x_i^l|\leqslant\|\boldsymbol{x}_k-\boldsymbol{x}_l\|,\quad i=1,2,\cdots,n$$

可知$\{\boldsymbol{x}_k\}$的每一个分量构成的实数序列$\{x_i^k\}$都是柯西基本序列，因此收敛，从而可知$\{\boldsymbol{x}_k\}$收敛。证毕。

定义 11.1.8　设 S 是$\mathbb{R}^n$上的点集，如果存在正数 M，使得对任意 $\boldsymbol{x}\in S$，

$$\|\boldsymbol{x}\|\leqslant M$$

则称 S 是**有界集**。

$\mathbb{R}$ 中收敛数列有许多性质，比如极限的唯一性、有界性、保序性，夹逼定理及四则运算法则。由于在高维空间中两点之间不存在大小关系，因此保序性和夹逼定理这两个与比较大小有关的性质不再有意义。可以证明，收敛数列极限的唯一性、有界性和极限的四则运算法则在高维依然成立。

开集和闭集

设 S 是$\mathbb{R}^n$上的点集，它在$\mathbb{R}^n$上的补集$\mathbb{R}^n\backslash S$ 记为 S^c。

定义 11.1.9　设 S 是$\mathbb{R}^n$中的一个集合，如果$\forall\,\boldsymbol{x}\in S$，存在 $\delta>0$，使得 $O(\boldsymbol{x},\delta)\subset S$，则称 S 是**开集**；如果 S 的补集 S^c 是开集，则称集合 S 为$\mathbb{R}^n$中的**闭集**。

例 11.1.2　$\mathbb{R}^n$中的邻域 $O(\boldsymbol{a},\delta)$ 是开集。

证　设 $\boldsymbol{x}\in O(\boldsymbol{a},\delta)$，则 $d=\|\boldsymbol{x}-\boldsymbol{a}\|<\delta$，令 $r=\delta-d>0$，则$\forall\,\boldsymbol{y}\in O(\boldsymbol{x},r)$时，由距离三角不等式，有

$$\|\boldsymbol{y}-\boldsymbol{a}\|\leqslant\|\boldsymbol{y}-\boldsymbol{x}\|+\|\boldsymbol{x}-\boldsymbol{a}\|<r+d=\delta$$

即 $\boldsymbol{y}\in O(\boldsymbol{a},\delta)$，由 $\boldsymbol{y}$ 的任意性，可知 $O(\boldsymbol{x},r)\subset O(\boldsymbol{a},\delta)$，因此 $O(\boldsymbol{a},\delta)$是开集。

约定$\mathbb{R}^n$和空集$\varnothing$都是开集，则显然它们也是闭集。为了研究开集和闭集的重要性质，我们需要给出如下引理。

引理 11.1.1(De Morgan 公式)　设$\{S_\alpha\}$是$\mathbb{R}^n$中的一组(有限个或者无限多个)子集，则

(1) $(\bigcup\limits_{\alpha}S_\alpha)^c=\bigcap\limits_{\alpha}S_\alpha^c$；

(2) $(\bigcap\limits_{\alpha}S_\alpha)^c=\bigcup\limits_{\alpha}S_\alpha^c$。

命题 11.1.3　(1) 任意多个开集之并集还是开集，有限个开集之交集也是开集；

(2) 任意多个闭集之交集还是闭集，有限个闭集之并集也是闭集。

证　(1) 设 $S_i(i\in I,I$ 是指标集)是开集，$S=\bigcup\limits_{i\in I}S_i$，则对任意的 $\boldsymbol{x}\in S$，必存在 $i\in I$，使得 $\boldsymbol{x}\in S_i$，所以存在 $\delta>0$，使得 $O(\boldsymbol{x},\delta)\subset S_i\subset S$，即 S 是开集；假设 $S_1,S_2,\cdots,S_k$ 是 k 个开集，任给 $\boldsymbol{x}\in\bigcap\limits_{i=1}^{k}S_i$，因为 S_i 是开集，所以存在 $\delta_i>0$，使得 $O(\boldsymbol{x},\delta_i)\subset S_i$，$i=1,2,\cdots,k$，取 $\delta=\min\{\delta_1,$

$\delta_2,\cdots,\delta_k\}$，则显然 $O(\boldsymbol{x},\delta)\subset\bigcap_{i=1}^{k}S_i$，因此 $\bigcap_{i=1}^{k}S_i$ 是开集。

(2) 根据 De Morgan 公式，有

$$(\bigcap_{\alpha}S_\alpha)^c=\bigcup_\alpha S_\alpha^c$$

因为 S_α 是闭集，所以 $S_\alpha{}^c$ 是开集，由(1)知 $\bigcup_\alpha S_\alpha^c$ 是开集，即 $\bigcap_\alpha S_\alpha$ 的补集是开集，所以 $\bigcap_\alpha S_\alpha$ 是闭集。同理，利用 De Morgan 公式和(1)中的结论就可以得出有限个闭集之并集也是闭集。证毕。

但要注意，无穷多个开集的交集不一定是开集。例如：$\mathbb{R}^1$ 中集合 $S_n=\left(-\dfrac{1}{n},\dfrac{1}{n}\right)$，$n=1,2,\cdots$，则 S_n 都是开集，但 $\bigcap_{n=1}^{\infty}S_n=\{0\}$，不是开集。

无穷多个闭集的并集可能是开集，例如：$\mathbb{R}$ 中的闭集 $\left[0,-\dfrac{1}{n}\right]$($n=1,2,\cdots$)的并集是 $[0,1)$，并不是闭集。

定义 11.1.10 设 S 是 $\mathbb{R}^n$ 上的点集，$\boldsymbol{x}\in S$。

(1) 如果 $\exists\delta>0$，使得 $O(\boldsymbol{x},\delta)\subset S$，则称 $\boldsymbol{x}$ 是 S 的**内点**，S 的全体内点构成的子集叫作 S 的**内部**，记作 S^o。

(2) 如果 $\exists\delta>0$，使得 $O(\boldsymbol{x},\delta)\subset S^c$，则称 $\boldsymbol{x}$ 是 S 的**外点**，S 的全体外点构成的子集叫作 S 的**外部**。

(3) 如果 $\forall\delta>0$，都有 $O(\boldsymbol{x},\delta)\cap S\neq\varnothing$，$O(\boldsymbol{x},\delta)\cap S^c\neq\varnothing$，则称 $\boldsymbol{x}$ 是 S 的**边界点**，S 的全体边界点构成的子集叫作 S 的**边界**，记作 ∂S。

显然，内点必属于 S，外点必不属于 S；但边界点可能属于 S，也可以不属于 S。

定义 11.1.11 设 $\boldsymbol{x}\in S$，如果存在 x 的一个邻域，其中只有 $\boldsymbol{x}\in S$，则称 $\boldsymbol{x}$ 是 S 的**孤立点**。

当然，$\boldsymbol{x}$ 是 S 的**孤立点**也可以定义为存在 $\boldsymbol{x}$ 的一个去心邻域 $\mathring{O}(\boldsymbol{x},\delta)\cap S=\varnothing$. 显然，孤立点必定是边界点。

例 11.1.3 $\mathbb{R}$ 中的闭区间 $[a,b]$ 的内部为 (a,b)，边界点为 a,b；$\mathbb{R}$ 中的子集 $S=\left\{\dfrac{1}{k}\,|\,k=1,2,\cdots,100\right\}$ 是 100 个孤立点构成的闭集，其内部 $S^o=\varnothing$，且 $\partial S=S$。

例 11.1.4 实数轴上所有有理数组成的集合的边界点是全体实数。

定义 11.1.12 设 S 是 $\mathbb{R}^n$ 上的点集，$\boldsymbol{x}\in S$，如果 $\forall\delta>0$，都存在 $\boldsymbol{x}$ 的去心邻域 $\mathring{O}(\boldsymbol{x},\delta)\cap S\neq\varnothing$，则称 $\boldsymbol{x}$ 是 S 的一个**聚点**。S 的全体聚点构成的集合称为 S 的**导集**，记为 S'。S 与它的导集 S' 的并集称为 S 的**闭包**，记作 $\overline{S}=S\cup S'$。

显然，S 的内点都是 S 的聚点，S 的边界点只要不是 S 的孤立点，则必是 S 的聚点。故聚点可能属于 S，也可能不属于 S。例如在 $\mathbb{R}$ 中，0、1 是区间 $(0,1]$ 的聚点，但 $0\notin(0,1]$，$1\in(0,1]$。

定理 11.1.3 集合 S 是闭集的充分必要条件是 S 包含所有的聚点。

证 充分性。只需证明：如果 S 包含所有的聚点，则它的补集 S^c 是开集。$\forall\boldsymbol{x}\in S^c$，由假设可知 $\boldsymbol{x}$ 不是 S 的聚点，则 $\exists\delta>0$，使得 $O(\boldsymbol{x},\delta)\cap S=\varnothing$，所以 $O(\boldsymbol{x},\delta)\subset S^c$，故 S^c 是开集，S 是闭集。

必要性。反证法。假设闭集 S 不包含所有的聚点，即至少有一个聚点 $\boldsymbol{x}\in S^c$，由聚点定义，$\forall\delta>0$，均有 $\mathring{O}(\boldsymbol{x},\delta)\cap S\neq\varnothing$，即不存在 $O(\boldsymbol{x},\delta)$ 包含在 S^c 中，因而 S^c 不是开集，与题设矛

盾。证毕。

关于聚点，有如下定理。

定理 11.1.4　(1) 点 $\boldsymbol{x}$ 是集合 S 的聚点当且仅当存在点列 $\{\boldsymbol{x}_k\}$ 满足 $\boldsymbol{x}_k\in S$，$\boldsymbol{x}_k\neq\boldsymbol{x}(k=1,2,\cdots)$，使得 $\lim\limits_{k\to\infty}\boldsymbol{x}_k=\boldsymbol{x}$；

(2) 点 $\boldsymbol{x}$ 是集合 S 的聚点当且仅当点 $\boldsymbol{x}$ 的任意邻域内都含有 S 中的无限多个点。

定理 11.1.5　集合 S 是闭集当且仅当 $S'\subset S$。

证　设 S 是闭集，则 S^c 是开集，所以对任意的 $\boldsymbol{x}\in S^c$，存在 $O(\boldsymbol{x},\delta)\subset S^c$，即 $O(\boldsymbol{x},\delta)$ 中没有 S 中的点，因此 $\boldsymbol{x}$ 不是 S 的聚点，这说明 S 的聚点都在 S 中，即 $S'\subset S$。

反之，如果 $S'\subset S$，任取 $\boldsymbol{x}\in S^c$，$\boldsymbol{x}$ 不是 S 的聚点，因此必存在 $\delta>0$，使得 $O(\boldsymbol{x},\delta)\cap S=\varnothing$，即 $O(\boldsymbol{x},\delta)\subset S^c$，因此 S^c 是开集，S 是闭集。证毕。

定理 11.1.6　集合 S 是闭集当且仅当 S 中任何收敛点列的极限仍在 S 中。

证　设 S 是闭集，$\{\boldsymbol{x}_k\}$ 是 S 中的收敛点列，$\lim\limits_{k\to\infty}\boldsymbol{x}_k=\boldsymbol{a}$。如果 $\boldsymbol{a}\notin S$，则 $\boldsymbol{a}\in S^c$，因为 S^c 是开集，所以存在 $\delta_0>0$，$O(\boldsymbol{a},\delta_0)\subset S^c$。但 $\lim\limits_{k\to\infty}\boldsymbol{x}_k=\boldsymbol{a}$，所以对 $\delta_0>0$，存在 $K>0$，使得 $k>K$ 时，$\boldsymbol{x}_k\in O(\boldsymbol{a},\delta_0)\subset S^c$，这与 $\boldsymbol{x}\in S$ 矛盾，因此必有 $\boldsymbol{a}\in S$。

反之，如果 S 中任何收敛点列的极限仍在 S 中，则任取 $\boldsymbol{a}\in S'$，由定理 11.1.4 可知，必存在 $\{\boldsymbol{x}_k\}\subset S$，且 $\lim\limits_{k\to\infty}\boldsymbol{x}_k=\boldsymbol{a}$。已知收敛数列的极限仍在 S 中，可知 $\boldsymbol{a}\in S$，由 $\boldsymbol{a}$ 的任意性可知，$S'\subset S$，由定理 11.1.4 可知，S 是闭集。证毕。

定理 11.1.7　集合 S 是闭集当且仅当 $S=\overline{S}$。

证　设 S 是闭集，根据定理 11.1.5 可知，$S'\subset S$，所以有 $S=S\cup S'=\overline{S}$。

反之，如果 $S=\overline{S}$，则显然 $S'\subset S$，则再次根据定理 11.1.5 可知，S 是闭集。证毕。

习题 11.1

1. 判定下列点集是开集、闭集、有界集中的哪一类，并分别指出其聚点和边界点。

(1) $S=\{(x,y)\mid xy=1\}$；

(2) $S=\{(x,y)\mid y>x^3\}$；

(3) $S=\left\{(x,y)\mid 0<x\leqslant 2,y=\sin\dfrac{1}{x}\right\}$；

(4) $S=\{(x,y,z)\mid 2x^2+3y^2+z^2\geqslant 1\}$。

2. 求 $\mathbb{R}^2$ 的子集 $S=\{(x,y)\mid x^2+y^2=1\}$ 的内部、外部、边界和闭包。

3. 求 $\mathbb{R}^2$ 的子集 $A=\{(x,y)\mid x,y$ 均为有理数$\}$ 的内部、补集的内部、边界和闭包。

4. 证明：$\mathbb{R}^n$ 中的有限点集都是闭集。

5. 证明：集合 S 的导集 S' 和闭包 $\overline{S}$ 都是闭集。

6. 证明：点 $\boldsymbol{a}$ 为集合 S 的聚点当且仅当以 $\boldsymbol{a}$ 为球心的任何球 $O(\boldsymbol{a},\delta)$ 中都有 S 的无限多个点。

7. 证明：点 $\boldsymbol{a}$ 为集合 S 的聚点当且仅当可以从 S 中选取互不相同的点组成的点列 $\{\boldsymbol{x}_k\}$ 满足

$$\lim_{k\to\infty}\boldsymbol{x}_k=\boldsymbol{a}$$

11.2 欧氏空间基本定理

接下来我们将实数理论中的一些重要结果推广到高维空间中。

首先给出$\mathbb{R}^n$中闭集套定理,它是实数域上闭区间套定理在高维的推广。

定理 11.2.1(闭集套定理) 设$\{S_k\}$是$\mathbb{R}^n$上的非空闭集序列,满足

$$S_1 \supset S_2 \supset \cdots \supset S_k \supset S_{k+1} \cdots$$

且$\lim\limits_{k\to\infty} \operatorname{diam} S_k = 0$,则$\bigcap\limits_{k=1}^{\infty} S_k$ 中只有唯一的一点。

$$\operatorname{diam} S = \sup_{x,y\in S} \| \boldsymbol{x} - \boldsymbol{y} \|$$

称为集合 S 的**直径**。

证 因为$\{S_k\}$都是非空集合,因此可在每个集合中取出一点 $\boldsymbol{x}_k \in S_k$,得到一个点列 $\boldsymbol{x}_1$,$\boldsymbol{x}_2,\cdots,\boldsymbol{x}_k,\cdots$;又因为集合之间的包含关系 $S_1 \supset S_2 \supset \cdots \supset S_k \supset S_{k+1} \cdots$,可知对任意 k 都有

$$\{\boldsymbol{x}_k, \boldsymbol{x}_{k+1}, \boldsymbol{x}_{k+2}, \cdots\} \subset S_k$$

因此对任意的 l、$m>k$,都有 $\boldsymbol{x}_l$、$\boldsymbol{x}_m \in S_k$,所以

$$\| \boldsymbol{x}_l - \boldsymbol{x}_m \| < \operatorname{diam}(S_k) \to 0, \quad k\to\infty$$

这说明$\{\boldsymbol{x}_k\}$是一个基本列,因此收敛到一点 a;又因为$\{S_k\}$是闭集,根据**定理** 11.1.6 可知,$\boldsymbol{a}\in S_k$对一切正整数 k 成立,因此 $\boldsymbol{a}\in \bigcap\limits_{k=1}^{\infty} S_k$。

如果还有 $\boldsymbol{b}\in \bigcap\limits_{k=1}^{\infty} S_k$,则 $\boldsymbol{a},\boldsymbol{b}\in S_k(k=1,2,\cdots)$,从而 $\| \boldsymbol{a}-\boldsymbol{b} \| \leqslant \operatorname{diam}(S_k)$。当 $k\to\infty$时有 $\| \boldsymbol{a}-\boldsymbol{b} \| = 0$,所以必有 $\boldsymbol{a}=\boldsymbol{b}$,因此$\bigcap\limits_{k=1}^{\infty} S_k$ 中只有一个点。证毕。

定理 11.2.2(Bolzano-Weierstrass 定理) $\mathbb{R}^n$中有界点列$\{\boldsymbol{x}_k\}$必有收敛子列。

证 由点列$\{\boldsymbol{x}_k\}$有界可知,其每一个分量都构成有界数列,记其向量形式为

$$\{\boldsymbol{x}_k\} = \{(x_1^k, x_2^k, \cdots, x_n^k)\}$$

根据数列的 Bolzano-Weierstrass 定理可知,每个分量构成的数列都可以选出一个收敛子列。

首先从第一个分量$\{x_1^k\}$中选出收敛于 $\boldsymbol{a}_1$ 的子列,并记为$\{\boldsymbol{x}_1^{k_{1j}}\}(j=1,2,\cdots,n)$,其他分量按照相同的规律选取,记向量列$\{\boldsymbol{x}_k\}$的子列为

$$\{(\boldsymbol{x}_1^{k_{1j}}, \boldsymbol{x}_2^{k_{1j}}, \cdots, \boldsymbol{x}_n^{k_{1j}})\}$$

然后从 $\boldsymbol{x}_2^{k_{1j}}$ 中选取收敛于 $\boldsymbol{a}_2$ 的子列$\{\boldsymbol{x}_2^{k_{2j}}\}$,得到向量列$\{\boldsymbol{x}_k\}$的新子列

$$\{(\boldsymbol{x}_1^{k_{2j}}, \boldsymbol{x}_2^{k_{2j}}, \cdots, \boldsymbol{x}_n^{k_{2j}})\}$$

这里需要注意的是第一个分量构成的数列$\{\boldsymbol{x}_1^{k_{2j}}\}$是收敛数列$\{\boldsymbol{x}_1^{k_{1j}}\}$的子列,所以当 $k\to\infty$时,$\boldsymbol{x}_1^{k_{2j}} \to \boldsymbol{a}_1$。

按照分量依次取下去,最后从$\{\boldsymbol{x}_n^{k_{(n-1)j}}\}$中选取收敛于 $\boldsymbol{a}_n$ 的子列$\{\boldsymbol{x}_n^{k_{nj}}\}$,得到向量列$\{\boldsymbol{x}_k\}$的一个子列

$$\{(\boldsymbol{x}_1^{k_{nj}}, \boldsymbol{x}_2^{k_{nj}}, \cdots, \boldsymbol{x}_n^{k_{nj}})\}$$

根据选择方法可知$\lim\limits_{j\to\infty} \boldsymbol{x}_i^{k_{nj}} = \boldsymbol{a}_i, i=1,2,\cdots,n$。由**定理** 11.1.1 可知

$$\lim_{j\to\infty}(\boldsymbol{x}_1^{k_{nj}}, \boldsymbol{x}_2^{k_{nj}}, \cdots, \boldsymbol{x}_n^{k_{nj}}) = (a_1, a_2, \cdots, a_n)$$

证毕。

在实数理论中,还有单调有界定理、确界原理,但在$\mathbb{R}^n$中点与点之间没有实数间那种自然

的大小关系，所以这两个定理在高维欧氏空间中不再有相应的结论。

下面介绍有限覆盖定理。

定义 11.2.1　设 S 是$\mathbb{R}^n$的点集。如果$\mathbb{R}^n$中的一组开集$\{U_\alpha\}$满足$\bigcup\limits_{\alpha} U_\alpha \supset S$，则称$\{U_\alpha\}$是 S 的一个**开覆盖**。

如果 S 的任意一个开覆盖$\{U_\alpha\}$中总存在一个有限子覆盖，即存在$\{U_\alpha\}$中的有限个开集$\{U_{\alpha_i}\}_{i=1}^{p}$，满足$\bigcup\limits_{i=1}^{p} U_{\alpha_i} \supset S$，则称 S 是**紧致集**。

定理 11.2.3(Heine - Borel 定理)　$\mathbb{R}^n$的点集 S 是紧致集的充分必要条件是：S 是有界闭集。

事实上，关于紧致集和有界闭集之间的关系，我们有如下等价关系：

定理 11.2.4　设 S 是$\mathbb{R}^n$的点集，则以下几条结论是等价的：

(1) S 为紧致集；

(2) S 中任何无穷点列均有收敛子列，且该子列极限仍在 S 中；

(3) S 为有界闭集。

证　(1)⇒(2)（反证法）。设存在 S 中的一个无穷点列$\{\boldsymbol{x}_n\}$，但它无收敛于 S 中的子列，即 $\forall \boldsymbol{x}\in S$，都不是$\{\boldsymbol{x}_n\}$ 的某个子列的极限，也就是说存在 $\delta_x>0$，使得开球 $O(\boldsymbol{x},\delta_x)$中最多包含$\{\boldsymbol{x}_n\}$的有限项。显然$\bigcup\limits_{x\in S} O(\boldsymbol{x},\delta_x)$ 是 S 的一个开覆盖，因为 S 是紧致集，所以存在 $\boldsymbol{x}_1,\boldsymbol{x}_2,\cdots,\boldsymbol{x}_k$，使得

$$S\subset \bigcup_{i=1}^{k} O(\boldsymbol{x}_i,\delta_{x_i})$$

由于每个开球 $O(\boldsymbol{x}_i,\delta_{x_i})$中只有$\{\boldsymbol{x}_n\}$的有限项，因此 S 中只有$\{\boldsymbol{x}_n\}$的有限项，矛盾。

(2)⇒(3)（反证法）。假设 E 无界，则存在$\{\boldsymbol{x}_n\}\subset S$，使得$\|\boldsymbol{x}_n\|\to\infty(n\to\infty)$，因此$\{\boldsymbol{x}_n\}$无收敛子列，矛盾，因此 S 是有界集。又因为$\{\boldsymbol{x}_n\}$的任意收敛子列的极限仍在 S 中，所以由定理 11.1.6 可知，S 是闭集。

(3)⇒(1)（反证法）。设 S 是有界闭集，且存在 S 的一个开覆盖$\{U_\alpha\}$，使得$\{U_\alpha\}$的任意有限开覆盖都无法覆盖 S。因为 S 是有界集，所以必存在闭的正方体 $I_1\supset S$。将 I_1 等分为 2^n 个小立方体，则至少存在一个小立方体 $I_2\subset I_1$，使得 $I_2\cap S$ 不能被$\{U_\alpha\}$有限覆盖。依次类推，可得到一个闭的立方体序列 $I_1\supset I_2\supset\cdots$，满足 $\operatorname{diam} I_k\to 0(k\to\infty)$。对任意的 $k\geqslant 1$，$I_k\cap S$ 不能被$\{U_\alpha\}$有限覆盖。由**闭集套定理** 11.2.1，存在唯一的点 $\boldsymbol{a}\in\bigcup\limits_{k=1}^{\infty} I_k\cap S$。由于$\{U_\alpha\}$是 S 的开覆盖，所以存在 α_0 使得 $\boldsymbol{a}\in U_{\alpha_0}$，于是对充分大的 k 必有 $I_k\subset U_{\alpha_0}$，这与 $I_k\cap S$ 不能被$\{U_\alpha\}$有限覆盖相矛盾。

证毕。

习题 11.2

1. 设 E、$F\subset\mathbb{R}^n$为紧致集，证明：$E\cap F$、$E\cup F$ 也是紧致集。

2. 用定义证明点集$\{1\}\cup\left\{1+\dfrac{1}{k}\,\middle|\,k=1,2,\cdots\right\}$是$\mathbb{R}$ 中的紧致集。

3. 证明：$\mathbb{R}^n$中的有界无限点集必有聚点。

11.3　多元连续函数

在日常生活中，常常会遇到这样一种关系：一个量的值由多个变量的值共同决定。例如，

在几何上,求长方体的体积,如果长方体的长、宽、高分别为 x 米、y 米、z 米,则长方体的体积

$$V=xyz,\quad x>0,\quad y>0,\quad z>0$$

即体积 V 的变化同时依赖于长方体的长、宽、高。

再比如我们熟知的万有引力定律:自然界中任何两个物体(质量分别为 m_1、m_2)都是相互吸引的,引力的大小与这两个物体的质量乘积成正比,与它们的距离 r 的二次方成反比,即

$$F=G\frac{m_1m_2}{r^2}$$

式中,G 是万有引力系数。

这样的例子举不胜举,它们刻画了一个变量和若干变量之间的一种对应关系。为此,引入多元函数的概念。

11.3.1 多元函数

定义 11.3.1 设 $D\subset\mathbb{R}^n$,$\boldsymbol{x}=(x_1,x_2,\cdots,x_n)\in D\subset\mathbb{R}^n$,则从 D 到 $\mathbb{R}$ 的映射

$$f: D\to\mathbb{R}$$

称为一个 n **元函数**,记作 $z=f(\boldsymbol{x})=f(x_1,x_2,\cdots,x_n)$,$D$ 称为 f 的**定义域**,$f(D)=\{z\mid z=f(\boldsymbol{x}),\boldsymbol{x}\in D\}$称为**值域**,$\Gamma=\{(\boldsymbol{x},z)\in\mathbb{R}^{n+1}\mid z=f(\boldsymbol{x}),\boldsymbol{x}\in D\}$称为 f 的**图像**。

例 11.3.1 $z=\sqrt{4-x^2-y^2}$是二元函数,其定义域为

$$D=\{(x,y)\in\mathbb{R}^2\mid x^2+y^2\leqslant4\}$$

函数的图像是上半球面。

关于多元函数的定义域,与一元函数相类似。我们**约定**:一般地,讨论用算式表达的多元函数 $u=f(P)$时,就以使该算式有确定值的自变量所确定的点集为这个函数的定义域。

例 11.3.2 求定义域:(1)$z=\ln(1-x^2-y^2)$; (2) $z=\arcsin(x+y)$。

解 (1) 函数 $z=\ln(1-x^2-y^2)$的定义域为 $D=\{(x,y)\mid x^2+y^2<1\}$,是有界开区域。

(2) 函数 $z=\arcsin(x+y)$的定义域 $D=\{(x,y)\mid -1\leqslant x+y\leqslant1\}$,是无界闭区域。

下面我们主要讨论二元函数,因为三元以及三元以上的多元函数的讨论方法和主要结论与二元函数的相似,且二元函数的几何意义更直观。设 $z=f(x,y)$是定义在非空集合 $D\subset\mathbb{R}^2$上的二元函数,当点(x,y)在 D 中变化时,以$(x,y,f(x,y))$为坐标的点一般在空间形成一张曲面 Σ,我们称这张曲面,即点集

$$G=\{(x,y,z)\mid z=f(x,y),(x,y)\in D\}$$

为二元函数 $z=f(x,y)$的图像。

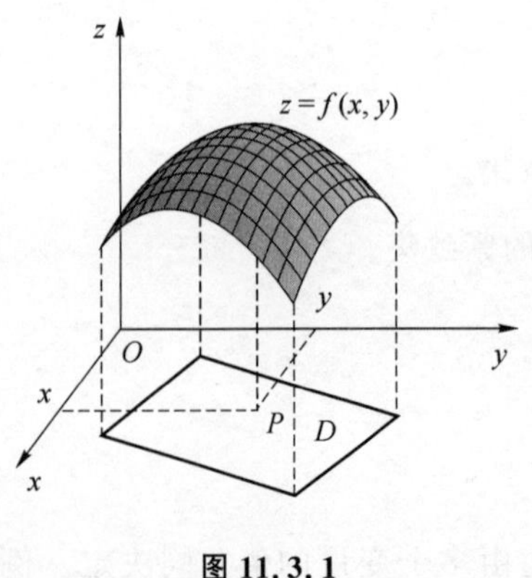

图 11.3.1

11.3.2 多元函数的极限

类似于一元函数极限的定义,借助于高维欧氏空间中两点之间距离的概念,可以把极限定义推广到多元函数。

定义 11.3.2 如图 11.3.1 所示,设 $D\subset\mathbb{R}^n$是一个开集,$z=f(\boldsymbol{x})$是定义在 D 上的 n 元函数,$\boldsymbol{\alpha}\in D$ 的一个定点,A 是一个给定的实数,如果对任意给定的 $\varepsilon>0$,都存在 $\delta>0$,对任意的 $\boldsymbol{x}\in D$,当 $0\leqslant\|\boldsymbol{x}-\boldsymbol{a}\|\leqslant\delta$ 时,都有

$$|f(\boldsymbol{x})-A|<\varepsilon$$

则称函数 f 在 $\boldsymbol{a}$ 点有极限，且极限为 A，记作

$$\lim_{\boldsymbol{x}\to\boldsymbol{a}}f(\boldsymbol{x})=A \quad 或 \quad f(\boldsymbol{x})\to A \quad (\boldsymbol{x}\to\boldsymbol{a})$$

一般称该极限为函数 $f(\boldsymbol{x})$ 在 $\boldsymbol{a}$ 点的**重极限**。

例 11.3.3　证明：$\lim\limits_{\substack{x\to2\\y\to1}}(2x+3y)=7$。

证　函数的定义域 $D=\mathbb{R}^2$，$(2,1)$是 D 的内点。根据极限的定义，我们要证明在$(2,1)$的一个小邻域内，$|2x+3y-7|$小于任意给定的正数。

因为$|2x+3y-7|=|2(x-2)+3(y-1)|\leqslant2|x-2|+3|y-1|$，而

$$|x-2|\leqslant\sqrt{(x-2)^2+(y-1)^2},\quad |y-1|\leqslant\sqrt{(x-2)^2+(y-1)^2}$$

所以

$$|2x+3y-7|\leqslant5\sqrt{(x-2)^2+(y-1)^2}$$

那么当 $\sqrt{(x-2)^2+(y-1)^2}<\delta$ 时，$|2x+3y-7|\leqslant5\delta$，所以 $\forall\varepsilon>0$，取 $\delta=\dfrac{\varepsilon}{5}$，则当 $\sqrt{(x-2)^2+(y-1)^2}<\delta$ 时，有

$$|2x+3y-7|<\varepsilon$$

所以$\lim\limits_{\substack{x\to2\\y\to1}}(2x+3y)=7$。

例 11.3.4　证明：$\lim\limits_{\substack{x\to0\\y\to0}}(3x+5y)\sin\dfrac{1}{x^2+y^2}=0$。

证　函数的定义域 $D=\mathbb{R}^2-\{(0,0)\}$，原点是 D 的边界点，由于

$$\left|(3x+5y)\sin\frac{1}{x^2+y^2}-0\right|\leqslant|3x+5y|\leqslant3|x-0|+5|y-0|$$

所以 $\forall\varepsilon>0$，只要取 $\delta=\dfrac{\varepsilon}{8}$，那么当 $0<\sqrt{(x-0)^2+(y-0)^2}=\sqrt{x^2+y^2}<\delta$ 时，

$$\left|(3x+5y)\sin\frac{1}{x^2+y^2}-0\right|<8\delta<\varepsilon$$

所以$\lim\limits_{\substack{x\to0\\y\to0}}(3x+5y)\sin\dfrac{1}{x^2+y^2}=0$。

一元函数的极限性质，比如唯一性、局部有界性、局部保序性、局部夹逼性，以及极限的四则运算法则，对多元函数依然成立，相关命题留作习题，请读者自行加以证明。我们可以利用多元函数极限的性质，来计算函数的极限。

例 11.3.5　求极限：(1) $\lim\limits_{\substack{x\to0\\y\to0}}\dfrac{\sin x^2y}{x^2+y^2}$；(2) $\lim\limits_{\substack{x\to0\\y\to0}}\dfrac{2-\sqrt{xy+4}}{xy}$。

解　(1) $\lim\limits_{\substack{x\to0\\y\to0}}\dfrac{\sin x^2y}{x^2+y^2}=\lim\limits_{\substack{x\to0\\y\to0}}\dfrac{\sin x^2y}{x^2y}\dfrac{x^2y}{x^2+y^2}$。

因为当 $x\to0$，$y\to0$ 时，$x^2y\to0$，所以$\lim\limits_{\substack{x\to0\\y\to0}}\dfrac{\sin x^2y}{x^2y}=1$。

而$\left|\dfrac{x^2y}{x^2+y^2}\right|\leqslant\dfrac{|x|}{2}$，由极限的保序性可知$\lim\limits_{\substack{x\to0\\y\to0}}\left|\dfrac{x^2y}{x^2+y^2}\right|\leqslant\lim\limits_{\substack{x\to0\\y\to0}}\dfrac{|x|}{2}=0$，即$\lim\limits_{\substack{x\to0\\y\to0}}\dfrac{x^2y}{x^2+y^2}=0$，从而可得

$$\lim_{\substack{x\to 0\\ y\to 0}}\frac{\sin x^2 y}{x^2+y^2}=\lim_{\substack{x\to 0\\ y\to 0}}\frac{\sin x^2 y}{x^2 y}\cdot\lim_{\substack{x\to 0\\ y\to 0}}\frac{x^2 y}{x^2+y^2}=1\cdot 0=0$$

(2) $$\lim_{\substack{x\to 0\\ y\to 0}}\frac{2-\sqrt{xy+4}}{xy}=\lim_{\substack{x\to 0\\ y\to 0}}\frac{(2-\sqrt{xy+4})(2+\sqrt{xy+4})}{xy(2+\sqrt{xy+4})}$$

$$=\lim_{\substack{x\to 0\\ y\to 0}}\frac{4-(xy+4)}{xy(2+\sqrt{xy+4})}=-\lim_{\substack{x\to 0\\ y\to 0}}\frac{1}{2-\sqrt{xy+4}}=-\frac{1}{4}$$

对于一元函数,只要函数在一点 x_0 的左右极限存在并且相等,则函数在 x_0 点的极限就存在,这是因为在实数轴上动点趋近于定点的方式只有两种:从左端趋近于 x_0 和从右端趋近于 x_0,因为在高维欧氏空间中,动点趋近于定点的方式是无穷的,所以对多元函数极限存在性的讨论就不像一元函数那么简单,根据多元函数极限存在的定义,要求当 $\boldsymbol{x}$ 以任何方式趋近于定点 $\boldsymbol{x}_0$ 时,函数值都趋近于同一个极限值。这就为我们提供了一种证明极限不存在的方法:如果能够找到两条不同的路径,当 $\boldsymbol{x}$ 沿这两条路径趋近于 $\boldsymbol{x}_0$ 时,函数 $f(\boldsymbol{x})$ 趋近于不同的常数,则当 $\boldsymbol{x}$ 趋近于 $\boldsymbol{x}_0$ 时,函数 $f(\boldsymbol{x})$ 的极限不存在。

定理 11.3.1(海涅定理) 设 $D\subset\mathbb{R}^n$,定义在 D 上的函数 $f(\boldsymbol{x})$ 在 D 的聚点 $\boldsymbol{a}$ 处存在极限

$$\lim_{\boldsymbol{x}\to\boldsymbol{a}}f(\boldsymbol{x})=A$$

的充分必要条件是:对任何点列 $\{\boldsymbol{x}_k\}\subset D$,$\boldsymbol{x}_k\neq\boldsymbol{a}(k=1,2,\cdots,)$ 且 $\boldsymbol{x}_k\to\boldsymbol{a}(k\to\infty)$,都有

$$\lim_{k\to\infty}f(\boldsymbol{x}_k)=A$$

推论 11.3.1 设 $\{\boldsymbol{x}_i\}$,$\{\boldsymbol{y}_j\}\subset D$,$\boldsymbol{a}$ 是它们的聚点,如果存在极限

$$\lim_{i\to\infty}f(\boldsymbol{x}_i)=A,\quad \lim_{j\to\infty}f(\boldsymbol{y}_j)=B$$

但 $A\neq B$,则 $\lim\limits_{\boldsymbol{x}\to\boldsymbol{a}}f(\boldsymbol{x})$ 不存在。

定理 11.3.2(Cauchy 准则) 设 $D\subset\mathbb{R}^n$,定义在 D 上的函数 $f(\boldsymbol{x})$ 在 D 的聚点 a 处存在极限

$$\lim_{\boldsymbol{x}\to\boldsymbol{a}}f(\boldsymbol{x})=A$$

的充分必要条件是:对任意 $\varepsilon>0$,存在 $\delta>0$,当 $\boldsymbol{x}_1,\boldsymbol{x}_2\in D$,且 $0<\|\boldsymbol{x}_1-\boldsymbol{a}\|<\delta$,$0<\|\boldsymbol{x}_2-\boldsymbol{a}\|<\delta$ 时,有

$$|f(\boldsymbol{x}_1)-f(\boldsymbol{x}_2)|<\varepsilon$$

上述两个结论的证明思路与一元函数中的相应定理相同,在此略去证明。

例 11.3.6 讨论下列极限是否存在,并说明理由。

(1) $\lim\limits_{\substack{x\to 0\\ y\to 0}}\dfrac{x^3 y}{x^6+y^2}$; (2) $\lim\limits_{\substack{x\to 0\\ y\to 0}}\dfrac{xy}{x+y}$。

解 (1) 当点 (x,y) 沿着 $y=kx^3$ 趋近于 $(0,0)$ 点时,有

$$\lim_{\substack{x\to 0\\ y=kx^3}}\frac{x^3 y}{x^6+y^2}=\lim_{\substack{x\to 0\\ y=kx^3}}\frac{kx^6}{x^6+k^2x^6}=\lim_{\substack{x\to 0\\ y=kx}}\frac{k}{1+k^2}$$

函数的极限随着 k 的变化而变化,所以函数在 $(0,0)$ 点的极限不存在。

(2) 当 (x,y) 点沿着 $y=kx$ 趋近于 $(0,0)$ 点时有

$$\lim_{\substack{x\to 0\\ y=kx}}\frac{xy}{x+y}=\lim_{\substack{x\to 0\\ y=kx}}\frac{kx^2}{x+kx}=0$$

这说明当 (x,y) 点沿不同直线趋近于 $(0,0)$ 点时,函数极限为 0。注意,这不能说明函数有极限为 0。

第二种路径可以选择使得分子、分母化为同阶无穷小量，从而极限不为 0，故可以取 $y=x^2-x$，此时

$$\lim_{\substack{x\to 0\\ y=x^2-x}}\frac{xy}{x+y}=\lim_{\substack{x\to 0\\ y=x^2-x}}\frac{x^3-x^2}{x+x^2-x}=-1$$

动点 (x,y) 以不同方式趋近于 $(0,0)$ 点时，函数有不同的极限，所以函数在 $(0,0)$ 点的极限不存在。

多元函数的重极限是研究当 $\boldsymbol{x}$ 趋近于 $\boldsymbol{a}$ 点时函数值的变化情况，如果将 $\boldsymbol{x}$ 趋近于 $\boldsymbol{a}$ 点的过程分解为按分量依次趋近于 $\boldsymbol{a}$ 点的过程，则此时的极限就变成了求一元函数极限的问题，我们称此为**累次极限**。我们以二元函数为例给出具体定义。

定义 11.3.3　设 $D\subset\mathbb{R}^2$，$z=f(x,y)$ 是定义在 D 上的二元函数，(x_0,y_0) 是给定的点，如果对于每个固定的 $y\neq y_0$，极限 $\lim\limits_{x\to x_0}f(x,y)$ 存在（在这个极限过程中 y 看作常数），设

$$\lim_{x\to x_0}f(x,y)=A(y)$$

若当 $y\to y_0$ 时，函数 $A(y)$ 的极限也存在，则称

$$\lim_{y\to y_0}A(y)=\lim_{y\to y_0}\lim_{x\to x_0}f(x,y)$$

是函数 $f(x,y)$ 在 (x_0,y_0) 点的先对 x 后对 y 的**累次极限**（也称为二次极限）。类似地，可以定义先对 y 后对 x 的**累次极限**：

$$\lim_{x\to x_0}\lim_{y\to y_0}f(x,y)$$

那么函数的重极限和累次极限之间有什么关系呢？一般来讲，累次极限存在与否与重极限存在与否没有蕴涵关系，我们通过下面的例子来讨论它们的区别和联系。

例 11.3.7　讨论下列函数在 $(0,0)$ 点的重极限和累次极限。

(1) $f(x,y)=\dfrac{xy}{x^2+y^2}$；　　(2) $f(x,y)=x\cos\dfrac{1}{y}+y\cos\dfrac{1}{x}$。

解　(1) 当 (x,y) 沿着 $y=kx$ 趋近于 $(0,0)$ 时，有

$$\lim_{\substack{x\to 0\\ y=kx}}\frac{xy}{x^2+y^2}=\lim_{\substack{x\to 0\\ y=kx}}\frac{kx^2}{x^2+k^2x^2}=\lim_{\substack{x\to 0\\ y=kx}}\frac{k}{1+k^2}$$

函数的极限随着 k 的变化而变化，所以函数在 $(0,0)$ 点的二重极限不存在。

$$\lim_{x\to 0}\lim_{y\to 0}\frac{xy}{x^2+y^2}=\lim_{x\to 0}\frac{x\cdot 0}{x^2+0^2}=0$$

$$\lim_{y\to 0}\lim_{x\to 0}\frac{xy}{x^2+y^2}=\lim_{0\to y}\frac{0\cdot y}{0^2+y^2}=0$$

两个累次极限都存在。

(2) 因为

$$0\leqslant\left|x\cos\frac{1}{y}+y\cos\frac{1}{x}\right|\leqslant|x|+|y|\leqslant 2\sqrt{x^2+y^2},\quad x\neq 0,y\neq 0$$

所以二重极限

$$\lim_{\substack{x\to 0\\ y\to 0}}\left(x\cos\frac{1}{y}+y\cos\frac{1}{x}\right)=0$$

由于当 $y\to 0$ 时，极限 $\lim\limits_{y\to 0}\cos\dfrac{1}{y}$ 不存在，同理极限 $\lim\limits_{x\to 0}\cos\dfrac{1}{x}$ 也不存在，所以两个累次极限

$$\lim_{x\to 0}\lim_{y\to 0}f(x,y),\quad \lim_{y\to 0}\lim_{x\to 0}f(x,y)$$

都不存在。

上面的例子说明了重极限和累次极限的存在性之间没有蕴含关系，但是当函数的二重极限和累次极限都存在时，它们满足如下定理。

定理 11.3.3 如果二元函数 $f(x,y)$ 在 (x_0,y_0) 点存在二重极限

$$\lim_{\substack{x\to x_0\\ y\to y_0}} f(x,y)=A$$

且当 $x\neq x_0$ 时存在极限

$$\lim_{y\to y_0} f(x,y)=\phi(x)$$

那么函数 $f(x,y)$ 在 (x_0,y_0) 点的先对 y 后对 x 的累次极限存在，并且

$$\lim_{\substack{x\to x_0\\ y\to y_0}} f(x,y)=\lim_{x\to x_0}\phi(x)=\lim_{x\to x_0}\lim_{y\to y_0} f(x,y)$$

证 只需要证明 $\lim\limits_{x\to y_0}\phi(x)=A$ 即可。

因为

$$\lim_{\substack{x\to x_0\\ y\to y_0}} f(x,y)=A$$

所以对于任意给定的 $\varepsilon>0$，存在 $\delta>0$，使得当 $0<\sqrt{(x-x_0)^2+(y-y_0)^2}<\delta$ 时，都有

$$|f(x,y)-A|<\varepsilon$$

当 $x\neq x_0$ 时存在极限

$$\lim_{y\to y_0} f(x,y)=\phi(x)$$

故对任意满足 $0<|x-x_0|<\delta$ 的 x，令 $y\to y_0$，则有

$$|\phi(x)-A|=|\lim_{y\to y_0} f(x,y)-A|\leqslant\lim_{y\to y_0}|f(x,y)-A|\leqslant\varepsilon<2\varepsilon$$

也就是说，对于任意给定的 $\varepsilon>0$，存在 $\delta>0$，使得当 $0<|x-x_0|<\delta$ 时，都有

$$|\phi(x)-A|<2\varepsilon$$

即

$$\lim_{x\to x_0}\lim_{y\to y_0} f(x,y)=A$$

同样可证：在二重极限存在的情况下，如果当 $y\neq y_0$，$x\to x_0$ 时存在极限 $\lim\limits_{x\to x_0} f(x,y)=\psi(y)$，那么

$$\lim_{\substack{x\to x_0\\ y\to y_0}} f(x,y)=\lim_{y\to y_0}\psi(y)=\lim_{y\to y_0}\lim_{x\to x_0} f(x,y)$$

证毕。

所以如果二元函数 $f(x,y)$ 的二重极限与两个累次极限都存在，则有以下定理。

定理 11.3.4 如果二元函数 $f(x,y)$ 在 (x_0,y_0) 点的二重极限和两个累次极限都存在，则有

$$\lim_{\substack{x\to x_0\\ y\to y_0}} f(x,y)=\lim_{x\to x_0}\lim_{y\to y_0} f(x,y)=\lim_{y\to y_0}\lim_{x\to x_0} f(x,y)$$

定理 11.3.3 又给我们提供了一种判别二重极限不存在的方法：

推论 11.3.2 如果二元函数的两个累次极限存在但不相等，则函数的二重极限不存在。

例如：由

$$\lim_{x\to 0}\lim_{y\to 0}\frac{x^2-y^2+x^3+y^3}{x^2+y^2}=\lim_{x\to 0}(x+1)=1$$

$$\lim_{y\to 0}\lim_{x\to 0}\frac{x^2-y^2+x^3+y^3}{x^2+y^2}=\lim_{y\to 0}(y-1)=-1$$

可知,极限$\lim\limits_{\substack{x\to 0\\ y\to 0}}\dfrac{x^2-y^2+x^3+y^3}{x^2+y^2}$不存在。

如果两个二次极限存在并且相等,即

$$\lim_{x\to x_0}\lim_{y\to y_0}f(x,y)=\lim_{y\to y_0}\lim_{x\to x_0}f(x,y)$$

则称二次极限可以**交换极限次序**。

11.3.3 多元函数的连续性

定义 11.3.4　设 $D\subset\mathbb{R}^n$ 是一个开集,$z=f(\boldsymbol{x})$是定义在 D 上的 n 元函数,$\boldsymbol{a}\in D$ 中一个定点。如果

$$\lim_{x\to a}f(\boldsymbol{x})=f(\boldsymbol{a})$$

则称函数 $f(\boldsymbol{x})$在 $\boldsymbol{a}$ 点**连续**。

如果函数 f 在 D 上每一点都连续,就称 f 在 D 上连续,或称 f 是 D 上的**连续函数**。

ε-δ 语言:$\forall\varepsilon>0$,存在 $\delta>0$,使得当 $\boldsymbol{x}\in O(\boldsymbol{a},\delta)$时,都有

$$\lim_{x\to a}f(\boldsymbol{x})=f(\boldsymbol{a})$$

则称函数 $f(\boldsymbol{x})$在 $\boldsymbol{a}$ 点**连续**。

例 11.3.8　常值函数在其定义域上是连续的。

例 11.3.9　设 $\boldsymbol{x}=(x_1,x_2,\cdots,x_n)$,定义 $f_i(\boldsymbol{x})=x_i(i=1,,2,\cdots,n)$,称为 $\boldsymbol{x}$ 在第 i 个坐标轴上的**投影**,则所有 f_i 都在$\mathbb{R}^n$上连续。

证　对任意 $\boldsymbol{a}=(a_1,a_2,\cdots,a_n)\in\mathbb{R}^n$,则 $f_i(\boldsymbol{a})=a_i$。

$$|f_i(\boldsymbol{x})-f_i(\boldsymbol{a})|=|x_i-a_i|\leqslant\|\boldsymbol{x}-\boldsymbol{a}\|$$

所以对任意 $\varepsilon>0$,存在 $\delta=\varepsilon$,则当 $\|\boldsymbol{x}-\boldsymbol{a}\|<\delta$ 时,有$|f_i(\boldsymbol{x})-f_i(\boldsymbol{a})|=|x_i-a_i|\leqslant\|\boldsymbol{x}-\boldsymbol{a}\|<\varepsilon$,从而可得

$$\lim_{x\to a}[f_i(\boldsymbol{x})-f_i(\boldsymbol{a})]=0$$

即

$$\lim_{x\to a}f_i(\boldsymbol{x})=\lim_{x\to a}f_i(\boldsymbol{a})$$

所以函数 $f_i(i=1,2,\cdots,n)$在 $\boldsymbol{a}$ 点连续,因为 $\boldsymbol{a}$ 的任意性,可知所有 f_i 都在$\mathbb{R}^n$上连续。

多元连续函数具有和一元连续函数类似的运算法则及性质。

定理 11.3.5　若函数 $f(\boldsymbol{x}),g(\boldsymbol{x})$都在 $\boldsymbol{a}$ 点连续,则

$$f(\boldsymbol{x})\pm g(\boldsymbol{x}),\quad f(\boldsymbol{x})\cdot g(\boldsymbol{x}),\quad \frac{f(\boldsymbol{x})}{g(\boldsymbol{x})},\quad g(\boldsymbol{a})\neq 0$$

在 $\boldsymbol{a}$ 点都连续。

同理,与一元连续函数类似,多元连续函数的局部有界性、局部保号性、复合函数的连续性等结论依然成立。

例 11.3.10　设 $\boldsymbol{x}=(x_1,x_2,\cdots,x_n),k_1,k_2,\cdots,k_n\in\mathbb{R}$,定义多元线性函数

$$f(x_1,x_2,\cdots,x_n)=k_1x_1+k_2x_2+\cdots+k_nx_n$$

根据投影函数的连续性和连续函数的四则运算性质,可知多元线性函数连续。

例 11.3.11　讨论函数 $f(x,y)=\begin{cases}\dfrac{x^3+y^3}{x^2+y^2}, & x^2+y^2\neq 0\\ 0, & x^2+y^2=0\end{cases}$的连续性。

解 当 $x^2+y^2\neq 0$ 时,由连续函数的四则运算性质可知 $f(x,y)=\dfrac{x^3+y^3}{x^2+y^2}$ 在 (x,y) 点连续。

当 $x^2+y^2=0$ 时,因为

$$|f(x,y)|=\left|\frac{x^3+y^3}{x^2+y^2}\right|=\left|x\,\frac{x^2}{x^2+y^2}+y\,\frac{y^2}{x^2+y^2}\right|<|x|+|y|<2\sqrt{x^2+y^2}$$

于是

$$\lim_{\substack{x\to 0\\ y\to 0}}\frac{x^3+y^3}{x^2+y^2}=0=f(0,0)$$

即 $f(x,y)$ 在 $(0,0)$ 点连续。

例 11.3.12 计算极限

$$\lim_{\substack{x\to 0\\ y\to 0}}\left(\frac{1}{xy}+\sin\frac{1}{x^3}\sin\frac{1}{y^3}\right)\sin(x^2y^2)$$

解 当 $x\to 0,y\to 0$ 时,有 $x^2y^2\to 0$,此时 $\sin x^2y^2\sim x^2y^2$,所以

$$\begin{aligned}\lim_{\substack{x\to 0\\ y\to 0}}\left(\frac{1}{xy}+\sin\frac{1}{x^3}\sin\frac{1}{y^3}\right)\sin(x^2y^2)&=\lim_{\substack{x\to 0\\ y\to 0}}\left(\frac{1}{xy}+\sin\frac{1}{x^3}\sin\frac{1}{y^3}\right)(x^2y^2)\\&=\lim_{\substack{x\to 0\\ y\to 0}}\left(xy+x^2y^2\sin\frac{1}{x^3}\sin\frac{1}{y^3}\right)\\&=\lim_{\substack{x\to 0\\ y\to 0}}xy+\lim_{\substack{x\to 0\\ y\to 0}}x^2y^2\sin\frac{1}{x^3}\sin\frac{1}{y^3}=0\end{aligned}$$

这里用到了有界变量乘以无穷小量还是无穷小量的性质。

11.3.4 向量值函数

我们知道单位圆周可以用代数方程表示为点集:$S^1=\{(x,y)\mid x^2+y^2=1\}$,如果引入参数表示,则圆周的参数方程为

$$\begin{cases}x=\phi(t)\\ y=\psi(t)\end{cases},\quad t\in[0,2\pi]$$

这是一元函数的另一种推广:多个因变量 (x,y) 按照某种对应法则,随自变量 t 的变化而相应变化。所以可以引入如下概念。

定义 11.3.5 设 $D\subset\mathbb{R}^n$,从 D 到 $\mathbb{R}^m$ 的映射

$$\boldsymbol{f}:D\to\mathbb{R}^m$$

$$\boldsymbol{x}=(x_1,x_2,\cdots,x_n)\mapsto\boldsymbol{z}=(z_1,z_2,\cdots,z_m)$$

称为 n **元** m **维向量值函数(或多元函数组)**,记作 $\boldsymbol{z}=\boldsymbol{f}(\boldsymbol{x})$。$D$ 称为 $\boldsymbol{f}$ 的**定义域**,$\boldsymbol{f}(D)=\{\boldsymbol{z}\mid\boldsymbol{z}=\boldsymbol{f}(\boldsymbol{x}),\boldsymbol{x}\in D\}$ 称为**值域**。

当 $m=1$ 时,$\boldsymbol{f}$ 就是一个多元函数。

显然,每个 $z_i(i=1,2,\cdots,m)$ 都是 $\boldsymbol{x}$ 的函数 $z_i=f_i(\boldsymbol{x})$,它称为 $\boldsymbol{f}$ 的第 i 个坐标函数(或者分量函数),于是,$\boldsymbol{f}$ 可以表示为分量形式

$$\begin{cases}z_1=f_1(\boldsymbol{x}),\\ z_2=f_2(\boldsymbol{x}),\\ \vdots\\ z_m=f_m(\boldsymbol{x}),\end{cases}\quad x\in D$$

所以 f 又可表示为

$$\boldsymbol{f}=(f_1,f_2,\cdots,f_m)$$

例 11.3.13　设映射

$$\boldsymbol{f}:\left(0,\frac{\pi}{2}\right)\times(0,2\pi)\to\mathbb{R}^3$$

$$(u,v)\mapsto(x(u,v),y(u,v),z(u,v))$$

的具体分量形式为

$$\begin{cases}x=x(u,v)=a\cos u\cos v,\\ y=y(u,v)=a\cos u\sin v, \quad u\in\left(0,\dfrac{\pi}{2}\right),y\in(0,2\pi)\\ z=z(u,v)=a\sin u,\end{cases}$$

这是二元三维向量值函数，是三维空间中半径为 a 的上半球面。

对向量值函数也可以引入极限和连续的定义。

定义 11.3.6　设 $D\subset\mathbb{R}^n$ 是一个开集，$\boldsymbol{x}_0$ 是 D 中的一个定点，$\boldsymbol{z}=\boldsymbol{f}(\boldsymbol{x})$ 是定义在 $D\backslash\{\boldsymbol{x}_0\}$ 上的 n 元 m 维向量值函数，$\boldsymbol{A}$ 是一个 m 维向量。如果对任意给定的 $\varepsilon>0$，都存在 $\delta>0$，对任意的 $\boldsymbol{x}\in D$，当 $0\leqslant\|\boldsymbol{x}-\boldsymbol{x}_0\|\leqslant\delta$ 时，都有

$$\|\boldsymbol{f}(\boldsymbol{x})-\boldsymbol{A}\|<\varepsilon$$

则称函数 $\boldsymbol{f}$ 在 $\boldsymbol{x}_0$ 点有**极限**，且极限为 $\boldsymbol{A}$，记作

$$\lim_{\boldsymbol{x}\to\boldsymbol{x}_0}\boldsymbol{f}(\boldsymbol{x})=\boldsymbol{A}\quad 或\quad \boldsymbol{f}(\boldsymbol{x})\to\boldsymbol{A}(\boldsymbol{x}\to\boldsymbol{x}_0)$$

定义 11.3.7　设 $D\subset\mathbb{R}^n$ 是一个开集，$\boldsymbol{x}_0\in D$ 的一个定点，$\boldsymbol{z}=\boldsymbol{f}(\boldsymbol{x})$ 是定义在 D 上的 n 元 m 维向量值函数。如果

$$\lim_{\boldsymbol{x}\to\boldsymbol{x}_0}\boldsymbol{f}(\boldsymbol{x})=f(\boldsymbol{x}_0)$$

则称函数 $\boldsymbol{f}(\boldsymbol{x})$ 在 $\boldsymbol{x}_0$ 点**连续**。

如果函数 $\boldsymbol{f}$ 在 D 上每一点都连续，就称 $\boldsymbol{f}$ 在 D 上连续，或称 $\boldsymbol{f}$ 是 D 上的**连续向量值函数**。

$\boldsymbol{\varepsilon}$-$\boldsymbol{\delta}$ 语言：$\forall\varepsilon>0$，存在 $\delta>0$，使得当 $\boldsymbol{x}\in O(\boldsymbol{x}_0,\delta)$ 时，都有

$$\lim_{\boldsymbol{x}\to\boldsymbol{x}_0}\boldsymbol{f}(\boldsymbol{x})=\boldsymbol{f}(\boldsymbol{x}_0)$$

则称函数 $\boldsymbol{f}(\boldsymbol{x})$ 在 $\boldsymbol{x}_0$ 点**连续**。

向量值函数的连续性可以归结到它的分量函数的连续上。

例 11.3.14　线性映射

$$\begin{pmatrix}z_1\\ z_2\\ \vdots\\ z_m\end{pmatrix}=\boldsymbol{A}\begin{pmatrix}x_1\\ x_2\\ \vdots\\ x_n\end{pmatrix}$$

式中，$\boldsymbol{A}=\begin{pmatrix}a_{11}&a_{12}&\cdots&a_{1n}\\ a_{21}&a_{22}&\cdots&a_{2n}\\ \vdots&\vdots&&\vdots\\ a_{m1}&a_{m2}&\cdots&a_{mn}\end{pmatrix}$ 是 $m\times n$ 阶矩阵，确定了一个 $\mathbb{R}^n\to\mathbb{R}^m$ 的映射，即

$$z_i=a_{i1}x_1+a_{i2}x_2+\cdots+a_{in}x_n,\quad i=1,2,\cdots,m$$

显然 $z_i(i=1,2,\cdots,m)$ 是一个连续函数，所以线性映射是一个连续映射。

更一般地,可以给出空间中曲线和曲面的向量表达形式。

例 11.3.15(空间曲线) 质点在空间直角坐标系中的运动方程

$$\begin{cases} x=x(t), \\ y=y(t), \quad t\in(\alpha,\beta) \\ z=z(t), \end{cases}$$

确定了一个一元三维向量值函数

$$\boldsymbol{f}:[\alpha,\beta]\to\mathbb{R}^3, \quad t\mapsto(x(t),y(t),z(t))$$

当 $x(t),y(t),z(t)$ 都是区间 (α,β) 内的连续函数时,映射 $\boldsymbol{f}$ 在 (α,β) 内也连续。如果当 t 由 α 连续地变到 β 时,t 的像 $(x(t),y(t),z(t))$ 在 $\mathbb{R}^3$ 中描绘出一条连续曲线 Γ,我们称向量值函数 $\boldsymbol{f}(t)$ 为空间曲线 Γ 的参数方程。

例 11.3.16(三维欧氏空间中的曲面) D 是 $\mathbb{R}^2$ 上的开集,以 (u,v) 为参数的方程

$$\begin{cases} x=\phi(u,v), \\ y=\psi(u,v), \quad (u,v)\in D\in\mathbb{R}^2 \\ z=\eta(u,v), \end{cases}$$

确定了一个二元三维向量值函数

$$\boldsymbol{g}: D\to\mathbb{R}^3, (u,v)\mapsto(\phi(u,v),\psi(u,v),\eta(u,v))$$

当 $\phi(u,v)$、$\psi(u,v)$、$\eta(u,v)$ 都是区域 D 上的连续函数时,映射 $\boldsymbol{g}$ 在 D 上也连续,如果当 (u,v) 取遍 D 中所有点时,(u,v) 的像 $(\phi(u,v),\psi(u,v),\eta(u,v))$ 的集合构成一个连续的曲面 S,则称向量值函数 $\boldsymbol{g}$ 为这个曲面 S 的参数方程。

下面讨论复合映射的连续性。

定义 11.3.8 设 Ω 是 $\mathbb{R}^k$ 上的是一个开集,,$D\subset\mathbb{R}^n$ 是一个开集. $\boldsymbol{g}:D\to\mathbb{R}^k$ 与 $\boldsymbol{f}:\Omega\to\mathbb{R}^m$ 为两个映射,并且 $\boldsymbol{g}$ 的值域 $\boldsymbol{g}(D)\subset\Omega$,则可以定义**复合映射**

$$\boldsymbol{f}\circ\boldsymbol{g}: D\to\mathbb{R}^m$$
$$\boldsymbol{u}\mapsto\boldsymbol{f}(\boldsymbol{g}(\boldsymbol{u}))$$

定理 11.3.6 如果 $\boldsymbol{g}$ 在 D 上连续,$\boldsymbol{f}$ 在 Ω 上连续,那么复合映射 $\boldsymbol{f}\circ\boldsymbol{g}$ 也在 D 上连续。

定理的证明留给读者自行完成。

习题 11.3

1. 确定下列函数的定义域:

(1) $f(x,y)=\arcsin(x-y^3)+\dfrac{\sqrt{x-1}}{\ln\ln(10-x^2-y^2)}$;

(2) $f(x,y,z)=\sqrt{R^2-2x^2-3y^2-4z^2}+\sqrt{2x^2+3y^2+4z^2-r^2}\,(R>r)$。

2. 已知函数 $f(x+y,\mathrm{e}^{x-y})=4xye^{x-y}$,求 $f(x,y)$。

3. 已知函数 $f(x+y,x-y)=x^2-y^2+g(x+y)$,且 $f(x,0)=x$,求 $f(x,y)$。

4. 求下列各极限:

(1) $\lim\limits_{\substack{x\to0\\y\to0}}\dfrac{3-\sqrt{x^2y+9}}{x^2y}$; (2) $\lim\limits_{\substack{x\to0\\y\to a}}\dfrac{\sin xy^2}{x}$;

(3) $\lim\limits_{\substack{x\to1\\y\to0}}\dfrac{\ln(2x+\mathrm{e}^y)}{x^2+y^2}$; (4) $\lim\limits_{\substack{x\to+\infty\\y\to+\infty}}(x^3+y^3)\mathrm{e}^{-(x+y)}$;

(5) $\lim\limits_{\substack{x\to 0\\ y\to 0}}\dfrac{x^3+y^3}{\sqrt{1+x^3+y^3}-1}$；　　(6) $\lim\limits_{\substack{x\to +\infty\\ y\to +\infty}}\left(1+\dfrac{1}{xy}\right)^{x\sin y}$；

(7) $\lim\limits_{\substack{x\to 0\\ y\to 0}}\dfrac{\ln(1+xy)}{xy\cos(x^2+y^2)}$；　　(8) $\lim\limits_{\substack{x\to 0\\ y\to 0}}(x^2+y^2)^{xy}$。

5. 讨论下列函数在原点处的二重极限和二次极限：

(1) $f(x,y)=\dfrac{1-\cos(x^2+y^2)}{(x^2+y^2)x^2y^2}$；　　(2) $f(x,y)=\dfrac{3x+2x^2+4y^2}{x^2+y^2}$；

(3) $f(x,y)=\dfrac{x^3y^3}{(x-y)^3+x^3y^3}$；　　(4) $f(x,y)=(x^2+y^2)^{x^2y^2}$。

6. 证明下列函数的极限不存在。

(1) $f(x,y)=\dfrac{x^4y^4}{(x^2+y^4)^3}$；　　(2) $f(x,y)=\dfrac{x^2}{x^2+y^2-x}$；

(3) $f(x,y)=\dfrac{x+y}{x-y}$；　　(4) $f(x,y)=\begin{cases}1, & xy=0\\ 0, & xy\neq 0\end{cases}$。

7. 举例说明存在$[a,b]\times[c,d]$上的函数 $f(x,y)$，对于任意给定的 $x_0\in[a,b]$，函数 $f(x_0,y)$ 在$[c,d]$上连续；对于任意给定的 $y_0\in[c,d]$，函数 $f(x,y_0)$在 x_0 点连续，但二元函数 $f(x,y)$在(x_0,y_0)内不连续。

8. 讨论函数 $f(x,y)=\begin{cases}\dfrac{\sin(x^3+y^3)}{x^2+y^2}, & x^2+y^2\neq 0\\ 0, & x^2+y^2=0\end{cases}$在原点(0,0)处的连续性。

9. 讨论函数 $f(x,y)=\begin{cases}\dfrac{\ln(1+xy)}{x}, & x\neq 0\\ y, & x=0\end{cases}$在定义域内的连续性。

10. 在$\mathbb{R}^n$中定义 $\boldsymbol{x}$ 点到集合 S 的距离为

$$f(\boldsymbol{x})=\rho(\boldsymbol{x},S)=\inf_{\boldsymbol{y}\in S}\{\|\boldsymbol{x}-\boldsymbol{y}\|\}$$

试证：f 是$\mathbb{R}^n$上的连续函数。

11.4　连续映射的性质

11.4.1　紧致集上的连续函数

在一元连续函数中研究了函数的一致连续性，多元连续映射也有一致连续的概念。

定义 11.4.1　设 $D\subset\mathbb{R}^n$，$\boldsymbol{f}$：$D\to\mathbb{R}^m$ 是定义在 D 上的向量值函数。如果$\forall\varepsilon>0$，总存在$\delta>0$，使得对任意的 $\boldsymbol{x},\boldsymbol{y}\in D$，当$\|\boldsymbol{x}-\boldsymbol{y}\|<\delta$ 时，都有

$$\|\boldsymbol{f}(\boldsymbol{x})-\boldsymbol{f}(\boldsymbol{y})\|<\varepsilon$$

则称映射 $\boldsymbol{f}(\boldsymbol{x})$在 D 上**一致连续**。

例 11.4.1　证明函数 $f(x_1,x_2)=\sqrt{x_1{}^2+x_2{}^2}$在$\mathbb{R}^2$上一致连续。

证　对任意的 $\boldsymbol{x}=(x_1,x_2)$，$\boldsymbol{y}=(y_1,y_2)\in\mathbb{R}^2$，由于

$$|f(\boldsymbol{x})-f(\boldsymbol{y})|=|\,\|\boldsymbol{x}\|-\|\boldsymbol{y}\|\,|\leqslant\|\boldsymbol{x}-\boldsymbol{y}\|$$

因此，$\forall\varepsilon>0$，存在 $\delta=\varepsilon$，使得对任意的 $\boldsymbol{x},\boldsymbol{y}\in\mathbb{R}^2$，当$\|\boldsymbol{x}-\boldsymbol{y}\|<\delta$时，都有$\lim\limits_{x\to a}|f(\boldsymbol{x})-f(\boldsymbol{y})|<$

ε,因此 $f(x_1,x_2)=\sqrt{x_1{}^2+x_2{}^2}$ 在$\mathbb{R}^2$上一致连续。

定义 11.4.2 设 $D\subset\mathbb{R}^n$,$\boldsymbol{f}: D\to\mathbb{R}^m$ 是定义在 D 上的向量值函数。如果 $\exists\varepsilon_0>0,\forall\delta>0$,总存在 $\boldsymbol{x},\boldsymbol{y}\in D$,尽管 $\|\boldsymbol{x}-\boldsymbol{y}\|<\delta$,但

$$\|\boldsymbol{f}(\boldsymbol{x})-\boldsymbol{f}(\boldsymbol{y})\|\geqslant\varepsilon_0$$

则称向量值函数 $\boldsymbol{f}(\boldsymbol{x})$ 在 D 上**不一致连续**。

例 11.4.2 证明函数 $f(x,y)=\dfrac{1}{1-xy}$,$(x,y)\in D=[0,1)\times[0,1)$ 在 D 上连续但不一致连续。

证 由于 $g(x,y)=1-xy$ 在 D 上连续且在定义域上 $g(x,y)\neq 0$,所以 $f(x,y)$ 在 D 上连续。

当 $n\to\infty$ 时,$\left(1-\dfrac{1}{2n},1-\dfrac{1}{2n}\right),\left(1-\dfrac{1}{n},1-\dfrac{1}{n}\right)\in D$,且

$$\left\|\left(1-\frac{1}{2n},1-\frac{1}{2n}\right)-\left(1-\frac{1}{n},1-\frac{1}{n}\right)\right\|=\sqrt{\left(\frac{1}{2n}\right)^2+\left(\frac{1}{2n}\right)^2}=\frac{1}{\sqrt{2}n}\to 0,\quad n\to\infty$$

而

$$f\left(1-\frac{1}{2n},1-\frac{1}{2n}\right)-f\left(1-\frac{1}{n},1-\frac{1}{n}\right)=\frac{4n^2}{4n-1}-\frac{n^2}{2n-1}=\frac{n^2(4n-3)}{8n^2-6n+1}\to\infty,\quad n\to\infty$$

所以 f 在 D 上不一致连续。

闭区间上一元函数在端点的连续性,我们是通过单侧连续引入的,从而将连续概念从内点延伸到区间的端点(即区间的边界点),进一步把函数在开区间上的连续性扩充到闭区间上,对高维点集,我们首先将连续的概念扩充到点集的边界点。

定义 11.4.3 设 $D\subset\mathbb{R}^n$,$\boldsymbol{x}_0\in D$,$\boldsymbol{f}: D\to\mathbb{R}^m$ 是一个 n 元 m 维向量值函数。如果对任意给定的 $\varepsilon>0$,都存在 $\delta>0$,使得当 $\boldsymbol{x}\in O(\boldsymbol{x}_0,\delta)\cap D$ 时,都有

$$\|\boldsymbol{f}(\boldsymbol{x})-\boldsymbol{f}(\boldsymbol{x}_0)\|<\varepsilon$$

则称函数 $\boldsymbol{f}$ 在 $\boldsymbol{x}_0$ 点**连续**。

如果向量值函数 $\boldsymbol{f}$ 在 D 上每一点都连续,则称 $\boldsymbol{f}$ 在 D 上连续,或称向量值函数 $\boldsymbol{f}$ 为 D 上的连续映射。

注 由定义可知,当 $\boldsymbol{x}_0$ 是 D 的内点时,连续就是原来的定义;当 $\boldsymbol{x}_0$ 是 D 的边界点时,只要求映射 $\boldsymbol{f}$ 在 $\boldsymbol{x}_0$ 的 δ 邻域中属于 D 的那些点上满足不等式

$$\|f(\boldsymbol{x})-f(\boldsymbol{x}_0)\|<\varepsilon$$

高维空间中的有界闭集都是紧致集。下面讨论紧致集上连续映射的一些重要性质。

定理 11.4.1(一致连续性定理) 设 $D\subset\mathbb{R}^n$,$\boldsymbol{f}: D\to\mathbb{R}^m$ 是一个连续向量值函数,如果 D 是紧致集,则 $\boldsymbol{f}$ 在 D 上一致连续。

证 $\forall\varepsilon>0$,由于 $\boldsymbol{f}$ 在 D 上连续,因此 $\forall\boldsymbol{a}\in D$,存在 $\delta_a>0$,使得当 $\boldsymbol{x}\in O(\boldsymbol{a},\delta_a)\cap D$ 时,

$$\|\boldsymbol{f}(\boldsymbol{x})-\boldsymbol{f}(\boldsymbol{a})\|<\frac{\varepsilon}{2}$$

开集族 $\left\{O\left(\boldsymbol{a},\dfrac{\delta_a}{2}\right),\boldsymbol{a}\in D\right\}$ 是 D 的一个开覆盖。由于 D 是紧致集,因此 D 的任意开覆盖都有有限个子覆盖,即存在有限个开集 $O\left(\boldsymbol{a}_1,\dfrac{\delta_{a_1}}{2}\right),O\left(\boldsymbol{a}_2,\dfrac{\delta_{a_2}}{2}\right),\cdots,O\left(\boldsymbol{a}_p,\dfrac{\delta_{a_p}}{2}\right)$ 覆盖 D。

记 $\delta=\frac{1}{2}\min\limits_{1\leqslant j\leqslant p}\{\delta_{a_j}\}$，那么对于 D 中满足 $\|\boldsymbol{x}'-\boldsymbol{x}''\|<\delta$ 的任意 $\boldsymbol{x}'$、$\boldsymbol{x}''$，不妨设 $\boldsymbol{x}'\in O\left(\boldsymbol{a}_k,\frac{\delta_{a_k}}{2}\right)(1\leqslant k\leqslant p)$，则有

$$\|\boldsymbol{x}''-\boldsymbol{a}_k\|\leqslant\|\boldsymbol{x}''-\boldsymbol{x}'\|+\|\boldsymbol{x}'-\boldsymbol{a}_k\|\leqslant\frac{1}{2}\delta_{a_k}+\frac{1}{2}\delta_{a_k}=\delta_{a_k}$$

因此 $\|f(\boldsymbol{x}'')-f(\boldsymbol{a}_k)\|<\frac{\varepsilon}{2}$ 成立。所以有

$$\|f(\boldsymbol{x}'')-f(\boldsymbol{x}')\|\leqslant\|f(\boldsymbol{x}'')-f(\boldsymbol{a}_k)\|+\|f(\boldsymbol{x}')-f(\boldsymbol{a}_k)\|<\frac{\varepsilon}{2}+\frac{\varepsilon}{2}=\varepsilon$$

由定义可知，$\boldsymbol{f}$ 在 D 上一致连续。证毕。

定理 11.4.2　连续映射将紧致集映射为紧致集。

证　设 $D\subset\mathbb{R}^n$ 是一个紧致集，$\boldsymbol{f}$: $D\to\mathbb{R}^m$ 是一个连续向量值函数。任取 $\{\boldsymbol{x}_k\}\subset D$，则 $\boldsymbol{f}(\{\boldsymbol{x}_k\})\subset\boldsymbol{f}(D)$。因为 D 是紧致集，所以存在子列 $\{\boldsymbol{x}_{k_l}\}$ 满足 $\lim\limits_{l\to\infty}\boldsymbol{x}_{k_l}=\boldsymbol{x}_0\in D$。由 $\boldsymbol{f}$ 的连续性可得，当 $l\to\infty$ 时，$\lim\limits_{l\to\infty}\boldsymbol{f}(\boldsymbol{x}_{k_l})=\boldsymbol{f}(\boldsymbol{x}_0)\in\boldsymbol{f}(D)$，因此，$\boldsymbol{f}(D)$ 是紧致集。

定理 11.4.3(有界性定理)　设 $D\subset\mathbb{R}^n$ 是紧致集，f: $D\to\mathbb{R}$ 是一个连续函数，则 f 在 D 上有界。

证　因为 $f(\boldsymbol{x})$ 是 $\mathbb{R}^n$ 中紧致集 D 上的连续函数，所以 $f(D)$ 是 $\mathbb{R}$ 中的紧致集，因此是有界闭集。

定理 11.4.4(最值定理)　设 $D\subset\mathbb{R}^n$ 是紧致集，f: $D\to\mathbb{R}$ 是一个连续函数，则 f 在 D 上能取得最大值和最小值。

证　由定理 11.4.3 可知，$f(D)$ 是有界闭集，设其上确界和下确界分别为 M、m，由上确界的定义得

$$\forall\,\varepsilon_k=\frac{1}{k}>0,\quad\exists\,\boldsymbol{x}_k\in D,\quad \text{s.t. } M-\varepsilon_k<f(\boldsymbol{x}_k)<M,\quad k=1,2,3,\cdots$$

因为 D 是紧致集，所以 $\{\boldsymbol{x}_k\}$ 有收敛子列 $\{\boldsymbol{x}_{k_l}\}$，满足 $\lim\limits_{l\to\infty}\boldsymbol{x}_{k_l}=\boldsymbol{x}_0\in D$。由 f 的连续性可知

$$\lim_{l\to\infty}f(\boldsymbol{x}_{k_l})=f(\boldsymbol{x}_0)=M$$

同理，可得存在 $\boldsymbol{y}_0\in D$，使得 $f(\boldsymbol{y}_0)=m$。证毕。

11.4.2　连通集和连通集上的连续映射

下面给出道路连通集和区域的概念。

定义 11.4.4(道路连通)　设 S 是 $\mathbb{R}^n$ 中的点集，如果任给 $\boldsymbol{p},\boldsymbol{q}\in D$，存在连续映射 γ:$[a,b]\to\mathbb{R}^n$，满足 $\gamma(a)=\boldsymbol{p}$，$\gamma(b)=\boldsymbol{q}$，且 $\gamma([a,b])\subset S$，则称 S 是**道路连通的**，或称 S 为**连通集**；称 γ 为 S 中的**道路**，$\gamma(a)$ 与 $\gamma(b)$ 分别称为道路的**起点**与**终点**。

直观讲，S 是连通集意味着 S 中任意两点可以用位于 S 中的连续曲线相连接。

定义 11.4.5　连通的开集称为**(开)区域**，(开)区域的闭包称为**闭区域**。

定理 11.4.5　连续映射将道路连通的集合映射为道路连通的集合。

证　设 $D\subset\mathbb{R}^n$ 是道路连通集，$\boldsymbol{f}$:$D\to\mathbb{R}^m$ 是连续映射。任取 $\boldsymbol{y}_1,\boldsymbol{y}_2\in\boldsymbol{f}(D)$，则存在 $\boldsymbol{x}_1,\boldsymbol{x}_2\in D$，使得 $\boldsymbol{y}_1=\boldsymbol{f}(\boldsymbol{x}_1)$，$\boldsymbol{y}_2=\boldsymbol{f}(\boldsymbol{x}_2)$。由道路连通的定义可知，存在连续映射 γ: $[a,b]\to D$，使得 $\gamma(a)=\boldsymbol{x}_1$，$\gamma(b)=\boldsymbol{x}_2$，并且 $\gamma([a,b])\subset D$。根据连续函数的性质，复合映射 $\boldsymbol{f}\circ\gamma$: $[a,b]\to\mathbb{R}^m$ 连

续，且

$$f\circ\gamma(a)=f(\boldsymbol{x}_1)=\boldsymbol{y}_1,\quad f\circ\gamma(b)=f(\boldsymbol{x}_2)=\boldsymbol{y}_2,\quad f\circ\gamma([a,b])\subset f(D)$$

因此 $f\circ\gamma$ 就是 $f(D)$ 中连接 $\boldsymbol{y}_1$、$\boldsymbol{y}_2$ 的道路。由 $\boldsymbol{y}_1$、$\boldsymbol{y}_2$ 的任意性可知，$f(D)$ 是道路连通集。

推论 11.4.1 ① 连续函数将道路连通的紧致集映射成区间；

② 连续函数将闭区域映射成闭区间。

定理 11.4.6(介值性定理) 设 D 为 $\mathbb{R}^n$ 中连通的紧致集，f 是 D 上的连续函数，则对于任意满足

$$f(\boldsymbol{x}_1)\leqslant g\leqslant f(\boldsymbol{x}_2)$$

的 y，一定存在 $\boldsymbol{x}\in D$，使得 $y=f(\boldsymbol{x})$。

证 因为 f 连续，D 道路连通，故 $f(D)\subset\mathbb{R}$ 也是道路连通的，从而 $f(D)$ 是区间。由

$$[f(\boldsymbol{x}_1),f(\boldsymbol{x}_2)]\subset f(D)\quad 和\quad f(\boldsymbol{x}_1)\leqslant y\leqslant f(\boldsymbol{x}_2)$$

可知，$y\in f(D)$，即存在 $\boldsymbol{x}\in D$，使得 $y=f(\boldsymbol{x})$。证毕。

习题 11.4

1. 设 f 是 $\mathbb{R}^2$ 上的连续函数，$a\in\mathbb{R}$，且

$$E=\{(x,y)\in\mathbb{R}^2\mid f(x,y)>a\},\quad F=\{(x,y)\in\mathbb{R}^2\mid f(x,y)\geqslant a\}$$

证明：E 为开集，F 为闭集。

2. 证明函数 $f(x,y)=\dfrac{xy}{x^2+y^2}$，在其定义域内不一致连续。

3. 证明：设函数 $f(x,y)$ 在 $\mathbb{R}^2$ 分别对 x、y 连续，当固定 x 时，$f(x,y)$ 对 y 是单调的，则 f 在 $\mathbb{R}^2$ 上连续。

4. 若 $f(x,y)$ 在某一区域 D 内对变量 x 连续，对变量 y 满足 Lipschitz 条件，即

$$\forall\,(x,y'),(x,y'')\in D,\ \exists\ 常数\ L,有\ |f(x,y')-f(x,y'')|\leqslant L|y'-y''|$$

则 f 在 D 上连续。

5. 设 f 是有界开区域 $D\subset\mathbb{R}^2$ 上的一致连续函数，证明：

① 可以将 f 连续延拓到 D 的边界上，即存在定义在 $\overline{D}$ 上的连续函数 $\overline{f}$，使得 $\overline{f}|_D=f$；

② f 在 D 上有界。

6. 在 $\mathbb{R}^n$ 中定义 $\boldsymbol{x}$ 点到集合 S 的距离为

$$f(\boldsymbol{x})=\rho(\boldsymbol{x},S)=\inf_{\boldsymbol{y}\in S}\{\|\boldsymbol{x}-\boldsymbol{y}\|\}$$

试证：函数 f 是 $\mathbb{R}^n$ 上一致连续的函数。

第 12 章　多元函数微分学

在一元微分学中，函数 $y=f(x)$ 在 x_0 点的导数定义为：如果极限

$$\lim_{x\to x_0}\frac{f(x)-f(x_0)}{x-x_0}$$

存在，则称函数 $y=f(x)$ 在 x_0 点可导，也就是说

$$f'(x_0)=\lim_{x\to x_0}\frac{\text{函数的改变量}}{\text{自变量的改变量}}$$

即导数就是函数的"变化率"。对多元函数，我们也可以研究它的"变化率"。

12.1　偏导数与全微分

在一元函数 $f(x)$ 可导的定义中，考察到了函数的增量(改变量)$\Delta f(x)$，因为它是一元函数，它的改变量只能是自变量 x 的变化引起的，但当涉及到多元函数的"增量"问题时，显然这个增量可以是单个变量的变化(其他变量保持不变)引起的，也可以是整个自变量的变化引起的，因此我们以二元函数为例，先引入多元函数**全增量**和**偏增量**的概念。

定义 12.1.1　如果函数 $z=f(x,y)$ 在 $P(x,y)$ 点的某邻域内有定义，并设 $P'(x+\Delta x,y+\Delta y)$ 为这个邻域内的任意一点，则称这两点之间的函数值之差

$$f(x+\Delta x,y+\Delta y)-f(x,y)$$

为函数在 P 点对应于自变量增量 Δx、Δy 的**全增量**，记为 Δz，即

$$\Delta z=f(x+\Delta x,y+\Delta y)-f(x,y)$$

定义 12.1.2　如果函数 $z=f(x,y)$ 在 $P(x_0,y_0)$ 点的某邻域内有定义，固定 $y=y_0$，而让自变量 x 有改变量 Δx，并使得 $P'(x+\Delta x,y_0)$ 为这个邻域内的一点，则称函数 z 的改变量

$$\Delta_x z=f(x_0+\Delta x,y_0)-f(x_0,y_0)$$

为函数 $f(x,y)$ 在 P 点对应于自变量 x 的**偏增量**(或者偏改变量)。

同样，可以定义函数 $f(x,y)$ 在 P 点对应于自变量 y 的**偏增量**(或者偏改变量)

$$\Delta_y z=f(x_0,y_0+\Delta y)-f(x_0,y_0)$$

下面对二元函数引入偏导数的概念。

定义 12.1.3　设函数 $z=f(x,y)$ 在 $P(x_0,y_0)$ 点的某邻域内有定义，固定 $y=y_0$，如果一元函数 $z=f(x,y_0)$ 在 x_0 处的极限存在，即

$$\lim_{x\to x_0}\frac{f(x_0+\Delta x,y_0)-f(x_0,y_0)}{\Delta x}$$

存在，则称此极限为函数 $f(x,y)$ 在 $P(x_0,y_0)$ 点**对 x 的偏导数**，记为

$$\left.\frac{\partial z}{\partial x}\right|_{\substack{x=x_0\\y=y_0}},\quad \left.\frac{\partial f}{\partial x}\right|_{\substack{x=x_0\\y=y_0}},\quad \left.z_x\right|_{\substack{x=x_0\\y=y_0}},\quad \text{或者}\quad f_x(x_0,y_0)$$

即

$$f_x(x_0,y_0)=\lim_{x\to x_0}\frac{f(x_0+\Delta x,y_0)-f(x_0,y_0)}{\Delta x}=\frac{\mathrm{d}}{\mathrm{d}x}f(x,y_0)\big|_{x=x_0}$$

同理可以定义函数 $f(x,y)$ 在 $P(x_0,y_0)$ 点**对 y 的偏导数**:

$$f_y(x_0,y_0)=\lim_{x\to x_0}\frac{f(x_0,y_0+\Delta y)-f(x_0,y_0)}{\Delta y}=\frac{\mathrm{d}}{\mathrm{d}y}f(x_0,y)\big|_{y=y_0}$$

记为 $\left.\dfrac{\partial z}{\partial y}\right|_{\substack{x=x_0\\y=y_0}}$, $\left.\dfrac{\partial f}{\partial y}\right|_{\substack{x=x_0\\y=y_0}}$, $\left.z_y\right|_{\substack{x=x_0\\y=y_0}}$, 或者 $f_y(x_0,y_0)$

如果函数 $z=f(x,y)$ 在区域 D 的每一点 (x,y) 处关于 x 的偏导数 $f_x(x,y)$ 都存在,则 $f_x(x,y)$ 仍是 x、y 的函数,称这个函数为 $z=f(x,y)$ 关于 x 的**偏导函数**,简称**偏导数**,记为

$$\frac{\partial z}{\partial x},\quad \frac{\partial f}{\partial x},\quad z_x,\quad \text{或者}\quad f_x$$

类似地,记 $z=f(x,y)$ 关于 y 的**偏导函数**简称**偏导数**,为

$$\frac{\partial z}{\partial y},\quad \frac{\partial f}{\partial y},\quad z_y,\quad \text{或者}\quad f_y$$

n 元函数 $\boldsymbol{u}=f(x_1,x_2,\cdots,x_n)$,$(x_1,x_2,\cdots,x_n)\in D$ 在 $\boldsymbol{x}_0=(x_1{}^0,x_2{}^0,\cdots,x_n{}^0)\in D$ 点对 x_i $(i=1,2,\cdots,n)$ 的偏导数定义为

$$\frac{\partial f}{\partial x_i}(\boldsymbol{x}_0)=\frac{\partial f}{\partial x_i}(x_1{}^0,x_2{}^0,\cdots,x_n{}^0)$$

$$=\lim_{\boldsymbol{x}\to\boldsymbol{x}_0}\frac{f(x_1^0,\cdots,x_{i-1}^0,x_i^0+\Delta x_i,x_{i+1}^0,\cdots,x_n^0)-f(x_1^0,x_2^0,\cdots,x_n^0)}{\Delta x_i}$$

(如果等式右面的极限存在的话。)

由此可见,多元函数的偏导数就是多元函数关于每一个自变量的导数(将其他自变量看作常数)。因此,求多元函数的偏导数可以按照一元函数的求导法则和求导公式进行。

例 12.1.1 求 $z=3x^3+5xy+y^5$ 在点 $(1,2)$ 处的偏导数。

解 把 y 看作常数,对 x 求导便得

$$z_x(x,y)=9x^2+5y$$

于是 $z_x(1,2)=9+10=19$。

把 x 看作常数,对 y 求导便得

$$z_y(x,y)=5x+5y^4$$

于是 $z_y(1,2)=5+80=85$。

例 12.1.2 $r=\sqrt{x^2+y^2+z^2}$,求证:$\left(\dfrac{\partial r}{\partial x}\right)^2+\left(\dfrac{\partial r}{\partial y}\right)^2+\left(\dfrac{\partial r}{\partial z}\right)^2=1$。

解 求 $\dfrac{\partial r}{\partial x}$ 时,把 y、z 看作常数,则有

$$\frac{\partial r}{\partial x}=\frac{x}{\sqrt{x^2+y^2+z^2}}=\frac{x}{r}$$

同样可以求得

$$\frac{\partial r}{\partial y}=\frac{y}{r},\quad \frac{\partial r}{\partial z}=\frac{z}{r}$$

从而有

$$\left(\frac{\partial r}{\partial x}\right)^2+\left(\frac{\partial r}{\partial y}\right)^2+\left(\frac{\partial r}{\partial z}\right)^2=1$$

例 12.1.3 求函数 $u=x^{y^z}$ 的偏导数。

解 求$\frac{\partial u}{\partial x}$时，把 y、z 看作常数，此时函数可看作以 x 为底数的幂次函数，所以

$$\frac{\partial u}{\partial x}=y^z x^{y^z-1}$$

求$\frac{\partial u}{\partial y}$时，把 x、z 看作常数，此时函数可看作以 x 为底数的指数函数，其指数是一个以 y 为底数的幂次函数 y^z，利用一元复合函数求导法则可得

$$\frac{\partial u}{\partial y}=x^{y^z}\ln x\cdot\frac{\partial y^z}{\partial y}=x^{y^z}\ln x\, zy^{z-1}=x^{y^z}y^{z-1}z\ln x$$

求$\frac{\partial u}{\partial z}$时，把 x、y 看作常数，此时函数可看作是以 x 为底数的指数函数，指数是一个底数为 y 的指数函数 y^z，所以

$$\frac{\partial u}{\partial z}=(x^{y^z}\ln x)(y^z\ln y)=x^{y^z}y^z\ln x\ln y$$

例 12.1.4 已知理想状态气体方程为 $pV=RT$(R 是不为零的常数)，证明：

$$\frac{\partial p}{\partial V}\cdot\frac{\partial V}{\partial T}\cdot\frac{\partial T}{\partial p}=-1$$

证

$$p=\frac{RT}{V},\quad 有\frac{\partial p}{\partial V}=-\frac{\partial RT}{\partial V^2}\quad (把\ T\ 看作常数)$$

$$V=\frac{RT}{p},\quad 有\frac{\partial V}{\partial T}=\frac{\partial R}{\partial p}\quad (把\ p\ 看作常数)$$

$$T=\frac{pV}{R},\quad 有\frac{\partial T}{\partial p}=\frac{\partial V}{\partial R}\quad (把\ V\ 看作常数)$$

于是

$$\frac{\partial p}{\partial V}\cdot\frac{\partial V}{\partial T}\cdot\frac{\partial T}{\partial p}=-\frac{\partial RT}{\partial V^2}\cdot\frac{\partial R}{\partial p}\cdot\frac{\partial V}{\partial R}=-\frac{\partial RT}{\partial pV}=-1$$

这个例子说明，与一元函数的微商$\frac{\mathrm{d}y}{\mathrm{d}x}$不同，偏导数的符号$\frac{\partial u}{\partial x_i}$是一个整体，不能把它看作 ∂u 与∂x_i的商。

偏导数存在与连续的关系 在一元函数中，“可导必连续”是我们熟知的一个结论，但对于多元函数，类似的结论并不成立，即可偏导的函数未必连续。

例 12.1.5 设

$$f(x,y)=\begin{cases}\dfrac{2xy}{2x^2+3y^2}, & x^2+y^2\neq 0\\ 0, & x^2+y^2=0\end{cases}$$

计算 $f_x(0,0)$、$f_y(0,0)$。

解 由偏导数的定义可得

$$f_x(0,0)=\lim_{\Delta x\to 0}\frac{f(0+\Delta x,0)-f(0,0)}{\Delta x}=\lim_{\Delta x\to 0}\frac{\dfrac{\Delta x\cdot 0}{(\Delta)^2+0^2}-0}{\Delta x}=\lim_{\Delta x\to 0}\frac{0}{\Delta x}=0$$

同理，$f_y(0,0)=0$。这说明函数 $f(x,y)$在$(0,0)$点可偏导。

但当(x,y)沿直线 $y=kx$ 趋近于$(0,0)$点时，有

$$\lim_{\substack{\Delta x\to 0\\ y=kx}}\frac{2xy}{2x^2+3y^2}=\lim_{\substack{\Delta x\to 0\\ y=kx}}\frac{2kx^2}{2x^2+3k^2x^2}=\frac{2k}{2+3k^2}$$

即函数 $f(x,y)$ 在 $(0,0)$ 点极限不存在,所以不连续。

例 12.1.6 设函数 $f(x,y)=\sqrt{x^2+y^2}$,讨论函数在原点的连续性和可偏导性。

解 易知函数在原点处连续。因为

$$\lim_{\Delta x\to 0}\frac{f(0+\Delta x,0)-f(0,0)}{\Delta x}=\lim_{\Delta x\to 0}\frac{|\Delta x|}{\Delta x}$$

显然极限不存在,所以 $f(x,y)$ 在原点关于 x 的偏导数不存在;同理,关于 y 的偏导数也不存在。

上面的例子说明:多元函数在一点的偏导数存在与函数在该点连续之间没有必然的联系。

偏导数的几何意义 考虑二元函数

$$z=f(x,y),\quad (x,y)\in D$$

它的图像是一张空间曲面。

设 $(x_0,y_0)\in D$,$P_0(x_0,y_0,f(x_0,y_0))$ 是曲面 Σ:$z=f(x,y)$ 上一点,过 P_0 点的平面 $y=y_0$ 与这张曲面的交线 C_1 的方程为

$$C_1:\begin{cases}x=x\\ y=y_0\\ z=f(x,y_0)\end{cases}$$

函数 $z=f(x,y)$ 在 (x_0,y_0) 点关于 x 的偏导数 $f_x(x_0,y_0)$ 就是一元函数 $z=f(x,y_0)$ 在 x_0 的导数。由一元函数导数的几何意义可知:偏导数 $f_x(x_0,y_0)$ 是平面 $y=y_0$ 上曲线 C_1 在点 P_0 的切线 T_x 与 x 轴正向夹角 α 的正切 $\tan\alpha$(见图 12.1.1)。

类似地,偏导数 $f_y(x_0,y_0)$ 是平面 $x=x_0$ 上曲线 C_2:

$$C_2:\begin{cases}x=x_0\\ y=y\\ z=f(x_0,y)\end{cases}$$

在点 P_0 的切线 T_y 与 y 轴正向夹角 β 的正切 $\tan\beta$(见图 12.1.2)。

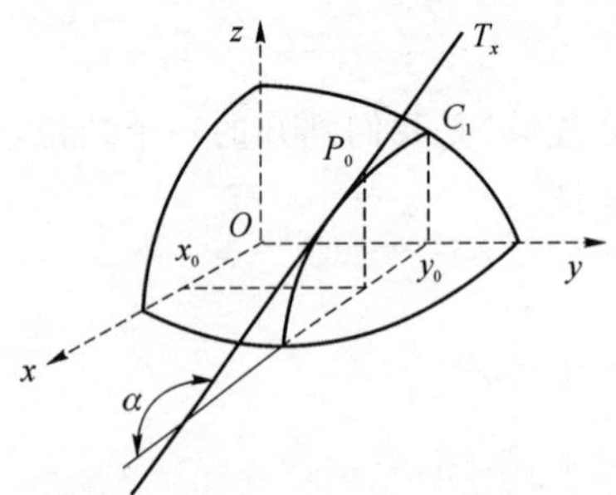

图 12.1.1

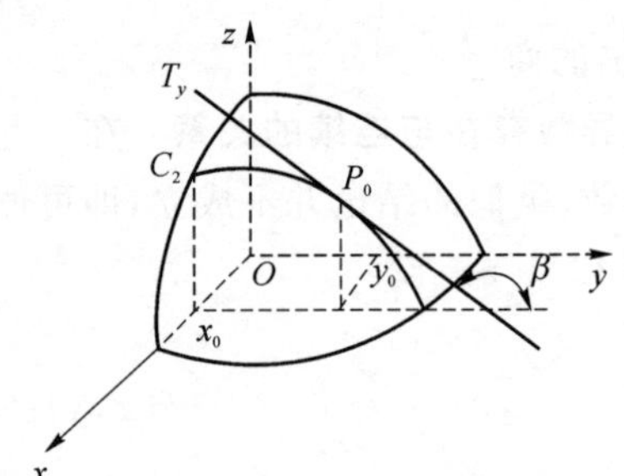

图 12.1.2

12.1.1 全微分

一元函数微分的本质是用线性函数近似代替函数 $y=f(x)$ 在一点 x_0 附近的增量 $\Delta y=f(x_0+\Delta x)-f(x_0)$,“近似”的意义是二者之间相差自变量增量 Δx 的高阶无穷小。

有了两点之间距离的概念，我们可以把一元函数的微分定义推广到多元函数微分的情形，仍以二元函数为例给出定义。

定义 12.1.4　设函数 $z=f(x,y)$ 在点 $P_0(x_0,y_0)$ 的某个邻域 $O(P_0,\delta)$ 内有定义，对于 $O(P_0,\delta)$ 中的点 $P(x,y)=P(x_0+\Delta x,y_0+\Delta y)$，若函数 $z=f(x,y)$ 在点 $P_0(x_0,y_0)$ 的全增量 $\Delta z=f(x_0+\Delta x,y_0+\Delta y)-f(x_0,y_0)$ 可以表示为

$$\Delta z=A\ \Delta x+B\Delta y+o(\rho)$$

式中，A、B 是与 Δx、Δy 无关的常数，$\rho=\sqrt{(\Delta\ x)^2+(\Delta y)^2}$，则称函数 $f(x,y)$ 在点 $P_0(x_0,y_0)$ 是**可微的**，而 $A\Delta x+B\Delta y$ 称为函数 $f(x,y)$ 在点 $P_0(x_0,y_0)$ 的**全微分**，记为

$$\mathrm{d}z(x_0,y_0)\quad\text{或者}\quad \mathrm{d}f(x_0,y_0)$$

当 $\sqrt{(\Delta x)^2+(\Delta y)^2}\to 0$ 时，把自变量 x、y 的微分 Δx、Δy 分别记作 $\mathrm{d}x$、$\mathrm{d}y$，那么有

$$\mathrm{d}z(x_0,y_0)=A\mathrm{d}x+B\mathrm{d}y$$

设函数 $z=f(x,y)$ 定义在区域 D 上，若 $f(x,y)$ 在区域 D 内任意点都可微分，则称函数在 D 内可微分。

定理 12.1.1　如果函数 $z=f(x,y)$ 在 (x_0,y_0) 点可微分，则函数 f 在 (x_0,y_0) 处连续。

证　因为函数 $z=f(x,y)$ 在 (x_0,y_0) 点可微分，故 $\Delta z=A\Delta x+B\Delta y+o(\rho)$，显然 $\lim\limits_{\rho\to 0}\Delta x=\lim\limits_{\rho\to 0}\Delta y=0$，所以

$$\lim_{\rho\to 0}\Delta z=0$$

即

$$\lim_{\substack{\Delta x\to 0\\ \Delta y\to 0}} f(x_0+\Delta x,y_0+\Delta y)=\lim_{\rho\to 0}[f(x_0,y_0)+\Delta z]=f(x_0,y_0)$$

故函数 $z=f(x,y)$ 在 (x_0,y_0) 处连续。证毕。

对于一元函数，可微与可导是等价的；对多元函数，可微与偏导数存在之间有什么样的关系呢？我们有如下定理。

定理 12.1.2(必要条件)　如果函数 $z=f(x,y)$ 在 (x_0,y_0) 点可微分，则函数 $f(x,y)$ 在 (x_0,y_0) 点的两个偏导数 $f_x(x_0,y_0)$、$f_y(x_0,y_0)$ 都存在，且函数 $z=f(x,y)$ 在 (x_0,y_0) 点的全微分为

$$\mathrm{d}z(x_0,y_0)=f_x(x_0,y_0)\mathrm{d}x+f_y(x_0,y_0)\mathrm{d}y$$

证　设函数 $z=f(x,y)$ 在点 $P_0(x_0,y_0)$ 的某个邻域 $O(P_0,\delta)$ 内可微分，$\forall P(x,y)=P(x_0+\Delta x,y_0+\Delta y)\in O(P_0,\delta)$，有

$$\Delta z=f(x_0+\Delta x,y_0+\Delta y)-f(x_0,y_0)=A\Delta x+B\Delta y+o(\rho)$$

上式当 $\Delta y=0$ 时也成立，此时 $\rho=|\Delta x|$，

$$f(x_0+\Delta x,y_0)-f(x_0,y_0)=A\Delta x+o(|\Delta x|)$$

两边关于 Δx 求极限，可得

$$\lim_{\Delta x\to 0}\frac{f(x_0+\Delta x,y_0)-f(x_0,y_0)}{\Delta x}=A=\frac{\partial f}{\partial x}$$

同理可得 $B=\dfrac{\partial f}{\partial y}$。证毕。

如果函数 $f(x,y)$ 可微分，则它的两个偏导数都存在；反之，如果函数的偏导数都存在，是否函数一定可微分呢？答案是不一定，即定理 12.1.2 的逆命题不一定成立。我们来看一个例子。

例 12.1.7 设函数 $f(x,y)=\begin{cases}\dfrac{xy}{x^2+y^2}, & x^2+y^2\neq 0\\ 0, & x^2+y^2=0\end{cases}$，讨论它在(0,0)点是否可偏导，是否可微分。

解 当自变量(x,y)沿直线 $y=kx$ 趋近于(0,0)时，有

$$\lim_{\substack{x\to 0\\ y=kx}}\frac{xy}{x^2+y^2}=\lim_{\substack{x\to 0\\ y=kx}}\frac{kx^2}{x^2+k^2y^2}=\frac{k}{1+k^2}$$

所以函数在(0,0)点不连续，从而可知函数在原点不可微分。

但是

$$f_x(0,0)=\lim_{x\to 0}\frac{f(x,0)-f(0,0)}{x}=\lim_{x\to 0}\frac{\dfrac{x\cdot 0}{x^2+0^2}-0}{x}=0$$

同理 $f_y(0,0)=0$，即在原点函数存在偏导数，但其不可微分，因此定理 12.1.2 称为可微分的必要条件。

注 由函数可微的定义可知，函数 $z=f(x,y)$在点 $P_0(x_0,y_0)$可微分等价于

$$\Delta z(x_0,y_0)=f_x(x_0,y_0)\,\mathrm{d}x+f_y(x_0,y_0)\mathrm{d}y+o(\rho)$$

也即

$$\lim_{\rho\to 0}\frac{\Delta z-f_x\mathrm{d}x-f_y\mathrm{d}y}{\rho}=0$$

用同样的思路可以定义 n 元函数 $\boldsymbol{u}=f(x_1,x_2,\cdots,x_n)$的全微分，并且有

$$\mathrm{d}u=\frac{\partial u}{\partial x_1}\mathrm{d}x_1+\frac{\partial u}{\partial x_2}\mathrm{d}x_2+\cdots+\frac{\partial u}{\partial x_n}\mathrm{d}x_n$$

对任意的 n 元函数，用定义去判断它是否可微往往是很困难的。下面我们给出可微的一个充分条件。

定理 12.1.3(充分条件) 函数 $z=f(x,y)$在(x_0,y_0)点的某邻域内存在偏导数，并且偏导数在(x_0,y_0)点连续，则 $z=f(x,y)$ 在(x_0,y_0)点可微。

证 首先我们有

$$\begin{aligned}\Delta z&=f(x_0+\Delta x,y_0+\Delta y)-f(x_0,y_0)\\&=[f(x_0+\Delta x,y_0+\Delta y)-f(x_0,y_0+\Delta y)]+[f(x_0,y_0+\Delta y)-f(x_0,y_0)]\\&=f_x(x_0+\theta_1\Delta x,y_0+\Delta y)\Delta x+f_y(x_0,y_0+\theta_2\Delta y)\Delta y\end{aligned}$$

第三个等式用到了一元函数的微分中值定理，其中 θ_1、$\theta_2<1$。

因为 f_x 和 f_y 在(x_0,y_0)点连续，所以

$$f_x(x_0+\theta_1\Delta x,y_0+\Delta y)=f_x(x_0,y_0)+o(1)$$
$$f_y(x_0,y_0+\theta_2\Delta y)=f_y(x_0,y_0)+o(1)$$

式中，$o(1)$表示当 $\rho=\sqrt{(\Delta x)^2+(\Delta y)^2}\to 0$ 时的无穷小量。因此

$$\begin{aligned}\Delta z&=f(x_0+\Delta x,y_0+\Delta y)-f(x_0,y_0)\\&=f_x(x_0,y_0)\Delta x+f_y(x_0,y_0)\Delta y+o(1)\Delta x+o(1)\Delta y\end{aligned}$$

显然

$$\lim_{\rho\to 0}\frac{o(1)\Delta x+o(1)\Delta y}{\rho}=0$$

由定义可知，$z=f(x,y)$在(x_0,y_0)点可微。证毕。

例 12.1.8　判定函数 $u=x+\sin\frac{y}{2}+e^{yz}$ 是否可微，如果可微，求其全微分。

解　$u=x+\sin\frac{y}{2}+e^{yz}$ 的三个偏导数都存在，分别是：

$$\frac{\partial u}{\partial x}=1,\quad \frac{\partial u}{\partial y}=\frac{1}{2}\cos\frac{y}{2}+ze^{yz},\quad \frac{\partial u}{\partial z}==ye^{yz}$$

而且它们在整个空间中都连续，因此函数 $u=x+\sin\frac{y}{2}+e^{yz}$ 在整个空间中都存在，且全微分

$$du=dx+\left(\frac{1}{2}\cos\frac{y}{2}+ze^{yz}\right)dy+ye^{yz}dz$$

注记 12.1.2　定理 12.1.3 的逆定理是不成立的，即当函数可微时，其偏导数不一定连续。

例 12.1.9　证明函数 $f(x,y)=\begin{cases}xy\sin\dfrac{1}{\sqrt{x^2+y^2}}, & x^2+y^2\neq 0\\ 0, & x^2+y^2=0\end{cases}$ 在 $(0,0)$ 点连续且偏导数存在，但偏导数在 $(0,0)$ 点不连续，而函数 f 在 $(0,0)$ 点可微。

证　(1) 因为

$$\left|xy\sin\frac{1}{\sqrt{x^2+y^2}}\right|\leqslant|xy|\leqslant\frac{x^2+y^2}{2}$$

所以

$$\lim_{(x,y)\to(0,0)}xy\sin\frac{1}{\sqrt{x^2+y^2}}=0=f(0,0)$$

即函数在 $(0,0)$ 点连续。

(2) 证明函数 $f(x,y)$ 存在偏导数。

$$f_x(0,0)=\lim_{\Delta x\to 0}\frac{f(\Delta x,0)-f(0,0)}{\Delta x}=\lim_{\Delta x\to 0}\frac{0-0}{\Delta x}=0$$

同理，$f_y(0,0)=0$，即函数在 $(0,0)$ 点偏导数存在。

(3) 当 $(x,y)\neq(0,0)$ 时，有

$$f_x(x,y)=y\sin\frac{1}{\sqrt{x^2+y^2}}-\frac{x^2y}{\sqrt{(x^2+y^2)^3}}\cos\frac{1}{\sqrt{x^2+y^2}}$$

当 (x,y) 沿直线 $y=x$ 趋近于 $(0,0)$ 时，有

$$\lim_{\substack{x\to 0\\ y=x}}\left[\sin\frac{1}{\sqrt{x^2+y^2}}-\frac{x^2y}{\sqrt{(x^2+y^2)^3}}\cos\frac{1}{\sqrt{x^2+y^2}}\right]=\lim_{x\to 0}\left[x\sin\frac{1}{\sqrt{2}|x|}-\frac{x^3}{2\sqrt{2}|x|^3}\cos\frac{1}{\sqrt{2}|x|}\right]$$

极限不存在，所以偏导数 $f_x(x,y)$ 在 $(0,0)$ 点不连续，同理可得 $f_y(x,y)$ 在 $(0,0)$ 点不连续。

(4) 下面证明函数在 $(0,0)$ 点可微。

令 $\rho=\sqrt{(\Delta x)^2+(\Delta y)^2}$，则

$$\left|\frac{\Delta z-f_x(0,0)\Delta x-f_y(0,0)\Delta y}{\rho}\right|=\left|\frac{\Delta x\Delta y}{\rho}\sin\frac{1}{\rho}\right|\leqslant|\Delta x|$$

显然

$$\lim_{\rho\to 0}\frac{\Delta z-f_x(0,0)\Delta x-f_y(0,0)\Delta y}{\rho}=0$$

所以函数 $z=f(x,y)$ 在(0,0)点可微,并且 $\mathrm{d}f|_{(0,0)}=0$。

多元函数连续、偏导数存在、可微、偏导数连续的关系如图 12.1.3 所示。

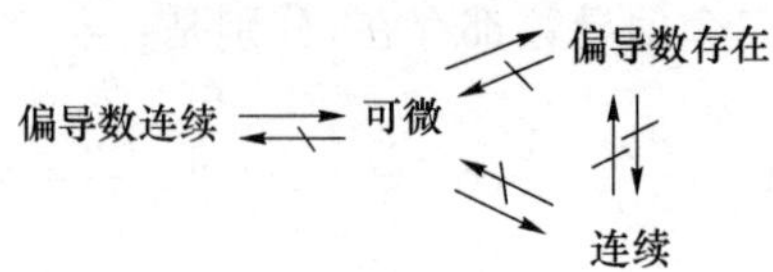

图 12.1.3

12.1.2　全微分的应用

我们以二元函数为例来了解一下多元函数全微分的简单应用。

1. 在近似计算中的应用

如果函数 $f(x,y)$ 在 (x_0,y_0) 点可微,则有等式

$$\begin{aligned}\Delta z&=f(x_0+\Delta x,y_0+\Delta y)-f(x_0,y_0)\\&=f_x(x_0,y_0)\Delta x+f_y(x_0,y_0)\Delta y+o(\rho)\end{aligned}$$

成立。当 $|\Delta x|$、$|\Delta y|$ 充分小时,如果用函数的全微分 $\mathrm{d}z$ 来近似代替函数的增量 Δz,则可以得到近似公式

$$\Delta z\approx f_x(x_0,y_0)\Delta x+f_y(x_0,y_0)\Delta y \tag{12.1.1}$$

例 12.1.10　计算 $1.02^{2.03}$ 的近似值。

解　设函数 $f(x,y)=x^y$。令 $x_0=1,y_0=2,\Delta x=0.02,\Delta y=0.03$,于是

$$f(1,2)=1,\quad f_x(1,2)=2,\quad f_y(1,2)=0$$

由式(12.1.1)有

$$(1.02)^{2.23}\approx 1+2\times 0.01+0\times 0.03=1.02$$

2. 在误差估计中的应用

设函数 $u=f(x_1,x_2,\cdots,x_n)$ 的自变量 $x_i(1\leqslant i\leqslant n)$ 的值可以通过测量得到,u 的值可以通过 $u=f(x_1,x_2,\cdots,x_n)$ 计算得到。由于测量时会有误差 $\Delta x_i(1\leqslant i\leqslant n)$,因此计算出的 u 值也有相应的误差 Δu。

以二元函数 $z=f(x,y)$ 为例,设 x、y 的最大绝对误差分别为 δ_x、δ_y,即 $|\Delta x|\leqslant\delta_x$,$|\Delta y|\leqslant\delta_y$,则由近似计算公式(12.1.1)可得

$$\begin{aligned}|\Delta z|\approx|\mathrm{d}z|&=|f_x(x_0,y_0)\Delta x+f_y(x_0,y_0)\Delta y|\\&\leqslant|f_x(x_0,y_0)|\delta_x+|f_y(x_0,y_0)\delta_y|\end{aligned}$$

从而得到 z 的最大误差为

$$\delta_z=|f_x(x_0,y_0)|\delta_x+|f_y(x_0,y_0)|\delta_y \tag{12.1.2}$$

z 的相对误差为

$$\frac{\delta_z}{|f(x_0,y_0)|}=\left|\frac{f_x(x_0,y_0)}{f(x_0,y_0)}\right|\delta_x+\left|\frac{f_y(x_0,y_0)}{f(x_0,y_0)}\right|\delta_y \tag{12.1.3}$$

例 12.1.11　利用公式 $S=\frac{1}{2}ab\sin C$ 计算三角形面积,现测得

$$a=12.5\pm 0.01,\quad b=8.3\pm 0.01,\quad C=30^\circ\pm 0.01^\circ$$

求计算面积时的绝对误差和相对误差。

解　计算可得

$$\frac{\partial S}{\partial a}=\frac{1}{2}b\sin C,\quad \frac{\partial S}{\partial b}=\frac{1}{2}a\sin C,\quad \frac{\partial S}{\partial C}=\frac{1}{2}ab\cos C$$

则由式(12.1.2)和式(12.1.3)可知，S 的最大绝对误差为

$$\begin{aligned}\delta_S &= \left|\frac{\partial S}{\partial a}\right|\delta_a+\left|\frac{\partial S}{\partial b}\right|\delta_y+\left|\frac{\partial S}{\partial C}\right|\delta_C\\ &=\frac{1}{2}|b\sin C|\delta_a+\frac{1}{2}|a\sin C|\delta_b+\frac{1}{2}|ab\cos C|\delta_C\end{aligned}$$

已知 $a=12.5$，$b=8.3$，$C=30°$，$\delta_a=0.01$，$\delta_b=0.01$，$\delta_C=0.01°=\frac{\pi}{18\,000}$，所以

$$\delta_S\approx 0.083$$

因为

$$S=\frac{1}{2}12.5\times 8.3\times\sin 30°\approx 25.94$$

所以 S 的相对误差约为

$$\frac{\delta_S}{|S|}=\frac{0.083}{25.94}\approx 0.32\%$$

习题 12.1

1. 求下列函数的偏导数：

(1) $z=\arcsin\frac{x}{\sqrt{x^2+y^2}}$；　(2) $z=y^x$；

(3) $z=\sin(x^2y)+\ln(xy)+\cos^2(xy)$；　(4) $z=\arctan\frac{2xy+1}{1-2xy}$；

(5) $z=\ln(x+\ln xy)+\sin y$；　(6) $z=\frac{x^2+y^3}{xy}\mathrm{e}^{\frac{x^2+y^3}{xy}}$；

(7) $u=\ln(x+y^2+\cos z)$；　(8) $z=\ln(x_1+2x_2+\cdots+nx_n)$；

(9) $z=\arcsin(x_1^2+x_2^2+\cdots+x_n^2)$；　(10) $z=\sin(\sqrt{x_1^2+x_2^2+\cdots+x_n^2})$。

2. 讨论函数 $f(x,y)=\begin{cases}\frac{xy}{\sqrt{x^2+y^2}}, & x^2+y^2\neq 0\\ 0, & x^2+y^2=0\end{cases}$ 在原点的可微性。

3. 讨论函数 $f(x,y)=\begin{cases}(x^2+y^2)\sin\frac{1}{x^2+y^2}, & x^2+y^2\neq 0\\ 0, & x^2+y^2=0\end{cases}$ 在原点的可微性及其偏导数在原点的连续性。

4. 讨论函数 $f(x,y)=\begin{cases}\frac{1-\mathrm{e}^{x(x^2+y^2)}}{x^2+y^2}, & x^2+y^2\neq 0\\ 0, & x^2+y^2=0\end{cases}$ 在原点的连续性、偏导数的存在性、可微性及其偏导数在原点的连续性。

5. 设 $f_x(x_0,y_0)$ 存在，$f_y(x,y)$ 在 (x_0,y_0) 点连续，证明：$f(x,y)$ 在 (x_0,y_0) 点可微。

6. 求函数 $f(x,y,z)=\ln(x+2y-3z+1)+\mathrm{e}^{x+y+z}\cos z$ 在 $(1,2,1)$ 点处的微分。

7. 求函数 $u=\cos(x_1^2+2x_2^2+\cdots+nx_n^2)$ 在 $(x_1,x_2,\cdots,x_n)$ 点处的微分。

8. 假定 x、y 的绝对值充分小，推出 $(1+x)^m(1+y)^n$ 的近似公式，并近似计算 $2.003\cdot 3.004^2\cdot 4.005^3$。

9. 近似计算 $\dfrac{1.03^2}{\sqrt[3]{0.98\sqrt[4]{1.05}}}$。

10. 设二元函数 $f(x,y)=|x-y|g(x,y)$，其中 $g(x,y)$ 在 $(0,0)$ 点的一个邻域内连续。试证明：函数 $f(x,y)$ 在 $(0,0)$ 点处可微的充分必要条件是 $g(0,0)=0$。

11. 利用单摆测重力加速度 g 的公式为

$$g=\frac{4\pi^2 l}{T^2}$$

现测得摆长 l 与振动周期 T 分别为

$$l=100\ \text{cm}\pm 0.05\ \text{cm},\quad T=3\ \text{s}\pm 0.005\ \text{s}$$

问：由此引起 g 的最大绝对误差和最大相对误差各是多少？

12.2 方向导数和梯度

偏导数讨论的是自变量沿平行于坐标轴的直线变化时，函数的变化率。然而，在许多实际问题中，因为多变量函数的自变量有多个，表示自变量的点在一个区域内变动，不仅可以沿平行于坐标轴的直线移动距离，而且可以按任意的方向来移动同一段距离，所以，函数的变化不仅与移动的距离有关，而且与移动的方向有关。因此需要考虑函数在某一点沿某一方向上的变化率，从而引入方向导数的概念。

1. 方向导数

定义 12.2.1 设函数 $z=f(x,y)$ 在 $P(x,y)$ 的某邻域 $O(P,\delta)$ 内有定义，$\boldsymbol{l}$ 是过点 P 的某一条射线。在 $\boldsymbol{l}$ 上任取一点 $P'(x+\Delta x,y+\Delta y)$，且 $P'\in O(P,\delta)$。设 $\rho=\|P'-P\|=\sqrt{(\Delta x)^2+(\Delta y)^2}$，如果极限

$$\lim_{\rho\to 0}\frac{f(P')-f(P)}{\rho}=\lim_{\rho\to 0}\frac{f(x+\Delta x,y+\Delta y)-f(x,y)}{\rho}$$

存在，则称此极限为 f 在 P 点沿方向 $\boldsymbol{l}$ 的**方向导数**，记作

$$\frac{\partial f}{\partial \boldsymbol{l}}\Big|_{(x,y)}=\lim_{\rho\to 0}\frac{f(x+\Delta x,y+\Delta y)-f(x,y)}{\rho}$$

如果给出射线 $\boldsymbol{l}$ 的参数表示，则可以给出方向导数的另一种定义形式。设 $\boldsymbol{l}$ 是 xOy 平面内以点 $P_0(x_0,y_0)$ 为始点的一条射线，$\boldsymbol{e}_l=\{\cos\alpha,\cos\beta\}$ 是 $\boldsymbol{l}$ 的单位向量(见图 12.2.1)，射线 $\boldsymbol{l}$ 的参数方程为

$$\begin{cases}x=x_0+t\cos\alpha\\ y=y_0+r\cos\beta\end{cases},\quad t\geqslant 0$$

式中，α 是射线 $\boldsymbol{l}$ 与 x 轴正向的夹角，β 是射线 $\boldsymbol{l}$ 与 y 轴正向的夹角，我们称之为射线(或者方向 $\boldsymbol{l}$)的**方向角**，$\cos\alpha$、$\cos\beta$ 称为射线 $\boldsymbol{l}$ 的方向余弦，方向余弦可构成方向 $\boldsymbol{l}$ 的单位向量

$$\boldsymbol{l}^0=(\cos\alpha,\cos\beta)$$

设 $P(x,y)$ 是射线上任意一点，则 $P(x_0+t\cos\alpha,y_0+t\cos\beta)$，如果下列极限

$$\frac{\partial f}{\partial \boldsymbol{l}}\bigg|_{(x_0,y_0)}=\lim_{t\to 0^+}\frac{f(x_0+t\cos\alpha,y_0+t\cos\beta)-f(x_0,y_0)}{t}$$

存在，则称此极限为 $z=f(x,y)$ 在 $P(x_0,y_0)$ 点沿方向 $\boldsymbol{l}$ 的**方向导数**。

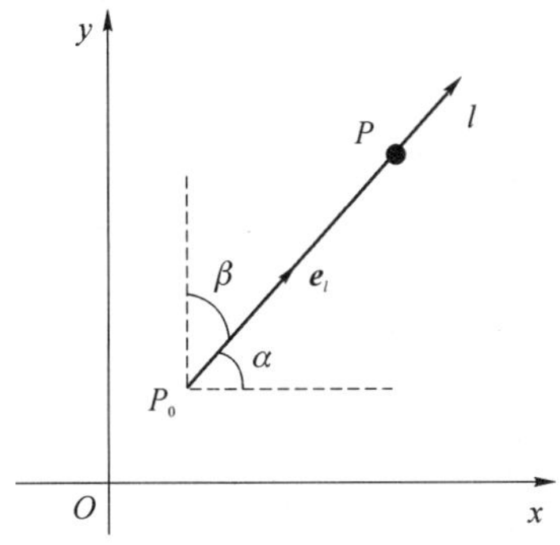

图 12.2.1

由于 x 轴的正向和负向上的单位向量分别为 $\boldsymbol{e}_1=(1,0)$、$-\boldsymbol{e}_1$，则 $z=f(x,y)$ 沿着 x 轴的正向和负向的方向导数分别为

$$\frac{\partial f}{\partial \boldsymbol{e}_1}=\lim_{\Delta x\to 0^+}\frac{f(x_0+\Delta x,y_0)-f(x_0,y_0)}{\Delta x}=f_x(x_0,y_0)$$

$$\frac{\partial f}{\partial(-\boldsymbol{e}_1)}=\lim_{\Delta x\to 0^-}\frac{f(x_0+\Delta x,y_0)-f(x_0,y_0)}{-\Delta x}=-f_x(x_0,y_0)$$

所以有以下命题。

命题 12.2.1　函数 $z=f(x,y)$ 在 (x_0,y_0) 点处关于 x 的偏导数 $f_x(x_0,y_0)$ 存在的充分必要条件为，函数沿着 x 轴正向和负向的方向导数都存在并且互为相反数。

同理函数 $z=f(x,y)$ 在 (x_0,y_0) 点处关于 y 的偏导数 $f_y(x_0,y_0)$ 存在的充分必要条件为，函数沿着 y 轴正向 $\boldsymbol{e}_2=(0,1)$ 和负向 $-\boldsymbol{e}_2$ 的方向导数都存在并且互为相反数。

显然，如果函数沿着 x 轴正、负向的方向导数都存在，但不互为相反数，则函数的偏导数 $f_x(x_0,y_0)$ 不存在。

例 12.2.1　讨论函数 $z=\sqrt{x^2+y^2}$ 在 $P_0(0,0)$ 点沿任意方向 $\boldsymbol{v}$ 的方向导数。

解

$$\left.\frac{\partial f}{\partial \boldsymbol{l}}\right|_{(0,0)}=\lim_{\rho\to 0}\frac{f(0+\Delta x,0+\Delta y)-f(0,0)}{\rho}=\lim_{\rho\to 0}\frac{\rho}{\rho}\equiv 1$$

即函数在 $(0,0)$ 点处沿任意方向的方向导数都存在并且恒等于 1。

但由例 12.1.6 可知，函数在 $(0,0)$ 点处的两个偏导数都不存在。

方向角可以自然地推广到 n 维欧氏空间中。如果将非零向量 $\boldsymbol{v}=(x_1,x_2,\cdots,x_n)\in\mathbb{R}^n$ 视作 $\mathbb{R}^n$ 中的一个方向，(即 $\boldsymbol{v}$ 是 $\mathbb{R}^n$ 中的一条射线)，记

$$\cos\alpha_i=\frac{x_i}{\|\boldsymbol{v}\|}=\frac{x_i}{\sqrt{{x_1}^2+{x_2}^2+\cdots+{x_n}^2}}$$

式中，$\alpha_i(i=1,2,\cdots,n)$ 是 $\boldsymbol{v}$ 与坐标轴 x_i 正向的夹角，称之为 $\boldsymbol{v}$ 的**方向角**，方向 $\boldsymbol{v}$ 的单位向量为

$$\boldsymbol{v}^0=(\cos\alpha_1,\cos\alpha_2,\cdots,\cos\alpha_n)$$

则称单位向量 $\boldsymbol{v}^0$ 是 $\mathbb{R}^n$ 中的一个**方向**。

即在 $\mathbb{R}^n$ 中，给定一点 $x_0\in\mathbb{R}^n$，任给一个方向 $\boldsymbol{v}$，则定点 $\boldsymbol{x}_0\in\mathbb{R}^n$ 和方向 $\boldsymbol{v}$ 可以确定 $\mathbb{R}^n$ 中的一条射线

$$\{\boldsymbol{x}\mid\boldsymbol{x}=\boldsymbol{x}_0+t\boldsymbol{v},t\geqslant 0\}$$

则可以类似地定义 n 元函数的方向导数：

给定一点 $\boldsymbol{x}_0\in\mathbb{R}^n$,设 $u=f(\boldsymbol{x})$ 在 $\boldsymbol{x}_0=(x_1^0,x_2^0,\cdots,x_n^0)$ 的邻域内有定义,$\boldsymbol{v}=(v_1,v_2,\cdots,v_n)$ 是$\mathbb{R}^n$中的一个**方向**。如果极限

$$\lim_{t\to 0^+}\frac{f(\boldsymbol{x}_0+t\boldsymbol{v})-f(\boldsymbol{x}_0)}{t}=\lim_{t\to 0^+}\frac{f(x_1^0+tv_1,x_2^0+tv_2,\cdots,x_n^0+tv_n)-f(x_1^0,x_2^0,\cdots,x_n^0)}{t}$$

存在,则称这个极限为函数 $u=f(\boldsymbol{x})$ 在 $\boldsymbol{x}_0$ 点沿方向 $\boldsymbol{v}$ 的**方向导数**,记为

$$\frac{\partial f}{\partial \boldsymbol{v}}(\boldsymbol{x}_0)=\lim_{t\to 0^+}\frac{f(\boldsymbol{x}_0+t\boldsymbol{v})-f(\boldsymbol{x}_0)}{t}$$

关于方向导数的存在与计算,有下面的定理。

定理 12.2.1 *若函数 $u=f(x_1,x_2,\cdots,x_n)$ 在 $P_0(x_1^0,x_2^0,\cdots,x_n^0)$ 点处可微,则函数 f 在 P_0 点沿方向 $\boldsymbol{l}$ 的方向导数可表示为*

$$\left.\frac{\partial u}{\partial \boldsymbol{l}}\right|_{P_0}=\left.\frac{\partial u}{\partial x_1}\right|_{P_0}\cos\alpha_1+\left.\frac{\partial u}{\partial x_2}\right|_{P_0}\cos\alpha_2+\cdots+\left.\frac{\partial u}{\partial x_n}\right|_{P_0}\cos\alpha_n$$

式中,$\cos\alpha_1,\cos\alpha_2,\cdots,\cos\alpha_n$ 为 $\boldsymbol{l}$ 的方向余弦。

证 我们以二元函数为例完成定理的证明。

因为函数 $z=f(x,y)$ 在点 $P_0(x_0,y_0)$ 处可微,在 $\boldsymbol{l}$ 上任取一点 $P(x_0+\Delta x,y_0+\Delta y)$,则由微分的定义可知

$$\Delta z=f(x_0+\Delta x,y_0+\Delta y)-f(x_0,y_0)=\frac{\partial f}{\partial x}\Delta x+\frac{\partial f}{\partial y}\Delta y+o(\rho)$$

式中,$\rho=\sqrt{(\Delta x)^2+(\Delta y)^2}$。上式除以 ρ 可得

$$\begin{aligned}\frac{\Delta z}{\rho}&=\frac{f(x_0+\Delta x,y_0+\Delta y)-f(x_0,y_0)}{\rho}=\frac{\partial f}{\partial x}\frac{\Delta x}{\rho}+\frac{\partial f}{\partial y}\frac{\Delta y}{\rho}+\frac{o(\rho)}{\rho}\\&=\frac{\partial f}{\partial x}\cos\alpha+\frac{\partial f}{\partial y}\cos\beta+\frac{o(\rho)}{\rho}\end{aligned}$$

由方向导数的定义,只要极限$\lim\limits_{\rho\to 0}=\dfrac{\Delta z}{\rho}$存在,则该极限就是函数 $z=f(x,y)$ 沿方向 $\boldsymbol{l}$ 的方向导数。

所以

$$\left.\frac{\partial u}{\partial \boldsymbol{l}}\right|_{P_0}=\left.\frac{\partial f}{\partial x}\right|_{P_0}\cos\alpha+\left.\frac{\partial f}{\partial y}\right|_{P_0}\cos\beta$$

注 如果用 $\boldsymbol{l}^-$ 表示过 P_0 点且与 $\boldsymbol{l}$ 相反的方向,则当函数 $u=f(x_1,x_2,\cdots,x_n)$ 在 P_0 点可微时,则有

$$\left.\frac{\partial u}{\partial \boldsymbol{l}^-}\right|_{P_0}=-\left.\frac{\partial u}{\partial \boldsymbol{l}}\right|_{P_0}$$

对 xOy 平面中的一条射线 $\boldsymbol{l}$,设它与 x 轴正向的夹角为 ϕ,则

$$\cos\alpha=\cos\phi,\quad \cos\beta=\sin\phi$$

所以对二元函数而言,方向导数也可以表示为

$$\left.\frac{\partial u}{\partial \boldsymbol{l}}\right|_{P_0}=\left.\frac{\partial f}{\partial x}\right|_{P_0}\cos\phi+\left.\frac{\partial f}{\partial y}\right|_{P_0}\sin\phi$$

证毕。

例 12.2.2 求函数 $u=xye^z$ 在 $P_0=(1,3,-2)$ 点沿方向 $\boldsymbol{l}=(1,2,-2)$ 的方向导数。

解 由于$\dfrac{\partial u}{\partial x}=ye^z,\dfrac{\partial u}{\partial y}=xe^z,\dfrac{\partial u}{\partial x}=xye^z$ 连续,因此函数 $u=xye^z$ 可微分,且函数在该点的三个偏导数分别为

$$\left.\frac{\partial u}{\partial x}\right|_{P_0}=3e^{-2},\quad \left.\frac{\partial f}{\partial y}\right|_{P_0}=e^{-2},\quad \left.\frac{\partial f}{\partial z}\right|_{P_0}=3e^{-2}$$

$\boldsymbol{l}$ 的方向余弦为 $\cos\alpha=\frac{1}{3},\cos\beta=\frac{2}{3},\cos\gamma=-\frac{2}{3}$，于是

$$\left.\frac{\partial u}{\partial \boldsymbol{l}}\right|_{P_0}=3\mathrm{e}^{-2}\cdot\frac{1}{3}+\mathrm{e}^{-2}\cdot\frac{2}{3}+3\mathrm{e}^{-2}\cdot\left(-\frac{2}{3}\right)=-\frac{1}{3}\mathrm{e}^{-2}$$

例 12.2.3　设函数 $f(x,y)=\begin{cases}\frac{xy}{\sqrt{x^2+y^2}}, & (x,y)\neq(0,0)\\ 0, & (x,y)=(0,0)\end{cases}$，求函数在原点处沿 $\boldsymbol{l}=(1,2)$ 的方向导数。

解　函数在原点(0,0)处的偏导数存在，但是函数在原点处不可微，所以不能用公式

$$\left.\frac{\partial z}{\partial \boldsymbol{l}}\right|_{(0,0)}=\left.\frac{\partial z}{\partial x}\right|_{(0,0)}\cos\alpha+\left.\frac{\partial z}{\partial y}\right|_{(0,0)}\cos\beta$$

计算方向导数，只能用定义来计算。

$$\left.\frac{\partial z}{\partial \boldsymbol{l}}\right|_{(0,0)}=\lim_{\rho\to 0}\frac{f(0+x,0+y)-f(0,0)}{\rho}=\lim_{\substack{x\to 0\\ y=2x}}\frac{xy}{x^2+y^2}=\frac{2}{5}$$

注　上例说明，定理 12.2.1 的条件是充分的，而不是必要的，即函数在一点不可微，但函数在该点沿任意方向的方向导数也可能存在。

例如，二元函数

$$f(x,y)=\sqrt{x^2+y^2}$$

在(0,0)点处沿任意方向的方向导数都存在：

$$\left.\frac{\partial f}{\partial \boldsymbol{l}}\right|_{(0,0)}=\lim_{\rho\to 0}\frac{f(0+\Delta x,0+\Delta y)-f(0,0)}{\rho}=\lim_{\rho\to 0}\frac{\rho}{\rho}=1$$

但极限

$$\lim_{\Delta x\to 0}\frac{f(0+\Delta x,0\ )-f(0,0)}{\Delta x}=\lim_{\Delta x\to 0}\frac{|\Delta x|}{\Delta x}$$

不存在，所以偏导数 $\left.\frac{\partial f}{\partial x}\right|_{(0,0)}$ 不存在；同理，偏导数 $\left.\frac{\partial f}{\partial y}\right|_{(0,0)}$ 也不存在。

上述例子说明：**函数在一点沿任意方向的方向导数存在也不能保证函数在该点具有偏导数。**

例 12.2.4　求函数 $u=\frac{x^2}{a^2}+\frac{y^2}{b^2}+\frac{z^2}{c^2}$. 在 $M(x_0,y_0,z_0)$ 点的径向方向 $\boldsymbol{r}_0$ 的方向导数。

解　因为 $\boldsymbol{r}_0=\{x_0,y_0,z_0\}$，$|\boldsymbol{r}_0|=\sqrt{x_0^2+y_0^2+z_0^2}$，则有

$$\cos\alpha=\frac{x_0}{|\boldsymbol{r}_0|},\quad \cos\beta=\frac{y_0}{|\boldsymbol{r}_0|},\quad \cos\gamma=\frac{z_0}{|\boldsymbol{r}_0|}$$

$\frac{\partial u}{\partial x}=\frac{2x}{a^2},\frac{\partial u}{\partial y}=\frac{2y}{b^2},\frac{\partial u}{\partial x}=\frac{2z}{c^2}$，所以

$$\begin{aligned}\left.\frac{\partial u}{\partial \boldsymbol{r}_0}\right|_M&=\frac{\partial u}{\partial x}\cos\alpha+\frac{\partial u}{\partial y}\cos\beta+\frac{\partial u}{\partial z}\cos\gamma\\&=\frac{2x_0}{a^2}\cdot\frac{x_0}{|\boldsymbol{r}_0|}+\frac{2y_0}{b^2}\cdot\frac{y_0}{|\boldsymbol{r}_0|}+\frac{2z_0}{c^2}\cdot\frac{z_0}{|\boldsymbol{r}_0|}\\&=\frac{2}{|\boldsymbol{r}_0|}\left(\frac{x_0^2}{a^2}+\frac{y_0^2}{b^2}+\frac{z_0^2}{c^2}\right)\end{aligned}$$

2. 梯　度

例 12.2.5　如图 12.2.2 所示，求函数 $z=f(x,y)=2-(x^2+y^2)$ 在 $P=(1,1)$ 点沿着与

x 轴方向转角为 α 的方向 $\boldsymbol{l}$ 的方向导数，并问在怎样的方向上此方向导数有：(1) 最大值；(2) 最小值；(3) 等于 0。

解 由方向导数的计算公式可得

$$\begin{aligned}\left.\frac{\partial f}{\partial \boldsymbol{l}}\right|_{(1,1)} &= f_x(1,1)\cos\alpha + f_y(1,1)\sin\alpha \\ &= -2x|_{(1,1)}\cos\alpha - 2y|_{(1,1)}\sin\alpha = -2(\cos\alpha+\sin\alpha) \\ &= -2\sqrt{2}\sin\left(\alpha+\frac{\pi}{4}\right)\end{aligned}$$

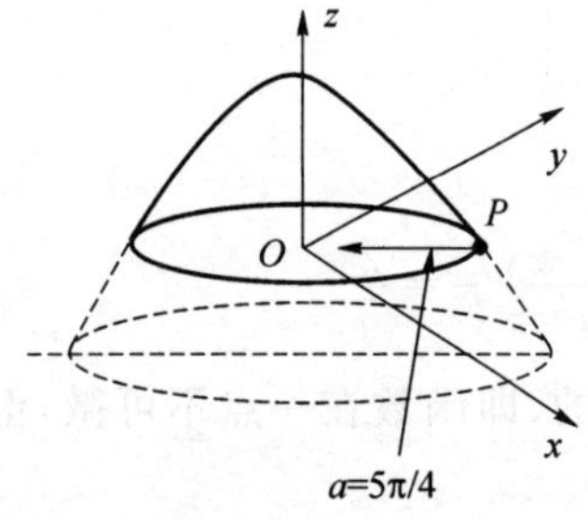

图 12.2.2

所以：

(1) 当 $\alpha=\dfrac{5\pi}{4}$时，方向导数取得最大值 $2\sqrt{2}$；

(2) 当 $\alpha=\dfrac{\pi}{4}$时，方向导数取得最小值$-2\sqrt{2}$；

(3) 当 $\alpha=\dfrac{3\pi}{4}$或者 $\alpha=\dfrac{7\pi}{4}$时，方向导数等于 0。

上例说明当 $\alpha=\dfrac{5\pi}{4}$时，方向导数取得最大值 $2\sqrt{2}$，此时

$$\boldsymbol{l}_{\frac{\pi}{4}}=\left(\cos\frac{\pi}{4},\sin\frac{\pi}{4}\right)=\left(-\frac{1}{\sqrt{2}},-\frac{1}{\sqrt{2}}\right)$$

即在 P 点，函数 z 的方向导数 沿着 $\boldsymbol{l}_{\frac{\pi}{4}}$ 方向取得最大值。

函数 $z=f(x,y)=2-(x^2+y^2)$，它的两个偏导数 f_x、f_y 组成的向量在 $P=(1,1)$点为

$$\boldsymbol{V}=(f_x(1,1),f_y(1,1))=(-2x,-2y)|_{(1,1)}=(-2,-2)$$

即$(f_x(1,1),f_y(1,1))$恰好与 $\boldsymbol{l}_{\frac{\pi}{4}}$ 同向，且

$$|\boldsymbol{V}|=\sqrt{2^2+2^2}=2\sqrt{2}=\left(\left.\frac{\partial f}{\partial \boldsymbol{l}}\right|_{(1,1)}\right)_{\max}$$

即函数 z 在 P 点的方向导数沿着$(z_x,z_y)_P$ 方向取得最大值。那么可微函数的偏导数组成的向量一定是函数在 P 点的方向导数取得最大值的方向吗？我们以二元函数为例来分析一下这个结论。

对于在 $D\subset\mathbb{R}^2$中某点 P 处可微的函数 $u=f(P)$，它在 P 点沿任意方向 $\boldsymbol{l}^0=(\cos\alpha,\cos\beta)$ 的方向导数为

$$\frac{\partial f}{\partial \boldsymbol{l}}=\frac{\partial u}{\partial x}\cos\alpha+\frac{\partial u}{\partial y}\cos\beta=G\cdot\boldsymbol{l}^0$$

式中，$G=\left(\dfrac{\partial u}{\partial x},\dfrac{\partial u}{\partial y}\right)$，则

$$\frac{\partial f}{\partial \boldsymbol{l}}=\|G\|\ \|\boldsymbol{l}^0\|\cos\langle G,\boldsymbol{l}^0\rangle=\|G\|\cos\langle G,\boldsymbol{l}^0\rangle$$

当 $\cos\langle G,\boldsymbol{l}^0\rangle=1$，即当 $\boldsymbol{l}^0$ 与 G 同向时，$\dfrac{\partial f}{\partial \boldsymbol{l}}$取得最大值，且其最大值

$$\left(\left.\frac{\partial f}{\partial \boldsymbol{l}}\right|_P\right)_{\max}=\|G\|$$

定义 12.2.2 设函数 $z=f(x,y)$在 $P(x,y)$点可微，则称向量$\left(\dfrac{\partial u}{\partial x},\dfrac{\partial u}{\partial y}\right)$或者$\dfrac{\partial u}{\partial x}\boldsymbol{i}+\dfrac{\partial u}{\partial y}\boldsymbol{j}$ 为函数在 P 点的**梯度**，记作

$$\text{grad } z=\left(\frac{\partial u}{\partial x},\frac{\partial u}{\partial y}\right) \quad \text{或者} \quad \nabla z=\left(\frac{\partial u}{\partial x},\frac{\partial u}{\partial y}\right)$$

由上面的讨论可知：沿着梯度方向，函数的方向导数取得最大值，沿着梯度方向，函数值的增加最快；沿着梯度的反方向，函数的方向导数取得最小值，且沿着梯度的反方向函数值减小最快。

例 12.2.6　求函数 $u=2xy^3+yz^2$ 在 $M(0,-1,1)$点处的梯度与最大的方向导数，并求出 u 在该点沿 $\boldsymbol{l}=(1,2,-2)$方向的方向导数。

解　函数 $u=2xy^3+yz^2$ 在 $M(0,-1,1)$点处的梯度为

$$\text{grad } u|_M=(u_x,u_y,u_z)|_M=(2y^3,6xy^2+z^2,2yz)|_M=(-2,1,-2)$$

$$\left(\left.\frac{\partial u}{\partial \boldsymbol{l}}\right|_M\right)_{\max}=\|\text{grad } u\||_M=\sqrt{4+1+4}=3$$

方向 $\boldsymbol{l}$ 的单位向量 $\boldsymbol{l}^0=\frac{1}{3}(1,2,-2)$，函数 $u=2xy^3+yz^2$ 在 $M(0,-1,1)$点可微，所以由方向导数的计算公式可知

$$\left.\frac{\partial u}{\partial \boldsymbol{l}}\right|_M=\text{grad } u|_M\cdot\boldsymbol{l}^0=\frac{1}{3}(-2,1,-2)(1,2,-2)=-\frac{4}{3}$$

梯度方向 $\boldsymbol{l}=\left(\frac{\partial f}{\partial x},\frac{\partial f}{\partial y}\right)$上的单位向量为 $\boldsymbol{l}^0=\frac{1}{\|\text{grad } f\|}\left(\frac{\partial f}{\partial x},\frac{\partial f}{\partial y}\right)$，可微函数 $z=f(x,y)$在任意点沿 $\boldsymbol{l}$ 的方向导数为

$$\frac{\partial f}{\partial \boldsymbol{l}}=\frac{1}{\|\text{grad } f\|}\left[\left(\frac{\partial f}{\partial x}\right)^2+\left(\frac{\partial f}{\partial y}\right)^2\right]=\|\text{grad } f\|\geqslant 0$$

即沿着梯度方向，函数 $z=f(x,y)$是个增函数。

命题 12.2.2　设 u、v 都是 n 元函数，且都具有一阶连续偏导数，则有

(1) $\text{grad } c=\mathbf{0}$($c$ 是常数)

(2) $\text{grad}(u\pm v)=\text{grad } u\pm\text{grad } v$；

(3) $\text{grad}(uv)=v\text{grad } u+u\text{grad } v$；

(4) $\text{grad } \frac{u}{v}=\frac{1}{v^2}(v\text{grad } u-u\text{grad } v)$；

(5) $\text{grad } f(u)=f'(u)\text{grad } u$(设 $f'(u)$连续)。

习题 12.2

1. 求函数 $z=\sqrt{|xy|}$在原点(0,0)处沿方向 $\boldsymbol{l}=(3,2)$上的方向导数。

2. 求函数 $u=\frac{x}{\sqrt{x^2+y^2+z^2}}$在 $M(1,2,-2)$点沿 $\boldsymbol{l}=(1,-3,2)$方向上的方向导数。

3. 求函数 $u=xy^2+3\arctan z$ 在从 $M(1,1,1)$点到 $P(2,-1,4)$点方向的方向导数。

4. 求由曲线$\begin{cases}3x^2+2y^2=12\\ z=0\end{cases}$绕 y 轴旋转一周得到的旋转面在 $M(0,\sqrt{3},\sqrt{2})$点处的指向外侧的单位法向量；求函数 $u=x^2+2y^2+3z^2+xy$ 在 $M(0,\sqrt{3},\sqrt{2})$点处沿该点法向的方向导数。

5. 求函数 $u=\frac{x^2}{a^2}+\frac{y^2}{b^2}+\frac{z^2}{c^2}$在 $M(x_0,y_0,z_0)$点处沿此点的位置向量 $\boldsymbol{r}_0$ 的方向导数。问当此方向导数等于该点的梯度的模长时，a、b、c 具有什么关系？

6. 求函数 $u=x^2+3y^2+4xz$ 在 $M\left(\frac{\sqrt{2}}{2},\frac{\sqrt{2}}{2},0\right)$ 点沿曲面 $x^2+y^2+z^2=1$ 在此点的内法向方向上的方向导数。

7. 求函数 $u=x^2+2y^2+3z^3+4x-2z$ 在(1,1,2)点处的梯度,并问:在哪些点处梯度为零向量?

8. 设 f 在 $\mathbb{R}^2$ 可微,$\boldsymbol{l}_1$、$\boldsymbol{l}_2$ 为 $\mathbb{R}^2$ 上一组线性无关的向量,如果 $\frac{\partial f}{\partial \boldsymbol{l}_1}=\frac{\partial f}{\partial \boldsymbol{l}_2}=0$,证明:$f(x)\equiv c$。

9. 假设蚊子在坐标原点处点燃一段时间后,(x,y,z)点处的烟气浓度为

$$u=\mathrm{e}^{-x^2+y^2+\frac{z^2}{4}},\quad u_0=u(0,0,0)>0$$

如果蚊子位于(1,2,4)点处,试问它沿着哪个方向飞逃比较合理?逃跑的路线又是什么?

10. 求常数 a、b、c 的值,使函数 $f(x,y,z)=axy^2+byz+cx^3z^2$ 在 $M(1,2,-1)$ 点处沿 z 轴正方向的方向导数有最大值 64。

12.3 高阶偏导数和高阶微分

设 $z=f(x,y)$ 的两个偏导数都存在,则 f 的两个偏导数 $\frac{\partial z}{\partial x}$、$\frac{\partial z}{\partial y}$ 仍然是 x、y 的二元函数。如果这两个偏导数的偏导数也存在,则称它们是 $f(x,y)$ 的**二阶偏导数**。

按照对自变量求导次序的不同,二阶偏导数有四种情形:

$$\frac{\partial^2 z}{\partial x^2}=\frac{\partial}{\partial x}\left(\frac{\partial z}{\partial x}\right)=\frac{\partial}{\partial x}(f_x(x,y))=f_{xx}(x,y)$$

$$\frac{\partial^2 z}{\partial x\partial y}=\frac{\partial}{\partial x}\left(\frac{\partial z}{\partial y}\right)=\frac{\partial}{\partial x}(f_y(x,y))=f_{yx}(x,y)$$

$$\frac{\partial^2 z}{\partial y\partial x}=\frac{\partial}{\partial y}\left(\frac{\partial z}{\partial x}\right)=\frac{\partial}{\partial y}(f_x(x,y))=f_{xy}(x,y)$$

$$\frac{\partial^2 z}{\partial y^2}=\frac{\partial}{\partial y}\left(\frac{\partial z}{\partial y}\right)=\frac{\partial}{\partial y}(f_y(x,y))=f_{yy}(x,y)$$

式中,$f_{yx}(x,y)$、$f_{xy}(x,y)$ 两个二阶偏导数称为**混合偏导数**。

可类似定义 $f(x,y)$ 的三阶、四阶以至更高阶的偏导数。二阶及二阶以上的偏导数统称为**高阶偏导数**。

例 12.3.1 验证函数 $u=\ln\sqrt{x^2+y^2}$ 满足二维 Laplace 方程

$$\frac{\partial^2 u}{\partial x^2}+\frac{\partial^2 u}{\partial y^2}=0$$

证 因为

$$\frac{\partial z}{\partial x}=\frac{x}{x^2+y^2},\quad \frac{\partial z}{\partial y}=\frac{y}{x^2+y^2}$$

$$\frac{\partial^2 z}{\partial x^2}=\frac{y^2-x^2}{(x^2+y^2)^2},\quad \frac{\partial^2 z}{\partial y^2}=\frac{x^2-y^2}{(x^2+y^2)^2}$$

所以

$$\frac{\partial^2 u}{\partial x^2}+\frac{\partial^2 u}{\partial y^2}=0$$

例 12.3.2　求函数 $z=x^3y^2+e^{3xy}$ 的所有二阶偏导数和 $\frac{\partial^3 z}{\partial y\partial x^2}$。

解　由偏导数的定义可知

$$\frac{\partial z}{\partial x}=3x^2y^2+e^{3xy}\cdot 3y=3x^2y^2+3ye^{3xy},\quad \frac{\partial z}{\partial y}=2x^3y+e^{3xy}\cdot 3x=2x^3y+3xe^{3xy}$$

因此

$$\frac{\partial^2 z}{\partial x^2}=6xy^2+9y^2e^{3xy}$$

$$\frac{\partial^2 z}{\partial y\partial x}=6x^2y+3e^{3xy}+9xye^{3xy}=6x^2y+3(1+3xy)e^{3xy}$$

$$\frac{\partial^2 z}{\partial x\partial y}=6x^2y+3e^{3xy}+9xye^{3xy}=6x^2y+3(1+3xy)e^{3xy}$$

$$\frac{\partial^2 z}{\partial y\partial x}=2x^3+9x^2e^{3xy}$$

$$\frac{\partial^3 z}{\partial y\partial x^2}=\frac{\partial}{\partial y}(6xy^2+9y^2e^{3xy})=12xy+18ye^{3xy}+27xy^2e^{3xy}$$

注　上例中 $f_{xy}=f_{yx}$，但要注意这个等式并不是普遍成立的。

例 12.3.3　已知函数 $f(x,y)=\begin{cases} xy\dfrac{x^2-y^2}{x^2+y^2}, & x^2+y^2=0 \\ 0, & x^2+y^2=0 \end{cases}$，考察函数 $f_{xy}(0,0)$ 与 $f_{yx}(0,0)$ 是否相等。

解　求 $f_{xy}(0,0)$ 相当于求偏导数 f_x 关于 y 的偏导数在 $(0,0)$ 点的值，由二阶偏导数的定义可知

$$f_{xy}(0,0)=\lim_{y\to 0}\frac{f_x(0,y)-f_x(0,0)}{y}$$

所以需要计算出 $f_x(0,h)$、$f_x(0,0)$。由偏导数的定义，有

$$f_x(0,0)=\lim_{x\to 0}\frac{f(x,0)-f(0,0)}{x}=0$$

当 $y\neq 0$ 时，

$$f_x(x,y)=y\frac{x^2-y^2}{x^2+y^2}+\frac{4x^2y^3}{(x^2+y^2)^2}$$

所以

$$f_{xy}(0,0)=\lim_{y\to 0}\frac{f_x(0,y)-f_x(0,0)}{y}=\lim_{y\to 0}\frac{-y}{y}=-1$$

同样可得

$$f_y(0,0)=\lim_{y\to 0}\frac{f(0,y)-f(0,0)}{y}=0$$

当 $x\neq 0$ 时，

$$f_y(x,y)=x\frac{x^2-y^2}{x^2+y^2}+\frac{4x^3y^2}{(x^2+y^2)^2}$$

所以

$$f_{yx}(0,0)=\lim_{x\to 0}\frac{f_y(x,0)-f_y(0,0)}{x}=\lim_{x\to 0}\frac{x}{x}=1$$

因此

$$f_{xy}(0,0)\neq f_{yx}(0,0)$$

那么在什么情况下，二元函数的混合偏导数相等呢？我们有如下定理。

定理 12.3.1 如果函数 $z=f(x,y)$ 的两个混合偏导数 f_{xy} 和 f_{yx} 在 (x_0,y_0) 点连续，则有

$$f_{xy}(x_0,y_0)=f_{yx}(x_0,y_0)$$

证 由导数的定义可知，二阶偏导数

$$\begin{aligned}f_{xy}(x_0,y_0)&=\lim_{\Delta y\to 0}\frac{f_x(x_0,y_0+\Delta y)-f_x(x_0,y_0)}{\Delta y}\\&=\lim_{\Delta y\to 0}\lim_{\Delta x\to 0}\frac{f(x_0+\Delta x,y_0+\Delta y)-f(x_0,y_0+\Delta y)-f(x_0+\Delta x,y_0)-f(x_0,y_0)}{\Delta x\Delta y}\end{aligned}$$

设函数 $\phi(y)=f(x_0+\Delta x,y)-f(x_0,y)$，则 $\phi'(y)=f_y(x_0+\Delta x,y)-f_y(x_0,y)$。由一元函数的 Lagrange 中值定理可得

$$\begin{aligned}\phi(y_0+\Delta y)-\phi(y_0)&=f(x_0+\Delta x,y_0+\Delta y)-f(x_0,y_0+\Delta y)-f(x_0+\Delta x,y_0)+f(x_0,y_0)\\&=\phi'(y_0+\theta_1\Delta y)\Delta y\\&=f_y(x_0+\Delta x,y_0+\theta_1\Delta y)\Delta y-f_y(x_0,y_0+\theta_1\Delta y)\Delta y\\&=f_{yx}(x_0+\theta_2\Delta x,y_0+\theta_1\Delta y)\Delta y\Delta x\end{aligned}$$

式中，$0<\theta_1,\theta_2<1$，混合偏导数 f_{xy} 和 f_{yx} 在 (x_0,y_0) 点连续，所以

$$f_{xy}(x_0,y_0)=\lim_{\Delta y\to 0}\lim_{\Delta x\to 0}f_{yx}(x_0+\theta_2\Delta x,y_0+\theta_1\Delta y)\Delta y\Delta x=f_{yx}(x_0,y_0)$$

证毕。

注 事实上，由定理的证明过程可知，定理的条件可以放宽到混合偏导数 f_{xy} 或者 f_{yx} 在 (x_0,y_0) 点连续。

如果 n 元函数 $u=f(x)$，$x\in\mathbb{R}^n$ 在 $\Omega\subset\mathbb{R}^n$ 上的 k 阶偏导数都连续，则称 u 在 Ω 上是 k 阶连续可微的，记作 $u\in C^k(\Omega)$。如果 $u\in C^k(\Omega)$，则 u 的 r 阶混合偏导数 $(2\leqslant r\leqslant k)$ 与求导次序无关。

今后除特别指出外，都假设函数的混合偏导数连续，从而混合偏导数与求导次序无关。

例 12.3.4 求函数 $u=x^{y^z}$ 的二阶偏导数 $\dfrac{\partial^2 u}{\partial y\partial x}$、$\dfrac{\partial^2 u}{\partial x\partial y}$、$\dfrac{\partial^2 z}{\partial z^2}$。

解 例 12.1.3 中已经求出

$$\frac{\partial u}{\partial x}=y^z x^{y^z-1},\quad \frac{\partial u}{\partial y}=x^{y^z}y^{z-1}z\ln x,\quad \frac{\partial u}{\partial z}=x^{y^z}y^z\ln x\ln y$$

$$\frac{\partial^2 u}{\partial y\partial x}=\frac{\partial}{\partial y}(y^z x^{y^z-1})=y^{z-1}x^{y^z-1}+y^z x^{y^z-2}y^{z-1}=y^{z-1}x^{y^z-2}(x+y^z)$$

$$\frac{\partial^2 u}{\partial x\partial y}=\frac{\partial}{\partial x}(x^{y^z}y^{z-1}z\ln x)=y^{z-1}z\left(x^{y^z-1}\ln x+x^{y^z}\frac{1}{x}\right)=zy^{z-1}x^{y^z-1}(\ln x+1)$$

$$\frac{\partial^2 u}{\partial z^2}=\frac{\partial}{\partial z}(x^{y^z}y^z\ln x\ln y)=\ln x\ln y[(x^{y^z}y^z\ln x\ln y)y^z+x^{y^z}y^z\ln y]=\ln x\ln^2 y x^{y^z}y^z(y^z\ln x+1)$$

例 12.3.5 求函数 $z=f(x,y)=\displaystyle\int_{y^2\sin x}^{2xy}\frac{\sin t}{t}\mathrm{d}t$ 的偏导数 $\dfrac{\partial^2 z}{\partial y\partial x}$。

解 题目所给的函数 z 是通过变限积分的形式给出的，注意在积分过程中 x、y 是常量。下面求函数 z 关于 x 的偏导数，这个过程中 y 是常量。我们利用变限积分求导可得

$$\begin{aligned}\frac{\partial z}{\partial x}&=\frac{\sin 2xy}{2xy}(2xy)_x-\frac{\sin(y^2\sin x)}{y^2\sin x}(y^2\sin x)_x\\&=2y\frac{\sin 2xy}{2xy}-y^2\cos x\frac{\sin(y^2\sin x)}{y^2\sin x}\\&=\frac{1}{x}\sin 2xy-\cot x\sin(y^2\sin x)\end{aligned}$$

接下来求函数 $z_x=\dfrac{\partial z}{\partial x}$ 关于 y 的偏导数，这个过程中 x 是常量。

$$\begin{aligned}\frac{\partial}{\partial y}\left(\frac{\partial z}{\partial x}\right)&=\left[\frac{1}{x}\sin 2xy-\cot x\sin(y^2\sin x)\right]_y\\&=\frac{1}{x}\cos(2xy)2x-\cot x\cos(y^2\sin x)2y\sin x\\&=2\cos(2xy)-2y\cos x\cos(y^2\sin x)\end{aligned}$$

以二元函数 $z=f(x,y)$ 为例，引入高阶微分的概念。

设 $z=f(x,y)$ 在区域 $D\subset\mathbb{R}^2$ 上具有连续偏导数，则函数在区域 D 上可微，且

$$\mathrm{d}z=\frac{\partial z}{\partial x}\mathrm{d}x+\frac{\partial z}{\partial y}\mathrm{d}y$$

如果函数在区域 D 上二阶可微，把 $\mathrm{d}x$、$\mathrm{d}y$ 看作与 x、y 无关的常量，则

$$\mathrm{d}(\mathrm{d}x)=\mathrm{d}(\mathrm{d}y)=0$$

$\mathrm{d}z$ 仍然是 x、y 的函数，则可以对 $\mathrm{d}z$ 继续求微分，称之为 z 的**二阶微分**，记作 d^2z。

$$\begin{aligned}\mathrm{d}^2z=\mathrm{d}(\mathrm{d}z)&=\frac{\partial}{\partial x}\left(\frac{\partial z}{\partial x}\mathrm{d}x+\frac{\partial z}{\partial y}\mathrm{d}y\right)\mathrm{d}x+\frac{\partial}{\partial y}\left(\frac{\partial z}{\partial x}\mathrm{d}x+\frac{\partial z}{\partial y}\mathrm{d}y\right)\mathrm{d}y\\&=\frac{\partial^2 z}{\partial x^2}\mathrm{d}x^2+2\frac{\partial^2 z}{\partial x\partial y}\mathrm{d}x\mathrm{d}y+\frac{\partial^2 z}{\partial y^2}\mathrm{d}y^2\end{aligned}$$

这里 $\mathrm{d}x^2$ 和 $\mathrm{d}y^2$ 分别表示 $(\mathrm{d}x)^2$ 和 $(\mathrm{d}y)^2$。

类似地，如果函数具有 k 阶连续偏导数，则可以定义函数 z 的 k 阶微分 $\mathrm{d}^kz=\mathrm{d}(\mathrm{d}^{k-1}z)$，$k=1,2,\cdots$。

二阶及二阶以上的微分统称为**高阶微分**。

例 12.3.6　求函数 $z=xy^3+\mathrm{e}^{xy}$ 的二阶全微分。

解　因为 $z=xy^3+\mathrm{e}^{xy}$，可知 z 具有任意阶连续偏导数，所以具有任意阶微分。计算可得

$$z_x=y^3+y\mathrm{e}^{xy},\quad z_y=3xy^2+x\mathrm{e}^{xy}$$

$$z_{xx}=y^2\mathrm{e}^{xy},\quad z_{xy}=z_{yx}=3y^2+(1+xy)\mathrm{e}^{xy},\quad z_{yy}=6xy+x^2\mathrm{e}^{xy}$$

由公式 $\mathrm{d}^2z=\dfrac{\partial^2 z}{\partial x^2}\mathrm{d}x^2+2\dfrac{\partial^2 z}{\partial x\partial y}\mathrm{d}x\mathrm{d}y+\dfrac{\partial^2 z}{\partial y^2}$ 得

$$\mathrm{d}^2z=y^2\mathrm{e}^{xy}\mathrm{d}x^2+2[3y^2+(1+xy)\mathrm{e}^{xy}]\mathrm{d}x\mathrm{d}y+(6xy+x^2\mathrm{e}^{xy})\mathrm{d}y^2$$

习题 12.3

1. 已知函数 $r=\sqrt{x^2+y^2+z^2}$，证明：

(1) $(r_x)^2+(r_y)^2+{r_z}^2=1$；　　(2) $r_{xx}+r_{yy}+r_{zz}=\dfrac{2}{r}$。

2. 验证函数 $u=\dfrac{1}{\sqrt{x^2+y^2+z^2}}$ 满足三维 Laplace 方程：

$$\frac{\partial^2 u}{\partial x^2}+\frac{\partial^2 u}{\partial y^2}+\frac{\partial^2 u}{\partial z^2}=0$$

3. 验证 n 元函数 $u=(\sqrt{x_1^2+x_2^2+\cdots+x_n^2})^{2-n}$ 满足 n 维 Laplace 方程：

$$\frac{\partial^2 u}{\partial x_1^2}+\frac{\partial^2 u}{\partial x^2}+\cdots+\frac{\partial^2 u}{\partial x_n^2}=0$$

4. 求函数 $z=f(x,y)=x\int_{2xe^y}^{y^2\ln x}e^{-3t}dt$ 的偏导数 $\dfrac{\partial^2 z}{\partial y\partial x}$。

5. 设 $f(x,y)=\int_0^{xy}e^{-t^2}\ dt$，求 $\dfrac{2x^2}{y}f_{xx}-2xf_{xy}+\dfrac{y}{x}f_{yy}$。

6. 设 $u=(x^2+y^2)e^{x+y}$，求 $\dfrac{\partial^{m+n}u}{\partial x^m\partial y^n}$。

7. 设函数 $u=f(x,y,z)$ 二阶可微，$\cos\alpha$、$\cos\beta$、$\cos\gamma$ 是方向 $\boldsymbol{l}$ 的方向余弦，求函数 $\dfrac{\partial u}{\partial \boldsymbol{l}}$ 在方向 $\boldsymbol{l}$ 上的方向导数 $\dfrac{\partial^2 u}{\partial \boldsymbol{l}^2}=\dfrac{\partial}{\partial \boldsymbol{l}}\dfrac{\partial u}{\partial \boldsymbol{l}}$。

8. 计算下列函数的高阶微分：

(1) $z=x^2\ln(ax+by^2)$，求 d^2z；

(2) $u=e^{x+2y+3z}\sin(xy)$，求 d^2u；

(3) $z=\cos^2(ax+by)$，求 d^3z。

12.4 多元复合函数求导法则

与一元函数类似，多元函数也可以进行复合，得到多元复合函数。下面给出多变量复合函数的定义，仍以二元函数为例。

定义 12.4.1(复合函数) 设

$$\begin{cases}u=\phi(x,y)\\ v=\psi(x,y)\end{cases},\quad (x,y)\in D,\quad z=f(u,v),\quad (u,v)\in D_1$$

并且

$$\{(u,v)\mid u=\phi(x,y),v=\psi(x,y),(x,y)\in D\}\subset D_1$$

则称

$$F(x,y)=f(\phi(x,y),\psi(x,y)),\quad (x,y)\in D$$

为 $f(u,v)$ 与 $\begin{cases}u=\phi(x,y)\\ v=\psi(x,y)\end{cases}$ 的**复合函数**。其中 u、v 称为**中间变量**，x、y 称为**自变量**。

该定义可自然推广到多元函数，比如

$$z=f(x+y,3xy,x^2-3y)=(x^2-y^3)xy$$

就可以看作三元函数 $z=f(u,v,w)$ 与三个二元函数 $u=x+y$、$v=3xy$、$w=x^2-3y$ 复合得到的一个关于 x、y 的二元函数。

显然复合二元函数关于自变量的求导与函数的复合形式密切相关。下面给出复合函数的链式求导法则。

定理 12.4.1　若函数 $u=\phi(x,y)$、$v=\psi(x,y)$ 在 (x,y) 点关于 x、y 的偏导数都存在，且函数 $f(u,v)$ 在对应点 (u,v) 可微，则复合函数 $z=f(\phi(x,y),\psi(x,y))$ 在 (x,y) 点的两个偏导数也存在，并且有公式

$$\frac{\partial z}{\partial x}=\frac{\partial f}{\partial u}\cdot\frac{\partial u}{\partial x}+\frac{\partial f}{\partial v}\cdot\frac{\partial v}{\partial x} \tag{12.4.1}$$

$$\frac{\partial z}{\partial y}=\frac{\partial f}{\partial u}\cdot\frac{\partial u}{\partial y}+\frac{\partial f}{\partial v}\cdot\frac{\partial v}{\partial y} \tag{12.4.2}$$

证　只证明第一个等式。

固定 y，设 x 有改变量 Δx，则中间变量 u、v 有改变量

$$\Delta u=\phi(x+\Delta x,y)-\phi(x,y)$$

$$\Delta v=\psi(x+\Delta x,y)-\psi(x,y)$$

从而函数 $z=f(x,y)$ 也有改变量

$$\Delta z=f(u+\Delta u,v+\Delta v)-f(u,v)$$

由于 f 在 (u,v) 点可微，故有

$$\Delta z=\frac{\partial f}{\partial u}\Delta u+\frac{\partial f}{\partial v}\Delta v+o(\rho),\quad \rho=\sqrt{(\Delta u)^2+(\Delta v)^2}$$

等式两端除以 Δx，有

$$\frac{\Delta z}{\Delta x}=\frac{\partial f}{\partial u}\frac{\Delta u}{\Delta x}+\frac{\partial f}{\partial v}\frac{\Delta v}{\Delta x}+\frac{o(\rho)}{\Delta x}$$

因为 $u=\phi(x,y)$、$v=\psi(x,y)$ 在 (x,y) 点关于 x、y 的偏导数都存在，且

$$\begin{aligned}\lim_{\Delta x\to 0}\left|\frac{o(\rho)}{\Delta x}\right|&=\lim_{\Delta x\to 0}\left(\left|\frac{o(\rho)}{\rho}\right|\cdot\left|\frac{\rho}{\Delta x}\right|\right)\\&=\lim_{\Delta x\to 0}\left|\frac{o(\rho)}{\rho}\right|\cdot\lim_{\Delta x\to 0}\sqrt{\left(\frac{\Delta u}{\Delta x}\right)^2+\left(\frac{\Delta v}{\Delta x}\right)^2}\\&=0\end{aligned}$$

所以

$$\lim_{\Delta x\to 0}\frac{\Delta z}{\Delta x}=\lim_{\Delta x\to 0}\frac{\partial f}{\partial u}\frac{\Delta u}{\Delta x}+\lim_{\Delta x\to 0}\frac{\partial f}{\partial v}\frac{\Delta v}{\Delta x}$$

即

$$\frac{\partial z}{\partial x}=\frac{\partial f}{\partial u}\cdot\frac{\partial u}{\partial x}+\frac{\partial f}{\partial v}\cdot\frac{\partial v}{\partial x}$$

证毕。

注　(1) 定理中的 z 与 u、v 以及 x、y 的关系可用图 12.4.1 来表示。从图中可以看出，从 z 到 x 的路径有两条($z\to u\to x,z\to v\to x$)，分别求出相应每条路径上的偏导数

$$\frac{\partial f}{\partial u}\cdot\frac{\partial u}{\partial x},\quad \frac{\partial f}{\partial v}\cdot\frac{\partial v}{\partial x}$$

相加就得到了函数 z 对自变量 x 的偏导数。

同理，从 z 到 y 的路径有两条($z\to u\to y,z\to v\to y$)，分别求出相应每条路径上的偏导数

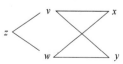

$$\frac{\partial f}{\partial u}\cdot\frac{\partial u}{\partial y},\quad \frac{\partial f}{\partial v}\cdot\frac{\partial v}{\partial y}$$

相加就得到了函数 z 对自变量 y 的偏导数。

图 12.4.1

推论 12.4.1 设函数 $u=\phi(x)$，$v=\psi(x)$ 在 x 点可导，且函数 $z=f(u,v)$ 在对应点 (u,v) 可微，则复合函数 $z=f(\phi(x),\psi(x))$ 在 x 点可导，并且有公式

$$\frac{\mathrm{d}z}{\mathrm{d}x}=\frac{\partial f}{\partial u}\cdot\frac{\mathrm{d}u}{\mathrm{d}x}+\frac{\partial f}{\partial v}\cdot\frac{\mathrm{d}v}{\mathrm{d}x} \tag{12.4.3}$$

式中，$\frac{\mathrm{d}z}{\mathrm{d}x}$ 称为**全导数**。

(2) 定理 12.4.1 中的条件 $z=f(u,v)$ 在 (u,v) 点可微不可缺少。例如：

设函数 $f(u,v)=\begin{cases}\dfrac{4u^5v}{u^6+v^3}, & u^2+v^2\neq 0\\ 0, & u^2+v^2=0\end{cases}$，计算可知在 $(0,0)$ 点 f 的偏导数存在且 $f_u(0,0)=f_v(0,0)=0$，但函数在 $(0,0)$ 点不可微分。

设 $\begin{cases}u=x\\ v=x^2\end{cases}$，得到复合函数 $z=2x$，所以 $\frac{\mathrm{d}z}{\mathrm{d}x}\equiv 1$。

但由推论 12.4.1 可知

$$\left.\frac{\mathrm{d}z}{\mathrm{d}x}\right|_{x=0}=f_u(x,x^2)\cdot 1\,|_{x=0}+f_v(x,x^2)\cdot 2x\,|_{x=0}=0$$

所以定理中函数 $z=f(u,v)$ 必须可微分，才能保证结论一定成立。

定理 12.4.1 很容易推广到任意有限多个中间变量和任意有限多个自变量的情形。值得注意的是：有几个中间变量，则求导公式里就有几项相加。例如：若 $u=\phi(x,y)$，$v=\psi(x,y)$，$w=\omega(x,y)$ 在 (x,y) 点关于 x、y 的偏导数都存在，且函数 $f(u,v,w)$ 在对应点 (u,v,w) 可微，则复合函数 $z=f(\phi(x,y),\psi(x,y),\omega(x,y))$ 在点 (x,y) 的两个偏导数也存在，并且由图 12.4.2 可知

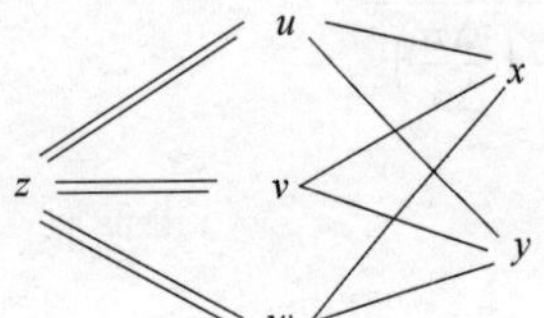

图 12.4.2

$$\frac{\partial z}{\partial x}=\frac{\partial f}{\partial u}\cdot\frac{\partial u}{\partial x}+\frac{\partial f}{\partial v}\cdot\frac{\partial v}{\partial x}+\frac{\partial f}{\partial w}\cdot\frac{\partial w}{\partial x} \tag{12.4.4}$$

$$\frac{\partial z}{\partial y}=\frac{\partial f}{\partial u}\cdot\frac{\partial u}{\partial y}+\frac{\partial f}{\partial v}\cdot\frac{\partial v}{\partial y}+\frac{\partial f}{\partial w}\cdot\frac{\partial w}{\partial y} \tag{12.4.5}$$

对于更一般的情形，有如下定理。

定理 12.4.2 设 $z=f(y_1,y_2,\cdots,y_m)$ 在 $\boldsymbol{y}^0$ 点可微，$g(x_1,x_2,\cdots,x_n)=(y_1,y_2,\cdots,y_m)$，即 $y_i=g_i(x_1,x_2,\cdots,x_n)(i=1,2,\cdots,m)$ 在 $\boldsymbol{x}^0$ 点可偏导，则复合函数

$$z=f\circ g(\boldsymbol{x})=f[g_1(x_1,x_2,\cdots,x_n),g_2(x_1,x_2,\cdots,x_n),\cdots,g_m(x_1,x_2,\cdots,x_n)]$$

复合函数关于自变量 $x_j(j=1,2,\cdots,n)$ 的偏导数为

$$\frac{\partial z}{\partial x_j}(\boldsymbol{x}^0)=\sum_{i=1}^{m}\frac{\partial f}{\partial y_i}(\boldsymbol{y}^0)\cdot\frac{\partial y_i}{\partial x_j}(\boldsymbol{x}^0),\quad j=1,2,\cdots,n$$

上式可用矩阵表示为

$$\left(\frac{\partial z}{\partial x_1},\frac{\partial z}{\partial x_2},\cdots,\frac{\partial z}{\partial x_n}\right)_{\boldsymbol{x}=\boldsymbol{x}^0}=\left(\frac{\partial z}{\partial y_1},\frac{\partial z}{\partial y_2},\cdots,\frac{\partial z}{\partial y_n}\right)_{\boldsymbol{y}=\boldsymbol{y}^0}\begin{bmatrix}\dfrac{\partial y_1}{\partial x_1} & \dfrac{\partial y_1}{\partial x_2} & \cdots & \dfrac{\partial y_1}{\partial x_n}\\ \dfrac{\partial y_2}{\partial x_1} & \dfrac{\partial y_2}{\partial x_2} & \cdots & \dfrac{\partial y_2}{\partial x_n}\\ \vdots & \vdots & & \vdots\\ \dfrac{\partial y_m}{\partial x_1} & \dfrac{\partial y_m}{\partial x_2} & \cdots & \dfrac{\partial y_m}{\partial x_n}\end{bmatrix}_{\boldsymbol{x}=\boldsymbol{x}^0}$$

例 12.4.1　求函数 $z=e^u\sin v, u=xy, v=x+y$，求 $\frac{\partial z}{\partial x}$ 和 $\frac{\partial z}{\partial y}$。

解　由链式法则

$$\frac{\partial z}{\partial x}=\frac{\partial f}{\partial u}\cdot\frac{\partial u}{\partial x}+\frac{\partial f}{\partial v}\cdot\frac{\partial v}{\partial x}=e^u\sin v\cdot y+e^u\cos v\cdot 1$$

$$=ye^{xy}\sin(x+y)+e^{xy}\cos(x+y)$$

$$\frac{\partial z}{\partial y}=\frac{\partial f}{\partial u}\cdot\frac{\partial u}{\partial y}+\frac{\partial f}{\partial v}\cdot\frac{\partial v}{\partial y}=e^u\sin v\cdot x+e^u\cos v\cdot 1$$

$$=e^{xy}x\sin(x+y)+e^{xy}\cos(x+y)$$

例 12.4.2　如图 12.4.3 所示，设函数 $u=f\left(\frac{x}{y},\frac{y}{z}\right)$，$f$ 有一阶连续偏导数，求 u 的一阶偏导数。

解　令 $v=\frac{x}{y}, w=\frac{y}{z}$，由链式法则，有

$$\frac{\partial u}{\partial x}=\frac{\partial u}{\partial v}\cdot\frac{\partial v}{\partial x}+\frac{\partial u}{\partial w}\cdot\frac{\partial w}{\partial x}=\frac{\partial f}{\partial v}\cdot\frac{1}{y}+\frac{\partial f}{\partial w}\cdot 0=\frac{\partial f}{\partial v}\cdot\frac{1}{y}$$

$$\frac{\partial u}{\partial y}=\frac{\partial u}{\partial v}\cdot\frac{\partial v}{\partial y}+\frac{\partial u}{\partial w}\cdot\frac{\partial w}{\partial y}=\frac{\partial f}{\partial v}\cdot\frac{-x}{y^2}+\frac{\partial f}{\partial w}\cdot\frac{1}{z}$$

$$\frac{\partial u}{\partial z}=\frac{\partial u}{\partial v}\cdot\frac{\partial v}{\partial z}+\frac{\partial u}{\partial w}\cdot\frac{\partial w}{\partial z}=\frac{\partial f}{\partial v}\cdot 0+\frac{\partial f}{\partial w}\cdot\frac{-y}{z^2}=-\frac{\partial f}{\partial w}\cdot\frac{y}{z^2}$$

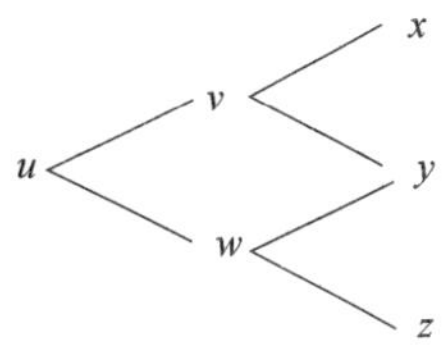

图 12.4.3

约定　为了简便起见，我们约定将上例中的 $\frac{\partial f}{\partial v}=f_1(v,w)$，$\frac{\partial f}{\partial w}=f_2(v,w)$ 分别表示函数 $z=f(v,w)$ 对第一个变量 v 和第二个变量 w 求偏导数。于是上例的结果又可写为

$$\frac{\partial u}{\partial x}=f_1\cdot\frac{1}{y}=\frac{1}{y}f_1,\quad \frac{\partial u}{\partial y}=-f_1\cdot\frac{x}{y^2}+f_2\cdot\frac{1}{z}=-\frac{x}{y^2}f_1+\frac{1}{z}f_2,\quad \frac{\partial u}{\partial z}=-f_2\cdot\frac{y}{z^2}=-\frac{y}{z^2}f_2$$

例 12.4.3　如图 12.4.4 所示，设 $z=xf\left(\frac{y}{x}\right)+2y\phi\left(\frac{x}{y}\right)$，$f$、$\phi$ 有二阶连续偏导数，求 $\frac{\partial^2 z}{\partial y\partial x}$。

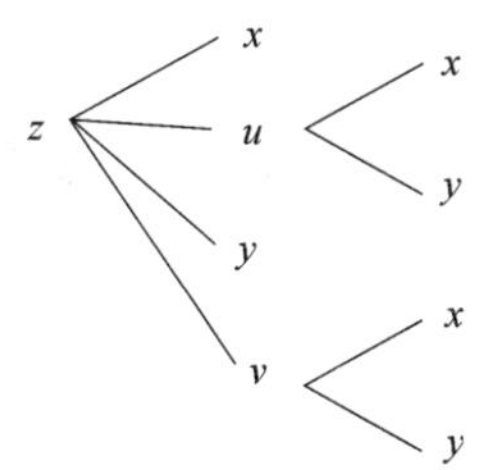

图 12.4.4

解　如图 12.4.4 所示，令 $u=f\left(\frac{y}{x}\right), v=\phi\left(\frac{x}{y}\right)$，则 $z=xu+yv$，由乘积函数求导法则可得

$$\frac{\partial z}{\partial x}=u+x\frac{\partial u}{\partial x}+2y\frac{\partial v}{\partial x}$$

$$=f\left(\frac{y}{x}\right)-f'\left(\frac{y}{x}\right)\frac{y}{x}+2\phi'\left(\frac{x}{y}\right)$$

$$\frac{\partial^2 z}{\partial y\partial x}=f'\left(\frac{y}{x}\right)\frac{1}{x}-f''\left(\frac{y}{x}\right)\frac{y}{x^2}-f'\left(\frac{y}{x}\right)\frac{1}{x}+2\phi''\left(\frac{x}{y}\right)\frac{-x}{y^2}$$

$$=f''\left(\frac{y}{x}\right)\frac{y}{x^2}-2\phi''\left(\frac{x}{y}\right)\frac{x}{y^2}$$

例 12.4.4　设 $u=f(x,y,z,t), x=\phi(z,s), y=\psi(x,s,t), z=\omega(s,t)$，求 u_t、u_s。

解　如图 12.4.5 所示，u 到 t 的路径一共有 5 条，u 沿着每条路径按照复合函数对 t 求偏导数，最后把每条路径上的偏导数相加就得到了 u 对 t 的偏导数。

$$\frac{\partial u}{\partial t}=\frac{\partial f}{\partial x}\frac{\partial x}{\partial z}\frac{\partial z}{\partial t}+\frac{\partial f}{\partial y}\left(\frac{\partial y}{\partial t}+\frac{\partial y}{\partial x}\frac{\partial x}{\partial z}\frac{\partial z}{\partial t}\right)+\frac{\partial f}{\partial z}\frac{\partial z}{\partial t}+\frac{\partial f}{\partial t}$$

$$=\frac{\partial f}{\partial x}\frac{\partial \phi}{\partial z}\frac{\partial \omega}{\partial t}+\frac{\partial f}{\partial y}\left(\frac{\partial \psi}{\partial t}+\frac{\partial \psi}{\partial x}\frac{\partial \phi}{\partial z}\frac{\partial \omega}{\partial t}\right)+\frac{\partial f}{\partial z}\frac{\partial \omega}{\partial t}+\frac{\partial f}{\partial t}$$

u 到 s 的路径一共有 6 条,则

$$\frac{\partial u}{\partial s}=\frac{\partial f}{\partial x}\left(\frac{\partial x}{\partial s}+\frac{\partial x}{\partial z}\frac{\partial z}{\partial s}\right)+\frac{\partial f}{\partial y}\left(\frac{\partial y}{\partial x}\frac{\partial x}{\partial z}\frac{\partial z}{\partial s}+\frac{\partial y}{\partial x}\frac{\partial x}{\partial s}+\frac{\partial y}{\partial s}\right)+\frac{\partial f}{\partial z}\frac{\partial z}{\partial s}$$

$$=\frac{\partial f}{\partial x}\left(\frac{\partial \phi}{\partial s}+\frac{\partial \phi}{\partial z}\frac{\partial \omega}{\partial s}\right)+\frac{\partial f}{\partial y}\left(\frac{\partial \psi}{\partial x}\frac{\partial \phi}{\partial z}\frac{\partial \omega}{\partial s}+\frac{\partial \psi}{\partial x}\frac{\partial \phi}{\partial s}+\frac{\partial \psi}{\partial s}\right)+\frac{\partial f}{\partial z}\frac{\partial \omega}{\partial s}$$

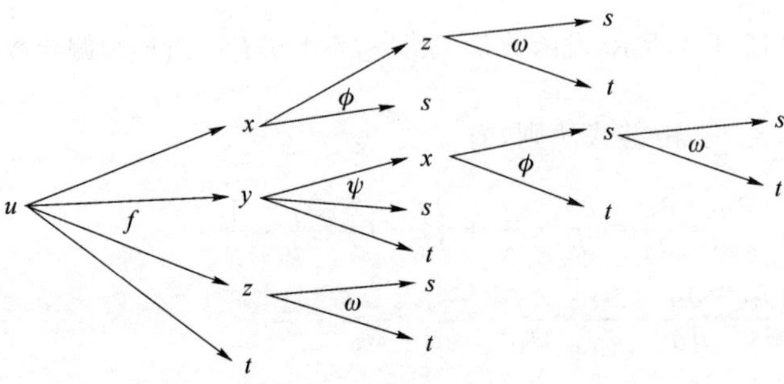

图 12.4.5

例 12.4.5 如图 12.4.6 所示,设 $w=f(x+3y+2z,xyz)$,其中 f 具有二阶连续偏导数,求$\frac{\partial w}{\partial x}$、$\frac{\partial^2 w}{\partial z\partial x}$。

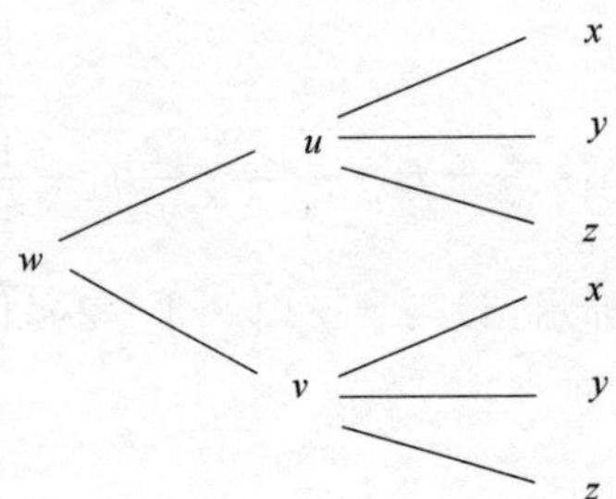

图 12.4.6

解 如图 12.4.7、图 12.4.8 所示。令 $u=x+3y+2z$,$v=xyz$,则 $w=f(u,v)$,由复合函数的求导法则,得

$$\frac{\partial w}{\partial x}=\frac{\partial f}{\partial u}\cdot\frac{\partial u}{\partial x}+\frac{\partial f}{\partial v}\cdot\frac{\partial v}{\partial x}=f_1+yzf_2$$

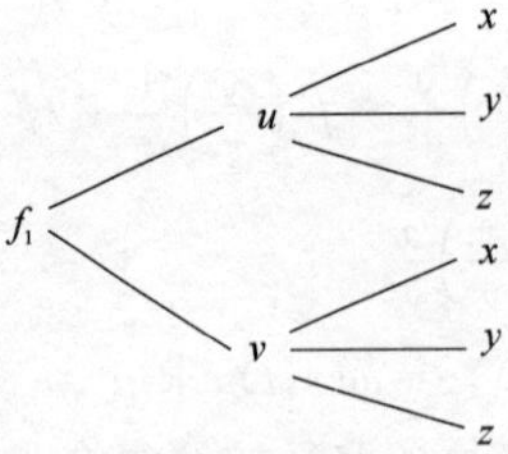

图 12.4.7

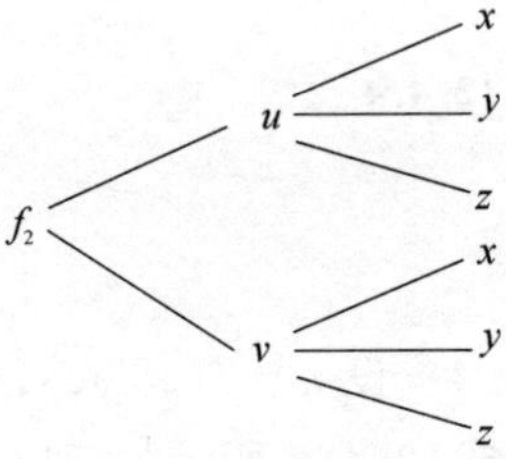

图 12.4.8

$$\frac{^2 w}{z\partial x}=\frac{\partial}{\partial z}(f_1+yzf_2)=\frac{\partial f_1}{\partial z}+yf_2+yz\frac{\partial f_2}{\partial z}$$

因为 f_1、f_2 仍然是复合函数，根据复合函数的求导法则，于是有

$$\frac{\partial f_1}{\partial z}=\frac{\partial f_1}{\partial u}\cdot\frac{\partial u}{\partial z}+\frac{\partial f_1}{\partial v}\cdot\frac{\partial v}{\partial z}=2f_{11}+xyf_{12}$$

$$\frac{\partial f_2}{\partial z}=\frac{\partial f_2}{\partial u}\cdot\frac{\partial u}{\partial z}+\frac{\partial f_2}{\partial v}\cdot\frac{\partial v}{\partial z}=2f_{21}+xyf_{22}$$

因为函数 f 具有二阶连续偏导数，所以 $f_{12}=f_{21}$，故

$$\frac{\partial^2 w}{\partial z\partial x}=2f_{11}+yf_2+(2yz+xy)f_{12}+xy^2zf_{22}$$

例 12. 4. 6　设 $u=f(x,y)$ 具有二阶连续偏导数，将下列表达式转换为极坐标 $\begin{cases}x=r\cos\theta\\y=r\sin\theta\end{cases}$ 下的形式：

(1) $\left(\frac{\partial u}{\partial x}\right)^2+\left(\frac{\partial u}{\partial y}\right)^2$；　　(2) $\frac{\partial^2 u}{\partial x^2}+\frac{\partial^2 u}{\partial y^2}$。

解　(1) 由 $\begin{cases}x=r\cos\theta\\y=r\sin\theta\end{cases}$ 可知

$$r=\sqrt{x^2+y^2},\quad\begin{cases}\theta=\arctan\frac{y}{x}, & (x,y)\text{在第一、四象限}\\\theta=\arctan\frac{y}{x}+\pi, & (x,y)\text{在第二、三象限}\end{cases}$$

虽然 θ 表达式相差一个常数 π，但它们对 x、y 的偏导数是相同的。

$$u=f(x,y)=f(r\cos\theta,r\sin\theta)=F(r,\theta)$$

则 $u=f(x,y)$ 可以看作函数 $F(r,\theta)$ 与 $r=\sqrt{x^2+y^2}$，$\begin{cases}\theta=\arctan\frac{y}{x}, & (x,y)\text{在第一、四象限}\\\theta=\arctan\frac{y}{x}+\pi, & (x,y)\text{在第二、三象限}\end{cases}$ 复合而成，将 r、θ 看作是中间变量，x、y 为自变量，由复合函数求导的链式法则可得

$$\frac{\partial u}{\partial x}=\frac{\partial u}{\partial r}\cdot\frac{\partial r}{\partial x}+\frac{\partial u}{\partial\theta}\cdot\frac{\partial\theta}{\partial x}=\frac{\partial u}{\partial r}\cdot\frac{x}{r}-\frac{\partial u}{\partial\theta}\cdot\frac{y}{r^2}=\frac{\partial u}{\partial r}\cos\theta-\frac{\partial u}{\partial\theta}\cdot\frac{\sin\theta}{r}$$

$$\frac{\partial u}{\partial y}=\frac{\partial u}{\partial r}\cdot\frac{\partial r}{\partial y}+\frac{\partial u}{\partial\theta}\cdot\frac{\partial\theta}{\partial y}=\frac{\partial u}{\partial r}\cdot\frac{y}{r}+\frac{\partial u}{\partial\theta}\cdot\frac{x}{r^2}=\frac{\partial u}{\partial r}\sin\theta+\frac{\partial u}{\partial\theta}\cdot\frac{\cos\theta}{r}$$

所以

$$\left(\frac{\partial u}{\partial x}\right)^2+\left(\frac{\partial u}{\partial y}\right)^2=\left(\frac{\partial u}{\partial r}\right)^2+\frac{1}{r^2}\left(\frac{\partial u}{\partial\theta}\right)^2$$

(2) 应用复合函数求导法则，求 z 对 x、y 的二阶偏导数，有

$$\frac{\partial^2 u}{\partial x^2}=\frac{\partial}{\partial x}\left(\frac{\partial u}{\partial x}\right)=\frac{\partial}{\partial r}\left(\frac{\partial u}{\partial x}\right)\cdot\frac{\partial r}{\partial x}+\frac{\partial}{\partial\theta}\left(\frac{\partial u}{\partial x}\right)\cdot\frac{\partial\theta}{\partial x}$$

$$=\frac{\partial}{\partial r}\left(\frac{\partial u}{\partial r}\cos\theta-\frac{\partial u}{\partial\theta}\cdot\frac{\sin\theta}{r}\right)\cdot\cos\theta+\frac{\partial}{\partial\theta}\left(\frac{\partial u}{\partial r}\cos\theta-\frac{\partial u}{\partial\theta}\cdot\frac{\sin\theta}{r}\right)\cdot\frac{\sin\theta}{r}$$

$$=\frac{\partial^2 u}{\partial r^2}\cos^2\theta-2\frac{\partial^2 u}{\partial r\partial\theta}\frac{\sin\theta\cos\theta}{r}+\frac{\partial^2 u}{\partial\theta^2}\frac{\sin^2\theta}{r^2}+2\frac{\partial u}{\partial\theta}\frac{\sin\theta\cos\theta}{r^2}+\frac{\partial u}{\partial r}\frac{\sin^2\theta}{r}$$

同理可得

$$\frac{\partial^2 u}{\partial y^2}=\frac{\partial^2 u}{\partial r^2}\sin^2\theta+2\,\frac{\partial^2 u}{\partial r\partial\theta}\frac{\sin\theta\cos\theta}{r}+\frac{\partial^2 u}{\partial\theta^2}\frac{\cos^2\theta}{r^2}-2\,\frac{\partial u}{\partial\theta}\frac{\sin\theta\cos\theta}{r^2}+\frac{\partial u}{\partial r}\frac{\cos^2\theta}{r}$$

两式相加可得

$$\frac{\partial^2 u}{\partial x^2}+\frac{\partial^2 u}{\partial y^2}=\frac{\partial^2 u}{\partial r^2}+\frac{1}{r}\frac{\partial u}{\partial r}+\frac{1}{r^2}\frac{\partial^2 u}{\partial\theta^2}$$

偏微分方程求解时,经常需要进行变量代换,以简化方程形式,便于求解。

例 12.4.7 通过变量代换$\begin{cases}x=uv\\ y=\dfrac{u^2-v^2}{2}\end{cases}$,变换方程$\left(\dfrac{\partial z}{\partial x}\right)^2+\left(\dfrac{\partial z}{\partial y}\right)^2=\dfrac{1}{\sqrt{x^2+y^2}}$。

解 变换方程是指把方程化为自变量为 u、v 的方程,即 $z=z(x(u,v),y(u,v))$,由链式法则可得

$$\frac{\partial z}{\partial u}=\frac{\partial z}{\partial x}\cdot\frac{\partial x}{\partial u}+\frac{\partial z}{\partial y}\cdot\frac{\partial y}{\partial u}=\frac{\partial z}{\partial x}v+\frac{\partial z}{\partial y}u$$

$$\frac{\partial z}{\partial v}=\frac{\partial z}{\partial x}\cdot\frac{\partial x}{\partial v}+\frac{\partial z}{\partial y}\cdot\frac{\partial y}{\partial v}=\frac{\partial z}{\partial x}u+\frac{\partial z}{\partial y}(-v)$$

两式平方后可得

$$\left(\frac{\partial z}{\partial u}\right)^2+\left(\frac{\partial z}{\partial v}\right)^2=(u^2+v^2)\left[\left(\frac{\partial z}{\partial x}\right)^2+\left(\frac{\partial z}{\partial y}\right)^2\right]$$

因为 $x^2+y^2=\dfrac{(u^2+v^2)^2}{4}$,代入原方程得

$$\left(\frac{\partial z}{\partial u}\right)^2+\left(\frac{\partial z}{\partial v}\right)^2=2$$

例 12.4.8 设函数 $u=f(x,y)$具有二阶连续偏导数,且满足$\dfrac{\partial^2 u}{\partial x^2}+\dfrac{\partial^2 u}{\partial y^2}=0$,证明函数 $v=f(x^2-y^2,2xy)$ 也满足$\dfrac{\partial^2 v}{\partial x^2}+\dfrac{\partial^2 v}{\partial y^2}=0$。

证 令 $s=x^2-y^2$,$t=2xy$,则$\dfrac{\partial^2 v}{\partial s^2}+\dfrac{\partial^2 v}{\partial t^2}=0$。

$$\frac{\partial v}{\partial x}=\frac{\partial v}{\partial s}\frac{\partial s}{\partial x}+\frac{\partial v}{\partial t}\frac{\partial t}{\partial x}=2x\,\frac{\partial v}{\partial s}+2y\,\frac{\partial v}{\partial t},\quad \frac{\partial v}{\partial y}=\frac{\partial v}{\partial s}\frac{\partial s}{\partial y}+\frac{\partial v}{\partial t}\frac{\partial t}{\partial y}=-2y\,\frac{\partial v}{\partial s}+2x\,\frac{\partial v}{\partial t}$$

$$\begin{aligned}\frac{\partial^2 v}{\partial x^2}&=2\,\frac{\partial v}{\partial s}+2x\,\frac{\partial}{\partial x}\left(\frac{\partial v}{\partial s}\right)+2y\,\frac{\partial}{\partial x}\left(\frac{\partial v}{\partial t}\right)\\&=2\,\frac{\partial v}{\partial s}+2x\left(\frac{\partial^2 v}{\partial s^2}\frac{\partial s}{\partial x}+\frac{\partial^2 v}{\partial t\partial s}\frac{\partial t}{\partial x}\right)+2y\left(\frac{\partial^2 v}{\partial s\partial t}\frac{\partial s}{\partial x}+\frac{\partial^2 v}{\partial t^2}\frac{\partial t}{\partial x}\right)\\&=\left(2x\,\frac{\partial^2 v}{\partial s^2}+2y\,\frac{\partial^2 v}{\partial s\partial t}\right)2x+\left(2x\,\frac{\partial^2 v}{\partial t\partial s}+2y\,\frac{\partial^2 v}{\partial t^2}\right)2y+2\,\frac{\partial v}{\partial s}\\&=4x^2\,\frac{\partial^2 v}{\partial s^2}+8xy\,\frac{\partial^2 v}{\partial s\partial t}+4y^2\,\frac{\partial^2 v}{\partial t^2}+2\,\frac{\partial v}{\partial s}\end{aligned}$$

$$\begin{aligned}\frac{\partial^2 v}{\partial y^2}&=\left(-2y\,\frac{\partial^2 v}{\partial s^2}+2x\,\frac{\partial^2 v}{\partial s\partial t}\right)(-2y)+\left(-2y\,\frac{\partial^2 v}{\partial t\partial s}+2x\,\frac{\partial^2 v}{\partial t^2}\right)2x-2\,\frac{\partial v}{\partial s}\\&=4y^2\,\frac{\partial^2 v}{\partial s^2}-8xy\,\frac{\partial^2 v}{\partial s\partial t}+4x^2\,\frac{\partial^2 s}{\partial t^2}-2\,\frac{\partial v}{\partial s}\end{aligned}$$

所以

$$\frac{\partial^2 v}{\partial x^2}+\frac{\partial^2 v}{\partial y^2}=4(x^2+y^2)\left(\frac{\partial^2 v}{\partial s^2}+\frac{\partial^2 v}{\partial t^2}\right)=0$$

习题 12.4

1. 求下列复合函数指定的偏导数或者二阶偏导数：

(1) $z=f(x\ln x,2x-y)$，求$\dfrac{\partial z}{\partial x}$、$\dfrac{\partial z}{\partial y}$。

(2) $z=x^4 f(xy^2,x^2-y)$，f 有二阶连续偏导数，求$\dfrac{\partial z}{\partial x}$、$\dfrac{\partial^2 z}{\partial x\partial y}$。

(3) $u=f(x\ln y+z,x^2-y)$，求$\dfrac{\partial^2 u}{\partial x\partial y}$、$\dfrac{\partial^2 u}{\partial z^2}$。

(4) $z=xyf\left(\dfrac{x}{y},\dfrac{y}{x}\right)$，求$\dfrac{\partial^3 z}{\partial x^2\partial y}$。

2. 设 $z=f(2x-y)+g(x,xy)$，其中 $f(t)$ 二阶可导，$g(u,v)$ 有连续二阶导数，求$\dfrac{\partial^2 z}{\partial x\partial y}$。

3. 证明变换$\begin{cases}u=x-2\sqrt{y}\\ v=x+2\sqrt{y}\end{cases}$可把方程$\dfrac{\partial^2 z}{\partial x^2}-y\dfrac{\partial^2 z}{\partial y^2}=\dfrac{1}{2}\dfrac{\partial z}{\partial y}$简化为$\dfrac{\partial^2 z}{\partial u\partial v}=0$，这里 $z=z(x,y)$ 有连续二阶偏导数。

4. 设函数 $u=f(x,y)$ 具有二阶连续偏导数，且满足 $\dfrac{\partial^2 u}{\partial x^2}+\dfrac{\partial^2 u}{\partial y^2}=0$，证明函数 $v=f\left(\dfrac{x}{x^2+y^2},\dfrac{y}{x^2+y^2}\right)$也满足$\dfrac{\partial^2 v}{\partial x^2}+\dfrac{\partial^2 v}{\partial y^2}=0$。

5. 如果对任意正实数 t，函数 $f(x,y,z)$ 都满足关系式

$$f(tx,ty,tz)=t^n f(x,y,z)$$

则称函数 $f(x,y,z)$ 为 n 次齐次函数。试证 n 次齐次可微函数 $f(x,y,z)$ 满足方程

$$x\frac{\partial f}{\partial x}+y\frac{\partial f}{\partial y}+z\frac{\partial f}{\partial z}=nf$$

6. 求方程$\dfrac{\partial^2 z}{\partial x\partial y}=2x+y$ 满足条件 $z=(x,0)=2x$，$z(0,y)=y^2$ 的解 $z(x,y)$。

7. 设函数 $f(u)$ 具有二阶连续导数，而且 $z=f(\mathrm{e}^x\sin y)$ 满足方程

$$\frac{\partial^2 z}{\partial x^2}+\frac{\partial^2 z}{\partial y^2}=\mathrm{e}^{2x}z$$

求 $f(u)$。

8. 已知函数 $z=z(x,y)$ 满足 $x^2\dfrac{\partial z}{\partial x}+y^2\dfrac{\partial z}{\partial y}=z^2$，设$\begin{cases}u=x\\ v=\dfrac{1}{y}-\dfrac{1}{x}\\ w=\dfrac{1}{z}-\dfrac{1}{x}\end{cases}$，对函数 $w=w(u,v)$，求证：$\dfrac{\partial w}{\partial u}=0$。

9. 设 $u=f(x,y,z)$，f 是可微函数，如果$\dfrac{f_x}{x}=\dfrac{f_y}{y}=\dfrac{f_z}{z}$，证明 u 仅为 r 的函数，其中 $r=\sqrt{x^2+y^2+z^2}$。

12.5 向量值函数的偏导数及微分

12.5.1 向量值函数求偏导数

设 $D\subset\mathbb{R}^n$ 是一个开集, $\boldsymbol{f}$ 是 D 上的 n 元 m 维向量值函数,

$$\boldsymbol{f}:D\to\mathbb{R}^m$$
$$\boldsymbol{x}\mapsto\boldsymbol{y}=\boldsymbol{f}(\boldsymbol{x})$$

则 $\boldsymbol{f}$ 的每一个分量函数 $y_i=f_i(x_1,x_2,\cdots,x_n)(i=1,2,\cdots,m)$ 都是 D 上的 n 元函数, 我们通过讨论 $\boldsymbol{f}$ 的分量函数的偏导数和可微性,引入向量值函数的相关概念。

定义 12.5.1 如果向量值函数 $\boldsymbol{f}$ 的每一个分量函数 $y_i=f_i(x_1,x_2,\cdots,x_n)(i=1,2,\cdots,m)$ 都在 $\boldsymbol{x}^0$ 点可偏导,就称**向量值函数 $\boldsymbol{f}$ 在 $\boldsymbol{x}^0$ 点可导**,并称矩阵

$$\left(\frac{\partial f_i}{\partial x_j}(x^0)\right)=\begin{bmatrix}\frac{\partial f_1}{\partial x_1}(x^0) & \frac{\partial f_1}{\partial x_2}(x^0) & \cdots & \frac{\partial f_1}{\partial x_n}(x^0)\\ \frac{\partial f_2}{\partial x_1}(x^0) & \frac{\partial f_2}{\partial x_2}(x^0) & \cdots & \frac{\partial f_2}{\partial x_n}(x^0)\\ \vdots & \vdots & & \vdots\\ \frac{\partial f_m}{\partial x_1}(x^0) & \frac{\partial f_m}{\partial x_2}(x^0) & \cdots & \frac{\partial f_m}{\partial x_n}(x^0)\end{bmatrix}$$

为向量值函数 $\boldsymbol{f}$ 在 $\boldsymbol{x}^0$ 点的导数或 Jacobi **矩阵**,记为 $\boldsymbol{f}'(\boldsymbol{x}^0)$(或 $D\boldsymbol{f}(\boldsymbol{x}^0)$、$J_f(\boldsymbol{x}^0)$)。

如果向量值函数 $\boldsymbol{f}$ 在 D 上每一点可导,就称 $\boldsymbol{f}$ 在 D 上可导。这时对应关系

$$\boldsymbol{x}\in D\mapsto\boldsymbol{f}'(\boldsymbol{x})=J_f(\boldsymbol{x})$$

称为 $\boldsymbol{f}$ 在 D 上的导数,记作 $\boldsymbol{f}'(\boldsymbol{x})$或 $D\boldsymbol{f}(\boldsymbol{x})$、$J_f(\boldsymbol{x})$。

例 12.5.1 由例 11.3.15,一元三维向量值函数

$$\boldsymbol{f}:[\alpha,\beta]\to\mathbb{R}^3,\quad t\mapsto(x(t),y(t),z(t))$$

当 t 由 α 连续地变到 β 时, t 的像 $(x(t),y(t),z(t))$ 在 $\mathbb{R}^3$ 中描绘出一条连续曲线 Γ,我们称向量值函数 $\boldsymbol{f}(t)$ 为空间曲线 Γ 的参数方程,用坐标分量表示就是

$$\begin{cases}x=x(t),\\ y=y(t), & t\in(\alpha,\beta)\\ z=z(t),\end{cases}$$

$\boldsymbol{f}$ 的导数 $\boldsymbol{f}'=(x'(t),y'(t),z'(t))$ 称为曲线在 $(x(t),y(t),z(t))$ 点的**切向量**, 记作

$$\boldsymbol{T}=(x'(t),y'(t),z'(t))$$

例 12.5.2 求向量值函数

$$\boldsymbol{f}(x,y)=(x^2+y\sin x\ ,x^2\ln y,\mathrm{e}^y\cos xy)$$

在 $(1,\pi)$ 点的导数。

解 这时坐标分量分别为

$$f_1(x,y)=x^2+y\sin x,\quad f_2(x,y)=x^2\ln y,\quad f_3(x,y)=\mathrm{e}^y\cos x$$

因此

$$\boldsymbol{J}_f(1,\pi)=\begin{bmatrix}\dfrac{\partial f_1}{\partial x} & \dfrac{\partial f_1}{\partial y}\\ \dfrac{\partial f_2}{\partial x} & \dfrac{\partial f_2}{\partial y}\\ \dfrac{\partial f_3}{\partial x} & \dfrac{\partial f_3}{\partial y}\end{bmatrix}_{(1,\pi)}=\begin{bmatrix}2x+y\cos x & \sin x\\ 2x\ln y & \dfrac{x^2}{y}\\ -\mathrm{e}^y\sin x & \mathrm{e}^y\cos x\end{bmatrix}_{(1,\pi)}=\begin{bmatrix}2+\pi\cos 1 & \sin 1\\ 2\ln\pi & \dfrac{1}{\pi}\\ -\mathrm{e}^{\pi}\sin 1 & \mathrm{e}^{\pi}\cos 1\end{bmatrix}$$

定义 12.5.2　向量值函数 $\boldsymbol{y}=\boldsymbol{f}(\boldsymbol{x})$，如果存在只与 $\boldsymbol{x}^0$ 有关而与 $\Delta\boldsymbol{x}$ 无关的 $m\times n$ 阶矩阵 $\boldsymbol{A}$，使得在 $\boldsymbol{x}^0$ 点附近

$$\Delta\boldsymbol{y}=\boldsymbol{f}(\boldsymbol{x}^0+\Delta\boldsymbol{x})-\boldsymbol{f}(\boldsymbol{x}^0)=\boldsymbol{A}\Delta\boldsymbol{x}+o(\Delta\boldsymbol{x})$$

成立，其中，$\Delta\boldsymbol{x}=(\Delta x_1,\Delta x_2,\cdots,\Delta x_n)$，$o(\Delta\boldsymbol{x})$ 的模长是 $\|\Delta\boldsymbol{x}\|$ 的高阶无穷小量，即

$$\lim_{\|\Delta x\|\to 0}\frac{\|o(\Delta\boldsymbol{x})\|}{\|\Delta\boldsymbol{x}\|}=0$$

则称向量值函数 $\boldsymbol{f}$ 在 $\boldsymbol{x}^0$ 点可微分，并称 $\boldsymbol{A}\Delta\boldsymbol{x}$ 为向量值函数 $\boldsymbol{f}$ 在 $\boldsymbol{x}^0$ 点的微分，记作 $\mathrm{d}y$。如果将 $\Delta\boldsymbol{x}$ 记作 $\mathrm{d}\boldsymbol{x}$（$\mathrm{d}\boldsymbol{x}=(\mathrm{d}x_1,\mathrm{d}x_2,\cdots,\mathrm{d}x_n)$），那么就有 $\mathrm{d}\boldsymbol{y}=\boldsymbol{A}\mathrm{d}\boldsymbol{x}$。

如果向量值函数 $\boldsymbol{f}$ 在 D 上每一点可微，则称 $\boldsymbol{f}$ 在 D 上可微。

定理 12.5.1　向量值函数 $\boldsymbol{y}=\boldsymbol{f}(\boldsymbol{x})$ 在 $\boldsymbol{x}^0$ 点可微的充分必要条件是 $\boldsymbol{f}$ 的每一个分量函数 $f_i(x_i,x_2,\cdots,x_n)$ $(i=1,2,\cdots,m)$ 都在 $\boldsymbol{x}^0$ 点可微。此时微分公式

$$\mathrm{d}\boldsymbol{y}=\boldsymbol{f}'(\boldsymbol{x}^0)\mathrm{d}\boldsymbol{x}$$

成立。

证　必要性：设函数 $\boldsymbol{f}$ 在 $\boldsymbol{x}^0$ 点可微，记

$$\boldsymbol{A}=\begin{bmatrix}a_{11} & a_{12} & \cdots & a_{1n}\\ a_{21} & a_{22} & \cdots & a_{2n}\\ \vdots & \vdots & & \vdots\\ a_{m1} & a_{m2} & \cdots & a_{mn}\end{bmatrix}$$

则由定义可知，$\boldsymbol{f}$ 的分量函数的增量可表示为

$$\Delta y_i=\sum_{k=1}^{n}a_{ik}\Delta x_k+[o(\Delta\boldsymbol{x})]_i,\quad \lim_{\|\Delta x\|\to 0}\frac{[o(\Delta\boldsymbol{x})]_i}{\|\Delta\boldsymbol{x}\|}=0,\quad i=1,2,\cdots,m$$

由函数微分的定义可知，$f_i(x_1,x_2,\cdots,x_n)(i=1,2,\cdots,m)$ 在 $\boldsymbol{x}^0$ 处可微，并且 $a_{ij}=\dfrac{\partial f_i}{\partial x_j}$，也即

$$\boldsymbol{A}=J_f(\boldsymbol{x}^0)$$

充分性：设 $f_i(x_1,x_2,\cdots,x_n)(i=1,2,\cdots,m)$ 在 x^0 处可微，则有

$$\Delta y_i=\Delta f_i=\frac{\partial f_i}{\partial x_1}(\boldsymbol{x}^0)\Delta x_1+\frac{\partial f_i}{\partial x_1}(\boldsymbol{x}^0)\Delta x_2+\cdots+\frac{\partial f_i}{\partial x_n}(\boldsymbol{x}^0)\Delta x_n+o(\|\Delta\boldsymbol{x}\|)$$

记 $\boldsymbol{A}=\left(\dfrac{\partial f_i}{\partial x_j}(\boldsymbol{x}^0)\right)_{m\times n}$，所以 $\boldsymbol{f}$ 在 $\boldsymbol{x}^0$ 点可微。证毕。

例 12.5.3　求向量值函数

$$\boldsymbol{f}(x,y)=(x^2+y\sin x\ ,x^2\ln y,\mathrm{e}^y\cos xy)$$

在 $(1,\pi)$ 点的微分。

解　由例 12.5.2 可知，

$$\boldsymbol{J}_f(1,\pi)=\begin{bmatrix}2+\pi\cos 1 & \sin 1\\ 2\ln\pi & \dfrac{1}{\pi}\\ -\mathrm{e}^{\pi}\sin 1 & \mathrm{e}^{\pi}\cos 1\end{bmatrix}$$

所以微分为

$$\mathrm{d}\boldsymbol{f}(1,\pi)=\begin{bmatrix}2+\pi\cos 1 & \sin 1\\ 2\ln\pi & \dfrac{1}{\pi}\\ -\mathrm{e}^{\pi}\sin 1 & \mathrm{e}^{\pi}\cos 1\end{bmatrix}\begin{bmatrix}\mathrm{d}x\\ \mathrm{d}y\end{bmatrix}=\begin{bmatrix}(2+\pi\cos 1)\mathrm{d}x+\sin 1\mathrm{d}y\\ 2\ln\pi\mathrm{d}x+\dfrac{1}{\pi}\mathrm{d}y\\ -\mathrm{e}^{\pi}\sin 1\mathrm{d}x+\mathrm{e}^{\pi}\cos 1\mathrm{d}y\end{bmatrix}$$

写成分量形式为

$$\mathrm{d}f_1=(2+\pi\cos 1)\mathrm{d}x+\sin 1\mathrm{d}y$$

$$\mathrm{d}f_2=2\ln\pi\mathrm{d}x+\frac{1}{\pi}\mathrm{d}y$$

$$\mathrm{d}f_3=-\mathrm{e}^{\pi}\sin 1\mathrm{d}x+\mathrm{e}^{\pi}\cos 1\mathrm{d}y$$

12.5.2 复合向量值函数求偏导数

下面考虑复合映射(向量值函数)的偏导数问题,以二元复合向量值函数为例来计算复合向量值函数的偏导数。

设

$$\boldsymbol{f}: D_f\to\mathbb{R}^2$$
$$(u,v)\mapsto(x(u,v),y(u,v))$$

是区域 $D_f\subset\mathbb{R}^2$ 上的二元二维向量值函数。又设

$$\boldsymbol{g}: D_g\to\mathbb{R}^2$$
$$(s,t)\mapsto(u(s,t),v(s,t))$$

是区域 $D_g\subset\mathbb{R}^2$ 上的二元二维向量值函数。如果 $\boldsymbol{g}(D_g)\subset D_f$,则可以定义复合向量值函数 $\boldsymbol{f}\circ\boldsymbol{g}$,分量函数为

$$\begin{cases}x=x[u(s,t),v(s,t)],\\ y=y[u(s,t),v(s,t)],\end{cases}\quad (s,t)\in D_g$$

得到两个二元复合函数 $x(s,t)$、$y(s,t)$。

如果 $\boldsymbol{f}$ 和 $\boldsymbol{g}$ 分别在 D_f、D_g 上有连续偏导数,则由定理 12.4.1 可知

$$\frac{\partial x}{\partial s}(s,t)=\frac{\partial x}{\partial u}(u,v)\frac{\partial u}{\partial s}(s,t)+\frac{\partial x}{\partial v}(u,v)\frac{\partial v}{\partial s}(s,t)$$

$$\frac{\partial x}{\partial t}(s,t)=\frac{\partial x}{\partial u}(u,v)\frac{\partial u}{\partial t}(s,t)+\frac{\partial x}{\partial v}(u,v)\frac{\partial v}{\partial t}(s,t)$$

$$\frac{\partial y}{\partial s}(s,t)=\frac{\partial y}{\partial u}(u,v)\frac{\partial u}{\partial s}(s,t)+\frac{\partial y}{\partial v}(u,v)\frac{\partial v}{\partial s}(s,t)$$

$$\frac{\partial y}{\partial t}(s,t)=\frac{\partial y}{\partial u}(u,v)\frac{\partial u}{\partial t}(s,t)+\frac{\partial y}{\partial v}(u,v)\frac{\partial v}{\partial t}(s,t)$$

写成矩阵形式就是

$$\begin{bmatrix}\dfrac{\partial x}{\partial s}(s,t) & \dfrac{\partial x}{\partial t}(s,t)\\ \dfrac{\partial y}{\partial s}(s,t) & \dfrac{\partial y}{\partial t}(s,t)\end{bmatrix}=\begin{bmatrix}\dfrac{\partial x}{\partial u}(u,v) & \dfrac{\partial x}{\partial v}(u,v)\\ \dfrac{\partial y}{\partial u}(u,v) & \dfrac{\partial y}{\partial v}(u,v)\end{bmatrix}\begin{bmatrix}\dfrac{\partial u}{\partial s}(s,t) & \dfrac{\partial u}{\partial t}(s,t)\\ \dfrac{\partial v}{\partial s}(s,t) & \dfrac{\partial v}{\partial t}(s,t)\end{bmatrix}$$

进一步,我们可以得到如下的一般结果。

定理 12.5.2 设 $\boldsymbol{g}:(\mathbb{R}^n\supset)D_g\to\mathbb{R}^m$,$\boldsymbol{u}=g(\boldsymbol{x})$,$\boldsymbol{x}=(x_1,x_2,\cdots,x_n)$是区域 $D_g\subset\mathbb{R}^n$ 上的 n 元 m 维向量值函数,$\boldsymbol{f}$: $(\mathbb{R}^m\supset)D_f\to\mathbb{R}^k$,$\boldsymbol{y}=\boldsymbol{f}(\boldsymbol{u})$,$\boldsymbol{u}=(u_1,u_2,\cdots,u_m)$是区域 $D_f\subset\mathbb{R}^m$ 上的 m 元 k 维向量值函数. 如果 $\boldsymbol{u}=\boldsymbol{g}(\boldsymbol{x})$在 $\boldsymbol{x}_0$ 点可偏导,$\boldsymbol{y}=\boldsymbol{f}(\boldsymbol{u})$在 $\boldsymbol{u}_0=\boldsymbol{g}(\boldsymbol{x}_0)$点可偏导,则复合向量

值函数 $\boldsymbol{f}\circ\boldsymbol{g}:(\mathbb{R}^n\supset)D_g\to\mathbb{R}^k$，即 $\boldsymbol{y}=\boldsymbol{f}(\boldsymbol{g}(\boldsymbol{x}))$ 也在 $\boldsymbol{x}_0$ 点可偏导，并且

$$(\boldsymbol{f}\circ\boldsymbol{g})'(\boldsymbol{x}_0)=\boldsymbol{f}'(\boldsymbol{u}_0)\cdot\boldsymbol{g}'(\boldsymbol{x}_0)$$

例 12.5.4　设 $\boldsymbol{f}(u_1,u_2,u_3)=(y_1,y_2)$，$\boldsymbol{g}(r,\theta,\phi)=(u_1,u_2,u_3)$，其中

$$\begin{cases}y_1=u_1u_2u_3\\ y_2=u_1+u_2+u_3\end{cases},\quad \begin{cases}u_1=r\sin\theta\cos\phi\\ u_2=r\sin\theta\sin\phi\\ u_3=r\cos\theta\end{cases}$$

求复合映射 $\boldsymbol{y}=\boldsymbol{f}\circ\boldsymbol{g}(\boldsymbol{u})$ 的 Jacobi 矩阵。

解　复合向量值函数的偏导数可以如下计算：

$$\begin{bmatrix}\dfrac{\partial y_1}{\partial r} & \dfrac{\partial y_1}{\partial\theta} & \dfrac{\partial y_1}{\partial\phi}\\ \dfrac{\partial y_2}{\partial r} & \dfrac{\partial y_2}{\partial\theta} & \dfrac{\partial y_2}{\partial\phi}\end{bmatrix}=\begin{bmatrix}\dfrac{\partial y_1}{\partial u_1} & \dfrac{\partial y_1}{\partial u_2} & \dfrac{\partial y_1}{\partial u_3}\\ \dfrac{\partial y_2}{\partial u_1} & \dfrac{\partial y_2}{\partial u_2} & \dfrac{\partial y_2}{\partial u_3}\end{bmatrix}\begin{bmatrix}\dfrac{\partial u_1}{\partial r} & \dfrac{\partial u_1}{\partial\theta} & \dfrac{\partial u_1}{\partial\phi}\\ \dfrac{\partial u_2}{\partial r} & \dfrac{\partial u_2}{\partial\theta} & \dfrac{\partial u_2}{\partial\phi}\\ \dfrac{\partial u_3}{\partial r} & \dfrac{\partial u_3}{\partial\theta} & \dfrac{\partial u_3}{\partial\phi}\end{bmatrix}$$

$$=\begin{bmatrix}u_2u_3 & u_1u_3 & u_1u_2\\ 1 & 1 & 1\end{bmatrix}\begin{bmatrix}\sin\theta\cos\phi & r\cos\theta\cos\phi & -r\sin\theta\sin\phi\\ \sin\theta\sin\phi & r\cos\theta\sin\phi & r\sin\theta\cos\phi\\ \cos\theta & -r\sin\theta & 0\end{bmatrix}$$

12.5.3　一阶全微分的形式不变性

设 $z=f(x,y)$ 为二元可微函数，那么当 x、y 为自变量时，

$$\mathrm{d}z=\frac{\partial z}{\partial x}\mathrm{d}x+\frac{\partial z}{\partial y}\mathrm{d}y$$

而当 x、y 为中间变量时，不妨设 $x=x(u,v)$，$y=y(u,v)$，这时

$$\mathrm{d}x=\frac{\partial x}{\partial u}\mathrm{d}u+\frac{\partial x}{\partial v}\mathrm{d}v$$

$$\mathrm{d}y=\frac{\partial y}{\partial u}\mathrm{d}u+\frac{\partial y}{\partial v}\mathrm{d}v$$

由复合函数求导的链式法则可得

$$\begin{aligned}\mathrm{d}z&=\frac{\partial z}{\partial u}\mathrm{d}u+\frac{\partial z}{\partial v}\mathrm{d}v\\ &=\left(\frac{\partial z}{\partial x}\frac{\partial x}{\partial u}+\frac{\partial z}{\partial y}\frac{\partial y}{\partial u}\right)\mathrm{d}u+\left(\frac{\partial z}{\partial x}\frac{\partial x}{\partial v}+\frac{\partial z}{\partial y}\frac{\partial y}{\partial v}\right)\mathrm{d}v\\ &=\frac{\partial z}{\partial x}\left(\frac{\partial x}{\partial u}\mathrm{d}u+\frac{\partial x}{\partial v}\mathrm{d}v\right)+\frac{\partial z}{\partial y}\left(\frac{\partial x}{\partial u}\mathrm{d}u+\frac{\partial y}{\partial v}\mathrm{d}v\right)\\ &=\frac{\partial z}{\partial x}\mathrm{d}x+\frac{\partial z}{\partial y}\mathrm{d}y\end{aligned}$$

这说明不论 x、y 是自变量还是中间变量，一阶微分都具有相同的形式，这就是**一阶全微分的形式不变性**。

对于多元函数 $z=f(\boldsymbol{y})$，$\boldsymbol{y}=(y_1,y_2,\cdots,y_n)$，当 $\boldsymbol{y}$ 为自变量时，一阶全微分的形式为

$$\mathrm{d}z=f'(\boldsymbol{y})\mathrm{d}\boldsymbol{y}$$

而当 $\boldsymbol{y}$ 为中间变量时，$\boldsymbol{y}=g(\boldsymbol{x})$，$\boldsymbol{x}=(x_1,x_2,\cdots,x_m)$，$\mathrm{d}\boldsymbol{y}=g'(\boldsymbol{x})\mathrm{d}\boldsymbol{x}$。由定理 12.4.2 得

$$\mathrm{d}z=(\boldsymbol{f}\circ\boldsymbol{g})'(\boldsymbol{x})\mathrm{d}\boldsymbol{x}=f'(\boldsymbol{y})g'(\boldsymbol{x})\mathrm{d}\boldsymbol{x}=f'(\boldsymbol{y})(g'(\boldsymbol{x})\mathrm{d}\boldsymbol{x})=f'(\boldsymbol{y})\mathrm{d}\boldsymbol{y}$$

这说明:一阶全微分的形式不变性是普遍成立的。

注　全微分的形式不变性在高阶微分时不成立。

例 12.5.5　利用一阶全微分的形式不变性求 $u=\mathrm{e}^{xy}-2z+\mathrm{e}^{y+z}$ 的全微分 $\mathrm{d}u$。

解　$u=\mathrm{e}^{xy}-2z+\mathrm{e}^{z+y}$ 两边求全微分,利用一阶全微分的形式不变性可得

$$\begin{aligned}\mathrm{d}u&=\mathrm{d}(\mathrm{e}^{xy})-2\mathrm{d}z+\mathrm{d}\mathrm{e}^{x+y}=\mathrm{e}^{xy}(y\mathrm{d}x+x\mathrm{d}y)-2\mathrm{d}z+\mathrm{e}^{y+z}(\mathrm{d}y+\mathrm{d}z)\\&=y\mathrm{e}^{xy}\mathrm{d}x+(x\mathrm{e}^{xy}+\mathrm{e}^{y+z})\mathrm{d}y+(\mathrm{e}^{y+z}-2)\mathrm{d}z\end{aligned}$$

我们还可以顺便求出

$$\frac{\partial u}{\partial x}=y\mathrm{e}^{xy},\quad \frac{\partial u}{\partial y}=x\mathrm{e}^{xy}+\mathrm{e}^{y+z},\quad \frac{\partial u}{\partial z}=\mathrm{e}^{y+z}-2$$

习题 12.5

1. 求下列函数在指定点的微分:

(1) $\boldsymbol{f}(x,y,z)=(\mathrm{e}^{y^2+z^2},\sin yz,\sqrt{x+y})$,在点 $(x,y,z)=(2,1,3)$。

(2) $\boldsymbol{f}(x,y,z)=(x+y+z,x^2y,x^2+y^2+z^2)$,在点 $(u,v,w)=(2,-1,-2)$。

2. 设映射 $\boldsymbol{y}=\boldsymbol{f}(\boldsymbol{u})$,$\boldsymbol{u}=\boldsymbol{g}(\boldsymbol{x})$ 都可求偏导,求复合函数 $\boldsymbol{y}=(\boldsymbol{f}\circ\boldsymbol{g})(\boldsymbol{x})$ 的 Jacobi 矩阵。

(1) $\boldsymbol{y}=\boldsymbol{f}(\boldsymbol{u})$,$y_1=u_1+2u_2$,$y_2=u_1u_2+2$,$y_3=\dfrac{u_2}{u_1}$;$\boldsymbol{u}=\boldsymbol{g}(\boldsymbol{x})$,$u_1=\ln\sqrt{x_1^2+x_2^2}$,$u_2=\arctan\dfrac{x_2}{x_1}$。

(2) $\boldsymbol{y}=\boldsymbol{f}(\boldsymbol{u})$,$y_1=u_1^2+u_2^2$,$y_2=u_1^2-u_2^2$;$\boldsymbol{u}=\boldsymbol{g}(\boldsymbol{x})$,$u_1=\mathrm{e}^x\cos y$,$u_2=\mathrm{e}^x\sin y$。

(3) $\boldsymbol{y}=\boldsymbol{f}(\boldsymbol{u})$,$y_1=\ln\sqrt{u_1^2+u_2^2}$,$y_2=\arctan\dfrac{u_2}{u_1}$;$\boldsymbol{u}=\boldsymbol{g}(\boldsymbol{x})$,$u_1=\mathrm{e}^x\cos y$,$u_2=\mathrm{e}^x\sin y$。

3. 证明:全微分的形式不变性在 2 阶微分时不成立。

4. 利用一阶全微分的形式不变性求 $z=\sqrt[4]{\dfrac{2x+3y}{4x-y}}$ 的全微分 $\mathrm{d}z$。

12.6　中值定理和 Taylor 公式

二元函数的中值公式和 Taylor 公式,与一元函数的中值公式和泰勒公式相似,$n(n>2)$ 元函数也有同样的公式,只是形式上更复杂些,我们仅给出二元函数的相关结论。

首先给出 $\mathbb{R}^n$ 中凸区域的概念。

定义 12.6.1　设 $D\subset\mathbb{R}^n$ 上任意两点的连线都含于 D,则称 D 为**凸区域**,也就是说,如果 D 是一个凸区域,则对于任意两点 $\boldsymbol{x},\boldsymbol{y}\in D$ 和一切 $\lambda(0\leqslant\lambda\leqslant1)$,恒有

$$z=\lambda\boldsymbol{x}+(1-\lambda)\boldsymbol{y}\in D$$

图 12.6.1 为凸区域,图 12.6.2 为非凸区域。

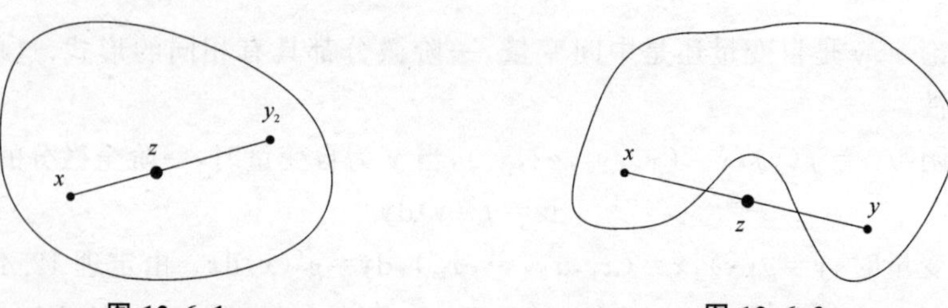

图 12.6.1　　　　图 12.6.2

例如：$\mathbb{R}^2$ 中的开圆盘

$$\{(x,y)\mid(x-a)^2+(y-b)^2<r^2\}$$

是一个凸区域。

定理 12.6.1(中值定理)　设二元函数 f 在凸区域 $D\subset\mathbb{R}^2$ 上可微，则对于 D 内任意两点 (x_0,y_0) 和 (x_0+h,y_0+k)，至少存在一个 $\theta(0<\theta<1)$，使得

$$\begin{aligned}&f(x_0+h,y_0+k)-f(x_0,y_0)\\&=f_x(x_0+\theta h,y_0+\theta k)h+f_y(x_0+\theta h,y_0+\theta k)k\end{aligned}$$

证　因为 D 是凸区域，所以 $(x_0+th,y_0+tk)\in D,t\in[0,1]$，令

$$\phi(t)=f(x_0+th,y_0+tk)$$

它是定义在 $[0,1]$ 上的一元函数，由已知条件及定理 12.4.2 可知，$\phi(t)$ 在 $[0,1]$ 上连续，在 $(0,1)$ 内可导，且

$$\phi'(t)=f_x(x_0+th,y_0+tk)h+f_y(x_0+th,y_0+tk)k$$

由一元函数 Lagrange 中值定理可知，至少存在一点 $\theta\in(0,1)$，使得

$$\phi(1)-\phi(0)=\phi'(\theta)$$

将 $\phi(1)=f(x_0+h,y_0+k)$，$\phi(0)=f(x_0,y_0)$ 及 $\phi'(\theta)$ 代入上式即可得到定理中的结论。证毕。

推论 12.6.1　如果函数 $f(x,y)$ 在区域 $D\in\mathbb{R}^2$ 上的偏导数恒为零，那么它在 D 上必是常值函数。

证　如果 D 是凸区域，则由中值定理 12.6.1 可知，结论自然成立。

对一般区域 D，它是道路连通的开集，所以给定 $\boldsymbol{x}_0\in D$，$\forall\,\boldsymbol{x}\in D$，设 σ：$[0,1]\to D$ 是连接 $\boldsymbol{x}_0,\boldsymbol{x}$ 的连续曲线，因为 D 是开集，故存在开球 $B_r(\boldsymbol{x}_0)\subset D$，$\sigma$ 在 $[0,1]$ 上连续，所以存在 $1\geqslant\delta>0$，使得 $\sigma([0,\delta])\subset B_r(\boldsymbol{x}_0)$，如图 12.6.3 所示，$B_r(\boldsymbol{x}_0)$ 是凸区域，所以 f 在 $B_r(\boldsymbol{x}_0)$ 上是常值函数，则 $f(\sigma(\delta))=f(\boldsymbol{x}_0)$。

记

$$t_0=\sup\{t\mid 当\ 0<s<t\ 时，f\circ\sigma(s)=f(\boldsymbol{x}_0)\}$$

如果 $t_0<1$，记 $\boldsymbol{x}_1=\sigma(t_0)\in D$，则存在 $\delta'>0$ 且 $t_0+\delta'<1$，使得 $\sigma(t_0+\delta')\subset B_{r'}(\boldsymbol{x}_1)$，如图 12.6.4 所示，有

$$f(\sigma(t_0+\delta'))=f(\sigma(\delta))=f(\boldsymbol{x}_0)$$

这与 t_0 是函数取得常值的集合上确界矛盾，所以

$$f(\boldsymbol{x})=f(\sigma(1))=f(\sigma(0))=f(\boldsymbol{x}_0)$$

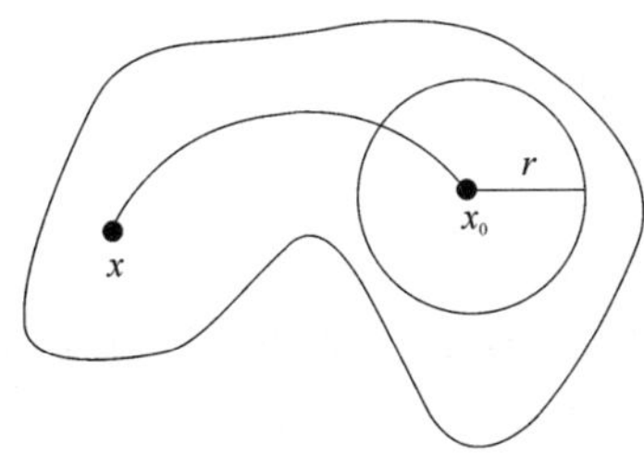

图 12.6.3

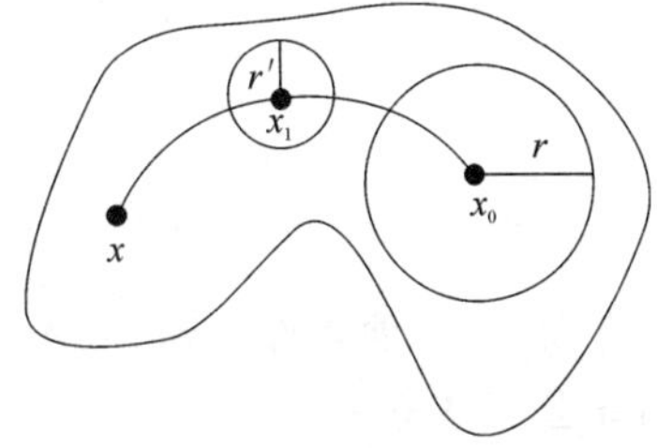

图 12.6.4

n 元函数的中值定理可表述如下。

定理 12.6.2　设 n 元函数 $f(x)$ 在凸区域 $D\in\mathbb{R}^n$ 上可微，则对于 D 内任意两点 $\boldsymbol{a}$、$\boldsymbol{b}$，存在 $\boldsymbol{\xi}\in D$，使得

$$f(\boldsymbol{b})-f(\boldsymbol{a})=J_f(\xi)(\boldsymbol{b}-\boldsymbol{a})$$

式中,$\boldsymbol{\xi}=a+\theta(\boldsymbol{b}-\boldsymbol{a})(0<\theta<1)$是连接 $\boldsymbol{a}$、$\boldsymbol{b}$ 的直线段上的点。

一元函数 $f(x)$的 Taylor 公式是用一个 n 次多项式 $T_n(x,x_0)$来近似逼近函数 $f(x)$,那么能否用多个变量的多项式来近似表达一个给定的多元函数,并具体地估算出误差的大小呢?下面给出肯定的回答,以二元函数为例给出多元函数的 Taylor 公式。

定理 12.6.3(Taylor 公式) 设函数 $z=f(x,y)$在(x_0,y_0)点的某邻域内有直到 $n+1$ 阶连续偏导数,对于该邻域内任何点(x_0+h,y_0+k),有

$$f(x_0+h,y_0+k)=f(x_0,y_0)+\left(h\frac{\partial}{\partial x}+k\frac{\partial}{\partial y}\right)f(x_0,y_0)+\frac{1}{2!}\left(h\frac{\partial}{\partial x}+k\frac{\partial}{\partial y}\right)^2 f(x_0,y_0)+\cdots+\frac{1}{n!}\left(h\frac{\partial}{\partial x}+k\frac{\partial}{\partial y}\right)^n f(x_0,y_0)+R_n$$

式中

$$\left(h\frac{\partial}{\partial x}+k\frac{\partial}{\partial y}\right)^k f(x_0,y_0)=\sum_{i=0}^{k}C_k^i h^{k-i}k^i\frac{\partial^k f}{\partial x^{k-i}\partial y^i}(x_0,y_0),\quad k\geqslant 1$$

$R_n=\dfrac{1}{(n+1)!}\left(h\dfrac{\partial}{\partial x}+k\dfrac{\partial}{\partial y}\right)^{n+1}f(x_0+\theta h,y_0+\theta k)(0<\theta<1)$ 称为 Lagrange **余项**。

证 对于任意给定的点$(x_0+h,y_0+k)\in U$,构造辅助函数

$$\phi(t)=f(x_0+th,y_0+tk),\quad 0\leqslant t\leqslant 1$$

则

$$\phi(0)=f(x_0,y_0),\quad \phi(1)=f(x_0+h,y_0+k)$$

利用复合函数求导法则,可得

$$\phi'(t)=hf_x(x_0+ht,y_0+kt)+kf_y(x_0+ht,y_0+kt)$$

即

$$\phi'(0)=\left(h\frac{\partial}{\partial x}+k\frac{\partial}{\partial y}\right)f(x_0,y_0)$$

$$\phi''(t)=h^2f_{xx}(x_0+ht,y_0+kt)+2hkf_{xy}(x_0+ht,y_0+kt)+k^2f_{yy}(x_0+ht,y_0+kt)$$

可知

$$\phi''(0)=\left(h\frac{\partial}{\partial x}+k\frac{\partial}{\partial y}\right)^2 f(x_0,y_0)$$

一般地,

$$\phi^{(m)}(t)=\sum_{i=0}^{m}C_m^{i}h^{k-i}k^i\left.\frac{\partial^k f}{\partial x^{k-i}\partial y^i}\right|_{(x_0+ht,y_0+kt)}$$

即

$$\phi^{(m)}(0)=\left(h\frac{\partial}{\partial x}+k\frac{\partial}{\partial y}\right)^m f(x_0,y_0)$$

另一方面,由定理条件可知,一元函数 $\phi(t)$在$[-1,1]$上具有 $n+1$ 阶连续导数,因此在 $t=0$ 处 Taylor 公式成立:

$$\phi(t)=\phi(0)+\phi'(0)t+\frac{1}{2!}\phi''(0)t^2+\cdots+\frac{1}{n!}\phi^{(n)}(0)t^n+\frac{1}{(n+1)!}\phi^{(n+1)}(\theta t))t^{n+1},\quad 0<\theta<1$$

把 $\phi^{(m)}(0)(0\leqslant m\leqslant n)$代入上式即得定理结论。证毕。

由定理 12.6.3 可得到带 Peano 余项的 Taylor 公式。

定理 12.6.4 设函数 $z=f(x,y)$在(x_0,y_0)点的某邻域内有直到 $n+1$ 阶连续偏导数,那

么在邻域内任意一点(x_0+h,y_0+k)，

$$f(x_0+h,y_0+k)=f(x_0,y_0)+\left(h\frac{\partial}{\partial x}+k\frac{\partial}{\partial y}\right)f(x_0,y_0)+\frac{1}{2!}\left(h\frac{\partial}{\partial x}+k\frac{\partial}{\partial y}\right)^2 f(x_0,y_0)+\cdots+\frac{1}{n!}\left(h\frac{\partial}{\partial x}+k\frac{\partial}{\partial y}\right)^n f(x_0,y_0)+o((\sqrt{h^2+k^2})^n)$$

成立。

例 12.6.1　求 $1.04^{2.02}$ 的近似值。

解　设函数 $f(x,y)=x^y$，$(x_0,y_0)=(1,2)$，$h=0.04$，$k=0.02$，则

$$f(1,2)=1,\quad f_x(1,2)=yx^{y-1}|_{(1,2)}=2,\quad f_y(1,2)=x^y\ln x|_{(1,2)}=0$$

$$f_{xx}(1,2)=y(y-1)x^{y-2}|_{(1,2)}=2,\quad f_{xy}(1,2)=[x^{y-1}+yx^{y-1}\ln x]|_{(1,2)}=1$$

$$f_{yy}(1,2)=(x^y\ln^2 x)|_{(1,2)}=0$$

代入到 Taylor 公式，即得

$$x^y=1+2h+0\cdot k+\frac{1}{2}(2h^2+2hk+0\cdot k^2)+o(\rho)=1+2h+h^2+hk+o(\rho)$$

略去余项，则有

$$1.04^{2.02}\approx 1+2\times 0.04+0.04^2+\times 0.04\times 0.02=1.082\ 4$$

例 12.6.2　求函数 $f(x,y)=\mathrm{e}^{x+y}$ 在$(0,0)$点的 Taylor 公式(称之为**麦克劳林公式**)。

解　函数 $f(x,y)=\mathrm{e}^{x+y}$ 存在任意阶连续偏导数，且

$$\frac{\partial^{m+l}f}{\partial x^m\partial y^l}=\mathrm{e}^{x+y},\quad \frac{\partial^{m+l}f}{\partial x^m\partial y^l}(0,0)=1$$

式中，m、l 为任意非负整数，则由定理 12.6.3 可得

$$\mathrm{e}^{x+y}=1+(x+y)+\frac{1}{2!}(x+y)^2+\cdots+\frac{1}{n!}(x+y)^n+\frac{1}{(n+1)!}(x+y)^{n+1}\mathrm{e}^{\theta(x+y)},\quad 0<\theta<1$$

定理 12.6.5(*n* 元函数的 Taylor 公式)　设 n 元函数 $z=f(x_1,x_2,\cdots,x_n)$ 在$(x_1^0,x_2^0,\cdots,x_n^0)$点的某邻域内有直到 $n+1$ 阶连续偏导数，对于该邻域内任何点$(x_1^0+h_1,x_2^0+h_2,\cdots,x_n^0+h_n)$，有

$$\begin{aligned}&f(x_1^0+h_1,x_2^0+h_2,\cdots,x_n^0+h_n)\\=&f(x_1^0,x_2^0,\cdots,x_n^0)+\left(\sum_{i=1}^n h_i\frac{\partial}{\partial x_i}\right)f(x_1^0,x_2^0,\cdots,x_n^0)+\\&\frac{1}{2!}\left(\sum_{i=1}^n h_i\frac{\partial}{\partial x_i}\right)^2 f(x_1^0,x_2^0,\cdots,x_n^0)+\cdots+\\&\frac{1}{n!}\left(\sum_{i=1}^n h_i\frac{\partial}{\partial x_i}\right)^n f(x_1^0,x_2^0,\cdots,x_n^0)+R_n\end{aligned}$$

式中，$R_n=\dfrac{1}{(n+1)!}\left(\sum_{i=1}^n h_i\dfrac{\partial}{\partial x_i}\right)^{n+1}f(x_1^0+\theta h_1,x_2^0+\theta h_2,+\cdots+,x_n^0+\theta h_n)(0<\theta<1)$ 称为 Lagrange **余项**。

习题 12.6

1. 对函数 $f(x,y)=\sin x\cos y$ 利用中值定理证明：对某个 $\theta\in(0,1)$，有

$$\frac{3}{4}=\frac{\pi}{3}\cos\frac{\pi\theta}{3}\cos\frac{\pi\theta}{6}-\frac{\pi}{6}\sin\frac{\pi\theta}{3}\sin\frac{\pi\theta}{6}$$

2. 求下列函数在指定点的 Taylor 多项式：

(1) $z=e^{-x}\ln(1+y)$，在(0,0)点(到三阶为止)。

(2) $f(x,y)=2x^3+3y^3+x^2-xy-y^2-5x+3y+7$，在(1,-2)点。

3. 求 $f(x,y)=\sqrt{1+x^2+y^2}$ 在(0,0)点的二阶 Taylor 公式及余项表达式。

4. 设 $f(x,y)=\dfrac{\cos y}{x}$，$x>0$。求 $f(x,y)$ 在(1,0)点的 Taylor 展开式(展开到二阶)，并计算余项 R_2。

12.7 隐函数定理

12.7.1 单个方程的情形

到目前为止，我们接触到的函数大多是自变量的某个表达式，比如

$$y=\sin x,\quad z=x^2+y+e^x y,\quad u=\ln(x^2+yz)$$

这类函数称为**显函数**。但我们更常遇到的是函数的另一种表达形式，其自变量与因变量之间的对应法则是由一个方程所确定的。

例如：反映行星运动轨迹的 Kepler 方程

$$F(x,y)=y-x-\varepsilon\sin y=0,\quad 0<\varepsilon<1$$

式中，x 是时间，y 是行星与太阳的连线扫过的扇形的弧度，ε 是行星运动的椭圆轨道的离心率。从天体力学上考虑，y 必定是 x 的函数，但是函数关系却无法显式化，这类函数称为隐函数，具体描述如下：

设 D、E 是$\mathbb{R}$的两个区间，二元函数 $F(x,y)$ 在 $D\times E$ 上有定义，如果对于任意 $x\in D$，存在唯一的 $y\in E$，使得 $F(x,y)=0$，则我们就说方程 $F(x,y)=0$ 确定了一个从 D 到 E 的**隐函数**，或者说由方程 $F(x,y)=0$ 可以“解出”$y=f(x)$，即

$$F(x,y(x))=0,\quad \forall x\in D$$

同样，对于 n 元函数，有时也可以用方程 $F(x_1,x_2,\cdots,x_n)=0$ 来确定隐函数。

一个方程 $F(x,y)$ 能否确定一个隐函数，确定什么样的隐函数，取决于二元函数 $F(x,y)$ 和 D 及 E 的选取。

例 12.7.1 设 $D_1=[-1,1]$，$E_1=[0,+\infty)$，则方程 $F(x,y)=x^2+y^2-1=0$ 确定一个隐函数

$$f_1: D_1\to E_1,\quad y=\sqrt{1-x^2}$$

取 $D_2=[-1,1]$，$E_2=(-\infty,0]$，则方程 $F(x,y)=x^2+y^2-1=0$ 确定一个隐函数

$$f_2: D_2\to E_2,\quad y=-\sqrt{1-x^2}$$

取 $D_3=[1-\delta,1]$，$E_3=(-\infty,+\infty)$，其中 $\delta>0$ 任意小，则 $\forall x\in D_3(x\neq 1)$，存在 y_1、$y_2\in E_3$，使得

$$y_1=\sqrt{1-x^2},\quad y_2=-\sqrt{1-x^2}$$

并使得 $x^2+{y_1}^2-1=0$，$x^2+{y_2}^2-1=0$。由于 y 不唯一，所以方程 $F(x,y)=x^2+y^2-1=0$ 不能确定从 D_3 到 E_3 的隐函数。

同理，取 $D_4=[-1,-1+\delta]$，$E_4=(-\infty,+\infty)$时，方程 $F(x,y)=x^2+y^2-1=0$ 无法确

定一个隐函数。

所以隐函数必须在指出确定它的方程以及 x、y 的取值范围后才有意义。当然,在不产生误解的情况下,其取值范围也可以不必一一指出。

如图 12.7.1 所示,在单位圆周上 $(\pm 1,0)$ 点处,方程 $F(x,y)=0$ 无法确定隐函数 $y=f(x)$,观察发现 $(\pm 1,0)$ 是使得 $F_y(x,y)=0$ 的仅有的两个点,这说明 $F_y(x,y)\neq 0$ 对于确定隐函数 $y=f(x)$ 可能有着重要的作用。

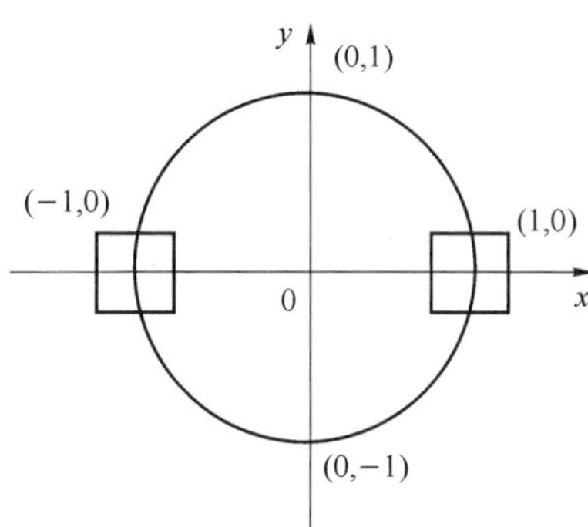

图 12.7.1

事实上,我们有如下定理:

定理 12.7.1(一元隐函数存在定理)　若二元函数 $F(x,y)$ 满足条件:

(1) $F(x_0,y_0)=0$;

(2) 在闭矩形 $\boldsymbol{D}=\{(x,y)\mid |x-x_0|\leqslant a,|y-y_0|\leqslant b\}$ 上,$F(x,y)$ 连续,且具有连续偏导数;

(3) $F_y(x_0,y_0)\neq 0$,

那么

(ⅰ) 在点 (x_0,y_0) 附近可以从函数方程

$$F(x,y)=0$$

唯一确定隐函数

$$y=f(x),\quad x\in O(x_0,\rho)$$

它满足 $F(x,f(x))=0$,以及 $y_0=f(x_0)$;

(ⅱ) 隐函数 $y=f(x)$ 在 $x\in O(x_0,\rho)$ 上连续;

(ⅲ) 隐函数 $y=f(x)$ 在 $x\in O(x_0,\rho)$ 上具有连续的导数,且

$$\frac{\mathrm{d}y}{\mathrm{d}x}=-\frac{F_x(x,y)}{F_y(x,y)}$$

证

(ⅰ) 先证隐函数的存在与唯一性。

由于 $F_y(x_0,y_0)\neq 0$,不妨设 $F_y(x_0,y_0)>0$。又 $F_y(x,y)$ 在 $\boldsymbol{D}$ 上连续,可知存在 $0<\alpha\leqslant a$,$0<\beta\leqslant b$,使得在闭矩形 $\boldsymbol{D}^*=\{(x,y)\mid |x-x_0|\leqslant\alpha,|y-y_0|\leqslant\beta\}$ 上

$$F_y(x,y)>0$$

成立。

于是,对于固定的 x_0,y 的函数 $g(y)=F(x_0,y)$ 在 $[y_0-\beta,y_0+\beta]$ 是严格单调增加的。又由于 $g(y_0)=F(x_0,y_0)=0$,由函数 $F(x,y)$ 的连续性可知,

$$g(y_0-\beta)=F(x_0,y_0-\beta)<0,\quad g(y_0+\beta)=F(x_0,y_0+\beta)>0。$$

再由 $F(x,y)$ 在 $\boldsymbol{D}^*$ 上连续,存在 $\rho>0$,使得在线段

$$x_0-\rho<x<x_0+\rho,\quad y=y_0+\beta$$

上 $F(x,y_0+\beta)>0$,而在线段

$$x_0-\rho<x<x_0+\rho,\quad y=y_0-\beta$$

上 $F(x,y_0-\beta)<0$。

因此,对于 $(x_0-\rho,x_0+\rho)$ 内的任一点 $\bar{x}$,将 $F(\bar{x},y)$ 看成 $\boldsymbol{y}$ 的函数,它在 $[y_0-\beta,y_0+\beta]$ 上是连续的,由上面的讨论可知

$$F(\bar{x},y_0-\beta)<0,\quad F(\bar{x},y_0+\beta)>0$$

由零点存在定理,必有 $\bar{y}\in(y_0-\beta,y_0+\beta)$ 使得 $F(\bar{x},\bar{y})=0$。又因为在 $\boldsymbol{D}^*$ 上 $F_y>0$,因此这样的 $\bar{y}$ 是唯一的。

将 $\bar{y}$ 与 $\bar{x}$ 的对应关系记为 $\bar{y}=f(\bar{x})$,就得到定义在 $(x_0-\rho,x_0+\rho)$ 内的函数 $y=f(x)$,它满足 $F(x,f(x))\equiv0$,而且显然 $y_0=f(x_0)$ 成立(见图 12.7.2)。

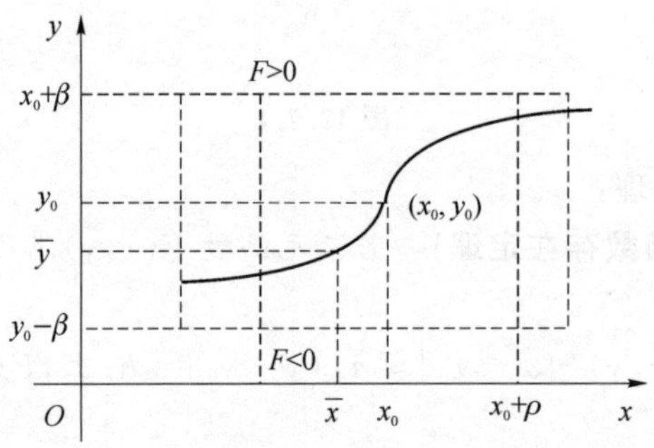

图 12.7.2

(ⅱ)再证隐函数 $y=f(x)$ 在 $(x_0-\rho,x_0+\rho)$ 内的连续性。

设 $\bar{x}$ 为 $(x_0-\rho,x_0+\rho)$ 内的任一点。对于任意给定的 $\varepsilon>0$(ε 充分小),使

$$y_0-\beta\leqslant\bar{y}-\varepsilon<\bar{y}<\bar{y}+\varepsilon\leqslant y_0+\beta$$

由于 $F(\bar{x},\bar{y})=0$ 以及 $(F(x,y))$ 关于 y 严格递增,由前面的讨论可知

$$F(\bar{x},\bar{y}-\varepsilon)<0,\quad F(\bar{x},\bar{y}+\varepsilon)>0$$

由于 $F(x,y)$ 在 $\boldsymbol{D}^*$ 上连续,一定存在 $\delta>0$,使得当 $x\in O(\bar{x},\delta)$ 时,

$$F(x,\bar{y}-\varepsilon)<0,\quad F(x,\bar{y}+\varepsilon)>0$$

因此,存在唯一的 $y\in(\bar{y}-\varepsilon,\bar{y}+\varepsilon)$,使 $F(x,y)=0$,即存在 y 与 x 的对应关系 $y=f(x)$,当 $x\in O(\bar{x},\delta)$ 时,

$$|f(x)-f(\bar{x})|<\varepsilon$$

这意味着 $f(x)$ 在 $\bar{x}$ 处连续。由于 $\bar{x}$ 在 $(x_0-\rho,x_0+\rho)$ 内的任意性,$y=f(x)$ 在 $(x_0-\rho,x_0+\rho)$ 内连续。

(ⅲ)最后证明 $y=f(x)$ 在 $(x_0-\rho,x_0+\rho)$ 内连续可导,且 $\dfrac{\mathrm{d}y}{\mathrm{d}x}=-\dfrac{F_x(x,y)}{F_y(x,y)}$。

设 $\bar{x}$ 为 $(x_0-\rho,x_0+\rho)$ 内的任一点。取 $|\Delta x|$ 充分小使得 $\bar{x}+\Delta x\in(x_0-\rho,x_0+\rho)$,记 $\bar{y}=f(\bar{x})$ 以及 $\bar{y}+\Delta y=f(\bar{x}+\Delta x)$,则显然 $F(\bar{x},\bar{y})=0$ 和 $F(\bar{x}+\Delta x,\bar{y}+\Delta y)=0$ 成立。

应用多元函数的微分中值定理,得到

$$\begin{aligned}0&=F(\bar{x}+\Delta x,\bar{y}+\Delta y)-F(\bar{x},\bar{y})\\&=F_x(\bar{x}+\theta\Delta x,\bar{y}+\theta\Delta y)\Delta x+F_y(\bar{x}+\theta\Delta x,\bar{y}+\theta\Delta y)\Delta y\end{aligned}$$

式中，$0<\theta<1$。注意到在 $\boldsymbol{D}^*$ 上 $F_y\neq 0$，因此

$$\frac{\Delta y}{\Delta x}=-\frac{F_x(\bar{x}+\theta\Delta x,\bar{y}+\theta\Delta y)}{F_y(\bar{x}+\theta\Delta x,\bar{y}+\theta\Delta y)}$$

令 $\Delta x\to 0$，注意到 F_x 和 F_y 的连续性，得到

$$\left.\frac{\mathrm{d}y}{\mathrm{d}x}\right|_{x=\bar{x}}=-\frac{F_x(\bar{x},\bar{y})}{F_y(\bar{x},\bar{y})}$$

即

$$f'(\bar{x})=-\frac{F_x(\bar{x},f(\bar{x}))}{F_y(\bar{x},f(\bar{x}))}$$

注意到 $\bar{x}\in(x_0-\rho,x_0+\rho)$ 的任意性，则 $f'(x)=-\dfrac{F_x(x,y)}{F_y(x,y)}$ 为 $(x_0-\rho,x_0+\rho)$ 内的连续函数。证毕。

注　(1) 定理的条件是充分的。例如方程 $y^3-x^3=0$ 在原点 $(0,0)$ 不满足 $F_y(0,0)\neq 0$，但它仍能确定唯一的连续函数 $y=x$。

当然，当定理中条件(4)不满足时，定理的结论往往不成立. 例如我们之前的例子：单位圆周 $F(x,y)=x^2+y^2-1=0$ 在 $(1,0)$ 点，满足 $F(1,0)=0$，F 与 $F_y=2y$ 均连续，满足定理的条件(1)、(2)、(3)，但因为 $F_y(1,0)=0$，不满足条件(4)，所以在 $(1,0)$ 点的任意小的邻域内都不能存在唯一的隐函数。

(2) 在定理的证明过程中，条件(3)、(4)只是用来保证存在 P_0 的某一邻域，在此邻域内 F 关于变量 y 是严格单调的，所以这两个条件可减弱为“F 在 P_0 的某邻域内关于 y 严格单调”。定理中给出较强的条件是为了在实际应用中便于检验。

(3) 如果把定理中的条件(4)换作 $F_x(x_0,y_0)\neq 0$，则方程可以确定唯一一个隐函数 $x=g(y)$。

另外，定理的结论可以直接推广到多元函数的情形，证明方法非常类似，我们不加证明地写出这个结果。

定理 12.7.2(多元隐函数存在定理)　如果 $n+1$ 元函数 $F(x_1,x_2,\cdots,x_n,y)$ 满足条件：

(1) $F(x_1^0,x_2^0,\cdots,x_n^0,y^0)=0$；

(2) 在闭矩形区域 $D=\{(x,y)\mid |y-y_0|\leqslant b,|x_i-x_i{}^0|\leqslant a_i,i=1,2,\cdots,n\}$ 上，F 连续且具有连续偏导数 $F_y,F\{x_i\},i=1,2,\cdots,n$；

(3) $F_y(x_1^0,x_2^0,\cdots,x_n^0,y^0)\neq 0$，

那么

(ⅰ) 在点 $(x_1^0,x_2^0,\cdots,x_2^0)$ 附近方程 $F(x_1,x_2,\cdots,x_n,y)=0$ 可以唯一确定隐函数

$$y=f(x_1,x_2,\cdots,x_n),\quad (x_1,x_2,\cdots,x_n)\in O((x_1^0,x_2^0,\cdots,x_n^0),\rho)$$

它满足 $F(x_1,x_2,\cdots,x_n,f(x_1,x_2,\cdots,x_n))=0$，以及 $y_0=f(x_1^0,x_2^0,\cdots,x_2^0)$；

(ⅱ) 隐函数 $y=f(x_1,x_2,\cdots,x_n)$ 在 $O((x_1^0,x_2^0,\cdots,x_n^0),\rho)$ 内连续；

(ⅲ) 隐函数 $y=f(x_1,x_2,\cdots,x_n)$ 在 $O((x_1^0,x_2^0,\cdots,x_n^0),\rho)$ 内有连续偏导数，且

$$\frac{\partial y}{\partial x_i}=-\frac{F_{x_i}(x_1,x_2,\cdots,x_n,y)}{F_y(x_1,x_2,\cdots,x_n,y)},\quad i=1,2,\cdots,n$$

注　设方程

$$F(x_1,x_2,\cdots,x_n,y)=0$$

所确定的隐函数 $y=f(x_1,x_2,\cdots,x_n)$,可利用复合函数求导的链式法则得到

$$\frac{\partial F}{\partial x_i}+\frac{\partial F}{\partial y}\frac{\partial y}{\partial x_i}=0$$

于是

$$\frac{\partial y}{\partial x_i}=-\frac{\dfrac{\partial F}{\partial x_i}}{\dfrac{\partial F}{\partial y}}=-\frac{F_{x_i}}{F_y},\quad i=1,2,\cdots,n$$

例 12.7.2 验证方程 $\sin y+\mathrm{e}^x-xy-1=0$ 在(0,0)点的某邻域可确定一个单值可导隐函数 $y=f(x)$,并求出$\left.\dfrac{\mathrm{d}y}{\mathrm{d}x}\right|_{x=0}$,$\left.\dfrac{\mathrm{d}^2y}{\mathrm{d}x^2}\right|_{x=0}$。

证 令 $F(x,y)=\sin y+\mathrm{e}^x-xy-1=0$,则 F 及其偏导数 $F_x=\mathrm{e}^x-y$,$F_y=\cos y-x$ 在平面上任意一点都连续,且

$$F(0,0)=0,\quad F_y(0,0)=\cos 0-0=1\neq 0$$

由定理 12.7.1,方程 $F(x,y)=0$ 确定了一个连续可导隐函数 $y=f(x)$。

方程

$$F(x,y(x))=\sin y(x)+\mathrm{e}^x-xy(x)-1=0$$

两边对 x 求导数,得

$$\cos y\cdot y'(x)+\mathrm{e}^x-y(x)-xy'=0 \tag{12.7.1}$$

于是

$$y'|_{x=0}=-\left.\frac{\mathrm{e}^x-y}{\cos y-x}\right|_{(0,0)}=-1$$

方程(12.7.1)两端继续对 x 求导数,得

$$-\sin y(y')^2+\cos y\cdot y'+\mathrm{e}^x-y'-y'-xy''=0$$

令 $x=0$,注意此时 $y(0)=0$,$y'(0)=-1$,解得

$$y''(0)=-3$$

例 12.7.3 已知$\dfrac{x}{z}=\phi\left(\dfrac{y}{z}\right)$,其中 ϕ 为可微函数,求 $x\dfrac{\partial z}{\partial x}+y\dfrac{\partial z}{\partial y}$。

解 记 $F(x,y,z)=\dfrac{x}{z}-\phi\left(\dfrac{y}{z}\right)$,由隐函数定理可知,方程 $F(x,y,z)=0$ 在 $F_z\neq 0$ 的点附近可以确定一个隐函数 $z=z(x,y)$,现在求它的偏导数 z_x、z_y。方程可表示为

$$F(x,y,z)=\frac{x}{z(x,y)}-\phi\left[\frac{y}{z(x,y)}\right] \tag{12.7.2}$$

两端关于 x 求偏导数,可得

$$\frac{z-xz_x}{z^2(x,y)}-\phi'\frac{-yz_x}{z^2(x,y)}=0$$

于是

$$\frac{\partial z}{\partial x}=-\frac{z}{x-y\phi'\left(\dfrac{y}{z}\right)}$$

式(12.7.2)对 y 求偏导,得

$$\frac{-xz_y}{z^2(x,y)}-\phi'\frac{z-yz_y}{z^2(x,y)}=0$$

于是

$$\frac{\partial z}{\partial y}=\frac{z\phi'\left(\frac{y}{z}\right)}{x-y\phi'\left(\frac{y}{z}\right)}$$

代入可得

$$x\frac{\partial z}{\partial x}+y\frac{\partial z}{\partial y}=\frac{xz-yz\phi\left(\frac{y}{z}\right)}{x-y\phi'\left(\frac{y}{z}\right)}=\frac{z\left[x-y\phi\left(\frac{y}{z}\right)\right]}{x-y\phi'\left(\frac{y}{z}\right)}=z$$

例 12.7.4(反函数的存在性与其导数)　设 $y=f(x)$ 在 x_0 的某邻域内有连续的导函数 $f'(x)$，且 $f(x_0)=y_0$，考虑方程

$$F(x,y)=y-f(x)=0$$

由于

$$F(x_0,y_0)=0,\quad F_y=1,\quad F_x(x_0,y_0)=-f'(x_0) \tag{12.7.3}$$

所以只要 $f'(x_0)\neq 0$，就能满足隐函数定理的所有条件，这时方程(12.7.3)能确定出在 y_0 的某邻域 $O(y_0)$ 内的连续可微隐函数 $x=g(y)$，并称它为函数 $y=f(x)$ 的**反函数**。反函数的导数是

$$g'(y)=-\frac{F_y}{F_x}=-\frac{1}{-f'(x)}=\frac{1}{f'(x)}$$

12.7.2　多个方程的情形

由线性代数的知识可知，在系数行列式

$$\begin{vmatrix} a_1 & b_1 \\ a_2 & b_2 \end{vmatrix}\neq 0$$

时，线性方程组

$$\begin{cases} a_1u+b_1v+c_1x+d_1y=0 \\ a_2u+b_2v+c_2x+d_2y=0 \end{cases}$$

存在唯一解

$$u=-\frac{(c_1b_2-b_1c_2)x+(d_1b_2-b_1d_2)y}{a_1b_2-b_1a_2}$$

$$v=-\frac{(a_1c_2-c_1a_2)x+(a_1d_2-d_1a_2)y}{a_1b_2-b_1a_2}$$

即此时确定了 u、v 为 x、y 的函数。

对一般的函数方程组

$$\begin{cases} F(x,y,u,v)=0 \\ G(x,y,u,v)=0 \end{cases}$$

在满足一定条件的情况下也可以确定 u、v 为 x、y 的函数。

定理 12.7.3(多元向量值函数存在定理)　设函数 $F(x,y,u,v)$ 和 $G(x,y,u,v)$ 满足条件

(1) $F(x_0,y_0,u_0,v_0)=0, G(x_0,y_0,u_0,v_0)=0$ ；

(2) $F(x,y,u,v)$ 和 $G(x,y,u,v)$ 在 $P_0(x_0,y_0,u_0,v_0)$ 的某邻域 V 内连续，且具有连续偏导数；

(3) 在 (x_0,y_0,u_0,v_0) 点处，雅可比行列式 $J=\dfrac{\partial(F,G)}{\partial(u,v)}\neq 0$，

那么

(ⅰ) 在 (x_0,y_0,u_0,v_0) 点附近可以从方程组

$$\begin{cases}F(x,y,u,v)=0\\G(x,y,u,v)=0\end{cases}$$

唯一确定两个隐函数

$$u=f(x,y),\quad v=g(x,y),\quad (x,y)\in O((x_0,y_0),\rho)$$

它满足 $\begin{cases}F(x,y,f(x,y),g(x,y))=0\\G(x,y,f(x,y),g(x,y))=0\end{cases}$，以及 $u_0=f(x_0,y_0)$，$v_0=g(x_0,y_0)$；

(ⅱ) $u=f(x,y)$，$v=g(x,y)$ 在 $O((x_0,y_0),\rho)$ 内连续；

(ⅲ) $u=f(x,y)$，$v=g(x,y)$ 在 $O((x_0,y_0),\rho)$ 内有连续偏导数，且

$$\begin{pmatrix}\dfrac{\partial u}{\partial x} & \dfrac{\partial u}{\partial y}\\ \dfrac{\partial v}{\partial x} & \dfrac{\partial v}{\partial y}\end{pmatrix}=-\begin{pmatrix}F_u & F_v\\ G_u & G_v\end{pmatrix}^{-1}\begin{pmatrix}F_x & F_y\\ G_x & G_y\end{pmatrix}=-\frac{1}{J}\begin{pmatrix}F_x & F_y\\ G_x & G_y\end{pmatrix}$$

证 (1) 证明隐函数的存在性和可导性。

因为在 $P_0(x_0,y_0,u_0,v_0)$ 点处，雅可比行列式

$$J=\frac{\partial(F,G)}{\partial(u,v)}\neq 0$$

所以 F_u、F_v 至少有一个在 P_0 不为零，不妨设 $F_u\neq 0$，则方程 $F(x,y,u,v)=0$ 满足隐函数定理，所以在 $P_0(x_0,y_0,u_0,v_0)$ 点附近，存在具有连续偏导数的隐函数 $u=\phi(x,y,v)$，满足

$$F(x,y,\phi(x,y,v),v)=0,\quad u_0=\phi(x_0,y_0,v_0),\quad 且\ \phi_v=-\frac{F_v}{F_u}$$

将 $u=\phi(x,y,v)$ 代入 $G(x,y,u,v)=0$，得到函数方程

$$H(x,y,v)=G(x,y,\phi(x,y,v),v)=0$$

因为在 (x_0,y_0,v_0) 点处，

$$H_v=G_u\phi_v+G_v=G_u\left(-\frac{F_v}{F_u}\right)+G_v=\frac{F_uG_v-F_vG_u}{F_u}=\frac{1}{F_u}\frac{\partial(F,G)}{\partial(u,v)}\neq 0$$

所以方程 $H(x,y,v)$ 满足隐函数定理，在 (x_0,y_0,v_0) 点附近，存在具有连续偏导数的隐函数 $v=g(x,y)$，它满足 $H(x,y,g(x,y))=0$，即 $G(x,y,\phi(x,y,g(x,y)),g(x,y))=0$。

记 $f(x,y)=\phi(x,y,g(x,y))$，则在 (x_0,y_0) 附近

$$\left.\begin{aligned}F(x,y,f(x,y),g(x,y))=0\\G(x,y,f(x,y),g(x,y))=0\end{aligned}\right\}\tag{12.7.4}$$

成立。

由隐函数存在定理可知，函数 $u=\phi(x,y,v)$ 在 (x_0,y_0,v_0) 点附近、$v=g(x,y)$ 在 (x_0,y_0) 点附近都具有连续偏导数，所以复合函数 $f(x,y)=\phi(x,y,g(x,y))$ 在 (x_0,y_0) 点附近都具有连续偏导数。

(2) 求函数 $u=f(x,y)$，$v=g(x,y)$ 的偏导数。

在方程组(12.7.4)两端对 x 求偏导数，利用多元复合函数链式法则，可得

$$\begin{cases}\dfrac{\partial F}{\partial x}+\dfrac{\partial F}{\partial u}\dfrac{\partial u}{\partial x}+\dfrac{\partial F}{\partial v}\dfrac{\partial v}{\partial x}=0\\ \dfrac{\partial G}{\partial x}+\dfrac{\partial G}{\partial u}\dfrac{\partial u}{\partial x}+\dfrac{\partial G}{\partial v}\dfrac{\partial v}{\partial x}=0\end{cases}$$

因此

$$\begin{pmatrix}\dfrac{\partial u}{\partial x}\\ \dfrac{\partial v}{\partial x}\end{pmatrix}=-\frac{1}{J}\begin{pmatrix}\dfrac{\partial F}{\partial x}\\ \dfrac{\partial G}{\partial x}\end{pmatrix}$$

同理，在方程组(12.7.4)两端对 y 求偏导数，利用多元复合函数链式法则，可得

$$\begin{cases}\dfrac{\partial F}{\partial y}+\dfrac{\partial F}{\partial u}\dfrac{\partial u}{\partial y}+\dfrac{\partial F}{\partial v}\dfrac{\partial v}{\partial y}=0\\ \dfrac{\partial G}{\partial y}+\dfrac{\partial G}{\partial u}\dfrac{\partial u}{\partial y}+\dfrac{\partial G}{\partial v}\dfrac{\partial v}{\partial y}=0\end{cases}$$

因此

$$\begin{pmatrix}\dfrac{\partial u}{\partial y}\\ \dfrac{\partial v}{\partial y}\end{pmatrix}=-\frac{1}{J}\begin{pmatrix}\dfrac{\partial F}{\partial y}\\ \dfrac{\partial G}{\partial y}\end{pmatrix}$$

即

$$\begin{pmatrix}\dfrac{\partial u}{\partial x} & \dfrac{\partial v}{\partial x}\\ \dfrac{\partial v}{\partial x} & \dfrac{\partial v}{\partial y}\end{pmatrix}=-\frac{1}{J}\begin{pmatrix}F_x & F_y\\ G_x & G_y\end{pmatrix}$$

证毕。

注　(1) 如果写成分量形式就有

$$\frac{\partial u}{\partial x}=-\frac{1}{J}\frac{\partial(F,G)}{\partial(x,v)},\quad \frac{\partial v}{\partial x}=-\frac{1}{J}\frac{\partial(F,G)}{\partial(u,x)}$$

$$\frac{\partial u}{\partial y}=-\frac{1}{J}\frac{\partial(F,G)}{\partial(y,v)},\quad \frac{\partial v}{\partial y}=-\frac{1}{J}\frac{\partial(F,G)}{\partial(u,y)}$$

(2) 在定理12.7.3中，如果将条件(3)改为 $J=\dfrac{\partial(F,G)}{\partial(y,v)}\neq 0$，则方程组确定的隐函数组应该是 $y=y(u,x)$，$v=v(u,x)$；其他情形均可类似推得。总之，由方程组定义隐函数组并且求隐函数组的导数时，应当先明确哪些变量是自变量，哪些变量是因变量，然后再展开运算。

例12.7.5　讨论方程组

$$\begin{cases}F(u,v,x,y)=u^3+xv-y-1=0\\ G(u,v,x,y)=v^3+yu-x-1=0\end{cases}$$

在 $P_0(1,1,3,3)$ 点附近能确定怎样的隐函数组，并求其偏导数。

解　(1) $F_u=3u^2,F_v=x,F_x=v,F_y=-1,G_u=y,G_v=3v^2,G_x=-1,G_y=u$ 在 $P_0(1,1,3,3)$ 点附近连续；

(2) $F(P_0)=G(P_0)=0$；

(3) 在 $P_0(1,1,3,3)$ 点有 $C_4^2=6$ 个雅可比行列式，容易验算，6个行列式中只有

$\left.\frac{\partial(F,G)}{\partial(u,v)}\right|_{P_0}=(9u^2v^2-xy)|_{P_0}=0$,因此,无法判定 u、v 是否能作为以 x、y 为自变量的隐函数。

其余 5 个雅可比行列式都不为零,因此除 u、v 外,任何两个变量在 P_0 点都可以作为以其余两个变量为自变量的隐函数。

例如,从 $\left.\frac{\partial(F,G)}{\partial(u,x)}\right|_{P_0}=\begin{vmatrix}3u^2 & v\\ y & -1\end{vmatrix}_{P_0}=(-3u^2-yv)|_{P_0}=-6\neq0$,可判定 u、x 能作为以 v、y 为自变量的隐函数 $u=u(v,y)$,$x=x(v,y)$。下面求这两个隐函数的偏导数。

$$\begin{cases}F(u,v,x,y)=u^3(v,y)+x(v,y)v-y-1=0\\ G(u,v,x,y)=v^3+yu(v,y)-x(v,y)-1=0\end{cases}$$

方程组关于 v 求偏导数,得到

$$\begin{cases}3u^2u_v+x_v v+x=0\\ 3v^2+yu_v-x_v=0\end{cases}$$

计算可得

$$u_v=-\frac{x+3v^3}{3u^2+yv},\quad x_v=\frac{9u^2v^2-xy}{3u^2+yv}$$

方程组关于 y 求偏导数,得到

$$\begin{cases}3u^2u_y+x_y v-1=0\\ u+yu_y-x_y=0\end{cases}$$

计算可得

$$u_y=-\frac{1-uv}{3u^2+yv},\quad x_y=\frac{y+3u^3}{3u^2+yv}$$

其余的情形可类似求出。

定理 12.7.3 的结果可以直接推广到多个函数的情形,其证明方法也非常相似,我们不加证明地给出如下结果。

定理 12.7.4(多元向量值函数方程组存在定理) 给定方程组

$$\left.\begin{aligned}F_1(x_1,x_2,\cdots,x_n,y_1,y_2,\cdots,y_m)=0\\ F_2(x_1,x_2,\cdots,x_n,y_1,y_2,\cdots,y_m)=0\\ \vdots\qquad\qquad\\ F_m(x_1,x_2,\cdots,x_n,y_1,y_2,\cdots,y_m)=0\end{aligned}\right\}\tag{12.7.5}$$

满足条件

(1) 在 $P_0(x_1^0,x_2^0,\cdots,x_n^0,y_1^0,y_2^0,\cdots,y_m^0)$ 点的某邻域 $D\subset\mathbb{R}^{n+m}$ 内,函数 $F_i(x_1,x_2,\cdots,x_n,y_1,y_2,\cdots,y_m)=0$,$i=1,2,\cdots,m$,对一切变量都且具有连续偏导数;

(2)

$$\begin{cases}F_1(x_1,x_2,\cdots,x_n,y_1,y_2,\cdots,y_m)=0\\ F_2(x_1,x_2,\cdots,x_n,y_1,y_2,\cdots,y_m)=0\\ \qquad\vdots\\ F_m(x_1,x_2,\cdots,x_n,y_1,y_2,\cdots,y_m)=0\end{cases}$$

(3) 在 P_0 点处,雅可比行列式 $J=\frac{\partial(F_1,F_2,\cdots,F_m)}{\partial(y_1,y_2,\cdots,y_m)}\neq0$,那么

(ⅰ) 在 P_0 点的某邻域 Δ 可以从方程组(12.7.5)唯一确定 m 个隐函数

$$\begin{cases} y_1 = f_1(x_1, x_2, \cdots, x_n) \\ y_2 = f_2(x_1, x_2, \cdots, x_n) \\ \vdots \\ y_m = f_m(x_1, x_2, \cdots, x_n) \end{cases}$$

它满足 $F_i((x_1,x_2,\cdots,x_n),\cdots,y_1(x_1,x_2,\cdots,x_n))=0$，以及 $y_i^0=f_i(x_1^0,x_2^0,\cdots,x_n^0)(i=1,2,\cdots,n)$；

（ⅱ）隐函数 $y_i=y_1=f_i(x_1,x_2,\cdots,x_n),i=1,2,\cdots,m$ 在 Δ 内连续；

（ⅲ）隐函数 $y_i=y_1=f_i(x_1,x_2,\cdots,x_n),i=1,2,\cdots,m$ 在 Δ 内对所有变量都有连续偏导数，且

$$\begin{pmatrix} \frac{\partial y_1}{\partial x_1} & \frac{\partial y_1}{\partial x_2} & \cdots & \frac{\partial y_2}{\partial x_n} \\ \frac{\partial y_2}{\partial x_1} & \frac{\partial y_2}{\partial x_2} & \cdots & \frac{\partial y_1}{\partial x_n} \\ \vdots & \vdots & & \vdots \\ \frac{\partial y_m}{\partial x_1} & \frac{\partial y_m}{\partial x_2} & \cdots & \frac{\partial y_m}{\partial x_n} \end{pmatrix} = -\begin{pmatrix} \frac{\partial F_1}{\partial y_1} & \frac{\partial F_1}{\partial y_2} & \cdots & \frac{\partial F_1}{\partial y_m} \\ \frac{\partial F_2}{\partial y_1} & \frac{\partial F_2}{\partial y_2} & \cdots & \frac{\partial F_2}{\partial y_m} \\ \vdots & \vdots & & \vdots \\ \frac{\partial F_m}{\partial y_1} & \frac{\partial F_m}{\partial y_2} & \cdots & \frac{\partial F_m}{\partial y_m} \end{pmatrix}^{-1} \begin{pmatrix} \frac{\partial F_1}{\partial x_1} & \frac{\partial F_1}{\partial x_2} & \cdots & \frac{\partial F_1}{\partial x_n} \\ \frac{\partial F_2}{\partial x_1} & \frac{\partial F_2}{\partial x_2} & \cdots & \frac{\partial F_2}{\partial x_n} \\ \vdots & \vdots & & \vdots \\ \frac{\partial F_m}{\partial x_1} & \frac{\partial F_m}{\partial x_2} & \cdots & \frac{\partial F_m}{\partial x_n} \end{pmatrix}$$

例 12.7.6　设函数方程组 $\begin{cases} xu-yv=0 \\ yu+xv=1 \end{cases}$，确定 u、v 为 x、y 的隐函数，求 $\frac{\partial u}{\partial x}$、$\frac{\partial u}{\partial y}$、$\frac{\partial v}{\partial x}$、$\frac{\partial v}{\partial y}$。

解　由已知可将方程组写作如下形式：

$$\begin{cases} xu(x,y)-yv(x,y)=0 \\ yu(x,y)+xv(x,y)=1 \end{cases}$$

以上两个方程对 x 求偏导数，得到 $\begin{cases} u+xu_x-yv_x=0 \\ yu_x+v+xv_x=0 \end{cases}$，解此方程组可得

$$\frac{\partial u}{\partial x}=-\frac{xu+yv}{x^2+y^2},\quad \frac{\partial v}{\partial x}=\frac{yu-xv}{x^2+y^2}$$

以上两个方程对 y 求偏导数，得到 $\begin{cases} xu_y-v-yv_y=0 \\ u+yu_y+xv_y=0 \end{cases}$，解此方程组可得

$$\frac{\partial u}{\partial y}=\frac{xv-yu}{x^2+y^2},\quad \frac{\partial v}{\partial y}=-\frac{xu+yv}{x^2+y^2}$$

例 12.7.7　设变换 $\begin{cases} u=x-2y \\ v=x+ay \end{cases}$，可把方程 $6\frac{\partial^2 z}{\partial x^2}+\frac{\partial^2 z}{\partial y\partial x}-\frac{\partial^2 z}{\partial y^2}=0$ 简化为 $\frac{\partial^2 z}{\partial u\partial v}=0$，求常数 a。

解　把 u、v 看作中间变量，利用复合函数求导，可得

$$\frac{\partial z}{\partial x}=\frac{\partial z}{\partial u}\frac{\partial u}{\partial x}+\frac{\partial z}{\partial v}\frac{\partial v}{\partial x}=\frac{\partial z}{\partial u}+\frac{\partial z}{\partial v}$$

$$\begin{aligned} \frac{\partial^2 z}{\partial x^2} &= \frac{\partial}{\partial x}\left(\frac{\partial z}{\partial u}\right)+\frac{\partial}{\partial x}\left(\frac{\partial z}{\partial v}\right) \\ &= \left(\frac{\partial^2 z}{\partial u^2}\frac{\partial u}{\partial x}+\frac{\partial^2 z}{\partial v\partial u}\frac{\partial v}{\partial x}\right)+\left(\frac{\partial^2 z}{\partial u\partial v}\frac{\partial u}{\partial x}+\frac{\partial^2 z}{\partial v^2}\frac{\partial v}{\partial x}\right) \\ &= \frac{\partial^2 z}{\partial u^2}+2\frac{\partial^2 z}{\partial u\partial v}+\frac{\partial^2 z}{\partial v^2} \end{aligned}$$

$$\frac{\partial^2 z}{\partial y\partial x}=\frac{\partial}{\partial y}\left(\frac{\partial z}{\partial u}\right)+\frac{\partial}{\partial y}\left(\frac{\partial z}{\partial v}\right)$$
$$=\left(\frac{\partial^2 z}{\partial u^2}\frac{\partial u}{\partial y}+\frac{\partial^2 z}{\partial v\partial u}\frac{\partial v}{\partial y}\right)+\left(\frac{\partial^2 z}{\partial u\partial v}\frac{\partial u}{\partial y}+\frac{\partial^2 z}{\partial v^2}\frac{\partial v}{\partial y}\right)$$
$$=-2\frac{\partial^2 z}{\partial u^2}+(a-2)\frac{\partial^2 z}{\partial u\partial v}+a\frac{\partial^2 z}{\partial v^2}$$
$$\frac{\partial z}{\partial y}=\frac{\partial z}{\partial u}\frac{\partial u}{\partial y}+\frac{\partial z}{\partial v}\frac{\partial v}{\partial y}=-2\frac{\partial z}{\partial u}+a\frac{\partial z}{\partial v}$$
$$\frac{\partial^2 z}{\partial y^2}=\frac{\partial}{\partial y}\left(-2\frac{\partial z}{\partial u}\right)+\frac{\partial}{\partial y}\left(a\frac{\partial z}{\partial v}\right)$$
$$=-2\left(\frac{\partial^2 z}{\partial u^2}\frac{\partial u}{\partial y}+\frac{\partial^2 z}{\partial v\partial u}\frac{\partial v}{\partial y}\right)+a\left(\frac{\partial^2 z}{\partial u\partial v}\frac{\partial u}{\partial y}+\frac{\partial^2 z}{\partial v^2}\frac{\partial v}{\partial y}\right)$$
$$=4\frac{\partial^2 z}{\partial u^2}-4a\frac{\partial^2 z}{\partial u\partial v}+a^2\frac{\partial^2 z}{\partial v^2}$$

把上述结果代入方程 $6\frac{\partial^2 z}{\partial x^2}+\frac{\partial^2 z}{\partial y\partial x}-\frac{\partial^2 z}{\partial y^2}=0$,可得

$$(10+5a)\frac{\partial^2 z}{\partial u\partial v}+(6+a-a^2)\frac{\partial^2 z}{\partial v^2}=0$$

由题设可知 a 满足 $\begin{cases}10+5a\neq 0\\ 6+a-a^2=0\end{cases}$,可得 $a=3$。

例 12.7.8 设方程组 $\begin{cases}x+y^3=2u\\ y+z^3=v\\ z+x^2=3w\end{cases}$,确定 x、y、z 以 u、v、w 为自变量的隐函数,求 x_u、y_u、z_u、x_v、y_v、z_v。

解 方程组两边对 u 求偏导数,得 $\begin{cases}x_u+3y^2y_u=2\\ y_u+3z^2z_u=0\\ z_u+2xx_u=0\end{cases}$,求解此方程组可得

$$x_u=\frac{2}{1+18xy^2z^2},\quad y_u=\frac{12z^2x}{1+18xy^2z^2},\quad z_u=-\frac{4x}{1+18xy^2z^2}$$

方程组两边对 v 求偏导数,得 $\begin{cases}x_v+3y^2y_v=0\\ y_v+3z^2z_v=1\\ z_v+2xx_v=0\end{cases}$,求解此方程组可得

$$x_v=\frac{-3y^2}{1+18xy^2z^2},\quad y_v=\frac{1}{1+18xy^2z^2},\quad z_v=\frac{6xy^2}{1+18xy^2z^2}$$

例 12.7.9 设 $z=z(x,y)$ 满足 $\frac{\partial^2 z}{\partial x\partial y}=x+y$,且 $z(x,0)=x$,$z(0,y)=y^2$,求 $z(x,y)$。

解 由 $\frac{\partial^2 z}{\partial x\partial y}=x+y$,对 y 积分,这个过程中,x 是常量,那么做不定积分时的积分常数就应该是 x 的函数,所以

$$\frac{\partial z}{\partial x}=xy+\frac{1}{2}y^2+\phi(x)$$

等式两端对 x 积分,可得

$$z=\frac{1}{2}x^2y+\frac{1}{2}xy^2+\int\phi(x)\mathrm{d}x+\psi(y)=\frac{1}{2}x^2y+\frac{1}{2}xy^2+\varphi(x)+\psi(y)$$

式中，$\varphi(x)=\int\phi(x)\mathrm{d}x$。

由初始条件 $z(x,0)=\varphi(x)+\psi(0)=x$，可得 $\varphi(x)=x-\psi(0)$。$z(0,y)=\varphi(0)+\psi(y)=y^2$，可得 $\psi(y)=y^2-\varphi(0)=y^2+\psi(0)$。所以

$$z(x,y)=\frac{1}{2}x^2y+\frac{1}{2}xy^2+x+y^2$$

例 12.7.10　设 $z=z(x,y)$ 有二阶连续偏导数，用变换 $\begin{cases}u=x+y\\ v=\dfrac{y}{x}\end{cases}$ 及 $w=\dfrac{z}{x}$ 变换方程

$$\frac{\partial^2 z}{\partial x^2}-2\frac{\partial^2 z}{\partial x\partial y}+\frac{\partial^2 z}{\partial y^2}=0$$

解　z 可以看作复合函数 $z=xw=xw[u(x,y),v(x,y)]$，其中 $u=x+y,v=\dfrac{y}{x}$，利用复合函数求导可得

$$z_x=w+x(w_1u_x+w_2v_x)=w+xw_1-\frac{y}{x}w_2$$

$$\begin{aligned}z_{xx}&=w_1u_x+w_2v_x+w_1+x(w_{11}u_x+w_{12}v_x)+\frac{y}{x^2}w_2-\frac{y}{x}(w_{21}u_x+w_{22}v_x)\\&=2w_1-\frac{y}{x^2}w_2+xw_{11}-\frac{y}{x}w_{12}+\frac{y}{x^2}w_2-\frac{y}{x}w_{21}+\frac{y^2}{x^3}w_{22}\\&=2w_1+xw_{11}-2\frac{y}{x}w_{12}+\frac{y^2}{x^3}w_{22}\end{aligned}$$

$$\begin{aligned}z_{xy}&=w_1u_y+w_2v_y+x(w_{11}u_y+w_{12}v_y)-\frac{1}{x}w_2-\frac{y}{x}(w_{21}u_y+w_{22}v_y)\\&=w_1+xw_{11}+w_{12}-\frac{y}{x}w_{21}-\frac{y}{x^2}w_{22}\end{aligned}$$

$$z_y=xw_1u_y+xw_2v_y=xw_1+w_2$$

$$\begin{aligned}z_{yy}&=x(w_{11}u_y+w_{12}v_y)+w_{21}u_y+w_{22}v_y\\&=xw_{11}+w_{12}+w_{21}+\frac{1}{x}w_{22}\end{aligned}$$

代入 $\dfrac{\partial^2 z}{\partial x^2}-2\dfrac{\partial^2 z}{\partial x\partial y}+\dfrac{\partial^2 z}{\partial y^2}=0$，可得

$$\frac{(x+y)^2}{x^3}\frac{\partial^2 w}{\partial v^2}=0$$

由题设可知 $\dfrac{(x+y)^2}{x^3}\neq 0$，所以

$$\frac{\partial^2 w}{\partial v^2}=0$$

12.7.3　逆映射定理

设函数组

$$\left.\begin{aligned}u=u(x,y)\\v=v(x,y)\end{aligned}\right\}\tag{12.7.6}$$

是定义在 xOy 平面点集 $B\subset\mathbb{R}^2$ 上的两个函数，对于每一点 $P(x,y)\in B$，则由方程组(12.7.6)

可知在 uOv 平面上有唯一的一点 $Q(u,v)\in\mathbb{R}^2$ 与之对应。我们称方程组(12.7.6)确定了 B 到 $\mathbb{R}^2$ 的一个**映射(变换)**,记作 T。$Q(u,v)$ 称为 $P(x,y)$ 在映射 T 下的**像**,P 是 Q 的**原像**。记 B 在映射 T 下的像集为 $D=T(B)$。

反之,如果 T 是一个一一映射,这时 $\forall Q\in D$,由方程组(12.7.6)可确定唯一的一点 $P\in B$ 与之相对应。由此产生的新映射称为映射 T 的**逆映射(逆变换)**,记作 T^{-1},即

$$T^{-1}: D\to B,\quad Q\mapsto P$$

即存在定义在 D 上的一个函数组

$$\left.\begin{aligned} x&=x(u,v)\\ y&=y(u,v)\end{aligned}\right\}\tag{12.7.7}$$

代入(12.7.6)就得到恒等式

$$\left.\begin{aligned} u&\equiv u(x(u,v),y(u,v))\\ v&\equiv v(x(u,v),y(u,v))\end{aligned}\right\}\tag{12.7.8}$$

此时我们称函数组(12.7.7)是函数组(12.7.6)的**反函数组**。

事实上,反函数组的存在性问题是隐函数组存在性问题的一种特殊情形。

定理 12.7.5(反函数组定理) 设函数组(12.7.6)在区域 $B\in\mathbb{R}^2$ 上有一阶连续偏导数,$P_0(x_0,y_0)$ 是 B 内一点,$P_0'(u_0,v_0)=(u(x_0,u_0),v(x_0,v_0))$ 并且

$$\left.\frac{\partial(u,v)}{\partial(x,y)}\right|_{P_0}\neq 0$$

则有下面的结论:

(1) 在 $P'_0(u_0,v_0)$ 的某一个邻域 $O(P'_0)$ 内存在一组反函数(12.7.7);

(2) $x_0=x(u_0,v_0)$,$y_0=y(u_0,v_0)$,且当 $(u,v)\in U(P'_0)$ 时,有

$$(x(u,v),y(u,v))\in U(P_0)$$

满足

$$\begin{aligned} x&\equiv x(u(x,y),v(x,y))\\ y&\equiv y(u(x,y),v(x,y))\end{aligned}$$

(3)

$$\frac{\partial x}{\partial u}=\frac{\partial v}{\partial y}\Big/\frac{\partial(u,v)}{\partial(x,y)},\quad \frac{\partial x}{\partial v}=-\frac{\partial u}{\partial y}\Big/\frac{\partial(u,v)}{\partial(x,y)}$$
$$\frac{\partial y}{\partial u}=-\frac{\partial v}{\partial x}\Big/\frac{\partial(u,v)}{\partial(x,y)},\quad \frac{\partial y}{\partial v}=\frac{\partial u}{\partial x}\Big/\frac{\partial(u,v)}{\partial(x,y)}$$

注 由上式可以看出,互为反函数组的式(12.7.6)和式(12.7.7),它们的雅可比行列式互为倒数,即

$$\frac{\partial(u,v)}{\partial(x,y)}\cdot\frac{\partial(x,y)}{\partial(u,v)}=1$$

定理 12.7.6 设 $D\in\mathbb{R}^2$ 是开集,且映射 $\boldsymbol{f}:D\to\mathbb{R}^2$ 在 D 上具有连续导数。如果 $\boldsymbol{f}$ 的雅可比行列式在 D 上恒不为零,那么 D 的像集 $\boldsymbol{f}(D)$ 是开集。

证 沿用定理 12.7.5 中的记号。

设 $P_0'(u_0,y_0)$ 为 $\boldsymbol{f}(D)$ 内任意一点,那么从定理 12.7.5 的证明可知,存在 P_0' 的一个小邻域 $U(P_0')$,使得这个邻域中的点都是 $\boldsymbol{f}$ 的像点,所以 P_0' 是 $\boldsymbol{f}(D)$ 的内点,所以 $\boldsymbol{f}(D)$ 是开集。证毕。

定理 12.7.5 和定理 12.7.6 在高维也成立,请有兴趣的读者自己证明。

例 12.7.11　直角坐标(x,y,z)与柱坐标(r,θ,z)之间的变换公式为

$$\begin{cases}x=r\cos\theta\\ y=r\sin\theta\\ z=z\end{cases}\tag{12.7.9}$$

由于

$$\frac{\partial(x,y,z)}{\partial(r,\theta,z)}=\begin{vmatrix}\cos\theta & -r\sin\theta & 0\\ \sin\theta & r\cos\theta & 0\\ 0 & 0 & 1\end{vmatrix}=r$$

所以除原点外，在一切点上由函数组(12.7.9)所确定的反函数组为

$$r=\sqrt{x^2+y^2},\quad \theta=\begin{cases}\arctan\dfrac{y}{x}, & x>0\\ \pi+\arctan\dfrac{y}{x}, & x<0\end{cases},\quad z=z$$

习题 12.7

1. 设方程 $f(u^2-x^2,u^2-y^2,u^2-z^2)=0$ 确定了 $u=\phi(x,y,z)$，证明：

$$\frac{u_x}{x}+\frac{u_y}{y}+\frac{u_z}{z}=\frac{1}{u}$$

2. 求下列隐函数的全导数或者偏导数：

(1) 若 $u=f(x,y,z)$，又 $g(x,y,z)=0$ 且 $h(x,y)=0$，其中 f、g、h 均可微，且 $h_y g_z\neq0$，求$\dfrac{\mathrm{d}u}{\mathrm{d}x}$；

(2) 设 $F(x+y+z,x^2+y^2+z^2)=0$，求$\dfrac{\partial^2 z}{\partial x\partial y}$；

(3) 设 $b+\sqrt{b^2-y^2}=y\mathrm{e}^u$，$u=\dfrac{x+\sqrt{b^2-y^2}}{b}(b>0)$，求$\dfrac{\mathrm{d}y}{\mathrm{d}x}$，$\dfrac{\mathrm{d}^2y}{\mathrm{d}x^2}$。

3. 设 $y=f(x,t)$，而 t 是由方程 $F(x,y,t)=0$ 所确定的 x、y 的函数，其中 f、F 都具有连续偏导数，试证明：

$$\frac{\mathrm{d}y}{\mathrm{d}x}=\frac{\dfrac{\partial f}{\partial x}\dfrac{\partial F}{\partial t}-\dfrac{\partial f}{\partial t}\dfrac{\partial F}{\partial x}}{\dfrac{\partial f}{\partial t}\dfrac{\partial F}{\partial y}+\dfrac{\partial F}{\partial t}}$$

4. 设 $z=f(x+y+z,xyz)$，求$\dfrac{\partial z}{\partial x}$、$\dfrac{\partial x}{\partial y}$、$\dfrac{\partial y}{\partial z}$。

5. 设 $z=z(x,y)$在$\mathbb{R}^2$上有连续的一阶偏导数，用变换$\begin{cases}u=x^2+y^2\\ v=\dfrac{1}{x}+\dfrac{1}{y}\end{cases}$及 $w=\ln z-(x+y)$ 变换方程 $y\dfrac{\partial z}{\partial x}-x\dfrac{\partial z}{\partial y}=(y-x)z$。

6. 证明：由方程组

$$\begin{cases}z=\omega(x,y)x+y\phi[\omega(x,y))+\psi(\omega(x,y)]\\ 0=x+y\phi'[\omega(x,y))+\psi'(\omega(x,y)]\end{cases}$$

所确定的隐函数 $z=z(x,y)$ 满足方程

$$\frac{\partial^2 z}{\partial x^2}\frac{\partial^2 z}{\partial y^2}-\left(\frac{\partial^2 z}{\partial y\partial x}\right)^2=0$$

7. 设二元函数 f 具有二阶连续偏导数。证明:通过适当的线性变换

$$\begin{cases}u=x+\lambda y\\ v=x+\mu y\end{cases}$$

可以将方程 $$A\frac{\partial^2 f}{\partial x^2}+2B\frac{\partial^2 f}{\partial x\partial y}+C\frac{\partial^2 f}{\partial y^2}=0,\quad AC-B^2<0$$

化简为

$$\frac{\partial^2 f}{\partial u\partial v}=0$$

并说明此时 λ、μ 为一元二次方程 $A+2Bt+Ct^2=0$ 的两个相异实根。

8. 设函数 $u=u(x,t)$ 具有二阶连续偏导数,利用变换 $\begin{cases}\xi=x+at\\ \eta=x-at\end{cases}(a\neq 0)$,求方程 $\frac{\partial^2 u}{\partial t^2}=a^2\frac{\partial^2 u}{\partial x^2}$ 的解。

12.8 微分法在几何上的应用

12.8.1 空间曲线的切线和法平面

一条空间曲线可以看作一个质点在空间中的运动轨迹,常用参数方程

$$\begin{cases}x=x(t)\\ y=y(t),\quad t\in[\alpha,\beta]\\ z=z(t)\end{cases}$$

表示,也可表示为向量形式

$$\boldsymbol{r}(t)=(x(t),y(t),z(t)),\quad \alpha\leqslant t\leqslant\beta$$

定义 12.8.1 如果 $\boldsymbol{r}'(t)=(x'(t),y'(t),z'(t))$ 在 $[\alpha,\beta]$ 上连续,并 $\boldsymbol{r}'(t)\neq\boldsymbol{0}$,$t\in[\alpha,\beta]$,则称

$$\boldsymbol{r}(t)=(x(t),y(t),z(t)),\quad \alpha\leqslant t\leqslant\beta$$

所确定的空间曲线为**光滑曲线**。

如图 12.8.1 所示,设点 $M(x_0,y_0,z_0)$ 是曲线 Γ 上任意一点,它对应的参数为 t_0,即 $x_0=x(t_0)$, $y_0=y(t_0)$,$z_0=z(t_0)$,且 $\boldsymbol{r}'(t_0)\neq\boldsymbol{0}$。在 M 点附近任取 Γ 上一点 $M'(x_0+\Delta x,y_0+\Delta y,z_0+\Delta z)$,它对应的参数为 $t=t_0+\Delta t$。设割线 MM' 上任一点的坐标为 (X,Y,Z),则割线的方程为

$$\frac{X-x_0}{\Delta x}=\frac{Y-y_0}{\Delta y}=\frac{Z-z_0}{\Delta z}\tag{12.8.1}$$

对空间曲线,切线定义为其割线的极限位置。于是,当点 M' 沿着曲线 Γ 趋近于 M 时,割线 MM' 的极限位置 MT 就是曲线 Γ 在 $M(x_0,y_0,z_0)$ 点处的**切线**。

用 Δt 除式(12.8.1)的各分母,可得

$$\frac{X-x_0}{\dfrac{\Delta x}{\Delta t}}=\frac{Y-y_0}{\dfrac{\Delta y}{\Delta t}}=\frac{Z-z_0}{\dfrac{\Delta z}{\Delta t}}$$

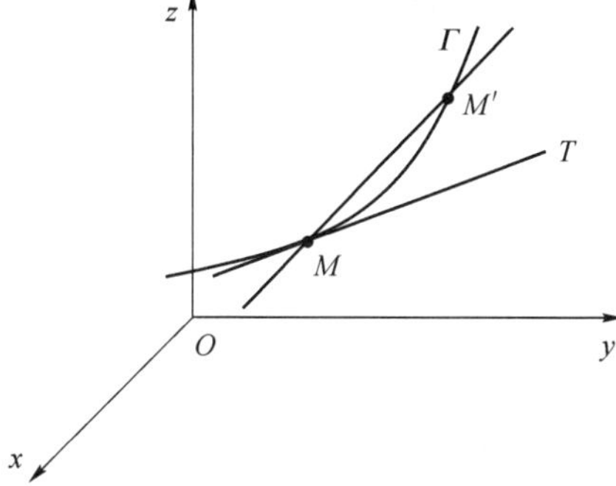

图 12.8.1

令 $\Delta t\to 0$,就得到了曲线 Γ 在点$(x_0,y_0,z_0)M$ 处的切线

$$\frac{X-x_0}{x'(t_0)}=\frac{Y-y_0}{y'(t_0)}=\frac{Z-z_0}{z'(t_0)}$$

向量 $\boldsymbol{r}'(t_0)=(x'(t_0),y'(t_0),z'(t_0))$就是曲线 Γ 在 $M(x_0,y_0,z_0)$点处的切线的一个方向向量,它也称为曲线 Γ 在 $M(x_0,y_0,z_0)$点处的**切向量**。

过 M 点且与切线垂直的平面称为曲线 Γ 在 $M(x_0,y_0,z_0)$点处的**法平面**。法平面方程可表示为

$$x'(t_0)(x-x_0)+y'(t_0)(y-y_0)+z'(z-z_0)=0$$

式中,(x,y,z)是法平面上的任意一点。

注　对平面曲线 $\boldsymbol{r}(t)=(x(t),y(t))$,我们可以把它看作特殊的空间曲线 $\boldsymbol{r}(t)=(x(t),y(t),0)$。

特别地,如果曲线 Γ 的参数方程为

$$\begin{cases}x=x\\ y=y(x), \quad x\in[\alpha,\beta]\\ z=z(x)\end{cases}$$

假设 $y'(x),z'(x)$存在,于是曲线在 $M(x_0,y_0,z_0)$处的切线方程为

$$\frac{X-x_0}{1}=\frac{Y-y_0}{y'(x_0)}=\frac{Z-z_0}{z'(x_0)} \tag{12.8.2}$$

法平面方程为

$$(x-x_0)+y'(x_0)(y-y_0)+z'(x_0)(z-z_0)=0 \tag{12.8.3}$$

例 12.8.1　求曲线 Γ: $x=\int_0^t e^u\cos u\mathrm{d}u$, $y=2\sin t+\cos t$, $z=1+e^{3t}$ 在 $t=0$ 处的切线和法平面方程。

解

$$x'=e^t\cos t,\quad y'=2\cos t-\sin t,\quad z'=3e^{3t}$$

当 $t=0$ 时,$x=0,y=1,z=2$,且

$$x'(0)=1,\quad y'(0)=2,\quad z'(0)=3$$

即切向量 $\boldsymbol{T}=(1,2,3)$,故切线方程为

$$\frac{x}{1}=\frac{y-1}{2}=\frac{z-2}{3}$$

法平面方程为

$$(x-0)+2(y-1)+3(z-2)=0$$

即

$$x+2y+3z-8=0$$

例 12.8.2 求曲线$\begin{cases}y=-3x^2+2\\z=3x+1\end{cases}$在 $P(1,-1,4)$点处的切线及法平面方程。

解 曲线的参数方程为$\begin{cases}x=x\\y=-3x^2+2\\z=3x+1\end{cases}$,又

$$\frac{\partial y}{\partial x}\Big|_{x=1}=-6,\quad \frac{\partial z}{\partial x}\Big|_{x=1}=3$$

故切线方程为

$$\frac{x-1}{1}=\frac{y+1}{-6}=\frac{z-4}{3}$$

法平面方程为

$$(x-1)-6(y+1)+3(z-4)=0$$

即

$$x-6y+3z-19=0$$

空间曲线还可以表示为空间中两张曲面的交线,如图 12.8.2 所示。

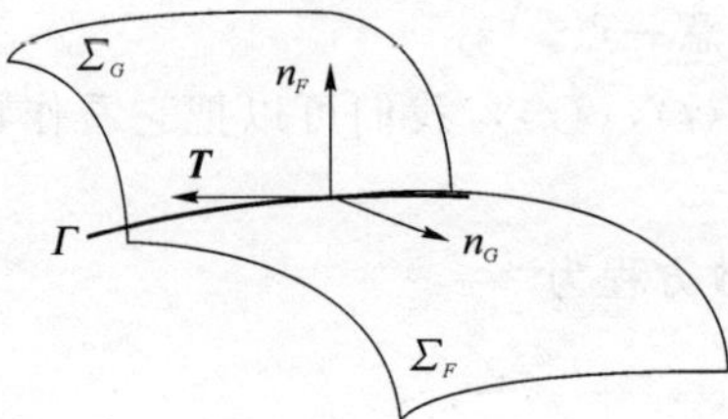

图 12.8.2

设曲线 Γ 的方程为

$$\begin{cases}F(x,y,z)=0\\G(x,y,z)=0\end{cases}$$

设 $P_0(x_0,y_0,z_0)$是曲线上任一点,向量值函数 $\mathbf{g}=(F,G)$的雅可比矩阵为

$$\boldsymbol{J}=\begin{pmatrix}F_x & F_y & F_z\\G_x & G_y & G_z\end{pmatrix}$$

在 P_0 点满秩,不失一般性,假设在 P_0 点

$$\frac{\partial(F,G)}{\partial(y,z)}=\begin{vmatrix}F_y & F_z\\G_y & G_z\end{vmatrix}\neq 0$$

成立。由隐函数的存在定理, 在 P_0 点附近唯一确定了满足 $y_0=f(x_0)$、$z_0=g(x_0)$的隐函数

$$y=y(x),\quad z=z(x),\quad x\in U(P_0)$$

并且

$$f'(x_0)=\frac{\left.\frac{\partial(F,G)}{\partial(z,x)}\right|_{P_0}}{\left.\frac{\partial(F,G)}{\partial(y,z)}\right|_{P_0}},\quad g'(x_0)=\frac{\left.\frac{\partial(F,G)}{\partial(x,y)}\right|_{P_0}}{\left.\frac{\partial(F,G)}{\partial(y,z)}\right|_{P_0}}$$

代入式(12.8.19)，即可得到曲线在给定点的切线方程为

$$\frac{x-x_0}{1}=\frac{y-y_0}{f'(x_0)}=\frac{z-z_0}{g'(x_0)}\quad 或\quad \frac{x-x_0}{\left.\frac{\partial(F,G)}{\partial(y,z)}\right|_{P_0}}=\frac{y-y_0}{\left.\frac{\partial(F,G)}{\partial(z,x)}\right|_{P_0}}=\frac{z-z_0}{\left.\frac{\partial(F,G)}{\partial(x,y)}\right|_{P_0}}$$

由式(12.8.19)可得到曲线在给定点的法平面方程

$$\left.\frac{\partial(F,G)}{\partial(y,z)}\right|_{P_0}(x-x_0)+\left.\frac{\partial(F,G)}{\partial(z,x)}\right|_{P_0}(y-y_0)+\left.\frac{\partial(F,G)}{\partial(x,y)}\right|_{P_0}(z-z_0)=0$$

例 12.8.3　求曲线 $x^2+y^2+z^2=6$、$x+y+z=0$ 在 $P_0(1,-2,1)$点的切线及法平面方程。

解　假设 x 为自变量，曲线方程为 $\boldsymbol{r}(x)=(x,y(x),z(x))$，依照复合函数链式法则，在所给的两个曲面方程两边关于 x 求导，则有

$$\begin{cases}2x+2yy'+2zz'=0\\1+y'+z'=0\end{cases}$$

解这个方程组，得到

$$y'=\frac{z-x}{y-z},\quad z'=\frac{x-y}{y-z}$$

于是

$$y'|_{P_0}=0,\quad z'|_{P_0}=-1$$

曲线 Γ 在 P_0 点的切向量为(1,0,−1)。因此所求的切线方程为

$$\frac{x-1}{1}=\frac{y+2}{0}=\frac{z-1}{-1}$$

法平面方程为

$$x-1+0(y+2)-(z-1)=0,\quad 即\quad x-z=0$$

12.8.2　曲面的切平面与法线

(1) 如图 12.8.3 所示，设曲面 Σ 的方程为 $F(x,y,z)=0$，$M_0(x_0,y_0,z_0)$是曲面 Σ 上一点。设函数 $F(x,y,z)$可微，并且 F_x、F_y、F_z 在 M_0 处不全为零。设曲线 Γ 是曲面上过 M_0 的任意一条曲线，设 Γ 的参数方程为

$$x=\phi(t),\quad y=\psi(t),\quad z=\omega(t)$$

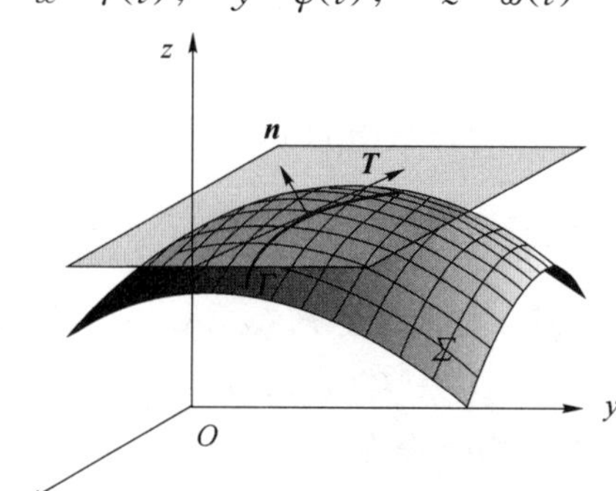

图 12.8.3

M_0 对应的参数为 $t=t_0$，且 $\phi'(t_0)$、$\psi'(t_0)$、$\omega'(t_0)$ 不全为零，则可得曲线 Γ 在 M_0 处的切线方程为

$$\frac{x-x_0}{\phi'(t_0)}=\frac{y-y_0}{\psi'(t_0)}=\frac{z-z_0}{\omega'(t_0)}$$

又因为曲线 Γ 是曲面曲线，所以曲线满足曲面方程，即

$$F(\phi(t),\psi(t),\omega(t))=0$$

已知 $F(x,y,z)$ 可微，由复合函数链式法则，方程两端关于 t 求导，并在 $t=t_0$ 取值可得

$$F_x(x_0,y_0,z_0)\phi'(t_0)+F_y(x_0,y_0,z_0)\psi'(t_0)+F_z(x_0,y_0,z_0)\omega'(t_0)=0$$

如果记

$$\boldsymbol{n}_0=(F_x(x_0,y_0,z_0),F_y(x_0,y_0,z_0),F_z(x_0,y_0,z_0))$$

是一个常向量，已知曲线在 M_0 点的切向量

$$\boldsymbol{T}=(\phi'(t_0),\psi'(t_0),\omega'(t_0))$$

即

$$\boldsymbol{n}_0\cdot\boldsymbol{T}=0$$

这说明曲面上任意一条过点 M_0 的曲线在 M_0 点处的切线与同一个常向量 $\boldsymbol{n}_0$ 垂直，因此这些切线位于同一个平面 Π 上，平面 Π 即为曲面在 M_0 点的**切平面**，$\boldsymbol{n}_0$ 是 Π 在 M_0 的**法向量**。

曲面在 M_0 点的**切平面方程**为

$$F_x(x_0,y_0,z_0)(x-x_0)+F_y(x_0,y_0,z_0)(y-y_0)+F_z(x_0,y_0,z_0)(z-z_0)=0 \tag{12.8.4}$$

通过点 M_0 且垂直于切平面的直线称为曲面在 M_0 点的**法线**。法线方程为

$$\frac{x-x_0}{F_x(x_0,y_0,z_0)}=\frac{y-y_0}{F_y(x_0,y_0,z_0)}=\frac{z-z_0}{F_z(x_0,y_0,z_0)} \tag{12.8.5}$$

例 12.8.4 求曲面 $2z-e^z+3xy=5$ 在 $(1,2,0)$ 点处的切平面及法线方程。

解 令 $F(x,y,z)=2z-e^z+3xy$，则

$$F_x(x,y,z)|_{(1,2,0)}=3y|_{(1,2,0)}=6,\quad F_y(x,y,z)|_{(1,2,0)}=3x|_{(1,2,0)}=3$$
$$F_z(x,y,z)|_{(1,2,0)}=(2-e^z)|_{(1,2,0)}=1$$

由式(12.8.4)可知，切平面方程为

$$6(x-1)+3(y-2)+(z-0)=0,\quad 即\quad 6x+3y+z-12=0$$

由式(12.8.5)可知，法线方程为

$$\frac{x-1}{6}=\frac{y-2}{3}=\frac{z}{1}$$

如果曲面 Σ 的方程可显式表示为

$$z=f(x,y)$$

也即

$$F(x,y,z)=z-f(x,y)=0$$

假设 $z=f(x,y)$ 在 (x_0,y_0) 处可微，则曲面在 $P_0(x_0,y_0,z_0)$ 点的切平面方程为

$$f_x(x_0,y_0)(x-x_0)+f_y(x_0,y_0)(y-y_0)-(z-z_0)=0$$

即曲面 $z=f(x,y)$ 在 M_0 点的切平面方程为

$$z-z_0=f_x(x_0,y_0)(x-x_0)+f_y(x_0,y_0)(y-y_0)$$

等式的左端是曲面在 M_0 点的切平面上纵坐标的增量，右端是函数 $z=f(x,y)$ 在 (x_0,y_0) 点的

全微分 $\mathrm{d}f$。

这说明可微函数 $z=f(x,y)$ 在 (x_0,y_0) 点的全微分，在几何上表示曲面 $z=f(x,y)$ 在 $M_0(x_0,y_0,z_0)$ 点的切平面上的纵坐标的改变量 $z-z_0$。

例 12.8.5　求旋转抛物面 $z=x^2+y^2-3$ 在 $(1,2,2)$ 点处的切平面及法线方程。

解　$f(x,y)=x^2+y^2-3$，则曲面 $z=f(x,y)$ 的法向量为

$$\boldsymbol{n}=(f_x,f_y,-1)$$

在 $(1,2,2)$ 点处，$\boldsymbol{n}|_{(1,2,2)}=(2x,2y,-1)|_{(1,2,2)}=(2,4,-1)$，所以切平面方程为

$$2(x-1)+4(y-2)-(z-2)=0,\quad 即\quad 2x+4y-z-8=0$$

法线方程为

$$\frac{x-1}{2}=\frac{y-2}{4}=\frac{z-2}{-1}$$

例 12.8.6　求椭球面 Σ：$x^2+2y^2+3z^2=21$ 在某点处的切平面 π 的方程，使平面 π 过已知直线 L：$\dfrac{x-6}{2}=\dfrac{y-3}{1}=\dfrac{2z-1}{-1}$。

解　设曲面上满足条件的点为 $M(x_0,y_0,z_0)$，则曲面在 M 点的法向量为 $\boldsymbol{n}=2(x_0,2y_0,3z_0)$。曲面在 $M(x_0,y_0,z_0)$ 点处的切平面方程为

$$x_0(x-x_0)+2y_0(y-y_0)+3z_0(z-z_0)=0,\quad 即\quad x_0x+2y_0y+3z_0z=21$$

直线 L 的方向向量为 $\boldsymbol{T}=(2,1,-1)$。

依题意，有

$$\begin{cases}x_0^2+2y_0^2+3z_0^2-21=0, & M\in\Sigma\\ 2x_0+2y_0-3z_0=0, & \boldsymbol{n}\perp\boldsymbol{T}\\ 6x_0+6y_0+\dfrac{3}{2}z_0-21=0, & \left(6,3,\dfrac{1}{2}\right)\in L\subset\pi\end{cases}$$

可解得 $M=(3,0,2)$ 及 $M(1,2,2)$。所求切平面方程为

$$x+2z=7\quad 及\quad x+4y+6z=21$$

例 12.8.7　如果两曲面在其交线上各点处法线相互垂直，就称两个曲面是正交的。证明：曲面 $\Sigma_1:F_1(x,y,z)=0$ 和曲面 $\Sigma_2:F_2(x,y,z)=0$ 正交的充分必要条件是交线上的每一点 (x,y,z) 满足：

$$\frac{\partial F_1}{\partial x}\frac{\partial F_2}{\partial x}+\frac{\partial F_1}{\partial y}\frac{\partial F_2}{\partial y}+\frac{\partial F_1}{\partial z}\frac{\partial F_2}{\partial z}=0$$

证　曲面 $\Sigma_1:F_1(x,y,z)=0$ 和曲面 $\Sigma_2:F_2(x,y,z)=0$ 的法向量分别为

$$\boldsymbol{n}_1=\left(\frac{\partial F_1}{\partial x},\frac{\partial F_1}{\partial y},\frac{\partial F_1}{\partial z}\right),\quad \boldsymbol{n}_2=\left(\frac{\partial F_2}{\partial x},\frac{\partial F_2}{\partial y},\frac{\partial F_2}{\partial z}\right)$$

依题意两曲面正交等价于在交点处它们的法线相互垂直，即

$$\boldsymbol{n}_1\cdot\boldsymbol{n}_2=\left(\frac{\partial F_1}{\partial x},\frac{\partial F_1}{\partial y},\frac{\partial F_1}{\partial z}\right)\cdot\left(\frac{\partial F_2}{\partial x},\frac{\partial F_2}{\partial y},\frac{\partial F_2}{\partial z}\right)=0$$

展开即得

$$\frac{\partial F_1}{\partial x}\frac{\partial F_2}{\partial x}+\frac{\partial F_1}{\partial y}\frac{\partial F_2}{\partial y}+\frac{\partial F_1}{\partial z}\frac{\partial F_2}{\partial z}=0$$

例 12.8.8　证明曲面 $F\left(\dfrac{x-a}{z-c},\dfrac{y-b}{z-c}\right)=0$（$a$、$b$、$c$ 是常数）上任意点处的切平面都过定点 (a,b,c)。

证 设 $M_0(x_0,y_0,z_0)$为曲面上的任一点,

$$F_x(M_0)=F_1\ \frac{1}{z-c}\bigg|_{M_0}=\frac{F_1}{z_0-c},\quad F_y(M_0)=F_2\ \frac{1}{z-c}\bigg|_{M_0}=\frac{F_2}{z_0-c}$$

$$F_z(M_0)=\left[F_1\ \frac{-(x-a)}{(z-c)^2}+F_2\ \frac{-(y-b)}{(z-c)^2}\right]\bigg|_{M_0}=-\left[\frac{F_1(x_0-a)}{(z_0-c)^2}+\frac{F_2(y_0-b)}{(z_0-c)^2}\right]$$

因此切平面方程为

$$F_1\ \frac{x-x_0}{z_0-c}+F_2\ \frac{y-y_0}{z_0-c}-\left[F_1\ \frac{x_0-a}{(z_0-c)^2}+F_2\ \frac{y_0-b}{(z_0-c)^2}\right](z-z_0)=0$$

把$(x,y,z)=(a,b,c)$代入方程得

$$F_1\ \frac{a-x_0}{z_0-c}+F_2\ \frac{b-y_0}{z_0-c}-\left[F_1\ \frac{x_0-a}{(z_0-c)^2}+F_2\ \frac{y_0-b}{(z_0-c)^2}\right](c-z_0)$$

$$F_1\ \frac{a-x_0}{z_0-c}+F_2\ \frac{b-y_0}{z_0-c}-\left[F_1\ \frac{x_0-a}{-(z_0-c)}+F_2\ \frac{y_0-b}{-(z_0-c)}\right]=0$$

即曲面上任意点的切平面都过定点(a,b,c)。

(2) 空间曲面也常用参数方程表示:

$$\begin{cases}x=x(u,v)\\ y=y(u,v),\quad (u,v)\in D\in\mathbb{R}^2\\ z=z(u,v)\end{cases}$$

或者 $\boldsymbol{r}(u,v)=(x(u,v),y(u,v),z(u,v))$。其中,$x(u,v)$、$y(u,v)$、$z(u,v)$有连续偏导数。

如图 12.8.4 所示,设 $P_0=\boldsymbol{r}(u_0,v_0)$是曲面上一点,向量值函数 $\boldsymbol{r}(u,v)$ 把 $v=v_0$ 映为曲面 Σ 上过 P_0 的一条曲线:

$$\boldsymbol{r}(u,v_0)=(x(u,v_0),y(u,v_0),z(u,v_0))$$

称为过 P_0 的 u-曲线,它在 $u=u_0$ 点的切向量是

$$\frac{\partial \boldsymbol{r}}{\partial u}\bigg|_{(u_0,v_0)}=\left(\frac{\partial x}{\partial u}\bigg|_{(u_0,v_0)},\frac{\partial y}{\partial u}\bigg|_{(u_0,v_0)},\frac{\partial z}{\partial u}\bigg|_{(u_0,v_0)}\right)$$

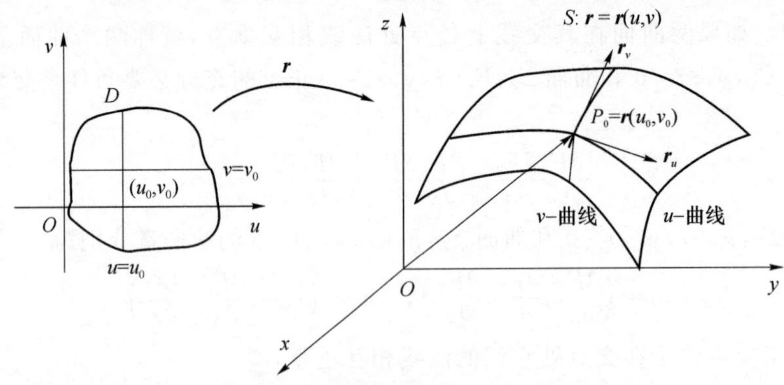

图 12.8.4

同理,向量值函数 $\boldsymbol{r}(u,v)$把 $u=u_0$ 映为曲面 Σ 上过 P_0的一条曲线:

$$\boldsymbol{r}(u_0,v)=(x(u_0,v),y(u_0,v),z(u_0,v))$$

称为过 P_0 的 v-曲线,它在 $v=v_0$ 点的切向量是

$$\frac{\partial \boldsymbol{r}}{\partial v}\bigg|_{(u_0,v_0)}=\left(\frac{\partial x}{\partial v}\bigg|_{(u_0,v_0)},\frac{\partial y}{\partial v}\bigg|_{(u_0,v_0)},\frac{\partial z}{\partial v}\bigg|_{(u_0,v_0)}\right)$$

如果 $\boldsymbol{r}_u(u_0,v_0)$与 $\boldsymbol{r}_v(u_0,v_0)$不共线,则 $\boldsymbol{r}_u(u_0,v_0)$与 $\boldsymbol{r}_v(u_0,v_0)$张成曲面 Σ 在 P_0 点的切

平面。

$\boldsymbol{r}_u(u_0,v_0)$与$\boldsymbol{r}_v(u_0,v_0)$称为曲面在 P_0 点的**坐标切向量**。曲面 Σ 在 P_0 点的法向量为

$$\boldsymbol{r}_u(u_0,v_0)\times\boldsymbol{r}_v(u_0,v_0)$$

我们把曲面上 $\boldsymbol{r}_u(u_0,v_0)\times\boldsymbol{r}_v(u_0,v_0)\neq\boldsymbol{0}$ 的点称为**正则点**，否则称为**奇点**。

定义 12.8.2(曲面的第一基本量)　称函数

$$E=\|\boldsymbol{r}_u\|^2=(x_u)^2+(y_u)^2+(z_u)^2,\quad F=\boldsymbol{r}_u\cdot\boldsymbol{r}_v=x_ux_v+y_uy_v+z_uz_v$$

$$G=\|\boldsymbol{r}_v\|^2=(x_v)^2+(y_v)^2+(z_v)^2$$

为曲面的**第一基本量**。

进一步计算可得

$$\|\boldsymbol{r}_u\times\boldsymbol{r}_v\|=\sqrt{EG-F^2}$$

例 12.8.9　求函数 $u=\mathrm{e}^{2y}\ln(x+z^2)$在点 $M(\mathrm{e}^2,1,\mathrm{e})$处沿着曲面 $\Sigma:\begin{cases}x=\mathrm{e}^{u+v}\\y=\mathrm{e}^{u-v}\\z=\mathrm{e}^{uv}\end{cases}$法方向的方向导数。

解　曲面上的 $M(\mathrm{e}^2,1,\mathrm{e})$点对应的参数为$(u_0,v_0)=(1,1)$，曲面 Σ 在 M 点的法向量为

$$\boldsymbol{n}=\begin{vmatrix}\boldsymbol{i}&\boldsymbol{j}&\boldsymbol{k}\\x_u&y_u&z_u\\x_v&y_v&z_v\end{vmatrix}_M=\begin{vmatrix}\boldsymbol{i}&\boldsymbol{j}&\boldsymbol{k}\\\mathrm{e}^2&1&\mathrm{e}\\\mathrm{e}^2&-1&\mathrm{e}\end{vmatrix}=2\mathrm{e}(1,0,-\mathrm{e})$$

单位法向量为

$$(\cos\alpha,\cos\beta,\cos\gamma)=\frac{(1,0,-\mathrm{e})}{\sqrt{1+\mathrm{e}^2}}$$

函数 $u=\mathrm{e}^{2y}\ln(x+z^2)$的偏导数为

$$u_x=\mathrm{e}^{2y}\frac{1}{x+z^2},\quad u_y=2\mathrm{e}^{2y}\ln(x+z^2),\quad u_z=\mathrm{e}^{2y}\frac{2z}{x+z^2}$$

函数沿着法向量的方向导数为

$$\begin{aligned}\left.\frac{\partial u}{\partial\boldsymbol{n}}\right|_M&=u_x|_M\cos\alpha+u_y|_M\cos\beta+u_z|_M\cos\gamma\\&=\frac{1}{2}\frac{1}{\sqrt{1+\mathrm{e}^2}}+0+\mathrm{e}\,\frac{-\mathrm{e}}{\sqrt{1+\mathrm{e}^2}}\\&=\frac{1-2\mathrm{e}^2}{2\sqrt{1+\mathrm{e}^2}}\end{aligned}$$

习题 12.8

1. 求曲线 $y^2=2mx,z^2=m-x$ 在(x_0,y_0,z_0)点的切线及法平面方程。

2. 已知曲线 $z=f(x,y),\dfrac{x-x_0}{\cos\alpha}=y-y_0\sin\alpha$，其中 f 是可微函数，求曲线上 $M_0(x_0,y_0)$点的切线与 xOy 平面所成角的正切值。

3. 设曲线 $x=x(t),y=y(t),z=z(t)$任意一点的法平面都过原点，证明此曲线必在以原点为球心的某个球面上。

4. 求曲线$\begin{cases}x^2+z^2=10\\ y^2+z^2=10\end{cases}$在$M(1,1,3)$点处的切线和法平面方程。

5. 试证：螺旋线$x=a\cos t, y=a\sin t, z=bt$的切线与$Oz$轴成定角。

6. 如果两曲面在其交线上各点处法线相互垂直，就称两个曲面是正交的。证明：球$x^2+y^2+z^2=2ax, x^2+y^2+z^2=2by, x^2+y^2+z^2=2cz$形成三直角系，即在交线处曲面两两正交。

7. 求曲面$x^2+y^2+3z^2=42$平行于平面$x+4y+6z=0$的各切平面方程。

8. 证明锥面$(z-3)^2=x^2+y^2$的所有切平面都过锥面的顶点。

9. 设$F(x,y,z)$具有连续偏导数，且对任意实数t满足

$$F(tx,ty,tz)=t^kF(x,y,z),\quad k\in\mathbb{N}$$

设$F_x^2+F_y^2+F_z^2\neq0$，试证明曲面$F(x,y,z)=0$上任意一点的切平面都相交于同一个交点。

10. 求曲面$3x^2+y^2-z^2=27$的切平面，使得该切平面过直线

$$\begin{cases}10x+2y-2z=27\\ x+y-z=0\end{cases}$$

11. 求曲面

$$\boldsymbol{r}(u,v)=\left(2\frac{a^2u}{a^2+u^2+v^2},2\frac{a^2v}{a^2+u^2+v^2},a\frac{u^2+v^2-a^2}{a^2+u^2+v^2}\right)$$

在$(0,1,0)$点的切平面。

12. 求马鞍面$\begin{cases}x=u+v\\ y=u-v\\ z=uv\end{cases}$在$u=1,v=1$点处的法线和切平面方程。

12.9 多元函数的无条件极值

定义 12.9.1 设n元函数$u=f(\boldsymbol{x})$定义在开集$\Omega\subset\mathbb{R}^n$上，$\boldsymbol{x}_0\in\Omega$，如果存在$\delta>0$，使得$\forall\boldsymbol{x}\in U(\boldsymbol{x}_0,\delta)\subset\Omega$，恒有：

$f(\boldsymbol{x})\geqslant f(\boldsymbol{x}_0)$，则称点$\boldsymbol{x}_0$为$f$的(局部)极小值点，$f(\boldsymbol{x}_0)$称为$f$的极小值；

$f(\boldsymbol{x})\leqslant f(\boldsymbol{x}_0)$，则称点$\boldsymbol{x}_0$为$f$的(局部)极大值点，$f(\boldsymbol{x}_0)$称为$f$的极大值。

极大值点和极小值点统称为**极值点**，极大值和极小值统称为**极值**。

注 由定义可知，极值是一个局部概念；函数的极值只能在区域内部取得；定义域的边界点一定不是极值点。

注 如果定义中的不等号换作严格不等号，即

$$f(\boldsymbol{x})>f(\boldsymbol{x}_0)$$

则称点$\boldsymbol{x}_0$为f的严格极小值点，称$f(\boldsymbol{x}_0)$为f的严格极小值。

同理可定义严格极大值。

定义 12.9.2 设n元函数$u=f(\boldsymbol{x})$定义在开集$\Omega\subset\mathbb{R}^n$上，$\boldsymbol{x}_0\in\Omega$，如果$\forall\boldsymbol{x}\in\Omega$，恒有：

$f(\boldsymbol{x})\geqslant f(\boldsymbol{x}_0)$，则称点$\boldsymbol{x}_0$为$f$的最小值点，称$f(\boldsymbol{x}_0)$为$f$的最小值；

$f(\boldsymbol{x})\leqslant f(\boldsymbol{x}_0)$，则称点$\boldsymbol{x}_0$为$f$的最大值点，称$f(\boldsymbol{x}_0)$为$f$的最大值。

与一元函数类似，可引入多元函数驻点的定义。

定义 12.9.3 使得函数f的各个一阶偏导数同时为零的点称为f的**驻点**。

首先给出多元函数取得极值的必要条件。

定理 12.9.1(必要条件) 设 $\boldsymbol{x}_0$ 是函数 $f(\boldsymbol{x})$ 的极值点，且函数 $u=f(\boldsymbol{x})$ 在点 $\boldsymbol{x}_0$ 可偏导，则 $\boldsymbol{x}_0$ 是函数 $f(\boldsymbol{x})$ 的驻点。

证 不妨设 $\boldsymbol{x}_0$ 是函数 $f(\boldsymbol{x})$ 的极大值点，则存在 $\boldsymbol{x}_0$ 的某个邻域 $U(\boldsymbol{x}_0)$，使得 $\forall\, \boldsymbol{x}\in U(\boldsymbol{x}_0)$，有

$$f(x_1,x_2,\cdots,x_n)\leqslant f(x_1^0,x_2^0,\cdots,x_n^0)$$

我们只证明 $f_{x_1}(\boldsymbol{x}_0)=0$，其他类似。当 $x_1\neq x_1^0, x_i=x_i^0, i=2,3,\cdots,n$ 时，有

$$\phi(x_1)=f(x_1,x_2^0,\cdots,x_n^0)\leqslant f(x_1^0,x_2^0,\cdots,x_n^0)$$

这说明一元函数 $\phi(x_1)=f(x_1,x_2^0,\cdots,x_n^0)$ 在 x_1^0 点取得极大值，由 Fermat 引理，即得到

$$\phi'(x_1^0)=f_{x_1}(x_1^0,x_2^0,\cdots,x_n^0)=0$$

证毕。

注 (1) 驻点不一定是极值点。例如二元函数(见图 12.9.1)

$$z=y^2-x^2$$

在(0,0)点处 $z_x(0,0)=2x|_{(0,0)}=0, z_y(0,0)=-2y|_{(0,0)}=0$，即(0,0)点是函数的驻点。但在(0,0)点的任何邻域里，总同时存在使得 $f(x,y)$ 为正和为负的点，而 $f(0,0)=0$，因此(0,0)不是 f 的极值点。

(2) 偏导数不存在的点也可能是极值点。

例如 $z=\sqrt{x^2+y^2}$(见图 12.9.2)在原点处两个偏导数都不存在，但是 $f(0,0)$ 是函数的极小值点。

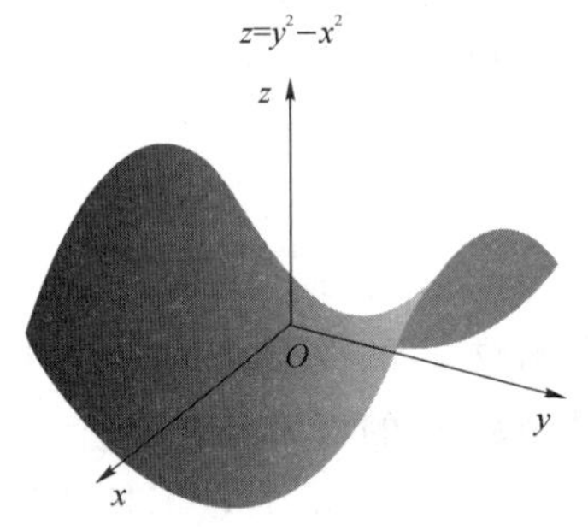

图 12.9.1

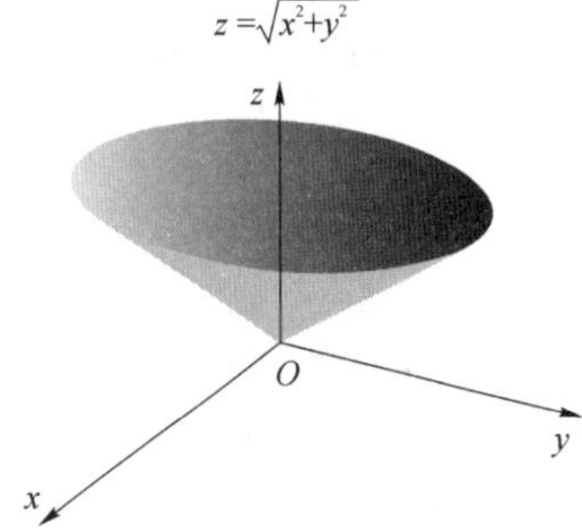

图 12.9.2

以二元函数 $z=f(x,y)$ 为例，讨论函数在 $P_0(x_0,y_0)$ 取得极值的充分条件。

定理 12.9.2(极值充分条件) 设二元函数 f 在 $P_0(x_0,y_0)$ 点的某邻域 $U(P_0)$ 内具有二阶连续偏导数，且 P_0 是 f 的驻点。记

$$A=f_{xx}(x_0,y_0),\quad B=f_{xy}(x_0,y_0),\quad C=f_{yy}(x_0,y_0)$$

并记

$$H=\begin{vmatrix} A & B \\ B & C \end{vmatrix}=AC-B^2$$

那么

(1) 若 $H>0$，则当 $A>0$ 时，$f(x_0,y_0)$ 为极小值；当 $A<0$ 时，$f(x_0,y_0)$ 为极大值；

(2) 若 $H<0$，则 $f(x_0,y_0)$ 不是极值；

(3) 若 $H=0$，则不能判定 $f(x_0,y_0)$ 是否为极值点。

证 由于函数 $z=f(x,y)$ 在 $P_0(x_0,y_0)$ 点的某邻域 $U(P_0)$ 内具有二阶连续偏导数，并且 $f_x(x_0,y_0)=f_y(x_0,y_0)=0$，故 $z=f(x,y)$ 在 $P_0(x_0,y_0)$ 点的二阶泰勒公式为

$$\Delta f = f(x,y)-f(x_0,y_0)$$
$$=\frac{1}{2}(Ah^2+2Bhk+Ck^2)+o(\rho^2)$$

式中，$h=x-x_0$，$k=y-y_0$，$\rho=\sqrt{h^2+k^2}\to 0$。

因此当$|h|$和$|k|$充分小并且$Ah^2+2Bhk+Ck^2\neq 0$时，Δf的符号由$Ah^2+2Bhk+Ck^2$的符号决定。因为$\rho=\sqrt{h^2+k^2}\neq 0$，所以$h$、$k$不同时为零，不妨假设$k\neq 0$，于是

$$Ah^2+2Bhk+Ck^2=k^2\left[A\left(\frac{h}{k}\right)^2+2B\,\frac{h}{k}+C\right]$$

令$t=\frac{h}{k}\in\mathbb{R}$，记$D=At^2+2Bt+C$，则$\Delta f$的符号由$D$决定。由一元二次方程根与判别式的关系，有下列结论：

(1) 如果$AC-B^2>0$，则由根与系数的关系可知，一元二次方程$At^2+2Bt+C=0$无实根，即对任意t，D恒大于零或者恒小于零。具体讲，当$A>0$(或者$C>0$)时，$D>0$，即$\Delta f>0$，此时$f(x_0,y_0)$为极小值。当$A<0$(或者$C<0$)时，$D<0$，即$\Delta f<0$，此时$f(x_0,y_0)$为极大值。

(2) 如果$AC-B^2<0$，一元二次方程$At^2+2Bt+C=0$有两个不等实根t_1、t_2，设$t_1<t_2$，D在区间(t_1,t_2)内与区间$[t_1,t_2]$外有相反的符号。此时对于(x_0,y_0)的不论多么小的邻域，都存在使得$\Delta f>0$和$\Delta f<0$的点，所以函数$z=f(x,y)$在(x_0,y_0)点无极值。

(3) 如果$AC-B^2=0$，考察函数$z_1=x^2y^2$，$z_2=-x^2y^2$和$z_3=x^2y^3$在$(0,0)$点处，显然三个函数都满足

$$AC-B^2=0$$

但显然

$$z_1(0,0)=0\leqslant z_1(x,y),\quad (0,0)\text{点是函数 } z_1 \text{ 的极小值点}$$
$$z_2(0,0)=0\geqslant z_2(x,y),\quad (0,0)\text{点是函数 } z_2 \text{ 的极大值点}$$

但$z_3(0,0)=0$，$\forall\delta>0$，$z_3(0,\delta)=\delta^3>0$，$z_3(0,-\delta)=-\delta^3<0$，所以$(0,0)$点不是函数$z_3$的极值点。因此当$H=0$时，不能判定$f(x_0,y_0)$是否为极值点。

定义 12.9.4 设函数f在$\Omega\subset\mathbb{R}^n$内存在二阶连续偏导数，定义矩阵

$$\boldsymbol{H}_f(P_0)=\begin{pmatrix} f_{x_1x_1} & f_{x_1x_2} & \cdots & f_{x_1x_n}\\ f_{x_2x_1} & f_{x_2x_2} & \cdots & f_{x_2x_n}\\ \vdots & \vdots & & \vdots\\ f_{x_nx_1} & f_{x_nx_2} & \cdots & f_{x_nx_n}\end{pmatrix}_{P_0}$$

为f在P_0点的 Hessen 矩阵。

定理 12.9.3(*n* 元函数极值充分条件) 设n元函数f在P_0点的某邻域$U(P_0)$内具有二阶连续偏导数，且P_0是f的驻点，有

(1) 若$\boldsymbol{H}_f(P_0)$为正定矩阵，则P_0为极小值点；

(2) 若$\boldsymbol{H}_f(P_0)$为负定矩阵，则P_0为极大值点；

(3) 若$\boldsymbol{H}_f(P_0)$为不定矩阵，则P_0不是极值点。

例 12.9.1 求函数$f(x,y)=x^3-y^3+3x^2+3y^2-9x-6$的极值。

解 (1) 求函数的驻点。分别对x、y求偏导，并由极值的必要条件有

$$\begin{cases} f_x = 3x^2 + 6x - 9 = 0 \\ f_y - 3y^2 + 6y = 0 \end{cases}$$

解方程，得驻点 $N(1,0)$、$P(1,2)$、$Q(-3,0)$、$R(-3,2)$。

(2) 求二阶偏导数。

$$A = f_{xx} = 6x + 6, \quad B = f_{xy} = 0, \quad C = f_{yy} = -6y + 6$$

$$H = AC - B^2 = 36(x+1)(1-y)$$

从表 12.9.1 中可看出函数的极小值为 $f(1,0) = -11$，函数的极大值为 $f(-3,2) = 25$。

表 12.9.1

驻　点	A	B	C	H	结　论
$N(1,0)$	12	0	6	72	极小值点
$P(1,2)$	12	0	-6	-72	非极值点
$Q(-3,0)$	-12	0	6	-72	非极值点
$R(-3,2)$	-12	0	-6	72	极大值点

例 12.9.2　求证函数 $z = (1 + e^y)\cos x - ye^y$ 有无穷多个极大值点，而无一个极小值点。

证　函数的定义域为整个实平面 $\mathbb{R}^2$。先求解函数的驻点，解方程组

$$\begin{cases} \dfrac{\partial z}{\partial x} = -(1 + e^y)\sin x = 0 \\ \dfrac{\partial z}{\partial y} = e^y(\cos x - y - 1) = 0 \end{cases}$$

可得驻点 P_k 为

$$\begin{cases} x = k\pi \\ y = (-1)^k - 1 \end{cases}, \quad k \in \mathbb{Z}$$

再求二阶偏导数。

$$\frac{\partial^2 z}{\partial x^2} = -(1 + e^y)\cos x, \quad \frac{\partial^2 z}{\partial x \partial y} = -e^y \sin x, \quad \frac{\partial^2 z}{\partial y^2} = e^y(\cos x - y - 2)$$

所以

$$A(P_k) = -[1 + e^{(-1)^k - 1}](-1)^k = \begin{cases} 1 + e^{-2}, & k \text{ 为奇数} \\ -2, & k \text{ 为偶数} \end{cases}$$

$$B(P_k) = 0$$

$$C(P_k) = e^{(-1)^k - 1}[(-1)^k - (-1)^k + 1 - 2] = \begin{cases} -e^{-2}, & k \text{ 为奇数} \\ -1, & k \text{ 为偶数} \end{cases}$$

(1) 当 k 为奇数时，$H = AC - B^2 = (1 + e^{-2})(-e^{-2}) < 0$，所以函数 z 无极值。

(2) 当 k 为偶数时，$H = AC - B^2 = (-2)(-1) > 0$，且 $A(P_k) = -2 < 0$，所以函数 z 有极大值。

故当 $x = 2k\pi, y = 0$ 时，函数 $z = (1 + e^y)\cos x - ye^y$ 有极大值；由于 k 取整数，所以函数有无穷多个极大值点，而无一个极小值点。

12.9.1　多元函数的最值

多元函数的最值问题是求函数在定义域内的某个区域上的最大值和最小值。最值点可能

在区域内部取得(此时必是极值点),也可能在区域的边界上取得。因此求函数的最值时,要求出它在区域内部的所有极值点和边界上的最值点,以及函数不可微点处的函数值,并加以比较,从中找出 f 在区域上的最值。

例 12.9.3 如图 12.9.3 所示,求函数 $f(x,y)=x^2+2y^2$ 在 $D:x^2+y^2\leqslant 1$ 上的最值。

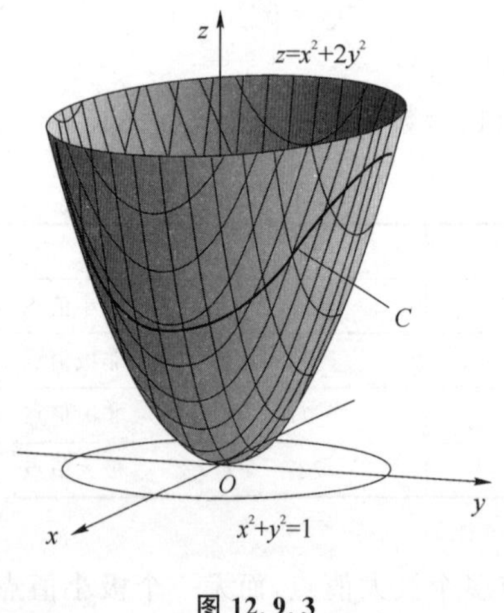

图 12.9.3

解 显然函数在整个定义域上可微。首先求函数在 D 内的驻点。

解方程组 $\begin{cases} f_x(x,y)=2x=0 \\ f_y(x,y)=4y=0 \end{cases}$,得驻点(0,0)。

其次,求 $f(x,y)$ 在 D 的边界 $x^2+y^2=1$ 上的最值。

将 $x^2=1-y^2$ 代入 $f(x,y)$ 得

$$f(x,y)|_{\partial D}=1+y^2=g(y), \quad -1\leqslant y\leqslant 1$$

求一元函数 $g(y)$ 的驻点:令 $g'(y)=2y=0$,可得 $g(y)$ 的驻点为 $y=0$,代入 $x^2=1-y^2=1$,可得 $x=\pm 1$,即函数 $z=f(x,y)$ 在 D 的边界上可能取得最值的点为(1,0),(−1,0)。

一元函数 $g(y)$ 在[−1,1]边界(即端点)$y=\pm 1$ 处,有 $x=0$,即得到函数 $z=f(x,y)$ 在 D 的边界上的另外两个特殊点(0, 1),(0, −1)。

最后,求出这 5 个点的函数值,

$$f(0,0)=0, \quad f(\pm 1,0)=1, \quad f(0,\pm 1)=2$$

比较可知

$$f(0,\pm 1)=2,\text{为最大值}; \quad f(0,0)=0,\text{为最小值}$$

例 12.9.4 求二元函数 $z=f(x,y)=x^2y(4-x-y)$ 在直线 $x+y=6$、x 轴和 y 轴所围成的闭区域上的最大值和最小值。

解 函数的定义域为三角形区域

$$D=\{(x,y)\,|\,x+y\leqslant 6,x\geqslant 0,y\geqslant 0\}$$

首先求出函数在区域 D 内的驻点。

解方程组 $\begin{cases} f_x(x,y)=2xy(4-x-y)-x^2y=0 \\ f_y(x,y)=x^2(4-x-y)-x^2y=0 \end{cases}$,得区域 D 内有唯一驻点(2,1),且

$$f(2,1)=4$$

其次求 $f(x,y)$ 在 D 的边界 $x+y=6,x=0,y=0$ 上的最值。

在边界 $x=0,y=0$ 上,$f(x,y)=0$。

在边界 $x+y=6$ 上,即 $y=6-x$,于是

$$f(x,y)|_{\partial D}=-2x^2(6-x)$$

由 $f_x(x,y)=4x(x-6)+2x^2=0$,得 $x_1=0,x_2=4$,此时

$$y_1=6-x_1=6, \quad y_2=6-x_2=2$$

$$f(0,6)=0, \quad f(4,2)=-64$$

比较可得函数的最大值为 $f(2,1)=4$,最小值为 $f(4,2)=-64$。

12.9.2 最小二乘法

设通过观察或实验得到一列点(x_i, y_i)，$i=1,2,\cdots,n$，它们大体上在一条曲线上，即大体上可用曲线方程来刻画变量 x 和 y 之间的对应关系。现在确定一条曲线使得与这 n 个点的偏差平方和最小，称之为**最小二乘法**。

先看一个实例。

例 12.9.5　水流通过流量计时，流量 Q 与水位高 h 的关系为

$$Q=ah^2+bh$$

现通过 6 次实验得到了如表 12.9.2 所列的数据。试确定 a、b 的值。

表 12.9.2

i	1	2	3	4	5	6
h_i	5	10	15	20	25	28
Q_i	0.04	0.14	0.27	0.48	0.87	1.13

解　显然不可能找到实数 a、b，使得 6 组数据都符合上述关系，那么可以用最小二乘法来构造一条曲线，使得所求曲线的纵坐标与已知 Q 值的偏差平方和最小，也就是求

$$u=\sum_{i=1}^{6}(Q_i-ah_i^2-bh_i)^2$$

为最小。

先求 u 的驻点，即解方程组

$$\begin{cases}\dfrac{\partial u}{\partial a}=\sum\limits_{i=1}^{6}[-2h_i^2(Q_i-ah_i{}^2-bh_i)]=0\\[2ex]\dfrac{\partial u}{\partial b}=\sum\limits_{i=1}^{6}[-2h_i(Q_i-ah_i{}^2-bh_i)]=0\end{cases}$$

整理可得

$$\begin{cases}(\sum\limits_{i=1}^{6}h_i^4)a+(\sum\limits_{i=1}^{6}h_i^3)b=\sum\limits_{i=1}^{6}Q_ih_i^2\\[2ex](\sum\limits_{i=1}^{6}h_i^3)a+(\sum\limits_{i=1}^{6}h_i^2)b=\sum\limits_{i=1}^{6}Q_ih_i\end{cases}$$

代入上述数据后，可解得唯一驻点

$$(a,b)=(0.001\,62,-0.005\,81)$$

于是得到这个流量计的 Q 与 h 的经验公式

$$Q=0.001\,62h^2-0.005\,81h$$

一般来讲，一个方程组中，如果方程个数大于未知数个数，则线性方程组往往是无解的，因为这些方程之间可能不相容。因此常用最小二乘法来求解近似解。最小二乘法在实际生活中有着广泛的应用，物理学、生物学、化学、医学、经济学、统计学等方面都要用到它来确定经验公式。许多计算机软件也是用这种方法来做拟合曲线的。

习题 12.9

1. 求下列函数的极值点和极值：

(1) $z=x^3+y^3-6(x^2+y^2)+3$;

(2) $z=\mathrm{e}^{3x}(x^2+3y^2+2x)$;

(3) $u=x_1+\frac{x_2}{x_1}+\frac{x_3}{x_2}+\cdots+\frac{x_n}{x_{n-1}}+\frac{2}{x_n}(x_i>1,i=1,\cdots,n)$;

(4) $u=x+\frac{y^2}{4x}+\frac{z^2}{y}+\frac{2}{z}(x>0,y>0,z>0)$。

2. 求由方程 $2x^2+2y^2+z^2+8xz-z+8=0$ 所确定的隐函数 $z=f(x,y)$ 的极值点。

3. 求 $z=(ax^2+by^2)\mathrm{e}^{-(x^2+y^2)}$ 的最大值和最小值($a\neq b$)。

4. 在 xOy 平面上求一点,使它到 $x=0$、$y=0$ 及 $x+3y-21=0$ 三条直线的距离平方之和最小。

5. 已知 n 个点 $P_i(a_i,b_i)(i=1,2,\cdots,n)$。求点 $P(x,y)$,使得其到 $P_1,P_2,\cdots,P_n$ 的距离平方和最小。

6. 求函数 $z=x^2+y^2-12x+16y$ 在闭区域 $x^2+y^2\leqslant 25$ 上的最值。

7. 已知 x、y、z 为实数,且 $\mathrm{e}^x+y^2+|z|=3$,求证:$\mathrm{e}^x\cdot y^2\cdot|z|\leqslant 1$。

8. 求函数 $z=x^2-xy+y^2$ 在区域 $|x|+|y|\leqslant 1$ 上的最值。

9. 证明:圆的所有外切三角形中,以正三角形的面积为最小。

10. 求使函数 $f(x,y)=\frac{1}{y^2}\mathrm{e}^{\frac{1}{2y^2}[(x-a)^2+(y-b)^2]}(y\neq 0,b>0)$ 达到最大值的点 (x_0,y_0) 及其相应的 $f(x_0,y_0)$。

11. 设 $f(x,y)$ 有二阶连续偏导数,$g(x,y)=f(\mathrm{e}^{xy},x^2+y^2)$,且 $f(x,y)=1-x-y+o(\sqrt{(x-1)^2+y^2})$,证明:$g(x,y)$ 在 $(0,0)$ 点取得极值,判定此极值是极大值还是极小值,并求出此极值。

12.10 条件极值和 Lagrange 乘数法

上一节所讨论的函数极值问题,极值点的取值范围是目标函数的整个定义域。但是还有很多极值问题,对函数的自变量会有额外的约束条件。比如:求双曲线 $xy=4$ 到原点的最短距离。平面上任意一点到原点的距离函数为

$$d=\sqrt{x^2+y^2}$$

显然该函数与 $z=x^2+y^2$ 有相同的极值点。但依题意,距离函数的自变量 x、y 不仅要符合条件 x、$y\in\mathbb{R}$,还要满足条件

$$xy=4 \tag{12.10.1}$$

这类附有约束条件的极值问题称为**条件极值问题**;与之对应,不带约束条件的极值问题就称为**无条件极值问题**。

定义 12.10.1 条件极值问题的一般形式

$$\phi_k(x_1,x_2,\cdots,x_n)=0,\quad k=1,2,\cdots,m\quad(m<n) \tag{12.10.2}$$

在**约束条件**的限制下,求**目标函数**

$$y=f(x_1,x_2,\cdots,x_n) \tag{12.10.3}$$

的极值。

条件极值问题可以通过消元转化为无条件极值问题。以上面提到的函数为例,由条件(12.

10.1)可解出 $y=\frac{4}{x}$,代入目标函数 $z=x^2+y^2$ 得一元函数 $z=x^2+\frac{16}{x^2}$,求该一元函数的最值。解得一元函数的驻点 $x=\pm 2$。根据实际问题,函数的最小值在曲线内部取得,故驻点即为所求最小值点。此时 $y=x=\pm 2$,代入距离函数得最小值

$$d=\sqrt{x^2+y^2}\big|_{(2,2)}=2\sqrt{2}$$

消元法就是把条件极值转化成无条件极值来求解,然而在更多的情况下,要从条件组(12.10.2)中解出 m 个显函数,把条件极值转化为无条件极值并不总是可能的(因为我们不能也不必将所有隐函数都显式化)。因此,需要找寻一种新的方法来求解条件极值问题。

我们从 f、ϕ 都为二元函数这一简单情况入手,来讨论条件极值问题的求解方法。

求函数

$$y=f(x,y)$$

在条件

$$\phi(x,y)=0 \tag{12.10.4}$$

下的极值。

假设 $P_0(x_0,y_0)$是函数 $z=f(x,y)$在条件 $\phi(x,y)=0$ 下的极值点。目标函数和约束条件 f、ϕ 在 P_0 的某邻域内具有一阶连续偏导数,并且 $\Delta\phi=(\phi_x,\phi_y)\neq 0$。不妨假设 $\phi_y\neq 0$。由隐函数存在定理可知,方程(12.10.4)在 P_0 的某邻域内能确定一个连续可导的隐函数 $y=g(x)$,且

$$\frac{\mathrm{d}y}{\mathrm{d}x}=-\frac{\phi_x(x,y)}{\phi_y(x,y)} \tag{12.10.5}$$

另一方面,一元复合函数 $z=f(x,g(x))=h(x)$在 $x=x_0$ 取得极值,由 $f(x,y)$、$g(x)$可微,可知

$$h'(x_0)=f_x(x_0,y_0)+f_y(x_0,y_0)g'(x_0)=0 \tag{12.10.6}$$

这说明向量

$$\mathrm{grad}\ f(x_0,y_0)=(f_x(x_0,y_0),f_y(x_0,y_0))$$

与曲线 $\phi(x,y)=0$ (也即曲线 $y=g(x)$)在 P_0 点的切向量 $\boldsymbol{T}=(1,g'(x_0))=\left(1,-\frac{\phi_x(x,y)}{\phi_y(x,y)}\right)$垂直,从而 grad $f(x_0,y_0)$ 是曲面的一个法向量。而平面曲线 $\phi(x,y)=0$ 的法向量为

$$\mathrm{grad}\ \phi(x_0,y_0)=(\phi_x(x_0,y_0),\phi_y(x_0,y_0))$$

因此 grad $f(x_0,y_0)$与 grad $\phi(x_0,y_0)$平行,即存在非零常数 λ,使得

$$(f_x(x_0,y_0),f_y(x_0,y_0))=\lambda(\phi_x(x_0,y_0),\phi_y(x_0,y_0))$$

这就是点(x_0,y_0)为条件极值点的必要条件。

将这个方程按分量写开再加上约束条件就是

$$\left.\begin{array}{l} f_x(x_0,y_0)=\lambda\phi_x(x_0,y_0) \\ f_y(x_0,y_0)=\lambda\phi_y(x_0,y_0) \\ \phi(x_0,y_0)=0 \end{array}\right\} \tag{12.10.7}$$

显然这个方程组是三元函数

$$L(x,y,\lambda)=f(x,y)-\lambda\phi(x,y)$$

的驻点方程组,我们称函数 $L(x,y,\lambda)$为 Lagrange **函数**,λ 为 Lagrange **乘数**。故条件极值点就

在方程组(12.10.7)的所有解(x_0,y_0,λ)所对应的(x_0,y_0)中。用这种方法求解可能的条件极值的方法就叫 Lagrange **乘数法**。

一般地,考虑目标函数$y=f(x_1,x_2,\cdots,x_n)$在m个约束函数(12.10.2)下的极值,这里$f,\phi_k(k=1,2,\cdots,m)$具有连续偏导数,并且 Jacobi 矩阵

$$\boldsymbol{J}=\begin{pmatrix}\dfrac{\partial\phi_1}{\partial x_1} & \dfrac{\partial\phi_1}{\partial x_2} & \cdots & \dfrac{\partial\phi_1}{\partial x_n}\\ \dfrac{\partial\phi_2}{\partial x_1} & \dfrac{\partial\phi_2}{\partial x_2} & \cdots & \dfrac{\partial\phi_2}{\partial x_n}\\ \vdots & \vdots & & \vdots\\ \dfrac{\partial\phi_m}{\partial x_1} & \dfrac{\partial\phi_m}{\partial x_2} & \cdots & \dfrac{\partial\phi_m}{\partial x_n}\end{pmatrix}$$

在满足约束条件的点处是满秩的,即 rank $\boldsymbol{J}=m$(确保约束函数组满足隐函数组存在定理的条件)。此时的 Lagrange 函数为

$$L(x_1,x_2,\cdots,x_n,\lambda_1,\cdots,\lambda_m)=f(x_1,x_2,\cdots,x_n)+\sum_{k=1}^{m}\lambda_k\phi_k(x_1,x_2,\cdots,x_n) \tag{12.10.8}$$

式中,$\lambda_1,\lambda_2,\cdots,\lambda_m$为 Lagrange 乘数。我们有如下一般结论:

定理 12.10.1(条件极值的必要条件) 如果点$\boldsymbol{x}_0=(x_1^0,x_2^0,\cdots,x_n^0)$为函数$f(\boldsymbol{x})$满足约束条件的条件极值点,并且 Jacobi 矩阵在$\boldsymbol{x}_0$点是满秩的,则必存在$\lambda_1,\lambda_2,\cdots,\lambda_m$,使得点$(x_1^0,x_2^0,\cdots,x_n^0,\lambda_1,\lambda_2,\cdots,\lambda_m)$是 Lagrange 函数的驻点。

我们用 Lagrange 乘数法来解答本节开始提出的问题。

例 12.10.1 求双曲线$xy=4$到原点的最短距离。

解 目标函数是$d=\sqrt{x^2+y^2}$,但目标函数和$z=x^2+y^2$又在同一点处取得极大值或者极小值,为简化计算,我们把最短距离问题转化为求函数

$$z=x^2+y^2$$

在约束条件

$$xy=4$$

下的极值问题。构造 Lagrange 函数

$$L(x,y,\lambda)=x^2+y^2-\lambda(xy-4)$$

解方程组

$$\begin{cases}L_x=2x-\lambda y=0\\ L_y=2y-\lambda x=0\\ L_\lambda=xy-4=0\end{cases}$$

方程组中的第一式和第二式相乘可得

$$4xy=\lambda^2xy,\quad 即\quad \lambda^2=4$$

可得$\lambda=\pm2$。结合方程组的第三式,当$\lambda=-2$时,$x=-y$,方程无解;当$\lambda=2$时,解得$x=y$,所以可能条件极值点为$(x,y)=\pm(2,2)$。

由于曲线上一点到原点的最小距离必然存在,而双曲线的两个分支上都恰好有唯一的一个可能极值点,所以这个唯一的可能极值点$\pm(2,2)$必是最小值。所以曲线上点到原点的最小距离为

$$d=\sqrt{2^2+2^2}=2\sqrt{2}$$

注　(1) 在实际问题中，如果该问题确实有极值，而其 Lagrange 函数仅有一个驻点，且在定义域的边界上(或逼近边界时)不取极值，则这个驻点就是所求的条件极值点。

(2) Lagrange 函数是我们引入的一个工具，它不具有唯一性，我们应尽可能选择合适的 Lagrange 函数去求解函数的条件极值。

例 12.10.2　将正数 16 分成 4 个正数 x、y、z、t 之和，使得 $u=x^3y^2zt^2$ 取得最大值。

解　问题是求函数

$$u=x^3y^2zt^2$$

在约束条件

$$x+y+z+t=16$$

下的最大值。构造 Lagrange 函数

$$L(x,y,z,t,\lambda)=x^3y^2zt^2-\lambda(x+y+z+t-16)=0$$

求解函数 L 的驻点方程组

$$\begin{cases}3x^2y^2zt^2-\lambda=0\\2x^3yzt^2-\lambda=0\\x^3y^2t^2-\lambda=0\\2x^3y^2zt-\lambda=0\\x+y+z+t-16=0\end{cases}$$

方程组中第一式联立第二式可得

$$y=\frac{2x}{3}$$

方程组中第一式联立第三式可得

$$z=\frac{x}{3}$$

方程组中第一式联立第四式可得

$$t=\frac{2x}{3}$$

把得到的变量关系式代入到方程组中的第五式可得

$$x+y+z+t=\frac{8x}{3}=16$$

即 $x=6$，进一步得到 $x=6,y=4,z=2,t=4$。

根据题意知最大值一定存在，因此这个唯一的可能极值点就是使得函数取得最大值的点。所以 u 的最大值为

$$u_{\max}=6^3\cdot4^2\cdot2\cdot2^2=27\ 648$$

例 12.10.3　求函数 $f(x,y,z)=x+2y+3z$ 在平面 $x-y+z=1$ 和圆柱面 $x^2+y^2=1$ 的交线上的极大值。

解　该问题是函数 $f(x,y,z)$ 在约束条件 $x-y+z=1$ 和 $x^2+y^2=1$ 下的极值问题。做 Lagrange 函数

$$L(x,y,z)=x+2y+3z+\lambda(x-y+z-1)+\mu(x^2+y^2-1)$$

求解函数 L 的驻点方程组

$$\begin{cases}1+\lambda+2\mu x=0\\2-\lambda+2\mu y=0\\3+\lambda=0\\x-y+z-1=0\\x^2+y^2-1=0\end{cases}$$

方程组中第一式联立第二式可得

$$\frac{x}{y}=\frac{1+\lambda}{2-\lambda}$$

所得表达式联立方程组中第三式可得

$$\frac{x}{y}=-\frac{2}{5}$$

把 x、y 的关系式代入方程组中第五式可得

$$x=\pm\frac{2}{\sqrt{29}},\quad y=\mp\frac{5}{\sqrt{29}}$$

再由方程组中的第四式可解得 $z=1\mp\frac{7}{\sqrt{29}}$,解得函数 $f(x,y,z)$ 在驻点处的函数值为

$$f(x,y,z)=3\pm\sqrt{29}$$

因为函数在交线上的最值存在,所以 f 的最大值为 $3+\sqrt{29}$。

例 12.10.4 如图 12.10.1 所示,求半径为 R 的圆内接三角形中面积最大者。

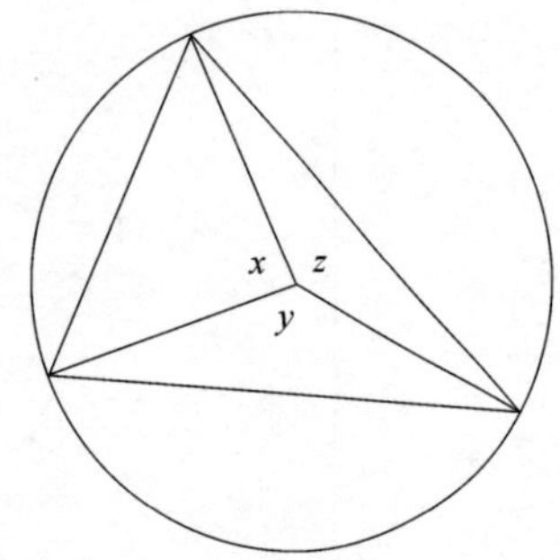

图 12.10.1

解 设内接三角形各边所对的圆心角为 x、y、z,则

$$x+y+z=2\pi,\quad x\geqslant 0,\quad y\geqslant 0,\quad z\geqslant 0$$

内接三角形被分成三个小三角形,这三个小三角形所对应的面积分别为

$$S_1=\frac{1}{2}R^2\sin x,\quad S_2=\frac{1}{2}R^2\sin y,\quad S_3=\frac{1}{2}R^2\sin z$$

内接三角形的面积为

$$S=\frac{1}{2}R^2(\sin x+\sin y+\sin z)$$

函数 S 与 $\sin x+\sin y+\sin z$ 在相同的点取得极值,所以可以构造 Lagrange 函数

$$L(x,y,z,\lambda)=\sin x+\sin y+\sin z+\lambda(x+y+x-2\pi)$$

求解函数 L 的驻点方程组

$$\begin{cases}\cos x+\lambda=0\\ \cos y+\lambda=0\\ \cos z+\lambda=0\\ x+y+z-2\pi=0\end{cases}$$

计算可得 $x=y=z=\frac{2\pi}{3}$,故圆内接正三角形的面积最大,最大面积为

$$S_{\max}=\frac{1}{2}R^2\sin\frac{2\pi}{3}\cdot 3=\frac{3\sqrt{3}}{4}R^2$$

例 12.10.5 在第一卦限内做椭球面 $\frac{x^2}{a^2}+\frac{y^2}{b^2}+\frac{z^2}{c^2}=1$ 的切平面,四切平面与三个坐标面所围成的四面体体积最小,求切点坐标。

解 设 $P(x_0,y_0,z_0)$ 为椭球面上的一点,计算椭球面在 P 点的切平面。

椭球面方程为 $F(x,y,z)=\frac{x^2}{a^2}+\frac{y^2}{b^2}+\frac{z^2}{c^2}-1=0$,曲面的法向量为 $\boldsymbol{n}=(F_x,F_y,F_z)$,计算可得

$$F_x|_P=\frac{2x_0}{a^2},\quad F_y|_P=\frac{2y_0}{b^2},\quad F_z|_P=\frac{2z_0}{c^2}$$

过 P 点的切平面方程为

$$\frac{x_0}{a^2}(x-x_0)+\frac{y_0}{b^2}(y-y_0)+\frac{z_0}{c^2}(z-z_0)=0,\quad \text{即}\quad \frac{x_0x}{a^2}+\frac{y_0y}{b^2}+\frac{z_0z}{c^2}=1$$

该切平面在三个轴上的截距分别为 $x=\frac{a^2}{x_0}$、$y=\frac{b^2}{y_0}$、$z=\frac{c^2}{z_0}$，所围四面体的体积为

$$V=\frac{1}{6}xyz=\frac{a^2b^2c^2}{6x_0y_0z_0}$$

下面求 V 在条件 $\frac{x^2}{a^2}+\frac{y^2}{b^2}+\frac{z^2}{c^2}=1$ 下的最小值。分析可知 $V=\frac{a^2b^2c^2}{6x_0y_0z_0}$ 的最小值点，为函数

$$\ln V=\ln\frac{a^2b^2c^2}{6}-\ln xyz$$

的最小值点，也即求函数 $u=\ln x+\ln y+\ln z$ 的最大值。

构造 Lagrange 函数

$$L=\ln x+\ln y+\ln z+\lambda\left(\frac{x^2}{a^2}+\frac{y^2}{b^2}+\frac{z^2}{c^2}-1\right)$$

求解 L 的驻点方程组

$$\begin{cases}\dfrac{1}{x_0}+\dfrac{2\lambda x_0}{a^2}=0\\ \dfrac{1}{y_0}+\dfrac{2\lambda y_0}{b^2}=0\\ \dfrac{1}{z_0}+\dfrac{2\lambda z_0}{c^2}=0\\ \dfrac{x^2}{a^2}+\dfrac{y^2}{b^2}+\dfrac{z^2}{c^2}-1=0\end{cases}$$

可解得

$$x_0=\frac{a}{\sqrt{3}},\quad y_0=\frac{b}{\sqrt{3}},\quad z_0=\frac{c}{\sqrt{3}}$$

当切点为 $\left(\frac{a}{\sqrt{3}},\frac{b}{\sqrt{3}},\frac{c}{\sqrt{3}}\right)$ 时，

$$V_{\min}=\frac{\sqrt{3}}{3}abc$$

注　在利用 Lagrange 乘数法求解函数的条件极值时，在求解过程中会涉及到求偏导数，所以当目标函数有多项连乘时，可通过取对数来简化计算。

一般情况下，判定一个可能极值点是否为极值点，有如下的一个充分条件。

定理 12.10.2　设 $\boldsymbol{x}_0=(x_1^0,x_2^0,\cdots,x_n^0)$，$f(x_1,x_2,\cdots,x_n)=0$，$\phi_k(x_1,x_2,\cdots,x_n)=0\ (k=1,2,\cdots,m,m<n)$ 分别是目标函数和约束条件，且在定义域内有二阶连续偏导数。记 $\boldsymbol{\lambda}_0=(\lambda_1^0,\lambda_2^0,\cdots,\lambda_m^0)$，如果 $(\boldsymbol{x}_0,\boldsymbol{\lambda}_0)$ 是 Lagrange 函数

$$L(x_1,x_2,\cdots,x_n,\lambda_1,\cdots,\lambda_m)=f(x_1,x_2,\cdots,x_n)+\sum_{k=1}^{m}\lambda_k\phi_k(x_1,x_2,\cdots,x_n)$$

的驻点，记

$$\boldsymbol{H}_L=\left(\frac{\partial^2 L}{\partial x_i\partial x_j}\right)\Bigg|_{(\boldsymbol{x}_0,\boldsymbol{\lambda}_0)}$$

则

(1) 当 $\boldsymbol{H}_L$ 为正定矩阵时，$\boldsymbol{x}_0$ 为函数 $f(\boldsymbol{x})$ 的极小值点；

(2) 当 $\boldsymbol{H}_L$ 为负定矩阵时，$\boldsymbol{x}_0$ 为函数 $f(\boldsymbol{x})$ 的极大值点。

例 12.10.6　求 $f(x,y,z)=xyz$ 在条件 $\frac{1}{x}+\frac{1}{y}+\frac{1}{z}=\frac{1}{r}\ (x,y,z,r>0)$ 下的极小值，并

证明：

$$3\left(\frac{1}{x}+\frac{1}{y}+\frac{1}{z}\right)^{-1}\leqslant\sqrt[3]{xyz}$$

解 设 Lagrange 函数为

$$L(x,y,z,\lambda)=xyz+\lambda\left(\frac{1}{x}+\frac{1}{y}+\frac{1}{z}-\frac{1}{r}\right)$$

解方程组

$$\begin{cases}L_x=yz-\lambda\dfrac{1}{x^2}=0\\L_y=xz-\lambda\dfrac{1}{y^2}=0\\L_z=xy-\lambda\dfrac{1}{z^2}=0\\L_\lambda=\dfrac{1}{x}+\dfrac{1}{y}+\dfrac{1}{z}-\dfrac{1}{r}=0\end{cases}$$

解得 $x=y=z=3r,\lambda=(3r)^4$。计算函数 L 关于 x、y、z 的二阶偏导数，有

$$L_{xx}=\frac{2\lambda}{x^3},\quad L_{yy}=\frac{2\lambda}{y^3},\quad L_{zz}=\frac{2\lambda}{z^3},\quad L_{xz}=y,\quad L_{yz}=x$$

在点$(3r,3r,3r)$的 Hessen 矩阵为

$$\boldsymbol{H}_L=\begin{pmatrix}\dfrac{2(3r)^4}{x^3} & z & y\\ z & \dfrac{2(3r)^4}{y^3} & x\\ y & x & \dfrac{2(3r)^4}{z^3}\end{pmatrix}_{(3r,3r,3r)}=27r^3\begin{pmatrix}2&1&1\\1&2&1\\1&1&2\end{pmatrix}$$

由于 $\boldsymbol{H}_L$ 为正定矩阵，所以$(3r,3r,3r)$为函数 $f(x,y,z)=xyz$ 的极小值点，即为最小值点，因此

$$xyz\geqslant(3r)^3$$

即

$$\sqrt[3]{xyz}\geqslant3r=3\left(\frac{1}{x}+\frac{1}{y}+\frac{1}{z}\right)^{-1}$$

例 12.10.7 设 $a_i>0,x_i>0,i=1,2,\cdots,n$。求函数 $f(x_1,x_2,\cdots,x_n)=x_1^{a_1}x_2^{a_2}\cdots x_n^{a_n}$ 在约束条件

$$a_1x_1+a_2x_2+\cdots+a_nx_n=c$$

下的最大值。

解 因为 $a_1,a_2,\cdots,a_n,c$ 都为常数，不妨记 $b=a_1+a_2+\cdots+a_n$，则可将目标函数等价转换为

$$F(x_1,x_2,\cdots,x_n)=a_1\ln x_1+a_1\ln x_2+\cdots+a_n\ln x_n$$

构造 Lagrange 函数。

$$L(x_1,x_2,\cdots,x_n,\lambda)=a_1\ln x_1+a_1\ln x_2+\cdots+a_n\ln x_n+\lambda(a_1x_1+a_2x_2+\cdots+a_nx_n-c)$$

由

$$L_{x_i}=\frac{a_i}{x_i}+\lambda a_i=0,\quad i=1,\cdots,n,\qquad L_\lambda=a_1x_1+a_2x_2+\cdots+a_nx_n-c=0$$

解得唯一驻点

$$x_i=\frac{c}{b},\quad i=1,2,\cdots,n$$

计算 Lagrange 函数关于 x_i、x_j 的二阶偏导数

$$L_{x_ix_i}=-\frac{a_i}{x_i^2},\quad L_{x_ix_j}=0,\quad i\neq j,\quad i,j=1,\cdots,n$$

由

$$\boldsymbol{H}_L=\left(\frac{\partial^2 L}{\partial x_i\partial x_j}\right)=-\begin{pmatrix}\frac{a_1}{x_1^2} & 0 & \cdots & 0\\ 0 & \frac{a_2}{x_2^2} & \cdots & 0\\ \vdots & \vdots & & \vdots\\ 0 & 0 & \cdots & \frac{a_n}{x_n^2}\end{pmatrix}$$

可知，矩阵 $\boldsymbol{H}_L$ 在驻点是负定矩阵，因此驻点为极大值点。所以函数的最大值为

$$f_{\max}=\left(\frac{a_1x_1+a_2x_2+\cdots+a_nx_n}{a_1+a_2+\cdots+a_n}\right)^{a_1+a_2+\cdots+a_n}$$

习题 12.10

1. 求抛物线 $y=x^2$ 和直线 $x-y-2=0$ 之间的最短距离。

2. 求直线 l_1：$\frac{x-3}{2}=\frac{y}{1}=\frac{z-1}{1}$和 l_2：$\frac{x+1}{1}=\frac{y-2}{0}=\frac{z}{1}$之间的最短距离。

3. 试将整数 a 分成 n 个整数的和，使得这 n 个整数的乘积最大，并根据结论证明算术几何平均不等式。

4. 求平面上以 a、b、c、d 为边的面积最大的四边形。

5. 在球面 $2x^2+2y^2+2z^2=1$ 上求一点，使得函数 $f(x,y,z)=x^2+y^2+z^2$ 沿着点 $A(1,1,1)$到 $B(2,0,1)$的方向导数具有最大值。

6. 抛物面 $z=x^2+y^2$ 被平面 $x+y+z=1$ 截成一个椭圆，求这个椭圆到坐标原点的最远距离和最近距离。

7. 求二次型$\sum_{i,j=1}^{n}a_{ij}x_ix_j(a_{ij}=a_{ji})$在 $n-1$ 维单位球面

$$\left\{(x_1,x_2,\cdots,x_n)\in\mathbb{R}^n \mid \sum_{k=1}^{n}x_k^2=1\right\}$$

上的最大值与最小值。

8. 已知平面上两定点 $A(1,3)$、$B(4,2)$，试在椭圆$\frac{x^2}{9}+\frac{y^2}{4}=1(x>0,y>0)$上求一点 C，使得三角形 ABC 面积最大。

第 13 章　重积分

本章将介绍多元函数的重积分。多元函数重积分的理论是一元函数定积分理论的推广，两者的基本思想是一样的，都是通过分割、求和、取极限的过程来完成的。由于积分区域和被积函数的复杂性，多元函数重积分的计算要复杂些。这一章我们主要介绍二重积分、三重积分的计算和应用。

13.1　有界闭区域上的重积分

为了给出二重积分和多重积分的定义，我们先来介绍平面点集的面积。

13.1.1　平面点集的面积

设 D 为$\mathbb{R}^2$上的有界子集，$U=[a,b]\times[c,d]$为包含 D 的闭矩形。在$[a,b]$中依次插入分点 $a=x_0<x_1<\cdots<x_n=b$，在$[c,d]$中依次插入分点 $c=y_0<y_1<\cdots<y_n=d$，过这些分点做平行于坐标轴的直线，将 U 分成许多小矩形

$$U_{i,j}=[x_{i-1},x_i]\times[y_{j-1},y_j],\quad i=1,2,\cdots,n;j=1,2,\cdots,m$$

这称为 U 的一个分割或者划分，记为 T，如图 13.1.1 所示。

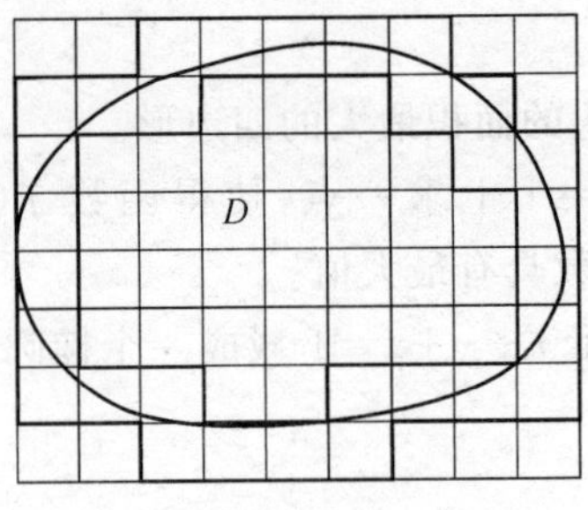

图 13.1.1

图 13.1.1 中的矩形可以分为三类：

(1) $U_{i,j}$中所有点都是 D 的内点；

(2) $U_{i,j}$中含有 D 的边界点；

(3) $U_{i,j}$中所有点都是 D 的外点。

如果用 $s_D(T)$表示所有(1)类矩形的面积之和，$S_D(T)$表示所有(1)类和(2)类矩形的面积之和，$s_D(T)$和 $S_D(T)$会随着分割 T 的不断加密而变化，且有 $s_D(T)\leqslant S_D(T)$。

利用与讨论一元函数定积分的 Darboux 和类似的方法可以证明：若在原有分割的基础上，在$[a,b]$和$[c,d]$中再增加有限个分点(所得的新分割称为原来分割的加细)，则 $s_D(T)$不减，$S_D(T)$不增；且任意一种分割 T_1 所得到的 $s_D(T_1)$不大于任意另一种分割 T_2 所得到的 $S_D(T_2)$，即 $s_D(T_1)\leqslant S_D(T_2)$。所以 $s_D(T)$存在上确界，$S_D(T)$存在下确界，记为

$$\underline{I_D}=\sup_T\{s_D(T)\},\quad \overline{I_D}=\inf_T\{S_D(T)\}$$

通常称$\underline{I_D}$为D的内面积，$\overline{I_D}$为D的外面积，显然$\underline{I_D}\leqslant\overline{I_D}$。

定义 13.1.1　对于平面有界点集D，若$\underline{I_D}=\overline{I_D}$，则称$D$为可求面积，并称其共同值$\underline{I_D}=\overline{I_D}=I_D$为$D$的面积。

显然，D的面积的存在与U无关，也与分割T无关。

定理 13.1.1　平面有界点集D可求面积的充分必要条件是$\forall\varepsilon>0$，存在某个分割T，使得

$$S_D(T)-s_D(T)<\varepsilon$$

证　必要性。因为平面有界点集D可求面积，由定义13.1.1及上下确界的定义，对于$\forall\varepsilon>0$，则存在分割T_1和T_2，使得

$$s_D(T_1)>I_D-\frac{\varepsilon}{2},\quad S_D(T_2)<I_D+\frac{\varepsilon}{2}$$

将分割T_1和T_2合并成一个新的分割T，则有

$$s_D(T_1)\leqslant s_D(T)\leqslant S_D(T)\leqslant S_D(T_2)$$

因此$S_D(T)-s_D(T)<\varepsilon$。

充分性。由于$s_D(T)\leqslant\underline{I_D}\leqslant\overline{I_D}\leqslant S_D(T)$，因此$\overline{I_D}-\underline{I_D}\leqslant S_D(T)-s_D(T)<\varepsilon$，由$\varepsilon$的任意性可知$\underline{I_D}=\overline{I_D}$，从而平面有界点集$D$可求面积。证毕。

例 13.1.1　设$y=f(x)$是$a\leqslant x\leqslant b$上的连续函数，则由$y=f(x)(a\leqslant x\leqslant b)$与直线$x=a$、$x=b$围成的区域$D$是可求面积的。

证　由于$y=f(x)$是$a\leqslant x\leqslant b$上的连续函数，所以它有最大值和最小值，分别记为$M=\max\limits_{a\leqslant x\leqslant b}\{f(x)\}$，$m=\min\limits_{a\leqslant x\leqslant b}\{f(x)\}$，则矩形区域$[a,b]\times[m,M]$覆盖了区域$D$。在$[a,b]$上依次插入分点$a=x_0<x_1<\cdots<x_n=b$将$[a,b]$分割，记$f(x)$在区间$[x_{i-1},x_i]$上的最小值和最大值分别为$m_i$和$M_i$，$i=1,2,\cdots,n$。对$[m,M]$插入最多$2n$个分点$m_i$和$M_i$，$i=1,2,\cdots,n$进行分割，得到$[a,b]\times[m,M]$的一个分割$T$。对于此分割$T$有

$$s_D(T)=\sum_{i=1}^{n}m_i(x_i-x_{i-1}),\quad S_D(T)=\sum_{i=1}^{n}M_i(x_i-x_{i-1})$$

由于$f(x)$在$[a,b]$上连续，故在$[a,b]$上可积。又$s_D(T)\leqslant\underline{I_D}\leqslant\overline{I_D}\leqslant S_D(T)$，由可积性，对$\forall\varepsilon>0$，当在$[a,b]$上的分割细度$\|T\|$足够小时，都有$\overline{I_D}-\underline{I_D}\leqslant S_D(T)-s_D(T)<\varepsilon$，所以$\underline{I_D}=\overline{I_D}$，且此时$\underline{I_D}=\overline{I_D}=\int_a^b f(x)\mathrm{d}x$。证毕

这个例子说明D是可求面积的，且与利用定积分计算的面积是一致的，说明定义13.1.1对面积的定义是对定积分计算平面区域面积的方法的推广，更具有一般性。

在上例中，记曲线$y=f(x)$，$a\leqslant x\leqslant b$为L，那么小矩形

$$[x_{i-1},x_i]\times[m_i,M_i],\quad i=1,2,\cdots,n$$

中包含了L，其面积为$\sum\limits_{i=1}^{n}(M_i-m_i)(x_i-x_{i-1})$，当在$[a,b]$上的分割细度趋于0时，它的极限是0，所以$L$的面积为0。

可以用同样方法证明：平面上光滑曲线段的面积为0。因此若一个有界区域的边界是分段光滑曲线（即由有限条光滑曲线衔接而成的曲线），那么它是可求面积的。事实上由定理13.1.1，我们有下面的结论。

推论 13.1.1 平面有界点集可求面积的充分必要条件是它的边界面积为零。

注 并不是所有平面有界点集都是可求面积的。

例 13.1.2 讨论点集 $D=\{(x,y)\mid 0\leqslant x\leqslant 1,0\leqslant y\leqslant 1$,且 x、y 为有理数$\}$的面积。

解 由于集合 D 的边界为$[0,1]\times[0,1]$,因此 D 的边界的面积为 1,从而 D 不可求面积。

13.1.2 二重积分的概念

设 D 为 xy 平面上可求面积的有界闭区域,$f(x,y)$为定义在 D 上的非负二元函数,则其几何图形是一个曲顶柱体,顶是由 $f(x,y)$表示的曲面,侧面是以 D 的边界曲线为准线、母线平行于 z 轴的柱面,如图 13.1.2 所示。

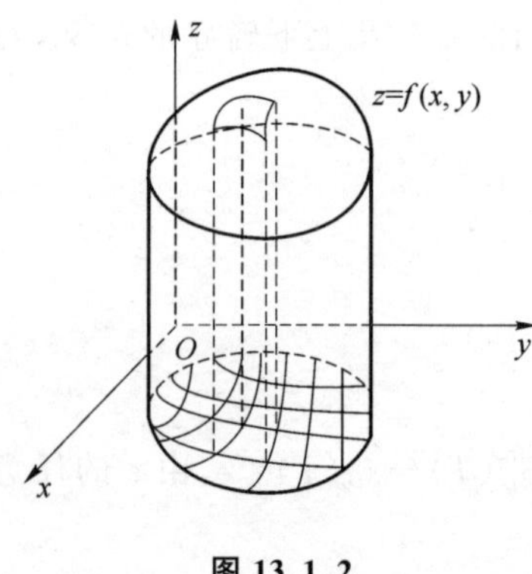

图 13.1.2

为了求出它的体积,我们用一个面积为零的曲线段组成的曲线网 T 将区域 D 分成 n 个小区域 $D_1,D_2,\cdots,D_n$。由前面的讨论可知,每个小区域都是可求面积的。再分别以这些小区域的边界为准线,做母线平行于 z 轴的柱面,这些柱面将原曲顶柱体分成 n 个小曲顶柱体。在 $D_i(i=1,2,\cdots,n)$上任取一点(ξ_i,η_i),设 D_i 的面积为 $\Delta\sigma_i$,那么以 D_i 为底的小曲顶柱体的体积近似等于 $f(\xi_i,\eta_i)\Delta\sigma_i$。于是,原曲顶柱体的体积近似等于 $\sum\limits_{i=1}^{n}f(\xi_i,\eta_i)\Delta\sigma_i$。

设分割 T 的细度为$\|T\|=\max\limits_{i}\{\operatorname{diam}D_i\}$($\operatorname{diam}D_i$ 为 D_i 的直径),当这个细度趋于零时,近似值趋于原曲顶柱体的体积,即

$$V=\lim_{\|T\|\to 0}\sum_{i=1}^{n}f(\xi_i,\eta_i)\Delta\sigma_i$$

由此可以看出,曲顶柱体的体积可以用一种小平顶柱体体积累加求和的极限来求解,许多实际问题的求解都可以归结为这种累加和的极限,后面还要详细讨论。

定义 13.1.2 设 D 为 xy 平面上可求面积的有界闭区域,函数 $z=f(x,y)$为定义在 D 上的有界函数,J 为一个实数。用一个面积为零的曲线网 T 将区域 D 分成 n 个小区域 D_1,$D_2,\cdots,D_n$,这称为 D 的一个分割或者划分,并记分割 T 的所有的小区域的最大直径为分割的细度$\|T\|$,即$\|T\|=\max\limits_{i}\{\operatorname{diam}D_i\}$($\operatorname{diam}D_i$ 为 D_i 的直径);再记 D_i 的面积为 $\Delta\sigma_i$。在 $D_i(i=1,2,\cdots,n)$上任取一点(ξ_i,η_i),如果对$\forall\varepsilon>0$,$\exists\delta(\varepsilon)>0$,对任意分割 T,当$\|T\|<\delta$时,有

$$\left|\sum_{i=1}^{n}f(\xi_i,\eta_i)\Delta\sigma_i-J\right|<\varepsilon$$

则称 $f(x,y)$在 D 上可积,并称 J 为 $f(x,y)$在 D 上的二重积分,记为 $J=\iint\limits_{D}f(x,y)\mathrm{d}\sigma$。这里$\iint$为二重积分记号,$f(x,y)$称为被积函数,$D$ 称为积分区域,x 和 y 称为积分变量,$\mathrm{d}\sigma$ 称为面积元素,J 也称为积分值。

注 (1)如果对积分区域 D 用平行于坐标轴的矩形网分割,则每一个小网格区域 $D_{ij}=[x_{i-1},x_i]\times[y_{j-1},y_j]$的面积 $\Delta\sigma_{ij}$ 为 $\Delta x_i\Delta y_j$,因此可以记$\iint\limits_{D}f(x,y)\mathrm{d}\sigma=\iint\limits_{D}f(x,y)\mathrm{d}x\mathrm{d}y$。

(2) 与定积分类似,二重积分也是通过“分割”“求和”“取极限”这三个步骤得到的,并且极限存在与分割的方法及点的取法无关。因此二重积分的本质与定积分的思想是一致的,只是累加和的区域从定积分的区间变成了二重积分的平面区域。

下面给出二重积分的一些存在性结果,其分析方法与定积分完全类似,故只给出结论。

设函数 $z=f(x,y)$ 为定义在 xy 平面上的有界闭区域 D 上的有界函数,$T:D_1,D_2,\cdots,D_n$ 为 D 的一个分割,令

$$M_i=\sup_{(x,y)\in D_i} f(x,y),\quad m_i=\inf_{(x,y)\in D_i} f(x,y),\quad i=1,2,\cdots,n$$

$$S(T)=\sum_{i=1}^{n} M_i\Delta\sigma_i,\quad s(T)=\sum_{i=1}^{n} m_i\Delta\sigma_i$$

这里 $S(T)$ 和 $s(T)$ 分别称为关于分割 T 的 Darboux 大和和小和。

定理 13.1.2　$f(x,y)$ 在 D 上可积的充分必要条件是 $\lim\limits_{\|T\|\to 0} S(T)=\lim\limits_{\|T\|\to 0} s(T)$。

定理 13.1.3　$f(x,y)$ 在 D 上可积的充分必要条件是对 $\forall\varepsilon>0$,存在分割 T,使得 $S(T)-s(T)<\varepsilon$。

定理 13.1.4　若 $f(x,y)$ 在有界闭区域 D 上连续,则其在 D 上可积。

定理 13.1.5　若 $f(x,y)$ 是有界闭区域 D 上的有界函数,且不连续点落在至多有限条面积为零的曲线上,则其在 D 上可积。

13.1.3　多重积分

同 $\mathbb{R}^2$ 中定义面积一样,可以在 $\mathbb{R}^n(n\geqslant 3)$ 中引入体积的概念。若定义 $\mathbb{R}^n$ 中的 n 维闭矩形 $[a_1,b_1]\times[a_2,b_2]\times\cdots\times[a_n,b_n]$ 的体积为 $(b_1-a_1)(b_2-a_2)\cdots(b_n-a_n)$,那么就可以将 $\mathbb{R}^2$ 上定义面积的叙述完全平移到 $\mathbb{R}^n(n\geqslant 3)$ 上来定义体积,并同样称边界体积为零的有界区域为零边界区域,而且可以证明光滑曲面片的体积为零。设 Ω 是 $\mathbb{R}^n(n\geqslant 3)$ 上的有界区域,其边界是一张或数张无重点的封闭曲面(本章总是如此假定),那么同样可得:有界点集 Ω 是可求体积的充分必要条件是:其边界的体积为零,即 Ω 为零边界区域。

类似于 $\mathbb{R}^2$,我们引入 n 重积分的概念。

定义 13.1.3　设 Ω 为 $\mathbb{R}^n$ 上的零边界区域,函数 $u=f(x_1,x_2,\cdots,x_n)$ 在 Ω 上有界,J 为一个实数。用一个面积为零的曲面网 T 将区域 Ω 分成 m 个小区域 $\Omega_1,\Omega_2,\cdots,\Omega_m$,这称为 Ω 的一个分割或者划分,并记分割 T 的所有小区域的最大直径为分割的细度 $\|T\|$,即 $\|T\|=\max\limits_{i}\{\operatorname{diam}\Omega_i\}$($\operatorname{diam}\Omega_i$ 为 Ω_i 的直径),再记 Ω_i 的体积为 ΔV_i。在 $\Omega_i(i=1,2,\cdots,m)$ 上任取一点 $(\xi_i^1,\xi_i^2,\cdots,\xi_i^n)$,如果对 $\forall\varepsilon>0$,$\exists\delta(\varepsilon)>0$,对任意分割 T,当 $\|T\|<\delta$ 时,有

$$\left|\sum_{i=1}^{m} f(\xi_i^1,\xi_i^2,\cdots,\xi_i^n)\Delta V_i-J\right|<\varepsilon$$

则称 $f(x_1,x_2,\cdots,x_n)$ 在 Ω 上可积,并称 J 为 $f(x_1,x_2,\cdots,x_n)$ 在 Ω 上的 n 重积分,记为 $J=\int_\Omega f(x_1,x_2,\cdots,x_n)\mathrm{d}V$。这里 $f(x_1,x_2,\cdots,x_n)$ 称为被积函数,Ω 称为积分区域,$x_1,x_2,\cdots,x_n$ 称为积分变量,$\mathrm{d}V$ 称为体积元素,J 也称为积分值。

注　n 重积分的定义与二重积分并没有本质上的区别。为明确起见,通常采用如下记法:

$f(x,y)$ 在 $D\subset\mathbb{R}^2$ 上的二重积分记为 $\iint\limits_D f(x,y)\mathrm{d}x\mathrm{d}y$,或 $\iint\limits_D f(x,y)\mathrm{d}\sigma$。

$f(x,y,z)$在$\Omega\subset\mathbb{R}^3$上的三重积分记为$\iiint\limits_{\Omega}f(x,y,z)\mathrm{d}x\mathrm{d}y\mathrm{d}z$或$\iiint\limits_{\Omega}f(x,y,z)\mathrm{d}V$。

$f(x_1,x_2,\cdots,x_n)$在$\Omega\subset\mathbb{R}^n$上的$n$重积分记为

$\int_{\Omega}f(x_1,x_2,\cdots,x_n)\mathrm{d}x_1\mathrm{d}x_2\cdots\mathrm{d}x_n$ 或 $\int\cdots\int_{\Omega}f(x_1,x_2,\cdots,x_n)\mathrm{d}x_1\mathrm{d}x_2\cdots\mathrm{d}x_n$ 或 $\int_{\Omega}f$

例 13.1.3 设物体占有分片光滑表面的空间$\Omega\subseteq\mathbb{R}^3$,该物体在$(x,y,z)$处的密度为$f(x,y,z)$,求该物体的质量和质心。

解 将Ω用分片光滑曲面T分割成充分小的曲面块$\Omega_1,\Omega_2,\cdots,\Omega_n$,$\Delta V_i$为$\Omega_i$的体积,$(\xi_i,\eta_i,\zeta_i)$为$\Omega_i$中的任意一点,则$f(\xi_i,\eta_i,\zeta_i)\Delta V_i$就近似地为$\Omega_i$的质量,$\sum\limits_{i=1}^{n}f(\xi_i,\eta_i,\zeta_i)\Delta V_i$就近似地为$\Omega$的质量。若$f(x,y,z)$在$\Omega$上可积,则有

$$\Omega\text{ 的质量} = \lim_{\|T\|\to 0}\sum_{i=1}^{n}f(\xi_i,\eta_i,\zeta_i)\Delta V_i = \iiint\limits_{\Omega}f(x,y,z)\mathrm{d}x\mathrm{d}y\mathrm{d}z$$

再来计算此物体的质心。

如果空间上有n个质点,它们的质量分别为$m_1,m_2,\cdots,m_n$,且相应地位于点

$$(x_1,y_1,z_1),(x_1,y_2,z_2),\cdots,(x_n,y_n,z_n)$$

那么这个质点系的质心坐标为

$$\overline{x}=\frac{\sum\limits_{i=1}^{n}m_ix_i}{\sum\limits_{i=1}^{n}m_i},\quad \overline{y}=\frac{\sum\limits_{i=1}^{n}m_iy_i}{\sum\limits_{i=1}^{n}m_i},\quad \overline{z}=\frac{\sum\limits_{i=1}^{n}m_iz_i}{\sum\limits_{i=1}^{n}m_i}$$

当分割足够细时,如果将Ω_i看成质点,$f(\xi_i,\eta_i,\zeta_i)\Delta V_i$就近似地为$\Omega_i$的质量,因此

$$\overline{x}\approx\frac{\sum\limits_{i=1}^{n}\xi_if(\xi_i,\eta_i,\zeta_i)\Delta V_i}{\sum\limits_{i=1}^{n}f(\xi_i,\eta_i,\zeta_i)\Delta V_i},\quad \overline{y}\approx\frac{\sum\limits_{i=1}^{n}\eta_if(\xi_i,\eta_i,\zeta_i)\Delta V_i}{\sum\limits_{i=1}^{n}f(\xi_i,\eta_i,\zeta_i)\Delta V_i},\quad \overline{z}\approx\frac{\sum\limits_{i=1}^{n}\zeta_if(\xi_i,\eta_i,\zeta_i)\Delta V_i}{\sum\limits_{i=1}^{n}f(\xi_i,\eta_i,\zeta_i)\Delta V_i}$$

上式分别取极限得

$$\overline{x}=\frac{\iiint\limits_{\Omega}xf(x,y,z)\mathrm{d}x\mathrm{d}y\mathrm{d}z}{\iiint\limits_{\Omega}f(x,y,z)\mathrm{d}x\mathrm{d}y\mathrm{d}z},\quad \overline{y}=\frac{\iiint\limits_{\Omega}yf(x,y,z)\mathrm{d}x\mathrm{d}y\mathrm{d}z}{\iiint\limits_{\Omega}f(x,y,z)\mathrm{d}x\mathrm{d}y\mathrm{d}z},\quad \overline{z}=\frac{\iiint\limits_{\Omega}zf(x,y,z)\mathrm{d}x\mathrm{d}y\mathrm{d}z}{\iiint\limits_{\Omega}f(x,y,z)\mathrm{d}x\mathrm{d}y\mathrm{d}z}$$

最后我们必须指出的一点就是:一条平面曲线所绘出的图形的面积并不一定是零。Peano发现,存在将实轴上的闭区间映满平面上的一个二维区域(如三角形和正方形)的连续映射。这也就是说,这条曲线通过该二维区域的每个点,这种曲线被称为Peano曲线。细节请参看参考文献[1],这里略去。

习题 13.1

1. 证明:若有界点集$E\subseteq\mathbb{R}^2$是零面积集合,则函数$f(x,y)\equiv 1$在E上可积,且$\int_E f=0$。

2. 设E、D为$\mathbb{R}^2$上可求面积的区域,且$E\subseteq D$。证明:若函数f在D上可积,则f在E上可积,且当f在D上非负时,有$\int_E f\leqslant\int_D f$。

3. 设 $f(x,y)=\begin{cases}\dfrac{1}{p}, & 若\ x,y\ 都是有理数,且\ x=\dfrac{q}{p}\\ 0, & 其他情形\end{cases}$ 为定义在 $D=[0,1]\times[0,1]$ 上的函数。证明：

(1) f 在 D 上可积；

(2) 若 x 取 $(0,1)$ 内任一有理数 p，则 $f(p,y)$ 在 $[0,1]$ 上不可积。

4. 设函数 $f(x,y)$ 在矩形 $D=[0,\pi]\times[0,1]$ 上有界，而且除了曲线段 $y=\sin x, 0\leqslant x\leqslant\pi$ 外，$f(x,y)$ 在矩形 D 上其他点连续。证明 f 在 D 上可积。

5. 按定义计算二重积分 $\iint\limits_D xy\,\mathrm{d}x\mathrm{d}y$，这里 $D=[0,1]\times[0,1]$。

6. 设一元函数 $f(x)$ 在 $[a,b]$ 上可积，$D=[a,b]\times[c,d]$。定义二元函数

$$F(x,y)=f(x),\quad x,y\in D$$

证明 $F(x,y)$ 在 D 上可积。

7. 设 D 为 $\mathbb{R}^2$ 上的边界面积为零的闭区域，二元函数 $f(x,y)$ 和 $g(x,y)$ 在 D 上可积。证明 $H(x,y)=\max\{f(x,y),g(x,y)\}$ 和 $h(x,y)=\min\{f(x,y),g(x,y)\}$ 也在 D 上可积。

13.2　重积分的性质和计算

13.2.1　重积分的性质

重积分具有与定积分类似的性质，现列举如下。

性质1(线性性)　设 f 和 g 在区域 Ω 上可积，α、β 为常数，则 $\alpha f+\beta g$ 在区域 Ω 上可积，且 $\int_\Omega(\alpha f+\beta g)\mathrm{d}\sigma=\alpha\mathrm{d}\sigma\int_\Omega f\,\mathrm{d}\sigma+\beta\mathrm{d}\sigma\int_\Omega g\,\mathrm{d}\sigma$。

性质2(区域可加性)　设区域 Ω 被分成两个内点不相交的区域 Ω_1 和 Ω_2。如果 f 在 Ω 上可积，则 f 在 Ω_1 和 Ω_2 上都可积；反过来，如果 f 在 Ω_1 和 Ω_2 上都可积，则 f 在 Ω 上可积。此时 $\int_\Omega f\mathrm{d}\sigma=\int_{\Omega_1}f\mathrm{d}\sigma+\int_{\Omega_2}f\mathrm{d}\sigma$ 成立。

性质3　设被积函数 $f\equiv1$。当 $n=2$ 时，$\iint\limits_D\mathrm{d}x\mathrm{d}y=\iint\limits_D 1\mathrm{d}x\mathrm{d}y=D$ 的面积。当 $n\geqslant3$ 时，$\int_\Omega\mathrm{d}V=\int_\Omega 1\mathrm{d}V=\Omega$ 的体积。

性质4(保序性)　设 f 和 g 在区域 Ω 上可积，且满足 $f\leqslant g$，则不等式 $\int_\Omega f\mathrm{d}\sigma\leqslant\int_\Omega g\,\mathrm{d}\sigma$ 成立。

性质5　设 f 在区域 Ω 上可积，且 $m\leqslant f\leqslant M$，则不等式 $mV\leqslant\int_\Omega f\mathrm{d}\sigma\leqslant MV$ 成立。其中当 $n=2$ 时，V 为 Ω 的面积；当 $n\geqslant3$ 时，V 为 Ω 的体积。

性质6(绝对可积性)　设 f 在区域 Ω 上可积，则 $|f|$ 在 Ω 上也可积，且不等式 $\left|\int_\Omega f\mathrm{d}\sigma\right|\leqslant\int_\Omega|f\mathrm{d}\sigma|$ 成立。

性质7(乘积可积性)　设 f 和 g 在区域 Ω 上可积，则 $f\cdot g$ 在 Ω 上可积。

性质 8(积分中值定理)　设 f 和 g 在区域 Ω 上可积，且 g 在 Ω 上不变号。再设 M、m 分别是 f 在区域 Ω 上的上下确界，则存在常数 $\mu\in[m,M]$，使得 $\int_\Omega fg\,\mathrm{d}\sigma=\mu\int_\Omega g\,\mathrm{d}\sigma$。特别地，如果 f 在区域 Ω 上连续，则存在 $\xi\in\Omega$，使得 $\int_\Omega fg\,\mathrm{d}\sigma=f(\xi)\int_\Omega g\,\mathrm{d}\sigma$。

13.2.2　矩形区域上的重积分计算

设 $D=[a,b]\times[c,d]$ 是 $\mathbb{R}^2$ 上的闭矩形，$z=f(x,y)$ 为 D 上的非负二元连续函数，则以 D 为底、曲面 $z=f(x,y)$ 为顶的曲顶柱体的体积 V 正是二重积分 $\iint\limits_D f(x,y)\mathrm{d}x\mathrm{d}y$。

但是按照定积分求体积的方法，这块柱体被过点 $(x,0,0)(a\leqslant x\leqslant b)$ 且与 yz 平面平行的平面所截的截面是曲边梯形(见图 13.2.1)，其面积为 $A(x)=\int_c^d f(x,y)\mathrm{d}y$。

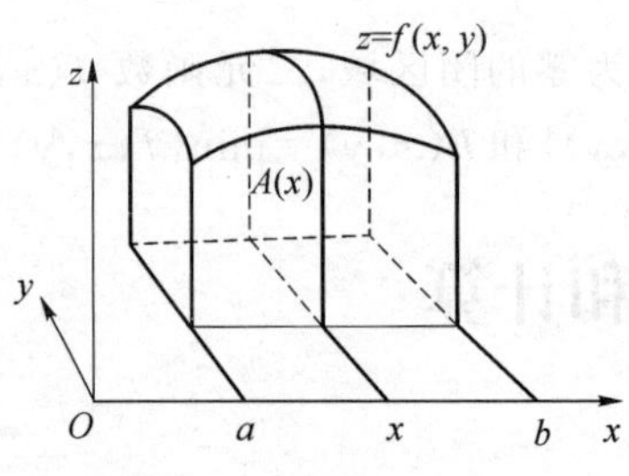

图 13.2.1

再利用定积分求体积的结论，即知此曲顶柱体的体积为

$$V=\int_a^b A(x)\mathrm{d}x=\int_a^b\left(\int_c^d f(x,y)\mathrm{d}y\right)\mathrm{d}x$$

$\int_a^b\left(\int_c^d f(x,y)\mathrm{d}y\right)\mathrm{d}x$ 称为 $f(x,y)$ 先对 y、再对 x 的累次积分，习惯上写成 $\int_a^b\mathrm{d}x\int_c^d f(x,y)\mathrm{d}y$，因此有等式 $\iint\limits_D f(x,y)\mathrm{d}x\mathrm{d}y=\int_a^b\mathrm{d}x\int_c^d f(x,y)\mathrm{d}y$。

这个方法提示我们：有些重积分可以通过累次积分来计算，这正是计算重积分的关键所在。

定理 13.2.1　设二元函数 $f(x,y)$ 在闭矩形 $D=[a,b]\times[c,d]$ 上可积。若对于每个 $x\in[a,b]$，积分 $I(x)=\int_c^d f(x,y)\mathrm{d}y$ 都存在，则 $I(x)$ 在 $[a,b]$ 上可积，并且

$$\iint\limits_D f(x,y)\mathrm{d}x\mathrm{d}y=\int_a^b I(x)\mathrm{d}x=\int_a^b\left(\int_c^d f(x,y)\mathrm{d}y\right)\mathrm{d}x=\int_a^b\mathrm{d}x\int_c^d f(x,y)\mathrm{d}y$$

证　在 $[a,b]$ 中依次插入分点 $x_1,x_2,\cdots,x_{n-1}$ 使 $a=x_0<x_1<\cdots<x_n=b$，记为分割 T，并记 $\Delta x_i=x_i-x_{i-1}(i=1,2,\cdots,n)$。下面只要证明 $\lim\limits_{\|T\|\to0}\sum\limits_{i=1}^n I(\xi_i)\Delta x_i=\iint\limits_D f(x,y)\mathrm{d}x\mathrm{d}y$ 即可，这里 ξ_i 是 $[x_{i-1},x_i]$ 中任意一点。

在 $[c,d]$ 中依次插入分点 $y_1,y_2,\cdots,y_{m-1}$ 使 $c=y_0<y_1<\cdots<y_m=d$，记 $\Delta y_j=y_j-y_{j-1}(j=1,2,\cdots,m)$。过 $[a,b]$ 和 $[c,d]$ 上的这些分点分别做平行于坐标轴的直线将 D 分成许多小矩形，实际上这就是做了 D 的一个矩形网分割。记 $D_{i,j}=[x_{i-1},x_i]\times[y_{j-1},y_j]$，$i=$

$1,2,\cdots,n;j=1,2,\cdots,m,m_{ij}=\inf\limits_{(x,y)\in D_{ij}}\{f(x,y)\},M_{ij}=\sup\limits_{(x,y)\in D_{ij}}\{f(x,y)\}$，则有

$$\sum_{j=1}^{m}m_{ij}\Delta y_j\leqslant I(\xi_i)=\sum_{j=1}^{m}\int_{y_{j-1}}^{y_j}f(\xi_i,y)\mathrm{d}y\leqslant\sum_{j=1}^{m}M_{ij}\Delta y_j,\quad i=1,2,\cdots,n$$

将这些不等式分别乘以 Δx_i 再加起来就有

$$\sum_{i=1}^{n}\sum_{j=1}^{m}m_{ij}\Delta x_i\Delta y_j\leqslant\sum_{i=1}^{n}I(\xi_i)\Delta x_i\leqslant\sum_{i=1}^{n}\sum_{j=1}^{m}M_{ij}\Delta x_i\Delta y_j$$

由于 $f(x,y)$ 在 D 上可积，所以当分割细度趋于零时，左右两端都有极限，且极限为 $\iint\limits_D f(x,y)\mathrm{d}x\mathrm{d}y$。由极限的夹逼性质，即得 $\int_a^b I(x)\mathrm{d}x=\lim\limits_{\|T\|\to0}\sum\limits_{i=1}^{n}I(\xi_i)\Delta x_i=\iint\limits_D f(x,y)\mathrm{d}x\mathrm{d}y$。证毕。

类似地，我们有下面的结果。

定理 13.2.2　设二元函数 $f(x,y)$ 在闭矩形 $D=[a,b]\times[c,d]$ 上可积。若对于每个 $y\in[c,d]$，积分 $J(y)=\int_a^b f(x,y)\mathrm{d}x$ 都存在，则 $J(y)$ 在 $[c,d]$ 上可积，并且

$$\iint\limits_D f(x,y)\mathrm{d}x\mathrm{d}y=\int_c^d J(y)\mathrm{d}y=\int_c^d\left(\int_a^b f(x,y)\mathrm{d}x\right)\mathrm{d}y=\int_c^d\mathrm{d}y\int_a^b f(x,y)\mathrm{d}x$$

推论 13.2.1　设函数 $f(x,y)$ 在 $D=[a,b]\times[c,d]$ 上连续，则有

$$\iint\limits_D f(x,y)\mathrm{d}x\mathrm{d}y=\int_a^b\mathrm{d}x\int_c^d f(x,y)\mathrm{d}y=\int_c^d\mathrm{d}y\int_a^b f(x,y)\mathrm{d}x$$

推论 13.2.2　设函数 $f(x)$ 在 $[a,b]$ 上可积，$g(y)$ 在 $[c,d]$ 上可积，则有

$$\begin{aligned}\iint\limits_{[a,b]\times[c,d]}f(x)g(y)\mathrm{d}x\mathrm{d}y&=\int_a^b\left(\int_c^d f(x)g(y)\mathrm{d}y\right)\mathrm{d}x\\&=\int_a^b f(x)\left(\int_c^d g(y)\mathrm{d}y\right)\mathrm{d}x=\int_a^b f(x)\mathrm{d}x\int_c^d g(y)\mathrm{d}y\end{aligned}$$

例 13.2.1　计算 $\iint\limits_D(x+y)^2\mathrm{d}x\mathrm{d}y$，其中 $D=[0,1]\times[0,1]$。

解　由推论 13.2.1 可知，$\iint\limits_D(x+y)^2\mathrm{d}x\mathrm{d}y=\int_0^1\mathrm{d}x\int_0^1(x+y)^2\mathrm{d}y=\int_0^1\left[\frac{(x+1)^3}{3}-\frac{x^3}{3}\right]\mathrm{d}x=\frac{7}{6}$。

注　并不是所有重积分都能化为累次积分计算。例如，设 $D=[0,1]\times[0,1]$，D 上的函数

$$f(x,y)=\begin{cases}\dfrac{1}{p_x}+\dfrac{1}{p_y}, & x=\dfrac{q_x}{p_x},y=\dfrac{q_y}{p_y}\text{均为既约分数}\\0, & \text{其他点}\end{cases}$$

易证 $f(x,y)$ 在 D 上可积，且 $\iint\limits_D f(x,y)\mathrm{d}x\mathrm{d}y=0$。但它的两个累次积分都不存在。

下面我们把上面的结果推广到 $\mathbb{R}^n$ 上，证明方法类似，这里略去。

定理 13.2.3　设函数 $f(x_1,x_2,\cdots,x_n)$ 在 n 维闭矩形 $\Omega=[a_1,b_1]\times[a_2,b_2]\times\cdots\times[a_n,b_n]$ 上可积。记 $\Omega^*=[a_2,b_2]\times\cdots\times[a_n,b_n]$。若对于每个 $x_1\in[a_1,b_1]$，积分 $I(x_1)=\int_{\Omega^*}f(x_1,x_2,\cdots,x_n)\mathrm{d}x_2\cdots\mathrm{d}x_n$ 都存在，则 $I(x_1)$ 在 $[a_1,b_1]$ 上可积，并且

$$\begin{aligned}\int_\Omega f(x_1,x_2,\cdots,x_n)\mathrm{d}x_1\mathrm{d}x_2\cdots\mathrm{d}x_n&=\int_{a_1}^{b_1}I(x_1)\mathrm{d}x_1\\&=\int_{a_1}^{b_1}\mathrm{d}x_1\int_{\Omega^*}f(x_1,x_2,\cdots,x_n)\mathrm{d}x_2\cdots\mathrm{d}x_n\end{aligned}$$

特别地,当 $n=2$ 时,即为定理 13.2.1;当 $n=3$ 时,记 $\Omega=[a,b]\times[c,d]\times[e,f]$,$\Omega^*=[c,d]\times[e,f]$,那么上式成为

$$\iiint\limits_{\Omega} f(x,y,z)\mathrm{d}x\mathrm{d}y\mathrm{d}z=\int_a^b \mathrm{d}x\iint\limits_{\Omega^*} f(x,y,z)\mathrm{d}y\mathrm{d}z$$

推论 13.2.3　设函数 $f(x_1,x_2,\cdots,x_n)$ 在 n 维闭矩形 $\Omega=[a_1,b_1]\times[a_2,b_2]\times\cdots\times[a_n,b_n]$ 上连续,则有

$$\int_{\Omega} f(x_1,x_2,\cdots,x_n)\mathrm{d}x_1\mathrm{d}x_2\cdots\mathrm{d}x_n=\int_{a_1}^{b_1}\mathrm{d}x_1\int_{a_2}^{b_2}\mathrm{d}x_2\cdots\int_{a_{n-1}}^{b_{n-1}}\mathrm{d}x_{n-1}\int_{a_n}^{b_n} f(x_1,x_2,\cdots,x_n)\mathrm{d}x_n$$

像二重积分在一定条件下可以化为累次积分一样,在 $n>2$ 时,n 重积分也可以化为先对某个变量做定积分,再对其余变量做重积分的累次积分。例如,如果 $f(x,y,z)$ 在 $\Omega=[a,b]\times[c,d]\times[e,f]$ 上可积,并且对于每个 $(y,z)\in\Omega_*=[c,d]\times[e,f]$,$\int_{\Omega_*} f(x,y,z)\mathrm{d}x$ 都存在,那么

$$\iiint\limits_{\Omega} f(x,y,z)\mathrm{d}x\mathrm{d}y\mathrm{d}z=\iint\limits_{\Omega_*}\left(\int_a^b f(x,y,z)\mathrm{d}x\right)\mathrm{d}y\mathrm{d}z=\iint\limits_{\Omega_*}\mathrm{d}y\mathrm{d}z\int_a^b f(x,y,z)\mathrm{d}x$$

13.2.3　一般区域上的重积分计算

现在考虑一般区域上的二重积分。首先给出两类特殊区域:x 型区域和 y 型区域。

定义 13.2.1　设平面点集

$$D_x=\{(x,y)\mid y_1(x)\leqslant y\leqslant y_2(x),a\leqslant x\leqslant b\}$$
$$D_y=\{(x,y)\mid x_1(y)\leqslant x\leqslant x_2(y),c\leqslant y\leqslant d\}$$

称 D_x 为 x 型区域,D_y 为 y 型区域。

x 型区域的特点是垂直于 $x(a\leqslant x\leqslant b)$ 轴的直线穿过区域时与区域的边界至多有两个交点,y 型区域的特点是垂直于 $y(c\leqslant y\leqslant d)$ 轴的直线穿过区域时与区域的边界至多有两个交点,如图 13.2.2 所示。

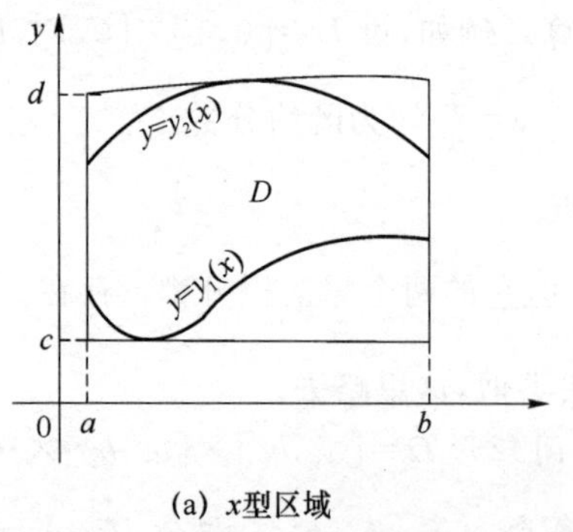

(a) x型区域

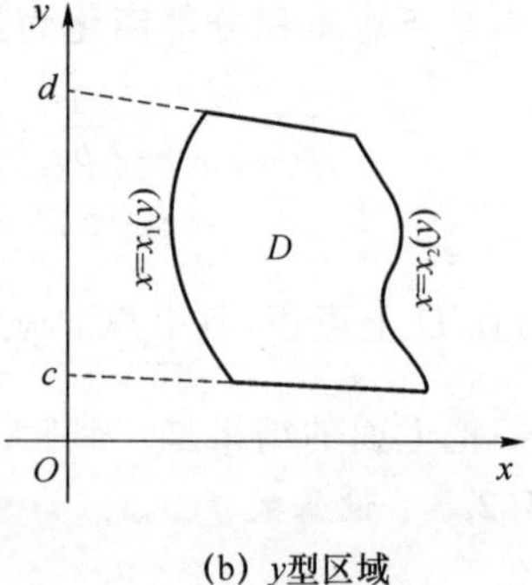

(b) y型区域

图 13.2.2

许多常见的区域都可分割为有限个无公共内点的 x 型区域或 y 型区域(如图 13.2.3 所示区域分为三个区域,两个为 x 型区域,一个为 y 型区域)。因此,解决了 x 型区域和 y 型区域上二重积分的计算后,一般区域上的二重积分问题也就得到了解决。

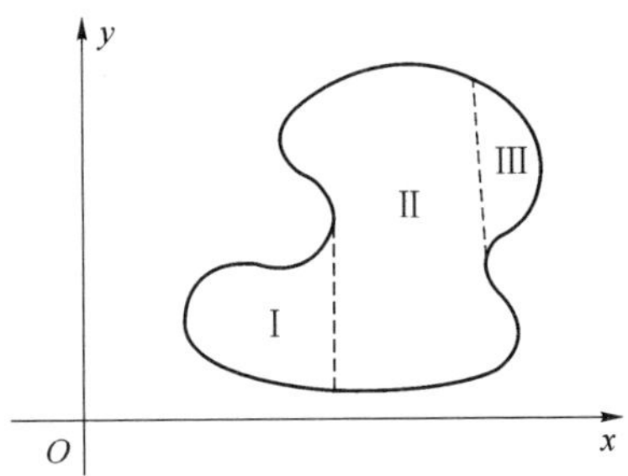

图 13.2.3

定理 13.2.4　设 $f(x,y)$ 是 x 型区域 $D=\{(x,y)\mid y_1(x)\leqslant y\leqslant y_2(x),a\leqslant x\leqslant b\}$ 上的连续函数，$y_1(x)$，$y_2(x)$ 在 $a\leqslant x\leqslant b$ 上连续，则

$$\iint\limits_D f(x,y)\mathrm{d}x\mathrm{d}y=\int_a^b \mathrm{d}x\int_{y_1(x)}^{y_2(x)} f(x,y)\mathrm{d}y$$

证　由 $y_1(x)$，$y_2(x)$ 在 $a\leqslant x\leqslant b$ 上连续，故存在矩形区域 $\hat{D}=[a,b]\times[c,d]\supseteq D$，如图 13.2.2(a) 所示。现做 $f(x,y)$ 在 $\hat{D}$ 上的延拓函数

$$\hat{f}(x,y)=\begin{cases} f(x,y), & (x,y)\in D \\ 0, & (x,y)\in \hat{D}\backslash D \end{cases}$$

由定理 13.1.5 可知，$\hat{f}(x,y)$ 在 $\hat{D}$ 上可积，从而 $f(x,y)$ 在 D 上可积，且

$$\begin{aligned}\iint\limits_D f(x,y)\mathrm{d}x\mathrm{d}y&=\iint\limits_{\hat{D}}\hat{f}(x,y)\mathrm{d}x\mathrm{d}y=\int_a^b\mathrm{d}x\int_c^d\hat{f}(x,y)\mathrm{d}y\\&=\int_a^b\mathrm{d}x\int_{y_1(x)}^{y_2(x)}\hat{f}(x,y)\mathrm{d}y=\int_a^b\mathrm{d}x\int_{y_1(x)}^{y_2(x)}f(x,y)\mathrm{d}y\end{aligned}$$

类似地，有下面的定理。我们略去它的证明。

定理 13.2.5　设 $f(x,y)$ 是 y 型区域 $D=\{(x,y)\mid x_1(y)\leqslant x\leqslant x_2(y),c\leqslant y\leqslant d\}$ 上的连续函数，$x_1(y)$，$x_2(y)$ 在 $c\leqslant y\leqslant d$ 上连续，则

$$\iint\limits_D f(x,y)\mathrm{d}x\mathrm{d}y=\int_c^d \mathrm{d}y\int_{x_1(y)}^{x_2(y)} f(x,y)\mathrm{d}x$$

同样，在三维情形，有下面的定理。

定理 13.2.6　如果 $f(x,y,z)$ 在 $\Omega=\{(x,y,z)\mid z_1(x,y)\leqslant z\leqslant z_2(x,y),y_1(x)\leqslant y\leqslant y_2(x),\ a\leqslant x\leqslant b\}$ 上连续，且 $z_1(x,y)$，$z_2(x,y)$，$y_1(x)$，$y_2(x)$ 都连续，则

$$\iiint\limits_\Omega f(x,y,z)\mathrm{d}x\mathrm{d}y\mathrm{d}z=\int_a^b\mathrm{d}x\int_{y_1(x)}^{y_2(x)}\mathrm{d}y\int_{z_1(x,y)}^{z_2(x,y)}f(x,y,z)\mathrm{d}z$$

例 13.2.2　计算 $\iint\limits_D xy\mathrm{d}x\mathrm{d}y$，其中 D 是由抛物线 $y=x^2$ 与直线 $x-y+2=0$ 所围成的区域。

解　若选择 x 型区域积分(见图 13.2.4(a))，则区域为

$$D=\{(x,y)\mid x^2\leqslant y\leqslant x+2,-1\leqslant x\leqslant 2\}$$

由定理 13.2.4 得

$$\iint_D xy\,\mathrm{d}x\mathrm{d}y = \int_{-1}^{2} x\mathrm{d}x \int_{x^2}^{x+2} y\mathrm{d}y = \int_{-1}^{2} \left[\frac{xy^2}{2}\right]_{x^2}^{x+2} \mathrm{d}x$$

$$= \frac{1}{2}\int_{-1}^{2} [x(x+2)^2 - x^5]\mathrm{d}x = \frac{45}{8}$$

若选择 y 型区域积分(见图 13.2.4(b)),则区域 $D=D_1\cup D_2$,其中

$$D_1=\{(x,y)\mid -\sqrt{y}\leqslant x\leqslant\sqrt{y}, 0\leqslant y\leqslant 1\},\quad D_2=\{(x,y)\mid y-2\leqslant x\leqslant\sqrt{y}, 1\leqslant y\leqslant 4\}$$

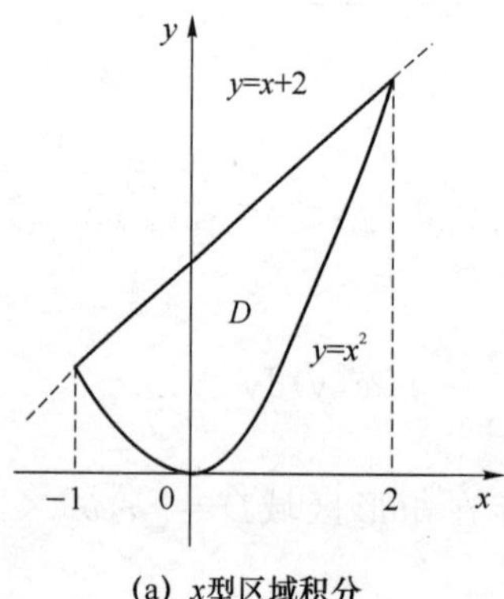

(a) x型区域积分

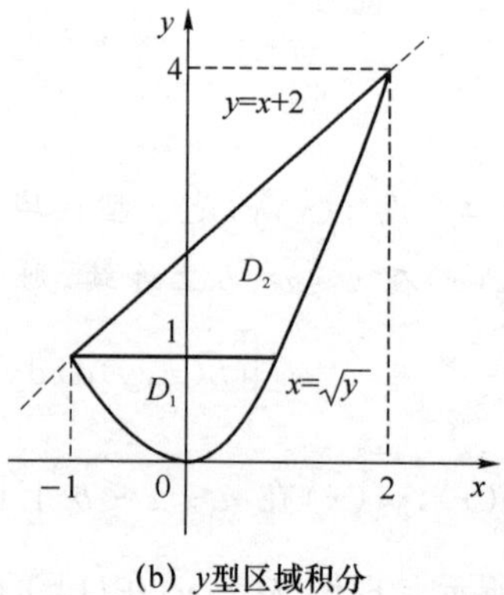

(b) y型区域积分

图 13.2.4

由定理 13.2.5 及积分区域可加性得

$$\iint_D xy\,\mathrm{d}x\mathrm{d}y = \int_0^1 \mathrm{d}y \int_{-\sqrt{y}}^{\sqrt{y}} xy\,\mathrm{d}x + \int_1^4 \mathrm{d}y \int_{y-2}^{\sqrt{y}} xy\,\mathrm{d}x$$

$$= \frac{1}{2}\int_0^1 (y^2 - y^2)\mathrm{d}y + \frac{1}{2}\int_1^4 (y^2 - y(y-2)^2)\mathrm{d}y$$

$$= \frac{45}{8}$$

此例中显然选择前者计算较为简单些。

例 13.2.3 计算 $\iint_D \frac{\sin y}{y}\mathrm{d}x\mathrm{d}y$,其中 D 是由抛物线 $y^2=x$ 与直线 $x-y=0$ 所围成的区域(见图 13.2.5)。

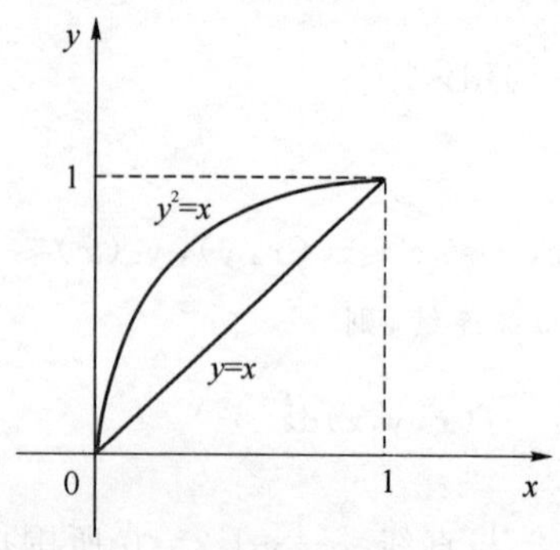

图 13.2.5

解 积分区域如图 13.2.5 所示,若选择 x 型区域积分,则积分区域为

$$D=\{(x,y)\mid x\leqslant y\leqslant\sqrt{x}, 0\leqslant x\leqslant 1\}$$

由定理 13.2.4 得

$$\iint_D \frac{\sin y}{y}\mathrm{d}x\mathrm{d}y = \int_0^1 \mathrm{d}x \int_x^{\sqrt{x}} \frac{\sin y}{y}\mathrm{d}y$$

由于$\frac{\sin y}{y}$的原函数不是初等函数,所以化成累次积分后,累次积分难以计算。我们再换 y 型区域积分看看。这时积分区域为 $D=\{(x,y)\mid y^2\leqslant x\leqslant y, 0\leqslant y\leqslant 1\}$。

由定理 13.2.5 得

$$\iint_D \frac{\sin y}{y}\mathrm{d}x\mathrm{d}y = \int_0^1 \frac{\sin y}{y}\mathrm{d}y\int_{y^2}^{y}\mathrm{d}x = \int_0^1 (y-y^2)\frac{\sin y}{y}\mathrm{d}y$$

$$= \int_0^1 (1-y)\sin y\mathrm{d}y = 1-\sin 1$$

这后面的计算用到了定积分的分部积分。从这个例子可以看出，选取累次积分次序非常重要。

例 13.2.4　计算由两个圆柱体 $x^2+y^2\leqslant a^2$ 和 $x^2+z^2\leqslant a^2$ 所围成的体积。

解　在图 13.2.6 中，画出了这个立体在第一卦限中的那一部分，由对称性，整个体积 V 为这一部分体积的 8 倍。于是

$$V = 8\iint\limits_{\substack{x^2+y^2\leqslant a^2\\ x\geqslant 0,y\geqslant 0}} \sqrt{a^2-x^2}\mathrm{d}x\mathrm{d}y$$

$$= 8\int_0^a \sqrt{a^2-x^2}\mathrm{d}x\int_0^{\sqrt{a^2-x^2}}\mathrm{d}y$$

$$= 8\int_0^a (a^2-x^2)\mathrm{d}x$$

$$= 8a^3-\frac{8}{3}a^3 = \frac{16}{3}a^3$$

例 13.2.5　计算 $\iiint\limits_{\Omega} z^2\mathrm{d}x\mathrm{d}y\mathrm{d}z$，其中 Ω 是由锥面 $z^2=\frac{h^2}{R^2}(x^2+y^2)$ 与平面 $z-h=0$ 所围成的区域（见图 13.2.7）。

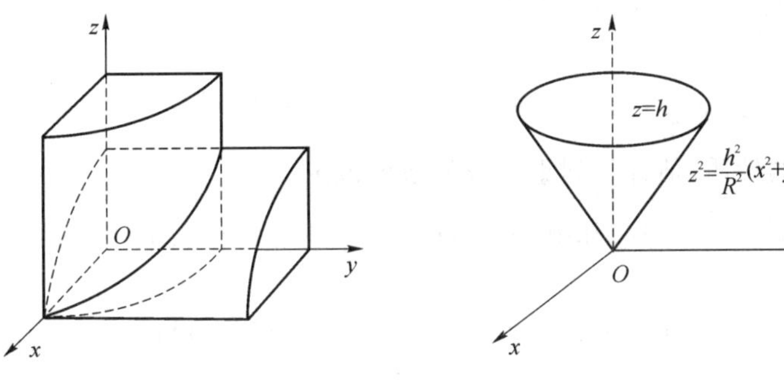

图 13.2.6　　**图 13.2.7**

解　记 $\Omega_z=\left\{(x,y)\left|\frac{h^2}{R^2}(x^2+y^2\right.\right\}\leqslant z^2\}$，它表示过 $(0,0,z)$ 且平行于 xy 平面截 Ω 所得图形在 xy 平面的投影，其面积为 $\pi\frac{R^2}{h^2}z^2$，则积分区域 Ω 表示为

$$\Omega=\left\{(x,y,z)\left|\frac{h^2}{R^2}(x^2+y^2)\leqslant z^2,0\leqslant z\leqslant h\right.\right\}=\{(x,y,z)\mid(x,y)\in\Omega_z,0\leqslant z\leqslant h\}$$

因此

$$\iiint\limits_{\Omega} z^2\mathrm{d}x\mathrm{d}y\mathrm{d}z = \int_0^h \mathrm{d}z\iint\limits_{\Omega_z} z^2\mathrm{d}x\mathrm{d}y = \int_0^h z^2\mathrm{d}z\iint\limits_{\Omega_z}\mathrm{d}x\mathrm{d}y = \int_0^h \pi\frac{R^2}{h^2}z^4\mathrm{d}z = \frac{\pi R^2h^3}{5}$$

例 13.2.6　求$\mathbb{R}^n$中下面几何体（被称为 n 维单纯形）的体积：

$$T_n=\{(x_1,x_2,\cdots,x_n)\mid x_1\geqslant 0,x_2\geqslant 0,\cdots,x_n\geqslant 0,x_1+x_2+\cdots+x_n\leqslant h\}$$

解　当 $n=2$ 时，T_2 的体积（实际是面积）为

$$\iint\limits_{T_2} dx_1 dx_2 = \int_0^h dx_1 \int_0^{h-x_1} dx_2 = \int_0^h (h-x_1) dx_1 = \frac{1}{2}h^2$$

当 $n=3$ 时,T_3 的体积为

$$\begin{aligned}\iiint\limits_{T_3} dx_1 dx_2 dx_3 &= \int_0^h dx_1 \iint\limits_{x_2+x_3\leqslant h-x_1, x_2\geqslant 0, x_3\geqslant 0} dx_2 dx_3 \\ &= \int_0^h \frac{1}{2}(h-x_1)^2 dx_1 = \frac{1}{3!}h^3\end{aligned}$$

类似地,我们可以得到 T_{n-1} 的体积为 $\int_{T_{n-1}} dx_1 dx_2 \cdots dx_{n-1} = \frac{1}{(n-1)!}h^{n-1}$。由数学归纳法,有

$$\begin{aligned}\int_{T_n} dx_1 dx_2 \cdots dx_n &= \int_0^h dx_1 \int\limits_{x_2+x_3+\cdots+x_n\leqslant h-x_1, x_2\geqslant 0, x_3\geqslant 0, x_n\geqslant 0} dx_2 dx_3 \cdots dx_n \\ &= \int_0^h \frac{1}{(n-1)!}(h-x_1)^{n-1} dx_1 = \frac{1}{n!}h^n\end{aligned}$$

习题 13.2

1. 证明重积分的性质 7 和 8。

2. 根据重积分的性质,比较下列积分的大小:

(1) $\iint\limits_D yx^3 dxdy$ 与 $\iint\limits_D y^2x^3 dxdy$,其中 $D=\{(x,y)\mid 0\leqslant y\leqslant 1, -1\leqslant x\leqslant 0\}$;

(2) $\iint\limits_D (x+y)^2 dxdy$ 与 $\iint\limits_D (x+y)^3 dxdy$,其中 $D=\{(x,y)\mid (x-2)^2+(y-1)^2\leqslant 1\}$。

3. 利用重积分的性质,估计下列重积分的取值范围:

(1) $\iint\limits_D (x^2y+xy^2+1)dxdy$,其中 $D=\{(x,y)\mid 0\leqslant x\leqslant 1, 0\leqslant y\leqslant 1\}$;

(2) $\iint\limits_D (x^2+2y^2+1)dxdy$,其中 $D=\{(x,y)\mid x^2+y^2\leqslant 1\}$;

(3) $\iiint\limits_\Omega \frac{dxdydz}{1+x^2+y^2+z^2}$,其中 $\Omega=\{(x,y,z)\mid x^2+y^2+z^2\leqslant 1\}$。

4. 求极限 $\lim\limits_{r\to 0}\frac{1}{\pi r^2}\iint\limits_{x^2+y^2\leqslant r^2} f(x,y)dxdy$,其中 $f(x,y)$ 在原点附近连续。

5. 计算下面的重积分:

(1) $\iint\limits_D (x^3+xy^2+e^x)dxdy$,其中 $D=\{(x,y)\mid 0\leqslant x\leqslant 1, 0\leqslant y\leqslant 1\}$;

(2) $\iint\limits_D xy^2 e^{x^2+2y^3} dxdy$,其中 $D=\{(x,y)\mid 0\leqslant x\leqslant 1, 0\leqslant y\leqslant 1\}$;

(3) $\iiint\limits_\Omega \frac{dxdydz}{(x+y+z)^2}$,其中 $\Omega=\{(x,y,z)\mid 0\leqslant x\leqslant 1, 0\leqslant y\leqslant 1, 0\leqslant z\leqslant 1\}$。

6. 改变下列累次积分的次序:

(1) $\int_0^1 dx \int_x^{3x} f(x,y)dy$;

(2) $\int_0^1 dx \int_0^{x^2} f(x,y)dy + \int_1^3 dx \int_0^{\frac{1}{2}(3-x)} f(x,y)dy$

(3) $\int_0^{2a} dx \int_{\sqrt{2ax-x^2}}^{\sqrt{2ax}} f(x,y)dy$；

(4) $\int_0^1 dx \int_0^{1-x} dy \int_0^{x+y} f(x,y,z)dz$（按 $y \to x \to z$ 次序）。

7. 计算下面的重积分：

(1) $\iint\limits_D (x^2+2y)dxdy$，其中 D 由 $y=x^2$ 与 $x=y^2$ 所围成；

(2) $\iint\limits_D \sin y^3 dxdy$，其中 D 由 $y=\sqrt{x}$、$y=2$ 与 $x=0$ 所围成；

(3) $\iiint\limits_\Omega \frac{dxdydz}{(1+x+y+z)^3}$，其中 Ω 为平面 $z=0$、$x=0$、$y=0$ 及 $x+y+z=1$ 所围成的四面体；

(4) $\iiint\limits_\Omega xz\,dxdydz$，其中 Ω 为平面 $z=0$、$z=y$、$y=1$ 及抛物面 $y=x^2$ 所围成的闭区域。

8. 设 $f(x)$ 在$\mathbb{R}$上连续，证明：

(1) $\int_a^b dx \int_a^x f(y)dy = \int_a^b f(y)(b-y)dy$；

(2) $\int_0^a dy \int_0^y e^{a-x} f(x)dx = \int_0^a (a-x)e^{a-x} f(x)dx$。

9. 设 $\Omega = \{(x_1,x_2,\cdots,x_n) \mid 0 \leqslant x_i \leqslant 1, i=1,2,\cdots,n\}$，计算下列积分：

(1) $\int_\Omega (x_1^2+x_2^2+\cdots+x_n^2)dx_1dx_2\cdots dx_n$；

(2) $\int_\Omega (x_1+x_2+\cdots+x_n)^2 dx_1dx_2\cdots dx_n$。

13.3　重积分的变量替换

13.3.1　二重积分的变量替换

在定积分的计算中，变量替换公式发挥了重要的作用。设 $f(x)$在$[a,b]$上连续，$x=\varphi(t)$在$[\alpha,\beta]$上有连续的导数，而且 $\varphi'(t)>0$；又

$$\varphi(\alpha)=a,\quad \varphi(\beta)=b$$

则

$$\int_a^b f(x)dx = \int_\alpha^\beta f(\varphi(t))\varphi'(t)dt$$

这是求定积分的重要公式。

设 $\alpha<\alpha_1<\beta_1<\beta$，变换 $x=\varphi(t)$把区间$[\alpha_1,\beta_1]$变成了$[\varphi(\alpha_1),\varphi(\beta_1)]$。这两个区间的长度之间有如下关系：

$$\varphi(\beta_1)-\varphi(\alpha_1)=\varphi'(\xi)(\beta_1-\alpha_1)$$

$\varphi'(\xi)$就是在变换 $x=\varphi(t)$下，两区间长度 $\beta_1-\alpha_1$ 与 $\varphi(\beta_1)-\varphi(\alpha_1)$的伸缩比。

现在我们讨论重积分的变量替换公式。

设给定了一个二重积分

$$\iint_D f(x,y)\mathrm{d}x\mathrm{d}y \tag{13.3.1}$$

其中被积函数 $f(x,y)$ 在可求面积的有界闭区域 D 上连续。

变换

$$T:\ x=x(u,v),\quad y=y(u,v) \tag{13.3.2}$$

将 uv 平面上可求面积的有界闭区域 D' 一一对应地映射到 xy 平面上可求面积的有界闭区域 D 上，$x=x(u,v)$、$y=y(u,v)$ 在 D' 内具有连续的一阶偏导数，且在 D' 上 Jacobi 行列式 $\dfrac{\partial(x,y)}{\partial(u,v)}\neq 0$。

我们的目的是要把区域 D 上关于变量 x、y 的二重积分式(13.3.1)转化成区域 D' 上关于变量 u、v 的二重积分。为此，在 uv 平面上用平行于 u 轴和 v 轴的直线网把区域 D' 任意分割成 n 个小区域。对其中任意一个矩形 σ'，设其顶点分别为 $P'_1(u,v)$、$P'_2(u+\Delta u,v)$、$P'_3(u+\Delta u,v+\Delta v)$、$P'_4(u,v+\Delta v)$(见图 13.3.1 右图)，它的面积为 $\Delta\sigma'=\Delta u\Delta v$。

在变换式(13.3.2)下，这个矩形变成了 xy 平面上以

$$P_1(x(u,v),y(u,v))$$
$$P_2(x(u+\Delta u,v),y(u+\Delta u,v))$$
$$P_3(x(u+\Delta u,v+\Delta v),y(u+\Delta u,v+\Delta v))$$
$$P_4(x(u,v+\Delta v),y(u,v+\Delta v))$$

为顶点的曲边四边形 σ(见图 13.3.1 左图)，它的面积记为 $\Delta\sigma$。

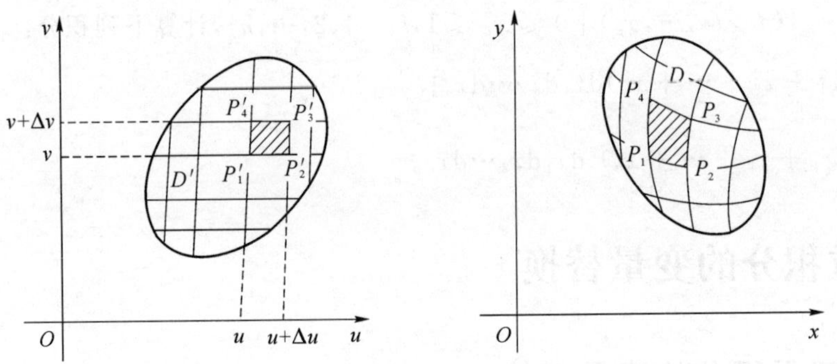

图 13.3.1

在分割很细的情况下，这个曲边四边形可以近似地看成以 P_1P_2 和 P_1P_4 为相邻两边的平行四边形，它的面积 $\Delta\sigma$ 可以近似地以该平行四边形的面积来代替。而以

$$\overrightarrow{P_1P_2}=(x(u+\Delta u,v)-x(u,v),y(u+\Delta u,v)-y(u,v))$$
$$\overrightarrow{P_1P_4}=(x(u,v+\Delta v)-x(u,v),y(u,v+\Delta v)-y(u,v))$$

为边的平行四边形的面积就是行列式

$$\begin{vmatrix} x(u+\Delta u,v)-x(u,v) & x(u,v+\Delta v)-y(u,v) \\ y(u+\Delta u,v)-y(u,v) & y(u,v+\Delta v)-y(u,v) \end{vmatrix}$$

的绝对值。

注意到 $x=x(u,v)$、$y=y(u,v)$ 在 D' 内具有连续的一阶偏导数，由 Lagrange 中值定理，则

$$\begin{vmatrix} x(u+\Delta u,v)-x(u,v) & x(u,v+\Delta v)-y(u,v) \\ y(u+\Delta u,v)-y(u,v) & y(u,v+\Delta v)-y(u,v) \end{vmatrix}$$

$$=\begin{vmatrix} \dfrac{\partial x}{\partial u}(u+\theta_1\Delta u,v)\Delta u & \dfrac{\partial x}{\partial v}(u,v+\theta_2\Delta v)\Delta v \\ \dfrac{\partial y}{\partial u}(u+\theta_3\Delta u,v)\Delta u & \dfrac{\partial y}{\partial v}(u,v+\theta_4\Delta v)\Delta v \end{vmatrix}$$

$$=\begin{vmatrix} \dfrac{\partial x}{\partial u}(u+\theta_1\Delta u,v) & \dfrac{\partial x}{\partial v}(u,v+\theta_2\Delta v) \\ \dfrac{\partial y}{\partial u}(u+\theta_3\Delta u,v) & \dfrac{\partial y}{\partial v}(u,v+\theta_4\Delta v) \end{vmatrix}\Delta u\Delta v$$

略去高阶无穷小量以后，得到

$$\Delta\sigma\approx\left|\frac{\partial(x,y)}{\partial(u,v)}\right|_{(u,v)}\Delta\sigma' \tag{13.3.3}$$

我们把式(13.3.3)应用到分割D'所得到的每个矩形区域$D_i'(i=1,2,\cdots,n)$上以及变换后的与之对应的曲边四边形D_i上，则有

$$\Delta\sigma_i\approx\left|\frac{\partial(x,y)}{\partial(u,v)}\right|_{(u_i,v_i)}\Delta\sigma_i'$$

式中，$\Delta\sigma_i$与$\Delta\sigma_i'$分别表示D_i与D_i'的面积。于是积分和

$$\sum_{i=1}^n f(x_i,y_i)\Delta\sigma_i\approx\sum_{i=1}^n f(x(u_i,v_i),y(u_i,v_i))\left|\frac{\partial(x,y)}{\partial(u,v)}\right|_{(u_i,v_i)}\Delta\sigma'_i$$

这里$x_i=x(u_i,v_i)$，$y_i=y(u_i,v_i)$。由此得到

$$\iint_D f(x,y)\mathrm{d}x\mathrm{d}y=\iint_{D'}f(x(u,v),y(u,v))\left|\frac{\partial(x,y)}{\partial(u,v)}\right|\mathrm{d}u\mathrm{d}v$$

于是可以得到下述重积分的变量替换公式。

定理13.3.1　设$f(x,y)$在xy平面上可求面积的有界闭区域D上连续(或可积)，且变量替换

$$T:\ x=x(u,v),\quad y=y(u,v)$$

将uv平面上可求面积的有界闭区域D'一一对应地映射到D上，其中$x=x(u,v)$，$y=y(u,v)$具有一阶连续偏导数，Jacobi行列式

$$J(u,v)=\frac{\partial(x,y)}{\partial(u,v)}=\begin{vmatrix} x_u & x_v \\ y_u & y_v \end{vmatrix}\neq 0,\quad (u,v)\in D'$$

则

$$\iint_D f(x,y)\mathrm{d}x\mathrm{d}y=\iint_{D'}f(x(u,v),y(u,v))\,|J(u,v)|\,\mathrm{d}u\mathrm{d}v \tag{13.3.4}$$

这个公式称为二重积分的变量变换公式或简称换元公式。

由式(13.3.3)，可以得到Jacobi行列式的几何意义。由于

$$\lim_{(\Delta u,\Delta v)\to(0,0)}\frac{\Delta\sigma}{\Delta\sigma'}=\left|\frac{\partial(x,y)}{\partial(u,v)}\right|_{(u,v)}$$

这表明，变换式(13.3.2)中Jacobi行列式$\left|\dfrac{\partial(x,y)}{\partial(u,v)}\right|$的绝对值可以看作是变换前后面积的伸缩率。

例13.3.1　计算$\iint\limits_D \mathrm{e}^{\frac{x-y}{x+y}}\mathrm{d}x\mathrm{d}y$，其中$D$由$x=0$、$y=0$与$x+y-1=0$所围成。

解 记 $u=x-y$、$v=x+y$，做变换

$$T: x=\frac{1}{2}(u+v), \quad y=\frac{1}{2}(v-u)$$

则有

$$J(u,v)=\begin{vmatrix} \frac{1}{2} & \frac{1}{2} \\ -\frac{1}{2} & \frac{1}{2} \end{vmatrix}=\frac{1}{2}, \ |J|=\frac{1}{2}$$

所以

$$\iint_D \mathrm{e}^{\frac{x-y}{x+y}} \mathrm{d}x\mathrm{d}y = \iint_{D^*} \mathrm{e}^{\frac{u}{v}} \frac{1}{2}\mathrm{d}u\mathrm{d}v = \frac{1}{2}\int_0^1 \mathrm{d}v \int_{-v}^{v} \mathrm{e}^{\frac{u}{v}} \mathrm{d}u = \frac{\mathrm{e}-\mathrm{e}^{-1}}{4}$$

例 13.3.2 计算 $\iint_D \frac{x}{y^2}\mathrm{d}x\mathrm{d}y$，其中 D 由抛物线 $y^2=mx$、$y^2=nx(0<m<n)$ 与直线 $y=ax$、$y=bx(0<a<b)$ 所围成，如图 13.3.2 所示。

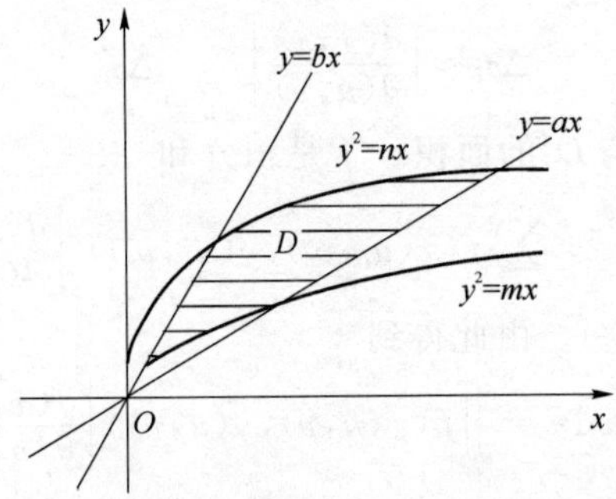

图 13.3.2

解 做变换 $T: x=\frac{u}{v^2}, y=\frac{u}{v}$，它把 xy 平面上的区域 D 变换到 uv 平面上的区域 $D^*=[m,n]\times[a,b]$。由于

$$J(u,v)=\begin{vmatrix} \frac{1}{v^2} & -\frac{2u}{v^3} \\ \frac{1}{v} & -\frac{u}{v^2} \end{vmatrix}=\frac{1}{v^4}, \quad (u,v)\in D^*$$

所以

$$\iint_D \frac{x}{y^2}\mathrm{d}x\mathrm{d}y = \iint_{D^*} \frac{\frac{u}{v^2}}{\frac{u^2}{v^2}} \frac{u}{v^4}\mathrm{d}u\mathrm{d}v = \int_a^b \frac{1}{v^4}\mathrm{d}v \int_m^n \mathrm{d}u = \frac{(n-m)(b^3-a^3)}{3a^3b^3}$$

直角坐标与极坐标之间的变换

$$T: \begin{cases} x=r\cos\theta \\ y=r\sin\theta \end{cases}, \quad (0\leqslant r<+\infty, 0\leqslant\theta\leqslant 2\pi) \tag{13.3.5}$$

是一个从 $r\theta$ 平面到 xy 平面的变换。在重积分计算中，把直角坐标系下的积分化成极坐标系下的积分，常常变得非常简单。

由于

$$J=\frac{\partial(x,y)}{\partial(r,\theta)}=\begin{vmatrix}\cos\theta & -r\sin\theta\\ \sin\theta & r\cos\theta\end{vmatrix}=r$$

可得变量替换公式

$$\iint_D f(x,y)\mathrm{d}x\mathrm{d}y=\iint_{D'} f(r\cos\theta,r\sin\theta)r\mathrm{d}r\mathrm{d}\theta \tag{13.3.6}$$

这里 D 是区域 D' 在变换式(13.3.5)下的像。

但是,当 D' 中包含原点时,式(13.3.6)存在问题。例如,在变换 T 下,把闭区域 $D':0\leqslant r\leqslant a,0\leqslant\theta\leqslant 2\pi$ 变换到 $D:x^2+y^2\leqslant a^2$ 时,不但在实轴上不是一对一的,而且当 $r=0$ 时,$J=0$。这不满足定理 13.3.1 的条件。因此,在应用该定理时,需要挖掉原点和正实轴。我们可考虑闭区域

$$D'_\varepsilon:\quad \varepsilon\leqslant r\leqslant a\,,\quad \varepsilon\leqslant\theta\leqslant 2\pi-\varepsilon$$

这时,T 就把 D'_ε 一对一地变成 xy 平面上的闭区域 D_ε(见图 13.3.3),并且 J 在 D'_ε 上恒不为零。由变量替换公式,得到

$$\iint_{D_\varepsilon} f(x,y)\mathrm{d}x\mathrm{d}y=\iint_{D'_\varepsilon} f(r\cos\theta,r\sin\theta)r\mathrm{d}r\mathrm{d}\theta$$

在上式两端令 $\varepsilon\to 0$ 取极限,即知式(13.3.6)成立。以后我们直接用式(13.3.6)来计算即可。

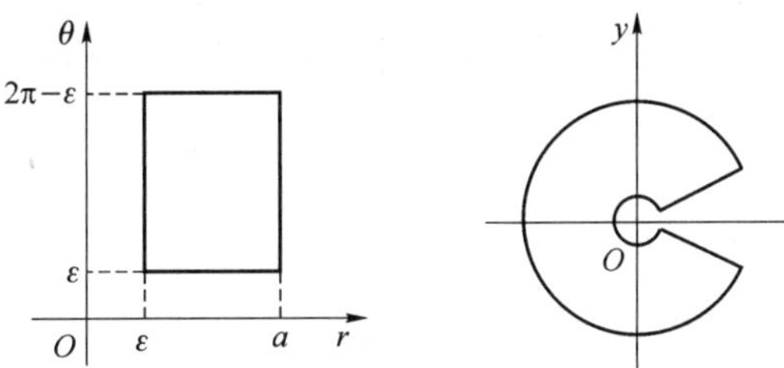

图 13.3.3

例 13.3.3　计算 $\iint_D \sin(\pi\sqrt{x^2+y^2})\mathrm{d}x\mathrm{d}y$,其中 $D=\{(x,y)\mid x^2+y^2\leqslant 1\}$。

解　引入极坐标变换

$$\begin{cases}x=r\cos\theta\\ y=r\sin\theta\end{cases}$$

那么积分区域对应为 $D_1=\{(r,\theta)\mid 0\leqslant r\leqslant 1,0\leqslant\theta\leqslant 2\pi\}$。因此

$$\iint_D \sin(\pi\sqrt{x^2+y^2})\mathrm{d}x\mathrm{d}y=\iint_{D_1} r\sin(\pi r)\mathrm{d}r\mathrm{d}\theta=\int_0^{2\pi}\mathrm{d}\theta\int_0^1 r\sin\pi r\mathrm{d}r=2$$

13.3.2　n 重积分的变量替换

设 U 为 $\mathbb{R}^n$ 上的开集,映射 $T:y_1=y_1(x_1,\cdots,x_n),\cdots,y_n=y_n(x_1,\cdots,x_n)$ 将 U 一一对应地映射到 $V\subseteq\mathbb{R}^n$ 上,因此它有逆映射。再设 $y_1(x_1,\cdots,x_n),\cdots,y_n(x_1,\cdots,x_n)$ 都具有一阶连续偏导数,这个映射的 Jacobi 行列式不等于零。记 Ω 为 U 中具有分片光滑边界的有界闭区域,则与二维情形类似有下面的定理。

定理 13.3.2　设 U 为 $\mathbb{R}^n$ 上的开集,映射 $T:y_1=y_1(x_1,\cdots,x_n),\cdots,y_n(x_1,\cdots,x_n)$ 将 U 一一对应地映射到 $V\subseteq\mathbb{R}^n$ 上,$y_1=y_1(x_1,\cdots,x_n),\cdots,y_n(x_1,\cdots,x_n)$ 都具有一阶连续偏导数,这个

映射的 Jacobi 行列式不等于零。记 Ω 为 U 中具有分片光滑边界的有界闭区域，$f(y_1,\cdots,y_n)$ 在 $T(\Omega)$ 上可积，那么有变量变换公式

$$\int_{T(\Omega)} f(y_1,\cdots,y_n)\mathrm{d}y_1\cdots\mathrm{d}y_n = \int_{\Omega} f(y_1(x_1,\cdots,x_n),\cdots,y_n(x_1,\cdots,x_n))\left|\frac{\partial(y_1,\cdots,y_n)}{\partial(x_1,\cdots,x_n)}\right|\mathrm{d}x_1\cdots\mathrm{d}x_n$$

这个定理的证明思想与定理 13.3.1 类似，只是过程比较复杂，在此从略。

三维空间中有两种非常重要的变换：柱面坐标变换和球面坐标变换。下面简要介绍一下。

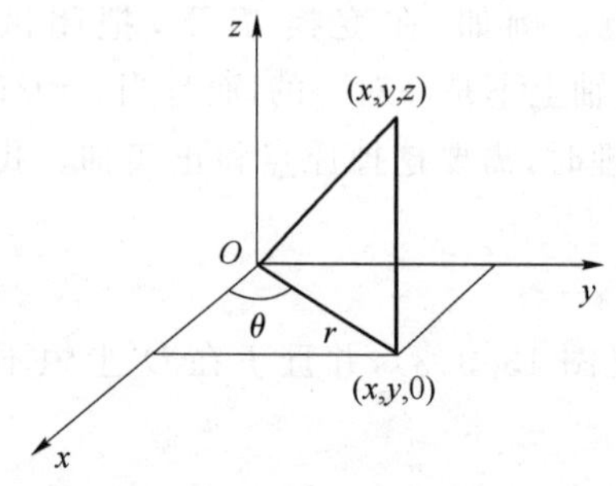

图 13.3.4

柱面坐标变换(见图 13.3.4)

$$\begin{cases} x = r\cos\theta \\ y = r\sin\theta \\ z = z \end{cases}$$

将 $0\leqslant r<+\infty, 0\leqslant\theta\leqslant 2\pi, -\infty<z<+\infty$ 映为整个 $\mathbb{R}^3$ 空间，变换的 Jacobi 行列式为

$$\frac{\partial(x,y,z)}{\partial(r,\theta,z)} = r$$

这里 $r=a$(a 为常数)表示以 z 轴为中心轴、半径为 a 的圆柱面；$\theta=\alpha$(α 为常数)表示过 z 轴的半平面，且此半平面与 xz 平面所成的二面角为 α；$z=h$(h 为常数)表示与 xy 面平行的平面。同样，注意此变换并非一一对应，但像极坐标变换一样，可以证明变换公式成立。下面球面坐标的变换也有类似的问题，不再重复。

球面坐标变换(见图 13.3.5)

$$\begin{cases} x = r\sin\varphi\cos\theta \\ y = r\sin\varphi\sin\theta \\ z = r\cos\varphi \end{cases}$$

将 $0\leqslant r<+\infty, 0\leqslant\varphi\leqslant\pi, 0\leqslant\theta\leqslant 2\pi$ 映为整个 $\mathbb{R}^3$ 空间，变换的 Jacobi 行列式为

$$\frac{\partial(x,y,z)}{\partial(r,\varphi,\theta)} = r^2\sin\varphi$$

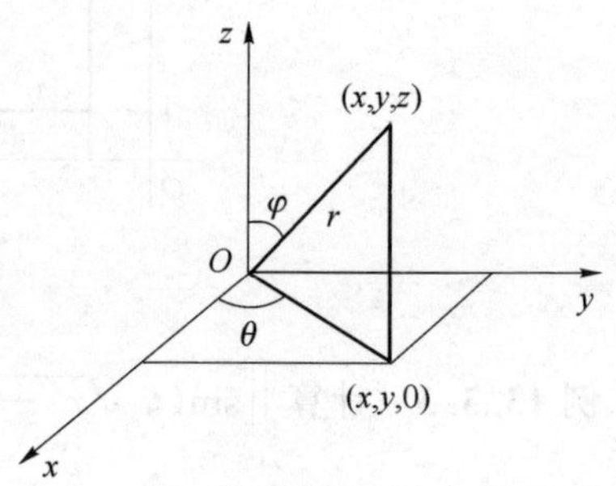

图 13.3.5

这里 $r=a$(a 为常数)表示以原点为球心、半径为 a 的球面；$\varphi=\alpha$(α 为常数)表示以原点为顶点、z 轴为轴、半顶角为 α 的圆锥面；$\theta=\beta$(β 为常数)表示过 z 轴且与 xz 面所围成的二面角为 β 的半平面。

一般当积分区域为球体或球体的一部分区域，或被积函数的球面坐标表示较为简单时，往往选择球面坐标变换。

例 13.3.4 计算 $\iiint\limits_{\Omega} xy\,\mathrm{d}x\mathrm{d}y\mathrm{d}z$，其中 Ω 是由曲面 $x^2+y^2=9$、坐标平面 $x=0$、$y=0$、$z=1$ 及 $z=2$ 所围成的第一卦限的区域。

解 做柱面坐标变换，区域 Ω^* (见图 13.3.6)可表示为

$$\Omega^* = \left\{(r,\theta,z)\,\middle|\,0\leqslant r\leqslant 3, 0\leqslant\theta\leqslant\frac{\pi}{2}, 1\leqslant z\leqslant 2\right\}$$

于是

$$\iiint\limits_{\Omega} xy\,\mathrm{d}x\mathrm{d}y\mathrm{d}z = \int_0^{\frac{\pi}{2}}\mathrm{d}\theta\int_0^3 r\mathrm{d}r\int_1^2 r^2\sin\theta\cos\theta\mathrm{d}z = \frac{81}{8}$$

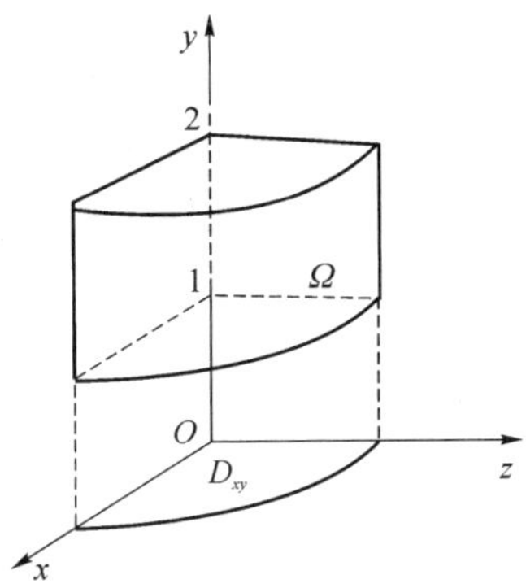

图 13.3.6

例 13.3.5　计算 $\iiint\limits_{\Omega} xyz\,\mathrm{d}x\mathrm{d}y\mathrm{d}z$，其中 Ω 为三个坐标平面及球面 $x^2+y^2+z^2=a^2(a>0)$ 所围成的区域。

解　做球面坐标变换，区域 Ω^* 可表示为

$$\Omega^*=\left\{(r,\varphi,\theta)\mid 0\leqslant r\leqslant a,0\leqslant\varphi\leqslant\frac{\pi}{2},0\leqslant\theta\leqslant\frac{\pi}{2}\right\}$$

于是

$$\iiint\limits_{\Omega} xyz\,\mathrm{d}x\mathrm{d}y\mathrm{d}z=\int_0^{\frac{\pi}{2}}\mathrm{d}\theta\int_0^{\frac{\pi}{2}}\mathrm{d}\varphi\int_0^a r^3\sin^2\varphi\cos\varphi\cos\theta\sin\theta\cdot r^2\sin\varphi\mathrm{d}r=\frac{a^6}{48}$$

例 13.3.6　计算 $\iiint\limits_{\Omega} z\,\mathrm{d}x\mathrm{d}y\mathrm{d}z$，其中 Ω 为椭球 $\frac{x^2}{a^2}+\frac{y^2}{b^2}+\frac{z^2}{c^2}\leqslant 1(a>0,b>0,c>0)$ 的上半部分。

解　做（广义）球面坐标变换

$$\begin{cases}x=ar\sin\varphi\cos\theta\\ y=br\sin\varphi\sin\theta\\ z=cr\cos\varphi\end{cases}$$

此时 Jacobi 行列式为 $\frac{\partial(x,y,z)}{\partial(r,\varphi,\theta)}=abcr^2\sin\varphi$。区域 Ω^* 为

$$\Omega^*=\left\{(r,\varphi,\theta)\mid 0\leqslant r\leqslant 1,0\leqslant\varphi\leqslant\frac{\pi}{2},0\leqslant\theta\leqslant 2\pi\right\}$$

于是

$$\iiint\limits_{\Omega} z\,\mathrm{d}x\mathrm{d}y\mathrm{d}z=\int_0^{2\pi}\mathrm{d}\theta\int_0^{\frac{\pi}{2}}\mathrm{d}\varphi\int_0^1 cr\cos\varphi\cdot abcr^2\sin\varphi\mathrm{d}r=\frac{\pi abc^2}{4}$$

例 13.3.7　求 n 维球体 $B_n=\{(x_1,\cdots,x_n)\mid x_1^2+\cdots+x_n^2\leqslant R^2\}$ 的体积 V_n。

解　在球面坐标变换下，B_n 对应于区域

$$E_n=\{(r,\varphi_1,\cdots,\varphi_{n-1})\mid 0\leqslant r\leqslant R,0\leqslant\varphi_1\leqslant\pi,\cdots,0\leqslant\varphi_{n-2}\leqslant\pi,0\leqslant\varphi_{n-1}\leqslant 2\pi\}$$

于是

$$\begin{aligned}V_n&=\int_{B_n}\mathrm{d}x_1\cdots\mathrm{d}x_n=\int_{E_n}r^{n-1}\sin^{n-2}\varphi_1\sin^{n-3}\varphi_2\cdots\sin^2\varphi_{n-3}\sin\varphi_{n-2}\mathrm{d}r\mathrm{d}\varphi_1\cdots\mathrm{d}\varphi_{n-1}\\&=\int_0^R r^{n-1}\mathrm{d}r\int_0^{\pi}\sin^{n-2}\varphi_1\mathrm{d}\varphi_1\cdots\int_0^{\pi}\sin^2\varphi_{n-3}\mathrm{d}\varphi_{n-3}\int_0^{\pi}\sin\varphi_{n-2}\mathrm{d}\varphi_{n-2}\int_0^{2\pi}\mathrm{d}\varphi_{n-1}\end{aligned}$$

由于

$$\int_0^{\pi}\sin^k\varphi\mathrm{d}\varphi = 2\int_0^{\frac{\pi}{2}}\sin^k\varphi\mathrm{d}\varphi = \begin{cases} 2\,\dfrac{(2m-1)!!}{(2m)!!}\,\dfrac{\pi}{2}, & k=2m \\ 2\,\dfrac{(2m)!!}{(2m+1)!!}, & k=2m+1 \end{cases}$$

所以

$$V_n=\begin{cases}\dfrac{R^{2m}}{m!}\pi^m, & n=2m \\ \dfrac{2^{m+1}R^{2m+1}}{(2m+1)!!}\pi^m, & n=2m+1\end{cases}$$

习题 13.3

1. 利用极坐标计算下列二重积分：

(1) $\iint\limits_D \sin(x^2+y^2)\mathrm{d}x\mathrm{d}y$,其中 $D=\left\{(x,y)\mid x^2+y^2\leqslant\dfrac{\pi^2}{4}\right\}$；

(2) $\iint\limits_D \ln(1+x^2+y^2)\mathrm{d}x\mathrm{d}y$,其中 $D=\{(x,y)\mid x^2+y^2\leqslant 1\}$；

(3) $\iint\limits_D x^2(1+x^2y)\mathrm{d}x\mathrm{d}y$,其中 $D=\{(x,y)\mid 1\leqslant x^2+y^2\leqslant 4\}$；

(4) $\iint\limits_D \sqrt{R^2-x^2-y^2}\mathrm{d}x\mathrm{d}y$,其中 $D=\{(x,y)\mid x^2+y^2\leqslant Rx\}$。

2. 求下列图形的面积或体积：

(1) 抛物线 $y^2=mx$、$y^2=nx(0<m<n)$与直线 $y=ax$、$y=bx(0<a<b)$所围成的区域；

(2) $\sqrt[4]{x}+\sqrt[4]{y}=1$、$x=0$ 与直线 $y=0$ 所围成的区域；

(3) 曲线$\left(\dfrac{x}{h}+\dfrac{y}{k}\right)^4=\dfrac{x^2}{a^2}+\dfrac{y^2}{b^2}(h>0,k>0,a>0,b>0)$与所围图形在第一象限部分；

(4) 曲面 $z=6-x^2-y^2$ 与 $z=\sqrt{x^2+y^2}$所围成的区域；

(5) 曲面 $4z=x^2+y^2$ 与 $z=\sqrt{5-x^2-y^2}$所围成的区域。

3. 计算下列重积分：

(1) $\iint\limits_D\left(\dfrac{x^2}{a^2}+\dfrac{y^2}{b^2}\right)\mathrm{d}x\mathrm{d}y$,其中 $D=\{(x,y)\mid x^2+y^2\leqslant R^2\}$；

(2) $\iint\limits_D(x^2+y^2)\mathrm{d}x\mathrm{d}y$,其中 D 由 x 轴和半圆 $y=\sqrt{2ax-x^2}$ 所围成；

(3) $\iiint\limits_\Omega(x^2+y^2)z\mathrm{d}x\mathrm{d}y\mathrm{d}z$,其中 Ω 由 $z=x^2+y^2$ 和 $z=4$ 所围成；

(4) $\iiint\limits_\Omega(x^2+y^2+z^2)\mathrm{d}x\mathrm{d}y\mathrm{d}z$,其中 Ω 由 $x^2+y^2+z^2=1$ 所围成。

4. 计算下列 n 重积分：

(1) $\int_\Omega\sqrt{x_1+\cdots+x_n}\mathrm{d}x_1\cdots\mathrm{d}x_n$,其中 $\Omega=\{(x_1,\cdots,x_n)\mid x_1+\cdots+x_n\leqslant 1,x_i\geqslant 0,i=1,2,\cdots,n\}$；

(2) $\int_{\Omega}(x_1^2+\cdots+x_n^2)\mathrm{d}x_1\cdots\mathrm{d}x_n$，其中 $\Omega=\{(x_1,\cdots,x_n)\mid x_1^2+\cdots+x_n^2\leqslant 1\}$。

13.4　反常重积分

类似于一元函数的广义积分，重积分也有广义积分，或叫反常重积分。下面按无界区域上的反常重积分和无界函数的反常重积分来分别予以简要介绍。

13.4.1　无界区域上的反常重积分

设 D 为 $\mathbb{R}^2$ 平面上的无界区域，它的边界是由有限条光滑曲线组成的。除非特别声明，本小节总是假设 D 上的函数 $f(x,y)$ 具有下述性质：它在 D 中有界、在可求面积的子区域上可积。取一条面积为零的曲线 Γ，用它将 D 割出一个有界闭子区域，记为 D_Γ，并记 $\mathrm{d}(\Gamma)=\inf\{\sqrt{x^2+y^2}\mid(x,y)\in\Gamma\}$ 为 Γ 到原点的距离。

定义 13.4.1　若当 $\mathrm{d}(\Gamma)$ 趋于无穷大时，D_Γ 趋于 D，且 $\iint\limits_{D_\Gamma}f(x,y)\mathrm{d}x\mathrm{d}y$ 的极限存在，就称 $f(x,y)$ 在 D 上可积，并记

$$\iint\limits_{D}f(x,y)\mathrm{d}x\mathrm{d}y=\lim_{\mathrm{d}(\Gamma)\to+\infty}\iint\limits_{D_\Gamma}f(x,y)\mathrm{d}x\mathrm{d}y$$

这个极限值称为 $f(x,y)$ 在 D 上的反常二重积分，这时也称反常二重积分 $\iint\limits_{D}f(x,y)\mathrm{d}x\mathrm{d}y$ 收敛。如果右端的极限不存在，就称这一反常二重积分发散。

与一元情形一样，先考虑被积函数非负的情况。后面将看到，非负函数的反常二重积分的收敛问题具有特殊的意义。

引理 13.4.1　设 $f(x,y)$ 为无界区域 D 上的非负函数，如果 $\{\Gamma_n\}$ 是一列曲线，它们割出的 D 的有界子区域 D_n 满足 $D_1\subseteq\cdots\subseteq D_n\subseteq\cdots$，$\lim\limits_{n\to\infty}\mathrm{d}(\Gamma_n)=+\infty$，则反常积分 $\iint\limits_{D}f(x,y)\mathrm{d}x\mathrm{d}y$ 在 D 上收敛的充分必要条件是：数列 $\left\{\iint\limits_{D_n}f(x,y)\mathrm{d}x\mathrm{d}y\right\}$ 收敛，且在收敛时

$$\iint\limits_{D}f(x,y)\mathrm{d}x\mathrm{d}y=\lim_{n\to\infty}\iint\limits_{D_n}f(x,y)\mathrm{d}x\mathrm{d}y$$

成立。

该引理的证明比较简单，请读者自行完成。

例 13.4.1　设 $D=\{(x,y)\mid a^2\leqslant x^2+y^2<+\infty\}(a>0)$，$f(x,y)=\dfrac{1}{(x^2+y^2)^{\frac{p}{2}}}(p>0)$ 为定义在 D 上的函数。证明积分 $\iint\limits_{D}f(x,y)\mathrm{d}x\mathrm{d}y$ 当 $p>2$ 时收敛；当 $p\leqslant 2$ 时发散。

证　取 $\Gamma_\rho=\{(x,y)\mid x^2+y^2=\rho^2\}(\rho>a)$，它割出的 D 的有界部分为 $D_\rho=\{(x,y)\mid a^2\leqslant x^2+y^2\leqslant\rho^2\}$。利用极坐标变换得

$$\iint\limits_{D_\rho}f(x,y)\mathrm{d}x\mathrm{d}y=\int_0^{2\pi}\mathrm{d}\theta\int_a^\rho r^{1-p}\mathrm{d}r=2\pi\int_a^\rho r^{1-p}\mathrm{d}r$$

由广义积分的收敛性判定可知，$\iint\limits_D f(x,y)\mathrm{d}x\mathrm{d}y$ 当 $p>2$ 时收敛；当 $p\leqslant 2$ 时发散。

类似一元函数的情况，容易得到下面的判别法。

定理 13.4.1(比较判别法)　设 D 为 $\mathbb{R}^2$ 平面上具有分段光滑边界的无界区域，在 D 上有 $0\leqslant f(x,y)\leqslant g(x,y)$，那么

(1) 当 $\iint\limits_D g(x,y)\mathrm{d}x\mathrm{d}y$ 收敛时，$\iint\limits_D f(x,y)\mathrm{d}x\mathrm{d}y$ 也收敛；

(2) 当 $\iint\limits_D f(x,y)\mathrm{d}x\mathrm{d}y$ 发散时，$\iint\limits_D g(x,y)\mathrm{d}x\mathrm{d}y$ 也发散。

设一一对应的映射 $T:D\to T(D)$

$$\begin{cases} x=x(u,v) \\ y=y(u,v) \end{cases}$$

具有一阶连续偏导数，且 Jacobi 行列式在 D 上不等于零，那么反常二重积分的变量代换与正常二重积分有相同的公式，也就是说

$$\iint\limits_{T(D)} f(x,y)\mathrm{d}x\mathrm{d}y=\iint\limits_D f(x(u,v),y(u,v))\mid J(u,v)\mid \mathrm{d}u\mathrm{d}v$$

仍然成立，并且由等式一边的积分收敛可以推出另一边的积分也收敛。

在高维情形，只要将曲线换为曲面，即可类似定义反常重积分，并得到与这里类似的结论，这里从略。

例 13.4.2　设 $D=\{(x,y)\mid y\geqslant x\geqslant 0\}$。计算 $\iint\limits_D \mathrm{e}^{-(x+y)}\mathrm{d}x\mathrm{d}y$。

解　取 $\Gamma_R=\{(x,y)\mid y=R\}(R>0)$，它割出的 D 的有界部分为 $D_R=\{(x,y)\mid 0\leqslant x\leqslant y\leqslant R\}$。于是

$$\begin{aligned}\iint\limits_D \mathrm{e}^{-(x+y)}\mathrm{d}x\mathrm{d}y&=\lim_{R\to+\infty}\iint\limits_{D_R}\mathrm{e}^{-(x+y)}\mathrm{d}x\mathrm{d}y=\lim_{R\to+\infty}\int_0^R\mathrm{d}x\int_x^R\mathrm{e}^{-(x+y)}\mathrm{d}y\\&=\lim_{R\to+\infty}\left[\frac{1}{2}(1-\mathrm{e}^{-2R})+\mathrm{e}^{-2R}-\mathrm{e}^{-R}\right]=\frac{1}{2}\end{aligned}$$

事实上，也可以就像计算广义积分一样，直接用化重积分为累次积分的方法来计算，因此 $\iint\limits_D \mathrm{e}^{-(x+y)}\mathrm{d}x\mathrm{d}y=\int_0^{+\infty}\mathrm{d}x\int_x^{+\infty}\mathrm{e}^{-(x+y)}\mathrm{d}y=\int_0^{+\infty}\mathrm{e}^{-x}\cdot\mathrm{e}^{-x}\mathrm{d}x=\frac{1}{2}$。

以后我们经常采用上面的这种方法来计算，而省略极限过程。

例 13.4.3　计算 $\iint\limits_{R^2}\mathrm{e}^{-(x^2+y^2)}\mathrm{d}x\mathrm{d}y$，并求 $\int_0^{+\infty}\mathrm{e}^{-x^2}\mathrm{d}x$。

解　利用极坐标变换得

$$\iint\limits_{R^2}\mathrm{e}^{-(x^2+y^2)}\mathrm{d}x\mathrm{d}y=\int_0^{2\pi}\mathrm{d}\theta\int_0^{+\infty}r\mathrm{e}^{-r^2}\mathrm{d}r=\pi$$

又利用累次积分得

$$\iint\limits_{R^2}\mathrm{e}^{-(x^2+y^2)}\mathrm{d}x\mathrm{d}y=\int_{-\infty}^{+\infty}\mathrm{e}^{-x^2}\mathrm{d}x\int_{-\infty}^{+\infty}\mathrm{e}^{-y^2}\mathrm{d}y=\left(\int_{-\infty}^{+\infty}\mathrm{e}^{-x^2}\mathrm{d}x\right)^2$$

所以有

$$\int_{-\infty}^{+\infty} \mathrm{e}^{-x^2}\,\mathrm{d}x = \sqrt{\pi}, \quad \int_{0}^{+\infty} \mathrm{e}^{-x^2}\,\mathrm{d}x = \frac{\sqrt{\pi}}{2}$$

最后一个积分叫 Poisson 积分，在概率统计等领域中有着重要的应用。

13.4.2　无界函数的反常重积分

设 D 为$\mathbb{R}^2$平面上的有界区域，点 $P_0\in D$，$f(x,y)$在 $D\backslash\{P_0\}$上有定义，但在点 P_0 的某个去心邻域内无界。这时称 P_0 为 $f(x,y)$的奇点。设 Γ 为内部含有 P_0 的面积为零的闭曲线，记 σ 为它所包围的区域，并设二重积分 $\iint\limits_{D\backslash\sigma} f(x,y)\mathrm{d}x\mathrm{d}y$ 总是存在的（除非特别声明，本小节总如此）。

定义 13.4.2　记 $\rho(\Gamma)=\sup\{|P-P_0||P\in\Gamma\}$。若当 $\rho(\Gamma)$趋于零时，$\iint\limits_{D\backslash\sigma} f(x,y)\mathrm{d}x\mathrm{d}y$ 的极限存在，就称 $f(x,y)$在 D 上可积，并记

$$\iint\limits_{D} f(x,y)\mathrm{d}x\mathrm{d}y = \lim_{\rho(\Gamma)\to 0}\iint\limits_{D\backslash\sigma} f(x,y)\mathrm{d}x\mathrm{d}y$$

这个极限值称为无界函数 $f(x,y)$在 D 上的反常二重积分，也称无界函数的反常二重积分 $\iint\limits_{D} f(x,y)\mathrm{d}x\mathrm{d}y$ 收敛。如果右端的极限不存在，就称这一反常二重积分发散。

如果 $f(x,y)$在区域 D 上有奇线Γ_0，即 $f(x,y)$在区域 $D\backslash\Gamma_0$ 上有定义，但在任何包含曲线 Γ_0 的区域上无界，则同定义 13.4.2 一样，可以定义 $f(x,y)$在 D 上的反常二重积分。请读者自行将定义补上。

例 13.4.4　设 $D=\{(x,y)\,|\,x^2+y^2\leqslant a^2\}(a>0)$，$f(x,y)=\dfrac{1}{(x^2+y^2)^{\frac{p}{2}}}(p>0)$为定义在 $D\backslash\{(0,0)\}$上的函数。证明积分 $\iint\limits_{D} f(x,y)\mathrm{d}x\mathrm{d}y$ 当 $p<2$ 时收敛；当 $p\geqslant 2$ 时发散。

解　取 $\Gamma_\rho=\{(x,y)\,|\,x^2+y^2=\rho^2\}(0<\rho\leqslant a)$，它所围成的区域为 $D_\rho=\{(x,y)\,|\,x^2+y^2\leqslant\rho^2\}$。利用极坐标变换得

$$\iint\limits_{D\backslash D_\rho} f(x,y)\mathrm{d}x\mathrm{d}y = \int_0^{2\pi}\mathrm{d}\theta\int_\rho^a r^{1-p}\mathrm{d}r = 2\pi\int_\rho^a r^{1-p}\mathrm{d}r$$

由无界函数的广义积分的收敛性判定可知，$\iint\limits_{D} f(x,y)\mathrm{d}x\mathrm{d}y$ 当 $p<2$ 时收敛；当 $p\geqslant 2$ 时发散。

同无界区域的情形一样，比较判别法也对无界函数的反常积分成立；也可以用化为累次积分和变量变换的方法来计算，而且我们以后都采用直接化为累次积分的方法，而省略极限过程。无界函数的反常积分的概念也可以推广到高维空间中去，这里不详述了。

习题 13.4

1. 讨论下列反常重积分的敛散性：

(1) $\iint\limits_{\mathbb{R}^2} \dfrac{\mathrm{d}x\mathrm{d}y}{(1+|x|^p)(1+|y|^q)}$；

(2) $\iint\limits_D \frac{\mathrm{d}x\mathrm{d}y}{|x-y|^p}$,其中 $D=\{(x,y)\mid 0\leqslant x\leqslant a,0\leqslant y\leqslant a\}$。

2. 计算反常重积分 $\iiint\limits_{\mathbb{R}^3} \mathrm{e}^{-(x^2+y^2+z^2)}\mathrm{d}x\mathrm{d}y\mathrm{d}z$。

3. 判别反常重积分

$$\iint\limits_{\mathbb{R}^2} \frac{\mathrm{d}x\mathrm{d}y}{(1+x^2)(1+y^2)}$$

是否收敛。如果收敛,求其值。

4. 计算反常重积分 $\iiint\limits_{\mathbb{R}^n} \mathrm{e}^{-(x_1^2+\cdots+x_n^2)}\mathrm{d}x_1\cdots\mathrm{d}x_n$。

13.5 微分形式

前面我们介绍了面积的伸缩比,在变量变换中起到重要作用,现在专门讨论一下。

13.5.1 有向面积和向量的外积

前面导出了二重积分的变量变换公式

$$\iint\limits_D f(x,y)\mathrm{d}x\mathrm{d}y=\iint\limits_{D^*} f(x(u,v),y(u,v))\mid J(u,v)\mid \mathrm{d}u\mathrm{d}v$$

那时已经指出,加了绝对值号的 Jacobi 行列式的几何意义是变换前后的面积微元的比例系数。那么不加绝对值号的 Jacobi 行列式的几何意义是什么呢?一个自然的想法应该是:它代表带符号的面积微元之间的比例系数。

解析几何和线性代数的知识告诉我们,$\begin{vmatrix} a_1 & a_2 \\ b_1 & b_2 \end{vmatrix}$ 表示向量(a_1,a_2)与(b_1,b_2)张成的平行四边形的有向面积。交换两个向量的顺序,则结果反号,有向面积成为 $\begin{vmatrix} b_1 & b_2 \\ a_1 & a_2 \end{vmatrix}$。我们将这种运算称为两个向量的外积,用 $\wedge$ 来表示。若记$(a_1,a_2)=\boldsymbol{a}$,$(b_1,b_2)=\boldsymbol{b}$,则有 $\boldsymbol{a}\wedge\boldsymbol{b}=\begin{vmatrix} a_1 & a_2 \\ b_1 & b_2 \end{vmatrix}$。

易证外积运算具有以下性质:

(1) 反称性:

$$\boldsymbol{a}\wedge\boldsymbol{b}=-\boldsymbol{b}\wedge\boldsymbol{a},\quad \boldsymbol{a},\boldsymbol{b}\in\mathbb{R}^2$$

(2) 双线性:

$$\begin{aligned}&\boldsymbol{a}\wedge(\boldsymbol{b}+\boldsymbol{c})=\boldsymbol{a}\wedge\boldsymbol{b}+\boldsymbol{a}\wedge\boldsymbol{c},\\&(\boldsymbol{a}+\boldsymbol{b})\wedge\boldsymbol{c}=\boldsymbol{a}\wedge\boldsymbol{c}+\boldsymbol{b}\wedge\boldsymbol{c},\qquad \boldsymbol{a},\boldsymbol{b},\boldsymbol{c}\in\mathbb{R}^2,\quad \lambda\in\mathbb{R}\\&(\lambda\boldsymbol{a})\wedge\boldsymbol{b}=\boldsymbol{a}\wedge(\lambda\boldsymbol{b})=\lambda\boldsymbol{a}\wedge\boldsymbol{b},\end{aligned}$$

13.5.2 微分形式的定义

我们知道,一个可微函数 $f(x_1,\cdots,x_n)$的全微分为 $\mathrm{d}f=\sum\limits_{i=1}^{n}\frac{\partial f}{\partial x_i}\mathrm{d}x_i$。它是函数 $f(x_1,\cdots,$

x_n)对应于自变量的增量 $\mathrm{d}x_1,\cdots,\mathrm{d}x_n$ 而产生的相应增量的一阶近似,而且它是 $\mathrm{d}x_1,\cdots,\mathrm{d}x_n$ 的线性组合。因此,如果将 $\mathrm{d}x_1,\cdots,\mathrm{d}x_n$ 看作一个向量空间的基,是有其合理性的。下面构造这样的向量空间。

设 U 为$\mathbb{R}^n$上的有界区域,记$(x_1,\cdots,x_n)=\boldsymbol{x}$,或者不致混淆时直接记$(x_1,\cdots,x_n)=x$,用 $C^1(U)$表示 U 上具有一阶连续偏导数的函数全体。将 $\mathrm{d}x_1,\cdots,\mathrm{d}x_n$ 看作一组基,其线性组合

$$a_1(x)\mathrm{d}x_1+\cdots+a_n(x)\mathrm{d}x_n,\quad a_i(x)\in C^1(U),\quad i=1,2,\cdots,n$$

称为一次微分形式,简称 1-形式。1-形式的全体记为 Λ^1(严格地说应为 $\Lambda^1(U)$,下同。)

容易验证 Λ^1 成为 $C^1(U)$上的向量空间。进一步,在 $\mathrm{d}x_1,\cdots,\mathrm{d}x_n$ 中任取 2 个组成二元有序元,记为 $\mathrm{d}x_i\wedge\mathrm{d}x_j(i,j=1,2,\cdots,n)$,称为 $\mathrm{d}x_i,\mathrm{d}x_j$ 的外积。仿照向量的外积,规定

$$\mathrm{d}x_i\wedge\mathrm{d}x_j=-\mathrm{d}x_j\wedge\mathrm{d}x_i,\qquad i,j=1,2,\cdots,n$$

因此共有 C_n^2 个有序元。同 Λ^1 的构造类似,以这些有序元为基就可以构造一个 $C^1(U)$上的向量空间 Λ^2。Λ^2 上的元素称为二次微分形式,简称 2-形式。于是 Λ^2 的元素就可表示为

$$\sum_{1\leqslant i<j\leqslant n}\mathrm{d}x_i\wedge\mathrm{d}x_j$$

这称为 2-形式的标准形式。

类似地,可以构造 k 次微分形式,简称 k 形式。

13.5.3 微分形式的外积

现在把 $\mathrm{d}x_i\wedge\mathrm{d}x_j(i,j=1,2,\cdots,n)$中的 $\wedge$ 理解为一种运算。先考虑任意 $\omega,\eta\in\Lambda^1$:

$$\omega=a_1(x)\mathrm{d}x_1+\cdots+a_n(x)\mathrm{d}x_n,\quad \eta=b_1(x)\mathrm{d}x_1+\cdots+b_n(x)\mathrm{d}x_n$$

定义 ω、η 的外积为

$$\begin{aligned}\omega\wedge\eta&=\sum_{i,j=1}^{n}a_i(x)b_j(x)\mathrm{d}x_i\wedge\mathrm{d}x_j=\sum_{1\leqslant i<j\leqslant n}[a_i(x)b_j(x)-a_j(x)b_i(x)]\mathrm{d}x_i\wedge\mathrm{d}x_j\\&=\sum_{1\leqslant i<j\leqslant n}\begin{vmatrix}a_i(x)&a_j(x)\\b_i(x)&b_j(x)\end{vmatrix}\mathrm{d}x_i\wedge\mathrm{d}x_j\end{aligned}$$

它是 Λ^2 中的元素。

显然,这样的外积定义可以推广到任意的 Λ^k 中去。将前面的向量空间 $\Lambda^0,\Lambda^1,\cdots,\Lambda^n$ 合并为 $\Lambda=\Lambda^0+\Lambda^1+\cdots+\Lambda^n$,则 Λ 是一个 $C^1(U)$的 2^n 维的向量空间。它的基为 $\Lambda^0,\Lambda^1,\cdots,\Lambda^n$ 中的基的全体,Λ 中的元素的一般形式为

$$\omega=\omega_0+\omega_1+\cdots+\omega_n,\quad \omega_i\in\Lambda^i,\quad i=0,1,\cdots,n$$

现在在 Λ 上引入外积运算 $\wedge$。

记 $\mathrm{d}x_I=\mathrm{d}x_{i1}\wedge\cdots\wedge\mathrm{d}x_{ip},\mathrm{d}x_J=\mathrm{d}x_{j1}\wedge\cdots\wedge\mathrm{d}x_{jq}$,则 $\mathrm{d}x_I,\mathrm{d}x_J$ 的外积定义为

$$\mathrm{d}x_I\wedge\mathrm{d}x_J=\mathrm{d}x_{i1}\wedge\cdots\wedge\mathrm{d}x_{ip}\wedge\mathrm{d}x_{j1}\wedge\cdots\wedge\mathrm{d}x_{jq}$$

它是$(p+q)$-的形式。

现在回到本节一开始的问题,介绍微分形式的一个应用。如果用微分形式,则

$$\iint_D f(x,y)\mathrm{d}x\wedge\mathrm{d}y=\iint_{D^*}f(x(u,v),y(u,v))J(u,v)\mathrm{d}u\wedge\mathrm{d}v$$

一般地,对$\mathbb{R}^n$上的变量变换,有

$$\begin{aligned}&\int_{T(\Omega)}f(y_1,\cdots,y_n)\mathrm{d}y_1\wedge\cdots\wedge\mathrm{d}y_n\\&=\int_{\Omega}f(y_1(x_1,\cdots,x_n),\cdots,y_n(x_1,\cdots,x_n))\frac{\partial(y_1,\cdots,y_n)}{\partial(x_1,\cdots,x_n)}\mathrm{d}x_1\wedge\cdots\wedge\mathrm{d}x_n\end{aligned}$$

以后进一步学习,将会知道这样做会带来很大的方便。

习题 13.5

1. 计算下列外积：

(1) $(x\mathrm{d}x+7z\mathrm{d}y)\wedge(y\mathrm{d}x-x\mathrm{d}y+xy\mathrm{d}z)$；

(2) $(\cos y\mathrm{d}x+\cos x\mathrm{d}y)\wedge(\sin y\mathrm{d}x-\sin x\mathrm{d}y)$。

2. 证明外积满足分配律和结合律。

3. 求下面微分形式的标准形式：

$$x\mathrm{d}x\wedge\mathrm{d}y+z\mathrm{d}y\wedge\mathrm{d}z+(1+y^2)\mathrm{d}x\wedge\mathrm{d}z+y^2\mathrm{d}z\wedge\mathrm{d}x+(z_{\circ}^{\ 2}+y^2)\mathrm{d}y\wedge\mathrm{d}x\wedge\mathrm{d}z-x^2\mathrm{d}z\wedge\mathrm{d}y$$

第 14 章　曲线积分、曲面积分与场论

以前所研究的定积分与重积分是定义在直线段、平面区域或空间区域上函数的积分问题。本章讨论定义在曲线段或曲面上的函数的积分问题，即所谓的曲线积分与曲面积分。这两类积分都有着广泛的实际应用背景。

14.1　第一型曲线积分和第一型曲面积分

这一节来介绍标量的积分，也就是函数的积分，这个内容又分为第一型曲线积分和第一型曲面积分两个部分。

14.1.1　第一型曲线积分

先来看一个例子。设 L 为 xy 平面内的一段可求长的曲线构件，在点 (x,y) 的线密度为 $\rho(x,y)$，求该曲线构件的质量 m。

对 L 做分割 T，把 L 分成 n 个可求长的小曲线弧段 $L_1,\cdots,L_n$，每一个小弧段的长度分别用 $\Delta s_1,\cdots,\Delta s_n$ 表示，任取一点 $(\xi_i,\eta_i)\in L_i$，当 Δs_i 充分小时，第 i 个小弧段可看作是密度均匀的，其质量可近似地表示为 $\rho(\xi_i,\eta_i)\Delta s_i$，则整个曲线构件的质量可近似表示为 $m\approx\sum\limits_{i=1}^{n}\rho(\xi_i,\eta_i)\Delta s_i$。当分割的细度 $\|T\|\to 0$ 时，整个曲线构件的质量为

$$m=\lim_{\|T\|\to 0}\sum_{i=1}^{n}\rho(\xi_i,\eta_i)\Delta s_i$$

这个例子说明，求曲线段构件的质量与求直线段构件的质量一样，也是通过分割、求和、取极限的过程得到。由此我们给出这类曲线积分的一般定义。

定义 14.1.1　设 L 是 xy 平面内的一段可求长的曲线段，$f(x,y)$ 为定义在 L 上的函数。对 L 做分割 T，把 L 分成 n 个可求长的小弧段 $L_1,\cdots,L_n$，每一个小弧段长度分别用 $\Delta s_1,\cdots,\Delta s_n$ 表示，任取一点 $(\xi_i,\eta_i)\in L_i$，当分割的细度 $\|T\|\to 0$ 时，若极限

$$\lim_{\|T\|\to 0}\sum_{i=1}^{n}f(\xi_i,\eta_i)\Delta s_i$$

存在，且此极限与分割 T 和 $(\xi_i,\eta_i)\in L_i$ 的选取无关，则称此极限为函数 $f(x,y)$ 在 L 上的第一型曲线积分（或称对弧长的曲线积分），记作 $\int_L f(x,y)\mathrm{d}s$，即有

$$\int_L f(x,y)\mathrm{d}s=\lim_{\|T\|\to 0}\sum_{i=1}^{n}\rho(\xi_i,\eta_i)\Delta s_i$$

式中，$f(x,y)$ 称为被积函数，$\mathrm{d}s$ 称为弧长微元，L 称为积分弧段。类似地，可以定义空间上可求长曲线段 Γ 上函数 $f(x,y,z)$ 的第一型曲线积分 $\int_\Gamma f(x,y,z)\mathrm{d}s=\lim\limits_{\|T\|\to 0}\sum\limits_{i=1}^{n}\rho(\xi_i,\eta_i,\zeta_i)\Delta s_i$。

像前面定积分和重积分一样，有时我们也记 $\int_\Gamma f(x,y,z)\mathrm{d}s$ 与 $\int_L f(x,y)\mathrm{d}s$ 为 $\int_\Gamma f\mathrm{d}s$。

关于第一型曲线积分也和定积分、重积分一样具有类似的性质,下面列出一些。

性质 1(规范性) $\int_L \mathrm{d}s = s_L$,这里 s_L 表示曲线 L 的长度。

性质 2(线性性) 设 f 和 g 在曲线 L 上的第一型曲线积分存在,α、β 为常数,则 $\alpha f+\beta g$ 在曲线 L 上的第一型曲线积分存在,且 $\int_L (\alpha f + \beta g)\mathrm{d}s = \alpha\int_L f\mathrm{d}s + \beta\int_L g\mathrm{d}s$。

性质 3(路径可加性) 设曲线 L 被分成了两段 L_1、L_2。如果函数 f 在曲线 L 上的第一型曲线积分存在,则它在曲线 L_1、L_2 上的第一型曲线积分存在;反过来,如果 f 在曲线 L_1、L_2 上的第一型曲线积分存在,则它在曲线 L 上的第一型曲线积分存在,且有 $\int_L f\mathrm{d}s = \int_{L_1} f\mathrm{d}s + \int_{L_2} f\mathrm{d}s$。

性质 4(保序性) 设 f 和 g 在曲线 L 上的第一型曲线积分存在,且在曲线 L 上有 $f\leqslant g$,则不等式 $\int_L f\mathrm{d}s \leqslant \int_L g\mathrm{d}s$ 成立。特别地,有 $\left|\int_L f\mathrm{d}s\right| \leqslant \int_L |f|\mathrm{d}s$。

性质 5(估值不等式) 设函数 f 在曲线 L 上的第一型曲线积分存在,s_L 表示曲线的长度,且 $m\leqslant f\leqslant M$,则不等式 $ms_L \leqslant \int_L f\mathrm{d}s \leqslant Ms_L$ 成立。

下面讨论第一型曲线积分的计算。

定理 14.1.1 设 L 为平面上一条光滑曲线,其参数方程为 $x=x(t)$,$y=y(t)$,$a\leqslant t\leqslant b$。若函数 f 在 L 上连续,则曲线积分 $\int_L f(x,y)\mathrm{d}s$ 存在,且有

$$\int_L f(x,y)\mathrm{d}s = \int_a^b f(x(t),y(t))\sqrt{x'^2(t)+y'^2(t)}\mathrm{d}t \tag{14.1.1}$$

证 记 $I=\int_a^b f(x(t),y(t))\sqrt{x'^2(t)+y'^2(t)}\mathrm{d}t$,像前面定义中一样,在 L 上顺次插入分点 $M_1,\cdots,M_{n-1}$,做分割 T。记 $M_0=A((x(a),y(a))$,$M_n=B((x(b),y(b))$,$M_0,M_1,\cdots,M_n$ 分别对应于单调增加的参数值 $a=t_0<t_1<\cdots<t_{n-1}<t_n=b$。记 $[a,b]$ 上的分割 $a=t_0<t_1<\cdots<t_{n-1}<t_n=b$ 为 T^*。由弧长公式可知,L 上弧 $M_{i-1}M_i$ 的长度为 $\Delta s_i=\int_{t_{i-1}}^{t_i}\sqrt{x'^2(t)+y'^2(t)}\mathrm{d}t$。记

$$\sigma = \sum_{i=1}^n f(x(\bar{t}_i),y(\bar{t}_i))\Delta s_i$$

式中,$(x(\bar{t}_i),y(\bar{t}_i))$ 为弧段 $M_{i-1}M_i$ 上任意一点。那么

$$\begin{aligned}\sigma - I &= \sum_{i=1}^n f(x(\bar{t}_i),y(\bar{t}_i))\Delta s_i - \int_a^b f(x(t),y(t))\sqrt{x'^2(t)+y'^2(t)}\mathrm{d}t \\ &= \sum_{i=1}^n \int_{t_{i-1}}^{t_i}[f(x(\bar{t}_i),y(\bar{t}_i)) - f(x(t),y(t))]\sqrt{x'^2(t)+y'^2(t)}\mathrm{d}t\end{aligned}$$

设 L 的弧长为 s。由于 $f(x(t),y(t))$ 在 $[a,b]$ 上连续,因此一致连续。所以对任意给定的正数 ε,当 $\|T\|\to 0$,从而 $\|T^*\|\to 0$ 时,$f(x(t),y(t))$ 在每一个弧段 $M_{i-1}M_i$ 上的振幅均可小于 ε/s。于是

$$\begin{aligned}|\sigma - I| &\leqslant \sum_{i=1}^n \int_{t_{i-1}}^{t_i}|f(x(\bar{t}_i),y(\bar{t}_i)) - f(x(t),y(t))|\sqrt{x'^2(t)+y'^2(t)}\mathrm{d}t \\ &\leqslant \sum_{i=1}^n \int_{t_{i-1}}^{t_i}\frac{\varepsilon}{s}\sqrt{x'^2(t)+y'^2(t)}\mathrm{d}t = \frac{\varepsilon}{s}\cdot s = \varepsilon\end{aligned}$$

成立,也即

$$\int_L f(x,y)\mathrm{d}s = \lim_{\|T\|\to 0}\sigma = I$$

类似地,若空间光滑曲线 L 的参数方程为 $x=x(t),y=y(t),z=z(t),a\leqslant t\leqslant b$,函数 f 在曲线 L 上连续,则曲线积分 $\int_L f(x,y,z)\mathrm{d}s$ 存在,且有

$$\int_L f(x,y,z)\mathrm{d}s = \int_a^b f(x(t),y(t),z(t))\sqrt{x'^2(t)+y'^2(t)+z'^2(t)}\,\mathrm{d}t \tag{14.1.2}$$

如果光滑曲线 L 的方程为

$$y=y(x),\quad a\leqslant x\leqslant b$$

则

$$\int_L f(x,y)\mathrm{d}s = \int_a^b f(x,y(x))\sqrt{1+y'^2(x)}\,\mathrm{d}x$$

如果光滑曲线 L 的方程为

$$x=x(y),\quad c\leqslant x\leqslant d$$

则

$$\int_L f(x,y)\mathrm{d}s = \int_c^d f(x(y),y)\sqrt{1+x'^2(y)}\,\mathrm{d}y$$

例 14.1.1　计算 $\int_L \mathrm{e}^{\sqrt{x^2+y^2}}\mathrm{d}s$,其中 L 为圆周 $x^2+y^2=a^2$、直线 $y=x$ 及 x 轴在第一象限所围图形的边界(见图 14.1.1)。

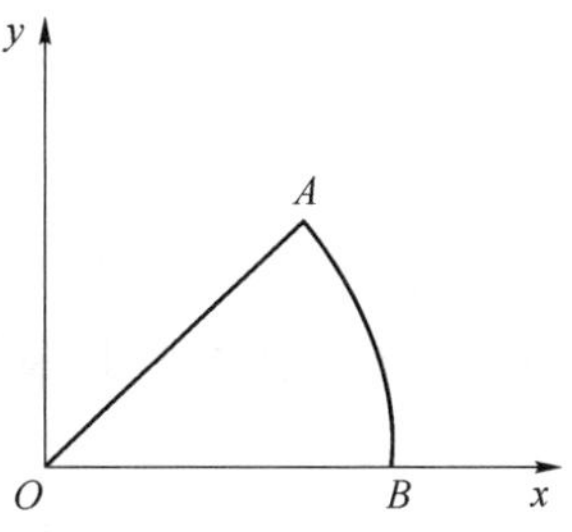

图 14.1.1

解　由于

$$I = \int_{\overline{OA}} \mathrm{e}^{\sqrt{x^2+y^2}}\mathrm{d}s + \int_{\overline{BA}} \mathrm{e}^{\sqrt{x^2+y^2}}\mathrm{d}s + \int_{\overline{OB}} \mathrm{e}^{\sqrt{x^2+y^2}}\mathrm{d}s$$

在$\overline{OA}$上,$y=x,\ 0\leqslant x\leqslant \frac{a}{\sqrt{2}}$,所以 $\int_{\overline{OA}} \mathrm{e}^{\sqrt{x^2+y^2}}\mathrm{d}s = \int_0^{\frac{a}{\sqrt{2}}} \mathrm{e}^{\sqrt{2}x}\sqrt{2}\,\mathrm{d}x = \mathrm{e}^a - 1$。

在$\overline{BA}$上,$x=a\cos\theta,y=a\sin\theta,\ 0\leqslant\theta\leqslant\frac{\pi}{4}$,所以 $\int_{\overline{BA}} \mathrm{e}^{\sqrt{x^2+y^2}}\mathrm{d}s = \int_0^{\frac{\pi}{4}} \mathrm{e}^a a\,\mathrm{d}\theta = \frac{\pi a\mathrm{e}^a}{4}$。

在$\overline{OB}$上,$y=0,\ 0\leqslant x\leqslant a$,所以 $\int_{\overline{OB}} \mathrm{e}^{\sqrt{x^2+y^2}}\mathrm{d}s = \int_0^a \mathrm{e}^x\,\mathrm{d}x = \mathrm{e}^a - 1$。

因此,$I=\frac{\pi a\mathrm{e}^a}{4}+2(\mathrm{e}^a-1)$。

例 14.1.2　计算 $\int_L (x^2+y^2+2z)\mathrm{d}s$,其中 L 为球面 $x^2+y^2+z^2=a^2$ 与平面 $x+y+z=0$ 的交线。

解 方法 1 设 L 的参数方程为

$$x=\frac{a}{\sqrt{6}}\cos\theta+\frac{a}{\sqrt{2}}\sin\theta,\quad y=\frac{a}{\sqrt{6}}\cos\theta-\frac{a}{\sqrt{2}}\sin\theta\quad, z=-\frac{2a}{\sqrt{6}}\cos\theta,\quad 0\leqslant\theta\leqslant2\pi$$

由式(14.1.2)得

$$\int_L(x^2+y^2+2z)\mathrm{d}s=\int_0^{2\pi}\left(\frac{a^2}{6}\cos^2\theta+\frac{a^2}{2}\sin^2\theta-\frac{4a}{\sqrt{6}}\cos\theta\right)\sqrt{\frac{a^2}{6}\cos^2\theta+\frac{7a^2}{6}\sin^2\theta}\mathrm{d}\theta$$
$$=\frac{4\pi a^3}{3}$$

方法 2 根据对称性可知

$$\int_L x^2\mathrm{d}s=\int_L y^2\mathrm{d}s=\int_L z^2\mathrm{d}s=\frac{1}{3}\int_L(x^2+y^2+z^2)\mathrm{d}s$$
$$\int_L x\mathrm{d}s=\int_L y\mathrm{d}s=\int_L z\mathrm{d}s=\frac{1}{3}\int_L(x+y+z)\mathrm{d}s$$

又

$$\int_L(x^2+y^2+z^2)\mathrm{d}s=\int_L a^2\mathrm{d}s=2\pi a^3,\quad \int_L(x+y+z)\mathrm{d}s=\int_L 0\mathrm{d}s=0$$

所以

$$\int_L(x^2+y^2+2z)\mathrm{d}s=\frac{2}{3}\int_L(x^2+y^2+z^2)\mathrm{d}s+\frac{2}{3}\int_L(x+y+z)\mathrm{d}s=\frac{4\pi a^3}{3}$$

例 14.1.3 计算 $\int_L(x^{\frac{4}{3}}+y^{\frac{4}{3}}+y-x)\mathrm{d}s$，其中 L 为摆线 $x^{\frac{2}{3}}+y^{\frac{2}{3}}=a^{\frac{2}{3}}(a>0)$。

解 此题可以由摆线的参数方程代入直接计算，这里介绍利用对称性计算的方法。

曲线 L 的参数方程为 $x=a\cos^3t, y=a\sin^3t$, $0\leqslant t\leqslant2\pi$，且 L 关于 x 轴、y 轴及原点对称。设 $f(x,y)=x^{\frac{4}{3}}+y^{\frac{4}{3}}, g(x,y)=y-x$，则

$$f(-x,y)=f(x,-y)=f(-x,-y)=f(x,y),\quad g(-x,-y)=-g(x,y)$$

因此由对称性得 $\int_L g(x,y)\mathrm{d}s=0$。设 L 在第一卦限的部分为 L_1，L_1 关于 $y=x$ 对称，所以

$$\int_L(x^{\frac{4}{3}}+y^{\frac{4}{3}}+y-x)\mathrm{d}s=4\int_{L_1}(x^{\frac{4}{3}}+y^{\frac{4}{3}})\mathrm{d}s=8\int_{L_1}x^{\frac{4}{3}}\mathrm{d}s$$
$$=24a\int_0^{\frac{\pi}{2}}a^{\frac{4}{3}}\cos^4t\sin t\cos t\mathrm{d}t=4a^{\frac{7}{3}}$$

注 例 14.1.3 的计算过程是利用对称性来简化计算的。一般情况下，如果曲线 L 可以分割成两段 L_1、L_2，且 L_1、L_2 关于 $y=x$、坐标轴或者原点对称(空间曲线可以进一步考虑关于坐标平面对称)，那么

(1) 如果 $f(x,y)$ 在 L_1 上各点的值和 L_2 上各点的值相等，则

$$\int_L f(x,y)\mathrm{d}s=2\int_{L_1}f(x,y)\mathrm{d}s$$

(2) 如果 $f(x,y)$ 在 L_1 上各点的值和 L_2 上各点的值互为相反数，则

$$\int_L f(x,y)\mathrm{d}s=0$$

14.1.2 曲面的面积

设曲面 Σ 的方程为

$$x=x(u,v),\quad y=y(u,v),\quad z=z(u,v),\quad (u,v)\in D$$

这里 D 为 uv 平面上具有光滑(或分段光滑)边界的有界闭区域。假设这个映射是一一对应的(这样的曲面称为简单曲面),且 x、y、z 对 u 和 v 有一阶连续偏导数,相应的 Jacobi 矩阵

$$\boldsymbol{J}=\begin{pmatrix}\dfrac{\partial x}{\partial u} & \dfrac{\partial x}{\partial v}\\ \dfrac{\partial y}{\partial u} & \dfrac{\partial y}{\partial v}\\ \dfrac{\partial z}{\partial u} & \dfrac{\partial z}{\partial v}\end{pmatrix}$$

满秩,则曲面称为光滑的。

由上面的假设可知,过光滑曲面上任意一点 $Q(x_0,y_0,z_0)$($x_0=x(u_0,v_0)$,$y_0=y(u_0,v_0)$,$z_0=z(u_0,v_0)$)的曲线 $r(u,v_0)=(x(u,v_0),y(u,v_0),z(u,v_0))$ 和 $r(u_0,v)=(x(u_0,v),y(u_0,v),z(u_0,v))$ 在点 $Q(x_0,y_0,z_0)$ 的切向量

$$\boldsymbol{r}_u(u_0,v_0)=\left(\frac{\partial x}{\partial u},\frac{\partial y}{\partial u},\frac{\partial z}{\partial u}\right)_{(u_0,v_0)}\quad 与\quad \boldsymbol{r}_v(u_0,v_0)=\left(\frac{\partial x}{\partial v},\frac{\partial y}{\partial v},\frac{\partial z}{\partial v}\right)_{(u_0,v_0)}$$

存在且线性无关。所以过点 $Q(x_0,y_0,z_0)$ 的切平面存在,且由这两个切向量张成。$\boldsymbol{r}_u(u_0,v_0)\times\boldsymbol{r}_v(u_0,v_0)$ 就是该切平面的法向量,它的模长 $\|\boldsymbol{r}_u(u_0,v_0)\times\boldsymbol{r}_v(u_0,v_0)\|$ 就是切平面上以 $\boldsymbol{r}_u(u_0,v_0)$ 和 $\boldsymbol{r}_v(u_0,v_0)$ 为邻边的平行四边形的面积。

现在计算光滑曲面 Σ 的面积。如图 14.1.2 所示,考察 D 中一个小矩形 σ,它的四个顶点为

$$P_1(u_0,v_0),\quad P_2(u_0+\Delta u,v_0),\quad P_3(u_0+\Delta u,v_0+\Delta v),\quad P_4(u_0,v_0+\Delta v)$$

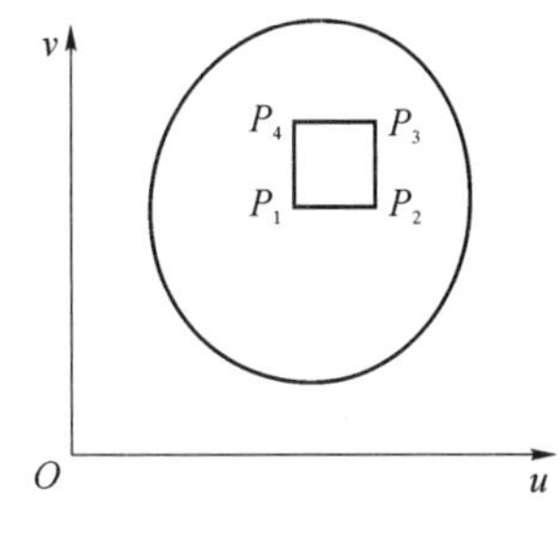

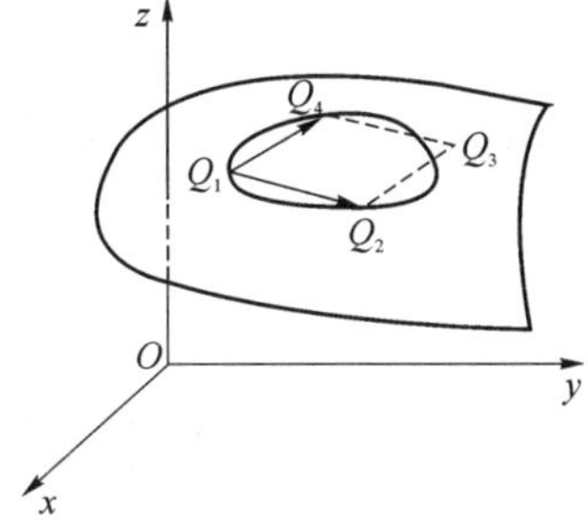

图 14.1.2

设 σ 被映为 Σ 上的以 Q_1、Q_2、Q_3、Q_4 为顶点的小曲面片 $\tilde{\sigma}$,这里

$$Q_1=(x(u_0,v_0),y(u_0,v_0),z(u_0,v_0))$$
$$Q_2=(x(u_0+\Delta u,v_0),y(u_0+\Delta u,v_0),z(u_0+\Delta u,v_0))$$
$$Q_3=(x(u_0+\Delta u,v_0+\Delta v),y(u_0+\Delta u,v_0+\Delta v),z(u_0+\Delta u,v_0+\Delta v))$$
$$Q_4=(x(u_0,v_0+\Delta v),y(u_0,v_0+\Delta v),z(u_0,v_0+\Delta v))$$

那么向量

$$\overrightarrow{Q_1Q_2}=r(u_0+\Delta u,v_0)-r(u_0,v_0)=r_u(u_0,v_0)\Delta u+o(\Delta u)$$
$$\overrightarrow{Q_3Q_4}=r(u_0,v_0+\Delta v)-r(u_0,v_0)=r_v(u_0,v_0)\Delta v+o(\Delta v)$$

这里 $\boldsymbol{o}(\Delta u)$,$\boldsymbol{o}(\Delta v)$ 表示向量,其模分别是 Δu 和 Δv 的高阶无穷小量。

忽略掉高阶无穷小量后,向量 $\overrightarrow{Q_1Q_2}$、$\overrightarrow{Q_3Q_4}$ 所张成的平行四边形的面积近似地等于

$\|\boldsymbol{r}_u(u_0,v_0)\times\boldsymbol{r}_v(u_0,v_0)\|\Delta u\Delta v$。因此，曲面的面积微元 $\mathrm{d}S=\|\boldsymbol{r}_u(u_0,v_0)\times\boldsymbol{r}_v(u_0,v_0)\|\mathrm{d}u\mathrm{d}v$。于是曲面的面积就是

$$S=\iint_D\|\boldsymbol{r}_u(u_0,v_0)\times\boldsymbol{r}_v(u_0,v_0)\|\mathrm{d}u\mathrm{d}v$$

利用面积的可加性可以将曲面面积的计算方法推广到由有限片这样的曲面拼成的分片光滑曲面上去。由上面的讨论，结合向量点积和叉积的定义，我们得到下面的定理。

定理 14.1.2 设曲面 Σ 的方程为

$$x=x(u,v),\quad y=y(u,v),\quad z=z(u,v),\quad (u,v)\in D$$

这里 D 为 uv 平面上具有光滑(或分段光滑)边界的有界闭区域。假设这个映射是一一对应的，且 x、y、z 对 u 和 v 有一阶连续偏导数，相应的 Jacobi 矩阵

$$\boldsymbol{J}=\begin{pmatrix}\dfrac{\partial x}{\partial u} & \dfrac{\partial x}{\partial v}\\ \dfrac{\partial y}{\partial u} & \dfrac{\partial y}{\partial v}\\ \dfrac{\partial z}{\partial u} & \dfrac{\partial z}{\partial v}\end{pmatrix}$$

满秩，则 Σ 的面积为

$$S=\iint_D\|\boldsymbol{r}_u(u_0,v_0)\times\boldsymbol{r}_v(u_0,v_0)\|\mathrm{d}u\mathrm{d}v=\iint_D\sqrt{EG-F^2}\,\mathrm{d}u\mathrm{d}v$$

式中，$E=\boldsymbol{r}_u\cdot\boldsymbol{r}_u=x_u^2+y_u^2+z_u^2$，$F=\boldsymbol{r}_u\cdot\boldsymbol{r}_v=x_ux_v+y_uy_v+z_uz_v$，$G=\boldsymbol{r}_v\cdot\boldsymbol{r}_v=x_v^2+y_v^2+z_v^2$。

如果曲面 Σ 的方程为 $z=f(x,y)$，$(x,y)\in D$，这里 D 为具有光滑边界的有界区域，$f(x,y)$ 具有一阶连续的偏导数，则 Σ 的面积为 $S=\iint\limits_D\sqrt{1+f_x^2(x,y)+f_y^2(x,y)}\,\mathrm{d}x\mathrm{d}y$。

例 14.1.4 如图 14.1.3 所示，求抛物面 $z=x^2+y^2$ 被平面 $z=1$ 所割下的有界部分 Σ 的面积。

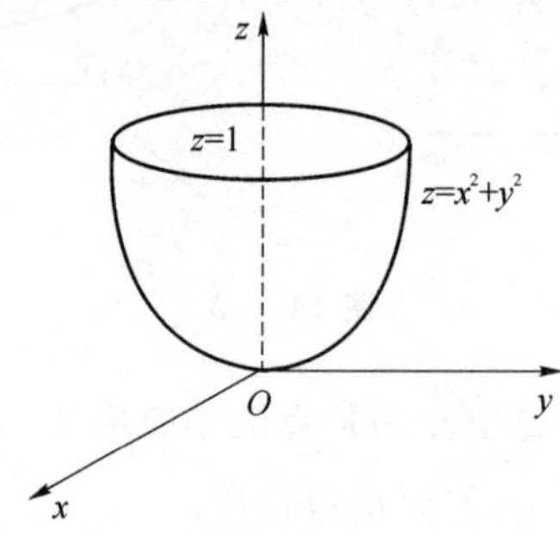

图 14.1.3

解 曲面 Σ 的方程为 $z=x^2+y^2$，$(x,y)\in D$，D 为曲面 Σ 在平面 xy 的投影区域 $\{(x,y)\mid x^2+y^2\leqslant 1\}$。由极坐标变换可得

$$S=\iint_D\sqrt{1+z_x^2(x,y)+z_y^2(x,y)}\,\mathrm{d}x\mathrm{d}y=\iint_D\sqrt{1+4x^2+4y^2}\,\mathrm{d}x\mathrm{d}y=\frac{5\sqrt{5}-1}{6}\pi$$

14.1.3 第一型曲面积分

设空间曲面 Σ 上分布着质量，任一点 (x,y,z) 处的面密度由密度函数 $f(x,y,z)$ 确定，如

何求出 Σ 上的质量呢？显然，这个问题与前面计算曲线上分布着质量的思想是类似的，解决问题的思路也是相同的。

定义 14.1.2　设 Σ 是有界光滑（或分片光滑）曲面，$f(x,y,z)$ 为定义在 Σ 上的函数。对 Σ 用一个光滑曲线网做分割 T，把 Σ 分成 n 片可求面积的小曲面 $\Sigma_1,\cdots,\Sigma_n$，每一个小片的面积分别用 $\Delta S_1,\cdots,\Delta S_n$ 表示，任取一点 $(\xi_i,\eta_i,\zeta_i)\in\Sigma_i$，当分割细度 $\|T\|\to 0$ 时，若极限

$$\lim_{\|T\|\to 0}\sum_{i=1}^{n} f(\xi_i,\eta_i,\zeta_i)\Delta S_i$$

存在，且此极限与分割 T 及 $(\xi_i,\eta_i,\zeta_i)\in\Sigma_i$ 的选取无关，则称此极限为函数 $f(x,y,z)$ 在曲面 Σ 上的第一型曲面积分，记作 $\iint\limits_{\Sigma} f(x,y,z)\mathrm{d}S$，即有

$$\iint\limits_{\Sigma} f(x,y,z)\mathrm{d}S = \lim_{\|T\|\to 0}\sum_{i=1}^{n} f(\xi_i,\eta_i,\zeta_i)\Delta S_i$$

式中，$f(x,y,z)$ 称为被积函数，$\mathrm{d}S$ 称为面积微元，Σ 称为积分曲面。

由第一型曲面积分与第一型曲线积分的定义可以看出，第一型曲线积分的性质和计算方法只要稍作处理，就可以移植到第一型曲面积分上来，因此以下结论就不再重复证明了。

设曲面 Σ 的方程为

$$x=x(u,v),\quad y=y(u,v),\quad z=z(u,v),\quad (u,v)\in D$$

这里 D 为 uv 平面上具有光滑（或分段光滑）边界的闭区域，这个映射是一一对应的，且 x、y、z 对 u 和 v 有一阶连续偏导数，相应的 Jacobi 矩阵

$$\boldsymbol{J}=\begin{pmatrix} \dfrac{\partial x}{\partial u} & \dfrac{\partial x}{\partial v} \\ \dfrac{\partial y}{\partial u} & \dfrac{\partial y}{\partial v} \\ \dfrac{\partial z}{\partial u} & \dfrac{\partial z}{\partial v} \end{pmatrix}$$

满秩。$f(x,y,z)$ 为定义在 Σ 上的连续函数，则它在 Σ 上的第一型曲面积分存在，且公式

$$\iint\limits_{\Sigma} f(x,y,z)\mathrm{d}S = \iint\limits_{D} f(x(u,v),y(u,v),z(u,v))\sqrt{EG-F^2}\,\mathrm{d}u\mathrm{d}v$$

成立。特别地，如果曲面 Σ 的方程为 $z=z(x,y)$，$(x,y)\in D$，则

$$\iint\limits_{\Sigma} f(x,y,z)\mathrm{d}S = \iint\limits_{D} f(x,y,z(x,y))\ \sqrt{1+z_x^2(x,y)+z_x^2(x,y)}\,\mathrm{d}x\mathrm{d}y$$

例 14.1.5　计算 $\iint\limits_{\Sigma}(x^2+y^2)\mathrm{d}S$，其中 Σ 为锥面 $x^2+y^2=z^2$ 夹在两平面 $z=0$ 和 $z=1$ 之间的部分。

解　Σ 的方程为 $z=\sqrt{x^2+y^2}$，$\mathrm{d}S=\sqrt{1+z_x^2+z_y^2}\,\mathrm{d}x\mathrm{d}y=\sqrt{2}\mathrm{d}x\mathrm{d}y$，$\Sigma$ 在 xy 平面上的投影区域 $D_{xy}=\{(x,y)\mid x^2+y^2\leqslant 1\}$，则

$$\iint\limits_{\Sigma}(x^2+y^2)\mathrm{d}S = \iint\limits_{D_{xy}}(x^2+y^2)\sqrt{2}\mathrm{d}x\mathrm{d}y = \sqrt{2}\int_0^{2\pi}\mathrm{d}\theta\int_0^1 r^3\mathrm{d}r = \frac{\sqrt{2}\pi}{2}$$

例 14.1.6　计算 $I=\iint\limits_{\Sigma}\sqrt{\dfrac{x^2}{a^4}+\dfrac{y^2}{b^4}+\dfrac{z^2}{c^4}}\mathrm{d}S$，其中 Σ 为椭球面 $\dfrac{x^2}{a^2}+\dfrac{y^2}{b^2}+\dfrac{z^2}{c^2}=1\ (a,b,c>0)$。

解　椭球面 Σ 的参数方程为

$$x=a\sin\varphi\cos\theta, y=b\sin\varphi\sin\theta, z=\cos\varphi,\quad 0\leqslant\theta\leqslant 2\pi, 0\leqslant\varphi\leqslant\pi$$

经计算得到

$$EG-F^2=(abc)^2\sin^2\varphi\left(\frac{\cos^2\theta\sin^2\varphi}{a^2}+\frac{\sin^2\theta\sin^2\varphi}{b^2}+\frac{\cos^2\varphi}{c^2}\right)$$

由被积函数与积分曲面的对称性,它在第一卦限的积分后再乘以 8 即为所求。所以

$$\begin{aligned}I&=8\iint\limits_{\left[0,\frac{\pi}{2}\right]\times\left[0,\frac{\pi}{2}\right]} abc\sin\varphi\left(\frac{\cos^2\theta\sin^2\varphi}{a^2}+\frac{\sin^2\theta\sin^2\varphi}{b^2}+\frac{\cos^2\varphi}{c^2}\right)\mathrm{d}\varphi\mathrm{d}\theta\\&=\frac{4}{3}\pi abc\left(\frac{1}{a^2}+\frac{1}{b^2}+\frac{1}{c^2}\right)\end{aligned}$$

习题 14.1

1. 计算下列第一型曲线积分:

(1) $\int_L(x+y)\mathrm{d}s$,其中 L 是以 $O(0,0)$、$A(1,0)$、$B(0,1)$ 为顶点的三角形;

(2) $\int_L(2xy+3x^2+4y^2)\mathrm{d}s$,其中 L 是椭圆$\frac{x^2}{4}+\frac{y^2}{3}=1$;

(3) $\int_L\sqrt{y}\,\mathrm{d}s$,其中 L 是抛物线 $y=x^2$ 在点 $O(0,0)$ 与点 $A(1,1)$ 之间的一段曲线;

(4) $\int_L(x^2+y^2+z^2)\mathrm{d}s$,其中 L 是螺旋线 $x=a\cos t$、$y=a\sin t$,$z=kt(0\leqslant t\leqslant 2\pi)$;

(5) $\int_L x^2yz\,\mathrm{d}s$,其中 L 是以 $A(0,0,0)$、$B(0,0,2)$、$C(1,0,2)$、$D(1,3,2)$ 为端点的折线段。

2. 计算下列第一型曲面积分:

(1) $\iint\limits_{\Sigma}(x^2+y^2+1)\mathrm{d}S$,其中 Σ 为抛物面 $z=2-x^2-y^2$ 在 xy 平面上方的部分;

(2) $\iint\limits_{\Sigma}(6x+4y+3z)\mathrm{d}S$,其中 Σ 为平面$\frac{x}{2}+\frac{y}{3}+\frac{z}{4}=1$ 在第一卦限中的部分;

(3) $\iint\limits_{\Sigma}(x^2+y^2)\mathrm{d}S$,其中 Σ 为锥面 $z=\sqrt{x^2+y^2}$ 及平面 $z=1$ 所围成区域的整个边界。

14.2　第二型曲线积分与第二型曲面积分

这一节来介绍向量值函数的积分,当然也可以按分量写作多个函数的组合积分,这部分内容又分为第二型曲线积分和第二型曲面积分两个部分。

14.2.1　第二型曲线积分

设 L 为空间中一条光滑曲线,起点为 A,终点为 B(这时称 L 可定向)。一个质点在力

$$F(x,y,z)=(P(x,y,z),Q(x,y,z),R(x,y,z))$$

的作用下沿 L 从 A 移动到 B,我们要计算力 $F(x,y,z)$所做的功。

如图 14.2.1 所示,为了求得所做的功,还是利用分割求和取极限的办法。在曲线 L 上顺次插入一些分点

$$P_1(x_1,y_1,z_1),P_2(x_2,y_2,z_2),\cdots,P_{n-1}(x_{n-1},y_{n-1},z_{n-1})$$

做分割 T,设 $P_0(x_0,y_0,z_0)=A,P_n(x_n,y_n,z_n)=B$,并且这些点是从 A 到 B 方向计数的。这样一来,曲线被分成了 n 个部分 $L_1,\cdots,L_n$, 任取一点 $K_i(\xi_i,\eta_i,\zeta_i)\in L_i=P_{i-1}P_i$,取曲线 L 在 $K_i(\xi_i,\eta_i,\zeta_i)$的单位切向量 $\boldsymbol{\tau}_i=(\cos\alpha_i,\cos\beta_i,\cos\gamma_i)$, 使它的方向与 L 的定向一致。记 Δs_i 是曲线 $P_{i-1}P_i$ 的弧长,那么质点从 P_{i-1}移动到 P_i 时,力 F 所做的功近似等于

$$\begin{aligned}&F(\xi_i,\eta_i,\zeta_i)\cdot\tau_i\Delta s_i\\&=[P(\xi_i,\eta_i,\zeta_i)\cos\alpha_i+Q(\xi_i,\eta_i,\zeta_i)\cos\beta_i+R(\xi_i,\eta_i,\zeta_i)\cos\gamma_i]\Delta s_i\end{aligned}$$

因此,力 $F(x,y,z)$沿 L 从 A 移动到 B 所做的功为

$$\begin{aligned}W&=\lim_{\|T\|\to0}\sum_{i=1}^{n}F(\xi_i,\eta_i,\zeta_i)\cdot\tau_i\Delta s_i\\&=\lim_{\|T\|\to0}\sum_{i=1}^{n}[P(\xi_i,\eta_i,\zeta_i)\cos\alpha_i+Q(\xi_i,\eta_i,\zeta_i)\cos\beta_i+R(\xi_i,\eta_i,\zeta_i)\cos\gamma_i]\Delta s_i\\&=\int_L[P(x,y,z)\cos\alpha+Q(x,y,z)\cos\beta+R(x,y,z)\cos\gamma]\mathrm{d}s\end{aligned}$$

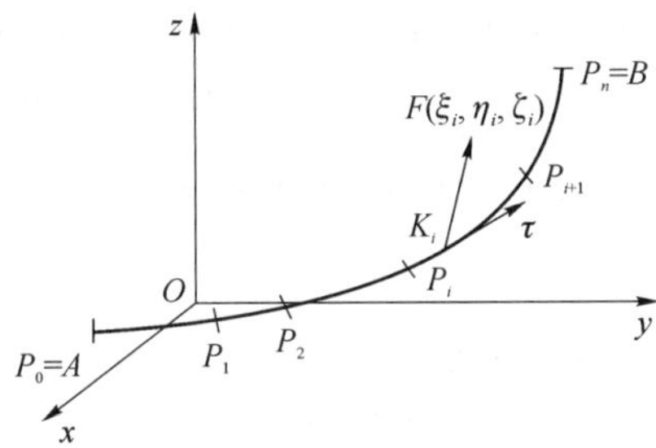

图 14.2.1

如果用 $\cos\alpha_i\Delta s_i=\Delta x_i,\cos\beta_i\Delta s_i=\Delta y_i,\cos\gamma_i\Delta s_i=\Delta z_i$ 分别表示 Δs_i 在三个坐标轴上的投影,则上式成为

$$\begin{aligned}W&=\lim_{\|T\|\to0}\sum_{i=1}^{n}[P(\xi_i,\eta_i,\zeta_i)\Delta x_i+Q(\xi_i,\eta_i,\zeta_i)\Delta y_i+R(\xi_i,\eta_i,\zeta_i)\Delta z_i]\\&=\int_L P(x,y,z)\mathrm{d}x+Q(x,y,z)\mathrm{d}y+R(x,y,z)\mathrm{d}z\end{aligned}$$

由此引入下面的定义。

定义 14.2.1　设 L 是一段可定向的光滑曲线段,起点为 A,终点为 B。在 L 上每一点取单位切向量 $\boldsymbol{\tau}=(\cos\alpha,\cos\beta,\cos\gamma)$, 使它与 L 的定向相一致。设

$$\boldsymbol{f}(x,y,z)=(P(x,y,z),Q(x,y,z),R(x,y,z))$$

为定义在 L 上的向量值函数。如果

$$\int_L[P(x,y,z)\cos\alpha+Q(x,y,z)\cos\beta+R(x,y,z)\cos\gamma]\mathrm{d}s$$

存在,则称

$$\begin{aligned}\int_L\boldsymbol{f}\cdot\boldsymbol{\tau}\mathrm{d}s&=\int_L P(x,y,z)\mathrm{d}x+Q(x,y,z)\mathrm{d}y+R(x,y,z)\mathrm{d}z\\&=\int_L[P(x,y,z)\cos\alpha+Q(x,y,z)\cos\beta+R(x,y,z)\cos\gamma]\mathrm{d}s\end{aligned}$$

为 f 在 L 上的第二型曲线积分。

特别地,如果 L 是 xy 平面上一段可定向的光滑曲线段,起点为 A,终点为 B,则第二型曲线积分就简化为

$$\begin{aligned}&\int_L P(x,y)\mathrm{d}x+Q(x,y)\mathrm{d}y\\=&\int_L[P(x,y)\cos\alpha+Q(x,y)\cos\beta]\mathrm{d}s\\=&\int_L[P(x,y)\cos\alpha+Q(x,y)\sin\alpha]\mathrm{d}s\end{aligned}$$

式中,α 为 L 的沿 L 方向的切向量与 x 轴正向的夹角。

第二型曲线积分定义在可定向曲线上,具有下面的性质。

性质 1(方向性) 设向量值函数 $\boldsymbol{f}$ 在定向的分段光滑曲线 L 上的第二型曲线积分存在。记 $-L$ 是定向曲线 L 的反向曲线,则 $\boldsymbol{f}$ 在 $-L$ 上的第二型曲线积分也存在,且

$$\int_L \boldsymbol{f}\cdot\boldsymbol{\tau}\mathrm{d}s=-\int_{-L}\boldsymbol{f}\cdot\boldsymbol{\tau}\mathrm{d}s$$

成立。

性质 2(线性性) 设两个向量值函数 $\boldsymbol{f}$、$\boldsymbol{g}$ 在定向的分段光滑曲线 L 上的第二型曲线积分存在,则对于任何常数 α、β, $\alpha\boldsymbol{f}+\beta\boldsymbol{g}$ 在 L 上的第二型曲线积分也存在,且

$$\int_L(\alpha\boldsymbol{f}+\beta\boldsymbol{g})\cdot\boldsymbol{\tau}\mathrm{d}s=\alpha\int_L\boldsymbol{f}\cdot\boldsymbol{\tau}\mathrm{d}s+\beta\int_L\boldsymbol{g}\cdot\boldsymbol{\tau}\mathrm{d}s$$

成立。

性质 3(路径可加性) 设定向的分段光滑曲线 L 分成了两段 L_1 和 L_2,它们与 L 的取向相同,如果向量值函数 $\boldsymbol{f}$ 在 L 上的第二型曲线积分存在,则它在 L_1 和 L_2 上的第二型曲线积分也存在,且

$$\int_L\boldsymbol{f}\cdot\boldsymbol{\tau}\mathrm{d}s=\int_{L_1}\boldsymbol{f}\cdot\boldsymbol{\tau}\mathrm{d}s+\int_{L_2}\boldsymbol{f}\cdot\boldsymbol{\tau}\mathrm{d}s$$

下面讨论如何计算第二型曲线积分。设可定向的光滑曲线 L 的方程为

$$x=x(t),\quad y=y(t),\quad z=z(t),\quad t: a\to b$$

则 L 是可求长的,且曲线弧长的微分

$$\mathrm{d}s=\sqrt{x'^2(t)+y'^2(t)+z'^2(t)}\,\mathrm{d}t$$

因为 $(x'(t),y'(t),z'(t))$ 是曲线的切向量,因此它的单位切向量为

$$\boldsymbol{\tau}=(\cos\alpha,\cos\beta,\cos\gamma)=\frac{1}{\sqrt{x'^2(t)+y'^2(t)+z'^2(t)}}(x'(t),y'(t),z'(t))$$

若向量值函数 $\boldsymbol{f}$ 在 L 上连续,那么由定理 14.1.1 得到第二型曲线积分的计算公式:

$$\begin{aligned}&\int_L P(x,y,z)\mathrm{d}x+Q(x,y,z)\mathrm{d}y+R(x,y,z)\mathrm{d}z\\=&\int_L[P(x,y,z)\cos\alpha+Q(x,y,z)\cos\beta+R(x,y,z)\cos\gamma]\mathrm{d}s\\=&\int_a^b[P(x,y,z)x'(t)+Q(x,y,z)y'(t)+R(x,y,z)z'(t)]\mathrm{d}t\end{aligned}$$

如果 L 为平面上的光滑曲线,其方程为

$$x=x(t),\quad y=y(t),\quad t: a\to b$$

则

$$\int_L P(x,y)\mathrm{d}x+Q(x,y)\mathrm{d}y$$
$$=\int_a^b [P(x(t),y(t))x'(t)+Q(x(t),y(t))y'(t)]\mathrm{d}t$$

特别地，如果可定向的光滑曲线 L 的方程为

$$y=y(x),\quad z=z(x),\quad x:a\to b$$

则

$$\int_L P(x,y,z)\mathrm{d}x+Q(x,y,z)\mathrm{d}y+R(x,y,z)\mathrm{d}z$$
$$=\int_a^b [P(x,y(x),z(x))+Q(x,y(x),z(x))y'(x)+R(x,y(x),z(x))z'(x)]\mathrm{d}x$$

例 14.2.1　计算 $\int_L y^2\mathrm{d}x+x^2\mathrm{d}y$，其中 L 如下：

(1) 圆周 $x^2+y^2=R^2$ 的上半部分，方向为逆时针方向；

(2) 从点 $M(R,0)$ 到点 $N(-R,0)$ 的直线段。

解　(1) 这时 L 的参数方程为 $x=R\cos t, y=R\sin t$，$t:0\to\pi$，因此

$$\int_L y^2\mathrm{d}x+x^2\mathrm{d}y=\int_0^\pi [R^2\sin^2 t(-R\sin t)+R^2\cos^2 t(R\cos t)]\mathrm{d}t=\frac{4}{3}\pi R^3$$

(2) 这时 L 的参数方程为 $x=x, y=y(x)=0$，$x:R\to -R$，因此

$$\int_L y^2\mathrm{d}x+x^2\mathrm{d}y=\int_R^{-R} 0\mathrm{d}x=0$$

例 14.2.2　计算 $\int_L (y^2-z^2)\mathrm{d}x+(z^2-x^2)\mathrm{d}y+(x^2-y^2)\mathrm{d}z$，其中 L 为球面 $x^2+y^2+z^2=1$ 在第一卦限部分的边界，当从球面外面看时为顺时针方向(见图 14.2.2)。

解　曲线是由圆弧段 AB、BC、CA 组成。圆弧段 AB 的参数方程为

$$x=0,\quad y=\cos t,\quad z=\sin t,\quad t:\frac{\pi}{2}\to 0$$

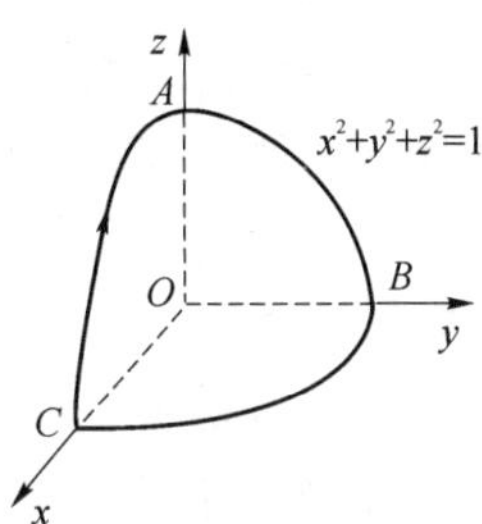

图 14.2.2

因此

$$\int_{AB}(y^2-z^2)\mathrm{d}x+(z^2-x^2)\mathrm{d}y+(x^2-y^2)\mathrm{d}z$$
$$=\int_{\frac{\pi}{2}}^0 [\sin^2 t(-\sin t)-\cos^2 t(\cos t)]\mathrm{d}t$$
$$=\int_0^{\frac{\pi}{2}}(\sin^3 t+\cos^3 t)\mathrm{d}t=\frac{4}{3}$$

同理可得

$$\int_{BC}(y^2-z^2)\mathrm{d}x+(z^2-x^2)\mathrm{d}y+(x^2-y^2)\mathrm{d}z$$
$$=\int_{CA}(y^2-z^2)\mathrm{d}x+(z^2-x^2)\mathrm{d}y+(x^2-y^2)\mathrm{d}z$$
$$=\int_0^{\frac{\pi}{2}}(\sin^3 t+\cos^3 t)\mathrm{d}t=\frac{4}{3}$$

所以

$$\int_L (y^2-z^2)\mathrm{d}x+(z^2-x^2)\mathrm{d}y+(x^2-y^2)\mathrm{d}z=\frac{4}{3}+\frac{4}{3}+\frac{4}{3}=4$$

14.2.2 第二型曲面积分

为了给曲面确定方向,先介绍一下曲面侧的概念。设 Σ 是连通曲面(可以是封闭的,则此时无边界,否则有边界),在每一点 P_0 都有连续变动的切平面(或法线)。对 Σ 内任意一点 P_0,取定 Σ 在点 P_0 的一个法向量。若一个动点 P 从点 P_0 出发,不经过 Σ 的边界,沿 Σ 内任意路径运动到点 P_0,此时 Σ 在点 P_0 的法向量从点 P_0 选定的方向出发连续地沿路径变化到点 P_0 时,保持原先在点 P_0 选定的方向,则称 Σ 为双侧曲面,否则称 Σ 为单侧曲面。

在现实中,我们遇到的曲面多数是双侧的。单侧曲面的一个典型例子是莫比乌斯带,见图 14.2.3。它的构造方法如下:取一个矩形长纸带,将其一端扭转 180°后与对应的另一端粘合在一起,即得一个莫比乌斯带。以下我们只讨论双侧曲面(注意,数片双侧曲面拼在一起不一定仍是双侧曲面,如莫比乌斯带可以看成是由两片双侧曲面拼成的)。

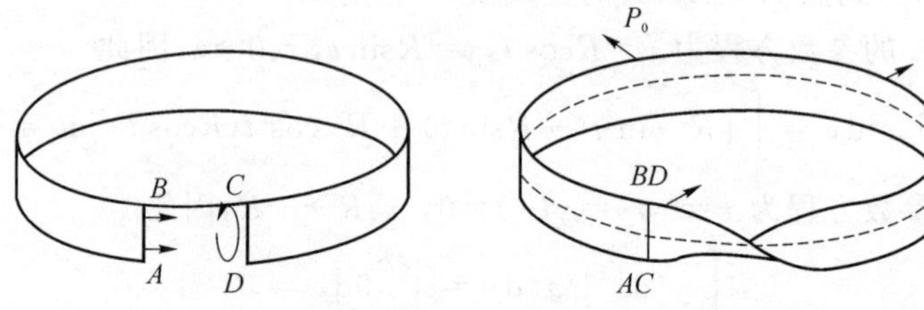

图 14.2.3

由方程 $z=z(x,y)$ 所表示的曲面分为上侧和下侧,是双侧曲面。为了准确地反映曲面的朝向(即曲面的侧),我们做如下规定:设 $\boldsymbol{n}=(\cos\alpha,\cos\beta,\cos\gamma)$ 为曲面上点 (x,y,z) 处的单位法向量,取曲面的上侧时,$\cos\gamma\geqslant 0$;取曲面的下侧时,$\cos\gamma<0$。类似地,曲面也分前侧和后侧,左侧和右侧。规定:取曲面的前侧时,$\cos\alpha\geqslant 0$;取曲面的后侧时,$\cos\alpha<0$;取曲面的右侧时,$\cos\beta\geqslant 0$;取曲面的左侧时,$\cos\beta<0$。这样就可以通过法向量来确定曲面的侧。

定义 14.2.2 取定了法向量,也即指定了侧的曲面,称为定向曲面。指定的那一侧有时也称为正侧,与之相反的一侧称为负侧。

设光滑的双侧曲面 Σ 的方程为

$$x=x(u,v),\quad y=y(u,v),\quad z=z(u,v),\quad (u,v)\in D$$

前面已经知道,曲面的法向量可以表示为

$$\pm\boldsymbol{r}_u\times\boldsymbol{r}_v=\pm\left(\frac{\partial(y,z)}{\partial(u,v)},\frac{\partial(z,x)}{\partial(u,v)},\frac{\partial(x,y)}{\partial(u,v)}\right)$$

$\pm$ 表示曲面上每个点 $(x(u,v),y(u,v),z(u,v))$ 都有方向相反的两个法向量。于是在这点的单位法向量及方向余弦为

$$\boldsymbol{n}=(\cos\alpha,\cos\beta,\cos\gamma)=\frac{1}{\pm\sqrt{EG-F^2}}\left(\frac{\partial(y,z)}{\partial(u,v)},\frac{\partial(z,x)}{\partial(u,v)},\frac{\partial(x,y)}{\partial(u,v)}\right)$$

在根号前取定一个符号后,曲面对每一个点 $(x(u,v),y(u,v),z(u,v))$ 都确定了一个单位法向量。而又由假设知,方向余弦是连续的,因此所确定的单位法向量是连续变动的,曲面的双侧性就保证了法向量不会指向另一侧。也就是说,在根号前取定一个符号后,也就确定了曲面的一侧。

例如，光滑曲面 Σ 的方程为

$$z=z(x,y),\quad (x,y)\in D$$

式中，D 为平面区域。那么

$$\boldsymbol{n}=(\cos\alpha,\cos\beta,\cos\gamma)=\frac{1}{\pm\sqrt{1+z_x^2+z_y^2}}(-z_x,-z_y,1)$$

如果取正号，则 $\cos\gamma>0$，这时法向量与 z 轴成锐角，意味着取定了曲面的上侧，而取负号则意味着取定了曲面的下侧。

现在来看一个例子。已知不可压缩流体（设其密度为常值 1）在 (x,y,z) 处的流速可以表示为

$$v=(P(x,y,z),Q(x,y,z),R(x,y,z))$$

并设它与时间无关，我们来计算单位时间内通过某定向光滑曲面 Σ 的流量。

对 Σ 用一个光滑曲线网做分割 T，把 Σ 分成 n 片可求面积的小曲面 $\Sigma_1,\cdots,\Sigma_n$，每一个小片的面积分别用 $\Delta S_1,\cdots,\Delta S_n$ 表示，任取一点 $M_i(\xi_i,\eta_i,\zeta_i)\in\Sigma_i$，那么在这点的流速为

$$\boldsymbol{v}_i=(P(\xi_i,\eta_i,\zeta_i),Q(\xi_i,\eta_i,\zeta_i),R(\xi_i,\eta_i,\zeta_i))$$

记曲面 Σ 在 M_i 点的单位法向量为

$$\boldsymbol{n}=(\cos\alpha_i,\cos\beta_i,\cos\gamma_i)$$

那么单位时间内流过 Σ_i 的流量就近似为

$$\boldsymbol{v}_i\cdot\boldsymbol{n}\Delta S_i=P(\xi_i,\eta_i,\zeta_i)\cos\alpha_i+Q(\xi_i,\eta_i,\zeta_i)\cos\beta_i+R(\xi_i,\eta_i,\zeta_i)\cos\gamma_i$$

因此单位时间内通过 Σ 的流量为

$$\begin{aligned}\Phi&=\lim_{\|\boldsymbol{T}\|\to0}\sum_{i=1}^{n}\boldsymbol{v}_i\cdot\boldsymbol{n}\Delta S_i\\&=\lim_{\|\boldsymbol{T}\|\to0}\sum_{i=1}^{n}[P(\xi_i,\eta_i,\zeta_i)\cos\alpha_i+Q(\xi_i,\eta_i,\zeta_i)\cos\beta_i+R(\xi_i,\eta_i,\zeta_i)\cos\gamma_i]\Delta S_i\\&=\iint_{\Sigma}[P(x,y,z)\cos\alpha+Q(x,y,z)\cos\beta+R(x,y,z)\cos\gamma]\mathrm{d}S\end{aligned}$$

用 $\cos\alpha_i\Delta S_i=\Delta S_{ix}=\mathrm{d}y\mathrm{d}z,\cos\beta_i\Delta S_i=\Delta S_{iy}=\mathrm{d}z\mathrm{d}x,\cos\gamma_i\Delta S_i=\Delta S_{iz}=\mathrm{d}x\mathrm{d}y$ 分别表示 ΔS_i 在 yz、zx、xy 平面上的投影，则上式成为

$$\begin{aligned}\Phi&=\lim_{\|\boldsymbol{T}\|\to0}\sum_{i=1}^{n}\boldsymbol{v}_i\cdot\boldsymbol{n}\Delta S_i\\&=\lim_{\|\boldsymbol{T}\|\to0}\sum_{i=1}^{n}(P(\xi_i,\eta_i,\zeta_i)\Delta S_{ix}+Q[(\xi_i,\eta_i,\zeta_i)\Delta S_{iy}+R(\xi_i,\eta_i,\zeta_i)\Delta S_{iz}]\\&=\iint_{\Sigma}P(x,y,z)\mathrm{d}y\mathrm{d}z+Q(x,y,z)\mathrm{d}z\mathrm{d}x+R(x,y,z)\mathrm{d}x\mathrm{d}y\end{aligned}$$

由此，我们引入下面的定义。

定义 14.2.3　设 Σ 是可定向的光滑（或分片光滑）曲面，曲面上的每一点指定了单位法向量 $\boldsymbol{n}=(\cos\alpha,\cos\beta,\cos\gamma)$。$\boldsymbol{f}(x,y,z)=(P(x,y,z),Q(x,y,z),R(x,y,z))$ 是定义在 Σ 上的向量值函数。如果 $\iint_{\Sigma}[P(x,y,z)\cos\alpha+Q(x,y,z)\cos\beta+R(x,y,z)\cos\gamma]\mathrm{d}S$ 存在，则称

$$\iint\limits_{\Sigma}\boldsymbol{f}\cdot\boldsymbol{n}\mathrm{d}S=\iint\limits_{\Sigma}[P(x,y,z)\cos\alpha+Q(x,y,z)\cos\beta+R(x,y,z)\cos\gamma]\mathrm{d}S$$

$$=\iint\limits_{\Sigma}P(x,y,z)\mathrm{d}y\mathrm{d}z+Q(x,y,z)\mathrm{d}z\mathrm{d}x+R(x,y,z)\mathrm{d}x\mathrm{d}y$$

为 $\boldsymbol{f}$ 在 Σ 上的第二型曲面积分。

第二型曲面积分定义在定向曲面上,具有与第二型曲线积分类似的性质。

性质 1(方向性) 设向量值函数 $\boldsymbol{f}$ 在定向的分段光滑曲面 Σ 上的第二型曲面积分存在。记 $-\Sigma$ 是定向曲面 Σ 的反向曲面,则 $\boldsymbol{f}$ 在 $-\Sigma$ 上的第二型曲面积分也存在,且

$$\iint\limits_{-\Sigma}\boldsymbol{f}\cdot\boldsymbol{n}\mathrm{d}S=-\iint\limits_{\Sigma}\boldsymbol{f}\cdot\boldsymbol{n}\mathrm{d}S$$

成立。

性质 2(线性性) 设两个向量值函数 $\boldsymbol{f}$、$\boldsymbol{g}$ 在定向的分段光滑曲面 Σ 上的第二型曲面积分存在,则对于任何常数 α、β, $\alpha\boldsymbol{f}+\beta\boldsymbol{g}$ 在 Σ 上的第二型曲面积分也存在,且

$$\iint\limits_{\Sigma}(\alpha\boldsymbol{f}+\beta\boldsymbol{g})\cdot\boldsymbol{\tau}\mathrm{d}S=\alpha\iint\limits_{\Sigma}\boldsymbol{f}\cdot\boldsymbol{\tau}\mathrm{d}S+\beta\iint\limits_{\Sigma}\boldsymbol{g}\cdot\boldsymbol{\tau}\mathrm{d}S$$

成立。

性质 3(曲面可加性) 设定向的分段光滑曲面 Σ 分成了 2 片,即 Σ_1 和 Σ_2,它们与 Σ 的取向相同,如果向量值函数 $\boldsymbol{f}$ 在 Σ 上的第二型曲面积分存在,则它在 Σ_1 和 Σ_2 上的第二型曲面积分也存在,且

$$\iint\limits_{\Sigma}\boldsymbol{f}\cdot\boldsymbol{\tau}\mathrm{d}S=\iint\limits_{\Sigma_1}\boldsymbol{f}\cdot\boldsymbol{\tau}\mathrm{d}S+\iint\limits_{\Sigma_2}\boldsymbol{f}\cdot\boldsymbol{\tau}\mathrm{d}S$$

成立。

下面讨论如何计算第二型曲面积分。设可定向的光滑曲面 Σ 的方程为

$$x=x(u,v),\quad y=y(u,v),\quad z=z(u,v),\quad (u,v)\in D$$

这里 D 为 uv 平面上具有光滑(或分段光滑)边界的有界闭区域。$P(x,y,z)$、$Q(x,y,z)$、$R(x,y,z)$为 Σ 上的连续函数。由于

$$(\cos\alpha,\cos\beta,\cos\gamma)=\frac{1}{\pm\sqrt{EG-F^2}}\left[\frac{\partial(y,z)}{\partial(u,v)},\frac{\partial(z,x)}{\partial(u,v)},\frac{\partial(x,y)}{\partial(u,v)}\right]$$

以及 $\mathrm{d}S=\sqrt{EG-F^2}\mathrm{d}u\mathrm{d}v$,则由第一型曲面积分的计算公式得到

$$\iint\limits_{\Sigma}P(x,y,z)\mathrm{d}y\mathrm{d}z+Q(x,y,z)\mathrm{d}z\mathrm{d}x+R(x,y,z)\mathrm{d}x\mathrm{d}y$$

$$=\iint\limits_{\Sigma}[P(x,y,z)\cos\alpha+Q(x,y,z)\cos\beta+R(x,y,z)\cos\gamma]\mathrm{d}S$$

$$=\pm\iint\limits_{D}\left[P(x(u,v),y(u,v),z(u,v))\frac{\partial(y,z)}{\partial(u,v)}+\right.$$

$$Q(x(u,v),y(u,v),z(u,v))\frac{\partial(z,x)}{\partial(u,v)}+$$

$$\left.R(x(u,v),y(u,v),z(u,v))\frac{\partial(x,y)}{\partial(u,v)}\right]\mathrm{d}u\mathrm{d}v$$

式中,符号由曲面的侧,即方向余弦的计算公式中所取符号决定。

若可定向的光滑曲面 Σ 的方程为

$$z=z(x,y),\quad (x,y)\in D_{xy}$$

这里 D_{xy} 为 xy 平面上具有光滑(或分段光滑)边界的有界闭区域,$R(x,y,z)$ 为 Σ 上的连续函数,则

$$\iint_{\Sigma} R(x,y,z)\mathrm{d}x\mathrm{d}y=\pm\iint_{D_{xy}}[R(x,y,z(x,y)]\mathrm{d}x\mathrm{d}y$$

等式右端是二重积分,当曲面的定向为上侧时,积分号前取正;当曲面的定向为下侧时,积分号前取负。当定向的光滑曲面的方程为

$$x=x(y,z),\quad (y,z)\in D_{yz},\quad 或\quad y=y(z,x),\ (z,x)\in D_{zx}$$

时,有类似的公式。

例 14.2.3　计算 $I=\iint_{\Sigma}(x+1)\mathrm{d}y\mathrm{d}z+(y+1)\mathrm{d}z\mathrm{d}x+(z+1)\mathrm{d}x\mathrm{d}y$,其中 Σ 为平面 $x+y+z=1$、$x=0$、$y=0$ 和 $z=0$ 所围立体的表面(见图 14.2.4),方向取外侧。

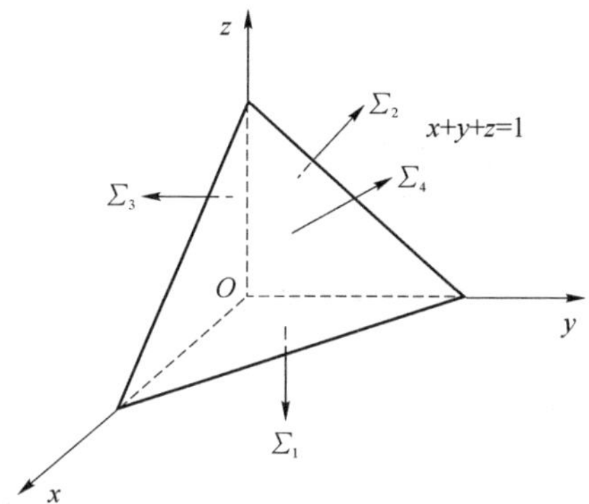

图 14.2.4

解　将曲面划分成如图 14.2.4 所示的 4 片:Σ_1,Σ_2,Σ_3 和 Σ_4。

Σ_1 的方程为 $z=0,0\leqslant y\leqslant 1-x,0\leqslant x\leqslant 1$。根据定向,其法向量与 x 轴和 y 轴的夹角都是 $\frac{\pi}{2}$,与 z 轴的夹角为 $-\pi$,因此

$$\begin{aligned}&\iint_{\Sigma_1}(x+1)\mathrm{d}y\mathrm{d}z+(y+1)\mathrm{d}z\mathrm{d}x+(z+1)\mathrm{d}x\mathrm{d}y\\&=\iint_{\Sigma_1}(z+1)\mathrm{d}x\mathrm{d}y=-\iint_{0\leqslant x\leqslant 1,0\leqslant y\leqslant 1-x}\mathrm{d}x\mathrm{d}y\\&=-\frac{1}{2}\end{aligned}$$

同理

$$\iint_{\Sigma_2}(x+1)\mathrm{d}y\mathrm{d}z+(y+1)\mathrm{d}z\mathrm{d}x+(z+1)\mathrm{d}x\mathrm{d}y=-\frac{1}{2}$$

$$\iint_{\Sigma_3}(x+1)\mathrm{d}y\mathrm{d}z+(y+1)\mathrm{d}z\mathrm{d}x+(z+1)\mathrm{d}x\mathrm{d}y=-\frac{1}{2}$$

Σ_4 的方程为 $z=1-x-y,0\leqslant y\leqslant 1-x,0\leqslant x\leqslant 1$。因此

$$\iint_{\Sigma_4}(z+1)\mathrm{d}x\mathrm{d}y=\iint_{0\leqslant x\leqslant 1,0\leqslant y\leqslant 1-x}(1-x-y+1)\mathrm{d}x\mathrm{d}y=\frac{2}{3}$$

由对称性得

$$\iint_{\Sigma_4}(x+1)\mathrm{d}y\mathrm{d}z=\iint_{\Sigma_4}(y+1)\mathrm{d}z\mathrm{d}x=\frac{2}{3}$$

因此

$$\iint_{\Sigma_4}(x+1)\mathrm{d}y\mathrm{d}z+(y+1)\mathrm{d}z\mathrm{d}x+(z+1)\mathrm{d}x\mathrm{d}y=2$$

所以 $I=\iint_{\Sigma}(x+1)\mathrm{d}y\mathrm{d}z+(y+1)\mathrm{d}z\mathrm{d}x+(z+1)\mathrm{d}x\mathrm{d}y=-\frac{1}{2}-\frac{1}{2}-\frac{1}{2}+2=\frac{1}{2}$。

例 14.2.4 计算 $\iint_{\Sigma}x\,\mathrm{d}y\mathrm{d}z+z\mathrm{d}x\mathrm{d}y$，其中 Σ 为锥面 $x^2+y^2=z^2$ 夹在两平面 $z=0$ 和 $z=1$ 之间的部分，方向为外侧。

解 Σ 的方程为 $z=\sqrt{x^2+y^2}$，Σ 在 xy 平面上的投影区域 $D_{xy}=\{(x,y)\mid x^2+y^2\leqslant 1\}$，则

$$\iint_{\Sigma}z\,\mathrm{d}x\mathrm{d}y=-\iint_{D_{xy}}\sqrt{x^2+y^2}\,\mathrm{d}x\mathrm{d}y=-\int_0^{2\pi}\mathrm{d}\theta\int_0^1 r^2\,\mathrm{d}r=-\frac{2\pi}{3}$$

Σ 被 yz 平面分为前后两个部分，分别记方程为 $\Sigma_{前}$、$\Sigma_{后}$，它们的方程为 $x=\pm\sqrt{z^2-y^2}$，Σ 在 yz 平面上的投影区域 $D_{yz}=\{(y,z)\mid -z\leqslant y\leqslant z,0\leqslant z\leqslant 1\}$，则

$$\iint_{\Sigma}x\,\mathrm{d}y\mathrm{d}z=2\iint_{D_{前}}\sqrt{z^2-y^2}\,\mathrm{d}y\mathrm{d}z=2\int_0^1\mathrm{d}z\int_{-z}^{z}\sqrt{z^2-y^2}\,\mathrm{d}y=2\int_0^1\frac{\pi z^2}{2}\mathrm{d}z=\frac{\pi}{3}$$

所以原第二型曲面积分 $\frac{\pi}{3}-\frac{2\pi}{3}=-\frac{\pi}{3}$。

例 14.2.5 计算 $I=\iint_{\Sigma}x^2\,\mathrm{d}y\mathrm{d}z+y^2\,\mathrm{d}z\mathrm{d}x+z^2\,\mathrm{d}x\mathrm{d}y$，其中 Σ 为球面 $x^2+y^2+z^2=1$ 第一卦限部分，方向取外侧。

解 Σ 在 xy 平面上的投影区域 $D_{xy}=\{(x,y)\mid x^2+y^2\leqslant 1,x\geqslant 0,y\geqslant 0\}$，$\Sigma$ 的方程为 $z=\sqrt{1-x^2-y^2}$，所以 $\iint_{\Sigma}z^2\,\mathrm{d}x\mathrm{d}y=\iint_{D_{xy}}(1-x^2-y^2)\mathrm{d}x\mathrm{d}y=\frac{\pi}{4}-\frac{\pi}{8}=\frac{\pi}{8}$。

同理可得 $\iint_{\Sigma}x^2\,\mathrm{d}y\mathrm{d}z=\frac{\pi}{8}$，$\iint_{\Sigma}y^2\,\mathrm{d}z\mathrm{d}x=\frac{\pi}{8}$，所以 $I=\frac{\pi}{8}+\frac{\pi}{8}+\frac{\pi}{8}=\frac{3\pi}{8}$。

习题 14.2

1. 求下列第二型曲线积分：

(1) $\int_L(x^2+y^2)\mathrm{d}x+(x^2-y^2)\mathrm{d}y$，其中 L 是以 $A(1,0)$、$B(2,0)$、$C(2,1)$、$D(1,1)$ 为顶点的正方形，方向为逆时针方向；

(2) $\int_L(x^2-2xy)\mathrm{d}x+(y^2-2xy)\mathrm{d}y$，其中 L 是抛物线的一段：$y=x^2$，$-1\leqslant x\leqslant 1$，方向由 $(-1,1)$ 到 $(1,1)$；

(3) $\int_L(y-z)\mathrm{d}x+(z-x)\mathrm{d}y+(x-y)\mathrm{d}z$，其中 L 是 $\begin{cases}x^2+y^2+z^2=1\\ y=x\tan\alpha\left(0<\alpha<\frac{\pi}{2}\right)\end{cases}$，若从 z

轴的正向看去，这个圆周的方向为逆时针方向。

2. 求下列第二型曲面积分：

(1) $\iint\limits_{\Sigma}(x+y)\mathrm{d}y\mathrm{d}z+(y+z)\mathrm{d}z\mathrm{d}x+(z+x)\mathrm{d}x\mathrm{d}y$，其中 Σ 是中心在原点、边长为 $2h$ 的立方体 $[-h,h]\times[-h,h]\times[-h,h]$ 的表面，方向取外侧；

(2) $\iint\limits_{\Sigma}yz\,\mathrm{d}z\mathrm{d}x$，其中 Σ 是椭球面 $\frac{x^2}{a^2}+\frac{y^2}{b^2}+\frac{z^2}{c^2}=1$ 的上半部分，方向取上侧；

(3) $\iint\limits_{\Sigma}x^2\mathrm{d}y\mathrm{d}z+y^2\mathrm{d}z\mathrm{d}x+z^2\mathrm{d}x\mathrm{d}y$，其中 Σ 是球面 $(x-a)^2+(y-b)^2+(z-c)^2=R^2$，方向取外侧。

14.3　Green 公式、Gauss 公式和 Stokes 公式

迄今为止，我们已经学习了重积分和线面积分，那么它们之间有没有联系呢？如果有联系，是什么样的联系呢？这一节我们来介绍这部分内容。

14.3.1　Green 公式

设 L 是平面上的一条曲线，它的方程是 $r(t)=(x(t),y(t))$，$a\leqslant t\leqslant b$。如果 $r(a)=r(b)$，而且当 $t_1,t_2\in(a,b)$，$t_1\neq t_2$ 时 $r(t_1)\neq r(t_2)$ 总成立，则称 L 为简单闭曲线（或 Jordan 曲线）。这就是说，简单闭曲线除两个端点相重合外，曲线自身不相交。

设 D 是平面上的一个区域。如果 D 内任意一条闭曲线都可以不经过 D 外的点而连续地收缩为 D 中一点，那么称 D 为单连通区域，否则称它为复连通区域。

例如，圆盘 $\{(x,y)\mid x^2+y^2<1\}$ 为单连通区域，而圆环 $\{(x,y)\mid 1<x^2+y^2<2\}$ 为复连通区域。单连通区域也可以等价地叙述：单连通区域 D 内的任何一条封闭曲线所围成的点集仍属于 D。因此通俗地说，单连通区域中不含有洞，而复连通区域中会有洞。

对于平面区域 D，我们给它的边界规定一个正向：如果一个人沿边界的这个方向行走时，D 总是在它的左边，则带有这样定向的边界称为 D 的正向边界。例如图 14.3.1 中所示的区域 D 由 L 与 l 所围成，那么在我们规定的正向下，L 为逆时针方向，而 l 为顺时针方向。

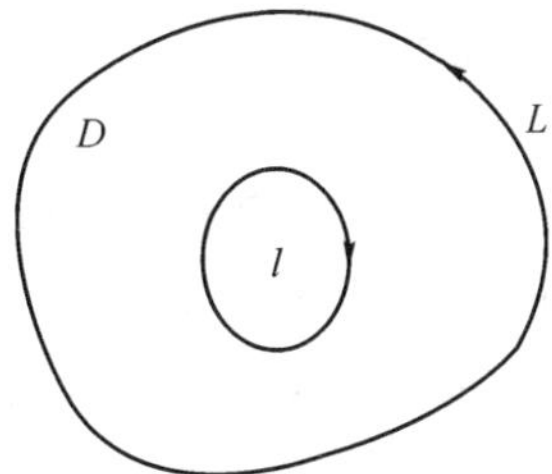

图 14.3.1

定理 14.3.1（Green 公式）　设 D 是平面上由光滑或分段光滑的简单闭曲线 L 围成的单连通闭区域。如果函数 $P(x,y)$、$Q(x,y)$ 在 D 上具有一阶连续偏导数，那么

$$\int_L P\,\mathrm{d}x+Q\mathrm{d}y=\iint\limits_D\left(\frac{\partial Q}{\partial x}-\frac{\partial P}{\partial y}\right)\mathrm{d}x\mathrm{d}y \tag{14.3.1}$$

式中，L 的方向取正向。

证 我们先证明区域 D 既是 x 型区域,又是 y 型区域的情形(见图 14.3.2)。

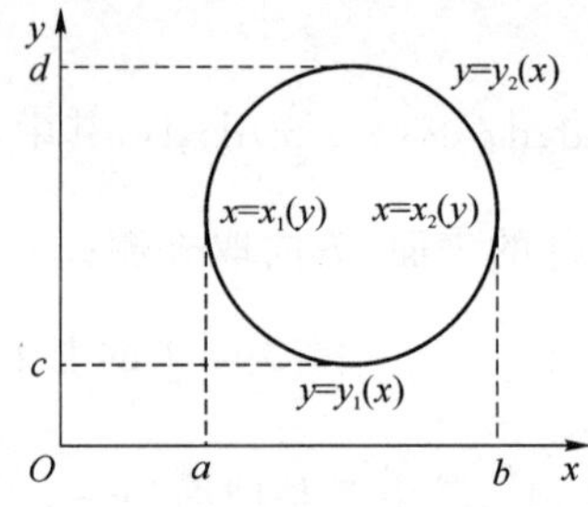

图 14.3.2

在这种情况下,区域 D 可以表示为

$$D_x=\{(x,y)\mid y_1(x)\leqslant y\leqslant y_2(x),a\leqslant x\leqslant b\}$$
$$D_y=\{(x,y)\mid x_1(y)\leqslant x\leqslant x_2(y),c\leqslant y\leqslant d\}$$

于是

$$\begin{aligned}\iint_D\frac{\partial P}{\partial y}\mathrm{d}x\mathrm{d}y&=\int_a^b\mathrm{d}x\int_{y_1(x)}^{y_2(x)}\frac{\partial P}{\partial y}\mathrm{d}y\\&=\int_a^b[P(x,y_2(x))-P(x,y_1(x))]\mathrm{d}x\\&=-\int_b^a P(x,y_2(x))\mathrm{d}x-\int_a^b P(x,y_1(x))\mathrm{d}x\\&=-\int_L P(x,y)\mathrm{d}x\end{aligned}$$

同理也有

$$\begin{aligned}\iint_D\frac{\partial Q}{\partial x}\mathrm{d}x\mathrm{d}y&=\int_c^d\mathrm{d}y\int_{x_1(y)}^{x_2(y)}\frac{\partial Q}{\partial x}\mathrm{d}x\\&=\int_c^d[Q(x_2(y),y)-Q(x_1(y),y)]\mathrm{d}y\\&=\int_c^d Q(x_2(y),y)\mathrm{d}y+\int_d^c P(x_1(y),y)\mathrm{d}y\\&=\int_L Q(x,y)\mathrm{d}y\end{aligned}$$

两式相加就得到了要证明的式(14.3.1)。

当区域不是上述情形时(见图 14.3.3),就像前面一般区域上的二重积分一样,我们可以先用几段光滑曲线将其分成有限个既是 x 型区域又是 y 型区域的子区域,然后逐块按上面的方法推得它们各自的格林公式,再相加即得式(14.3.1),其中相邻两小区域的共同边界,则因取向相反,它们的曲线积分值正好正负抵消。

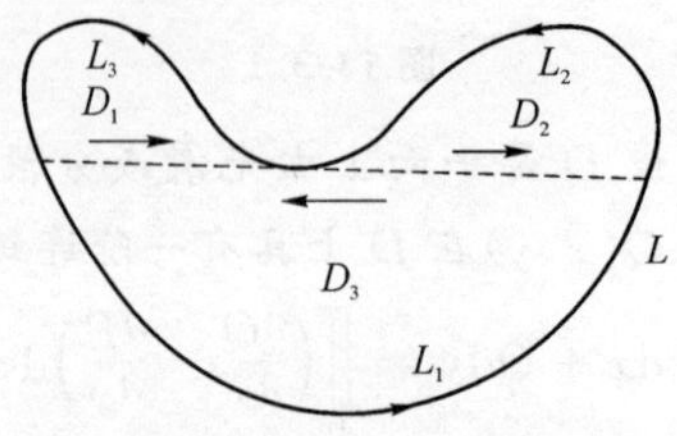

图 14.3.3

Green 公式还可以推广到具有有限个洞的复连通区域上去。以只有一个洞为例(见图 14.3.4)，用一条光滑曲线连接其外边界 L 上一点与内边界 l 上一点，将 D 割为单连通区域，借助定理 14.3.1 就可以得到证明，我们这里直接给出结果。

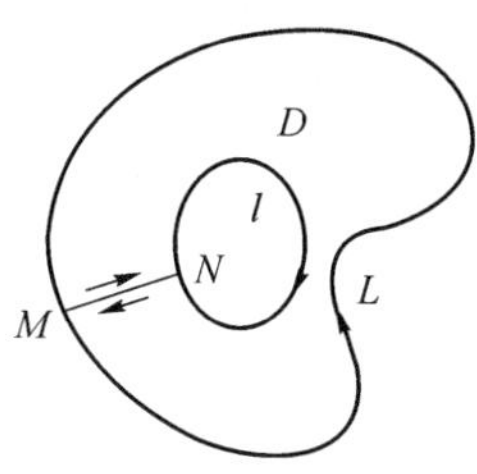

图 14.3.4

定理 14.3.2(Green 公式的推广)　设 D 为由平面上 $n+1(n\geqslant 1)$ 条光滑或分段光滑的简单闭曲线 $L_0,L_1,L_2,\cdots,L_n$ 所围成的闭区域，其中 $L_1,L_2,\cdots,L_n$ 落在 L_0 的内部且相互外离；L_0 为逆时针方向，$L_1^-,L_2^-,\cdots,L_n^-$ 为顺时针方向。记

$$L=L_0\cup L_1^-\cup L_2^-\cup\cdots\cup L_n^-$$

如果函数 $P(x,y)$、$Q(x,y)$ 在 D 上具有一阶连续偏导数，那么

$$\int_L P\,\mathrm{d}x+Q\mathrm{d}y=\iint_D\left(\frac{\partial Q}{\partial x}-\frac{\partial P}{\partial y}\right)\mathrm{d}x\mathrm{d}y$$

即

$$\int_{L_0} P\,\mathrm{d}x+Q\mathrm{d}y-\sum_{k=1}^{n}\int_{L_k} P\,\mathrm{d}x+Q\mathrm{d}y=\iint_D\left(\frac{\partial Q}{\partial x}-\frac{\partial P}{\partial y}\right)\mathrm{d}x\mathrm{d}y$$

从 Green 公式还可以得到一个求区域面积的方法：

设 D 是平面上由光滑或分段光滑的简单闭曲线所围成的有界闭区域，L 是 D 的边界，则容易证明，D 的面积为

$$S=\int_L x\,\mathrm{d}y=-\int_L y\,\mathrm{d}x=\frac{1}{2}\int_L x\,\mathrm{d}y-y\mathrm{d}x$$

式中，L 取正向。

例 14.3.1　计算椭圆$\dfrac{x^2}{a^2}+\dfrac{y^2}{b^2}=1(a,b>0)$所围图形的面积(见图 14.3.5)。

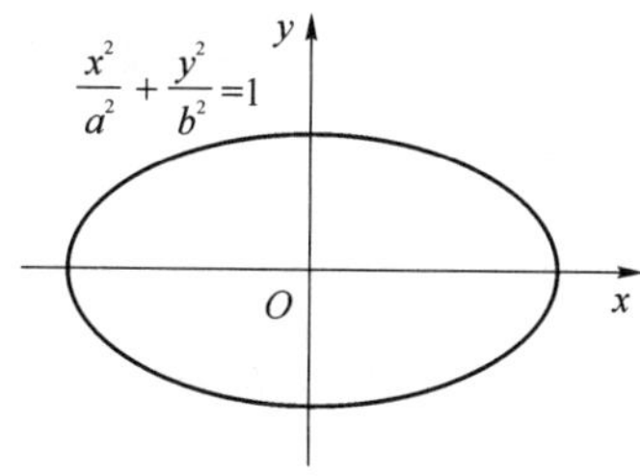

图 14.3.5

解　此椭圆的参数方程为 $x=a\cos t,y=b\sin t,0\leqslant t\leqslant 2\pi$。设椭圆的正向边界为 L，那么所求面积为

$$S=\frac{1}{2}\int_L x\,\mathrm{d}y-y\mathrm{d}x=\frac{1}{2}\int_0^{2\pi}(ab\,\cos^2 t+ab\,\sin^2 t)\mathrm{d}t=\pi ab$$

例 14.3.2　设 L 是任意一条分段光滑的闭曲线，D 是 L 围成的区域，证明

$$\oint_L (10xy+4y^2)\mathrm{d}x+(5x^2+8xy)\mathrm{d}y=0$$

证　记 $P(x,y)=10xy+4y^2$，$Q(x,y)=5x^2+8xy$。因为

$$\frac{\partial Q}{\partial x}=\frac{\partial P}{\partial y}=10x+8y$$

由 Green 公式，所以

$$\oint_L (10xy+4y^2)\mathrm{d}x+(5x^2+8xy)\mathrm{d}y=\pm\iint_D\left(\frac{\partial Q}{\partial x}-\frac{\partial P}{\partial y}\right)\mathrm{d}x\mathrm{d}y=0$$

例 14.3.3　计算 $\int_L \mathrm{e}^x\sin 2y\mathrm{d}x+2\mathrm{e}^x\cos 2y\mathrm{d}y$，其中 L 是沿上半圆 $x^2+y^2=ax$ 从点 $A(a,0)$ 到 $O(0,0)$ 的曲线弧段(见图 14.3.6)。

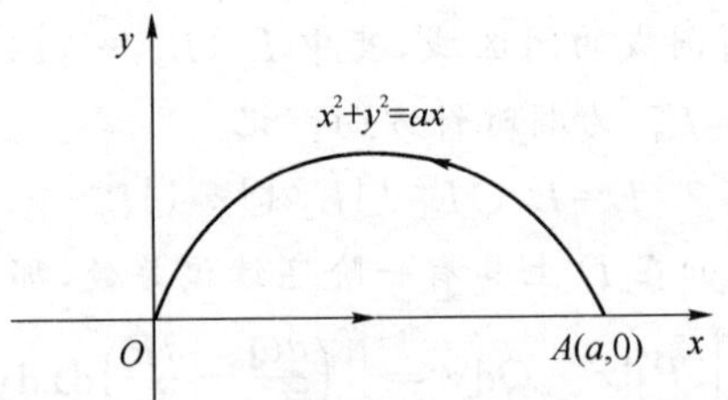

图 14.3.6

解　由于 L 不是封闭曲线，不满足 Green 公式的条件，我们做辅助有向线段 OA，则 L 和 OA 就构成一条闭曲线(见图 14.3.6)。

由 Green 公式可得

$$\oint_{L+OA}\mathrm{e}^x\sin 2y\mathrm{d}x+2\mathrm{e}^x\cos 2y\mathrm{d}y=\iint_D\left(\frac{\partial Q}{\partial x}-\frac{\partial P}{\partial y}\right)\mathrm{d}x\mathrm{d}y$$

$$=\iint_D(2\mathrm{e}^x\cos 2y-2\mathrm{e}^x\cos 2y)\mathrm{d}x\mathrm{d}y=0$$

所以

$$\int_L \mathrm{e}^x\sin 2y\mathrm{d}x+2\mathrm{e}^x\cos 2y\mathrm{d}y=\int_{\overrightarrow{OA}}\mathrm{e}^x\sin 2y\mathrm{d}x+2\mathrm{e}^x\cos 2y\mathrm{d}y=0$$

例 14.3.4　计算 $\int_L \dfrac{x\mathrm{d}y-y\mathrm{d}x}{x^2+y^2}$，其中 L 为一条不经过原点的按段光滑的闭曲线，方向为逆时针方向。

解　设 L 所围的区域为 D。这时

$$P(x,y)=\frac{-y}{x^2+y^2},\quad Q(x,y)=\frac{x}{x^2+y^2}$$

$$\frac{\partial P}{\partial y}=\frac{y^2-x^2}{(x^2+y^2)^2}=\frac{\partial Q}{\partial x},\quad x^2+y^2\neq 0 \tag{14.3.2}$$

以下分情况讨论。

(1) 当 D 不包含原点时，$P(x,y)$、$Q(x,y)$ 都在 L 及 L 所围的区域 D 内并具有一阶连续偏导数，由式(14.3.2)和 Green 公式，有

$$\int_L\frac{x\mathrm{d}y-y\mathrm{d}x}{x^2+y^2}=0$$

(2) 当 D 包含原点时，函数 P、Q 在原点不连续，不能直接应用 Green 公式。

我们在 D 中挖去一个以原点为圆心、正数 ρ 为半径，并且完全含于 D 内的小圆盘 D_ρ：$x^2+y^2\leqslant\rho^2$，它边界设为 l，其方向为逆时针方向，把 D 中余下的部分记为 D_1（见图 14.3.7）。这时 D_1 的边界 $\Gamma=L+l^-$，应用定理 14.3.2，得

$$\int_{L\cup l^-}\frac{x\mathrm{d}y-y\mathrm{d}x}{x^2+y^2}=\iint_{D_1}\left(\frac{\partial Q}{\partial x}-\frac{\partial P}{\partial y}\right)\mathrm{d}x\mathrm{d}y=0$$

即

$$\int_L\frac{x\mathrm{d}y-y\mathrm{d}x}{x^2+y^2}=\int_l\frac{x\mathrm{d}y-y\mathrm{d}x}{x^2+y^2}$$

这时 l 的参数方程为

$$x=\rho\cos\theta,\quad y=\rho\sin\theta,\quad 0\leqslant\theta\leqslant2\pi$$

有

$$\int_l\frac{x\mathrm{d}y-y\mathrm{d}x}{x^2+y^2}=\int_0^{2\pi}\frac{\rho^2\cos^2\theta+\rho^2\sin^2\theta}{\rho^2}\mathrm{d}\theta=2\pi$$

即

$$\int_L\frac{x\mathrm{d}y-y\mathrm{d}x}{x^2+y^2}=2\pi$$

当然，由于在 l 上 $x^2+y^2=\rho^2$，所以 $\int_L\frac{x\mathrm{d}y-y\mathrm{d}x}{x^2+y^2}=\int_l\frac{x\mathrm{d}y-y\mathrm{d}x}{x^2+y^2}=\frac{1}{\rho^2}\int_l x\mathrm{d}y-y\mathrm{d}x$，这时再用一次 Green 公式也可以得到同样的结果。

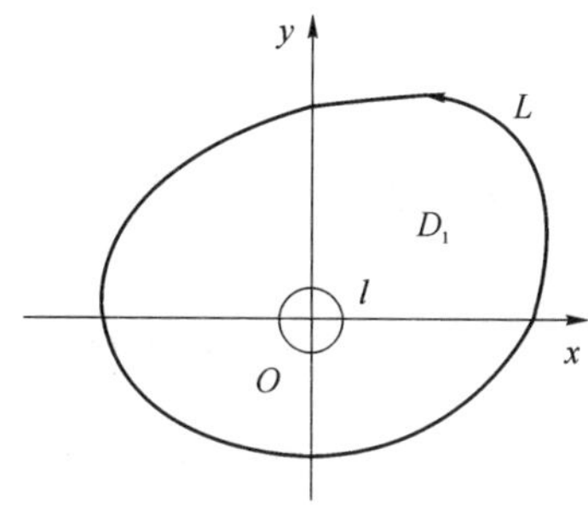

图 14.3.7

这个例子说明，当 Green 公式的条件不满足时，改变积分路径常常使一个难以计算的积分变得容易。

14.3.2　曲线积分与路径无关的条件

一般来说，若一个函数沿着连接两个端点的一条路径积分，则积分值不仅会随端点变化而变化，还会随路径的不同而不同。但有些曲线积分的值可以仅与路径的端点有关，而与路径无关。下面就来探讨曲线积分与路径无关的条件。先给出积分与路径无关的定义。

定义 14.3.1　设 D 为平面区域，$P(x,y)$、$Q(x,y)$ 为 D 上的连续函数。如果对于 D 内任意两点 A、B，L 为包含在 D 中连接两点 A、B 且从 A 到 B 的任意光滑或逐段光滑的有向线段，积分值 $\int_L P\mathrm{d}x+Q\mathrm{d}y$ 只与 A、B 两点有关，而与从 A 到 B 的路径 L 无关，就称曲线积分

$\int_L P\mathrm{d}x+Q\mathrm{d}y$ 与路径无关。

曲线积分与路径无关问题可以归纳为下面的定理。

定理 14.3.3(Green 定理) 设 D 是平面上的单连通区域,函数 $P(x,y)$、$Q(x,y)$ 在 D 上具有连续偏导数,则下面四个命题等价:

(1) 对于 D 内的任意一条光滑(或分段光滑)闭曲线 L,有

$$\int_L P\mathrm{d}x+Q\mathrm{d}y=0$$

(2) 曲线积分 $\int_L P\mathrm{d}x+Q\mathrm{d}y$ 与路径无关;

(3) 存在 D 上的可微函数 $u(x,y)$,使得 $\mathrm{d}u=P\mathrm{d}x+Q\mathrm{d}y$,即 $P\mathrm{d}x+Q\mathrm{d}y$ 为 $u(x,y)$ 的全微分;

(4) 在 D 内,等式

$$\frac{\partial P}{\partial y}=\frac{\partial Q}{\partial x}$$

成立。

证 (1)⇒(2):设 A、B 为 D 内任意两点,L_1 和 L_2 是 D 中从 A 到 B 的任意两条光滑或逐段光滑路径,则 $C=L_1+(-L_2)$ 就是 D 中的一条光滑或逐段光滑的闭曲线。因此

$$\begin{aligned}0&=\int_C P\mathrm{d}x+Q\mathrm{d}y=\left(\int_{L_1}+\int_{-L_2}\right)P\mathrm{d}x+Q\mathrm{d}y\\&=\int_{L_1}P\mathrm{d}x+Q\mathrm{d}y-\int_{L_2}P\mathrm{d}x+Q\mathrm{d}y\end{aligned}$$

于是

$$\int_{L_1}P\mathrm{d}x+Q\mathrm{d}y=\int_{L_2}P\mathrm{d}x+Q\mathrm{d}y$$

因此曲线积分与路径无关。

(2)⇒(3):取一定点 $A(x_0,y_0)\in D$,$B(x,y)$ 为 D 内任意一点。由条件(2),曲线积分

$$\int_{(x_0,y_0)}^{(x,y)}P(s,t)\mathrm{d}s+Q(s,t)\mathrm{d}t$$

与路线选择无关。故当 $B(x,y)$ 在 D 内变动时,其积分值是 (x,y) 的函数,记为

$$u(x,y)=\int_{(x_0,y_0)}^{(x,y)}P(s,t)\mathrm{d}s+Q(s,t)\mathrm{d}t$$

取 Δx 充分小,使 $(x+\Delta x,y)\in D$,则有(见图 14.3.8)

$$u(x+\Delta x,y)-u(x,y)=\int_{AC}P(s,t)\mathrm{d}s+Q(s,t)\mathrm{d}t-\int_{AB}P(s,t)\mathrm{d}s+Q(s,t)\mathrm{d}t$$

因在 D 内曲线积分与路径无关,所以

$$\int_{AC}P(s,t)\mathrm{d}s+Q(s,t)\mathrm{d}t=\int_{AB}P(s,t)\mathrm{d}s+Q(s,t)\mathrm{d}t+\int_{BC}P(s,t)\mathrm{d}s+Q(s,t)\mathrm{d}t$$

由于在直线段 BC 上,t 为常数,所以 $\mathrm{d}t=0$。应用积分中值定理,有

$$\begin{aligned}\Delta u&=u(x+\Delta x,y)-u(x,y)=\int_{BC}P(s,t)\mathrm{d}s\\&=\int_x^{x+\Delta x}P(s,y)\mathrm{d}s=P(x+\theta\Delta x,y)\Delta x\end{aligned}$$

式中,$0<\theta<1$。又 $P(x,y)$ 在 D 内连续,则

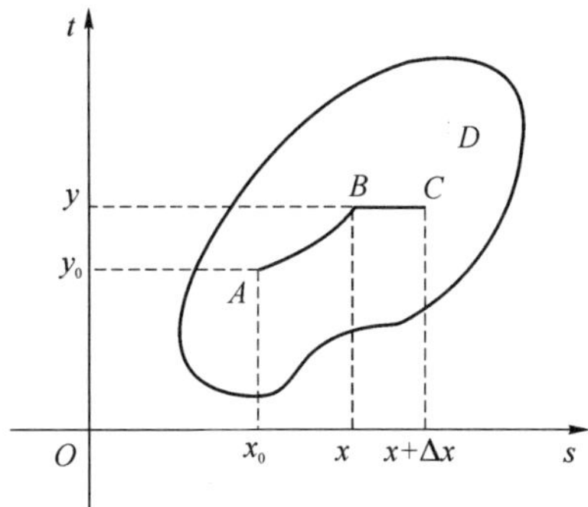

图 14.3.8

$$\frac{\partial u}{\partial x}=\lim_{\Delta x\to 0}\frac{\Delta u}{\Delta x}=\lim_{\Delta x\to 0}P(x+\theta\Delta x,y)=P(x,y)$$

同理可证

$$\frac{\partial u}{\partial y}=Q(x,y)$$

于是在 D 内

$$\mathrm{d}u=P\mathrm{d}x+Q\mathrm{d}y$$

成立。

(3)⇒(4):由于存在 D 上的可微函数 u,使得 $\mathrm{d}u=P\mathrm{d}x+Q\mathrm{d}y$,因此

$$\frac{\partial u}{\partial x}=P(x,y),\quad \frac{\partial u}{\partial y}=Q(x,y)$$

又由于函数 $P(x,y)$ 和 $Q(x,y)$ 在 D 内具有连续偏导数,于是

$$\frac{\partial P}{\partial y}=\frac{\partial^2 u}{\partial y\partial x}=\frac{\partial^2 u}{\partial x\partial y}=\frac{\partial Q}{\partial x}$$

(4)⇒(1):对于包含在 D 内的光滑(或分段光滑)闭曲线 L,设它包围的图形是 $\widetilde{D}$,那么由 Green 公式就得到

$$\int_L P\,\mathrm{d}x+Q\mathrm{d}y=\iint_{\widetilde{D}}\left(\frac{\partial Q}{\partial x}-\frac{\partial P}{\partial y}\right)\mathrm{d}x\mathrm{d}y=0$$

证毕。

在定理 14.3.3 中,存在可微函数 $u(x,y)$,使得 $\mathrm{d}u=P\mathrm{d}x+Q\mathrm{d}y$,我们称函数 $u(x,y)$ 为 $P\mathrm{d}x+Q\mathrm{d}y$ 的一个**原函数**。

下面的定理给出了曲线积分与路径无关的充分必要条件及其计算公式。

定理 14.3.4　设 D 是平面上的单连通闭区域,函数 $P(x,y)$、$Q(x,y)$ 在 D 上连续。那么曲线积分 $\int_L P\,\mathrm{d}x+Q\mathrm{d}y$ 与路径无关的充分必要条件是在 D 上存在 $P\mathrm{d}x+Q\mathrm{d}y$ 的一个原函数 $u(x,y)$。对于 D 内任意两点 $A(x_A,y_A)$、$B(x_B,y_B)$,我们有下面的计算公式:

$$\int_{AB}P\,\mathrm{d}x+Q\mathrm{d}y=u(x_B,y_B)-u(x_A,y_A)$$

式中,AB 为任意从 A 到 B 的光滑或逐段光滑路径。

证　必要性。设 D 是平面上的单连通闭区域,函数 $P(x,y)$、$Q(x,y)$ 在 D 上连续。当曲线积分$\int_L P\mathrm{d}x+Q\mathrm{d}y$与路径无关时,由定理 14.3.3 的证明可知,$P\mathrm{d}x+Q\mathrm{d}y$ 在 D 上存在原函数

$$u(x,y)=\int_{(x_0,y_0)}^{(x,y)} P(s,t)\mathrm{d}s+Q(s,t)\mathrm{d}t$$

设 $A(x_A,y_A)$,$B(x_B,y_B)\in D$,对于从 A 到 B 的任意路径 L,任取一条 D 内从(x_0,y_0)到 A 的路径 l,则

$$u(x_A,y_A)=\int_l P(s,t)\mathrm{d}s+Q(s,t)\mathrm{d}t,\quad u(x_B,y_B)=\int_{l+L} P(s,t)\mathrm{d}s+Q(s,t)\mathrm{d}t$$

因此

$$\begin{aligned}\int_L P\mathrm{d}x+Q\mathrm{d}y&=\int_{l+L} P(s,t)\mathrm{d}s+Q(s,t)\mathrm{d}t-\int_l P(s,t)\mathrm{d}s+Q(s,t)\mathrm{d}t\\&=u(x_B,y_B)-u(x_A,y_A)\end{aligned}$$

充分性。若 $u(x,y)$是 $P\mathrm{d}x+Q\mathrm{d}y$ 在 D 上的一个原函数,任取一条从 A 到 B 的路径(不妨设它是光滑的):

$$L:\ x=x(t),\quad y=y(t),\quad a\leqslant t\leqslant b$$

满足

$$x(a)=x_A,\quad y(a)=y_A,\quad x(b)=x_B,\quad y(b)=y_B$$

则

$$\begin{aligned}\int_L P\mathrm{d}x+Q\mathrm{d}y&=\int_a^b[P(x(t),y(t))x'(t)+Q(x(t),y(t))y'(t)]\mathrm{d}t\\&=u(x(t),y(t))\big|_a^b=u(x_B,y_B)-u(x_A,y_A)\end{aligned}$$

现在我们求 $P\mathrm{d}x+Q\mathrm{d}y$ 的原函数。令

$$u(x,y)=\int_{(x_0,y_0)}^{(x,y)} P(s,t)\mathrm{d}s+Q(s,t)\mathrm{d}t$$

我们选择一个特殊的路径来计算这个积分。最简单的方法是从 A 到 B 取与坐标轴平行的折线(要求折线含于 D 内)作为积分路线(见图 14.3.9)。在 AN 上 $y=y_0$,所以 $\mathrm{d}y=0$;在 NB 上 x 不变,所以 $\mathrm{d}x=0$。故沿着折线 ANB 的积分,得到

$$\begin{aligned}u(x,y)&=\int_{(x_0,y_0)}^{(x,y)} P(s,t)\mathrm{d}s+Q(s,t)\mathrm{d}t\\&=\int_{x_0}^{x} P(s,y_0)\mathrm{d}s+\int_{y_0}^{y} Q(x,t)\mathrm{d}t\end{aligned}\tag{14.3.2}$$

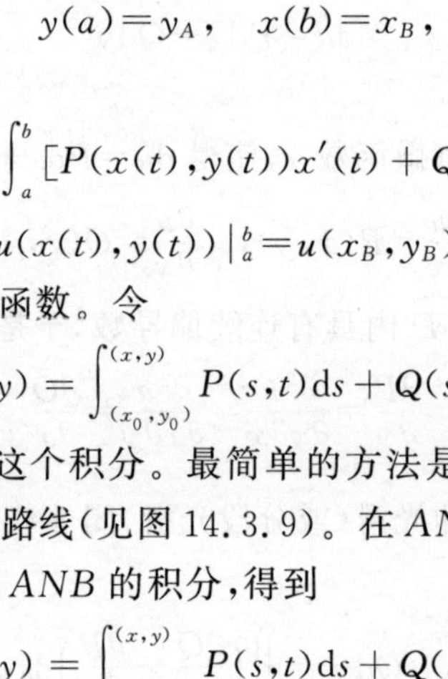

$M(x_0,y)$ $B(x,y)$

$A(x_0,y_0)$ $N(x,y_0)$

图 14.3.9

同理,沿折线 AMB 积分时,有

$$u(x,y)=\int_{(x_0,y_0)}^{(x,y)} P(s,t)\mathrm{d}s+Q(s,t)\mathrm{d}t$$

$$= \int_{y_0}^{y} Q(x_0, t)\mathrm{d}t + \int_{x_0}^{x} P(s, y)\mathrm{d}s \tag{14.3.3}$$

式(14.3.2)和式(14.3.3)就是通常求原函数的两个公式。

例 14.3.5　证明在整个 xy 平面上，$(\mathrm{e}^x\sin y - my)\mathrm{d}x + (\mathrm{e}^x\cos y - mx)y$ 是某个函数的全微分，求这个函数，并计算

$$I = \int_L (\mathrm{e}^x\sin y - my)\mathrm{d}x + (\mathrm{e}^x\cos y - mx)\mathrm{d}y$$

式中，L 为从(0,0)到(1,1)的任意一条路径。

解　令 $P(x,y) = \mathrm{e}^x\sin y - my, Q(x,y) = \mathrm{e}^x\cos y - mx$，则

$$\frac{\partial P}{\partial y} = \mathrm{e}^x\cos y - m = \frac{\partial Q}{\partial x}$$

由定理 14.3.3 可知，$(\mathrm{e}^x\sin y - my)\mathrm{d}x + (\mathrm{e}^x\cos y - mx)\mathrm{d}y$ 是某个函数的全微分。

取路径如图 14.3.10 所示，那么它的一个原函数为

$$\begin{aligned} u(x,y) &= \int_{(0,0)}^{(x,y)} (\mathrm{e}^s\sin t - mt)\mathrm{d}s + (\mathrm{e}^s\cos t - ms)\mathrm{d}t \\ &= \left(\int_{OA} + \int_{AB}\right)(\mathrm{e}^s\sin t - mt)\mathrm{d}s + (\mathrm{e}^s\cos t - ms)\mathrm{d}t \\ &= \int_0^x 0\mathrm{d}s + \int_0^y (\mathrm{e}^x\cos t - mx)\mathrm{d}t = \mathrm{e}^x\sin y - mxy \end{aligned}$$

于是由定理 14.3.4 得到

$$\begin{aligned} I &= \int_L (\mathrm{e}^x\sin y - my)\mathrm{d}x + (\mathrm{e}^x\cos y - mx)\mathrm{d}y \\ &= u(1,1) - u(0,0) = \mathrm{e}\sin 1 - m \end{aligned}$$

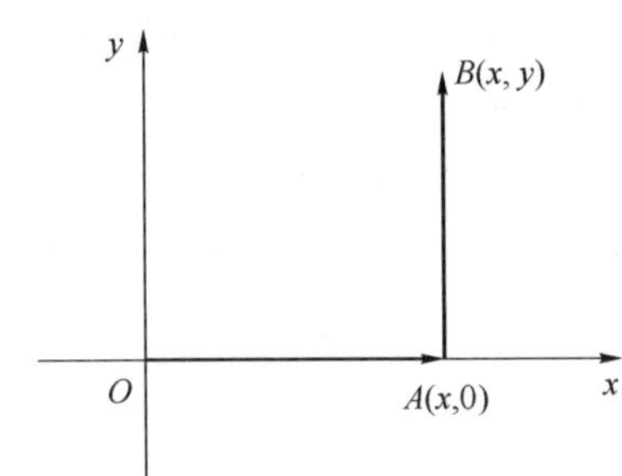

图 14.3.10

14.3.3　Gauss 公式

Green 公式建立了平面上沿封闭曲线的曲线积分与由该曲线所围区域上的二重积分之间的关系，沿空间封闭曲面的曲面积分和三重积分之间也有类似的关系，这就是我们下面要介绍的 Gauss 公式。

在给出定理之前，先把平面上单连通区域的概念推广到空间区域中去。

设 Ω 为三维空间的一个区域。如果 Ω 内的任何一张封闭曲面所围的立体仍属于 Ω，那么称 Ω 为二维单连通区域，否则称 Ω 为二维复连通区域。

通俗地说，二维单连通区域之中不含有“洞”，而二维复连通区域之中含有“洞”。例如，单位球 $\{(x,y,z) \mid x^2 + y^2 + z^2 < 1\}$ 是二维单连通区域，而空心球

$$\left\{(x,y,z)\,\middle|\,\frac{1}{2}<x^2+y^2+z^2<1\right\}$$

是二维复连通区域。

定理 14.3.5(Gauss 公式) 设空间区域 Ω 是由光滑(或分片光滑)的封闭曲面 Σ 所围成的二维单连通闭区域,函数 $P(x,y,z)$、$Q(x,y,z)$、$R(x,y,z)$ 在 Ω 中具有一阶连续偏导数,则

$$\iiint_{\Omega}\left(\frac{\partial P}{\partial x}+\frac{\partial Q}{\partial y}+\frac{\partial R}{\partial z}\right)\mathrm{d}x\mathrm{d}y\mathrm{d}z=\iint_{\Sigma}P\,\mathrm{d}y\mathrm{d}z+Q\mathrm{d}z\mathrm{d}x+R\mathrm{d}x\mathrm{d}y \tag{14.3.4}$$

这里 Σ 的定向为外侧。

证 先就 Ω 的一种特殊情况进行证明。假定 Ω 是一个垂直于 xy 平面的柱体,如图 14.3.11所示。

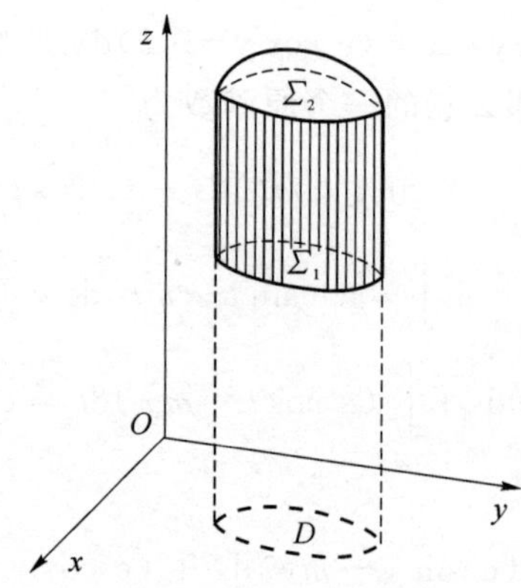

图 14.3.11

设 Σ_1 与 Σ_2 分别为柱体的下底与上底,Σ_3 为柱体的侧面,柱体在 xy 平面上的投影为区域 D。若柱面下底与上底的表达式分别为

$$\Sigma_1:\quad z=z_1(x,y),\quad (x,y)\in D$$

$$\Sigma_2:\quad z=z_2(x,y),\quad (x,y)\in D$$

则按三重积分的计算公式,有

$$\begin{aligned}\iiint_{\Omega}\frac{\partial R}{\partial z}\mathrm{d}x\mathrm{d}y\mathrm{d}z&=\iint_{D}\mathrm{d}x\mathrm{d}y\int_{z_1(x,y)}^{z_2(x,y)}\frac{\partial R}{\partial z}\mathrm{d}z\\&=\iint_{D}[R(x,y,z_2(x,y))-R(x,y,z_1(x,y))]\mathrm{d}x\mathrm{d}y\\&=\iint_{D}R(x,y,z_2(x,y))\mathrm{d}x\mathrm{d}y-\iint_{D}R(x,y,z_1(x,y))\mathrm{d}x\mathrm{d}y\\&=\iint_{\Sigma_2}R(x,y,z)\mathrm{d}x\mathrm{d}y+\iint_{\Sigma_1}R(x,y,z)\mathrm{d}x\mathrm{d}y\end{aligned}$$

式中,Σ_2 的方向取上侧,Σ_1 的方向取下侧。又由于 Σ_3 在 xy 平面上的投影为零,所以

$$\iint_{\Sigma_3}R(x,y,z)\mathrm{d}x\mathrm{d}y=0$$

因此

$$\iiint\limits_{\Omega} \frac{\partial R}{\partial z}\mathrm{d}x\mathrm{d}y\mathrm{d}z = \iint\limits_{\Sigma_2} R\mathrm{d}x\mathrm{d}y + \iint\limits_{\Sigma_1} R\mathrm{d}x\mathrm{d}y + \iint\limits_{\Sigma_3} R\mathrm{d}x\mathrm{d}y$$

$$= \iint\limits_{\Sigma} R\,\mathrm{d}x\mathrm{d}y$$

现在讨论一般情况。假定 Ω 在 xy 平面上的投影为 D，用两组曲线将 D 分割成 n 个小区域 $D_1, D_2, \cdots, D_n$。如果每个 D_i 的上方都对应一个垂直于 xy 平面的柱体 Ω_i（为 Ω 的一个子区域），则在 Ω_i 上，有

$$\iiint\limits_{\Omega_i} \frac{\partial R}{\partial z}\mathrm{d}x\mathrm{d}y\mathrm{d}z = \iint\limits_{\Sigma_i} R(x,y,z)\mathrm{d}x\mathrm{d}y$$

式中，Σ_i 是 Σ 中相应于 Ω_i 的部分。把所有的部分相加，得到

$$\iiint\limits_{\Omega} \frac{\partial R}{\partial z}\mathrm{d}x\mathrm{d}y\mathrm{d}z = \iint\limits_{\Sigma} R(x,y,z)\mathrm{d}x\mathrm{d}y$$

当某些小区域 D_i 的上方对应不止一个柱体时，通过分别计算，可以同样得到这一结果。

用类似的方法，可以证明

$$\iiint\limits_{\Omega} \frac{\partial Q}{\partial y}\mathrm{d}x\mathrm{d}y\mathrm{d}z = \iint\limits_{\Sigma} Q\,\mathrm{d}z\mathrm{d}x$$

$$\iiint\limits_{\Omega} \frac{\partial P}{\partial x}\mathrm{d}x\mathrm{d}y\mathrm{d}z = \iint\limits_{\Sigma} P\,\mathrm{d}y\mathrm{d}z$$

将上述三式相加，即得式(14.3.4)。

Gauss 公式也可以推广到具有有限个“洞”的二维复连通区域中去。如图 14.3.12 所示的是有一个“洞”的区域，用适当的曲面将它分割成两个二维单连通区域后分别应用 Gauss 公式，然后再相加，就可推出 Gauss 公式依然成立。注意，这时区域外面的边界还是取外侧，但内部的边界却是取内侧。但相对于区域而言，它们事实上都是取的外侧。

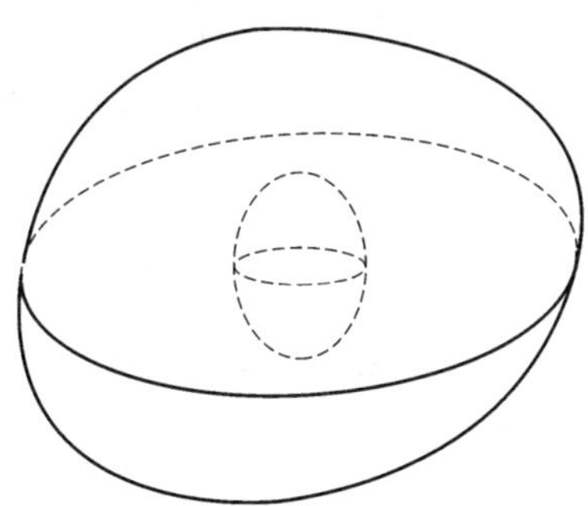

图 14.3.12

Gauss 公式说明了在空间中一个区域 Ω 上的三重积分与沿其边界 Σ 的曲面积分间的内在关系；与 Green 公式一样，Gauss 公式的一个直接应用就是可以通过计算 Ω 的边界 Σ 的曲面积分来求 Ω 的体积，即

$$V = \iiint\limits_{\Omega} \mathrm{d}x\mathrm{d}y\mathrm{d}z = \iint\limits_{\Sigma} x\,\mathrm{d}y\mathrm{d}z = \iint\limits_{\Sigma} y\,\mathrm{d}z\mathrm{d}x = \iint\limits_{\Sigma} z\,\mathrm{d}x\mathrm{d}y$$

$$= \frac{1}{3}\iint\limits_{\Sigma} x\,\mathrm{d}y\mathrm{d}z + y\mathrm{d}z\mathrm{d}x + z\mathrm{d}x\mathrm{d}y$$

式中，Σ 的定向为外侧。

例 14.3.6　计算曲面积分

$$\iint_{\Sigma} y(x-z)\mathrm{d}y\mathrm{d}z+x^2\mathrm{d}z\mathrm{d}x+(y^2+xz)\mathrm{d}x\mathrm{d}y$$

式中,Σ 是边长为 a 的正方体,定向为外侧(见图 14.3.13)。

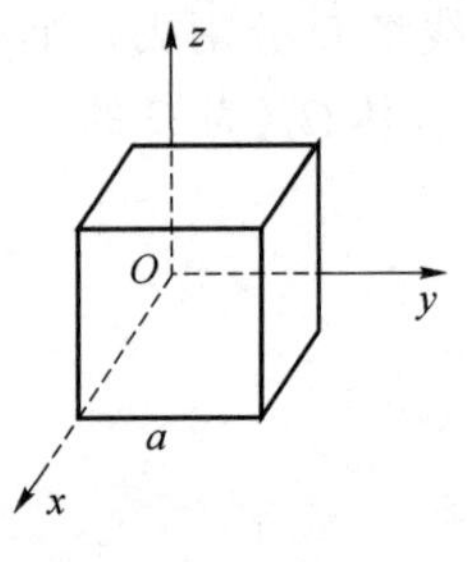

图 14.3.13

解　取

$$P=y(x-z),\quad Q=x^2,\quad R=y^2+xz$$

则

$$\frac{\partial P}{\partial x}=y,\quad \frac{\partial Q}{\partial y}=0,\quad \frac{\partial R}{\partial z}=x$$

由 Gauss 公式

$$\begin{aligned}&\iint_{\Sigma} y(x-z)\mathrm{d}y\mathrm{d}z+x^2\mathrm{d}z\mathrm{d}x+(y^2+xz)\mathrm{d}x\mathrm{d}y\\&=\iiint_{\Omega}(y+x)\mathrm{d}x\mathrm{d}y\mathrm{d}z\\&=\int_0^a\mathrm{d}z\int_0^a\mathrm{d}y\int_0^a(y+x)\mathrm{d}x\\&=a\int_0^a\left(ay+\frac{1}{2}x^2\right)\mathrm{d}y=a^4\end{aligned}$$

例 14.3.7　设某种流体的流速为 $v=x\boldsymbol{i}+y\boldsymbol{j}+z\boldsymbol{k}$,求单位时间内流体流过曲面 Σ:$y=x^2+z^2(0\leqslant y\leqslant h)$的流量,其中 Σ 的方向取左侧(见图 14.3.14)。

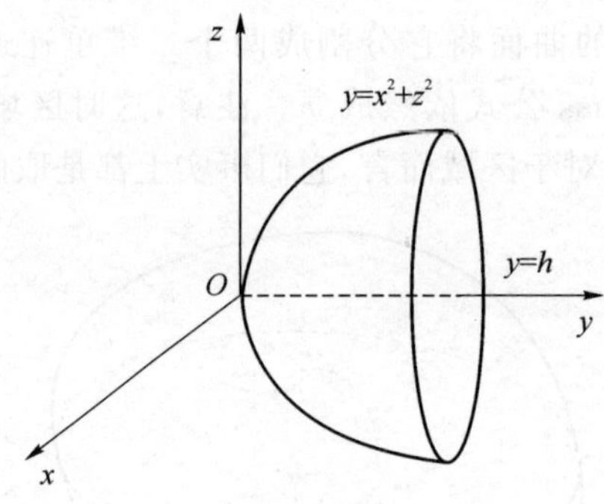

图 14.3.14

解　流量的计算公式为

$$\Phi=\iint_{\Sigma}\boldsymbol{v}\cdot\boldsymbol{n}\mathrm{d}S=\iint_{\Sigma}x\mathrm{d}y\mathrm{d}z+y\mathrm{d}z\mathrm{d}x+z\mathrm{d}x\mathrm{d}y$$

由于 Σ 不是封闭曲面,但添加一片曲面

$$\sigma:\quad y=h,\quad x^2+z^2\leqslant h$$

后,$\Sigma+\sigma$ 就是封闭曲面,这里 σ 的方向取右侧。

记 $\Sigma+\sigma$ 所围的区域为 Ω,则由 Gauss 公式,得到

$$\begin{aligned}&\iint_{\Sigma}x\mathrm{d}y\mathrm{d}z+y\mathrm{d}z\mathrm{d}x+z\mathrm{d}x\mathrm{d}y+\iint_{\sigma}x\mathrm{d}y\mathrm{d}z+y\mathrm{d}z\mathrm{d}x+z\mathrm{d}x\mathrm{d}y\\&=\iiint_{\Omega}3\mathrm{d}x\mathrm{d}y\mathrm{d}z=3\int_0^{2\pi}\mathrm{d}\theta\int_0^{\sqrt{h}}r\mathrm{d}r\int_{r^2}^{h}\mathrm{d}y=\frac{3\pi}{2}h^2\end{aligned}$$

其中计算三重积分时利用了柱面坐标变换 $z=r\cos\theta, x=r\sin\theta, y=y$。

由于

$$\iint_{\sigma} x\,\mathrm{d}y\mathrm{d}z + y\mathrm{d}z\mathrm{d}x + z\mathrm{d}x\mathrm{d}y = \iint_{\sigma} y\,\mathrm{d}z\mathrm{d}x = \iint_{x^2+z^2\leqslant h} h\,\mathrm{d}z\mathrm{d}x = \pi h^2$$

所以

$$\Phi = \iint_{\Sigma} x\,\mathrm{d}y\mathrm{d}z + y\mathrm{d}z\mathrm{d}x + z\mathrm{d}x\mathrm{d}y = \frac{3\pi}{2}h^2 - \pi h^2 = \frac{\pi}{2}h^2$$

对于 Gauss 公式，在应用上也要考虑有洞的情形。例如，在闭曲面 Σ 所围成的区域内挖去了一个边界为 σ 的洞。对于介于 Σ 和 σ 之间的区域 Ω，如同 Green 公式的推广情形一样，我们可以证明

$$\iiint_{\Omega}\left(\frac{\partial P}{\partial x}+\frac{\partial Q}{\partial y}+\frac{\partial R}{\partial z}\right)\mathrm{d}x\mathrm{d}y\mathrm{d}z = \iint_{\Sigma} P\,\mathrm{d}y\mathrm{d}z + Q\mathrm{d}z\mathrm{d}x + R\mathrm{d}x\mathrm{d}y - \iint_{\sigma} P\,\mathrm{d}y\mathrm{d}z + Q\mathrm{d}z\mathrm{d}x + R\mathrm{d}x\mathrm{d}y$$

例 14.3.8　计算 $\displaystyle\iint_{\Sigma}\frac{x\,\mathrm{d}y\mathrm{d}z+y\mathrm{d}z\mathrm{d}x+z\mathrm{d}x\mathrm{d}y}{(x^2+y^2+z^2)^{\frac{3}{2}}}$，其中 Σ 为椭球面：$\dfrac{x^2}{a^2}+\dfrac{y^2}{b^2}+\dfrac{z^2}{c^2}=1$，$\Sigma$ 的方向取外侧。

解　令

$$P(x,y,z)=\frac{x}{(x^2+y^2+x^2)^{\frac{3}{2}}},\quad Q(x,y,z)=\frac{y}{(x^2+y^2+x^2)^{\frac{3}{2}}},\quad R(x,y,z)=\frac{z}{(x^2+y^2+x^2)^{\frac{3}{2}}}$$

由于函数 $P(x,y,z)$、$Q(x,y,z)$、$R(x,y,z)$ 在 $(0,0,0)$ 不连续，故不能在 Σ 上应用 Gauss 公式。

应用类似于例 14.3.4 的方法，我们以原点为圆心、以充分小的正数 ρ 为半径作一个球面 $\sigma: x^2+y^2+z^2=\rho^2$，$\sigma$ 的方向取内侧，记为 σ^-。这时 $\Sigma\cup\sigma$ 组成一个封闭曲面，它的外侧为 $\Sigma\cup\sigma^-$（见图 14.3.15）。

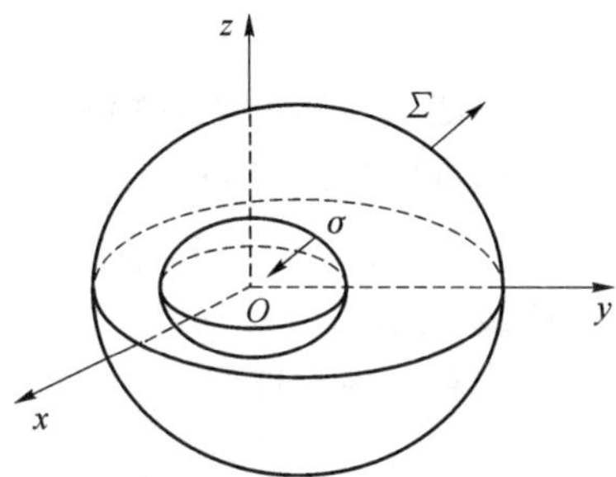

图 14.3.15

设由椭球面 Σ 和球面 σ 所围成的区域为 Ω，由 Gauss 公式

$$\iint_{\Sigma\cup\sigma^-}\frac{x\mathrm{d}y\mathrm{d}z+y\mathrm{d}z\mathrm{d}x+z\mathrm{d}x\mathrm{d}y}{(x^2+y^2+z^2)^{\frac{3}{2}}} = \iiint_{\Omega}\left(\frac{\partial P}{\partial x}+\frac{\partial Q}{\partial y}+\frac{\partial R}{\partial z}\right)\mathrm{d}x\mathrm{d}y\mathrm{d}z = 0$$

即

$$\iint_{\Sigma}\frac{x\,\mathrm{d}y\mathrm{d}z+y\mathrm{d}z\mathrm{d}x+z\mathrm{d}x\mathrm{d}y}{(x^2+y^2+z^2)^{\frac{3}{2}}} - \iint_{\sigma}\frac{x\,\mathrm{d}y\mathrm{d}z+y\mathrm{d}z\mathrm{d}x+z\mathrm{d}x\mathrm{d}y}{(x^2+y^2+z^2)^{\frac{3}{2}}} = 0$$

于是

$$\iint_{\Sigma}\frac{x\mathrm{d}y\mathrm{d}z+y\mathrm{d}z\mathrm{d}x+z\mathrm{d}x\mathrm{d}y}{(x^2+y^2+z^2)^{\frac{3}{2}}}=\iint_{\sigma}\frac{x\mathrm{d}y\mathrm{d}z+y\mathrm{d}z\mathrm{d}x+z\mathrm{d}x\mathrm{d}y}{(x^2+y^2+z^2)^{\frac{3}{2}}}$$
$$=\frac{1}{\rho^3}\iint_{\sigma}x\mathrm{d}y\mathrm{d}z+y\mathrm{d}z\mathrm{d}x+z\mathrm{d}x\mathrm{d}y$$
$$=\frac{1}{\rho^3}\iiint_{\sigma}3\mathrm{d}x\mathrm{d}y\mathrm{d}z=\frac{1}{\rho^3}3\times\frac{4}{3}\pi\rho^3=4\pi$$

14.3.4 Stokes 公式

Stokes 公式是 Green 公式的直接推广，它把 Green 公式中的平面区域推广到空间曲面，Green 公式中的边界曲线推广为空间曲线。在给出下面的定理之前，我们先介绍右手定则的概念。

设 Σ 为具有分段光滑边界 L 的非封闭光滑双侧曲面，对 L 的方向作如下规定：选定曲面 Σ 的一侧，若某人保持与曲面选定一侧的法向量同向站立，当他沿边界线 L 的方向行走时，指定的侧总在人的左边，则他前进的方向为 L 的正向；当他沿边界线 L 的方向行走时，指定的侧总在他的右边，则他前进的方向为 L 的负向。这种定向方法称为**右手定则**。

定理 14.3.6(Stokes 公式) 设 Σ 是光滑曲面，其边界 L 为分段光滑闭曲线。若函数 $P(x,y,z)$、$Q(x,y,z)$、$R(x,y,z)$ 在 Σ 及其边界 L 上具有连续一阶偏导数，则

$$\int_L P\mathrm{d}x+Q\mathrm{d}y+R\mathrm{d}z=\iint_{\Sigma}\left(\frac{\partial R}{\partial y}-\frac{\partial Q}{\partial z}\right)\mathrm{d}y\mathrm{d}z+\left(\frac{\partial P}{\partial z}-\frac{\partial R}{\partial x}\right)\mathrm{d}z\mathrm{d}x+\left(\frac{\partial Q}{\partial x}-\frac{\partial P}{\partial y}\right)\mathrm{d}x\mathrm{d}y$$
$$=\iint_{\Sigma}\left[\left(\frac{\partial R}{\partial y}-\frac{\partial Q}{\partial z}\right)\cos\alpha+\left(\frac{\partial P}{\partial z}-\frac{\partial R}{\partial x}\right)\cos\beta+\left(\frac{\partial Q}{\partial x}-\frac{\partial P}{\partial y}\right)\cos\gamma\right]\mathrm{d}S \tag{14.3.5}$$

式中，L 的方向按右手定则确定。

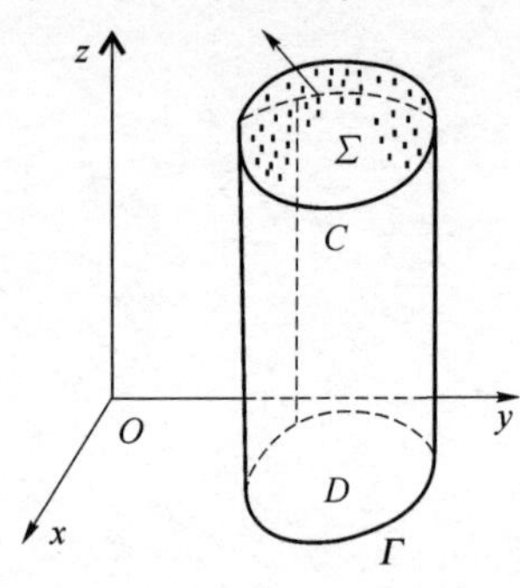

图 14.3.16

证 不妨设考虑的曲面为 $\Sigma: z=z(x,y)$，它在 xy 平面上的投影是区域 D。由于 Σ 的正向为上侧，按右手定则的规定，Σ 的边界 L 在 xy 平面上的投影 Γ 为逆时针方向的闭曲线(见图 14.3.16)。

我们现在证明

$$\iint_{\Sigma}\frac{\partial P}{\partial z}\mathrm{d}z\mathrm{d}x-\frac{\partial P}{\partial y}\mathrm{d}x\mathrm{d}y=\int_L P\mathrm{d}x \tag{14.3.6}$$

由于 Σ 正侧的方向数为 $(-z_x,-z_y,1)$，它的法向量方向余弦为

$$(\cos\alpha,\cos\beta,\cos\gamma)=\frac{1}{\sqrt{1+\left(\frac{\partial z}{\partial x}\right)^2+\left(\frac{\partial z}{\partial y}\right)^2}}\left(-\frac{\partial z}{\partial x},-\frac{\partial z}{\partial y},1\right)$$

所以

$$\frac{\partial z}{\partial y}=-\frac{\cos\beta}{\cos\gamma}$$

由第二型曲线积分的计算公式及 Green 公式，有

$$\int_L P(x,y,z)\mathrm{d}x = \int_\Gamma P(x,y,z(x,y))\mathrm{d}x$$
$$= -\iint_D \frac{\partial}{\partial y}P(x,y,z(x,y))\mathrm{d}x\mathrm{d}y \tag{14.3.7}$$

因为

$$P_2(x,y,z(x,y)) + P_3(x,y,z(x,y))\cdot\frac{\partial z}{\partial y}$$

所以

$$\begin{aligned}
&-\iint_D \frac{\partial}{\partial y}P(x,y,z(x,y))\mathrm{d}x\mathrm{d}y\\
&= -\iint_D \left[\frac{\partial}{\partial y}P(x,y,z(x,y)) + \frac{\partial}{\partial z}P(x,y,z(x,y))\cdot\frac{\partial z}{\partial y}\right]\mathrm{d}x\mathrm{d}y\\
&= -\iint_\Sigma \left(\frac{\partial P}{\partial y} + \frac{\partial P}{\partial z}\cdot\frac{\partial z}{\partial y}\right)\mathrm{d}x\mathrm{d}y\\
&= -\iint_\Sigma \left(\frac{\partial P}{\partial y} + \frac{\partial P}{\partial z}\cdot\frac{\partial z}{\partial y}\right)\cos\gamma\mathrm{d}S\\
&= -\iint_\Sigma \frac{\partial P}{\partial y}\cos\gamma\mathrm{d}S + \iint_\Sigma \frac{\partial P}{\partial z}\frac{\cos\beta}{\cos\gamma}\cos\gamma\mathrm{d}S\\
&= -\iint_\Sigma \frac{\partial P}{\partial y}\cos\gamma\mathrm{d}S + \iint_\Sigma \frac{\partial P}{\partial z}\cos\beta\mathrm{d}S\\
&= -\iint_\Sigma \frac{\partial P}{\partial y}\mathrm{d}x\mathrm{d}y + \iint_\Sigma \frac{\partial P}{\partial z}\mathrm{d}z\mathrm{d}x
\end{aligned} \tag{14.3.8}$$

由式(14.3.7)、式(14.3.8)即得式(14.3.6)。

对于曲面 Σ 表示为 $x=x(y,z)$ 和 $y=y(z,x)$ 的情形，同理可证

$$\int_L Q(x,y,z)\mathrm{d}y = \iint_\Sigma \frac{\partial Q}{\partial x}\mathrm{d}x\mathrm{d}y - \frac{\partial Q}{\partial z}\mathrm{d}y\mathrm{d}z \tag{14.3.9}$$

和

$$\int_L R(x,y,z)\mathrm{d}z = \iint_\Sigma \frac{\partial R}{\partial y}\mathrm{d}y\mathrm{d}z - \frac{\partial R}{\partial x}\mathrm{d}z\mathrm{d}x \tag{14.3.10}$$

将式(14.3.6)、式(14.3.9)、式(14.3.10)三式相加即得到 Stokes 公式(14.3.5)。

如果曲面 Σ 不能以 $z=z(x,y)$ 形式的方程给出，则可用一些光滑曲线把 Σ 分割为若干小块，使在每一块上都能用这种形式的方程表示，因为此时每相邻两块的公共边界上的线积分值恰好抵消。所以，这时式(14.3.5)也是成立的。

Stokes 公式的形式比较复杂，为了便于记忆，我们常写成如下形式：

$$\int_L P\mathrm{d}x + Q\mathrm{d}y + R\mathrm{d}z = \iint_\Sigma \begin{vmatrix} \mathrm{d}y\mathrm{d}z & \mathrm{d}z\mathrm{d}x & \mathrm{d}x\mathrm{d}y \\ \dfrac{\partial}{\partial x} & \dfrac{\partial}{\partial y} & \dfrac{\partial}{\partial z} \\ P & Q & R \end{vmatrix} = \iint_\Sigma \begin{vmatrix} \cos\alpha & \cos\beta & \cos\gamma \\ \dfrac{\partial}{\partial x} & \dfrac{\partial}{\partial y} & \dfrac{\partial}{\partial z} \\ P & Q & R \end{vmatrix}\mathrm{d}S$$

例 14.3.9　计算

$$\int_L (2y+z)\mathrm{d}x + (x-z)\mathrm{d}y + (y-x)\mathrm{d}z$$

式中，L 为平面 $x+y+z=1$ 被三个坐标平面所截三角形 Σ 的边界，若从 x 轴的正向看去，定

向为逆时针方向(见图 14.3.17)。

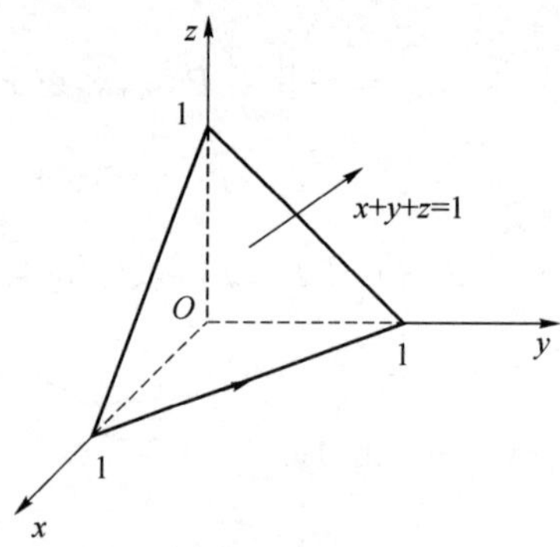

图 14.3.17

解　由 Stokes 公式得到

$$\begin{aligned}
&\int_L (2y+z)\mathrm{d}x+(x-z)\mathrm{d}y+(y-x)\mathrm{d}z \\
&=\iint_\Sigma \begin{vmatrix} \mathrm{d}y\mathrm{d}z & \mathrm{d}z\mathrm{d}x & \mathrm{d}x\mathrm{d}y \\ \dfrac{\partial}{\partial x} & \dfrac{\partial}{\partial y} & \dfrac{\partial}{\partial z} \\ 2y+z & x-z & y-x \end{vmatrix} \\
&=\iint_\Sigma (1+1)\mathrm{d}y\mathrm{d}z+(1+1)\mathrm{d}z\mathrm{d}x+(1-2)\mathrm{d}x\mathrm{d}y \\
&=\iint_\Sigma 2\mathrm{d}y\mathrm{d}z+2\mathrm{d}z\mathrm{d}x-\mathrm{d}x\mathrm{d}y \\
&=1+1-\frac{1}{2}=\frac{3}{2}
\end{aligned}$$

例 14.3.10　计算

$$\int_L (y^2+z^2)\mathrm{d}x+(z^2+x^2)\mathrm{d}y+(x^2+y^2)\mathrm{d}z$$

式中,L 是上半球面 $x^2+y^2+z^2=2Rx(z\geqslant 0)$ 与圆柱面 $x^2+y^2=2rx(R>r>0)$ 的交线,从 z 轴的正向看去,是逆时针方向(见图 14.3.18)。

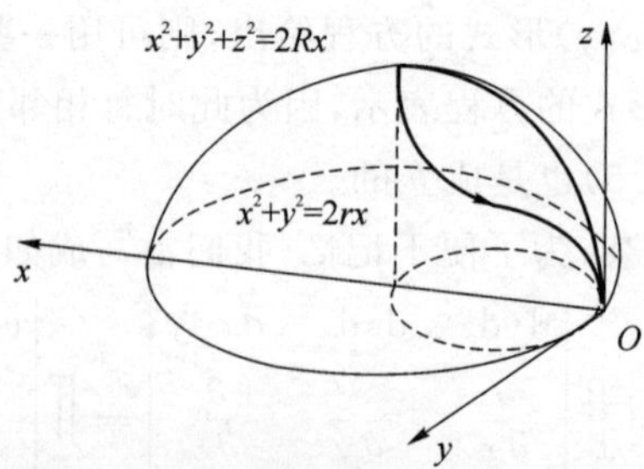

图 14.3.18

解　记在球面 $x^2+y^2+z^2=2Rx$ 上由 L 所围的曲面为 Σ。由于 L 的定向,为应用 Stokes 定理取 Σ 的定向为上侧,所以其法向量的方向余弦为

$$\cos\alpha=\frac{x-R}{R},\quad \cos\beta=\frac{y}{R},\quad \cos\gamma=\frac{z}{R}$$

由 Stokes 公式得到

$$\begin{aligned}
&\int_L (y^2+z^2)\mathrm{d}x+(z^2+x^2)\mathrm{d}y+(x^2+y^2)\mathrm{d}z\\
&=\iint_\Sigma \begin{vmatrix}\cos\alpha & \cos\beta & \cos\gamma\\ \dfrac{\partial}{\partial x} & \dfrac{\partial}{\partial y} & \dfrac{\partial}{\partial z}\\ y^2+z^2 & z^2+x^2 & x^2+y^2\end{vmatrix}\mathrm{d}S\\
&=2\iint_\Sigma((y-z)\cos\alpha+(z-x)\cos\beta+(x-y)\cos\gamma)\mathrm{d}S\\
&=2\iint_\Sigma\left[(y-z)\frac{x-R}{R}+(z-x)\frac{y}{R}+(x-y)\frac{z}{R}\right]\mathrm{d}S\\
&=2\left(\iint_\Sigma z\,\mathrm{d}S-\iint_\Sigma y\,\mathrm{d}S\right)
\end{aligned}$$

由于曲面 Σ 关于 xz 平面对称，因此

$$\iint_\Sigma y\,\mathrm{d}S=0$$

而在上半球面 $x^2+y^2+z^2=2Rx(z\geqslant 0)$ 上，$z=\sqrt{2Rx-x^2-y^2}$，所以在 Σ 上有

$$\sqrt{1+\left(\frac{\partial z}{\partial x}\right)^2+\left(\frac{\partial z}{\partial y}\right)^2}=\sqrt{1+\frac{(x-R)^2}{z^2}+\frac{y^2}{z^2}}=\frac{R}{z}$$

利用曲面积分的计算公式就得到

$$\begin{aligned}
&\int_L (y^2+z^2)\mathrm{d}x+(z^2+x^2)\mathrm{d}y+(x^2+y^2)\mathrm{d}z\\
&=2\iint_\Sigma z\,\mathrm{d}S=2\iint_{(x-r)^2+y^2\leqslant r^2} z\frac{R}{z}\mathrm{d}x\mathrm{d}y=2R\iint_{(x-r)^2+y^2\leqslant r^2}\mathrm{d}x\mathrm{d}y=2\pi r^2R
\end{aligned}$$

习题 14.3

1. 利用 Green 公式计算下列积分：

(1) $\int_L (x+y)^2\mathrm{d}x-(x^2+y^2)\mathrm{d}y$，其中 L 是以 $A(1,1)$、$B(3,2)$、$C(2,5)$ 为顶点的三角形的边界，方向为逆时针方向；

(2) $\int_L xy^2\mathrm{d}x-x^2y\mathrm{d}y$，其中 L 是圆周 $x^2+y^2=a^2$，方向为逆时针方向；

(3) $\int_L \dfrac{(y-z)\mathrm{d}x+(x+4y)\mathrm{d}y}{4x^2+y^2}$，其中 L 是圆周 $x^2+y^2=1$，方向为逆时针方向。

2. 先证明曲线积分与路径无关，再计算积分值：

(1) $\int_{(0,0)}^{(1,1)}(x-y)(\mathrm{d}x-\mathrm{d}y)$；

(2) $\int_{(2,1)}^{(1,2)}\varphi(x)\mathrm{d}x+\psi(y)\mathrm{d}y$，其中 $\varphi(x)$、$\psi(y)$ 为连续函数。

3. 证明：$(2x\cos y+y^2\cos x)\mathrm{d}x+(2y\sin x-x^2\sin y)\mathrm{d}y$ 在整个 xy 平面上是某个函数的

全微分,并找出它的一个原函数。

4. 利用 Gauss 公式计算下列曲面积分:

(1) $\iint\limits_{\Sigma} x^2\mathrm{d}y\mathrm{d}z+y^2\mathrm{d}z\mathrm{d}x+z^2\mathrm{d}x\mathrm{d}y$,其中 Σ 是立方体 $0\leqslant x,y,z\leqslant a$ 的表面,方向取外侧;

(2) $\iint\limits_{\Sigma}(2x+z)\mathrm{d}y\mathrm{d}z+z\mathrm{d}x\mathrm{d}y$,其中 Σ 是 $z=x^2+y^2(0\leqslant z\leqslant 1)$,曲面的法向量与 x 轴的正向的夹角为锐角。

5. 利用 Stokes 公式计算下列曲线积分:

(1) $\int_L y\mathrm{d}x+z\mathrm{d}y+x\mathrm{d}z$,其中 L 是球面 $x^2+y^2+z^2=a^2$ 与平面 $x+y+z=0$ 的交线,从 x 轴的正向看去,是逆时针方向;

(2) $\int_L 3z\mathrm{d}x+5x\mathrm{d}y-2y\mathrm{d}z$,其中 L 是圆柱面 $x^2+y^2=1$ 与平面 $z=3+y$ 的交线,从 z 轴的正向看去,是逆时针方向。

14.4 场论初步

场是物理中经常遇到的一个概念,如温度场、电磁场、速度场等。如果不考虑这些场的具体物理背景,仅从数学关系来研究,场就是个函数或向量值函数。给定点集 $D\subset\mathbb{R}^3$,称函数 $f:D\to\mathbb{R}$ 为 D 上的一个数量场;称向量值函数 $\boldsymbol{f}:D\to\mathbb{R}^3$ 为 D 上的一个向量场。类似地还可以定义平面区域或其他维数的欧式空间上的数量场和向量场。本节将引入梯度场、旋度场、散度场等与场有关的概念,并用场的概念表示 Green 公式、Gauss 公式和 Stokes 公式,最后介绍一些场的基本性质。本节所涉及的函数若不做特别说明则都具有所需要的各阶连续偏导数,涉及的区域由分段光滑的曲线或分段光滑的曲面围成。

前面已经学习了梯度的概念,这里用场的语言再来介绍一下。

定义 14.4.1 设 D 是 $\mathbb{R}^3$ 中的一个区域,$f(x,y,z)$ 是 D 上的数量场,称向量

$$\operatorname{grad} f=\left(\frac{\partial f}{\partial x},\frac{\partial f}{\partial y},\frac{\partial f}{\partial z}\right)$$

为 $f(x,y,z)$ 生成的梯度,我们也称由数量场 $f(x,y,z)$ 产生的向量场为 $\operatorname{grad} f=\left(\frac{\partial f}{\partial x},\frac{\partial f}{\partial y},\frac{\partial f}{\partial z}\right)$ 梯度场。

注 物理上也经常把梯度场记为 $\operatorname{grad} f=\frac{\partial f}{\partial x}\boldsymbol{i}+\frac{\partial f}{\partial y}\boldsymbol{j}+\frac{\partial f}{\partial z}\boldsymbol{k}$,其他向量场也可以这样表达,我们不再给出。

显然在给定的点 (x,y,z) 处梯度是一个向量 $\left(\frac{\partial f}{\partial x},\frac{\partial f}{\partial y},\frac{\partial f}{\partial z}\right)$,因此数量场 $f(x,y,z)$ 生成的梯度是区域 D 上的向量场。由梯度和方向导数的关系知,给定 D 上一点,这点梯度的大小为函数在这点处的方向导数的最大值,梯度 $\operatorname{grad} f$ 的方向为函数 $f(x,y,z)$ 变化最快的方向,也是等值面 $f(x,y,z)=C$ 的外法线方向。梯度在数值计算方法中有重要应用。

举一个实际例子。经测量某积雪山顶的高度可用函数 $z=f(x,y)$ 来表示,图 14.4.1 是等高线图,即 $f(x,y)=C$ 的图形。当积雪融化时候,由于重力的作用,雪水会沿高度下降最快的方向,即 $-\operatorname{grad} f$ 方向流动,溪流就是这样形成的。

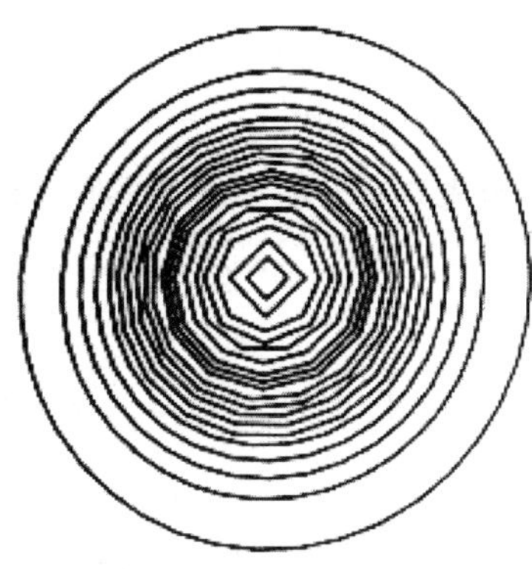

图 14.4.1

为了简便，常用算子的记号来表示运算，在直角坐标系中定义算子∇为

$$\nabla=\left(\frac{\partial}{\partial x},\frac{\partial}{\partial y},\frac{\partial}{\partial z}\right)$$

称为 Hamilton 算子或 Nabla 算子。孤立的算子∇没有具体的意义，但将∇作用到一个函数上就有意义了。给定函数 $f(x,y,z)$，则有$\nabla f=\operatorname{grad} f=\left(\frac{\partial f}{\partial x},\frac{\partial f}{\partial y},\frac{\partial f}{\partial z}\right)$。

根据偏导数的运算规则，容易验证算子∇具有以下性质：

(1) $\nabla(cf)=c\nabla f$，其中 c 为常数；

(2) $\nabla(f+g)=\nabla f+\nabla g$；

(3) $\nabla(fg)=g\nabla f+f\nabla g$。

例 14.4.1　设质量为 m 的质点位于原点，质量为 1 的质点位于 $A(x,y,z)$，记 $OA=r=\sqrt{x^2+y^2+z^2}$，求$\frac{m}{r}$的梯度。

解　$\nabla\frac{m}{r}=-\frac{m}{r^2}\left(\frac{x}{r},\frac{y}{r},\frac{z}{r}\right)$。

若以 $\boldsymbol{r}_0$ 表示$\overrightarrow{OA}$向量上的单位向量，则有$\nabla\frac{m}{r}=-\frac{m}{r^2}\boldsymbol{r}_0$。它表示两质点间的引力，方向朝着原点，大小与质量的乘积成比例，与两点间的距离的平方成反比。这说明了引力场是数量函数$\frac{m}{r}$的梯度场。因此我们常称$\frac{m}{r}$为引力势。

下面给出散度的概念。

定义 14.4.2　设 D 是$\mathbb{R}^3$中的一个区域，

$$\boldsymbol{f}(x,y,z)=(P(x,y,z),Q(x,y,z),R(x,y,z))$$

是 D 上的一个向量场，称

$$\frac{\partial P}{\partial x}+\frac{\partial Q}{\partial y}+\frac{\partial R}{\partial z}$$

是向量场 $\boldsymbol{f}(x,y,z)$的散度，记为 $\operatorname{div}\boldsymbol{f}$，即 $\operatorname{div}\boldsymbol{f}=\frac{\partial P}{\partial x}+\frac{\partial Q}{\partial y}+\frac{\partial R}{\partial z}$。

如果一个向量场的散度处处为零，则称其为一个无源场，也称无散场。

如果某点的散度大于 0，则称该点为源；反之，如果该点的散度小于零，则称这点为汇。

显然散度是一个数量场，使用算子∇，并借用向量点乘符号，可以将散度表示为

$$\operatorname{div} \boldsymbol{f}=\nabla \cdot \boldsymbol{f}=\left(\frac{\partial}{\partial x},\frac{\partial}{\partial y},\frac{\partial}{\partial z}\right)\cdot(P(x,y,z),Q(x,y,z),R(x,y,z))$$

利用散度的记号,可将 Gauss 公式写为以下形式。

定理 14.4.1 设 Ω 是 R^3 上由光滑(或分片光滑)的封闭曲面所围成的二维单连通闭区域,向量值函数 $\boldsymbol{f}(x,y,z)=(P(x,y,z),Q(x,y,z),R(x,y,z))$ 的各分量在 Ω 上具有连续偏导数,则

$$\iint_{\partial\Omega} P\mathrm{d}y\mathrm{d}z+Q\mathrm{d}z\mathrm{d}x+R\mathrm{d}x\mathrm{d}y=\iiint_{\Omega}\operatorname{div}\boldsymbol{f}\mathrm{d}x\mathrm{d}y\mathrm{d}z$$

成立。这里 $\partial\Omega$ 的定向为外侧。

在 $\mathbb{R}^2$ 中,$\boldsymbol{f}(x,y)=(P(x,y),Q(x,y))$ 是一个向量场,类似地可记其散度为

$$\operatorname{div}\boldsymbol{f}=\frac{\partial P}{\partial x}+\frac{\partial Q}{\partial y}$$

则 Green 公式也可以用散度表示:

$$\int_L(-Q)\mathrm{d}x+P\mathrm{d}y=\iint_D\operatorname{div}\boldsymbol{f}\mathrm{d}x\mathrm{d}y$$

这里 D 是平面上由光滑或分段光滑的简单闭曲线 L 所围的闭区域,函数 $P(x,y)$、$Q(x,y)$ 在 D 上具有一阶连续偏导数。

我们接下来给出旋度的概念。

定义 14.4.3 设 D 是 $\mathbb{R}^3$ 中的一个区域,

$$\boldsymbol{f}(x,y,z)=(P(x,y,z),Q(x,y,z),R(x,y,z))$$

是 D 上的一个向量场,称

$$\left(\frac{\partial R}{\partial y}-\frac{\partial Q}{\partial z},\frac{\partial P}{\partial z}-\frac{\partial R}{\partial x},\frac{\partial Q}{\partial x}-\frac{\partial P}{\partial y}\right)$$

是向量场 $\boldsymbol{f}(x,y,z)$ 的旋度,记为 $\operatorname{rot}\boldsymbol{f}$,即 $\operatorname{rot}\boldsymbol{f}=\left(\frac{\partial R}{\partial y}-\frac{\partial Q}{\partial z},\frac{\partial P}{\partial z}-\frac{\partial R}{\partial x},\frac{\partial Q}{\partial x}-\frac{\partial P}{\partial y}\right)$。

注 有时候为方便记忆,借用行列式的形式把旋度记为

$$\operatorname{rot}\boldsymbol{f}=\begin{vmatrix}\boldsymbol{i} & \boldsymbol{j} & \boldsymbol{k}\\ \frac{\partial}{\partial x} & \frac{\partial}{\partial y} & \frac{\partial}{\partial z}\\ P & Q & R\end{vmatrix}$$

易见旋度是一个向量场,借用向量的叉积符号和算子∇,可以将旋度表示为

$$\operatorname{rot}\boldsymbol{f}=\nabla\times\boldsymbol{f}$$

利用旋度的记号可将 Stokes 公式写为以下形式。

定理 14.4.2 设 Σ 是光滑曲面,其边界 $\partial\Sigma$ 为分段光滑闭曲线。若向量值函数 $\boldsymbol{f}(x,y,z)=(P(x,y,z),Q(x,y,z),R(x,y,z))$ 的各分量在 Σ 及其边界 $\partial\Sigma$ 上具有连续偏导数,并记 $\mathrm{d}S=(\mathrm{d}y\mathrm{d}z,\mathrm{d}z\mathrm{d}x,\mathrm{d}x\mathrm{d}y)$,$\mathrm{d}s=(\mathrm{d}x,\mathrm{d}y,\mathrm{d}z)$,则

$$\int_{\partial\Sigma}\boldsymbol{f}\cdot\mathrm{d}s=\iint_{\Sigma}\operatorname{rot}\boldsymbol{f}\cdot\mathrm{d}S$$

成立。其中 $\partial\Sigma$ 按右手定则定向。

例 14.4.2 设 $\boldsymbol{f}(x,y,z)=(xyz,z\sin y,x\mathrm{e}^z)$,求其散度和旋度。

解 直接计算就可得到 $\operatorname{div}\boldsymbol{f}=yz+z\cos y+x\mathrm{e}^z$,$\operatorname{rot}\boldsymbol{f}=(-\sin y,xy-\mathrm{e}^z,-xz)$。

下面再介绍几个场论中一些常见的概念。

定义 14.4.4　设 D 是$\mathbb{R}^3$中的一个区域，

$$f(x,y,z)=(P(x,y,z),Q(x,y,z),R(x,y,z))$$

是 D 上的一个向量场，其各分量在 D 上具有一阶连续偏导数。若存在 D 上的函数 $\varphi(x,y,z)$ 使得

$$\boldsymbol{f}=\operatorname{grad}\varphi(x,y,z)$$

则称 $\boldsymbol{f}(x,y,z)$是 D 上的有势场，$\varphi(x,y,z)$称为 $\boldsymbol{f}(x,y,z)$的势函数。

定义 14.4.5　设 D 是$\mathbb{R}^3$中的一个区域，

$$f(x,y,z)=(P(x,y,z),Q(x,y,z),R(x,y,z))$$

是 D 上的一个向量场，其各分量在 D 上具有一阶连续偏导数。若对 D 上的任意封闭曲线 L 都有

$$\int_L P\mathrm{d}x+Q\mathrm{d}y+R\mathrm{d}z=0$$

则称 $\boldsymbol{f}(x,y,z)$是 D 上的保守场。

定义 14.4.6　设 D 是$\mathbb{R}^3$中的一个区域，

$$f(x,y,z)=(P(x,y,z),Q(x,y,z),R(x,y,z))$$

是 D 上的一个向量场，其各分量在 D 上具有一阶连续偏导数。若在 D 上处处有 $\operatorname{rot}\boldsymbol{f}=0$，则称 $\boldsymbol{f}(x,y,z)$是 D 上的无旋场。

下面我们给出一个重要结论。

定理 14.4.3　设 D 是$\mathbb{R}^3$中的一个区域，

$$f(x,y,z)=(P(x,y,z),Q(x,y,z),R(x,y,z))$$

是 D 上的一个向量场，则以下结论等价：

(1) $\boldsymbol{f}(x,y,z)$是 D 上的有势场；

(2) $\boldsymbol{f}(x,y,z)$是 D 上的无旋场；

(3) $\boldsymbol{f}(x,y,z)$是 D 上的保守场。

证　我们按照(1)⇒(2)⇒(3)⇒(1)来证明这些结论等价。

(1)⇒(2)　设 $\boldsymbol{f}(x,y,z)=(P(x,y,z),Q(x,y,z),R(x,y,z))$是 D 上的有势场，则存在势函数 $\varphi(x,y,z)$使得

$$\boldsymbol{f}=\operatorname{grad}\varphi(x,y,z)$$

由势函数的二阶偏导数的连续性，直接计算可得 $\operatorname{rot}\boldsymbol{f}=0$。

(2)⇒(3)　设 $\boldsymbol{f}(x,y,z)=(P(x,y,z),Q(x,y,z),R(x,y,z))$是 D 上的无旋场，则在 D 中任取封闭曲线 L，并在 D 中取以 L 为边界且定向符合右手定则的曲面 Σ，根据 Stokes 公式得

$$\int_L \boldsymbol{f}\cdot\mathrm{d}s=\iint_\Sigma \operatorname{rot}\boldsymbol{f}\cdot\mathrm{d}S=0$$

由 L 的任意性，$\boldsymbol{f}(x,y,z)$是 D 上的保守场。

(3)⇒(1)　设 $\boldsymbol{f}(x,y,z)=(P(x,y,z),Q(x,y,z),R(x,y,z))$是 D 上的保守场，则其在 D 中的曲线积分与路径无关。因此任取 D 中点(x_0,y_0,z_0)，(x,y,z)，定义函数

$$u(x,y,z)=\int_{(x_0,y_0,z_0)}^{(x,y,z)} P(u,v,w)\mathrm{d}u+Q(u,v,w)\mathrm{d}v+R(u,v,w)\mathrm{d}w$$

则容易验证 $u(x,y,z)$是 $\boldsymbol{f}(x,y,z)$的一个势函数。

证毕。

习题 14.4

1. 证明算子∇的常用公式：

(1) $\nabla(c\boldsymbol{f})=c\nabla\boldsymbol{f}$,其中 c 为常数；

(2) $\nabla(\boldsymbol{f}+\boldsymbol{g})=\nabla\boldsymbol{f}+\nabla\boldsymbol{g}$；

(3) $\nabla(\boldsymbol{f}\boldsymbol{g})=\boldsymbol{g}\nabla\boldsymbol{f}+\boldsymbol{f}\nabla\boldsymbol{g}$；

(4) $\nabla(\boldsymbol{f}\cdot\boldsymbol{g})=\boldsymbol{f}\cdot\nabla\boldsymbol{g}+\nabla\boldsymbol{f}\cdot\boldsymbol{g}$。

2. 求证 $\boldsymbol{f}(x,y,z)=(y^2+2xz^2,2xy-z,2x^2z-y+2z)$是有势场,并求其势函数。

3. 求证 $\boldsymbol{f}(x,y,z)=(2xy+3,x^2-4z,-4y)$是保守场,并计算曲线积分$\int_L\boldsymbol{f}\cdot\mathrm{d}\boldsymbol{s}$，其中 L 是从点$(3,-1,2)$到点$(2,1,-1)$的任意路径。

4. 设 $f(x,y,z)=(x^3+3y^2z,6xyz,R)$,其中函数 R 满足$\dfrac{\partial R}{\partial z}=0$,且当 $x=y=0$ 时 $R=0$,求函数 R 使得存在函数$\boldsymbol{u}(x,y,z)$满足 $\boldsymbol{f}(x,y,z)=\mathrm{grad}\,\boldsymbol{u}$。

第 15 章　含参变量的积分

在积分的应用中，人们经常还会遇到除积分变量之外的其他变量，例如计算椭圆$\frac{x^2}{a^2}+\frac{y^2}{a^2}=1(a>b>0)$的长度，用参数方程

$$\begin{cases}x=a\cos t\\ y=b\sin t\end{cases},\quad t\in[0,2\pi]$$

不难算出椭圆的长度为

$$l=\int_0^{2\pi}\sqrt{a^2\sin^2 t+b^2\cos^2 t\mathrm{d}t}$$

这个积分中除了含有积分变量 t 之外，还可以将 a、b 看成变量，此时将 a、b 称为参变量，将这样的积分称为含参变量的积分，易见积分的值与 a、b 有关。在数学中经常将这一积分转化为如下形式：

$$l=4a\int_0^{2/\pi}\sqrt{1-k^2\sin^2 t\mathrm{d}t}$$

这里的 $k=\sqrt{a^2-b^2}/b$ 为椭圆的偏心率。积分$\int_0^{\pi/2}\sqrt{1-k^2\sin^2 t\mathrm{d}t}$称为第二类完全椭圆积分，积分值与 k 有关，积分之后会得到一个以 k 为自变量的函数，但现有结果表明这不是一个初等函数。在本章中将学习这种带有参变量的积分的性质，主要的目的是掌握积分所得到的函数的分析性质。

15.1　含参变量的常义积分

我们给出最简单的含参变量积分的情形。设 I 是$\mathbb{R}$中的一个区间，$f(x,y)$是定义在$[a,b]\times I\subset\mathbb{R}^2$中的一个二元函数。如果对任意取定的 $y\in I$，$f(x,y)$是$[a,b]$上的可积函数，则可通过积分

$$I(y)=\int_a^b f(x,y)\mathrm{d}x$$

确定一个定义在 I 上的函数。我们称积分$\int_a^b f(x,y)\mathrm{d}x$为含参变量 y 的积分，变量 y 为参变量。我们需要关心函数 $I(y)$的连续性、可积性、可导性等分析性质。关于连续性首先有如下定理。

定理 15.1.1(连续性定理)　设 $I\subset\mathbb{R}$ 是一个区间，$f(x,y)$是定义在$[a,b]\times I$ 上的二元连续函数，则函数

$$I(y)=\int_b^a f(x,y)\mathrm{d}x$$

在区间 I 上连续。

证　这里仅证明区间 $I=[c,d]$是有界闭区间的情形。注意，当 I 是一般区间时，任意 $x\in$

I,总存在$[c,d]\subset I$,使得$x\in[c,d]$,此时可代为有界闭区间的情形证明,具体细节留给读者。因为$[a,b]\times[c,d]$是$\mathbb{R}^2$中的紧子集,由 Cantor 定理可知$f(x,y)$在$[a,b]\times[c,d]$中一致连续。任取$\varepsilon>0$,由$f(x,y)$的一致连续性,存在$\delta>0$,使得当$(x_1,y_1),(x_2,y_2)\in[a,b]\times[c,d]$满足$|x_1-x_2|<\delta,|y_1-y_2|<\delta$时,有$|f(x_1,y_1)-f(x_2,y_2)|<\varepsilon$,这样则有对任意$y_2,y_2\in[c,d]$,当$|y_1-y_2|<\delta$时有

$$\begin{aligned}|I(y_1)-I(y_2)&=\left|\int_a^b f(x,y_1)-f(x,y_2)\mathrm{d}x\right|\\&\leqslant\int_a^b|f(x,y_1)-f(x,y_2)|\,\mathrm{d}x\\&\leqslant\int_a^b\varepsilon\,\mathrm{d}x\leqslant(b-a)\varepsilon\end{aligned}$$

由此可得$I(y)$是区间$[c,d]$上的连续函数。

如果使用极限的语言来描述连续性,则这一定理说明在定理条件下如下的两个极限过程可以交换次序:

$$\lim_{y\to y_0}\left(\int_a^b f(x,y)\mathrm{d}x\right)=\int_a^b\lim_{y\to y_0}f(x,y)\mathrm{d}x$$

在前面学习函数项级数和重极限时我们已经见到一般情况下两个极限过程不能随便交换次序,从而可以看到这个定理的意义。

例 15.1.1 计算极限$\lim\limits_{a\to0}\int_0^1\sqrt{1-x^2\cos ax}\,\mathrm{d}x$。

解 考虑函数$f(x,a)=\sqrt{1-x^2\cos ax}$,它在$[0,1]\times[-1,1]$上连续,由定理 15.1.1 可知

$$\lim_{a\to0}\int_0^1\sqrt{1-x^2\cos ax}\,\mathrm{d}x=\int_0^1\sqrt{1-x^2}\mathrm{d}x=\frac{\pi}{4}$$

当$f(x,y)$是$[a,b]\times[c,d]\subset\mathbb{R}^2$上的连续函数时,可以考虑两个含参变量的积分

$$I(y)=\int_a^b f(x,y)\mathrm{d}x,\quad J(x)=\int_c^d f(x,y)\mathrm{d}y$$

由定理 15.1.1 可知$I(y)$是$[c,d]$上的连续函数,$J(x)$是$[a,b]$上的连续函数,它们分别在对应的区间上可积,再根据二重积分与累次积分之间的关系,不难得到

$$\int_c^d I(y)\mathrm{d}y=\int_a^b J(x)\mathrm{d}x=\iint\limits_{[a,b]\times[c,d]}f(x)\mathrm{d}x\mathrm{d}y$$

这样我们有如下的定理。

定理 15.1.2(积分交换次序定理) 设$f(x,y)$是$[a,b]\times[c,d]\subset\mathbb{R}^2$上的连续函数,则有

$$\int_a^b\left(\int_c^d f(x,y)\mathrm{d}y\right)\mathrm{d}x=\int_c^d\left(\int_a^b f(x,y)\mathrm{d}x\right)\mathrm{d}y$$

例 15.1.2 计算积分$\int_0^1\frac{x^b-x^a}{\ln x}\mathrm{d}x(b>a>0)$。

解 不难发现

$$\frac{x^b-x^a}{\ln x}=\int_a^b x^y\mathrm{d}y$$

因此

$$\int_0^1\frac{x^b-x^a}{\ln x}\mathrm{d}x=\int_0^1\left(\int_a^b x^y\mathrm{d}y\right)\mathrm{d}x=\int_a^b\left(\int_0^1 x^y\mathrm{d}x\right)\mathrm{d}y=\int_a^b\frac{1}{y+1}\mathrm{d}y=\ln\frac{b+1}{a+1}$$

下一个定理是关于含参变量积分的导数的结论。

定理 15.1.3　若 $f(x,y)$、$f_y(x,y)$ 都是 $[a,b]\times[c,d]\subset\mathbb{R}^2$ 上的连续函数，则 $I(y)=\int_a^b f(x,y)\mathrm{d}x$ 在 $[c,d]$ 上可导，且有

$$I'(y)=\int_a^b f_y(x,y)\mathrm{d}x$$

证　对任意的 $y,y+\Delta y\in[c,d]$，有

$$I(y+\Delta y)-I(y)=\int_a^b[f(x,y+\Delta y)-f(x,y)]\mathrm{d}x$$

由微分中值定理，存在 $\theta\in(0,1)$ 使得 $f(x,y+\Delta y)-f(x,y)=f_y(x,y+\theta\Delta y)\Delta y$，从而有

$$\begin{aligned}I'(y)&=\lim_{\Delta y\to 0}\frac{I(y+\Delta y)-I(y)}{\Delta y}\\&=\lim_{\Delta y\to 0}\int_a^b\frac{f(x,y+\Delta y)-f(x,y)}{\Delta y}\mathrm{d}x\\&=\lim_{\Delta y\to 0}\int_a^b f_y(x,y+\theta\Delta y)\mathrm{d}x\end{aligned}$$

又因为 $f_y(x,y)$ 在 $[a,b]\times[c,d]$ 上连续，因此一致连续。对任意的 $\varepsilon>0$，存在 $\delta>0$，使得当 $|x_1-x_2|<\delta$，$|y_1-y_2|<\delta$ 时，$|f_y(x_1,y_1)-f_y(x_2,y_2)|\leqslant\varepsilon$。这样当 $|\Delta y|<\delta$ 时有

$$\left|\int_a^b f_y(x,y+\theta\Delta y)\mathrm{d}x-\int_a^b f_y(x,y)\mathrm{d}x\right|\leqslant\int_a^b|f_y(x,y+\theta\Delta y)-f_y(x,y)|\mathrm{d}x\leqslant(b-a)\varepsilon$$

由此可得

$$I'(y)=\lim_{\Delta y\to 0}\int_a^b f_y(x,y+\theta\Delta y)\mathrm{d}x=\int_a^b f_y(x,y)\mathrm{d}x$$

证毕。

例 15.1.3　计算积分 $\int_0^\pi\ln\left(1+\frac{1}{2}\cos x\right)\mathrm{d}x$。

解　构造含参变量积分 $I(y)=\int_0^\pi\ln(1+y\cos x)\mathrm{d}x$，问题即求 $I\left(\frac{1}{2}\right)$。取一个 $\frac{1}{2}<a<1$，则函数 $f(x,y)=\ln(1+y\cos x)$ 和它的偏导数 $f_y(x,y)=\frac{\cos x}{1+y\cos x}$ 都在 $[0,1]\times[-a,a]$ 上连续。这样有

$$\begin{aligned}I'(y)&=\int_0^\pi f_y(x,y)\mathrm{d}x=\int_0^\pi\frac{\cos x}{1+y\cos x}\mathrm{d}x\\&=\frac{1}{y}\int_0^\pi\left(1-\frac{1}{1+y\cos x}\right)\mathrm{d}x=\frac{\pi}{y}-\int_0^\pi\frac{1}{1+y\cos x}\mathrm{d}x\end{aligned}$$

对上面的积分使用万能代换公式 $t=\tan\frac{x}{2}$ 可以算出

$$I'(y)=\frac{\pi}{y}-\int_0^{+\infty}\frac{2}{(1+y)+(1-y)t^2}\mathrm{d}t=\frac{\pi}{y}-\frac{\pi}{y\sqrt{1-y^2}}$$

积分可得

$$I(y)=\pi\ln(1+\sqrt{1-y^2})+C$$

注意到 $I(0)=0$，由此可得 $C=-\pi\ln 2$。因此 $I(y)=\pi\ln(1+\sqrt{1-y^2})-\pi\ln 2$。特别地有

$$\int_0^\pi\ln\left(1+\frac{1}{2}\cos x\right)\mathrm{d}x=I\left(\frac{1}{2}\right)=\pi\ln(2+\sqrt{3})-2\pi\ln 2$$

在实际中还经常遇到变上限和下限的含参变量积分。关于变限的含参变量积分的求导，有如下的结论。

定理 15.1.4 若 $f(x,y)$、$f_y(x,y)$ 都是 $[a,b]\times[c,d]\subset\mathbb{R}^2$ 上的连续函数，又设 $\alpha(y)$, $\beta(y):[c,d]\to\mathbb{R}$ 是满足条件 $\alpha(y)\in[a,b]$, $\beta(y)\in[a,b]$, $\forall y\in[c,d]$ 的连续可微函数，则 $I(y)=\int_{\alpha(y)}^{\beta(y)}f(x,y)\mathrm{d}x$ 在 $[c,d]$ 上可导，且有

$$I'(y)=\int_{\alpha(y)}^{\beta(y)}f_y(x,y)\mathrm{d}x+f(\beta(y),y)\beta'(y)-f(\alpha(y),y)\alpha'(y)$$

证 考虑三元函数 $J(a,b,y)=\int_a^b f(x,y)\mathrm{d}x$，则有

$$\frac{\partial J}{\partial a}=-f(a,y),\quad \frac{\partial J}{\partial b}=f(b,y),\quad \frac{\partial J}{\partial y}=\int_a^b f_y(x,y)\mathrm{d}x$$

易见这三个偏导数都连续，因此 $J(a,b,y)$ 连续可微，由复合函数的链式法则可得

$$\begin{aligned}I'(y)&=\frac{\mathrm{d}}{\mathrm{d}y}J(\alpha(y),\beta(y),y)=\frac{\partial J}{\partial a}\alpha'(y)+\frac{\partial J}{\partial b}\beta'(y)+\frac{\partial J}{\partial y}\\&=\int_{\alpha(y)}^{\beta(y)}f_y(x,y)\mathrm{d}x+f(\beta(y),y)\beta'(y)-f(\alpha(y),y)\alpha'(y)\end{aligned}$$

证毕。

注 由定理结论易见 $I(y)=\int_{\alpha(y)}^{\beta(y)}f(x,y)\mathrm{d}x$ 是连续函数。

例 15.1.4 设 $f(x)$ 在 $x=0$ 的某邻域内连续，证明当 $|x|$ 充分小时，函数

$$\varphi(x)=\frac{1}{(n-1)!}\int_0^x(x-t)^{n-1}f(t)\mathrm{d}t$$

的 n 阶导数存在，且有 $\varphi^n(x)=f(x)$。

证 设 $f(x)$ 在 $[-\delta,\delta]$ 上连续，则由定理 15.1.7 可得

$$\varphi'(x)=\frac{1}{(n-1)!}\int_0^x(n-1)(x-t)^{n-2}f(t)\mathrm{d}t=\frac{1}{(n-2)!}\int_0^x(x-t)^{(n-2)}f(t)\mathrm{d}t$$

记 $\varphi_n(x)=\frac{1}{(n-1)!}\int_0^x(x-t)^{n-1}f(t)\mathrm{d}t$，上式即 $\varphi_n'(x)=\varphi_{n-1}(x)$。由这一递归公式可得

$$\varphi^{(n)}(x)=\varphi_n^{(n)}(x)=\varphi_{n-1}^{(n-1)}(x)=\cdots=\varphi'_1(x)=\left(\int_0^x f(t)\mathrm{d}t\right)'=f(x)$$

习题 15.1

1. 设 A 是 $\mathbb{R}^n$ 中的一个紧集，$f(x,y):[a,b]\times A\to\mathbb{R}$ 是连续函数，证明

$$I(y)=\int_a^b f(x,y)\mathrm{d}x$$

是 A 上的连续函数，证明 A 换成开集结论也成立。

2. 求极限 $\lim\limits_{\alpha\to 0}\int_0^1\frac{1}{1+x^2\cos\alpha x}\mathrm{d}x$。

3. 求极限

$$\lim_{y\to 0}\int_0^1\frac{\mathrm{d}x}{1+(1+xy)^{\frac{1}{y}}},\quad \lim_{x\to 0}\int_0^{\mathrm{e}^x}\frac{\cos xy}{\sqrt{x^2+y^2+1}}\mathrm{d}y$$

4. 已知函数 $f(x)$在$[0,1]$上连续且 $f(x)>0$,研究函数 $I(y)=\int_0^1 \frac{yf(x)}{x^2+y^2}\mathrm{d}x$ 的连续性。

5. 求函数 $F(y)=\int_0^y \frac{\ln(1+xy)}{x}\mathrm{d}x(y>0)$ 的导函数。

6. 求函数 $F(x)=\int_x^{x^2} \frac{\mathrm{sih}(xy)}{y}\mathrm{d}y$ 的导函数。

7. 设 $a\geqslant 0$ 计算积分 $I(a)=\int_0^1 \frac{\ln(1+ax)}{1+x^2}\mathrm{d}x$。

8. 计算下列积分:

$\int_0^{\pi}\ln(1-2a\cos x+a^2)\mathrm{d}x$; $\int_0^{\pi/2}\frac{\arctan(a\tan x)}{\tan x}\mathrm{d}x(a\geqslant 0)$; $\int_0^{\pi/2}\ln\frac{1+a\cos x}{1-a\cos x}\frac{\mathrm{d}x}{\cos x}$。

9. 定义函数

$$K(x,y)=\begin{cases} y(1-x), & y\leqslant x \\ x(1-y), & x<y \end{cases}$$

证明:如果 $f(x)$是$[0,1]$上的连续函数,则函数

$$u(x)=\int_0^1 K(x,y)f(y)\mathrm{d}y$$

满足方程:

$$-u''(x)=f(x),\quad u(0)=u(1)=0$$

15.2 含参变量的广义积分

这一节我们讨论含参变量的广义积分。注意,广义积分是通过 Riemann 积分得到的变限积分再取极限而来的,这样就多了一重取极限的过程;而讨论含参变量的广义积分所生成的函数的分析性质,如连续性、可积性、可微性时,主要考虑的是若干种极限过程是否可以变换次序的问题,因为这里多了一重去极限的过程,因此含参变量积分的讨论要比常义积分的情形麻烦。类似函数项级数和函数分析性质的讨论,这里需要引入一致收敛的概念。为了简单起见,这里的相关讨论都是针对无穷积分来提出的,类似的概念和结论对瑕积分的情形也成立,具体陈述、证明等留给读者完成。

15.2.1 含参变量无穷积分的一致收敛性及其判别法

同样为简便计算,我们也只给出参数是一维的情形,参数是高维的情形留给读者自己思考。设 $I\subset\mathbb{R}$ 是一个区间,二元函数 $f(x,y)$定义在$[a,+\infty)\times I$ 上。如果对某个 $y_0\in I_0$,广义积分

$$I(y_0)=\int_a^{+\infty} f(x,y_0)\mathrm{d}x$$

存在,则称 y_0 是含参变量无穷积分 $\int_a^{+\infty} f(x,y)\mathrm{d}x$ 的一个收敛点。记 E 是含参变量积分 $\int_a^{+\infty} f(x,y)\mathrm{d}x$ 的所有收敛点构成的集合,则函数

$$I(y)=\int_a^{+\infty} f(x,y)\mathrm{d}x$$

的定义域为 E,此时也称 E 为上述含参变量的无穷积分的收敛域。我们主要关心的是在何种

条件下 $I(y)$ 具有一定的分析性质。

定义 15.2.1 设二元函数 $f(x,y)$ 定义在 $[a,+\infty)\times I$ 上,若存在区间 I 上的函数 $I(y)$,使得对任意的 $\varepsilon>0$,都存在(与 y 无关的) $A_0>a$,使得当 $A>A_0$ 时,对任意的 $y\in I$,都有

$$\left|\int_a^A f(x,y)\mathrm{d}x-I(y)\right|<\varepsilon$$

则称含参变量无穷积分 $\int_a^{+\infty}f(x,y)\mathrm{d}x$ 关于参数 y 在区间 I 上一致收敛(于 $I(y)$)。

从定义中可以看到若含参变量无穷积分 $\int_a^{+\infty}f(x,y)\mathrm{d}x$ 关于参数 y 在区间 I 上一致收敛,则 I 包含于它的收敛域,且当 $\int_a^{+\infty}f(x,y)\mathrm{d}x$ 在区间 I 上一致收敛于 $I(y)$ 时,有

$$\int_a^{+\infty}f(x,y)\mathrm{d}x=I(y)$$

例 15.2.1 含参变量积分 $\int_a^{+\infty}x\mathrm{e}^{-yx^2}\mathrm{d}x$ 关于参数 y 在区间 $[a,b](b>a>0)$ 上一致收敛,关于参数 y 在区间 $(0,+\infty)$ 内不一致收敛。

证 当 $y\in[0,+\infty)$ 时,$\int_a^{+\infty}x\mathrm{e}^{-yx^2}\mathrm{d}x=\frac{1}{2y}$。在区间 $[a,b]$ 上,任取 $y\in[a,b]$,任取 $A>0$,有

$$\left|\int_0^A x\mathrm{e}^{-yx^2}\mathrm{d}x-\frac{1}{2y}\right|=\frac{1}{2y}\mathrm{e}^{-yA^2}\leqslant\frac{1}{2a}\mathrm{e}^{-aA^2}$$

因为 $\lim\limits_{A\to+\infty}\frac{1}{2a}\mathrm{e}^{-aA^2}=0$,对任意的 $\varepsilon>0$,存在(与 y 无关的) $A_0>0$,使得当 $A>A_0$ 时有

$$\frac{1}{2a}\mathrm{e}^{-aA^2}<\varepsilon$$

因此当 $A>A_0$ 时,对任意的 $y\in[a,b]$,都有

$$\left|\int_0^A x\mathrm{e}^{-yx^2}\mathrm{d}x-\frac{1}{2y}\right|<\varepsilon$$

由此可得 $\int_0^{+\infty}x\mathrm{e}^{-yx^2}\mathrm{d}x$ 关于参数 y 在区间 $[a,b](b>a>0)$ 上一致收敛于 $\frac{1}{2y}$。

当考虑参与 y 属于区间 $(0,+\infty)$ 时,因为 $\int_0^{+\infty}x\mathrm{e}^{-yx^2}\mathrm{d}x$ 若关于参数 y 在区间 $(0,+\infty)$ 内一致收敛到 $I(y)$,则会逐点收到 $I(y)$,因此如果 $\int_0^{+\infty}x\mathrm{e}^{-yx^2}$ 关于参数 y 在区间 $(0,+\infty)$ 内一致收敛,则只能一致收敛到 $\frac{1}{2y}$,但

$$\left|\int_0^A x\mathrm{e}^{-yx^2}\mathrm{d}x-\frac{1}{2y}\right|=\frac{1}{2}\mathrm{e}^{-yA^2}$$

对任意的 $A>0$,都有

$$\lim_{y\to0^+}=+\infty$$

因此取 $\varepsilon_0=1$,对任意的 $A_0>0$,任取一个 $A>A_0$,都存在 $y\in(0,+\infty)$,使得

$$\left|\int_0^A x\mathrm{e}^{-yx^2}\mathrm{d}x-\frac{1}{2y}\right|=\frac{1}{2}\mathrm{e}^{-yA^2}>1$$

这就证明了 $\int_0^{+\infty}x\mathrm{e}^{-yx^2}\mathrm{d}x$ 关于参数 y 在区间 $(0,+\infty)$ 内不一致收敛到 $\frac{1}{2y}$,从而不一致收敛。

与函数项级数的一致收敛性类似，含参变量广义积分也有 Caudhy 收敛原理、Weierstrass 判别法和 Dirichlet – Abel 判别法。

定理 15.2.1(Cauchy 收敛原理)　含参变量无穷积分 $\int_a^{+\infty} f(x,y)\mathrm{d}x$ 关于参数 y 在区间 I 上一致收敛等价于对任意的 $\varepsilon>0$，都存在 $A_0>A$，使得对任意的 $y\in I$，以及任意的 $A'>A>A_0$，都有

$$\left|\int_A^{A'} f(x,y)\mathrm{d}x\right|<\varepsilon$$

证　先证明必要性。先设含参变量无穷积分 $\int_0^{+\infty} f(x,y)\mathrm{d}x$ 关于参数 y 在区间 I 上一致收敛，则任取 $\varepsilon>0$，存在 A_0，使得当 $A>A_0$ 时，对任意的 $y\in I$，都有

$$\left|\int_a^A f(x,y)\mathrm{d}x-I(y)\right|<\frac{\varepsilon}{2}$$

则对任意的 $A'>A>A_0$，对任意的 $y\in I$，都有

$$\left|\int_A^{A'} f(x,y)\mathrm{d}x\right|\leqslant\left|\int_a^A f(x,y)\mathrm{d}x-I(y)\right|+\left|\int_a^{A'} f(x,y)\mathrm{d}x-I(y)\right|<\frac{\varepsilon}{2}+\frac{\varepsilon}{2}=\varepsilon$$

必要性得证。

再证明充分性。假设对任意的 $\varepsilon>0$，都存在 $A_0>A$，使得对任意的 $y\in I$，以及任意的 $A'>A>A_0$，都有

$$\left|\int_A^{A'} f(x,y)\mathrm{d}x\right|<\varepsilon$$

则根据无穷积分的 Cauchy 收敛原理，对任意的 $y\in I$，无穷积分 $\int_a^{+\infty} f(x,y)\mathrm{d}x$ 都收敛。设

$$\int_a^{+\infty} f(x,y)\mathrm{d}x=I(y)$$

则由条件，对任意的 $\varepsilon>0$，存在 $A_0>0$，使得对任意的 $A'>A>A_0$ 以及 $y\in I$，有

$$\left|\int_a^A f(x,y)\mathrm{d}x-\int_a^{A'} f(x,y)\mathrm{d}x\right|=\left|\int_A^{A'} f(x,y)\mathrm{d}x\right|<\varepsilon$$

在此条件中令 $A'\to+\infty$ 可得对任意的 $A>A_0$，对任意的 $y\in I$，有

$$\left|\int_a^A f(x,y)\mathrm{d}x-I\ (y)\right|\leqslant\varepsilon$$

这就证明了 $\int_a^{+\infty} f(x,y)\mathrm{d}x$ 关于参数 y 在区间 I 上一致收敛。

定理 15.2.2(Weierstras 判断法)　设 I 是一个区间，$f(x,y)$ 是定义在 $[a,+\infty]\times I$ 上的二元函数。若存在 $F(x)$ 满足如下两个条件：

(1) $|f(x,y)|\leqslant F(x)$ 对所有的 $x\in[a,+\infty)$ 以及 $y\in I$ 成立；

(2) $\int_a^{+\infty} F(x)\mathrm{d}x$ 收敛，

则含参变量无穷积分 $\int_a^{+\infty} f(x,y)\mathrm{d}x$ 关于参数 y 在区间 I 上一致收敛。

证　由于 $\int_a^{+\infty} F(x)\mathrm{d}x$ 收敛，根据无穷积分的 Cauchy 收敛原理可知，任取 $\varepsilon>0$，存在 $A_0>a$，使得当 $A'>A>A_0$ 时有

$$\int_A^{A'} F(x)\mathrm{d}x<\varepsilon$$

则当 $A'>A>A_0$ 时,对任意的 $y\in I$,都有

$$\left|\int_A^{A'} f(x,y)\mathrm{d}x\right| \leqslant \left|\int_A^{A'} |f(x,y)|\,\mathrm{d}x\right| \leqslant \int_A^{A'} F(x)\mathrm{d}x < \varepsilon$$

由定理 15.2.1 可知,含参变量无穷积分 $\int_a^{+\infty} f(x,y)\mathrm{d}x$ 关于参数 y 在区间 I 上一致收敛。

与函数项级数类似,我们有时也称 Weierstrass 判别法为 M-判别法。

例 15.2.2 证明含参变量积分 $\int_1^{+\infty} \frac{\sin xy}{y^2+x^2}\mathrm{d}x$ 关于参数 y 在$(-\infty,+\infty)$内一致收敛。

证 对任意的 $y\in(-\infty,+\infty)$,$x\in[1,+\infty)$,有

$$\left|\frac{\sin xy}{y^2+x^2}\right| \leqslant \frac{1}{x^2}$$

又因为 $\int_1^{+\infty} \frac{1}{x^2}\mathrm{d}x$ 收敛,由 Weierstrass 判别法可知,$\int_1^{+\infty} \frac{\sin xy}{y^2+x^2}\mathrm{d}x$ 关于 y 在$(-\infty,+\infty)$内一致收敛。

定理 15.2.3(Dirichlet 判别法) 设 I 是一个区间,$f(x,y)$,$g(x,y)$是定义在$[a,+\infty)\times I$ 上的二元函数。若以下三个条件满足:

(1) $\int_a^A f(x,y)\mathrm{d}x$ 一致有界:存在 $L>0$,使得对任意的 $A>a$,$y\in I$,都有 $\left|\int_a^A f(x,y)\mathrm{d}x\right| \leqslant L$;

(2) 对任意取定的 $y\in I$,函数 $g(x,y)$是$[a,+\infty)$上的单调函数;

(3) $g(x,y)$在 I 上一致趋于零:任取 ε,存在 $A_0>a$,使得当 $x>A_0$ 时,对任意的 $y\in I$,都有$|g(x,y)|<\varepsilon$,

则含参变量无穷积分 $\int_a^{+\infty} f(x,y)g(x,y)\mathrm{d}x$ 关于参数 y 在区间 I 上一致收敛。

证 任取 $\varepsilon>0$,由条件(3),存在 $A_0>0$,使得对任意的 $y\in I$ 和 $A>A_0$,都有$|g(x,y)|<\frac{\varepsilon}{4L}$。由积分第二中值定理可得对任意的 $A'>A>A_0$ 和 $y\in I$,存在 $\eta\in[A,A']$,使得

$$\begin{aligned}\left|\int_A^{A'} f(x,y)g(x,y)\mathrm{d}x\right| &= \left|g(A,y)\int_A^{\eta} f(x,y)\mathrm{d}x + g(A',y)\int_{\eta}^{A'} f(x,y)\mathrm{d}x\right| \\ &\leqslant |g(A,y)|\cdot\left|\int_A^{\eta} f(x,y)\mathrm{d}x\right| + |g(A',y)|\cdot\left|\int_{\eta}^{A'} f(x,y)\mathrm{d}x\right| \\ &\leqslant \frac{\varepsilon}{4L}\cdot 2L + \frac{\varepsilon}{4L}\cdot 2L = \varepsilon\end{aligned}$$

由 Cauchy 收敛原理可得含参变量无穷积分 $\int_a^{+\infty} f(x,y)g(x,y)\mathrm{d}x$ 关于参数 y 在区间 I 上一致收敛。

例 15.2.3 证明含参变量无穷积分 $\int_1^{+\infty} \frac{\cos xy}{x}\mathrm{d}x$ 关于参数 y 在$[\delta_0,+\infty]$($\delta_0>0$)上一致收敛,但在$(0,+\infty)$内不一致收敛。

证 当 $y\in[\delta_0,+\infty)$时,对任意的 $A>1$,有

$$\left|\int_1^A \cos(xy)\mathrm{d}x\right| = \frac{1}{y}|\sin(Ay)-\sin A| \leqslant \frac{2}{y} \leqslant \frac{2}{\delta_0}$$

而$\frac{1}{x}$在$[\delta_0,+\infty)$上单调递增减且当 $x\to+\infty$时,$\frac{1}{x}$(一致)趋于 0。由 Dirichlet 判别法可得 $\int_1^{+\infty} \frac{\cos xy}{x}\mathrm{d}x$ 关于参数 y 在$[\delta_0,+\infty)$($\delta_0>0$)上一致收敛。

当考虑 $y\in(0,+\infty)$时，注意对任意的正整数 n，可取 $y=\dfrac{1}{n}$，此时有

$$\int_{2n\pi}^{2n\pi+\frac{n\pi}{2}}\frac{\cos xy}{x}\mathrm{d}x\geqslant\frac{1}{2n\pi+\dfrac{n\pi}{2}}\int_{2n\pi}^{2n\pi+\frac{n\pi}{2}}\cos xy\,\mathrm{d}x=\frac{2}{5\pi}$$

则可取 $\varepsilon_0=\dfrac{2}{5\pi}$，对任意的 A_0，可取 n 足够大，使得

$$2n\pi+\frac{n\pi}{2}>2n\pi>A_0$$

以及 $y=\dfrac{1}{n}$，此时有

$$\int_{2n\pi}^{2n\pi+\frac{n\pi}{2}}\frac{\cos xy}{x}\mathrm{d}x\geqslant\varepsilon_0$$

由 Cauchy 收敛原理的逆否命题即可得含参变量无穷积分 $\displaystyle\int_1^{+\infty}\frac{\cos xy}{x}\mathrm{d}x$ 关于参数 y 在$(0,+\infty)$内不一致收敛。

定理 15.2.4(Abel 判别法)　设 I 是一个区间，$f(x,y)$，$g(x,y)$是定义在$[a,+\infty)\times I$ 上的二元函数。若以下三个条件满足：

(1) $\displaystyle\int_a^{+\infty}f(x,y)\mathrm{d}x$ 关于参数 y 在区间 I 上一致收敛；

(2) 对任意取定的 $y\in I$，函数 $g(x,y)$是$[a,+\infty)$上的单调函数；

(3) $g(x,y)$在 I 上一致有界：存在 $L>0$，使得任意的 $y\in I$ 和 $x\in[a,+\infty)$，都有$|g(x,y)|\leqslant L$，则含参变量无穷积分 $\displaystyle\int_a^{+\infty}f(x,y)g(x,y)\mathrm{d}x$ 关于参数 y 在区间 I 上一致收敛。

证　由条件 $\displaystyle\int_a^{+\infty}f(x,y)\mathrm{d}x$ 关于参数 y 在区间 I 上一致收敛可得任取 $\varepsilon>0$，存在 $A_0>a$，使得对任意的 $A'>A>A_0$ 以及 $y\in I$，有

$$\left|\int_A^{A'}f(x,y)\mathrm{d}x\right|<\frac{\varepsilon}{2L}$$

则由积分第二中值定理，对任意的 $A'>A>A_0$ 以及任意的 $y\in I$，存在 $\eta\in[A,A']$，使得

$$\begin{aligned}\left|\int_A^{A'}f(x,y)g(x,y)\mathrm{d}x\right|&=\left|g(A,y)\int_A^{\eta}f(x,y)\mathrm{d}x+g(A',y)\int_{\eta}^{A'}f(x,y)\mathrm{d}x\right|\\&\leqslant|g(A,y)|\cdot\left|\int_A^{\eta}f(x,y)\mathrm{d}x\right|+|g(A',y)|\cdot\left|\int_{\eta}^{A'}f(x,y)\mathrm{d}x\right|\\&\leqslant\frac{\varepsilon}{2L}\cdot L+\frac{\varepsilon}{2L}\cdot L=\varepsilon\end{aligned}$$

由 Cauchy 收敛原理可得含参变量无穷积分 $\displaystyle\int_a^{+\infty}f(x,y)g(x,y)\mathrm{d}x$ 关于参数 y 在区间 I 上一致收敛。

例 15.2.4　已知函数 $f(x)$在 $x\in[0,+\infty)$上连续，积分

$$\int_0^{+\infty}x^{\alpha}f(x)\mathrm{d}x$$

在 $\alpha=b$ 时收敛。证明该积分关于参数 α 在区间$[a,b]$上一致收敛。

证　取 $f(x,y)=x^bf(x)$，$g(x,y)=x^{\alpha-b}$，则不难验证 Abel 判别法的三个条件都满足，因此

$$\int_0^{+\infty} x^\alpha f(x)\mathrm{d}x = \int_0^{+\infty} x^\alpha f(x,y)g(x,y)\mathrm{d}x$$

关于参数 α 在区间 $[a,b]$ 上一致收敛。

类似于函数项级数,含参变量的无穷积分也可以提出内闭一致收敛的概念:设二元函数 $f(x,y)$ 定义在 $[a,+\infty)\times I$ 上,若对任意的闭区间 $[c,d]\subset I$ 都有含参变量积分 $\int_a^b f(x,y)\mathrm{d}x$ 关于参数 y 在 $[c,d]$ 上一致收敛,则称含参变量积分 $\int_a^b f(x,y)\mathrm{d}x$ 关于参数 y 在 I 上内闭一致收敛。

例 15.2.5 证明含参变量积分 $\int_0^\infty \frac{\sin x^2}{x^p}$ 关于参数 p 在区间 $(-1,+\infty)$ 内内闭一致收敛。

证 任取闭区间 $[c,d]\subset(-1,+\infty)$,有 $c>-1$。考虑 $f(x,p)=x\sin x^2$, $g(x,p)=\frac{1}{x^{p+1}}$,不难验证对任意的 $A\geqslant 0$ 以及 $p\in[c,d]$,有

$$\left|\int_0^A f(x,p)\right| = \frac{|1-\cos A^2|}{2} \leqslant 1$$

对任意取定的 $p\in[c,d]$,有 $g(x,p)$ 在 $[0,+\infty)$ 单调递减,且对任意的 $x\geqslant 1$ 和 $p\in[c,d]$,有

$$|g(x,p)| \leqslant \frac{1}{x^{c+1}}$$

因为 $\lim\limits_{x\to+\infty}\frac{1}{x^{c+1}}=0$,可知对任意的 $\varepsilon>0$,存在 A_0,使得当 $x>A_0$ 时对任意的 $p\in[c,d]$,有

$$|g(x,p)| \leqslant \frac{1}{x^{c+1}} < \varepsilon$$

因此 $g(x,p)$ 关于 $p\in[c,d]$ 上一致趋于零,由 Dirichlet 判别法可得

$$\int_0^\infty \frac{\sin x^2}{x^p}\mathrm{d}x = \int_0^\infty f(x,p)g(x,p)\mathrm{d}x$$

关于参数 p 在区间 $[c,d]$ 上一致收敛。这就证明了 $\int_0^\infty \frac{\sin x^2}{x^p}\mathrm{d}x$ 关于参数 p 在区间 $(-1,+\infty)$ 内内闭一致收敛。

15.2.2 一致收敛含参变量无穷积分的分析性质

这一小节讨论在一定条件下,函数

$$I(y) = \int_a^{+\infty} f(x,y)\mathrm{d}x$$

的连续性、可积性与可微性。

定理 15.2.5 设 $I\subset\mathbb{R}$ 是一个区间,二元函数 $f(x,y)$ 在 $[a,+\infty)\times I$ 上连续,如果含参变量积分

$$I(y) = \int_a^{+\infty} f(x,y)\mathrm{d}x$$

关于参数 y 在区间 I 上一致收敛,则 $I(y)$ 是区间 I 上的连续函数。

证 任取 $\varepsilon>0$。由含参变量积分的一致收敛性可得存在 $A>a$,使得对任意的 $y\in I$,都有

$$\left|\int_a^A f(x,y)\mathrm{d}x - I(y)\right| < \frac{\varepsilon}{3}$$

又因为 $f(x,y)$ 在 $[a,A]\times I$ 上连续,由定理 15.1.1 可得函数

$$J(y) = \int_a^A f(x,y)\mathrm{d}x$$

在区间 I 上连续。这样对任意的 $y\in I$，存在 $\delta>0$，使得当 $|y'-y|<\delta$ 时有 $|J(y')-J(y)|<\frac{\varepsilon}{3}$，这样当 $|y'-y|<\delta$ 时有

$$|I(y')-I(y)|\leqslant|I(y')-J(y')|+|J(y')-J(y)|+|J(y)-I(y)|<\frac{\varepsilon}{3}+\frac{\varepsilon}{3}+\frac{\varepsilon}{3}=\varepsilon$$

这就证明了 $I(y)$ 在 $y\in I$ 点处连续。因此 $I(y)$ 是区间 I 上的连续函数。

与函数项级数的结论类似，这里定理中的条件含参变量积分关于参数在区间 I 上一致收敛可以换成在 I 上内闭一致收敛。

例 15.2.6　证明函数 $F(\alpha)=\int_1^{+\infty}\frac{\cos x}{x^\alpha}\mathrm{d}x$ 在 $(0,+\infty)$ 内连续。

证　任取 $(0,+\infty)$ 中的闭区间 $[c,d]$。对任意的 $A>1$，有 $\left|\int_1^A\cos x\mathrm{d}x\right|<2$。对任意取定 $\alpha\in[c,d]$，$\frac{1}{x^\alpha}$ 都是 $[1,+\infty)$ 上的单调函数。再注意对任意的 $\alpha\in[c,d]$ 以及 $x\in[1,+\infty)$，有 $\frac{1}{x^\alpha}\leqslant\frac{1}{x^c}$，因为 $\lim\limits_{x\to+\infty}\frac{1}{x^c}=0$，不难验证 $\frac{1}{x^\alpha}$ 一致趋于零。由 Dirichlet 判别法，可得 $\int_1^{+\infty}\frac{\cos x}{x^\alpha}\mathrm{d}x$ 关于参数 α 在闭区间 $[c,d]$ 上一致收敛，这就证明了含参变量积分 $\int_1^{+\infty}\frac{\cos x}{x^\alpha}\mathrm{d}x$ 关于参数 α 在区间 $(0,+\infty)$ 内内闭一致收敛。显然 $\frac{\cos x}{x^\alpha}$ 是关于 $(x,\alpha)\in[1,+\infty)\times(0,+\infty)$ 的连续函数，因此 $F(\alpha)$ 是 $(0,+\infty)$ 内的连续函数。

定理 15.2.6　设二元函数 $f(x,y)$ 在 $[a,+\infty)\times[c,d]$ 上连续，且含参变量积分

$$I(y)=\int_a^{+\infty}f(x,y)\mathrm{d}x$$

关于参数 y 在区间 $[c,d]$ 上一致收敛，则有

$$\int_a^{+\infty}\left(\int_c^d f(x,y)\mathrm{d}y\right)\mathrm{d}x=\int_c^d I(y)\mathrm{d}y=\int_c^d\left(\int_a^{+\infty}f(x,y)\mathrm{d}x\right)\mathrm{d}y$$

证　由定理 15.2.5 可知函数 $I(y)$ 在 $[c,d]$ 上连续，因此在 $[c,d]$ 上 Riemann 可积。下面只要证明

$$\int_a^{+\infty}\left(\int_c^d f(x,y)\mathrm{d}y\right)\mathrm{d}x$$

收敛到 $\int_c^d I(y)\mathrm{d}y$，即可完成定理的证明。任取 $\varepsilon>0$，因为 $\int_a^{+\infty}f(x,y)\mathrm{d}x$ 关于参数 y 在区间 $[c,d]$ 上一致收敛于 $I(y)$，所以存在 $A_0>0$，使得当 $A>A_0$ 时有

$$\left|\int_a^A f(x,y)\mathrm{d}x-I(y)\right|\leqslant\frac{\varepsilon}{|d-c|+1}$$

由定理 15.1.2 可知

$$\int_a^A\left(\int_c^d f(x,y)\mathrm{d}y\right)\mathrm{d}x=\int_c^d\left(\int_a^A f(x,y)\mathrm{d}x\right)\mathrm{d}y$$

从而有

$$\begin{aligned}\left|\int_a^A\left(\int_c^d f(x,y)\mathrm{d}y\right)\mathrm{d}x-\int_c^d I(y)\mathrm{d}y\right|&=\left|\int_c^d\left(\int_a^A f(x,y)\mathrm{d}x\right)\mathrm{d}y-\int_c^d I(y)\mathrm{d}y\right|\\&\leqslant\int_c^d\left|\left(\int_a^A f(x,y)\mathrm{d}x\right)-I(y)\right|\mathrm{d}y\\&\leqslant\int_c^d\frac{\varepsilon}{|d-c|+1}\mathrm{d}y<\varepsilon\end{aligned}$$

这就证明

$$\int_a^{+\infty}\left(\int_c^d f(x,y)\mathrm{d}y\right)\mathrm{d}x$$

收敛到 $\int_c^{\mathrm{d}} I(y)\mathrm{d}y$。证毕。

这里需要大家注意的是,当$[c,d]$换成$[c,+\infty)$时,结论不正确。

例 15.2.7 计算积分$\int_0^{+\infty}\dfrac{\mathrm{e}^{-ax^2}-\mathrm{e}^{-bx^2}}{x}\mathrm{d}x(a>0,b>0)$。

证 不妨设 $b>a>0$,则

$$\frac{\mathrm{e}^{-ax^2}-\mathrm{e}^{-bx^2}}{x}=\int_a^b x\mathrm{e}^{-x^2y}\mathrm{d}y$$

当 $y\in[a,b]$时,任取 $x\in[0,+\infty)$,有

$$|x\mathrm{e}^{-x^2y}|\leqslant x\mathrm{e}^{-ax^2}$$

因为$\int_0^{+\infty}x\mathrm{e}^{-ax^2}\mathrm{d}x$收敛,使用 Weierstrass 判别法可得$\int_0^{+\infty}x\mathrm{e}^{-x^2y}\mathrm{d}x$关于参数 y 在区间$[a,b]$上一致收敛。由定理 15.2.6 可得

$$\int_0^{+\infty}\frac{\mathrm{e}^{-ax^2}-\mathrm{e}^{-bx^2}}{x}\mathrm{d}x=\int_a^b\left(\int_0^{+\infty}x\mathrm{e}^{-x^2y}\mathrm{d}x\right)\mathrm{d}y=\int_a^b\frac{1}{y}\mathrm{d}y=\ln\frac{b}{a}$$

定理 15.2.7 设 $f(x,y)$、$f_y(x,y)$都在$[a,+\infty)\times[c,d]$上连续,且存在 $y_0\in[c,d]$使得无穷积分$\int_a^{+\infty}f(x,y_0)\mathrm{d}x$收敛。若$\int_a^{+\infty}f_y(x,y)\mathrm{d}x$关于参数 y 在区间$[a,b]$上一致收敛,则$\int_a^{+\infty}f(x,y)\mathrm{d}x$关于参数 y 在区间$[c,d]$上一致收敛于一个连续可微的 $I(y)$,且有

$$I'(y)=\int_a^{+\infty}f_y(x,y)\mathrm{d}x$$

证 记$\phi(y)=\int_a^{+\infty}f_y(x,y)\mathrm{d}x$。由定理 15.2.5 可知,$\phi(y)$是$[c,d]$上的连续函数。考虑函数

$$I(y)=\int_a^{+\infty}f(x,y_0)\mathrm{d}x+\int_{y_0}^y\phi(t)\mathrm{d}t,\quad y\in[a,d]$$

则由微积分基本定理有 $I'(y)=\phi(y)$。下面只需要证明$\int_a^{+\infty}f(x,y)\mathrm{d}x$关于参数 y 在区间$[c,d]$上一致收敛于 $I(y)$即可。任取 $\varepsilon>0$,由于$\int_a^{+\infty}f_y(x,y)\mathrm{d}x$关于参数 y 在区间$[c,d]$上一致收敛于 $\phi(y)$,存在 $A_0>0$,使得当 $A>A_0$ 时,对任意的 $y\in[c,d]$有

$$\left|\int_a^A f_y(x,y)\mathrm{d}x-\phi(y)\right|<\frac{\varepsilon}{d-c+1}$$

由此可得

$$\left|\int_{y_0}^y\left(\int_a^A f_y(x,t)\mathrm{d}x\right)\mathrm{d}t-\int_{y_0}^y\phi(t)\mathrm{d}t\right|\leqslant\frac{\varepsilon\,|\,y-y_0\,|}{d-c+1}\leqslant\frac{\varepsilon(d-c)}{d-c+1}<\varepsilon$$

由定理 15.1.3 可得

$$\begin{aligned}\int_{y_0}^y\left(\int_a^A f_y(x,t)\mathrm{d}x\right)\mathrm{d}t&=\int_a^A\left(\int_{y_0}^y f_y(x,t)\mathrm{d}t\right)\mathrm{d}x\\&=\int_a^A f(x,y)\mathrm{d}x-\int_a^A f(x,y_0)\mathrm{d}x\end{aligned}$$

代入前面即得当 $A>A_0$，$y\in[c,d]$时

$$\left|\int_a^A f(x,y)\mathrm{d}x-I(y)\right|<\varepsilon$$

即有 $\int_a^{+\infty} f(x,y)\mathrm{d}x$ 关于参数 y 在区间$[c,d]$上一致收敛于 $I(y)$。证毕。

例 15.2.8　求出 Dirichlet 积分 $I=\int_0^{+\infty}\frac{\sin x}{x}\mathrm{d}x$ 的值。

解　构造含参变量 a 的积分

$$I(a)=\int_0^{+\infty}\mathrm{e}^{-ax}\frac{\sin x}{x}\mathrm{d}x,\quad a\geqslant 0$$

令

$$f(x,a)=\begin{cases}\mathrm{e}^{-ax}\dfrac{\sin x}{x}, & x>0,\quad \alpha\geqslant 0\\ 1, & x=0,\quad \alpha\geqslant 0\end{cases}$$

则 $f_a(x,a)=-\mathrm{e}^{-ax}\sin x$。易见 $f(x,a)$ 和 $f_a(x,a)$ 都在$[0,+\infty)\times[0,+\infty)$上连续。因为 $\int_0^{+\infty}\frac{\sin x}{x}\mathrm{d}x$（关于参数 a 一致）收敛，又因为 e^{-ax} 在固定 a 时是关于变量 x 的单调函数，且对任意的$(x,a)\in[0,+\infty)\times[0,+\infty)$，有 $|\mathrm{e}^{-ax}|\leqslant 1$，由 Abel 判别法知含参变量积分

$$I(a)=\int_0^{+\infty}\mathrm{e}^{-ax}\frac{\sin x}{x}\mathrm{d}x$$

关于参数 a 在区间$[0,+\infty)$上一致收敛，因此 $I(a)$是$[0,+\infty)$上的连续函数。同时不难发现 $I=I(0)$，为求出 I，下面通过 $I'(a)$求出 $I(a)$，进而求出 I。

对于任意的$[c,d]\subset(0,+\infty)$，当 $a\in[c,d]$，$x\in[0,+\infty)$时总有

$$|f_a(x,a)|=|\mathrm{e}^{-ax}\sin x|\leqslant \mathrm{e}^{-cx}$$

由于 $\int_0^{+\infty}\mathrm{e}^{-cx}\mathrm{d}x$ 收敛，由 Weierstrass 判别法可知，$\int_0^{+\infty} f_a(x,a)\mathrm{d}x$ 关于参数 a 在区间$[c,d]$上一致收敛。因此在区间$[c,d]$上有

$$I'(a)=\int_0^{+\infty} f_a(x,a)\mathrm{d}x=-\int_0^{+\infty}\mathrm{e}^{-ax}\sin x\mathrm{d}x$$

使用分部积分法不难算出

$$\begin{aligned}I'(a)&=-\int_0^{+\infty}\mathrm{e}^{-ax}\sin x\mathrm{d}x=\mathrm{e}^{-ax}\cos x\Big|_0^{+\infty}+a\int_0^{+\infty}\mathrm{e}^{-ax}\cos x\mathrm{d}x\\&=-1+a\int_0^{+\infty}\mathrm{e}^{-ax}\cos x\mathrm{d}x\\&=-1+a\left(\mathrm{e}^{-ax}\sin x\Big|_0^{+\infty}+a\int_0^{+\infty}\mathrm{e}^{-ax}\sin x\mathrm{d}x\right)\\&=-1-a^2I'(a)\end{aligned}$$

因此 $I'(a)=\frac{-1}{1+a^2}(a\in[c,d])$。由闭区间$[c,d]$的任意性可知，$I'(a)=\frac{-1}{1+a^2}(a\in(0,d+\infty))$。这样求积分可得 $I(a)=-\arctan a+C$。又注意到当 $a>0$ 时有

$$|I(a)|\leqslant\int_0^{+\infty}\mathrm{e}^{-ax}\mathrm{d}x=\frac{1}{a}$$

因此 $\lim\limits_{a\to+\infty}I(a)=0$，即有 $-\frac{\pi}{2}+C=0$，从而求得 $C=\frac{\pi}{2}$，因此有 $I(a)=-\arctan a+\frac{\pi}{2}$，因

此$I=I(0)=\frac{\pi}{2}$。

通过这个例题的结论不难发现,积分$\int_0^{+\infty}\frac{\sin\lambda x}{x}\mathrm{d}x=\frac{2}{\pi}\mathrm{sgn}(\lambda)$。

对于含参变量的瑕积分,也可以给出类似的一致收敛的定义。

定义 15.2.2 设 $f(x,y)$是定义在$[a,b)\times I$上的二元函数,且任给 $y\in I$,积分$\int_a^b f(x,y)\mathrm{d}x$是以$b$为瑕点的瑕积分。若存在函数$I(y)$满足如下条件:任取$\varepsilon>0$,存在$\delta>0$,使得当$\eta\in(0,\delta)$时,对任意的$y\in I$都有

$$\left|\int_a^{b-\eta}f(x,y)\mathrm{d}x-I(y)\right|<\varepsilon$$

则称含参变量的瑕积分$\int_a^b f(x,y)\mathrm{d}x$关于参数$y$在区间$I$上一致收敛。

本节中关于含参变量无穷积分的结论都有类似的瑕积分的版本,具体陈述和证明留给读者完成。

习题 15.2

1. 证明:

$$\int_1^{+\infty}\mathrm{e}^{-\frac{1}{\alpha^2}\left(x-\frac{1}{\alpha}\right)^2}\mathrm{d}x$$

在$0<\alpha<1$上一致收敛。

2. 设$f(x,y)$在$a\leqslant x<+\infty$,$c\leqslant y\leqslant d$上连续,且任取$y\in[c,d)$,$\int_a^{+\infty}f(x,y)\mathrm{d}x$收敛,但$y=d$时积分发散。求证:$\int_a^{+\infty}f(x,y)\mathrm{d}x$在$y\in[c,d)$上非一致收敛。

3. 判断

$$\int_0^1(1+x+x^2+\cdots+x^n)\left(\ln\frac{1}{x}\right)^{\frac{1}{2}}\mathrm{d}x,\quad n=1,2,\cdots$$

是否一致收敛。

4. 判断

$$\int_0^{+\infty}x\sin x^4\cos\alpha x\,\mathrm{d}x$$

在$\alpha\in[a,b]$(有限区间)上是否一致收敛。

5. 试证积分

$$\int_0^{+\infty}\frac{\cos x^2}{x^p}\mathrm{d}x$$

在$|p|\leqslant p_0<1$上一致收敛。

6. 设函数$f(x)$在$x>0$时连续,积分

$$\int_0^{+\infty}x^\alpha f(x)\mathrm{d}x$$

在$\alpha=a$,$\alpha=b(a<b)$时收敛。试证该积分$\alpha\in[a,b]$在上一致收敛。

7. 设$\{f_n(x)\}$是$[0,+\infty)$上的连续函数序列:

(1) 在$[0,+\infty)$上$|f_n(x)|\leqslant g(x)$，且$\int_0^{+\infty} g(x)\mathrm{d}x$收敛；

(2) 在任何有限区间$[0,A](A>0)$上，序列$\{f_n(x)\}$一致收敛于$f(x)$。

试证明：

$$\lim_{n\to+\infty}\int_0^{+\infty} f_n(x)\mathrm{d}x=\int_0^{+\infty} f(x)\mathrm{d}x$$

8. 证明：

$$\int_0^{+\infty} x\mathrm{e}^{-\alpha x}\mathrm{d}x$$

在$(0<)\alpha_0\leqslant\alpha<+\infty$上一致收敛，但在$0<\alpha<+\infty$内不一致收敛。

9. 计算积分

$$I(a)=\int_0^{\frac{\pi}{2}}\left(\ln\frac{1+a\cos x}{1-a\cos x}\right)\frac{\mathrm{d}x}{\cos x}$$

其中$|a|<1$。

10. 求$f(x)=\int_0^{\frac{\pi}{2}}\ln(1-x^2\cos^2\theta)\mathrm{d}\theta,\ |x|<1$。

11. 若

$$\int_{-\infty}^{+\infty}|f(x)|\mathrm{d}x$$

存在，证明含参变量积分

$$g(\alpha)=\int_{-\infty}^{+\infty} f(x)\cos\alpha x\,\mathrm{d}x$$

关于参数α在$(-\infty,+\infty)$内一致收敛。

12. 设

$$F(x)=\mathrm{e}^{\frac{x^2}{2}}\int_x^{+\infty}\mathrm{e}^{-\frac{t^2}{2}}\mathrm{d}t,\quad x\in[0,+\infty)$$

试证：

(1) $\lim\limits_{x\to+\infty}F(x)=0$；

(2) $F(x)$在$[0,+\infty)$上单调递减。

13. 设A是$\mathbb{R}^n$中的一个紧子集，$f(x,y)$是$[a,b)\times A\subset\mathbb{R}^n$上的连续函数，若含参变量$y\in A$的瑕积分满足如下的一致收敛性：任取$\varepsilon>0$，存在$\delta>0$，使得当$\eta\in(0,\delta)$时，对任意的$y\in A$都有

$$\left|\int_a^{b-\eta} f(x,y)\mathrm{d}x-I(y)\right|<\varepsilon$$

证明：$I(y)=\int_a^b f(x,y)\mathrm{d}x$是$A$上的连续函数。

15.3 Beta 函数与 Gamma 函数

在本节中将介绍两个重要的由含参变量积分定义的特殊函数：Beta 函数与 Gamma 函数。它们统称为欧拉积分，在概率论、物理学和工程学等领域中有着重要的应用。

15.3.1 Beta 函数

由含参变量p、q积分

$$B(p,q)=\int_0^1 x^{p-1}(1-x)^{q-1}\mathrm{d}x$$

给出的函数 $B(p,q)$ 称为 Beta 函数,也称这个含参变量积分为第一类欧拉积分。

不难见到上述积分中 0 或 1 都有可能是瑕点,因此需要分别考虑

$$\int_0^{1/2} x^{p-1}(1-x)^{q-1}\mathrm{d}x,\quad \int_{1/2}^1 x^{p-1}(1-x)^{q-1}\mathrm{d}x$$

注意当 $x\to0^+$ 时,$x^{p-1}(1-x)^{q-1}\sim x^{p-1}$,因此当且仅当 $p>0$ 时 $\int_0^{1/2} x^{p-1}(1-x)^{q-1}\mathrm{d}x$ 收敛或是 Riemann 积分。类似地,当且仅当 $q>0$ 时 $\int_{1/2}^1 x^{p-1}(1-x)^{q-1}\mathrm{d}x$ 收敛或是正常积分,因此当且仅当 $(p,q)\in(0,+\infty)\times(0,+\infty)$ 时 $B(p,q)$ 有意义,故 Beta 函数 $B(p,q)$ 的定义域为 $(0,+\infty)\times(0,+\infty)$。

当 $(x,p,q)\in(0,1)\times(0,+\infty)\times(0,+\infty)$ 时,$x^{p-1}(1-x)^{q-1}$ 是连续函数,且不难由 Weierstrass 判别法证明,对任意的 $\delta>0$,$\int_0^1 x^{p-1}(1-x)^{q-1}\mathrm{d}x$ 关于参数 (p,q) 在区域 $[\delta,+\infty)\times[\delta,+\infty)$ 上一致收敛,因此 $B(p,q)$ 在 $[\delta,+\infty)\times[\delta,+\infty)$ 上连续,由 δ 的任意性可得 $B(p,q)$ 在定义域 $(0,+\infty)\times(0,+\infty)$ 内连续。

做变量替换 $x=\cos^2 t$,我们还可得 Beta 函数的另一种定义方式

$$B(p,q)=\int_0^1 x^{p-1}(1-x)^{q-1}\mathrm{d}x=2\int_0^{\frac{\pi}{2}}\cos^{2p-1}t\sin^{2q-1}t\mathrm{d}t$$

由此可得 $B\left(\frac{1}{2},\frac{1}{2}\right)=\pi$。

再做变量替换 $x=\frac{1}{1+t}$,则还可以得到

$$B(p,q)=\int_0^1 x^{p-1}(1-x)^{q-1}\mathrm{d}x=\int_0^{+\infty}\frac{t^{q-1}}{(1+t)^{p+q}}\mathrm{d}t$$

进一步有

$$B(p,q)=\int_0^{+\infty}\frac{t^{q-1}}{(1+t)^{p+q}}\mathrm{d}t=\int_0^1\frac{t^{q-1}}{(1+t)^{p+q}}\mathrm{d}t+\int_1^{+\infty}\frac{t^{q-1}}{(1+t)^{p+q}}\mathrm{d}t$$

做倒代换不难发现

$$\int_1^{+\infty}\frac{t^{q-1}}{(1+t)^{p+q}}\mathrm{d}t=\int_0^1\frac{t^{p-1}}{(1+t)^{p+q}}\mathrm{d}t$$

因此 Beta 函数还可以由下式给出,即

$$B(p,q)=\int_0^1\frac{t^{p-1}+t^{q-1}}{(1+t)^{p+q}}\mathrm{d}t$$

从这一公式不难发现,Beta 函数满足如下的对称性:

$$B(p,q)=B(q,p)$$

15.3.2 Gamma 函数

通过含参变量积分

$$\Gamma(s)=\int_0^{+\infty}x^{s-1}\mathrm{e}^{-x}\mathrm{d}x$$

定义的函数 $\Gamma(s)$ 称为 Gamma 函数,同时这个含参变量积分也称为第二类欧拉积分。

注意 0 可能是上述广义积分的瑕点，因此为讨论 Gamma 函数的定义域，也需要分别考虑

$$\int_0^1 x^{s-1}\mathrm{e}^{-x}\mathrm{d}x,\quad \int_1^{+\infty} x^{s-1}\mathrm{e}^{-x}\mathrm{d}x$$

的敛散性。由比较判别法不难验证，当且仅当 $s>0$ 时，$\int_0^1 x^{s-1}\mathrm{e}^{-x}\mathrm{d}x$ 收敛；而对任意的 s，都有 $\int_1^{+\infty} x^{s-1}\mathrm{e}^{-x}\mathrm{d}x$ 收敛，因此当且仅当 $s>0$ 时，有$\int_0^{+\infty} x^{s-1}\mathrm{e}^{-x}\mathrm{d}x$ 收敛。

做变量替换 $x=t^2$，不难发现 Gamma 函数还可以表示为

$$\Gamma(s)=2\int_0^{+\infty} x^{2s-1}\mathrm{e}^{-t^2}\mathrm{d}t$$

由此可得 $\Gamma\left(\frac{1}{2}\right)=2\int_0^{+\infty}\mathrm{e}^{-t^2}\mathrm{d}t=\sqrt{\pi}$。

定理 15.3.1　$\Gamma(s)$在$(0,+\infty)$内连续且可导。

证　注意

$$\Gamma(s)=\int_0^1 x^{s-1}\mathrm{e}^{-x}\mathrm{d}x+\int_1^{+\infty} x^{s-1}\mathrm{e}^{-x}\mathrm{d}x$$

任取 $\delta>0$，当 $s\in[\delta,+\infty)$时，对 $x\in(0,1]$，有

$$\left|\frac{\partial}{\partial s}x^{s-1}\mathrm{e}^{-x}\right|=|x^{s-1}\mathrm{e}^{-x}\ln x|\leqslant -x^{\delta-1}\ln x$$

注意$\int_0^1 x^{\delta-1}\ln x\mathrm{d}x$ 收敛，由 Weierstrass 判别法可知，$\int_0^1\left(\frac{\partial}{\partial s}x^{s-1}\mathrm{e}^{-x}\right)\mathrm{d}x$ 关于参数 s 在区间$[\delta,+\infty)$上一致收敛，由定理 15.2.7 可见

$$\int_0^1 x^{s-1}\mathrm{e}^{-x}\mathrm{d}x$$

关于参数 s 在区间$[\delta,+\infty)$上一致收敛，且$\int_0^1 x^{s-1}\mathrm{e}^{-x}\mathrm{d}x$ 在$[\delta,+\infty)$上可导。

再注意当 $s\in[\delta,+\infty)$时，对 $x\in[1,+\infty)$，有

$$\left|\frac{\partial}{\partial s}x^{s-1}\mathrm{e}^{-x}\right|=|x^{s-1}\mathrm{e}^{-x}\ln x|\leqslant x^{\delta-1}\mathrm{e}^{-x}\ln x$$

因为$\int_1^{+\infty} x^{\delta-1}\mathrm{e}^{-x}\ln x\mathrm{d}x$ 收敛，由 Weierstrass 判别法可知，$\int_1^{+\infty}\left[\frac{\partial}{\partial s}(x^{s-1}\mathrm{e}^{-x})\right]\mathrm{d}x$ 关于参数 s 在区间$[\delta,+\infty)$上一致收敛，由定理 15.2.7 可见

$$\int_1^{+\infty} x^{s-1}\mathrm{e}^{-x}\mathrm{d}x$$

关于参数 s 在区间$[\delta,+\infty)$上一致收敛，且$\int_1^{+\infty} x^{s-1}\mathrm{e}^{-x}\mathrm{d}x$ 在$[\delta,+\infty)$上可导。

综上可得

$$\Gamma(s)=\int_0^1 x^{s-1}\mathrm{e}^{-x}\mathrm{d}x+\int_1^{+\infty} x^{s-1}\mathrm{e}^{-x}\mathrm{d}x$$

在$[\delta,+\infty)$上可导。由 δ 的任意性可得$\Gamma(s)$在$(0,+\infty)$内可导，且不难发现

$$\Gamma'(s)=\int_0^{+\infty} x^{s-1}\mathrm{e}^{-x}\ln x\mathrm{d}x$$

是连续函数。

定理 15.3.2　Gamma 函数满足如下的递推公式：$\Gamma(s+1)=s\Gamma(s)(s>0)$。

证　使用分部积分公式可得

$$\Gamma(s+1)=\int_0^{+\infty} x^s \mathrm{e}^{-x}\mathrm{d}x=-x^s\mathrm{e}^{-x}\Big|_0^{+\infty}+s\int_0^{+\infty} x^{s-1}\mathrm{e}^{-x}\mathrm{d}x=s\Gamma(s)$$

不难计算出 $\Gamma(1)=1$。由上述递推公式不难计算出对任意的正整数 n,有

$$\Gamma(n+1)=n\Gamma(n)=n(n-1)\Gamma(n-1)=\cdots=n!\ \Gamma(1)=n!$$

因此 Gamma 函数也可以看成是阶乘的推广。

前面我们已经知道 $\Gamma(s)$ 可以定义在 $(0,+\infty)$ 内,这样通过递推公式 $\Gamma(s+1)=s\Gamma(s)$ 或 $\Gamma(s)=\dfrac{\Gamma(s+1)}{s}$,可以将 $\Gamma(s)$ 用递归的方式延拓到 $(-1,0)\cup(-2,-1)\cup\cdots$ 内。

15.3.3 Beta 函数和 Gamma 函数的关系

定理 15.3.3 对任意的 $p>0,q>0$,有如下公式成立:

$$B(p,q)=\frac{\Gamma(p)\Gamma(q)}{\Gamma(p+q)}$$

证 前面已经知道

$$\Gamma(p)=2\int_0^{+\infty} x^{2p-1}\mathrm{e}^{-x^2}\mathrm{d}x,\quad \Gamma(q)=2\int_0^{+\infty} x^{2q-1}\mathrm{e}^{-x^2}\mathrm{d}x$$

记 $\Omega=\{(x,y)\mid x\geqslant 0,y\geqslant 0\}$,则由二重积分与累次积分的关系可得

$$\begin{aligned}\Gamma(p)\Gamma(q)&=4\left(\int_0^{+\infty} x^{2p-1}\mathrm{e}^{-x^2}\mathrm{d}x\right)\left(\int_0^{+\infty} y^{2q-1}\mathrm{e}^{-y^2}\mathrm{d}y\right)\\&=4\iint_{\Omega} x^{2p-1}y^{2q-1}\mathrm{e}^{-(x^2+y^2)}\mathrm{d}x\mathrm{d}y\\&=4\int_0^{\pi/2}\cos^{2p-1}\theta\sin^{2q-1}\theta\mathrm{d}\theta\int_0^{+\infty} r^{2(p+q)-1}\mathrm{e}^{-r^2}\mathrm{d}r\\&=\left(2\int_0^{\pi/2}\cos^{2p-1}\theta\sin^{2q-1}\theta\mathrm{d}\theta\right)\left(2\int_0^{+\infty} r^{2(p+q)-1}\mathrm{e}^{-r^2}\mathrm{d}r\right)\\&=B(p,q)\Gamma(p+q)\end{aligned}$$

由此即得

$$B(p,q)=\frac{\Gamma(p)\Gamma(q)}{\Gamma(p+q)}$$

由这个公式不难得到 Beta 函数的递推公式。

推论 15.3.1 对任意的 $p>0,q>0$,$B(p,q+1)=\dfrac{q}{p+q}B(p,q)$。

证

$$B(p,q+1)=\frac{\Gamma(p)\Gamma(q+1)}{\Gamma(p+q+1)}=\frac{\Gamma(p)q\Gamma(q)}{(p+q)\Gamma(p+q)}=\frac{q}{p+q}B(p,q)$$

例 15.3.1 计算积分 $\int_0^1\sqrt{x-x^2}\,\mathrm{d}x$。

解

$$\begin{aligned}\int_0^1\sqrt{x-x^2}\,\mathrm{d}x&=\int_0^1 x^{\frac{1}{2}}(1-x)^{\frac{1}{2}}\mathrm{d}x=B\left(\frac{3}{2},\frac{3}{2}\right)\\&=\frac{\Gamma\left(\frac{3}{2}\right)\Gamma\left(\frac{3}{2}\right)}{\Gamma(3)}=\frac{\frac{1}{2}\Gamma\left(\frac{1}{2}\right)\cdot\frac{1}{2}\Gamma\left(\frac{1}{2}\right)}{2!}=\frac{\pi}{8}\end{aligned}$$

例 15.3.2　计算积分 $\int_0^1 \frac{1}{\sqrt{1-x^{1/4}}}\mathrm{d}x$。

解　做变换 $t=x^{1/4}$ 可得

$$\begin{aligned}\int_0^1 \frac{1}{\sqrt{1-x^{1/4}}}\mathrm{d}x &= 4\int_0^1 t^3(1-t)^{-1/2}\mathrm{d}t \\ &= 4B\left(4,\frac{1}{2}\right)=4\,\frac{\Gamma(4)\Gamma\left(\frac{1}{2}\right)}{\Gamma\left(4+\frac{1}{2}\right)} \\ &= 4\,\frac{3!\Gamma\left(\frac{1}{2}\right)}{\left(3+\frac{1}{2}\right)\left(2+\frac{1}{2}\right)\left(1+\frac{1}{2}\right)\frac{1}{2}\Gamma\left(\frac{1}{2}\right)} \\ &= \frac{128}{35}\end{aligned}$$

下面再介绍几个关于 Gamma 函数的公式：Legendre 公式、余元公式和 Stirling 公式。

定理 15.3.4(Legendre 公式)　对任意的 $s>0$，有 $\Gamma(s)\Gamma\left(s+\frac{1}{2}\right)=\frac{\sqrt{\pi}}{2^{2s-1}}\Gamma(2s)$。

证　注意

$$\begin{aligned}B(s,s) &= 2\int_0^{\pi/2}\sin^{2s-1}t\cos^{2s-1}t\mathrm{d}t \\ &= \frac{2}{2^{2s-1}}\int_0^{\pi/2}\sin^{2s-1}2t\mathrm{d}t \\ &= \frac{1}{2^{2s-1}}\int_0^{\pi}\sin^{2s-1}\theta\mathrm{d}\theta \\ &= \frac{2}{2^{2s-1}}\int_0^{\pi/2}\sin^{2s-1}\theta\mathrm{d}\theta \\ &= \frac{1}{2^{2s-1}}B\left(s,\frac{1}{2}\right)\end{aligned}$$

由此即得

$$\frac{\Gamma(s)\Gamma(s)}{\Gamma(2s)}=\frac{1}{2^{2s-1}}\frac{\Gamma(s)\Gamma\left(\frac{1}{2}\right)}{\Gamma\left(s+\frac{1}{2}\right)}$$

将 $\Gamma\left(\frac{1}{2}\right)=\sqrt{\pi}$ 代入后再变形即得 Legendre 公式。

下面的余元公式和 Stirling 公式的证明较复杂，这里略过。

定理 15.3.5(余元公式)　对任意的 $s\in(0,1)$，有 $\Gamma(s)\Gamma(1-s)=\frac{\pi}{\sin\pi s}$。

例 15.3.3　计算积分 $\int_0^{\pi/2}\sqrt{\tan x}\mathrm{d}x$。

解

$$\int_0^{\pi/2}\sqrt{\tan x}\,\mathrm{d}x=\int_0^{\pi/2}\sin^{\frac{1}{2}}x\cos^{-\frac{1}{2}}x\,\mathrm{d}x=\frac{1}{2}B\left(\frac{1}{4},\frac{3}{4}\right)$$

$$=\frac{1}{2}\frac{\Gamma\left(\frac{3}{4}\right)\Gamma\left(\frac{1}{4}\right)}{\Gamma(1)}=\frac{1}{2}\Gamma\left(\frac{3}{4}\right)\Gamma\left(\frac{1}{4}\right)$$

$$=\frac{1}{2}\frac{\pi}{\sin\frac{\pi}{4}}=\frac{\pi}{\sqrt{2}}$$

定理 15.3.6(Stirling 公式) 对任意的 $s>0$,存在 $\theta\in(0,1)$,使得

$$\Gamma(s+1)=\sqrt{2\pi s}\left(\frac{s}{\mathrm{e}}\right)^s\mathrm{e}^{\frac{\theta}{12s}}$$

当取 n 为正整数时,就得到如下的公式:

$$n!\sim\sqrt{2\pi n}\left(\frac{n}{\mathrm{e}}\right)^n,\quad n\to\infty$$

习题 15.3

1. 求积分 $\int_0^1 x^{p-1}(1-x^m)^{q-1}\mathrm{d}x\,(p,q,m>0)$ 并证明

$$\int_0^1\frac{\mathrm{d}x}{\sqrt{1-x^4}}\cdot\int_0^1\frac{x^2\,\mathrm{d}x}{\sqrt{1-x^4}}=\frac{\pi}{4}$$

2. 求积分 $\int_0^1 x^8\sqrt{1-x^3}\,\mathrm{d}x$。

3. 求积分 $\int_0^\pi\frac{\mathrm{d}x}{\sqrt{3-\cos x}}$。

4. 设 n 为正整数,计算积分 $\int_0^{+\infty}x^{2n}\mathrm{e}^{-x^2}\mathrm{d}x$。

5. 求积分 $\int_0^{\frac{\pi}{2}}\sin^6\theta\cos^4\theta\,\mathrm{d}\theta,\ |x|<1$。

6. 计算积分 $\int_0^1\frac{\mathrm{d}x}{\sqrt[n]{1-x^n}},n>0$。

7. 计算极坐标下曲线 $r^4=\sin^3\theta\cos\theta$ 所围图形的面积。

8. 证明 $\ln\Gamma(s)$ 是凸函数。

9. 计算积分 $I=\int_0^1\ln\Gamma(x)\,\mathrm{d}x$。

10. 证明 Riemann zeta 函数的积分形式为

$$\zeta(s)=\sum_{n=1}^{\infty}\frac{1}{n^s}=\frac{1}{\Gamma(s)}\int_0^{+\infty}\frac{x^{s-1}}{\mathrm{e}^x-1}\mathrm{d}x$$

并根据此公式求积分 $\int_0^1\frac{\ln x}{1-x}\mathrm{d}x$。

第 16 章　Fourier 级数

前面已经学习了 Taylor 级数，但对于周期现象的数学分析，Taylor 级数不一定合适，例如前面虽然学习过正弦函数和余弦函数的 Taylor 展开，但 Taylor 级数的部分和只能在一个有限的范围内逼近这些函数。描述周期现象的最简的函数是正弦函数和余弦函数。在 19 世纪初，法国数学家和工程师 Fourier 在研究热传导问题时，找到了在有限区间上用三角级数表示一般函数的方法，即把函数展开成所谓的 Fourier 级数。Fourier 级数以及随后发展的 Fourier 变换成为一个重要的数学工具，并产生了 Fourier 分析这门学科，同时相关理论在信号处理、图像处理等工程领域也有重要的作用。

16.1　函数所生成的 Fourier 级数

在介绍 Fourier 级数的概念之前，先看一个函数系 $\{1,\sin x,\cos x,\sin 2x,\cos 2x,\cdots\}$ 的重要性质。经过简单的计算不难发现，任取 $p(x),q(x)\in\{1,\sin x,\cos x,\sin 2x,\cos 2x,\cdots\}$，都有

$$\int_{-\pi}^{\pi} p(x)q(x)\mathrm{d}x=\begin{cases}0, & p\neq q\\ 2\pi, & p=q\equiv 1\\ \pi, & p=q\neq 1\end{cases}$$

注意 $p(x),q(x)$ 都是以 2π 为周期的函数，因此上面的积分区间 $[-\pi,\pi]$ 可以换成任何长度为 2π 的区间 $[h,2\pi+h]$。

在有限维空间中可以引入内积的概念，并进一步有正交的概念。这里在区间 $[-\pi,\pi]$ 上可积函数构成的空间不难验证是一个线性空间，在上面我们可以定义"内积"为：任取 $[-\pi,\pi]$ 上可积函数 $p(x),q(x)$，令

$$(p,q)=\int_{-\pi}^{\pi} p(x)q(x)\mathrm{d}x$$

使用这一内积的概念，则函数系 $\{1,\sin x,\cos x,\sin 2x,\cos 2x,\cdots\}$ 的性质可以描述为当 $p\neq q$ 时 $(p,q)=0$，因此我们也称 $\{1,\sin x,\cos x,\sin 2x,\cos 2x,\cdots\}$ 为一个正交函数系。

16.1.1　周期为 2π 的函数的 Fourier 级数

下面设 f 是一个周期为 2π 的函数，如果函数 $f(x)$ 可以通过如下的三角级数

$$\frac{a_0}{2}+\sum_{n=1}^{\infty}(a_n\cos nx+b_n\sin nx)$$

求和产生，我们来确认 a_n、b_n 的表达式。为了简单起见，先假设上述级数是一致收敛的，则不难发现对任意的正整数 n，

$$\frac{a_0}{2}\cos nx+\sum_{n=1}^{\infty}(a_n\cos nx+b_n\sin nx)\cos nx$$

$$\frac{a_0}{2}\sin nx+\sum_{n=1}^{\infty}(a_n\cos nx+b_n\sin nx)\sin nx$$

仍然是一致收敛的。根据一致收敛函数项级数的逐项积分的性质,我们不难发现

$$\int_{-\pi}^{\pi}f(x)\mathrm{d}x=\int_{-\pi}^{\pi}\frac{a_0}{2}\mathrm{d}x+\sum_{n=1}^{\infty}\int_{-\pi}^{\pi}(a_n\cos nx+b_n\sin nx)\mathrm{d}x=a_0\pi$$

而对正整数 $n\geqslant 1$,

$$\int_{-\pi}^{\pi}f(x)\cos nx\,\mathrm{d}x=\int_{-\pi}^{\pi}\frac{a_0}{2}\cos nx\,\mathrm{d}x+\sum_{m=1}^{\infty}\int_{-\pi}^{\pi}(a_m\cos mx+b_m\sin mx)\cos nx\,\mathrm{d}x$$

$$=\int_{-\pi}^{\pi}a_n\cos^2 nx\,\mathrm{d}x=a_n\pi$$

$$\int_{-\pi}^{\pi}f(x)\sin nx\,\mathrm{d}x=\int_{-\pi}^{\pi}\frac{a_0}{2}\sin nx\,\mathrm{d}x+\sum_{m=1}^{\infty}\int_{-\pi}^{\pi}(a_m\cos mx+b_m\sin mx)\sin nx\,\mathrm{d}x$$

$$=\int_{-\pi}^{\pi}a_n\sin^2 nx\,\mathrm{d}x=a_n\pi$$

注意,这里的计算使用了前面三角函数系$\{1,\sin x,\cos x,\sin 2x,\cos 2x,\cdots\}$的正交性。

这样我们得到,如果

$$f(x)=\frac{a_0}{2}+\sum_{n=1}^{\infty}(a_n\cos nx+b_n\sin nx)$$

是一致收敛的,则有

$$a_n=\frac{1}{\pi}\int_{-\pi}^{\pi}f(x)\cos nx,\quad n=0,1,2,\cdots$$

$$b_n=\frac{1}{\pi}\int_{-\pi}^{\pi}f(x)\sin nx,\quad n=1,2,3,\cdots$$

这两个公式也称为 Euler - Fourier 公式。因为 f 是以 2π 为周期的,这里的积分区间也可以换成任意长度为 2π 的区间$[h,h+2\pi]$。

另一方面,只要 $f(x)$在$[-\pi,\pi]$上 Riemann 可积或者广义积分意义下绝对可积,则 $f(x)\cos nx$ 和 $f(x)\sin nx$ 就 Riemann 可积或绝对可积,这样我们就可以通过 Euler - Fourier 公式给出

$$a_n=\frac{1}{\pi}\int_{-\pi}^{\pi}f(x)\cos nx,\quad n=0,1,2,\cdots$$

$$b_n=\frac{1}{\pi}\int_{-\pi}^{\pi}f(x)\sin nx,\quad n=1,2,3,\cdots$$

定义 16.1.1 设周期为 2π 的函数 $f(x)$在$[-\pi,\pi]$上 Riemann 可积或者广义积分意义下绝对可积,则称上述通过 Euler - Fourier 公式给出的 $a_n(n=0,1,2,\cdots)$,$b_n(n=1,2,\cdots)$ 为 $f(x)$ 生成的 Fourier 系数。相应的三角级数

$$\frac{a_0}{2}+\sum_{n=1}^{\infty}(a_n\cos nx+b_n\sin nx)$$

称为 $f(x)$ 生成的 Fourier 级数,记为

$$f(x)\sim\frac{a_0}{2}+\sum_{n=1}^{\infty}(a_n\cos nx+b_n\sin nx)$$

注意,这里我们用记号~是因为 $f(x)$ 生成的 Fourier 级数不一定收敛,就算收敛也不一定收敛到 $f(x)$。

例 16.1.1 设 f 是以 2π 为周期的函数,在$(-\pi,\pi]$上的表达式为

$$f(x)=\begin{cases}1, & x\in(0,\pi] \\ 0, & x\in(-\pi,0]\end{cases}$$

求 $f(x)$ 生成的 Fourier 级数。

解　按照 Euler - Fourier 公式计算可得

$$a_0=\frac{1}{\pi}\int_{-\pi}^{\pi}f(x)\mathrm{d}x=\frac{1}{\pi}\int_0^{\pi}\mathrm{d}\}x=1$$

当 $n\geqslant 1$ 时，

$$a_n=\frac{1}{\pi}\int_{-\pi}^{\pi}f(x)\cos nx\,\mathrm{d}x=\frac{1}{\pi}\int_0^{\pi}\cos nx\,\mathrm{d}x=\left.\frac{\sin nx}{n\pi}\right|_0^{\pi}=0$$

$$b_n=\frac{1}{\pi}\int_{-\pi}^{\pi}f(x)\sin nx\,\mathrm{d}x=\frac{1}{\pi}\int_0^{\pi}\sin nx\,\mathrm{d}x=\left.\frac{-\cos nx}{n\pi}\right|_0^{\pi}=\begin{cases}\dfrac{2}{n\pi}, & n\text{ 为奇数} \\ 0, & n\text{ 为偶数}\end{cases}$$

因此

$$f(x)\sim\frac{1}{2}+\frac{2}{\pi}\sum_{k=1}^{\infty}\frac{\sin(2k-1)x}{2k-1}$$

使用数值模拟不难发现，除了在 $x=k\pi, k\in\mathbb{Z}$ 这些点之外，级数

$$\frac{1}{2}+\frac{2}{\pi}\sum_{k=1}^{\infty}\frac{\sin(2k-1)x}{2k-1}$$

的部分和收敛到 $f(x)$，在下一节中将证明相关的结论，此时也称相应的 Fourier 级数为 f 的 Fourier 展开。将周期函数展开成三角级数在很多领域又称为频谱分析，对应的就是将复杂的振动分解为简谐振动的叠加。这一例子给出了方波的频谱分析。下面我们还可以给出一种锯齿波的 Fourier 级数。

例 16.1.2　设 f 是以 2π 为周期的函数，在 $(0,2\pi]$ 上的表达式为 $f(x)=x$，求 $f(x)$ 生成的 Fourier 级数。

解　按照 Euler - Fourier 公式计算可得

$$a_0=\frac{1}{\pi}\int_0^{2\pi}x\,\mathrm{d}x=2\pi$$

对 $n\geqslant 1$，有

$$a_n=\frac{1}{\pi}\int_0^{2\pi}x\cos nx\,\mathrm{d}x=\frac{1}{\pi}\left(x\left.\frac{\sin nx}{n}\right|_0^{2\pi}-\int_0^{2\pi}\frac{\sin nx}{n}\mathrm{d}x\right)=0$$

$$b_n=\frac{1}{\pi}\int_0^{2\pi}x\sin nx\,\mathrm{d}x=\frac{1}{\pi}\left(-x\left.\frac{\cos nx}{n}\right|_0^{2\pi}+\int_0^{2\pi}\frac{\cos nx}{n}\mathrm{d}x\right)=-\frac{2}{n}$$

因此

$$f(x)\sim\pi-2\sum_{n=1}^{\infty}\frac{\sin nx}{n}$$

这个例子中，在 2π 的整数倍的点之外，$f(x)$ 的 Fourier 级数的确收敛到 $f(x)$。

当 $f(x)$ 是定义在一个长度为 2π 的区间上的函数时，我们可以将它延拓为周期为 2π 的函数，从而也给出相应的 Fourier 级数。

16.1.2　正弦级数与余弦级数

当 $f(x)$ 是一个周期为 2π 的偶函数时，注意对所有的 $n\geqslant 1$，有 $f(x)\sin nx$ 都是 $[-\pi,\pi]$ 上的奇函数，从而

$$b_n = \int_{-\pi}^{\pi} f(x)\sin nx\,\mathrm{d}x = 0$$

这时 $f(x)$ 所生成的 Fourier 级数如下：

$$f(x) \sim \frac{a_0}{2} + \sum_{n=1}^{\infty} a_n \cos nx$$

式中

$$a_n = \frac{1}{\pi}\int_{-\pi}^{\pi} f(x)\cos nx\,\mathrm{d}x = \frac{2}{\pi}\int_{0}^{\pi} f(x)\cos nx\,\mathrm{d}x$$

它只包含有常数项和带有余弦函数的项，对应的 Fourier 级数称为余弦级数。另一方面，当 $f(x)$ 是一个周期为 2π 的奇函数时，有 $f(x)\cos nx$ 都是 $[-\pi,\pi]$ 上的奇函数，从而

$$a_n = \int_{-\pi}^{\pi} f(x)\cos nx\,\mathrm{d}x = 0$$

这时函数的 Fourier 级数如下：

$$f(x) \sim \sum_{n=1}^{\infty} b_n \sin nx$$

式中

$$b_n = \frac{1}{\pi}\int_{-\pi}^{\pi} f(x)\sin nx\,\mathrm{d}x = \frac{2}{\pi}\int_{0}^{\pi} f(x)\sin nx\,\mathrm{d}x$$

它只含有正弦函数的项，对应的 Fourier 级数称为正弦级数。

当 $f(x)$ 是定义在 $[0,\pi]$ 上的函数时，我们可以令

$$F(x) = \begin{cases} f(x), & x \in [0,\pi] \\ f(-x), & x \in [-\pi,0] \end{cases}$$

这样 $f(x)$ 延拓成了一个定义在 $[-\pi,\pi]$ 上的偶函数。进一步可以将它延拓为以 2π 为周期的函数 $F(x)$，$F(x)$ 所生成的 Fourier 级数为余弦级数，我们称这一级数为 $f(x)$ 生成的余弦级数，对应的级数表达式为

$$\frac{a_0}{2} + \sum_{n=1}^{\infty} a_n \cos nx, \quad a_n = \frac{2}{\pi}\int_{0}^{\pi} f(x)\cos nx\,\mathrm{d}x, \quad n = 0,1,\cdots$$

还可以令

$$F(x) = \begin{cases} f(x), & x \in (0,\pi) \\ -f(-x), & x \in (-\pi,0) \\ 0, & x = 0, \pm\pi \end{cases}$$

这样 $f(x)$ 延拓成了一个定义在 $[-\pi,\pi]$ 上的奇函数，进一步可以将它延拓为以 2π 为周期的函数 $F(x)$，$F(x)$ 所生成的 Fourier 级数为正弦级数，我们称这一级数为 $f(x)$ 生成的正弦级数，对应的级数表达式为

$$\sum_{n=1}^{\infty} b_n \sin nx, \quad b_n = \frac{2}{\pi}\int_{0}^{\pi} f(x)\sin nx\,\mathrm{d}x, \quad n = 1,2,\cdots$$

例 16.1.3 $f(x)=x, x\in[0,\pi]$，求 $f(x)$ 生成的正弦级数与余弦级数。

解 将 $f(x)$ 奇延拓可以得到正弦级数，对应的系数

$$b_n = \frac{2}{\pi}\int_{0}^{\pi} f(x)\sin nx\,\mathrm{d}x = \frac{2}{\pi}\int_{0}^{\pi} x\sin nx\,\mathrm{d}x$$

$$= \frac{2}{\pi}\left(-x\frac{\cos nx}{n}\bigg|_0^{\pi} + \int_0^{\pi}\frac{\cos nx}{n}\mathrm{d}x\right) = \frac{2(-1)^{n-1}}{n}$$

因此 $f(x)$ 生成的正弦级数为

$$2\sum_{n=1}^{\infty}\frac{(-1)^{n-1}\sin nx}{n}$$

将 $f(x)$ 偶延拓可以得到余弦级数,对应的系数

$$a_0=\frac{2}{\pi}\int_0^{\pi}f(x)\mathrm{d}x=\frac{2}{\pi}\int_0^{\pi}x\mathrm{d}x=\pi$$

当 $n\geqslant 1$ 时,

$$\begin{aligned}a_n&=\frac{2}{\pi}\int_0^{\pi}f(x)\cos nx\,\mathrm{d}x=\frac{2}{\pi}\int_0^{\pi}x\cos nx\,\mathrm{d}x\\&=\frac{2}{\pi}\left(x\frac{\sin nx}{n}\bigg|_0^{\pi}-\int_0^{\pi}\frac{\sin nx}{n}\mathrm{d}x\right)=\frac{2(\cos n\pi-1)}{n^2\pi}=\frac{2[(-1)^n-1]}{n^2\pi}\end{aligned}$$

因此 $f(x)$ 生成的余弦级数为

$$\frac{\pi}{2}+\sum_{n=1}^{\infty}\frac{2[(-1)^n-1]}{n^2\pi}\cos nx=\frac{\pi}{2}-\frac{4}{\pi}\sum_{k=1}^{\infty}\frac{\cos(2k-1)x}{(2k-1)^2}$$

16.1.3　一般周期函数的 Fourier 级数

这一小节中我们介绍一般周期函数生成的 Fourier 级数。设 $f(x)$是一个以 $T=2l$ 为周期的函数,令

$$\varphi(u)=f\left(\frac{l}{\pi}u\right)$$

则不难验证对任意的 $u\in\mathbb{R}$,有

$$\varphi(u+2\pi)=f\left[\frac{1}{\pi}(u+2\pi)\right]=f\left(\frac{l}{\pi}u+2l\right)=f\left(\frac{l}{\pi}u\right)=\varphi(u)$$

从而 $\varphi(u)$ 是以 2π 为周期的函数。这样可以考虑 $\varphi(u)$生成的 Fourier 级数

$$\varphi(u)\sim\frac{a_0}{2}+\sum_{n=1}^{\infty}(a_n\cos nu+b_n\sin nu)$$

式中

$$a_n=\frac{1}{\pi}\int_{-\pi}^{\pi}\varphi(u)\cos nu,\quad n=0,1,2,\cdots$$

$$b_n=\frac{1}{\pi}\int_{-\pi}^{\pi}\varphi(u)\sin nu,\quad n=1,2,3,\cdots$$

再在 $\varphi(u)$生成 Fourier 变换中令 $x=\dfrac{l}{\pi}u$,可得 $f(x)$生成的 Fourier 变换如下:

$$f(x)\sim\frac{a_0}{2}+\sum_{n=1}^{\infty}\left(a_n\cos\frac{n\pi x}{l}+b_n\sin\frac{n\pi x}{l}\right)$$

式中,系数

$$a_n=\frac{1}{\pi}\int_{-\pi}^{\pi}\varphi(u)\cos nu=\frac{1}{l}\int_{-l}^{l}f(x)\cos\frac{n\pi x}{l}\mathrm{d}x,\quad n=0,1,2,\cdots$$

$$b_n=\frac{1}{\pi}\int_{-\pi}^{\pi}\varphi(u)\sin nu=\frac{1}{l}\int_{-l}^{l}f(x)\sin\frac{n\pi x}{l}\mathrm{d}x,\quad n=1,2,3,\cdots$$

例 16.1.4　已知以 2 为周期的周期函数 $f(x)$满足 $f(x)=|x|,x\in[-1,1]$,求 $f(x)$ 生成的 Fourier 级数。

解　先求 Fourier 系数,注意 $f(x)$ 是偶函数,因此 $b_n=0,n=1,2,\cdots$,生成的是余弦级数。

$$a_0 = 2\int_0^1 x\mathrm{d}x = 1$$

当 $n\geqslant 1$ 时，

$$a_n = 2\int_0^1 x\cos n\pi x\mathrm{d}x = 2\left(\frac{x\sin n\pi x}{n\pi}\bigg|_0^1 - \int_0^1 \frac{\sin n\pi x}{n\pi}\right) = \frac{2}{n^2\pi^2}(\cos n\pi - 1)$$

因此 $f(x)$ 生成的 Fourier 级数为

$$\frac{1}{2} + \sum_{n=1}^{\infty}\frac{2}{n^2\pi^2}(\cos n\pi - 1)\cos n\pi x = \frac{1}{2} - \frac{4}{\pi^2}\sum_{k=1}^{\infty}\frac{\cos(2k-1)\pi x}{(2k-1)^2}$$

习题 16.1

1. 证明：任取 $p(x)$、$q(x)\in\{1,\sin x,\cos x,\sin 2x,\cos 2x,\cdots\}$，有

$$\int_{-\pi}^{\pi} p(x)q(x)\mathrm{d}x = \begin{cases}0, & p\neq q,\\ 2\pi, & p=q\equiv 1\\ \pi, & p=q\neq 1\end{cases}$$

2. 已知 $f(x)$ 是以 2π 为周期的函数，且满足

$$f(x)=\begin{cases}x, & x\in[0,\pi]\\ 0, & x\in(-\pi,0)\end{cases}$$

求 f 生成的 Fourier 级数。

3. 已知以 2π 为周期的周期函数 $f(x)$ 满足 $f(x)=|\sin x|$，$x\in[-\pi,\pi]$，求 f 生成的 Fourier 级数。

4. 已知 $f(x)$ 是以 2π 为周期的函数，且满足

$$f(x)=\begin{cases}x^2, & x\in(0,\pi)\\ 0, & x=\pi\\ -x^2, & x\in(\pi,2\pi]\end{cases}$$

求 f 生成的 Fourier 级数。

5. 求函数 $f(x)=x^2$，$x\in[0,\pi]$生成的正弦级数和余弦级数。

6. 如何将$\left[0,\frac{\pi}{2}\right]$上的函数 $f(x)$ 延拓，使 $f(x)$ 的 Fourier 级数有如下形式：

(1) $\sum\limits_{n=1}^{\infty}a_{2n-1}\cos(2n-1)x$；　　(2) $\sum\limits_{n=1}^{\infty}b_{2n-1}\sin(2n-1)x$。

7. 给定函数 $f(x)=x$，$x\in(0,2)$，求 f 生成的正弦级数与余弦级数。

16.2 Fourier 级数的收敛性

这一节中我们将分析一个函数 $f(x)$ 生成的 Fourier 级数的收敛性。特别地，将给出几个 Fourier 级数收敛的充分条件，从中也可以看出相对于 Taylor 级数，Fourier 级数收敛的要求要宽松得多。

16.2.1 Riemann 引理

在讨论 Fourier 级数之前，先准备如下的 Riemann 引理以作为工具。

定理 16.2.1(Riemann 引理)　若 $f(x)$是$[a,b]$上 Riemann 可积或广义积分意义下绝对可积的函数,则有

$$\lim_{p\to\infty}\int_a^b f(x)\sin px\,\mathrm{d}x=0,\quad \lim_{p\to\infty}\int_a^b f(x)\cos px\,\mathrm{d}x=0$$

证　我们只证明其中的一个式子,另一个式子的证明类似。先考虑 $f(x)$Riemann 可积的情形。由 $f(x)$Riemman 可积,可得对任意的 $\varepsilon>0$,存在$[a,b]$的一个分割:

$$a=x_0<x_1<\cdots<x_n=b$$

使得

$$\sum_{i=1}^n\omega_i\Delta x_i<\frac{\varepsilon}{2}$$

式中,$\Delta x_i=x_i-x_{i-1}$,$\omega_i=M_i-m_i$,$M_i=\sup\limits_{x\in[x_i,x_{i-1}]}f(x)$,$m_i=\inf\limits_{x\in[x_i,x_{i-1}]}f(x)$,则有

$$\begin{aligned}\left|\int_a^b f(x)\sin px\,\mathrm{d}x\right|&=\left|\sum_{i=1}^n\int_{x_{i-1}}^{x_i}f(x)\sin px\,\mathrm{d}x\right|\\&\leqslant\sum_{i=1}^n\left|\int_{x_{i-1}}^{x_i}[f(x)-m_i]\sin px\,\mathrm{d}x\right|+\left|\sum_{i=1}^n\int_{x_{i-1}}^{x_i}m_i\sin px\,\mathrm{d}x\right|\\&\leqslant\sum_{i=1}^n\left|\int_{x_{i-1}}^{x_i}\omega_i\,\mathrm{d}x\right|+\left|\sum_{i=1}^n m_i\sin px\,\mathrm{d}x\right|<\frac{\varepsilon}{2}+\left|\sum_{i=1}^n\int_{x_{i-1}}^{x_i}m_i\sin px\,\mathrm{d}x\right|\end{aligned}$$

易见

$$\left|\sum_{i=1}^n\int_{x_{i-1}}^{x_i}m_i\sin px\,\mathrm{d}x\right|=\frac{1}{|p|}\left|\sum_{i=1}^n m_i(\cos px_{i-1}-\cos px_i)\right|\leqslant\frac{1}{|p|}\sum_{i=1}^n 2|m_i|$$

由此易见

$$\lim_{p\to\infty}\left|\sum_{i=1}^n\int_{x_{i-1}}^{x_i}m_i\sin px\,\mathrm{d}x\right|=0$$

存在 $P>0$,使得当$|p|>P$ 时有

$$\left|\sum_{i=1}^n\int_{x_{i-1}}^{x_i}m_i\sin px\,\mathrm{d}x\right|<\frac{\varepsilon}{2}$$

则当$|p|>P$ 时,有

$$\left|\int_a^b f(x)\sin px\,\mathrm{d}x\right|<\varepsilon$$

这就证明了$\lim\limits_{p\to\infty}\int_a^b f(x)\sin px\,\mathrm{d}x=0$。

下面考虑 $f(x)$ 是绝对可积的情形,不妨设 b 是$\int_a^b f(x)\mathrm{d}x$ 的唯一瑕点。任取 $\varepsilon>0$,由 $f(x)$ 绝对可积,存在 $\eta>0$,使得

$$\int_{b-\eta}^b|f(x)|\,\mathrm{d}x<\frac{\varepsilon}{2}$$

则对任意的 p,都有

$$\left|\int_{b-\eta}^b f(x)\sin px\,\mathrm{d}x\right|\leqslant\int_{b-\eta}^b|f(x)|\,\mathrm{d}x<\frac{\varepsilon}{2}$$

又因为 $f(x)$在$[a,b-\eta]$上 Riemann 可积,则由前面证明的部分可知,存在 $P>0$,使得当$|p|>P$ 时,有

$$\left|\int_a^{b-\eta}f(x)\sin px\,\mathrm{d}x\right|<\frac{\varepsilon}{2}$$

则当$|p|>P$时,有

$$\left|\int_a^b f(x)\sin px\,\mathrm{d}x\right| \leqslant \left|\int_a^{b-\eta} f(x)\sin p\,\mathrm{d}x\right| + \left|\int_{b-\eta}^b f(x)\sin px\,\mathrm{d}x\right| < \frac{\varepsilon}{2} + \frac{\varepsilon}{2} = \varepsilon$$

这就证明了$\lim\limits_{p\to\infty}\int_a^b f(x)\sin px\,\mathrm{d}x = 0$。

推论 16.2.1 若$a_n(n\geqslant 0)$,$b_n(n\geqslant 1)$是一个在$[-\pi,\pi]$上 Rimann 可积或绝对可积函数的 Fourier 系数,则有

$$\lim_{n\to\infty} a_n = 0, \quad \lim_{n\to\infty} b_n = 0$$

16.2.2 Dirichlet 积分

下面考虑$f(x)$生成的 Fourier 级数的收敛性。以下总假设f以2π为周期,在$[-\pi,\pi]$上 Riemann 可积或绝对可积。记

$$S_n(x) = \frac{a_0}{2} + \sum_{k=1}^n (a_k\cos kx + b_k\sin kx), \quad n = 1,2,\cdots$$

是$f(x)$生成的 Fourier 级数的部分和。给定一点x_0,下面考察$\{S_n(x_0)\}_{n\geqslant 1}$的收敛性。将 Euler - Fourier 公式代入可得

$$\begin{aligned} S_n(x_0) &= \frac{1}{\pi}\left\{\frac{1}{2}\int_{-\pi}^{\pi} f(x)\mathrm{d}x + \sum_{k=1}^n\left[\int_{-\pi}^{\pi} f(x)\cos kx\cos kx_0\,\mathrm{d}x + \int_{-\pi}^{\pi} f(x)\sin kx\sin kx_0\,\mathrm{d}x\right]\right\} \\ &= \frac{1}{\pi}\int_{-\pi}^{\pi}\left[\frac{1}{2} + \sum_{k=1}^n(\cos kx\cos kx_0 + \sin kx\sin kx_0)\right]f(x)\mathrm{d}x \\ &= \frac{1}{\pi}\int_{-\pi}^{\pi}\left[\frac{1}{2} + \sum_{k=1}^n\cos k(x-x_0)\right]f(x)\mathrm{d}x = \int_{x_0-\pi}^{x_0+\pi}\left(\frac{1}{2} + \sum_{k=1}^n\cos kt\right)f(x_0+t)\mathrm{d}t \end{aligned}$$

再根据$f(x)$是以2π为周期的函数,可得

$$S_n(x_0) = \frac{1}{\pi}\int_{-\pi}^{\pi}\left(\frac{1}{2} + \sum_{k=1}^n\cos kt\right)f(x_0+t)\mathrm{d}t$$

使用公式

$$\frac{1}{2} + \sum_{k=1}^n\cos kt = \frac{\sin\left(n+\frac{1}{2}\right)t}{2\sin\frac{t}{2}}$$

(当$t=0$时等式右端取极限)可得

$$S_n(x_0) = \frac{1}{\pi}\int_{-\pi}^{\pi}\frac{\sin\left(n+\frac{1}{2}\right)t}{2\sin\frac{t}{2}}f(x_0+t)\mathrm{d}t$$

再通过代换将$[-\pi,0]$的积分换为区间$[0,\pi]$上的积分可得

$$S_n(x_0) = \frac{1}{\pi}\int_0^{\pi}\frac{\sin\left(n+\frac{1}{2}\right)t}{2\sin\frac{t}{2}}[f(x_0+t)+f(x_0-t)]\mathrm{d}t$$

这样就把部分和$S_n(x_0)$化为了一个积分的形式,该积分又称为 Dirichlet 积分。其中

$$D_n(t) = \frac{\sin\left(n+\frac{1}{2}\right)t}{2\sin\frac{t}{2}}$$

也称为 Dirichlet 核。

使用 Riemann 引理可得如下结论。

引理 16.2.1　设 f 以 2π 为周期，在$[-\pi,\pi]$上 Riemann 可积或绝对可积。对任意的 $\delta\in(0,\pi)$，有

$$\lim_{n\to\infty}S_n(x_0)=\lim_{n\to\infty}\frac{1}{\pi}\int_0^{\delta}\frac{\sin\left(n+\frac{1}{2}t\right)}{2\sin\frac{t}{2}}[f(x_0+t)+f(x_0-t)]\mathrm{d}t$$

证　由前面的 Dirichlet 积分公式，为证明结论，只需证明对任意的 $\delta\in(0,\pi)$，有

$$\lim_{n\to\infty}\int_{\delta}^{\pi}\frac{\sin\left(n+\frac{1}{2}\right)t}{2\sin\frac{t}{2}}[f(x_0+t)+f(x_0-t)]\mathrm{d}t=0$$

注意到$\dfrac{f(x_0+t)+f(x_0-t)}{2\sin\frac{t}{2}}$在$[\delta,\pi]$上 Riemann 可积或绝对可积，应用 Riemann 引理即得上述等式。

这一引理说明函数 f 的 Fourier 级数在 x_0 点的收敛性以及具体收敛的值只取决于 x_0 附近任意小邻域的取值，这是一个非常让人惊异的性质。

再一次应用 Riemann 引理，还可以得到如下结论。

引理 16.2.2　设函数 $\varphi(t)$在区间$[0,\delta]$上 Riemann 可积或绝对可积，则有

$$\lim_{n\to\infty}\int_0^{b}\varphi(t)\left[\frac{\sin\left(n+\frac{1}{2}\right)t}{2\sin\frac{t}{2}}-\frac{\sin\left(n+\frac{1}{2}\right)t}{t}\right]\mathrm{d}t=0$$

证　易见当 $t\to0$ 时有

$$\frac{1}{2\sin\frac{t}{2}}-\frac{1}{t}=\frac{t-2\sin\frac{t}{2}}{2t\sin\frac{t}{2}}=\frac{o(t^2)}{t^2+o(t^2)}\to0$$

因此$\dfrac{1}{2\sin\frac{t}{2}}-\dfrac{1}{t}$可以看成是$[0,\delta]$上的连续函数，当 $\varphi(t)$在区间$[0,\delta]$上 Riemann 可积或绝对可积时，$\varphi(t)\left(\dfrac{1}{2\sin\frac{t}{2}}-\dfrac{1}{t}\right)$仍然是 Riemann 可积或绝对可积的函数，由 Riemann 引理即可得结论。

16.2.3　Fourier 级数的逐点收敛性

下面考虑 Fourier 级数的逐点收敛性，将给出在 x_0 点几个 Fourier 级数的部分和收敛到

$$\frac{f(x_0+)+f(x_0-)}{2}$$

的充分条件。下面仍然假设 $f(x)$是以 2π 为周期的函数，在$[-\pi,\pi]$上 Riemann 可积或者绝对可积，且在 x_0 处左右极限 $f(x_0-)$、$f(x_0+)$都存在。注意：

$$\int_0^{\pi}\frac{\sin\left(n+\frac{1}{2}\right)t}{2\sin\frac{t}{2}}\mathrm{d}t=\int_0^{\pi}\left(\frac{1}{2}+\sum_{k=1}^{n}\cos nt\right)\mathrm{d}t=\frac{\pi}{2}$$

由此不难发现
$$S_n(x_0)\to\frac{f(x_0+)+f(x_0-)}{2},\quad n\to\infty$$

等价于当 $n\to\infty$ 时,

$$\frac{1}{\pi}\int_0^{\pi}\frac{\sin\left(n+\frac{1}{2}\right)t}{2\sin\frac{t}{2}}[f(x_0+t)+f(x_0-t)]\mathrm{d}t-\frac{1}{\pi}\int_0^{\pi}\frac{\sin\left(n+\frac{1}{2}\right)t}{2\sin\frac{t}{2}}[f(x_0+)+f(x_0-)]\mathrm{d}t\to 0$$

也就等价于当 $n\to\infty$ 时,

$$\frac{1}{\pi}\int_0^{\pi}\frac{\sin\left(n+\frac{1}{2}\right)t}{2\sin\frac{t}{2}}[f(x_0+t)-f(x_0+)+f(x_0-t)-f(x_0-)]\mathrm{d}t\to 0$$

从这里可以观察出,为了

$$S_n(x_0)\to\frac{f(x_0+)+f(x_0-)}{2},\quad n\to\infty$$

只需要

$$\frac{1}{\pi}\int_0^{\pi}\frac{\sin\left(n+\frac{1}{2}\right)t}{2\sin\frac{t}{2}}[f(x_0+t)-f(x_0+)]\mathrm{d}t\to 0$$

$$\frac{1}{\pi}\int_0^{\pi}\frac{\sin\left(n+\frac{1}{2}\right)t}{2\sin\frac{t}{2}}[f(x_0-t)-f(x_0-)]\mathrm{d}t\to 0$$

都成立即可。类似于引理 16.2.1,使用 Riemann 引理,实际上只需证明存在 $\delta>0$,使得

$$\frac{1}{\pi}\int_0^{\delta}\frac{\sin\left(n+\frac{1}{2}\right)t}{2\sin\frac{t}{2}}[f(x_0+t)-f(x_0+)]\mathrm{d}t\to 0$$

$$\frac{1}{\pi}\int_0^{\delta}\frac{\sin\left(n+\frac{1}{2}\right)t}{2\sin\frac{t}{2}}[f(x_0-t)-f(x_0-)]\mathrm{d}t\to 0$$

都成立即可。

定理 16.2.2(Dini - Lipschitz) 若函数 $f(x)$ 在点 x_0 处满足如下的 Hölder 条件:存在 $\delta>0$ 以及常数 $L>0$, $\alpha\in(0,1]$,使得对任意的 $t\in(0,\delta)$ 都有

$$|f(x_0+t)-f(x_0+)|\leqslant Lt^{\alpha},\quad |f(x_0-t)-f(x_0-)|\leqslant Lt^{\alpha}$$

则 $f(x)$ 生成的 Fourier 级数在 x_0 处满足

$$\frac{a_0}{2}+\sum_{n=1}^{\infty}(a_n\cos nx_0+b_n\sin nx_0)=\frac{f(x_0+)+f(x_0-)}{2}$$

证 如前所述,为了证明题中的结论,只需证明当 $n\to\infty$ 时

$$\frac{1}{\pi}\int_0^\delta \frac{\sin\left(n+\frac{1}{2}\right)t}{2\sin\frac{t}{2}}[f(x_0+t)-f(x_0+)]\mathrm{d}t\to 0$$

$$\frac{1}{\pi}\int_0^\delta \frac{\sin\left(n+\frac{1}{2}\right)t}{2\sin\frac{t}{2}}[f(x_0-t)-f(x_0-)]\mathrm{d}t\to 0$$

这里不妨设 $\delta<\pi$，注意当 $x\to 0$ 时有

$$\left|\frac{f(x_0+t)-f(x_0+)}{2\sin\frac{t}{2}}\right|\sim\left|\frac{f(x_0+t)-f(x_0+)}{t}\right|$$

由于 $f(x)$ 在 x_0 处满足 Hölder 条件，由此得

$$\left|\frac{f(x_0+t)-f(x_0+)}{t}\right|<Lt^{\alpha-1}$$

由于 $\alpha\in(0,1]$，因此 $\int_0^\delta Lt^{\alpha-1}\mathrm{d}t$ 收敛，由此可得

$$\int_0^\delta\left|\frac{f(x_0+t)-f(x_0+)}{2\sin\frac{t}{2}}\right|\mathrm{d}t$$

收敛，即 $\dfrac{f(x_0+t)-f(x_0+)}{2\sin\frac{t}{2}}$ 在 $[0,\delta]$ 上绝对收敛，由 Riemann 引理即可得当 $n\to\infty$ 时

$$\frac{1}{\pi}\int_0^\delta \frac{\sin\left(n+\frac{1}{2}\right)t}{2\sin\frac{t}{2}}[f(x_0+t)-f(x_0+)]\mathrm{d}t\to 0$$

类似可证

$$\frac{1}{\pi}\int_0^\delta \frac{\sin\left(n+\frac{1}{2}\right)t}{2\sin\frac{t}{2}}[f(x_0-t)-f(x_0-)]\mathrm{d}t\to 0$$

下面给出一类总满足 Hölder 条件的常见函数。

定义 16.2.1 如果区间 $[a,b]$ 上定义的函数 $f(x)$ 满足如下性质，存在 $[a,b]$ 的一个分割 $a=x_0<x_1<\cdots<x_n=b$，使得在每个区间 (x_{i-1},x_i) 内 $f(x)$ 都具有连续的导函数，且在小区间的端点处 $f(x_{i-1}+)$、$f'(x_{i-1}+)$、$f(x_i-)$、$f'(x_i-)$ 都存在，则称 $f(x)$ 是一个分段光滑的函数。

由 Dini - Lipschitz 判别法可得如下推论。

推论 16.2.2 设 f 是在 $[-\pi,\pi]$ 上分段光滑的以 2π 为周期的函数，则它的 Fourier 级数在任一点 x 处都收敛到

$$\frac{f(x+)+f(x-)}{2}$$

特别地，在 $f(x)$ 的连续点 x 处收敛到 $f(x)$。

由这一结论，再根据例 16.1.2 的计算可得

$$\frac{1}{2}+\frac{2}{\pi}\sum_{k=1}^{\infty}\frac{\sin(2k-1)x}{2k-1}=\begin{cases}1, & x\in(2k\pi,2k\pi+\pi)\\ \dfrac{1}{2}, & x=k\pi,\quad k\in\mathbb{Z}\\ 0, & x\in(2k\pi-\pi,2k\pi),\end{cases}$$

根据例 16.1.3 的计算可得

$$\pi-2\sum_{n=1}^{\infty}\frac{\sin nx}{n}=\begin{cases}x, & x\in(2k\pi,2k\pi+2\pi),\\ \pi, & x=2k\pi,\end{cases}\qquad k\in\mathbb{Z}$$

下面再给出 Fourier 级数收敛的另一判据。

定理 16.2.3(Dirichlet - Jordan) 若函数 $f(x)$ 在 x_0 点处满足如下条件:存在 $\delta>0$ 使得 $f(x)$ 在区间 $(x_0-\delta,x_0)$ 和区间 $(x_0,x_0+\delta)$ 上都是单调有界的,则 $f(x)$ 生成的 Fourier 级数在 x_0 点处满足

$$\frac{a_0}{2}+\sum_{n=1}^{\infty}(a_n\cos nx_0+b_n\sin nx_0)=\frac{f(x_0+)+f(x_0-)}{2}$$

证 如前所述,我们只需证明当 $n\to\infty$ 时,有

$$\frac{1}{\pi}\int_0^{\delta}\frac{\sin\left(n+\frac{1}{2}\right)t}{2\sin\frac{t}{2}}[f(x_0+t)-f(x_0+)]\mathrm{d}t\to 0$$

$$\frac{1}{\pi}\int_0^{\delta}\frac{\sin\left(n+\frac{1}{2}\right)t}{2\sin\frac{t}{2}}[f(x_0-t)-f(x_0-)]\mathrm{d}t\to 0$$

分别取 $\varphi(t)=f(x_0+t)-f(x_0+)$ 和 $f(x_0-t)-f(x_0-)$,应用引理 16.2.2,只需证明当 $n\to\infty$ 时,有

$$\frac{1}{\pi}\int_0^{\delta}\frac{\sin\left(n+\frac{1}{2}\right)t}{t}[f(x_0+t)-f(x_0+)]\mathrm{d}t\to 0$$

$$\frac{1}{\pi}\int_0^{\delta}\frac{\sin\left(n+\frac{1}{2}\right)t}{t}[f(x_0-t)-f(x_0-)]\mathrm{d}t\to 0$$

由单侧极限的定义,任取 $\varepsilon>0$,存在 $\eta\in(0,\delta)$,使得

$$|f(x_0+\eta)-f(x_0+)|<\varepsilon$$

对任意的正整数 n,不妨设在 $(x_0,x_0+\delta)$ 内 $f(x)$ 单调增加,由积分第二中值定理,存在 $\xi\in[0,\eta]$,使得

$$\left|\int_0^{\eta}\frac{\sin\left(n+\frac{1}{2}\right)t}{t}[f(x_0+t)-f(x_0+)]\mathrm{d}t\right|=[f(x_0+\eta)-f(x_0+)]\left|\int_{\xi}^{\eta}\frac{\sin\left(n+\frac{1}{2}\right)t}{t}\mathrm{d}t\right|$$

注意

$$\left|\int_{\xi}^{\eta}\frac{\sin\left(n+\frac{1}{2}\right)t}{t}\mathrm{d}t\right|=\left|\int_{(n+\frac{1}{2})\xi}^{(n+\frac{1}{2})\eta}\frac{\sin t}{t}\mathrm{d}t\right|$$

$\int_0^{+\infty}\frac{\sin x}{x}\mathrm{d}x$ 收敛,因此存在 K,使得对任意的 $A,A'\in[0,+\infty]$,有

$$\left|\int_A^{A'} \frac{\sin t}{t}\mathrm{d}t\right| < K$$

这样有

$$\left|\int_0^{\eta} \frac{\sin\left(n+\frac{1}{2}\right)t}{0}\right|[f(x_0+t)-f(x_0+)]\mathrm{d}t < K\varepsilon$$

式中，K 与 ε 无关。又由 Riemann 引理可得当 $n\to\infty$ 时

$$\int_{\eta}^{\delta} \frac{\sin\left(n+\frac{1}{2}\right)t}{t}[f(x_0+t)-f(x_0+)]\mathrm{d}t \to 0$$

因此存在 N，使得当 $n>N$ 时，有

$$\left|\int_{\eta}^{\delta} \frac{\sin\left(n+\frac{1}{2}\right)t}{t}[f(x_0+t)-f(x_0+)]\mathrm{d}t\right| < \varepsilon$$

进一步有当 $n>N$ 时，

$$\left|\int_0^{\delta} \frac{\sin\left(n+\frac{1}{2}\right)t}{t}[f(x_0+t)-f(x_0+)]\mathrm{d}t\right| < (K+1)\varepsilon$$

这就证明了

$$\lim_{n\to\infty}\frac{1}{\pi}\int_0^{\delta} \frac{\sin\left(n+\frac{1}{2}\right)t}{t}[f(x_0+t)-f(x_0+)]\mathrm{d}t = 0$$

类似地有

$$\lim_{n\to\infty}\frac{1}{\pi}\int_0^{\delta} \frac{\sin\left(n+\frac{1}{2}\right)t}{t}[f(x_0-t)-f(x_0-)]\mathrm{d}t = 0$$

证毕。

推论 16.2.3　设 $f(x)$是在$[-\pi,\pi]$上分段单调有界的函数，即存在$[-\pi,\pi]$的一个分割 $-\pi=x_0<x_1<\cdots<x_n=\pi$，使得在每一个子区间$(x_{i-1},x_i)$内 $f(x)$都是单调有界的，则对每一点 x，都有 $f(x)$的 Fourier 级数收敛到

$$\frac{f(x+)+f(x-)}{2}$$

特别地，在 $f(x)$的连续点 x 处收敛到 $f(x)$。

当 $f(x)$是一个其他周期函数时，其 Fourier 级数相应的收敛判据也成立，具体证明留给读者完成。当 $f(x)$是在一个区间上的分段光滑或分段单调有界的函数时，总可以写出其 Fourier 级数，在其连续点处，$f(x)$就等于 Fourier 级数的和，这样可以在很多点处将 $f(x)$展开成其 Fourier 级数的和，我们称其为 $f(x)$的 Fourier 展开。

例 16.2.1　设 $a\in(0,1)$，求 $f(x)=\cos ax$，$x\in[-\pi,\pi]$的 Fourier 展开，并根据其 Fourier 展开证明如下等式：

$$\frac{\pi}{\sin a\pi} = \frac{1}{a} + \sum_{n=1}^{\infty}(-1)^n\frac{2a}{a^2-n^2}$$

解 注意 $f(x)$是一个偶函数,因此它生成的 Fourier 级数是余弦级数。由 Fourier 系数的计算公式可得

$$a_0 = \frac{2}{\pi}\int_0^{\pi}\cos ax\,\mathrm{d}x = \frac{2\sin a\pi}{a\pi}$$

当 $n\geqslant 1$ 时,

$$a_n = \frac{2}{\pi}\int_0^{\pi}\cos ax\cos nx\,\mathrm{d}x = \frac{1}{\pi}\int_0^{\pi}[\cos(a+n)x+\cos(a-n)x]\mathrm{d}x = \frac{(-1)^n 2a\sin a\pi}{(a^2-n^2)\pi}$$

因为将 $f(x)$以 2π 为周期进行周期延拓得到的函数是连续函数,且它在$[-\pi,\pi]$上连续可微,因此有

$$\cos ax = \frac{\sin a\pi}{a\pi}+\sum_{n=1}^{\infty}\frac{(-1)^n 2a\sin a\pi}{(a^2-n^2)\pi}\cos nx,\quad x\in[-\pi,\pi]$$

这样就得到了 $f(x)$的 Fourier 展开。

在 $f(x)$的 Fourier 展开中令 $x=0$ 可得

$$\frac{\sin a\pi}{a\pi}+\sum_{n=1}^{\infty}\frac{(-1)^n 2a\sin a\pi}{(a^2-n^2)\pi} = 1$$

变形即得

$$\frac{\pi}{\sin a\pi} = \frac{1}{a}+\sum_{n=1}^{\infty}(-1)^n\frac{2a}{a^2-n^2}$$

习题 16.2

1. 求下函数的 Fourier 展开:

(1) $f(x)=|x|,-\pi\leqslant x<\pi$;

(2) $f(x)=\cos^2 x,-\pi\leqslant x<\pi$;

(3) $f(x)=x\cos x,-\pi\leqslant x<\pi$。

2. 求函数 $f(x)=\frac{1}{12}(3x^2-6\pi x+2\pi^2),0<x<2\pi$ 的 Fourier 展开,并依据该 Fourier 展开证明:

$$\sum_{n=1}^{\infty}\frac{1}{n^2} = \frac{\pi^2}{6}$$

3. 将函数 $f(x)=\frac{\pi}{2}-x$ 在$[0,\pi]$上展开成余弦级数。

4. 将函数 $f(x)=\cos\frac{x}{2}$在$[0,\pi]$上展开成余弦级数。

5. 设 $f(x)$为$[0,+\infty)$上的单调函数,且有 $\lim\limits_{x\to+\infty}f(x)=0$。证明:

$$\lim_{p\to\infty}\int_0^{+\infty}f(x)\sin px\,\mathrm{d}x = 0,\quad \lim_{p\to\infty}\int_0^{+\infty}f(x)\cos px\,\mathrm{d}x = 0$$

16.3 Fourier 级数的分析性质

这一节中给出 Fourier 级数的逐项求导和逐项求积的相关性质。这一节中假设 $f(x)$是以 2π 为周期的函数。

定理 16.3.1　设 $f(x)$是以 2π 为周期的连续函数，在$[-\pi,\pi]$中除了有限个点之外都可导，且 $f'(x)$在$[-\pi,\pi]$上 Riemann 可积或绝对可积。若

$$f(x) \sim \frac{a_0}{2} + \sum_{n=1}^{\infty}(a_n\cos nx + b_n\sin nx)$$

则有

$$f'(x) \sim \sum_{n=1}^{\infty}(-na_n\sin nx + nb_n\sin nx)$$

证　设 $f(x)$对应的 Fourier 系数为 $a_n(n\geqslant 0)$，$b_n(n\geqslant 1)$，$f'(x)$对应的 Fourier 系数为 $a_n'(n\geqslant 0)$，$b_n'(n\geqslant 1)$，则有

$$a_0' = \frac{1}{\pi}\int_{-\pi}^{\pi} f'(x)\mathrm{d}x = \frac{1}{\pi}[f(\pi) - f(-\pi)] = 0$$

当 $n\geqslant 1$ 时

$$a_n' = \frac{1}{\pi}\int_{-\pi}^{\pi} f'(x)\cos nx\,\mathrm{d}x = \frac{1}{\pi}\left[f(x)\cos nx\ \Big|_{-\pi}^{\pi} + n\int_{-\pi}^{\pi} f(x)\sin nx\,\mathrm{d}x\right] = nb_n$$

$$b_n' = \frac{1}{\pi}\int_{-\pi}^{\pi} f'(x)\sin nx\,\mathrm{d}x = \frac{1}{\pi}\left[f(x)\sin nx\ \Big|_{-\pi}^{\pi} - n\int_{-\pi}^{\pi} f(x)\cos nx\,\mathrm{d}x\right] = -na_n$$

代入 $f'(x)$的 Fourier 级数的表达式即得

$$f'(x) \sim \sum_{n=1}^{\infty}(-na_n\sin nx + nb_n\sin nx)$$

定理 16.3.2　设 $f(x)$是以 2π 为周期的周期函数，在$[-\pi,\pi]$上 Riemann 可积或绝对可积。若

$$f(x) \sim \frac{a_0}{2} + \sum_{n=1}^{\infty}(a_n\cos nx + b_n\sin nx)$$

则对任意的 $c,x\in\mathbb{R}$，有

$$\int_c^x f(t)\mathrm{d}t = \int_c^x \frac{a_0}{2}\mathrm{d}t + \sum_{n=1}^{\infty}\int_c^x (a_n\cos nt + b_n\sin nx)\mathrm{d}t$$

证　这个定理的一般情形证明比较麻烦，这里我们证明 $f(x)$只有有限个间断点，且每个间断点都是第一类的情形。给定 $c\in\mathbb{R}$，令

$$F(x) = \int_c^x \left[f(t) - \frac{a_0}{2}\right]\mathrm{d}t$$

易见 $F(x+2\pi) - F(x) = \int_x^{x+2\pi}\left[f(t) - \frac{a_0}{2}\right]\mathrm{d}t = 0$。因此 $F(x)$ 是一个以 2π 为周期的连续函数。又因为 $f(x)$ 只有有限个间断点，且每个间断点都是第一类的，因此 $F(x)$ 是分段光滑的，设 $A_n(n\geqslant 0)$、$B_n(n\geqslant 1)$ 是 $F(x)$ 的 Fourier 系数，则由推论 16.2.2 可得

$$F(x) = \frac{A_0}{2} + \sum_{n=1}^{\infty}(A_n\cos nx + B_n\sin nx)$$

对任意的 $n\geqslant 1$，有

$$A_n = \frac{1}{\pi}\int_{-\pi}^{\pi} F(x)\cos nx\,\mathrm{d}x = \frac{1}{\pi}\left[\frac{\sin nx}{n}F(x)\ \Big|_{-\pi}^{\pi} - \int_{-\pi}^{\pi} f(x)\,\frac{\sin nx}{x}\right] = -\frac{b_n}{n}$$

$$B_n = \frac{1}{\pi}\int_{-\pi}^{\pi} F(x)\sin nx\,\mathrm{d}x = \frac{1}{\pi}\left[-\frac{\cos nx}{x}F(x)\ \Big|_{-\pi}^{\pi} + \int_{-\pi}^{\pi} f(x)\,\frac{\cos nx}{n}\right] = \frac{a_n}{n}$$

因此

$$F(x)=\frac{A_0}{2}+\sum_{n=1}^{\infty}\left(-\frac{b_n}{n}\cos nx+\frac{a_n}{n}\sin nx\right)$$

注意 $F(c)=0$,因此有

$$0=\frac{A_0}{2}+\sum_{n=1}^{\infty}\left(-\frac{b_n}{n}\cos nc+\frac{a_n}{n}\sin nc\right)$$

以及

$$F(x)=\sum_{n=1}^{\infty}\left[-\frac{b_n}{n}(\cos nx-\cos nc)+\frac{a_n}{n}(\sin nx-\sin nc)\right]=\sum_{n=1}^{\infty}\int_c^x(a_n\cos nt+b_n\sin nx)\mathrm{d}t$$

将 $F(x)=\int_c^x\left[f(t)-\frac{a_0}{2}\right]\mathrm{d}t$ 代入即得

$$\int_c^x f(t)\mathrm{d}t=\int_c^x\frac{a_0}{2}\mathrm{d}t+\sum_{n=1}^{\infty}\int_c^x(a_n\cos nt+b_n\sin nx)\mathrm{d}t$$

这个定理表明,只要 f 是在$[-\pi,\pi]$上 Riemann 可积或绝对可积的,无论它的 Fourier 级数是否收敛,都可以逐项积分。

在定理的证明中得到的

$$F(x)=\frac{A_0}{2}+\sum_{n=1}^{\infty}\left(-\frac{b_n}{n}\cos nx+\frac{a_n}{n}\sin nx\right)$$

中令 $x=0$,可以得到如下推论。

推论 16.3.1 若 $f(x)$ 是$[-\pi,\pi]$上 Riemann 可积或绝对可积的函数,$a_n(n\geqslant 0)$、$b_n(n\geqslant 1)$ 是它的 Fourier 系数,则一定有 $\sum\limits_{n=1}^{\infty}\frac{b_n}{n}$ 收敛。

从这个推论出发我们可以得到如下关于三角级数的有趣例子:由 Dirichlet 判别法不难判断 $\sum\limits_{n=1}^{\infty}\frac{\sin nx}{\ln n}$ 在 $x\in\mathbb{R}$ 都收敛,但注意到 $\sum\limits_{n=1}^{\infty}\frac{1}{n\ln n}$ 不收敛,故这个三角级数不是一个函数的 Fourier 级数。

从逐项求导和逐项积分定理出发,还可以给出一种计算 Fourier 级数的方法。

例 16.3.1 求 $f(x)=x^2,x\in[-\pi,\pi]$的 Fourier 展开。

解 先求 $g(x)=2x$ 的 Fourier 系数,注意 $g(x)$是奇函数,因此它的 Fourier 级数是正弦级数,且

$$b_n=\frac{2}{\pi}\int_0^{\pi}2x\sin nx=\frac{2}{\pi}\left(-\frac{2x\cos nx}{n}\bigg|_0^{\pi}+\int_0^{\pi}\frac{2\cos nx}{n}\mathrm{d}x\right)=\frac{4(-1)^{n-1}}{n}$$

因此 $f(x)$的 Fourier 系数满足 $B_n=\frac{a_n}{n}=0,A_n=-\frac{b_n}{n}=\frac{4(-1)^n}{n^2}(n\geqslant 1)$。而

$$A_0=\frac{2}{\pi}\int_0^{\pi}x^2\mathrm{d}x=\frac{2\pi^2}{3}$$

又因为 $f(x)=x^2$ 可以延拓成以 2π 为周期的连续函数,且在$[-\pi,\pi]$上连续可微,因此有

$$f(x)=x^2=\frac{\pi^2}{3}+\sum_{n=1}^{\infty}\frac{4(-1)^n}{n^2}\cos nx,\quad x\in[-\pi,\pi]$$

在这一题的结果中再取 $x=\pi$,可得

$$\pi^2=\frac{\pi^2}{3}+\sum_{n=1}^{\infty}\frac{4(-1)^n}{n^2}\cos n\pi$$

由此可得

$$\sum_{n=1}^{\infty}\frac{1}{n^2}=\frac{\pi^2}{6}$$

习题 16.3

1. 设 $f(x)$是$[-\pi,\pi]$上的连续可微函数,证明当 $n\to\infty$时

$$a_n=o\left(\frac{1}{n}\right),\quad b_n=O\left(\frac{1}{n}\right)$$

若还有 $f(-\pi)=f(\pi)$,则还有 $b_n=o\left(\frac{1}{n}\right)(n\to\infty)$。

2. 设 $f(x)$是在$[-\pi,\pi]$Riemann 可积或绝对可积的以 2π 为周期的周期函数。证明 $f(x)\sin x$的 Fourier 级数就是 $f(x)$的 Fourier 级数每一项乘以 $\sin x$ 再求和得到的三角级数。

3. 求 $f(x)=x^3,x\in(-\pi,\pi)$的 Fourier 展开。

16.4　Fourier 级数的 Cesàro 和以及均方收敛性质

16.4.1　Fourier 级数的 Cesàro 和

为了方便,这一节仍然考虑 $f(x)$是一个以 2π 为周期的函数,且在$[-\pi,\pi]$上 Riemann 可积或绝对可积。在前面已经证明了在一定条件下 $f(x)$的 Fourier 级数的部分和序列满足

$$\lim_{n\to\infty}S_n(x)=\frac{f(x+)+f(x-)}{2}$$

由数列中学习过的知识可知,此时一定有

$$\lim_{n\to\infty}\frac{S_0(x)+S_1(x)+\cdots+S_{n-1}(x)}{n}=\frac{f(x+)+f(x-)}{2}$$

在本小节中将见到,实际上几乎不需要任何多余的条件就有

$$\lim_{n\to\infty}\frac{S_0(x)+S_1(x)+\cdots+S_{n-1}(x)}{n}=\frac{f(x+)+f(x-)}{2}$$

为了证明这一相关结论,我们先做一点准备。设

$$f(x)\sim\frac{a_0}{2}+\sum_{n=1}^{\infty}(a_n\cos nx+b_n\sin nx)$$

任取一点 x_0,记

$$\sigma_n(x_0)=\frac{S_0(x_0)+S_1(x_0)+\cdots+S_{n-1}(x_0)}{n}$$

这是$\{S_n(x_0)\}$的 Cesàro 和。由前面得到的 Dirichlet 积分已知

$$S_k(x_0)=\frac{1}{\pi}\int_0^{\pi}\frac{\sin\left(k+\frac{1}{2}\right)t}{2\sin\frac{t}{2}}[f(x_0+t)+f(x_0-t)]\mathrm{d}t$$

代入即可得

$$\sigma_n(x_0)=\int_0^{\pi}\frac{1}{n\pi}\left[\sum_{k=0}^{n-1}\frac{\sin\left(k+\frac{1}{2}\right)t}{\sin\frac{t}{2}}\right]\left[\frac{f(x_0+t)+f(x_0-t)}{2}\right]\mathrm{d}t$$

而

$$\sum_{k=0}^{n-1}\frac{\sin\left(k+\frac{1}{2}\right)t}{\sin\frac{t}{2}}=\frac{1}{2\left(\sin\frac{t}{2}\right)^2}\sum_{k=0}^{n-1}2\sin\frac{t}{2}\sin\left(k+\frac{1}{2}\right)t$$

$$=\frac{1}{2\left(\sin\frac{t}{2}\right)^2}\sum_{k=0}^{n-1}[\cos kt-\cos(k+1)t]=\frac{1-\cos nt}{2\left(\sin\frac{t}{2}\right)^2}=\left(\frac{\sin\frac{nt}{2}}{\sin\frac{t}{2}}\right)^2$$

记

$$F_n(t)=\frac{1}{n\pi}\left(\frac{\sin\frac{nt}{2}}{\sin\frac{t}{2}}\right)^2$$

称之为 Fourier 级数的 Fejer 核。这样就有

$$\sigma_n(x_0)=\int_0^{\pi}\left[\frac{f(x_0+t)+f(x_0-t)}{2}\right]F_n(t)\mathrm{d}t$$

关于 Fejer 核不难发现如下的等式:

$$\int_0^{\pi}F_n(t)\mathrm{d}t=\frac{1}{n\pi}\int_0^{\pi}\left(\frac{\sin\frac{nt}{2}}{\sin\frac{t}{2}}\right)^2\mathrm{d}t=\frac{1}{n\pi}\int_0^{\pi}\sum_{k=0}^{n-1}\frac{\sin\left(k+\frac{1}{2}\right)t}{\sin\frac{t}{2}}\mathrm{d}t$$

$$=\frac{1}{n\pi}\sum_{k=0}^{n-1}\int_0^{\pi}\frac{\sin\left(k+\frac{1}{2}\right)t}{\sin\frac{t}{2}}\mathrm{d}t=\frac{1}{n\pi}\sum_{k=0}^{n-1}\int_0^{\pi}\left(1+2\sum_{j=1}^{k}\cos jt\right)\mathrm{d}t=1$$

有了这些准备,我们证明如下结论。

定理 16.4.1 设 $f(x)$是一个以 2π 为周期的函数,且在$[-\pi,\pi]$上 Riemann 可积或绝对可积。若 $f(x)$在 x_0 点处存在单侧极限 $f(x_0+)$和 $f(x_0-)$,则有

$$\lim_{n\to\infty}\sigma_n(x_0)=\frac{f(x_0+)+f(x_0-)}{2}$$

证 由前面的准备可知

$$\sigma_n(x_0)=\int_0^{\pi}\left[\frac{f(x_0+t)+f(x_0-t)}{2}\right]F_n(t)\mathrm{d}t$$

$$\frac{f(x_0+)+f(x_0-)}{2}=\int_0^{\pi}\left[\frac{f(x_0+)+f(x_0-)}{2}\right]F_n(t)\mathrm{d}t$$

因此

$$\sigma_n(x_0)-\frac{f(x_0+)+f(x_0-)}{2}=\int_0^{\pi}\left[\frac{f(x_0+t)-f(x_0+)+f(x_0-t)-f(x_0-)}{2}\right]F_n(t)\mathrm{d}t$$

为证明

$$\lim_{n\to\infty}\sigma_n(x_0)=\frac{f(x_0+)+f(x_0-)}{2}$$

只需证明

$$\lim_{n\to\infty}\int_0^{\pi}\left[\frac{f(x_0+t)-f(x_0+)}{2}\right]F_n(t)\mathrm{d}t=0,\quad \lim_{n\to\infty}\int_0^{\pi}\left[\frac{f(x_0-t)-f(x_0-)}{2}\right]F_n(t)\mathrm{d}t=0$$

任取 $\varepsilon>0$,存在 $\pi>\eta>0$,使得对任意的 $t\in(0,\eta]$,有 $f(x_0+t)-f(x_0+)<\frac{\varepsilon}{2}$,再注意 $F_n(t)$非负,有

$$\left|\int_0^\eta\left[\frac{f(x_0+t)-f(x_0+)}{2}\right]F_n(t)\mathrm{d}t\right|\leqslant\left|\int_0^\eta\frac{\varepsilon}{2}F_n(t)\mathrm{d}t\right|\leqslant\frac{\varepsilon}{2}\int_0^\pi F_n(t)\mathrm{d}t=\frac{\varepsilon}{2}$$

当 $t\in[\eta,\pi]$时,

$$F_n(t)\leqslant\frac{1}{n\pi}\cdot\frac{1}{\sin^2\frac{\eta}{2}}$$

因此有

$$\left|\int_\eta^\pi\left[\frac{f(x_0+t)-f(x_0+)}{2}\right]F_n(t)\mathrm{d}t\right|\leqslant\int_\eta^\pi\left|\frac{f(x_0+t)-f(x_0+)}{2}\right|\cdot\frac{1}{n\pi}\cdot\frac{1}{\sin^2\frac{\eta}{2}}\mathrm{d}t$$

由此不难发现

$$\lim_{n\to\infty}\int_\eta^\pi\left[\frac{f(x_0+t)-f(x_0+)}{2}\right]F_n(t)\mathrm{d}t=0$$

因此存在 N,使得当 $n>N$ 时

$$\left|\int_\eta^\pi\left[\frac{f(x_0+t)-f(x_0+)}{2}\right]F_n(t)\mathrm{d}t\right|<\frac{\varepsilon}{2}$$

这样当 $n>N$ 时有

$$\left|\int_0^\pi\left[\frac{f(x_0+t)-f(x_0+)}{2}\right]F_n(t)\mathrm{d}t\right|\leqslant$$

$$\left|\int_0^\eta\left[\frac{f(x_0+t)-f(x_0+)}{2}\right]F_n(t)\mathrm{d}t\right|+\left|\int_\eta^\pi\left[\frac{f(x_0+t)-f(x_0+)}{2}\right]F_n(t)\mathrm{d}t\right|<\varepsilon$$

这就证明了

$$\lim_{n\to\infty}\int_0^\pi\left[\frac{f(x_0+t)-f(x_0+)}{2}\right]F_n(t)\mathrm{d}t=0$$

类似可以证明

$$\lim_{n\to\infty}\int_0^\pi\left[\frac{f(x_0-t)-f(x_0-)}{2}\right]F_n(t)\mathrm{d}t=0$$

证毕。

如果进一步假设 $f(x)$是以 2π 为周期的连续函数,则 $f(x)$在$\mathbb{R}$上一致连续,且存在 $K>0$,使得对任意的 $x\in\mathbb{R}$ 有 $|f(x)|\leqslant K$。任取 $\varepsilon>0$,可取 $\eta>0$,使得对任意的 $x_1,x_2\in\mathbb{R}$,当 $|x_1-x_2|\leqslant\eta$时有 $|f(x_1)-f(x_2)|\leqslant\frac{\varepsilon}{2}$。这样对任意的 $x\in\mathbb{R}$,有

$$\left|\int_0^\eta\left[\frac{f(x+t)-f(x)}{2}\right]F_n(t)\mathrm{d}t\right|\leqslant\left|\int_0^\eta\frac{\varepsilon}{2}F_n(t)\mathrm{d}t\right|\leqslant\frac{\varepsilon}{2}\int_0^\pi F_n(t)\mathrm{d}t=\frac{\varepsilon}{2}$$

且另一方面对任意的 $x\in\mathbb{R}$,有

$$\left|\int_\eta^\pi\left[\frac{f(x+t)-f(x)}{2}\right]F_n(t)\mathrm{d}t\right|\leqslant\int_\eta^\pi\left|\frac{f(x+t)-f(x)}{2}\right|\cdot\frac{1}{n\pi}\cdot\frac{1}{\sin^2\frac{\eta}{2}}\mathrm{d}t\leqslant\frac{2K}{n\sin^2\frac{\eta}{2}}$$

这样可以找到与 x 无关的 N,使得当 $n>N$ 时有

$$\left|\int_0^\pi\left[\frac{f(x+t)-f(x)}{2}\right]F_n(t)\mathrm{d}t\right|$$

$$\leqslant \left|\int_0^\eta \left[\frac{f(x+t)-f(x)}{2}\right]F_n(t)\mathrm{d}t\right| + \left|\int_\eta^\pi \left[\frac{f(x+t)-f(x)}{2}\right]F_n(t)\mathrm{d}t\right| < \varepsilon$$

类似地,存在与 x 无关的 N,使得当 $n>N$ 时对任意的 x 有

$$\left|\int_0^\pi \left[\frac{f(x-t)-f(x)}{2}\right]F_n(t)\mathrm{d}t\right| < \varepsilon$$

这样对任意的 $\varepsilon>0$,存在 N,使得当 $n>N$ 时,对任意的 $x\in\mathbb{R}$,有

$$|\sigma_n(x)-f(x)| = \left|\int_0^\pi \left[\frac{f(x+t)-f(x)+f(x-t)-f(x)}{2}\right]F_n(t)\mathrm{d}t\right|$$

$$\leqslant \left|\int_0^\pi \left[\frac{f(x+t)-f(x)}{2}\right]F_n(t)\mathrm{d}t\right| + \left|\int_0^\pi \left[\frac{f(x-t)-f(x)}{2}\right]F_n(t)\mathrm{d}t\right| < 2\varepsilon$$

这样实际上得到了函数列$\{\sigma_n(x)\}$一致收敛到 $f(x)$。这一结论的一个推论是如下的 Weierstrass 第一逼近定理。

定理 16.4.2(Weierstrass 第一逼近定理) 设 $f(x)$是以 2π 为周期的连续函数,则存在三角多项式列

$$\left\{\sigma_n(x) = \frac{A_0}{2} + \sum_{k=1}^n (A_k\cos kx + B_k\sin kx)\right\}$$

使得$\{\sigma_n(x)\}$一致收敛到 $f(x)$。

16.4.2 Fourier 级数的均方逼近性质

回顾在考虑三角函数系$\{1,\sin x,\cos x,\cdots\}$的正交性时,我们定义了一种“内积”:

$$(f,g) = \int_{-\pi}^\pi f(x)g(x)\mathrm{d}x$$

对有瑕点的积分,如果

$$\int_a^b [f(x)]^2\mathrm{d}x$$

收敛,则称 $f(x)$在区间$[a,b]$上平方可积。不难由 Cauchy - Schwartz 不等式证明,当 $f(x)$、$g(x)$在$[-\pi,\pi]$上 Riemann 可积或平方可积时,一定有(f,g)存在。在本小节中总假设函数在$[-\pi,\pi]$上 Riemann 可积或平方可积,注意由 Cauchy - Schwartz 不等式不难推出平方可积蕴含绝对可积(留作习题)。

定义了内积的线性空间上可以考虑向量的长度 $\|f\| = \sqrt{(f,f)}$,进而考虑两个点之间的“距离”$d(f,g)=\|f-g\|$。在本小节中先考虑三角级数逼近函数的问题,我们将发现 Fourier 级数的部分和是这种“距离”下的最佳逼近元素。

定理 16.4.3 设 $f(x)$以 2π 为周期,在$[-\pi,\pi]$上 Riemann 可积或平方可积,

$$f(x) \sim \frac{a_0}{2} + \sum_{n=1}^\infty (a_n\cos nx + b_n\sin nx)$$

给定正整数 n,令 $S_n(x) = \dfrac{a_0}{2} + \sum\limits_{k=1}^n (a_k\cos kx + b_k\sin kx)$,则对任意的

$$U(x) = \frac{\alpha_0}{2} + \sum_{k=1}^n (\alpha_k\cos kx + \beta_k\sin kx)$$

有

$$\int_{-\pi}^\pi |f(x)-U(x)|^2\mathrm{d}x \geqslant \int_{-\pi}^\pi |f(x)-S_n(x)|^2\mathrm{d}x$$

证　利用 Euler－Fourier 公式，以及三角函数系$\{1,\sin x,\cos x,\cdots\}$的正交性，直接计算可得

$$\int_{-\pi}^{\pi}|f(x)-U(x)|^2\mathrm{d}x=\int_{-\pi}^{\pi}[f(x)]^2\mathrm{d}x-2\int_{-\pi}^{\pi}f(x)U(x)\mathrm{d}x+\int_{-\pi}^{\pi}[U(x)]^2\mathrm{d}x$$

$$=\int_{-\pi}^{\pi}[f(x)]^2\mathrm{d}x-2\pi\left[\frac{a_0\alpha_0}{2}+\sum_{k=1}^{n}(a_k\alpha_k+b_k\beta_k)\right]+\pi\left[\frac{\alpha_0^2}{2}+\sum_{k=1}^{n}(\alpha_k^2+\beta_k^2)\right]$$

$$\int_{-\pi}^{\pi}|f(x)-S_n(x)|^2\mathrm{d}x=\int_{-\pi}^{\pi}[f(x)]^2\mathrm{d}x-\pi\left[\frac{a_0^2}{2}+\sum_{k=1}^{n}(a_k^2+b_k^2)\right]$$

易见

$$\int_{-\pi}^{\pi}|f(x)-U(x)|^2\mathrm{d}x-\int_{-\pi}^{\pi}|f(x)-S_n(x)|^2\mathrm{d}x$$

$$=\pi\left\{\frac{(a_0-\alpha_0)^2}{2}+\sum_{k=1}^{n}[(a_k-\alpha_k)^2+(b_k-\beta_k)^2]\right\}\geqslant 0$$

这就证明了定理的结论。

这一定理的几何意义如下：$a_n\cos nx$ 可以看成是 $f(x)$在 $\cos n(x)$（把它看成一个向量）所张成的一维线性子空间上的投影，$b_n\cos nx$ 可以看成是 $f(x)$在 $\sin n(x)$所张成的一维线性子空间上的投影，从而 $S_n(x)$是 $f(x)$在$\{1,\sin x,\cos x,\cdots,\sin nx,\cos nx\}$所张成的 $2n+1$ 维子空间上的投影，而 $U(x)$是这一 $2n+1$ 维子空间上的任一点，这说明 f 到这个子空间中的点 U 的距离的最小值在 $U=S_n$，也就是取 f 在空间中的投影时取到。

在定理的证明中同时得到了等式

$$\int_{-\pi}^{\pi}|f(x)-S_n(x)|^2\mathrm{d}x=\int_{-\pi}^{\pi}[f(x)]^2\mathrm{d}x-\pi\left[\frac{a_0^2}{2}+\sum_{k=1}^{n}(a_k^2+b_k^2)\right]$$

从这一等式出发，注意$\int_{-\pi}^{\pi}|f(x)-S_n(x)|^2\mathrm{d}x\geqslant 0$，由此可以得到对任意的 $n\geqslant 1$，有

$$\frac{a_0^2}{2}+\sum_{k=1}^{n}(a_k^2+b_k^2)\leqslant\frac{1}{\pi}\int_{-\pi}^{\pi}[f(x)]^2\mathrm{d}x$$

令 $n\to\infty$可得如下的 Bessel 不等式。

定理 16.4.4（Bessel 不等式）　设 $f(x)$以 2π 为周期，在$[-\pi,\pi]$上 Riemann 可积或平方可积，

$$f(x)\sim\frac{a_0}{2}+\sum_{n=1}^{\infty}(a_n\cos nx+b_n\sin nx)$$

则有

$$\frac{a_0^2}{2}+\sum_{n=1}^{\infty}(a_n^2+b_n^2)\leqslant\frac{1}{\pi}\int_{-\pi}^{\pi}[f(x)]^2\mathrm{d}x$$

实际上我们可以得到的是如下的 Parseval 等式，因其证明较麻烦，我们留到下一小节。

定理 16.4.5（Parseval 等式）　设 $f(x)$以 2π 为周期，在$[-\pi,\pi]$上 Riemann 可积或平方可积，

$$f(x)\sim\frac{a_0}{2}+\sum_{n=1}^{\infty}(a_n\cos nx+b_n\sin nx)$$

则有

$$\frac{a_0^2}{2}+\sum_{n=1}^{\infty}(a_n^2+b_n^2)=\frac{1}{\pi}\int_{-\pi}^{\pi}[f(x)]^2\mathrm{d}x$$

从 Bessel 不等式出发可以得到一定条件下 Fourier 级数的一致收敛性。

定理 16.4.6 设 $f(x)$是以 2π 为周期的连续函数，且在$[-\pi,\pi]$上分段光滑，则 f 的 Fourier 级数在$(-\infty,+\infty)$内一致收敛到 $f(x)$。

证 设

$$f(x)\sim\frac{a_0}{2}+\sum_{n=1}^{\infty}(a_n\cos nx+b_n\sin nx)$$

由 Dini - Lipschitz 判据的推论可得，对任意的 $x\in(-\infty,+\infty)$有

$$f(x)=\frac{a_0}{2}+\sum_{n=1}^{\infty}(a_n\cos nx+b_n\sin nx)$$

注意 $f'(x)$在$[-\pi,\pi]$上有界且只有有限个间断点，因此 $f'(x)$在$[-\pi,\pi]$上是 Riemann 可积的。设 $f'(x)$的 Fourier 系数为 $a_n'(n\geqslant 0)$，$b_n'(n\geqslant 1)$，则对任意的 $n\geqslant 1$，有

$$|a_n|=\frac{|b_n'|}{n}\leqslant\frac{1}{2}\left[\frac{1}{n^2}+(a_n')^2\right],\quad |b_n|=\frac{|a_n'|}{n}\leqslant\frac{1}{2}\left[\frac{1}{n^2}+(b_n')^2\right]$$

注意$\sum\limits_{n=1}^{\infty}\dfrac{1}{n^2}$收敛，又由 Bessel 不等式可知$\sum\limits_{n=1}^{\infty}[(a_n')^2+(b_n')^2]$收敛，由此可得

$$\sum_{n=1}^{\infty}(|a_n|+|b_n|)$$

收敛，注意$|a_n\cos nx+b_n\sin nx|\leqslant|a_n|+|b_n|$对所有 $x\in(-\infty,+\infty)$成立，由 Weierstrass 判别法即知

$$\frac{a_0}{2}+\sum_{n=1}^{\infty}(a_n\cos nx+b_n\sin nx)$$

在$(-\infty,+\infty)$内一致收敛(到 $f(x)$)。

16.4.3 Parseval 等式的证明

由等式

$$\int_{-\pi}^{\pi}|f(x)-S_n(x)|^2\mathrm{d}x=\int_{-\pi}^{\pi}[f(x)]^2\mathrm{d}x-\pi\left[\frac{a_0^2}{2}+\sum_{k=1}^{n}(a_k^2+b_k^2)\right]$$

不难发现

$$\int_{-\pi}^{\pi}|f(x)-S_n(x)|^2\mathrm{d}x$$

是单调递减的。在等式中令 $n\to\infty$可以发现 Parseval 等式等价于

$$\lim_{n\to\infty}\int_{-\pi}^{\pi}|f(x)-S_n(x)|^2\mathrm{d}x=0$$

先假设 $f(x)$是以 2π 为周期的连续函数，则由 Weierstrass 第一逼近定理可得对任意的 $\varepsilon>0$，存在

$$\sigma_m(x)=\frac{A_0}{2}+\sum_{k=1}^{m}(A_k\cos kx+B_k\sin kx)$$

使得对任意的 $x\in\mathbb{R}$，有$|\sigma_m(x)-f(x)|<\sqrt{\dfrac{\varepsilon}{2\pi}}$，则此时有

$$\int_{-\pi}^{\pi}|f(x)-\sigma_m(x)|^2\mathrm{d}x\leqslant\int_{-\pi}^{\pi}\frac{\varepsilon}{2\pi}\mathrm{d}x=\varepsilon$$

由定理 16.4.3 可得

$$\int_{-\pi}^{\pi} | f(x) - S_m(x) |^2 \mathrm{d}x \leqslant \int_{-\pi}^{\pi} | f(x) - \sigma_m(x) |^2 \mathrm{d}x \leqslant \varepsilon$$

由 $\int_{-\pi}^{\pi} | f(x) - S_n(x) |^2 \mathrm{d}x$ 的单调性可得对任意的 $n \geqslant m$，有

$$\int_{-\pi}^{\pi} | f(x) - S_n(x) |^2 \mathrm{d}x \leqslant \int_{-\pi}^{\pi} | f(x) - S_m(x) |^2 \mathrm{d}x \leqslant \varepsilon$$

这就证明了在 $f(x)$ 是连续函数时有

$$\lim_{n\to\infty}\int_{-\pi}^{\pi} | f(x) - S_n(x) |^2 \mathrm{d}x = 0$$

从而 Parseval 等式成立。

再设 $f(x)$ 在 $[-\pi,\pi]$ 上 Riemann 可积。注意，改变一个点的函数值不会影响 Parseval 等式的成立与否，因此不妨设 $f(\pi)=f(-\pi)$。由可积性可知，存在 $M>0$，使得对所有 $x\in[-\pi,\pi]$ 都有 $|f(x)|\leqslant M$。又由于 $f(x)$ 在 $[-\pi,\pi]$ 上 Riemann 可积，存在 $[-\pi,\pi]$ 上的一个分割 $-\pi=x_0<x_1<x_2<\cdots<x_l=\pi$，使得

$$\sum_{i=1}^{l}\omega_i \Delta x_i < \frac{\varepsilon}{8M}$$

再构造一个函数 $\varphi(x)$，使得在区间 $[x_{i-1},x_i]$ 上 $\varphi(x)$ 的图像是连接 $(x_{i-1},f(x_{i-1}))$ 和 $(x_i,f(x_i))$ 的直线段，这样定义在 $[-\pi,\pi]$ 上的函数是一个连续函数，且可以延拓为以 2π 为周期的连续函数。再记 $\psi=f-\varphi$，设 S_n^{φ} 是 φ 的 Fourier 级数的部分和函数列，S_n^{ψ} 是 ψ 的 Fourier 级数的部分和函数列。由 Euler - Fourier 公式不难验证

$$S_n(x)=S_n^{\varphi}(x)+S_n^{\psi}(x),\quad x\in\mathbb{R}$$

这样有

$$|f(x)-S_n(x)|^2=|\varphi(x)-S_n^{\varphi}(x)+\psi(x)-S_n^{\psi}(x)|^2\leqslant 2[|\varphi(x)-S_n^{\varphi}(x)|^2+|\psi(x)-S_n^{\psi}(x)|^2]$$

因此

$$\int_{-\pi}^{\pi} | f(x) - S_n(x) |^2 \mathrm{d}x \leqslant 2\left[\int_{-\pi}^{\pi} | \varphi(x) - S_n^{\varphi}(x) |^2 \mathrm{d}x + \int_{-\pi}^{\pi} | \psi(x) - S_n^{\psi}(x) |^2 \mathrm{d}x\right]$$

一方面对任意的正整数 n 有

$$\int_{-\pi}^{\pi} | \psi(x) - S_n^{\psi}(x) |^2 \mathrm{d}x \leqslant \int_{-\pi}^{\pi} | \psi(x) |^2 \mathrm{d}x$$

在每个子区间 $[x_{i-1},x_i]$ 上有 $|\psi(x)|=|f(x)-\varphi(x)|\leqslant \sup\limits_{x\in[x_{i-1},x_i]} f(x)-\inf\limits_{x\in[x_{i-1},x_i]} f(x)=\omega_i\leqslant 2M$，从而

$$\int_{-\pi}^{\pi} | \psi(x) |^2 \mathrm{d}x = \sum_{i=1}^{l}\int_{x_{i-1}}^{x_i} | \psi(x) |^2 \mathrm{d}x \leqslant \sum_{i=1}^{l}\omega_i^2\Delta x_i \leqslant 2M\sum_{i=1}^{l}\omega_i\Delta x_i < \frac{\varepsilon}{4}$$

另一方面由于 $\varphi(x)$ 是以 2π 为周期的连续函数，因此

$$\lim_{n\to\infty}\int_{-\pi}^{\pi} | \varphi(x) - S_n^{\varphi}(x) |^2 \mathrm{d}x = 0$$

存在 N，使得当 $n>N$ 时有

$$\int_{-\pi}^{\pi} | \varphi(x) - S_n^{\varphi}(x) |^2 \mathrm{d}x < \frac{\varepsilon}{4}$$

这样当 $n>N$ 时有

$$\int_{-\pi}^{\pi}|f(x)-S_n(x)|^2\mathrm{d}x\leqslant 2\left(\frac{\varepsilon}{4}+\frac{\varepsilon}{4}\right)=\varepsilon$$

这样证明了在这种情形下也有

$$\lim_{n\to\infty}\int_{-\pi}^{\pi}|f(x)-S_n(x)|^2\mathrm{d}x=0$$

从而 Parseval 等式成立。

最后考虑 $f(x)$在$[-\pi,\pi]$上是广义积分意义下平方可积的情形。为简便起见,设 π 是唯一的瑕点,瑕点在其他位置或有多个瑕点的情形分区间讨论即可。任取 $\varepsilon>0$,由于 $f(x)$在$[-\pi,\pi]$上平方可积,存在 $\eta\in(0,\pi)$,使得

$$\int_{\pi-\eta}^{\pi}[f(x)]^2\mathrm{d}x<\frac{\varepsilon}{4}$$

考虑函数:

$$\varphi(x)=\begin{cases}f(x), & x\in[-\pi,\pi-\eta]\\ 0, & x\in[\pi-\eta,\pi]\end{cases}$$

则 $\varphi(x)$可以延拓为以 2π 为周期的周期函数,且在$[-\pi,\pi]$上 Riemann 可积。再令 $\psi=f-\varphi$,同样记 S_n^{φ} 是 φ 的 Fourier 级数的部分和函数列,S_n^{ψ} 是 ψ 的 Fourier 级数的部分和函数列。与前面一部分的讨论一样,有

$$\int_{-\pi}^{\pi}|f(x)-S_n(x)|^2\mathrm{d}x\leqslant 2\left[\int_{-\pi}^{\pi}|\varphi(x)-S_n^{\varphi}(x)|^2\mathrm{d}x+\int_{-\pi}^{\pi}|\psi(x)-S_n^{\psi}(x)|^2\mathrm{d}x\right]$$

对任意的正整数 n 有

$$\int_{-\pi}^{\pi}|\psi(x)-S_n^{\psi}(x)|^2\mathrm{d}x\leqslant\int_{-\pi}^{\pi}|\psi(x)|^2\mathrm{d}x=\int_{\pi-\eta}^{\pi}|f(x)|^2\mathrm{d}x<\frac{\varepsilon}{4}$$

又因为 $\varphi(x)$在$[-\pi,\pi]$上 Riemann 可积,因此由上一部分的结论

$$\lim_{n\to\infty}\int_{-\pi}^{\pi}|\varphi(x)-S_n^{\varphi}(x)|^2\mathrm{d}x=0$$

可知,存在 N,使得当 $n>N$ 时,有

$$\int_{-\pi}^{\pi}|\varphi(x)-S_n^{\varphi}(x)|^2\mathrm{d}x<\frac{\varepsilon}{4}$$

这样当 $n>N$ 时,有

$$\int_{-\pi}^{\pi}|f(x)-S_n(x)|^2\mathrm{d}x\leqslant 2\left(\frac{\varepsilon}{4}+\frac{\varepsilon}{4}\right)=\varepsilon$$

这样证明了在这种情形下也有

$$\lim_{n\to\infty}\int_{-\pi}^{\pi}|f(x)-S_n(x)|^2\mathrm{d}x=0$$

从而 Parseval 等式成立。

习题 16.4

1. 设 $f(x)$是以 2π 为周期的连续函数,且其 Fourier 系数都是 0,证明 $f\equiv 0$。

2. 设 $f(x)=\begin{cases}\dfrac{(\pi-1)x}{2}, & 0\leqslant x\leqslant 1\\ \dfrac{\pi-x}{2}, & 1\leqslant x\leqslant \pi\end{cases}$。证明

$$f(x)=\sum_{n=1}^{\infty}\frac{\sin n}{n^2}\sin nx,\quad 0\leqslant x\leqslant \pi$$

并据此求出$\sum\limits_{n=1}^{\infty}\dfrac{\sin^2 n}{n^2}$和$\sum\limits_{n=1}^{\infty}\dfrac{\sin^2 n}{n^4}$。

3. 根据 x^2 和 x^3 在$(-\pi,\pi)$内的 Fourier 展开,求级数$\sum\limits_{n=1}^{\infty}\dfrac{1}{n^4}$与$\sum\limits_{n=1}^{\infty}\dfrac{1}{n^6}$的和。

部分习题答案

第 9 章

习题 9.1

1. (1) 发散;(2) 收敛;(3) 收敛;(4) 发散;(5) 收敛;(6) 发散。

2. (1) $\frac{11}{18}$; (2) $\frac{1}{3}$; (3) 1。

3. (1) 收敛;(2) 发散;(3) 收敛;(4) 收敛。

6. 提示:令 $S_n=\sum_{k=1}^{n}u_k$, $S'_n=\sum_{k=1}^{n}(u_{2k-1}+u_{2k})$,利用 S_n、S'_n 之间的关系。

7. 提示:应用 Cauchy 准则及级数的单调性。

9*. 提示:当 m 比 n 充分大时,$\frac{S_n}{S_m}$可以充分小,应用 Cauchy 准则。

习题 9.2

1. (1) 收敛;(2) 发散;(3) 收敛;(4) 收敛;(5) 发散;(6) 收敛;(7) 发散;(8) 收敛;(9) 发散;(10) 收敛;(11) 收敛;(12) 发散;(13) 收敛;(14) 收敛;(15) 收敛。

2. (1) 发散; (2) $p>1$,收敛;$p=1,q>1$,收敛;$p=1,q\leqslant 1$,发散;$p<1$,发散。

3. (1) 发散; (2) 当 $\alpha>1$ 时,收敛;当 $\alpha\leqslant 1$ 时,发散。

11. 提示:由 $nu_n=n(R_{n-1}-R_n)=[(n-1)R_{n-1}-nR_n+R_{n-1}]$,即证。

12*. 提示:由$\{S_n\}$为单调递增数列,知$\sum_{n=1}^{\infty}\frac{u_n}{S_n^2}$为非负单调有界数列。

习题 9.3

1. (1) $-\cos\frac{\pi}{5}$; (2) $\frac{2}{3}$,0; (3) 5,1; (4) 2,0; (5) $+\infty,-\infty$; (6) $+\infty$,0。

4. (1) 收敛;(2) 发散;(3) 收敛;(4) $\beta<1$ 时收敛,$\beta>1$ 时发散;$\beta=1$ 且 $\alpha<-1$ 时收敛,$\beta=1$ 且 $\alpha\geqslant -1$ 时发散;(5) 发散。

5*. 提示:由 $0\leqslant x_{m+n}\leqslant x_m\cdot x_n$,知 $0\leqslant x_n\leqslant x_1^n$,$\{x_n^{\frac{1}{n}}\}$为有界数列,记$\overline{\lim_{n\to\infty}}x_n^{\frac{1}{n}}=\bar{a}$,$\underline{\lim_{n\to\infty}}x_n^{\frac{1}{n}}=\underline{a}$。于是,$\lim_{k\to\infty}x_{n_k}^{\frac{1}{n_k}}=\bar{a}$,$\lim_{i\to\infty}x_{m_i}^{\frac{1}{m_i}}=\underline{a}$。对于固定的 i,令 $n_k/m_i=j_k+d_k(0\leqslant j_k\in\mathbb{Z};0\leqslant d_k<1,k\in N^+)$,进而证明 $\bar{a}\leqslant\underline{a}$。

习题 9.4

1. (1) 条件收敛;(2) 发散;(3) 条件收敛;(4) 当 x 不等于零时条件收敛,当 $x=0$ 时绝对收敛;(5) 条件收敛;(6) 条件收敛;

(7) 当 $x\in\left(k\pi-\frac{\pi}{6},k\pi+\frac{\pi}{6}\right)$时绝对收敛;当 $x=k\pi\pm\frac{\pi}{6}$时条件收敛;其他情况下发散;

(8) 当 $x=\frac{k\pi}{2}$时绝对收敛;当 $x\neq\frac{k\pi}{2}$,$p>1$ 时绝对收敛,$p\leqslant 1$ 时发散;

(9) 当$|x|<2$时绝对收敛；当$|x|\geqslant 2$时发散；

(10) 条件收敛；

(11) 当$p\geqslant 1,q>1$时，绝对收敛；当$0<p\leqslant 1,0<q\leqslant 1$时，条件收敛；

(12) 当$p>1$时，绝对收敛；当$p\leqslant 1$时，条件收敛。

5. 提示：$\sum\limits_{n=1}^{\infty}\frac{u_n}{n^{\alpha}}=\sum\limits_{n=1}^{\infty}\left(\frac{u_n}{n^{\alpha_0}}\cdot\frac{1}{n^{\alpha-\alpha_0}}\right)$，利用 Abel 判别法或 Dirichlet 判别法。

6. 提示：令$a_n=u_n,b_n=1$，则$B_n=k$，由 Abel 变换，$\sum\limits_{k=1}^{n}u_k=nu_n-\sum\limits_{k=1}^{n-1}k(u_{k+1}-u_k)$。

7. 提示：反证法。令$v_n=\left(1+\frac{1}{n}\right)u_n$，若$\sum\limits_{n=1}^{\infty}v_n$收敛，则由 Abel 判别法，级数$\sum\limits_{n=1}^{\infty}u_n=\sum\limits_{n=1}^{\infty}\frac{n}{n+1}v_n$收敛。

8. 提示：由$\lim\limits_{n\to\infty}n\left(\frac{u_n}{u_{n+1}}-1\right)>0$，即知当$n$充分大时，数列$\{u_n\}$是单调减小的；同时存在$\beta>\alpha>0$，当$n$充分大时$\frac{u_n}{u_{n+1}}>1+\frac{\beta}{n}>\left(1+\frac{1}{n}\right)^{\alpha}$，即数列$\{n^{\alpha}u_n\}$当$n$充分大时也是单调减小的，于是$n^{\alpha}u_n\leqslant A$，所以数列$\{u_n\}$收敛于零。

9. 提示：由 Lagrange 中值定理

$$|u_n-u_{n-1}|=\left|\frac{f'(\xi_n)}{f(\xi_n)}\right||u_{n-1}-u_{n-2}|\leqslant\alpha|u_{n-1}-u_{n-2}|,\quad n=2,3,\cdots$$

注意到$0<\alpha<1$，然后应用 D'Alembert 判别法。

10*. 提示：令$b_i=1,i=1,2,\cdots$，由 Abel 变换

$$S_n=\sum_{k=1}^{n}u_k=\sum_{k=1}^{n}u_k\cdot 1=\sum_{k=1}^{n-1}k(u_k-u_{k+1})+nu_n$$

应用 9.1 习题 7。

习题 9.5

1. $\frac{2}{3}\ln 2$。

2. (1) $1+2x^2+\cdots+nx^{2(n-1)}+\cdots$；　(2) 1。

习题 9.6

1. (1) 收敛；(2) 发散；(3) 收敛；(4) 收敛；(5) 收敛；(6) 发散；(7) 收敛；(8) 当$|x|<2$时收敛，$|x|\geqslant 2$时发散；(9) 收敛；(10) 当$\min(p,2q)>1$时收敛，当$\min(p,2q)\leqslant 1$时发散。

2. (1) $\frac{1}{2}$；(2) $\frac{1}{3}$；(3) $\frac{2}{3}$；(4) 2。

3. 提示：设$\cos u_n=1-\alpha_n$，则$0<\alpha_n<\frac{1}{2}u_n^2$。

4. 提示：设$\tan\left(\frac{\pi}{4}+u_n\right)=1+\alpha_n$，则$\lim\limits_{n\to\infty}\frac{|\alpha_n|}{|u_n|}=2$。

第 10 章

习题 10.1

1. (1) 当$|x|>1$时绝对收敛；(2) 在$(-\infty,+\infty)$内绝对收敛；

(3) 当 $x>-\frac{1}{3}$ 或当 $x<-1$ 时绝对收敛;(4) 当 $x\neq 1$ 时绝对收敛;

(5) 当 $x>0$ 时绝对收敛;(6) 当 $|x|<1$ 时绝对收敛。

2. (1) $f(x)=0$; (2) $f(x)=\begin{cases}\frac{1}{x}, & 0<x\leqslant 1\\ 0, & x=0\end{cases}$;

(3) $f(x)=\begin{cases}1, & x>0\\ 0, & x=0\\ -1, & x<0\end{cases}$。

3. (1) $S(x)=1+x^2$; (2) $S(x)=\frac{1}{1+x}$。

习题 10.2

1. (1) 不一致收敛;(2) 一致收敛;(3) (ⅰ)不一致收敛,(ⅱ)一致收敛;(4) 一致收敛;(5) 不一致收敛;(6) (ⅰ)不一致收敛,(ⅱ)不一致收敛;(7) (ⅰ)一致收敛,(ⅱ)不一致收敛;(8) (ⅰ)不一致收敛,(ⅱ)一致收敛。

3. 提示:设$[c,d]\subset(a,b)$,$\exists h>0$,使$[c,d+h]\subset(a,b)$。由 $f'(x)$在$[c,d+h]$上一致连续可知,$\forall\varepsilon>0$,$\exists\delta>0$,$\forall x',x''\in[c,d+h]$,只要$|x'-x''|<\delta$,就有$|f'(x')-f'(x'')|<\varepsilon$。取$N=\max\left\{\frac{1}{\delta},\frac{1}{h}\right\}$,当 $n>N$ 时 $\forall x\in[c,d]$,$x+\frac{1}{n}\in[c,d+h]$,于是$|f_n(x)-f'(x)|=|f'(\xi_n)-f'(x)|<\varepsilon$。

6. (1) $\alpha<1$;(2) $\alpha<2$;(3) $\alpha<0$。

7. 提示:因 $x\in[0,1]$时,$|f(x)|\leqslant M$;又 $f(1)=0$,$\forall\varepsilon>0$,$\exists\delta>0$,当 $x\in[1-\delta,1]$时,$|x^n f(x)|<\varepsilon$;应用$\{x^n\}$在$[0,1-\delta]$上的一致收敛性。

8. 提示:$\forall x\in[a,b]$,有$|f_1(x)|\leqslant M$,故$|f_{n+1}(x)|\leqslant\frac{1}{n!}M(b-a)^n$。

习题 10.3

1. (1) 一致收敛;(2) 一致收敛;(3) 一致收敛;(4) 一致收敛;(5) 一致收敛;(6) (ⅰ) 一致收敛;(ⅱ) 不一致收敛;(7) (ⅰ) 一致收敛;(ⅱ) 不一致收敛;(8) 一致收敛;(9) 一致收敛。

4. 提示:$0<|e^{-nx}|\leqslant 1$,且$\{e^{-nx}\}$对每一个 $x\geqslant 0$ 单调,又$\sum\limits_{n=1}^{\infty}a_n$ 关于 $x\geqslant 0$ 一致收敛,应用 Abel 判别法。

5. 提示:对任意 $x\in[a,b]$,由于$|\varphi_n(x)|\leqslant|\varphi_n(a)|+|\varphi_n(b)|$及$\sum\limits_{n=1}^{\infty}[|\varphi_n(a)|+|\varphi_n(b)|]$收敛,对级数$\sum\limits_{n=1}^{\infty}\varphi_n(x)$应用 Weierstrass 判别法。

6. 提示:$\sum\limits_{n=1}^{\infty}(-1)^n$ 的部分和一致有界,且对于每一个 $x\in[0,1]$,$x^n(1-x)$ 关于 n 单调一致趋于零,由 Dirichlet 判别法,$\sum\limits_{n=1}^{\infty}(-1)^n x^n(1-x)$ 在$[0,1]$上一致收敛;然而$\sum\limits_{n=1}^{\infty}x^n(1-x)$在$[0,1]$上收敛但不一致收敛。

7. 提示：$0<\left|\frac{1}{n^x}\right|\leqslant 1$，且$\left\{\frac{1}{n^x}\right\}$对每一个 $x\geqslant 0$ 单调，$\sum_{n=1}^{\infty}a_n$ 关于 $x\geqslant 0$ 一致收敛，应用 Abel 判别法。

9*. 提示：$\forall x_0\in[a,b]$，$\forall\varepsilon>0$，$\exists N=N(x_0,\varepsilon)>0$，当 $n>N$ 时，有 $\left|\sum_{k=n+1}^{m}u_k(x_0)\right|<\frac{\varepsilon}{2}$。对不等式 $\left|\sum_{k=n+1}^{m}u_k(x)\right|\leqslant\left|\sum_{k=n+1}^{m}u_k(x)-\sum_{k=n+1}^{m}u_k(x_0)\right|+\left|\sum_{k=n+1}^{m}u_k(x_0)\right|$ 的右端应用中值定理，

$$\left|\sum_{k=n+1}^{m}u_k(x)\right|\leqslant\left|\sum_{k=n+1}^{m}u'_k(\xi)(x-x_0)\right|+\left|\sum_{k=n+1}^{m}u_k(x_0)\right|\leqslant 2M|x-x_0|+\frac{\varepsilon}{2}$$

取 $\delta=\frac{\varepsilon}{4M}$，则当 $|x-x_0|<\delta$ 时，$\left|\sum_{k=n+1}^{m}u_k(x)\right|<\varepsilon$。在$[a,b]$上应用有限覆盖定理。

习题 10.4

1. 提示：证明$\sum_{n=1}^{\infty}\frac{\cos nx}{n^2+1}$与$\sum_{n=1}^{\infty}\frac{-n\sin nx}{n^2+1}$在$(0,2\pi)$内内闭一致收敛。

2. 提示：关于 $\zeta(x)$ 的连续性，证明 $\zeta(x)=\sum_{n=1}^{\infty}\frac{1}{n^x}$ 在$(1,\infty)$内内闭一致收敛。关于 $\zeta(x)$ 的不一致收敛性，应用 Cauchy 收敛准则。

3. 提示：对$\sum_{n=1}^{\infty}u_n(x)$应用一致收敛的 Cauchy 准则，然后令 $x\to a$ 取右极限。

4. 提示：证明$\sum_{n=1}^{\infty}ne^{-nx}$与$(-1)^k\sum_{n=1}^{\infty}n^{k+1}e^{-nx}$ $(k=1,2,\cdots)$在$(0,\infty)$内内闭一致收敛。

6. (ⅰ) 0；(ⅱ) 由 Dirichlet 判别法，知$\sum_{n=1}^{\infty}\frac{\sin nx}{\sqrt{n}}$在$(0,2\pi)$内内闭一致收敛，由逐项求导定理，$f'(x)=-\sum_{n=1}^{\infty}\frac{\sin nx}{\sqrt{n}}$。

7. 提示：$\forall x',x''\in I$，对下式

$$|f(x')-f(x'')|\leqslant|f(x')-f_n(x')|+|f_n(x')-f_n(x'')|+|f_n(x'')-f(x'')|$$

应用 $f_n(x)$在 I 上的一致连续性及 $f_n(x)$在 I 上的一致收敛性。

8. 提示：设$|f'_n(x)|\leqslant M$，$\forall x\in[a,b]$。$\forall\varepsilon>0$，在$[a,b]$中依次插入 $m-1$ 个分点：

$$a=x_0<x_1<x_2<\cdots<x_{m-1}<x_m=b$$

使 $x_i-x_{i-1}<\varepsilon/4M$。对于每个 x_i，$\exists N_i$，当 $n>N_i$ 及 $\forall p\in N$ 时，$|f_{n+p}(x_i)-f_n(x_i)|<\varepsilon$。取 $N=\max\{N_i\}$，$\forall x\in[a,b]$，当 $n>N$ 时，对下式右端第一和第三式用 Lagrange 中值定理

$$|f_{n+p}(x)-f_n(x)|\leqslant|f_{n+p}(x)-f_{n+p}(x_i)|+|f_{n+p}(x_i)-f_n(x_i)|+|f_n(x)-f_n(x_i)|$$

9. 提示：$|f(x)|\leqslant M$，$\forall x\in[a,b]$。先后应用 $g(x)$在$[-M,M]$上的一致连续性，以及 $f_n(x)$在$[a,b]$上的一致收敛性。

10*. 提示：设 $r_n(x)=\sum_{k=n+1}^{\infty}u_k(x)=S(x)-\sum_{k=1}^{n}u_k(x)$，则 $r_n(x)$在$[a,b]$上连续且随 n 的增大而单调递减，且 $r_n(x)\to 0$。要证$\forall\varepsilon>0$，$\exists N$，当 $n>N$ 时，对于任意 $x\in[a,b]$，$0\leqslant r_n(x)<\varepsilon$。下面用反证法。

习题 10.5

1. (1) $(-1,1)$;(2) $[-1,1]$;(3) $(-\infty,+\infty)$;(4) $\left[-\frac{1}{3},\frac{1}{3}\right]$;(5) $(-1,1)$;

(6) $[-1,1)$;(7) $(-R,R)$,$R=\max(a,b)$;(8) $[-1,1]$。

2. (1) $-\ln(1-x)\quad(-1\leqslant x<1)$;(2) $\frac{1}{2x}\ln\frac{1+x}{1-x}\quad(-1<x<1)$;

(3) $\frac{2x}{(1-x)^3}\quad(|x|<1)$;(4) $1-\left(1-\frac{1}{x}\right)\ln(1-x)\quad(-1\leqslant x\leqslant 1)$;

(5) $(1+x)\mathrm{e}^x-1\quad(-\infty,+\infty)$;(6) $2x\arctan x-\ln(1+x^2)\quad(-1\leqslant x\leqslant 1)$。

3. 提示:当 $x\in[0,r)$,$\int_0^x f(x)\mathrm{d}x=\sum_{n=0}^{\infty}\frac{a_n}{n+1}x^{n+1}$。因为 $\sum_{n=0}^{\infty}\frac{a_n}{n+1}r^{n+1}$ 收敛,则 $\sum_{n=0}^{\infty}\frac{a_n}{n+1}x^{n+1}$ 在$[0,r]$上连续,所以$\int_0^r f(x)\mathrm{d}x=\sum_{n=0}^{\infty}\frac{a_n}{n+1}r^{n+1}$。

$$\int_0^1\ln\frac{1}{1-x}\cdot\frac{1}{x}\mathrm{d}x=\int_0^1\sum_{n=1}^{\infty}\frac{x^{n-1}}{n}\mathrm{d}x=\sum_{n=1}^{\infty}\int_0^1\frac{x^{n-1}}{n}\mathrm{d}x=\sum_{n=1}^{\infty}\frac{1}{n^2}$$

5. 提示:设$\sum_{n=1}^{\infty}a_nx^n$ 的收敛半径为 R_1,$\sum_{n=1}^{\infty}A_nx^n$ 的收敛半径为 R_2。由 $0\leqslant a_n\leqslant A_n$,可知 $R_1\geqslant R_2$。由$\sum_{n=1}^{\infty}a_n$ 发散,可知 $R_1\leqslant 1$;又$\lim\limits_{n\to\infty}\frac{A_n}{A_{n+1}}=\lim\limits_{n\to\infty}\frac{A_{n+1}-a_{n+1}}{A_{n+1}}=1$,知 $R_2=1$。于是 $R_1=1$。

6. 提示:$f(x)=\sum_{n=1}^{\infty}\frac{2^n}{n^2}x^n$ 的收敛半径$R=\frac{1}{2}$,且在 $x=\pm\frac{1}{2}$ 收敛;$\sum_{n=1}^{\infty}\frac{2^n}{n^2}x^n$ 逐项求导所得的幂级数$\sum_{n=0}^{\infty}\frac{2^{n+1}}{n}x^n$ 在 $x=-1/2$ 收敛,在 $x=1/2$ 发散。

习题 10.6

1. 提示:应用定理 10.6.1。

2. (1) $\sum_{n=0}^{\infty}(n+1)(x+1)^n\quad(-2;0)$; (2) $\frac{1}{3}\sum_{n=0}^{\infty}\left[1+\frac{(-1)^{n+1}}{2^n}\right]x^n\quad(-1,1)$;

(3) $\frac{1}{2}\sum_{n=0}^{\infty}\frac{(-1)^{n+1}}{(2n)!}\left(x-\frac{\pi}{6}\right)^{2n}+\frac{\sqrt{3}}{2}\sum_{n=0}^{\infty}\frac{(-1)^n}{(2n+1)!}\left(x-\frac{\pi}{6}\right)^{2n+1}\quad(-\infty,\infty)$;

(4) $\ln 2+\sum_{n=1}^{\infty}\frac{(-1)^{n+1}}{n\cdot 2^n}(x-2)^n\quad(0,4]$; (5) $\sum_{n=0}^{\infty}\frac{x^{2n}}{n!}\quad(-\infty,\infty)$;

(6)$x+\sum_{n=1}^{\infty}\frac{(2n-1)!!x^{n+1}}{n!}\left[-\frac{1}{2},\frac{1}{2}\right)$; (7)$\sum_{n=1}^{\infty}\frac{(-1)^{n-1}}{2^n}(x-1)^n\quad(-1,3)$;

(8)$\sum_{n=0}^{\infty}\frac{x^{2n+1}}{2n+2}\quad(-1,1)$; (9)$\sum_{n=0}^{\infty}\frac{(-1)^nx^{2n+1}}{(2n+1)!(2n+1)}\quad(-\infty,\infty)$;

(10)$x+\sum_{n=1}^{\infty}(-1)^n\frac{(2n-1)!!}{(2n)!!}\frac{x^{2n+1}}{2n+1}\quad[-1,1]$。

3. 提示:令 $t=\frac{x-1}{x+1}$,$f(x)=\ln x=\ln\frac{1+t}{1-t}$,把 $\ln(1+t)$、$\ln(1-t)$ 分别展成关于 t 的幂级数。$f(x)=\ln x=\sum_{n=1}^{\infty}\frac{2}{2n-1}\left(\frac{x-1}{x+1}\right)^{2n-1}$,$x\in(0,\infty)$。

4. $\sum_{n=1}^{\infty}\frac{n}{(n+1)!}x^{n-1}$,$\sum_{n=1}^{\infty}\frac{n}{(n+1)!}=1$。

5*．提示：比较 $f(x)$ 在 x_0 处的 $n+1$ 项与 $n+2$ 项 Taylor 公式，再应用 Lagrange 中值定理。

第 11 章

习题 11.1

2. 内部 $\mathring{S}=\{(x,y)\mid x^2+y^2\leqslant 1\}$，外部 $\{(x,y)\mid x^2+y^2>1\}$，边界 $\partial S=\{(x,y)\mid x^2+y^2=1\}$，$\overline{S}=\{(x,y)\mid x^2+y^2\leqslant 1\}$。

3. 内部 $\mathring{S}=\varnothing$，$(A^c)^0\}=\mathbb{R}^2$，$\partial A=\mathbb{R}^2$，$\overline{A}=\mathbb{R}^2$。

4. 提示：利用开集定义。

5. 提示：利用开集、聚点定义。

6. 提示：利用开集、聚点定义。

7. 提示：必要性，利用开集、聚点定义。充分性，用反证法。

习题 11.2

1. 利用紧致集必是闭集。

2. 利用紧致集的定义。

3. 提示：反证法。

习题 11.3

1. (1) $D=\begin{cases} y^3-1\leqslant x\leqslant y^3+1 \\ x^2+y^2<9 \text{ 且 } x^2+y^2\neq 10-\mathrm{e} \\ x\geqslant 1 \end{cases}$。

(2) $D=\{(x,\ y,\ z)\mid r^2\leqslant 2x^2+3y^2+4z^2\leqslant R^2\}$。

2. $f(x,y)=(x^2-\ln^2 y)y$。

3. $f(x,y)=x(y+1)$。

4. (1) $\dfrac{1}{6}$；(2) a^2；(3) $\ln 3$；(4) 0；(5) 2；(6) 1；(7) 1；(8) 1。

5. (1) 二重极限和两个累次极限都不存在；

(2) 二重极限和先 y 后 x 的累次极限不存在，$\lim\limits_{y\to 0}\lim\limits_{x\to 0}\dfrac{x^3y^3}{(x-y)^3+x^3y^3}=4$。

(3) 二重极限不存在，两个累次极限存在且相等。

$$\lim_{x\to 0}\lim_{y\to 0}\frac{x^3y^3}{(x-y)^3+x^3y^3)}=0=\lim_{y\to 0}\lim_{x\to 0}\frac{x^3y^3}{(x-y)^3+x^3y^3}$$

(4) 二重极限和两个累次极限都存在且等于 1。

6. (1) 提示：因为 $\lim\limits_{\substack{x=ky^2\\y\to 0}}\dfrac{x^4y^4}{(x^2+y^4)^3}=\dfrac{k^4}{(1+k^2)^3}$。

(2) 提示：因为 $\lim\limits_{\substack{x\to 0\\y=\sqrt{x^2-x}}}\dfrac{x^2}{x^2+y^2-x}=\dfrac{1}{2}$，$\lim\limits_{\substack{x=\to 0\\y=x}}\dfrac{x^2}{x^2+y^2-x}=\infty$。

(3) 提示：因为 $\lim\limits_{\substack{x\to 0\\y=x}}\dfrac{x+y}{x-y}=\infty$，$\lim\limits_{\substack{x=\to 0\\y=-x}}\dfrac{x+y}{x-y}=0$。

(4) 提示：因为 $\lim\limits_{\substack{x\to 0\\y=x}}\dfrac{x+y}{x-y}=\infty$，$\lim\limits_{\substack{x=\to 0\\y=-x}}\dfrac{x+y}{x-y}=0$。

7. 例如 $f(x,y)=\begin{cases}1, & xy\neq 0\\ 0, & xy=0\end{cases}$,在$[0,1]\times[0,1]$上对每个变量都连续,但在$(0,0)$点不连续。

8. 函数在原点处连续。

9. 函数在整个定义域上连续。

10. 根据三角不等式知:

$$f(x)=\|x-y\|\leqslant\|x-a\|+\|a-y\|$$

根据函数 f 在一点连续的定义可知,函数 f 在$\mathbb{R}^n$上处处连续。

习题 11.4

1. 利用开集、闭集的定义证明。

第 12 章

习题 12.1

1. (1) $z_x=\dfrac{|y|}{x^2+y^2}$, $z_y=\dfrac{-x\ \mathrm{sgn}(y)}{x^2+y^2}$; (2) $z_y=xy^{x-1}$, $z_x=y^x\ln y$;

(3) $\begin{cases}z_x=2xy\cos(x^2y)+\dfrac{1}{x}-y\sin(2xy)\\ z_y=x^2\cos x^2y+\dfrac{1}{y}-x\sin(2xy)\end{cases}$; (4) $\begin{cases}z_x=\dfrac{2y}{1+4x^2y^2}\\ z_y=\dfrac{2x}{1+4x^2y^2}\end{cases}$;

(5) $\begin{cases}z_x=\dfrac{1+x}{x(x+\ln xy)}\\ z_y=\dfrac{1}{y(x+\ln xy)}+\cos y\end{cases}$; (6) $\begin{cases}z_x=\left(1+\dfrac{x^2+y^3}{xy}\right)\dfrac{x^2-y^3}{x^2y}\mathrm{e}^{\frac{x^2+y^3}{xy}}\\ z_y=\left(1+\dfrac{x^2+y^3}{xy}\right)\dfrac{2y^3-x^2}{xy^2}\mathrm{e}^{\frac{x^2+y^3}{xy}}\end{cases}$;

(7) $\begin{cases}u_x=\dfrac{1}{x+y^2+\cos z}\\ u_y=\dfrac{2y}{x+y^2+\cos z}\\ u_z=\dfrac{-\sin z}{x+y^2+\cos z}\end{cases}$; (8) $z_{x_k}=\dfrac{k}{x_1+2x_2+\cdots+nx_n}$, $k=1,\cdots,n$;

(9) $z_{x_k}=\dfrac{2x_k}{\sqrt{1-(x_1^2+x_2^2+\cdots+x_n^2)}}$, $k=1,2,\cdots,n$;

(10) $z_{x_k}=\dfrac{x_k}{\sqrt{x_1^2+x_2^2+\cdots+x_n^2}}\cos\sqrt{x_1^2+x_2^2+\cdots+x_n^2}$, $k=1,2,\cdots,n$。

2. 不可微。用微分的定义验证即可。

3. 函数在原点可微,偏导数在原点不连续。

4. 函数在$(0,0)$点连续;函数在原点处的偏导数都存在;函数在原点不可微;因为函数在原点处不可微,所以在原点处函数的偏导函数不连续。

6. $\mathrm{d}f|_{(1,2,1)}=\left(\dfrac{1}{3}+\mathrm{e}^4\cos 1\right)\mathrm{d}x+\left(\dfrac{2}{3}+\mathrm{e}^4\cos 1\right)\mathrm{d}y+[\mathrm{e}^4(\cos 1-\sin 1)-1]\mathrm{d}z$。

7. $\mathrm{d}u=-\sum\limits_{k=1}^{n}2kx_k\sin(x_1^2+2x_2^2+\cdots+nx_n^2)\mathrm{d}x_k$。

8. 设 $f(x,y)=(1+x)^m(1+y)^n\approx 1+mx+ny$,

$f(x, y, z)=(1+x)^m(1+y)^n(1+z)^k\approx 1+mx+ny+kz$,
$2.003\cdot 3.004^2\cdot 4.005^3\approx 1\ 166.308$。

9. $\dfrac{1.03^2}{\sqrt[3]{0.98}\sqrt[4]{1.05}}\approx 1.062\ 5$。

11. $\delta_g=0.55\pi^2\ \text{cm/s}^2$, $\dfrac{\delta_g}{|g|}=0.55\%$。

习题 12.2

1. $\left.\dfrac{\partial z}{\partial \boldsymbol{l}}\right|_{(0,0)}=\dfrac{6\sqrt{13}}{13}$。

2. $\left.\dfrac{\partial u}{\partial \boldsymbol{l}}\right|_{(1,2,-2)}=\dfrac{\sqrt{14}}{21}$。

3. $\left.\dfrac{\partial u}{\partial \boldsymbol{l}}\right|_{(1,1,1)}=\dfrac{3\sqrt{14}}{28}$。

4. $\boldsymbol{n}=\dfrac{1}{\sqrt{30}}(0,2\sqrt{3},3\sqrt{2}),\dfrac{\partial u}{\partial \boldsymbol{n}}=2\sqrt{30}$。

5. $\left.\dfrac{\partial u}{\partial r}\right|_M=\dfrac{2}{\sqrt{x_0^2+y_0^2+z_0^2}}\left(\dfrac{x_0^2}{a^2}+\dfrac{y_0^2}{b^2}+\dfrac{z_0^2}{c^2}\right)$, $\nabla u\Big|_M=\left(\dfrac{2x_0}{a^2},\dfrac{2y_0}{b^2},\dfrac{2z_0}{c^2}\right)$, $\|\nabla u|_M\|=\left.\dfrac{\partial u}{\partial r}\right|_M\Leftrightarrow a=b=c$。

6. $\left.\dfrac{\partial u}{\partial \boldsymbol{n}}\right|_M=-4$。

7. $\text{grad}\ u|_M=(6, 4, 22)$,梯度在点$\left(-2, 0, \pm\dfrac{\sqrt{3}}{3}\right)$处为 $\mathbf{0}$。

8. 因为 $\boldsymbol{l}_1=(\cos\alpha_1, \cos\beta_1)$, $\boldsymbol{l}_2=(\cos\alpha_2, \cos\beta_2)$为$\mathbb{R}^2$上一组线性无关的向量,则对于任意的向量 $\boldsymbol{l}$, $\boldsymbol{l}=c_1\boldsymbol{l}_1+c_2\boldsymbol{l}_2$,计算可得$\dfrac{\partial f}{\partial \boldsymbol{l}}=0$,所以 $f(x)\equiv c$。

9. $\begin{cases}y=2x\\ z=4\sqrt[4]{x}\end{cases}, x\geqslant 1$。

10. $a=6$, $b=24$, $c=-8$。

习题 12.3

1. $r_x=\dfrac{x}{r}$, $r_y=\dfrac{y}{r}$, $r_z=\dfrac{z}{r}$,代入计算可得(1)。

$r_{xx}=\dfrac{1}{r}-\dfrac{x^2}{r^3}$, $r_{yy}=\dfrac{1}{r}-\dfrac{y^2}{r^3}$, $r_{zz}=\dfrac{1}{r}-\dfrac{z^2}{r^3}$,代入即得证。

2. 提示:令 $r=\sqrt{x^2+y^2+z^2}$, $u_{xx}=-\dfrac{1}{r^3}+\dfrac{x^2}{r^5}$, $u_{yy}=-\dfrac{1}{r^3}+\dfrac{y^2}{r^5}$, $u_{zz}=-\dfrac{1}{r^3}+\dfrac{z^2}{r^5}$。

3. 提示:$u_{x_i}=(2-n)\dfrac{x_i}{r^n}$, $u_{x_ix_i}=(2-n)\left(\dfrac{1}{r^n}-n\dfrac{x_i^2}{r^{n+2}}\right)$。

4. $z_{xy}=(2y\ln x+2y-6y^3\ln x)\mathrm{e}^{-3y^2\ln x}+(12x^2\mathrm{e}^{2y}-4x\mathrm{e}^y)\mathrm{e}^{-6x\mathrm{e}^y}$。

5. $\dfrac{2x^2}{y}f_{xx}-2xf_{xy}+\dfrac{y}{x}f_{yy}=-2x(1+xy^2)\mathrm{e}^{-x^2y^2}$。

6. 提示:利用莱布尼兹公式,$\mathrm{e}^{x+y}[x^2+y^2+2mx+m(m-1)+2ny+n(n-1)]$。

7.
$$\begin{aligned}\frac{\partial^2 u}{\partial \boldsymbol{l}^2}=&\frac{\partial^2 u}{\partial x^2}\cos^2\alpha+\frac{\partial^2 u}{\partial y^2}\cos^2\beta+\frac{\partial^2 u}{\partial z^2}\cos^2\gamma+\\ &2\left(\frac{\partial^2 u}{\partial x\partial y}\cos\alpha\cos\beta+\frac{\partial^2 u}{\partial y\partial z}\cos\beta\cos\gamma+\frac{\partial^2 u}{\partial z\partial x}\cos\gamma\cos\alpha\right)\end{aligned}$$

8. (1) $\mathrm{d}^2 z=\left[2\ln(ax+by^2)+\dfrac{4ax}{ax+by^2}-\dfrac{a^2x^2}{(ax+by^2)^2}\right]\mathrm{d}x^2+\dfrac{4(ax+2by^2)bxy}{(ax+by^2)^2}\mathrm{d}x\mathrm{d}y+\dfrac{2(abx-b^2y^2)x^2}{(ax+by^2)^2}\mathrm{d}y^2$。

(2) 计算出各个一阶、二阶偏导数,代入表达式即可。

$\mathrm{d}^2u=u_{xx}\mathrm{d}x^2+u_{yy}\mathrm{d}y^2+u_{zz}\mathrm{d}z^2+2u_{xy}\mathrm{d}x\mathrm{d}y+2_{xz}\mathrm{d}x\mathrm{d}z+2u_{yz}\mathrm{d}y\mathrm{d}z$。

(3) $\mathrm{d}^3z=(4a^3\mathrm{d}x^3+12a^2b\mathrm{d}x^2\mathrm{d}y+12ab^2\mathrm{d}x\mathrm{d}y^2+4b^3\mathrm{d}y^3)\sin 2(ax+by)$。

习题 12.4

1. (1) $\dfrac{\partial z}{\partial x}=(\ln x+1)f_1+2f_2$, $\dfrac{\partial z}{\partial y}=-f_2$。

(2) $\dfrac{\partial z}{\partial x}=4x^3f+x^4y^2f_1+2x^5f_2$,

$\dfrac{\partial^2 z}{\partial x\partial y}=10x^4yf_1-4x^3f_2+2x^5y^3f_{11}+(4x^6y-x^4y^2)f_{12}-2x^5f_{22}$。

(3) $\dfrac{\partial^2 u}{\partial x\partial y}=\dfrac{1}{y}f_1+\dfrac{x\ln y}{y}f_{11}+\dfrac{2x^2}{y}f_{12}-\ln yf_{21}-2xf_{22}$, $\dfrac{\partial^2 u}{\partial z^2}=f_{11}$。

(4) $$\frac{\partial^3 z}{\partial x^2\partial y}=-\frac{3x}{y^2}f_{11}+\frac{1}{x}f_{12}-\frac{1}{x}f_{21}+\frac{3y^2}{x^3}f_{22}-\frac{x^2}{y^3}f_{111}+\frac{1}{y}f_{112}+\frac{1}{y}f_{121}-\frac{y}{x^2}f_{122}+\frac{1}{y}f_{211}-\frac{y}{x^2}f_{212}-\frac{y}{x^2}f_{221}+\frac{y^3}{x^4}f_{222}。$$

2. $\dfrac{\partial^2 z}{\partial x\partial y}=-2f''+g_{12}x+g_{22}xy+g_2$。

3. 提示:利用复合函数求导。

4. 提示:利用复合函数求导。

5. 提示:利用复合函数求导。

6. $z(x, y)=x^2y+\dfrac{1}{2}xy^2+2x+y^2$。

7. $f(u)=c_1\mathrm{e}^u+c_2\mathrm{e}^{-u}$, $c_1, c_2\in\mathbb{R}$。

8. 反解出 x、y 作为 u、v 的函数,$x=u$, $y=\dfrac{u}{1+uv}$,利用二元复合函数求偏导数可得结论。

9. 取球坐标变换 $\begin{cases}x=r\cos\theta\sin\phi\\ y=r\sin\theta\sin\phi\\ z=r\cos\phi\end{cases}$,则

$$u=f(x, y, z)=f(r\cos\theta\sin\phi, r\sin\theta\sin\phi, r\cos\phi)$$

只要证明 $\dfrac{\partial u}{\partial\theta}=\dfrac{\partial u}{\partial\phi}=0$,即可说明 u 与 θ、ϕ 无关,只与 r 有关。

习题 12.5

1. (1) $\mathrm{d}f(2,1,3)=\begin{bmatrix}0 & 2\mathrm{e}^{10} & 6\mathrm{e}^{10}\\ 0 & 3\cos 3 & \cos 3\\ \dfrac{1}{2\sqrt{3}} & \dfrac{1}{2\sqrt{3}} & 0\end{bmatrix}\begin{bmatrix}\mathrm{d}x\\ \mathrm{d}y\\ \mathrm{d}z\end{bmatrix}$。

(2) $df(2,-1,-2)=\begin{bmatrix}1 & 1 & 1\\ -4 & 4 & 0\\ 4 & -2 & -4\end{bmatrix}\begin{bmatrix}dx\\ dy\\ dz\end{bmatrix}$。

2. (1) $\begin{bmatrix}\dfrac{\partial y_1}{\partial x_1} & \dfrac{\partial y_1}{\partial x_2}\\ \dfrac{\partial y_2}{\partial x_1} & \dfrac{\partial y_2}{\partial x_2}\end{bmatrix}=\begin{bmatrix}1 & 2\\ \arctan\dfrac{x_2}{x_1} & \ln\sqrt{x_1^2+x_2^2}\\ -\dfrac{\arctan\dfrac{x_2}{x_1}}{\ln^2\sqrt{x_1^2+x_2^2}} & \dfrac{1}{\ln\sqrt{x_1^2+x_2^2}}\end{bmatrix}\begin{bmatrix}\dfrac{x_1}{x_1^2+x_2^2} & \dfrac{x_2}{x_1^2+x_2^2}\\ \dfrac{x_2}{x_1^2+x_2^2} & \dfrac{x_1}{x_1^2+x_2^2}\end{bmatrix}$。

3. 以二元函数 $z=f(x,y)$ 为例，当 x、y 是自变量时，

$$d^2z=\frac{\partial^2 z}{\partial x^2}dx^2+2\frac{\partial^2 z}{\partial x\partial y}dxdy+\frac{\partial^2 z}{\partial y^2}dy^2$$

当 x、y 是中间变量时，

$$d^2z=\frac{\partial^2 z}{\partial x^2}dx^2+2\frac{\partial^2 z}{\partial x\partial y}dxdy+\frac{\partial^2 z}{\partial y^2}dy^2+\frac{\partial z}{\partial x}d^2x+\frac{\partial z}{\partial y}d^2y$$

当 x、y 为中间变量时，d^2x、d^2y 一般不为零，可以自行举例说明。

习题 12.6

1. 二元函数 $f(x, y)=\sin x\cos y$ 在 $\mathbb{R}^2$ 可微，由中值定理可得

$$f\left(\frac{\pi}{3},\frac{\pi}{6}\right)-f(0,0)=f_x\left(\frac{\pi\theta}{3},\frac{\pi\theta}{6}\right)\frac{\pi}{3}+f_y\left(\frac{\pi\theta}{3},\frac{\pi\theta}{6}\right)\frac{\pi}{6}$$

$f_x=\cos x\cos y$，$f_y=-\sin x\sin y$，代入即可。

2. (1) $e^{-x}\ln(1+y)=y-xy-\frac{1}{2}y^2+\frac{1}{3}y^3+\frac{1}{2}x^2y+\frac{1}{2}xy^2+o(\rho^3)$，$\rho=\sqrt{x^2+y^2}$。

(2) $f(x, y)=-27+5(x-1)+42(y+2)+7(x-1)^2-(x-1)(y+2)-19(y+2)^2+2(x-1)^3+3(y+2)^3$。

3. $\sqrt{1+x^2+y^2}=1+\frac{1}{2}(x^2+y^2)+o(x^2+y^2)$。

$$\begin{aligned}R_2&=\frac{1}{3!}[f_{xxx}(\theta x,\theta y)x^3+3f_{xxy}(\theta x,\theta y)x^2y+3f_{yyx}(\theta x,\theta y)xy^2+f_{yyy}(\theta x,\theta y)y^3]\\&=-\frac{1}{2}\frac{\theta(x^2+y^2)^2}{(1+\theta^2x^2+\theta^2y^2)^{\frac{5}{2}}},\ 0<\theta<1。\end{aligned}$$

4. $\cos y\cdot\frac{1}{x}=1-(x-1)+(x-1)^2-\frac{y^2}{2}+o(\rho^2)$，$\rho=\sqrt{(x-1)^2+y^2}$。

$$R_2=\frac{1}{6}\left[\frac{6\cos\theta y}{(\theta x)^4}(x-1)^3y+\frac{6\sin\theta y}{(\theta x)^3}(x-1)^2y+3\frac{\cos\theta y}{(\theta x)^2}(x-1)y^2+\frac{\sin\theta y}{\theta x}y^3\right]。$$

习题 12.7

1. 提示：复合函数求导，或者隐函数定理可得

$$(f_1+f_2+f_3)u\cdot u_x=f_1x,\quad (f_1+f_2+f_3)u\cdot u_y=f_2y,\quad (f_1+f_2+f_3)u\cdot u_z=f_3z$$

简单整理即可得到结论。

2. (1) $\frac{du}{dx}=f_x-\frac{f_yh_x}{h_y}+\frac{g_yh_x-g_xh_y}{h_yg_z}f_z$。

(2) $\frac{\partial^2 z}{\partial x\partial y}=\frac{4(x-z)(y-z)}{(F_1+2zF_2)^3}[(F_1)^2F_{22}-2F_1F_2F_{12}+(F_2)^2F_{11}]-\frac{2F_2(F_1+2xF_2)(F_1+2yF_2)}{(F_1+2zF_2)^3}$。

(3) $\dfrac{\mathrm{d}y}{\mathrm{d}x}=\dfrac{b+\sqrt{b^2-y^2}}{y-b\mathrm{e}^u}=\dfrac{y\mathrm{e}^u}{y-b\mathrm{e}^u}$，$\dfrac{\mathrm{d}^2y}{\mathrm{d}x}=\dfrac{y^2\mathrm{e}^u u'-b\mathrm{e}^{2u}y'}{(y-b\mathrm{e}^u)^2}$，代入 u'、y'即得结论。

3. 提示：两个方程$\begin{cases}y=f(x,\ t)\\F(x,\ y,\ t)=0\end{cases}$确定两个函数，由所求可知，$x$ 是自变量，所以方程组两端关于 x 求导，可完成证明。

4. 一个四元方程确定一个三元函数，三个偏导数是独立的。

$$z_x=\frac{f_1+yzf_2}{1-f_1-xyf_2},\quad z_y=-\frac{f_1+xzf_2}{f_1+yzf_2},\quad y_z=-\frac{f_1+xyf_2}{f_1+xzf_2}$$

6. 提示：$z_x=\omega$，$z_{xx}=\omega_x$，$z_{xy}=\omega_y$。

$z_y=\phi(\omega)$，$z_{yy}=\phi'(\omega)\omega_y$，$z_{yx}=\phi'\{\omega\}\omega_x$，利用 $z_{xy}=z_{yx}$ 即可得证。

8. $U(\xi,\eta)=G(\eta)+F(\xi)$。

习题 12.8

1. 切线方程为$\dfrac{x-x_0}{1}=\dfrac{y-y_0}{\dfrac{m}{y_0}}=\dfrac{z-z_0}{-\dfrac{1}{2z_0}}$。

法平面方程为$(x-x_0)+\dfrac{m}{y_0}(y-y_0)-\dfrac{1}{2z_0}(z-z_0)=0$。

2. $\tan\beta=f_x(x_0,\ y_0)\cos\alpha+f_y(x_0,\ y_0)\sin\alpha$。

3. 提示：求出曲面的法平面方程，因为法平面过原点，所以(0, 0,0)满足切平面方程，代入可得

$$x'(t_0)x_0+y'(t_0)y_0+z'(t_0)z_0=0$$

即$\dfrac{1}{2}(x^2+y^2+z^2)'(t_0)=0$，所以 $x^2+y^2+z^2=\text{const}$。

4. 切线方程为$\dfrac{x-1}{3}=\dfrac{y-1}{3}=\dfrac{z-3}{-1}$。法平面方程为 $3x+3y-z=3$。

5. 提示：螺旋线的切向量为 $\boldsymbol{T}=(-\sin t,\ \cos t,\ 1)$，$Oz$ 轴的方向向量为(0,0,1)，设夹角为 A，则 $\cos A=\dfrac{1}{2}$，所以夹角为定角。

6. 提示：设球 $x^2+y^2+z^2=2ax$，$x^2+y^2+z^2=2by$ 交于曲线 Γ，点 $M(x_0,\ y_0,\ z_0)\in\Gamma$ 是交线上任意一点，则它们在交点处的法向量为

$$\boldsymbol{n}_1=(2(x_0-a),\ 2y_0,\ 2z_0),\quad \boldsymbol{n}_2=(2x_0,\ 2(y_0-b),\ 2z_0)$$

计算可得 $\boldsymbol{n}_1\cdot\boldsymbol{n}_2=0$，所以两个曲面沿交线正交，同理可证这几个曲面沿交线两两正交。

7. 所求切点为(2, 4, 4)，(−2, −4, −4)，切平面方程为 $x+4y+6z=\pm42$。

8. 锥面在任意一点$(x_0,\ y_0,\ z_0)$的切平面方程为

$$x_0(x-x_0)+y_0(y-y_0)-(z_0-3)(z-z_0)=0$$

显然锥顶(0, 0,3)在切平面上。

9. 曲面上任意一点 $(x_0,\ y_0,\ z_0)$的切平面方程为

$$F_x(x_0,\ y_0,\ z_0)(x-x_0)+F_y(x_0,\ y_0,\ z_0)(y-y_0)+F_z(x_0,\ y_0,\ z_0)(z-z_0)=0$$

因此曲面 $F(x,\ y,\ z)=0$ 上任意一点的切平面都相交于原点。

10. 切平面方程为

$$9x+y-z-27=0 \quad 及 \quad 9x+17y-17z+27=0$$

11. 提示：曲面的法向量为 $\boldsymbol{n}=\boldsymbol{r}_u\times\boldsymbol{r}_v$，$\boldsymbol{n}|_{(0,1,0)}=(0,\ 1,0)$，所以切平面方程为 $y=1$。

12. 法线方程为$\frac{x-2}{2}=\frac{y-0}{0}=\frac{z-1}{-2}$，切平面方程为 $z=x-1$。

习题 12.9

1. (3) 极小值点为$(2^{\frac{1}{n+1}}, 2^{\frac{2}{n+1}}, \cdots, 2^{\frac{n}{n+1}})$，极小值为$(n+1)2^{\frac{1}{n+1}}$。

(4) 极小值点为$\left(\frac{1}{2}, 1, 1\right)$，极小值为 4。

2. 极大值点为$\left(\frac{16}{7}, 0\right)$，极小值点为$(-2, 0)$。

3. 最大值为 $\max\{0, ae^{-1}, be^{-1}\}$，最小值为 $\min\{0, ae^{-1}, be^{-1}\}$。

4. 求解驻点方程求得唯一驻点$\left(\frac{8}{5},\frac{16}{5}\right)$，因为最小值存在，所以最小距离为$D\left(\frac{8}{5},\frac{16}{5}\right)=\frac{128}{5}$。

5. $x=\frac{1}{n}\sum_{i=1}^{n}a_i$，$y=\frac{1}{n}\sum_{i=1}^{n}b_i$。

6. $\max z=125$，$\min z=-75$。

7. 提示：等价于证明函数 $f(x, y)=e^x \cdot y^2 \cdot (3-e^x-y^2)$的最大值为 1。

8. $\max z=1$，$\min z=0$。

10. $f(x_0, y_0)=\frac{4}{b^2}e^{-\frac{1}{2}}$。

11. $g(0, 0)=f(1, 0)=0$ 是极大值。

习题 12.10

1. 用 Lagrange 乘数法，可求得 $\min d=\frac{7}{8}\sqrt{2}$。

2. $\min d=\frac{5}{\sqrt{3}}$。

3. 提示：目标函数：$f(x_1, x_2, \cdots, x_n)=x_1x_2\cdots x_n$。

约束条件：$x_1+x_2+\cdots+x_n-a=0$。

可解得 $x_1=x_2=\cdots=x_n=\frac{a}{n}$时，函数取得最大值，即

$$x_1x_2\cdots x_n\leqslant\left(\frac{x_1+x_2+\cdots+x_n}{n}\right)^n$$

4. 提示：设四边形的四条边分别为 a、b、c、d，a、b 的夹角为 α，c、d 的夹角为 β。

目标函数：$S=\frac{1}{2}ab\sin\alpha+\frac{1}{2}cd\sin\beta$，$0\leqslant\alpha\leqslant\pi$，$0<\beta<\pi$。

约束条件：$a^2+b^2-2ab\cos\alpha=c^2+d^2-2cd\cos\beta$。

由余弦定理可求得 $\alpha+\beta=\pi$ 时，即四边形内接于圆时面积最大。

5. $\overrightarrow{AB}=(1, -1, 0)$，$\overrightarrow{AB}^0=\left(\frac{1}{\sqrt{2}},-\frac{1}{\sqrt{2}},0\right)$，$\mathrm{grad}\, f=(2x, 2y, 2z)$。

目标函数：$u=\sqrt{2}(x-y)$。

约束条件：$2x^2+2y^2+2z^2=1$。

由 Lagrange 乘数法可求得$(x, y, z)=\left(\frac{1}{2},-\frac{1}{2},0\right)$。

6. 提示：目标函数：$d=\sqrt{x^2+y^2+z^2}$。

约束条件：$z=x^2+y^2$，$x+y+z=1$。

由 Lagrange 乘数法可求得 $\min d=\frac{\sqrt{2}(3-\sqrt{3})}{2}$，$\max d=\frac{\sqrt{2}(3+\sqrt{3})}{2}$。

7. 提示：记 $x=(x_1, x_2, \cdots, x_n)$，$A=(a_{ij})$是 $n\times n$ 阶矩阵，问题是求函数 $f(x)=xAx^{\mathrm{T}}$ 在条件 $xx^{\mathrm{T}}=1$ 下的最值。

其 Lagrange 函数为

$$L(x, \lambda)=xAx^{\mathrm{T}}-\lambda(xx^{\mathrm{T}}-1)$$

L 要取得最大值、最小值，为对称阵 $\boldsymbol{A}$ 的最大、最小的特征值，而 x 为最大、最小的特征值对应的特征向量。

8. 提示：设点 $C(x, y)$为椭圆上的点，当 $x=0$，$y=3$ 时三角形面积最大。

9. 提示：设内接三角形各边所对的圆心角为 x、y、z，则 $x+y+z=2\pi$，$x\geqslant 0$，$y\geqslant 0$，$z\geqslant 0$，三角形面积为

$$S=\frac{1}{2}R^2\sin x+\frac{1}{2}R^2\sin y+\frac{1}{2}R^2\sin z$$

求 S 在条件 $x+y+z=2\pi$，$x\geqslant 0$，$y\geqslant 0$，$z\geqslant 0$ 下的最大值。构造 Lagrange 函数，可得 $x=y=z=\frac{2\pi}{3}$，即半径为 R 的圆的内接三角形中正三角形的面积最大。

10. 目标函数：$u=x^2+y^2+z^2$。

约束条件：$x\cos\alpha+y\cos\beta+z\cos\gamma=0$ 和 $\frac{x^2}{a^2}+\frac{y^2}{b^2}+\frac{z^2}{c^2}=1$。

可解得 $S=\frac{abc\pi}{\sqrt{a^2\cos^2\alpha+b^2\cos^2\beta+c^2\cos^2\gamma}}$。

第 13 章

习题 13.1

5. $\frac{1}{4}$。

习题 13.2

4. $f(0,0)$。

5. (1) $\mathrm{e}-\frac{7}{12}$；(2) $\frac{(\mathrm{e}+1)(\mathrm{e}-1)^2}{12}$；(3) $3\ln\frac{4}{3}$。

6. (1) $\int_0^1\mathrm{d}y\int_{\frac{y}{3}}^{y}f(x,y)\mathrm{d}x+\int_1^3\mathrm{d}y\int_{\frac{y}{3}}^{1}f(x,y)\mathrm{d}x$；

(2) $\int_0^1\mathrm{d}y\int_{\sqrt{y}}^{3-2y}f(x,y)\mathrm{d}x$；

(3) $\int_a^{2a}\mathrm{d}y\int_{\frac{y^2}{2a}}^{2a}f(x,y)\mathrm{d}x+\int_0^a\mathrm{d}y\int_{\frac{y^2}{2a}}^{a-\sqrt{a^2-y^2}}f(x,y)\mathrm{d}y+\int_0^a\mathrm{d}y\int_{a+\sqrt{a^2-y^2}}^{2a}f(x,y)\mathrm{d}x$；

(4) $\int_0^1\mathrm{d}z\int_0^z\mathrm{d}x\int_0^{z-x}f(x,y,z)\mathrm{d}y$。

7. (1) $\frac{27}{70}$；(2) $\frac{1-\cos 8}{3}$；(3) $\frac{1}{2}\ln 2-\frac{5}{16}$；(4) 0。

9. (1) $\frac{n}{3}$；(2) $\frac{n^3}{3}$。

习题 13.3

1. (1) $\pi\left(1-\frac{\sqrt{2}}{2}\right)$;(2) $\pi(2\ln 2-1)$;(3) $\frac{15}{4}\pi$。

2. (1) $\frac{601}{70}$; (2) $\frac{ab}{6\sqrt{\frac{a^2}{h^2}+\frac{b^2}{k^2}}}\left(\frac{a^3k^3}{b^3h^3}+\frac{b^3h^3}{a^3k^3}+2\frac{ab}{kh}+2\frac{ak}{bh}+2\frac{bh}{ak}\right)$

(3) $\frac{32}{3}\pi$;(4) $2\pi\left(\frac{5\sqrt{5}}{3}-\frac{131}{48}\right)$。

3. (1) $\frac{\pi R^4}{4}\left(\frac{1}{a^2}+\frac{1}{b^2}\right)$;(2) $\frac{3\pi a^4}{4}$; (3) 32π; (4) $\frac{4}{5}\pi$。

习题 13.4

2. $\pi^{\frac{3}{2}}$; 3. π^2; 4. $\pi^{\frac{n}{2}}$。

习题 13.5

1. (1) $(-x^2-7yz)\mathrm{d}x\wedge\mathrm{d}y+x^2y\mathrm{d}x\wedge\mathrm{d}z+7xyz\mathrm{d}y\wedge\mathrm{d}z$; (2) $-\sin(x+y)\mathrm{d}x\wedge\mathrm{d}y$。

3. $x\mathrm{d}x\wedge\mathrm{d}y+(z+x^2)\mathrm{d}y\wedge\mathrm{d}z+\mathrm{d}x\wedge\mathrm{d}z+y^2\mathrm{d}z\wedge\mathrm{d}x-(z^2+y^2)\mathrm{d}x\wedge\mathrm{d}y\wedge\mathrm{d}z$。

第 14 章

习题 14.1

1. (1) 1; (2) 8π; (3) $\frac{1}{12}(5\sqrt{5}-1)$; (4) $\left(2\pi a^2+\frac{8k^2\pi^2}{3}\right)\sqrt{a^2+k^2}$; (5) 9。

2. (1) $\frac{3\pi}{20}(4\sqrt{3}-1)$; (2) $12\sqrt{61}$; (3) $\frac{\pi}{2}(\sqrt{2}+1)$ 。

习题 14.2

1. (1) 2; (2) $-\frac{14}{15}$; (3) $2\pi(\cos\alpha-\sin\alpha)$。

2. (1) $24h^3$; (2) 0; (3) $\frac{4\pi R^3}{3}(2a+2b+2c)$。

习题 14.3

1. (1) $-\frac{338}{3}$;(2) 0; (3) π。

2. (1) 0; (2) $\int_1^2(\psi(x)-\varphi(x))\mathrm{d}x$。

3. (1) $x^2\cos y+y^2\sin x$;(2) 0; (3) π。

4. (1) $3a^4$; (2) $\frac{\pi}{2}$。

5. (1) $-\sqrt{3}\pi$; (2) 2π。

习题 14.4

3. 9。

4. $R=3xy^2$。

第 15 章

习题 15.1

2. $\frac{\pi}{4}$。

3. $\ln\frac{2\mathrm{e}}{1+\mathrm{e}}$。

4. 在非零点处连续,在零点处不连续。

5. $F'(y)=\int_0^y\frac{1}{1+xy}\mathrm{d}x+\frac{\ln(1+y^2)}{y}$。

6. $F'(x)=\int_x^{x^2}\cos(xy)\mathrm{d}y+\frac{2\sin x^3-\sin x^2}{x}$。

7. $I(1)=\frac{\pi}{8}\ln 2$。

8. (a) $|\alpha|\leqslant 1$ 时,0;$|\alpha|>1$ 时,$2\pi\ln|\alpha|$;(b) $\frac{\pi}{2}\operatorname{sgn}\alpha\ln(1+|\alpha|)$;(c) $\pi\arcsin a$。

9. 分段讨论。

习题 15.2

1. 令 $u=\frac{1}{a}\left(x-\frac{1}{a}\right)$,利用一致收敛定义证明。
2. 利用 Cauchy 准则。
3. 一致收敛。
4. 一致收敛。
5. $\int_0^{\infty}\frac{\cos x^2}{x^2}\mathrm{d}x=\int_0^1\frac{\cos x^2}{x^2}\mathrm{d}x+\int_0^{\infty}\frac{\cos x^2}{x^2}\mathrm{d}x$ 分开讨论。
6. 利用 Abel 判别法。
7. 利用积分号下取极限定理或者利用极限形式的 $\varepsilon-N$ 语言来证明。
8. 利用 Dirichlet 判别法和 Cauchy 准则。
9. $\pi\arcsin a$
10. $f(x)=\pi\ln\frac{1+\sqrt{1-x^2}}{2}$。
11. 分段讨论。
12. (a) 利用 L'Hospital 法则;(b) 考察 $F'(x)$。

习题 15.3

1. $\frac{1}{m}\frac{\Gamma\left(\frac{p}{m}\right)\Gamma(q)}{\Gamma\left(\frac{p}{m}+q\right)}$。

2. $\frac{16}{315}$。

3. $\frac{1}{2\sqrt{2}}B\left(\frac{1}{4},\frac{1}{2}\right)$。

4. $\frac{(2n-1)^n}{2^n}\frac{\sqrt{\pi}}{2}$。

5. $\dfrac{3\pi}{256}$。

6. $\dfrac{\pi}{n\sin\dfrac{\pi}{n}}$。

7. 1。

8. 证明$(\ln\Gamma(s))''\geqslant 0$。

9. $\ln\sqrt{2\pi}$。

10. 提示$\dfrac{1}{e^x+1}=\sum\limits_{n=1}^{\infty}(-1)^{n-1}e^{-nx}$。

第 16 章

习题 16.1

2. $f(x)\sim\dfrac{\pi}{4}+\sum\limits_{n=1}^{\infty}\dfrac{(-1)^n-1}{n^2\pi}\cos nx+\dfrac{(-1)^n}{n}\sin nx$。

3. $f(x)\sim\dfrac{2}{\pi}+\sum\limits_{n=1}^{\infty}\dfrac{2[(-1)^{n+1}-1]}{(n^2-1)\pi}x$。

4. $f(x)\sim-\pi^2+\sum\limits_{n=1}^{\infty}\dfrac{4(-1)^n-4}{n^2}\cos nx+\left[\dfrac{4\pi^2-2\pi^2(-1)^n}{n\pi}+\dfrac{4(-1)^n-4}{n^3\pi}\right]x$。

5. $\dfrac{\pi^2}{3}+\sum\limits_{n=1}^{\infty}\dfrac{4(-1)^n}{n^2}\cos nx$；$\sum\limits_{n=1}^{\infty}\left[\dfrac{2(-1)^n\pi}{n}+\dfrac{4(-1)^n-4}{n^3\pi}\right]\sin n\pi$。

7. $\sum\limits_{n=1}^{\infty}\dfrac{4(-1)^{n+1}}{n\pi}\sin\dfrac{n\pi}{2}x$；$1+\sum\limits_{n=1}^{\infty}\dfrac{4(-1)^n-4}{n^2\pi^2}\cos\dfrac{n\pi}{2}x$。

习题 16.2

1. (a) $\dfrac{\pi}{2}+\sum\limits_{n=1}^{\infty}\dfrac{2[(-1)^n-1]}{n^2\pi}\cos nx$；

(b) $\dfrac{1+\cos 2x}{2}$；(c) $-\dfrac{1}{2}\sin x+\sum\limits_{n=1}^{\infty}(-1)^n\dfrac{2n}{n^2-1}\sin nx$。

2. $f(x)\sim\sum\limits_{n=1}^{\infty}\dfrac{\cos nx}{n^2}$。

3. $\sum\limits_{n=1}^{\infty}\dfrac{2[1-(-1)^n]}{n^2\pi}\cos nx$。

4. $\sum\limits_{n=0}^{\infty}\dfrac{4}{\pi(1-4n^2)}\cos nx$。

5. 提示，令 $u=px$。

习题 16.3

3. $\sum\limits_{n=1}^{\infty}\left[\dfrac{2(-1)^{n+1}\pi^2}{n}+\dfrac{12(-1)^n}{n^3}\right]\sin nx$。

习题 16.4

3. 提示：$x^2=\dfrac{\pi^2}{3}+4\sum\limits_{n=1}^{\infty}\dfrac{(-1)^n}{n^2}\cos nx$；$x^3=\sum\limits_{n=1}^{\infty}\left[\dfrac{2(-1)^{n+1}\pi^2}{n}+\dfrac{12(-1)^n}{n^3}\right]\sin nx$，$x\in[-\pi,\pi]$。

参考文献

［1］ 陈纪修，於崇华，金路. 数学分析［M］. 2 版. 北京：高等教育出版社，2004.

［2］ 常庚哲，史济怀. 数学分析教程［M］. 北京：高等教育出版社，2003.

［3］ 华东师范大学数学系. 数学分析［M］. 4 版. 北京：高等教育出版社，2010.

［4］ 吉林大学数学系. 数学分析［M］. 北京：高等教育出版社，1978.

［5］ 张筑生. 数学分析新讲［M］. 北京：北京大学出版社，2010.

［6］ 李忠，方丽萍. 数学分析教程［M］. 北京：高等教育出版社，2008.

［7］ 菲赫金哥尔茨 Г М. 微积分学教程［M］. 北京：人民教育出版社，1978.

［8］ Walter Rudin. Principles of Mathematical Analysis［M］. th ed. McGraw-Hill Companies, Inc. 1976.

［9］ Apostol Tom M. 数学分析［M］. 2 版. 北京：机械工业出版社，2006.

［10］ 楼红卫. 数学分析 要点. 难点. 拓展［M］. 北京：高等教育出版社，2020.

［11］ 裴礼文. 数学分析中的典型问题与方法［M］. 2 版. 北京：高等教育出版社，2006.

［12］ 吉米多维奇 Б П. 数学分析习题集［M］. 北京：人民教育出版社，1978.